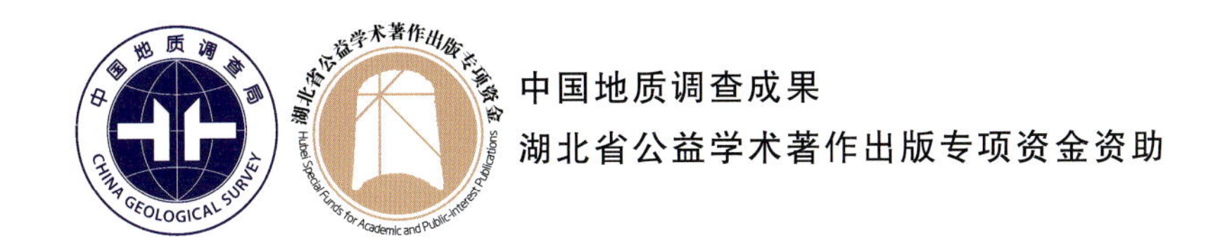

基岩地下水探测技术方法与找水实践

JIYAN DIXIASHUI TANCE JISHU FANGFA YU ZHAOSHUI SHIJIAN

朱庆俊　李　伟　李巨芬　连　克
马绍忠　王新峰　叶成明　等著

图书在版编目(CIP)数据

基岩地下水探测技术方法与找水实践/朱庆俊等著.—武汉:中国地质大学出版社,2024.1
ISBN 978-7-5625-5778-4

Ⅰ.①基… Ⅱ.①朱… Ⅲ.①地下水-探测技术 Ⅳ.①P641.72

中国国家版本馆 CIP 数据核字(2024)第 014861 号

基岩地下水探测技术方法与找水实践

朱庆俊 李 伟 李巨芬 连 克
马绍忠 王新峰 叶成明 **等著**

责任编辑:唐然坤 张 旭　　选题策划:唐然坤　　责任校对:徐蕾蕾

出版发行:中国地质大学出版社(武汉市洪山区鲁磨路 388 号)　　邮政编码:430074
电 话:(027)67883511　　传 真:(027)67883580　　E-mail:cbb@cug.edu.cn
经 销:全国新华书店　　http://cugp.cug.edu.cn

开本:880 毫米×1230 毫米 1/16　　字数:642 千字　　印张:20.25
版次:2024 年 1 月第 1 版　　印次:2024 年 1 月第 1 次印刷
印刷:湖北新华印务有限公司

ISBN 978-7-5625-5778-4　　定价:298.00 元

前　言

据《中国水资源公报 2022》数据，2022 年全国地下水资源量(以溶解性总固体不高于 2g/L 统计)为 7 924.4 亿 m^3，其中平原区地下水资源量为 1 774.1 亿 m^3，山区地下水资源量为 6 396.1 亿 m^3，平原区与山区之间的重复计算量为 245.8 亿 m^3。我国山区面积约 663.6 万 km^2，约占全国陆地面积的 69%，山区人口约占全国人口的 1/3。一方面，我国严重缺水区以山区为主，包括西北干旱半干旱区、西南岩溶石山区和红层区、华北基岩山区等；另一方面，山区蕴藏着大量的地下水资源，具有水循环交替快、水质良好的特点。因此，开采利用山区的基岩地下水是解决缺水地区人畜饮水水源的必然选择。基岩地下水埋藏于地下且分布具有非均一性，导致勘查找水工作难度大，这也成为基岩地下水科学开发利用的难题。

自 20 世纪 60 年代以来，国家组织实施了多项以找水为目的的全国性水文地质工作，中国学者先后提出了多项地下水赋存理论，成为我国独创性的地下水理论，不仅指导了找水工作，而且促进了我国水文地质学的发展。1950 年，顾功叙先生主持了北京石景山地区找水工作，拉开了中国物探找水工作的序幕；20 世纪 90 年代以后，物探仪器设备性能的提升促进了物探找水技术方法的进步，物探找水进入了高速发展期；2000 年以前，地质找水与物探找水融合不足，两类找水技术方法基本处于并行状态，未能在找水实践中形成合力。随着技术手段的发展，水文地质工作者逐步将地质认识指导与物探技术支撑相结合，并加入了遥感等新技术手段，在基岩找水方面取得了一系列的突破成果，但未能形成完整的理论体系。中国地质调查局水文地质环境地质调查中心于 2007 年以"华北地方病严重区地下水勘查及供水安全示范"项目为契机，组建了由水文地质、遥感、物探、钻探 4 类专业人员组成的找水技术团队，以地下水理论为基础，融合创新了遥感、物探、钻探等技术，探索研究了多元信息寻找基岩地下水，有效提高了成井率。经过十几年全国不同类型地下水勘查方面的实践，水文地质工作者逐渐形成了不同水文地质条件下的找水技术方法，并提出了水储多元信息探测技术方法体系。限于笔者水平及经验认识，找水技术方法体系及探测理论还有待完善，这也是下一步努力的方向。

本书以"华北地方病严重区地下水勘查及供水安全示范""西南严重缺水地区地下水勘查""华北严重缺水地区地下水勘查""云南 1：5 万老寨街幅(F48E004008)、文山县幅(F48E004009)、老街子幅(F48E005008)、平坝街幅(F48E005009)水文地质调查""沂蒙山区 1：5 万水文地质调查""沂蒙山革命老区 1：5 万水文地质调查""太行山北段综合地质调查"等地质调查项目成果及笔者团队在基岩山区找水方面开展的相关研究成果为基础，按照地下水在哪、怎么寻找地下水、水井出水量小怎么办、典型实例解析的思路进行组稿，最终整理成稿。

绪言主要包括基岩地下水综述、基岩地下水勘查技术发展历程、我国几次大规模抗旱找水行动等内容。

上篇重在阐述基岩地下水理论与赋存特征。第 1 章简单概述了我国学者提出的基岩储水构造理论、基岩蓄水构造理论、新构造控水理论、地下水网络理论及环套理论等。第 2 章介绍了基岩地下水形成运移的影响因素，包括地层岩性、地质构造和水交替条件。第 3 章至第 7 章主要总结了(南方)岩溶及溶洞水、(北方)裂隙岩溶水、碎屑岩孔隙裂隙水、块状岩类裂隙水、玄武岩孔洞裂隙水 5 类典型地下水的赋存、运移特征及典型地区水文发育特征。

中篇重点说明基岩地下水探测技术方法，主要涵盖遥感找水、物探找水和钻探增水3类技术。第8章定义了水储和水储多元信息探测技术方法体系。第9章简单介绍了基岩地下水探测工作中资料收集与分析等主要内容。第10章首先介绍了基岩山区找水遥感工作内容及方法，提出了水文遥感技术方法体系，并通过实例凝练总结规律，展示了如何通过选择合适的遥感数据源来识别地质构造、分辨岩石透水性、提取浅层地下水信息、分析蓄水构造等。第11章在分析物探找水技术方法适宜性的基础上，探讨了探测基岩地下水储水构造最敏感的电法勘探的探测深度影响因素、探测分辨率问题，并对山区找水较常用和较实用的音频大地电场法、电阻率联合剖面法、时间域激发极化法、高密度电阻率法、音频大地电磁测深法5类方法的主要技术问题及典型储水构造的地球物理响应特征做了详细介绍。第12章以基岩井快速钻进与增水技术为切入点，简单阐述了空气潜孔锤钻进技术、基岩水井水力压裂增水技术和井内狭小空间多层过滤降浊工艺。

下篇重点为基岩山区地下水勘查实践，就上篇涉及的5类地下水，以地质调查项目涵盖的广西壮族自治区隆安县、太行山区、山东省沂蒙山区、北京市昌平区、河北省张北县等地区的典型储水构造探测为主线，本着分析地下水赋存特征、圈定找水靶区、选择找水物探方法、分析勘探结果、总结认识的找水流程，以期通过找水实例的深入剖析介绍基岩找水的关键技术细节。

本书共由18章组成。绪言由李伟编写。上篇：第1章、第2章由李伟编写；第3章由李伟、王新峰编写；第4章由李伟、马绍忠、王新峰编写；第5章、第6章由李伟编写；第7章由李伟、朱庆俊编写；上篇由李伟、朱庆俊统稿。中篇：第8章、第9章由李伟编写；第10章由李巨芬编写；第11章第1节由朱庆俊编写，第2节、第3节、第4节由连克、朱庆俊编写，第5节、第6节由朱庆俊编写；第12章由叶成明编写；中篇由朱庆俊、李巨芬统稿。下篇由朱庆俊、李伟编写并统稿。

本书中图件主要由王璇、周乐、罗旋、于蕾绘制。中国地质调查局水文地质环境地质调查中心多个部门的技术人员参与了本书涉及项目的相关工作，主要人员有连晟、刘元晴、宋绵、李凤哲、邓启军、田蒲源、周乐、吕琳、龚磊、王洪磊、吴宏涛、杨晓光等。书中内容也借鉴了上述技术人员的成果与认识，在此表示感谢！

本书包含项目成果较多，涉及地区多，内容繁杂，故编写存在一定难度，难免存在错漏之处，敬请各位读者批评指正。

笔　者

2023年9月

目 录

中篇 基岩地下水探测技术方法

下篇　基岩山区地下水勘查实践

0 绪 言

0.1 基岩地下水综述

0.1.1 基岩地下水的特点

地下水(ground water),是指赋存于地面以下岩石空隙中的水,狭义上是指地下水面以下饱和含水层中的水。在国家标准《水文地质术语》(GB/T 14157—93)中,地下水是指埋藏在地表以下各种形式的重力水;而在最新标准《水文地质术语》(GB/T 14157—2023)中,地下水指地面以下岩土空隙中的水,狭义上指潜水面以下饱水带中的重力水。

国外学者认为地下水的定义有3种:一是与地表水有显著区别的所有埋藏在地下的水,特指含水层中饱水带的那部分水;二是向下流动或渗透,使土壤和岩石饱和,并补给泉和井的水;三是在地下的岩石空洞里、在组成地壳物质的空隙中储存的水。

我们通常所理解的地下水是狭义的地下水。顾名思义,基岩地下水是相对于第四系松散土层中的地下水而言的,是指赋存于地下水面以下第四纪以前的岩石中的水。

水是无形的,它完全受外界空间环境的制约,同时又对空间环境起到改造作用。基岩地下水赋存于岩石的空隙中,因此岩石空隙的多样性决定了基岩地下水赋存特征的多样性。基岩地下水的特点主要有以下几个方面。

1. 地下水类型具有多样性

第四系松散沉积物中的地下水,即赋存于松散沉积物的颗粒或颗粒集合体之间的孔隙中,被称为孔隙水。孔隙水含水介质的单一性决定了其赋存空间的单一性。基岩裂隙水的含水介质类型则较为广泛,既有可溶岩类,又有非溶岩类;既有坚硬岩石,又有半坚硬、半固结岩石;既有块状变质岩、沉积岩,又有层状沉积岩。基岩裂隙水的赋存空间包括了可溶岩的溶蚀裂隙和孔洞,岩石裂隙,半固结岩石的孔隙、裂隙。因此,含水介质和赋存空间决定了基岩地下水既有岩溶水(又称喀斯特水),又有裂隙水、孔隙裂隙水。由于我国南、北方岩溶作用(又称喀斯特作用,本书统一用"岩溶"一词表述)发育程度不同,岩溶水又可进一步划分为溶洞水(南方)和岩溶裂隙水(北方)。

2. 地下水分布的非均一性

受基岩地层的非均质性与各向异性、基岩裂隙发育的非均匀性、构造发育的局部特征等影响,赋存在岩层空隙中的地下水的埋藏和分布具有非均一性特征。

受构造、沉积环境等多种因素的影响,基岩地层在水平方向的展布往往是不连续的,形成不同岩性的突变或相变。例如沉积地层中同一层位沿岩层走向展布,而在垂向上发生变化;断裂构造的错断使不同时代、不同岩性的岩层直接接触。不同岩石的地下水赋存特征及富水性差异造成地下水分布的非均一性。

基岩地下水赋存于岩石溶蚀孔洞、裂隙中,而这些空隙在岩石中的分布是不均匀的。在岩石的不同部位，裂隙或孔洞的发育程度不同。岩石裂隙发育的地方透水性强，含水也多，裂隙不发育的地方透水性弱，含水也少，这就造成了地下水的非均匀性分布。例如一般在找水过程中会遇到这种情况，两孔相距不到几米或几十米但出水量相差悬殊，这才有了“隔墙不打井”之说。这种不均匀性就是基岩地下水与松散层孔隙水最主要的区别。因此，寻找基岩裂隙强发育带才能找到丰富的地下水。

基岩含水层的形态是多种多样的。与松散沉积物含水层相比，它不完全受地层层位的控制，有与地层层位一致的层状或似层状含水层，也有完全不受层位限制的带状或脉状的含水带（南方多为管道状的地下河）。这些带状的、脉状的含水空间的复杂形态无法用通常的“含水层”概念来确切地形容，说明基岩地下水的埋藏与分布情况远比松散岩层孔隙水复杂得多。

地质构造因素对基岩地下水的控制作用非常明显。岩石中各种空隙的形成与分布绝大多数都与地质构造相关。即使在表生作用下产生的风化裂隙和岩溶空隙，也多半是沿着已有的构造裂隙发展起来的。虽然也有因空隙分布受岩层限制而形成比较典型的基岩含水层，但往往也与构造形态有关。大量山区找水经验证明，在有利的构造条件下，大部分岩石都存在相对的富水地段；在不利的构造条件下，即使在含水性较好的灰岩、白云岩地层中也不一定会有富水地段。许多灰岩、白云岩发育地区，因井孔未揭穿断层构造，虽井孔深达百余米但仍出现干孔现象。在基岩富水带的形成过程中，地质构造因素起着最积极的主导作用。构造的局部发育特征在一定程度上决定了地下水分布的非均一性特征。

3. 地下水运动特征的多样性

地下水在岩石空隙中不是静止的，是由高水头（高水位）的地方流向低水头（低水位）的地方。地下水的运动形态有层流和紊流两种。在天然状态下，松散沉积层中孔隙水的运动为层流运动，符合线性渗透定律（达西定律）。基岩裂隙水由于受运移通道的急剧变化或在大的溶穴、宽大裂隙中运移，运动状态不仅有层流，还有紊流，地下水运动具有复杂性，多数情况下不符合线性渗透定律。

受地下水赋存及运移通道空间特征的控制，基岩地下水的流态也是多样的，既有岩溶洞穴中的管道流，又有在岩石裂隙中的扩散流和半固结岩石孔隙中的渗透流。这几种流态并非互相排斥，有时可以同时出现在同一地层中。例如南方岩溶区地下水补给区河流上游以溶隙扩散流为主，而到了下游则逐渐变化为以岩溶管道流为主。

0.1.2 基岩地下水的找水难点

由于水是人类赖以生存的物质基础之一，自古以来找水、挖井一直是人类未曾停止的工程活动，将来也必然会持续下去。受基岩地下水赋存分布特征等条件的限制，基岩地下水的寻找一直是水文地质工作中的难点。

1. 水文地质条件复杂

首先，基岩地下水埋藏于地下岩石空隙中，看不见也摸不着。找水需依据基岩地下水理论，通过表层的地质及水文地质现象，辅以调查访问，分析判断地下水的赋存运移特征，确立宜井孔位。因为是间接地判断，不是直观地观察，所以增加了判断的难度。基岩找水工作的难度随着地下水水位埋深的增大而增加。水位埋深越大，找水难度就越大，失准率将越高。

其次，在多数情况下，基岩地下水分布受地质构造的控制。一般来说，压性或压扭性断裂富水性差，而张性、张扭性断层富水性好。但在漫长的地质历史时期，由于应力场的变化，在多期运动情况下构造的力学性质发生转变。原来的张性或张扭性断裂在后期压应力作用下转变为压性或压扭性断裂，导致断裂的水文地质性质也发生变化。如果不能准确地把握这一变化，将会做出错误判断。

最后，在水文地质条件复杂的情况下，越需要找水技术人员具有扎实的理论基础和丰富的野外工作经验。只有将理论在实践中进行熟练的应用，通过表象看本质，才能减少误判，提高成井率。

2. 探测手段受到限制

物探技术方法是基岩找水工作中应用最为广泛和最为有效的手段，但在实际工作中其应用效果也受到限制，主要表现在以下两个方面。

第一，物探反演解释成果具有多解性。地球物理勘探需要根据观测的地球物理场求解场源体，并对目标地质体或地质构造做出合理的解释推断。观测的地球物理场通常是对岩性、构造以及地下水体的综合反映，故多数情况下物探方法是间接找水的勘探方法；地球物理数据的反演结果存在多解性问题，依此解译出的富水构造也存在一定不确定性。为此，找水工作中需要技术人员结合地质条件，分析测量结果，去伪存真，进行正确的解释，这也是定井成功的关键。

第二，多种外界干扰引起的物探测量误差影响测量结果，致使它不能真实地反映地下地质情况，从而使工作人员产生误判。目前，地下水探测主要采用电法和电磁法，每种方法都有其应用条件的限制。基岩山区基岩裸露接地条件差，高压电力线、光伏发电、风力发电、电气化铁路等引起的电磁干扰严重，山区地形起伏大、工作场地受限都会影响物探方法的选择以及测量结果。野外工作布置、数据采集、资料处理人员需要具有扎实的专业理论功底和丰富的找水经验，能够选择适宜的物探方法，并识别、剔除干扰信号，保证勘探工作的有效性。

0.1.3 基岩地下水勘查的意义

根据《中国水资源公报 2022》，2022 年我国水资源总量为 27 088.1 亿 m^3，居世界第五位。其中，地表水资源量为 25 984.4 亿 m^3，地下水资源量为 7 924.4 亿 m^3，地下水与地表水资源不重复量为 1 103.7 亿 m^3。由于我国人口众多，人均水资源占有量仅为 2 100m^3 左右，为世界人均水资源量的 28%。另外，我国属于季风气候，水资源时空分布不均匀，南北自然环境差异大，其中北方 9 个省（自治区、直辖市）人均水资源量不到 500m^3，实属少水地区。在全国 600 多座城市中，有 400 多个城市存在供水不足问题，其中缺水比较严重的城市达 110 个，全国城市缺水总量为 60 亿 m^3。我国西部、西南及华北地区是严重缺水区，部分地区人畜饮用水缺乏。缺水人数达 4000 余万人，主要分布于西北干旱半干旱区、西南岩溶石山区和红层区、华北基岩山区等。

解决缺水区的人畜饮用水问题历来受到党中央、国务院的高度关注，党和国家领导人也多次指示“要想办法解决群众的饮水问题”。2017 年 10 月 18 日，习近平总书记在党的十九大报告中指出，坚决打赢脱贫攻坚战；2019 年 3 月 5 日，国务院总理李克强在 2019 年国务院政府工作报告中提出，打好精准脱贫攻坚战，重点解决实现“两不愁三保障”面临的突出问题。解决群众的饮水问题作为“两不愁三保障”的重要内容，被纳入了国家战略。

我国缺水地区主要分布于基岩山区，西北地区和华北地区由于降水量少，地表水不发育；西南地区虽然降水量大，但岩溶发育，降水很快渗入地下，转为地下水，造成无地表水可用的局面。我国基岩地下水分布面积约 574.98 万 km^2，占全国水资源评价区总面积的 60.60%；天然资源量约占地下水总量的 60%；可开采资源量为 971.67 亿 m^3/a，占全国地下水可开采资源总量的 27.54%。基岩地下水不仅有较为丰富的资源量，同时相较于地表水具有自我调节能力强和抗污染性能强的优点，是良好的人畜饮水水源。因此，在地表水缺乏的情况下，合理开采利用基岩地下水，是解决我国缺水区人畜用水问题的主要途径之一。

0.2 基岩地下水勘查技术发展历程

古人在很久以前就开始打井取水，据考古研究资料，中国应该是世界上最早使用地下水（即挖井）的国家，目前发现的最早的水井在浙江余姚河姆渡遗址，大概是 7000 多年前的水井。坎儿井是新疆地区充分利用当地冲洪积扇的强渗透性和地势差建造的独特灌溉系统，创始于西汉，由竖井、暗渠、明渠和涝坝4个部分组成。坎儿井是在高山雪水潜流处为寻找水源，按一定间隔打一些深浅不等的竖井，然后再依地势高低在井底修通暗渠，沟通各井，引水下流。地下渠道的出水口与地面渠道相连接，把地下水引至地面灌溉桑田。

由于基岩山区地下水赋存分布的非均一性，人们常常挖井失败。在反复的找水实践中，人们对基岩地下水的分布规律有了初步的认知，总结了一系列的找水谚语，如"山咀对山咀，咀下有好水""两山相接头，下有泉水流""两山夹一沟，沟岩有水流""撮箕地找水最有利"等。这些谚语既有对地形地貌的判断依据，也有对地层岩性的判断依据，在一定程度上指导了人们寻找基岩地下水，提高了找水的成功率。

随着地质学及水文地质学的发展，人们对基岩地下水有了更为深刻的认识，不再单纯依靠表象去判断地下水是否存在，而是从地下水成因机理去分析，从而寻找地下水。随之出现了一系列的基岩地下水理论，如基岩储水构造理论、蓄水构造理论、新构造控水理论、地下水网络理论等。这些理论使我们对基岩地下水的认知水平上升到一个新的高度。以基岩地下水理论为指导，通过对野外地质现象的观察，判断地下水富集带，从而寻找地下水，就是所谓的"地质找水"。

1950年，顾功叙先生主持的北京石景山地区物探找水工作拉开了中国物探找水工作的序幕。物探找水技术方法的发展可归为两大阶段：第一阶段为20世纪50年代至90年代，以直流电法为找水主打方法，通常采用电测深法、联合剖面法，辅以音频大地电场法。第二阶段自20世纪90年代至今，随"西北找水特别计划"、"严重缺水区和地方病区地下水勘查与示范"等相关地质调查工作在全国不同地下水类型区的持续开展，物探找水技术方法进入了高速发展期。中国地质调查局水文地质环境地质调查中心（以下简称水环中心，原为地质矿产部水文地质工程地质研究所）于1996年引入美国音频大地电磁测深法(EH4)，在西北干旱半干旱区找水实践中取得突破，大大提高了成井率。截至2010年左右，物探技术在找水工作中被广泛应用，形成了综合物探找水技术。技术手段包括激电测深法、联合剖面法、高密度电阻率法、激发极化法、音频大地电场法、音频大地电磁测深法、瞬变电磁测深法等。仅通过物探测量结果反映的物性异常作为找水定井依据被称为"物探找水"。

随着地下水开发程度的逐渐增大，需要寻找的地下水埋深也越来越大。地下水或隐伏于第四系之下，或地表构造形迹不明显，仅依据地质找水或物探找水难以实现找水目的。水环中心地下水勘查找水团队将地质理论与物探技术相结合，又引入了遥感手段，形成了综合找水技术方法，提高了基岩地下水的勘查技术水平，大大提高了成井率。2010年的西南抗旱、2011年的华北四省抗旱是对找水技术方法的检验，成井率均达到了70%以上。

近年来，基岩水文地质、物探技术方法研究逐渐加强，物探装备不断推陈出新，这势必推动基岩地下水理论和物探找水技术的发展，同时推动基岩地下水勘查理论的萌芽和发展。

0.3 我国几次大规模抗旱找水行动

0.3.1 西部找水行动

我国西北地区面积占全国陆地面积的1/3，而多年平均水资源量仅占全国的10%。由于降水较少，蒸发强烈，水资源贫乏。在广大的黄土分布区、内陆盆地山前平原、鄂尔多斯高原、内蒙古高原、阴山、贺兰山、吕梁山等部分地区，人畜饮用水十分匮乏。严重缺水区面积约140万km^2，1300万人的生存用水缺乏保障。

西南地区虽然降水充沛，水资源丰富，但取水困难。该区岩溶广泛分布，水资源分布不均，水资源开发困难，呈现出工程性缺水的问题。四川盆地、云南中部和西部及滇黔接壤地区沉积了一套红色碎屑岩,地下水资源匮乏。上述因素造成西南部分地区严重缺水,严重缺水面积约77万km^2,2800余万人饮用水十分困难。

党中央、国务院十分关心西部的水资源缺少问题,国家领导人对此多次做出批示,国土资源部(现为自然资源部)积极部署西部地区找水工作。在“九五”期间开展的“西北地区地下水资源特别计划”“西北地区地下水勘查战略研究”“西南贫困岩溶石山地区扶贫找水计划”等一系列工作的基础上,中国地质调查局于2001年组织实施了“西部严重缺水地区人畜饮用水地下水紧急勘查示范工程”,于2002年组织实施了“西部严重缺水地区地下水勘查示范工程”。两项工程的目的是通过对不同缺水类型地区水文地质条件的分析及野外调查,找出解决人畜饮用水困难的方向与途径,并通过适量的勘探工作加以验证,取得不同缺水类型区的找水经验,指导当地解决人畜饮用水问题。勘查示范性工作的目的为:一是取得严重缺水地区找水前景、找水方向、找水先进方法及取水先进技术等经验;二是通过示范工程探采结合井直接解决部分严重缺水地区的人畜饮用水。

通过勘查找水工作,研究人员收集了大量的地质、水文地质资料,积累了丰富的找水经验,在找水实践中取得了一系列重大突破,改变了一些传统的水文地质观念。“九五”期间直到2002年西部找水工作施工探采结合井约400眼,施工小口径浅井约3000眼,直接解决了约120万人的饮用水问题。该项工程受到当地政府和广大群众的欢迎,被誉为是实践“三个代表”重要思想的具体体现,是“民心工程”“恩德工程”“生命工程”。

0.3.2 西南抗旱

自2009年8月,云南、贵州、广西、重庆、四川5个省(自治区、直辖市)降水量偏少,相继遭遇了历史罕见的秋冬春连旱天气,出现了严重的旱情,部分地区达到重旱程度。2010年2月以来,高温少雨导致旱情迅速蔓延,不仅农作物受旱,而且人畜饮水困难,部分旱情严重地区居民需要送水才能解决生活饮水困难。据国家防汛抗旱总指挥部办公室统计数据,截至2010年4月8日,云南、贵州、广西、重庆、四川5个省(自治区、直辖市)耕地受旱面积达10 104万亩(1亩≈666.67m^2),占全国受旱地区面积的84%,作物受旱达7907万亩,待播耕地缺水缺墒2197万亩;另有2088万人、1368万头大牲畜因旱饮水困难,分别占全国受旱总数的80%和74%。

西南旱情引起了党中央的高度关注,胡锦涛总书记做出重要批示,国务院总理温家宝多次到灾区看望慰问受灾群众,指导抗旱救灾工作。国土资源部积极响应中央号召,于2010年3月27日召开国土资源系统西南抗旱找水打井紧急行动动员部署视频会议,在前阶段工作取得的初步成效基础上,对国土资源系统支援西南抗旱找水打井工作进行再动员、再部署、再落实,要求不打折扣、不讲条件,确保完成任务。自国土资源部紧急行为动员部署视频会议召开之后,河北、山西、黑龙江、安徽、福建、江西、河南、湖北、湖南、广东、四川、甘肃、青海13个省的国土资源相关单位以及中国地质调查局和直属单位,紧急调集精干力量和先进设备,自带给养,千里驰援广西、贵州、云南3个省(自治区),开展抗旱找水打井工作。

2010年西南抗旱,国土资源系统紧急抽调了14个省85家地勘单位的2600多人,调集了钻机306台,赴滇黔桂一线开展抗旱工作,完成勘探钻孔2703眼,成井2348多眼,总出水量达36万m^3/d,解决了520多万人的饮水困难。同时,也为应急抗旱找水积累了经验。

0.3.3 华北抗旱

自2010年入冬以来,华北、黄淮等地区连续数月无有效降水,持续干旱使这些地区缺水情况更加严重。有媒体报道,自2010年9月23日以来,山东全省平均降水量仅12mm,比常年偏少85%。根据降水频率分析,截至2011年2月底,山东省气象干旱已达特大干旱等级,为60年一遇,其中枣庄、泰安、莱芜、临沂、日照、聊城6个市为100年一遇,菏泽、济宁为200年一遇。山东省有2900多万亩冬小麦受旱,约占全省小麦播种面积的53%,其中重旱面积达483万亩,另外,有366条河道断流,391座水库干涸，32 万人面临临时饮水困难。据当时气象部门预测分析，如果到 2011 年 3 月底仍无大范围有效降水，山东全省旱情将进一步加剧，预计将有 4000 万亩农田受旱，近百万人出现饮水困难的情况。

针对华北、黄淮地区部分冬小麦主产区旱情持续发展和降水将继续偏少的情况，党中央、国务院十分重视，温家宝总理亲临旱区考察，指导抗旱工作，并强调要加强水源工程建设。国土资源部急国家之所急，于 2011 年 2 月 11 日组织召开了旱区 8 个省(自治区)和 8 个支援省级国土部门应急抗旱找水打井工作动员部署视频会议，成立了国土系统抗旱找水打井行动指挥部，成立华北、黄淮和西北 3 个前方工作组，并从中国地质调查局 9 个直属单位抽调技术骨干，成立了 3 个应急找水小分队、12 个应急找水小组，赴华北、黄淮和西北等抗旱一线，支援山东、河南、河北、山西、安徽、江苏、陕西、甘肃 8 个受旱省的抗旱找水打井工作。国土资源部根据实际需求，先行启动了山东、河南、河北 3 个严重受旱省的勘查找水和打井工作。

为了认真贯彻落实国土资源部的指示精神，发挥地质工作在抗旱找水中的技术优势，中国地质调查局下达了工作项目“华北严重缺水地区地下水勘查与供水安全示范”(1212011121181)，其隶属于“华北黄淮严重缺水地区地下水勘查”计划项目。该项目由水环中心承担，参加单位有四川省地质矿产勘查开发局、四川省煤田地质局、四川省核工业地质局、四川省冶金地质勘查局、山东省地质调查院 5 家地勘单位。

2011 年，北方四省抗旱找水打井紧急行动历时 70 余天，累计完成勘探钻孔 2349 眼，总钻探进尺 33.3m，成井 2227 眼，总出水量约 116.5 万 m^3/d，解决了 220 万人的饮水困难问题。

0.3.4 江西赣州四县抗旱

党的十九大把脱贫攻坚作为决胜全面建成小康社会的三大攻坚战之一。赣南四县，即赣县、宁都县、于都县和兴国县，是国家新一轮扶贫开发重点县和罗霄山脉集中连片特困县，按照国家脱贫计划要在 2019 年底实现脱贫摘帽。受水文地质条件和勘查找水技术的限制，赣南四县部分地区长期存在吃水难的问题，而安全饮水是脱贫的硬性指标。

雪上加霜的是，受气候等自然因素的影响，自 2019 年 7 月以来赣南四县持续干旱，部分村组群众缺水情况更加突出，严重影响了脱贫攻坚核心指标“两不愁三保障”中安全饮水考核的完成。2019 年 9 月，中国地质调查局为了发挥技术优势，就“关于加强找水打井服务赣州四县脱贫攻坚”做出指示。中国地质调查局迅速行动，由局总工程师室牵头，水文地质环境地质部、财务部配合，南京地调中心、武汉地调中心、水环中心 3 家直属单位发挥技术优势，采用“分县包干”的方式，在赣南四县开展找水打井，全力支撑四县脱贫攻坚工作。

经过两个多月的紧张工作，于 2019 年 12 月初完成了全部的野外工作，圆满完成了四县安全用水需求。本次抗旱工作共施工水文地质钻孔 180 眼，总涌水量达 21 187t/d，可解决 103 处共 76 238 人的安全饮水问题，为 13 处集中供水点约 143 452 人提供补充水源。

上篇

基岩地下水理论与赋存特征

1 基岩地下水理论概述

地下水理论是基岩地下水勘查的理论基础，也是在地下水勘查实践过程中系统总结认识、提升理论的结果，对地下水勘查起指导作用。而地下水勘查实践不仅检验了地下水理论的正确性，同时也促进了地下水理论的完善与发展。

我国水文界对基岩水文地质理论的创新发挥了重要的促进作用，同时基岩地下水的勘查方法技术与开发利用也处于领先地位。总结前人的研究成果，较为成熟且主流的基岩山区地下水理论主要有储水构造理论、蓄水构造理论、新构造控水理论、地下水网络理论和环套理论5种理论（表1-1），前4种理论主要关注了地下水赋存规律，环套理论突出了多元信息立体找水的技术方法。

表1-1 基岩地下水赋存理论一览表

理论	主要提出人（时间）	主要内容
储水构造理论	廖资生（1976）	储水构造是指有利于基岩裂隙水富集的地质构造条件，它不仅包括裂隙带本身，而且包括与富水带形成有关的整个构造形迹或相关范围
蓄水构造理论	刘光亚（1978）	凡是能够富集和储存地下水的地质构造，不论是次生构造还是原生构造，统称为蓄水构造。蓄水构造的基本要素有透水岩层或岩层的透水带、隔水岩层或阻水体、透水边界
新构造控水理论	肖楠森（1981）	(1)新构造富水带：在水平方向的分布很有规律，常有一定的方向性、延伸性和等距性。方向性很稳定，只有北北东和北西西两种走向是自身所特有的，其余方向常是跟踪老构造断裂；延伸性很好，可以延伸几千米，而在活动的老构造断裂带即使有这样稳定的方向性和巨大的延伸性，也没有这种富水性；等距性是指只要在某个地点找到这样一个断裂富水带，就可以在它的前、后、左、右，按照等距性找到同样或类似的断裂富水带。 (2)新构造断裂富水带：富水性只在一定深度范围内出现，在这个深度以上涌水量大，在这个深度以下则随深度越深涌水量不断减小，断裂带中裂隙充填物的变化也有类似情况。这种断裂带中的地下水在垂直方向上有入渗带、径流带、滞留带3个不同的水动力和水化学作用带
地下水网络理论	胡海涛（1980）	地下水网络狭义地讲是指地下水在岩体、岩层中遵循一定空间分布的导水结构面赋存和运移所形成的带状、网状或者网层状含水结构体的总和
环套理论	霍明远（1993）	环套理论是经典的康托尔集合论与现今的Fuzzy集合论相结合的多元信息理论，它把事物特征的精确表述与人类思维分析判断的逻辑递推聚焦性地结合在一起，缩小了研究对象的范围，从事物的局部特征组合落影去揭示事物的客观真貌，使客体固有的特性与主体的逐步认识得到统一，以达到最终的目的

1.1 基岩储水构造理论

廖资生[1-3]指出所谓"基岩储水构造",是指有利于基岩裂隙水富集的地质构造条件,它不仅包括裂隙带本身,而且包括了与富水带形成有关的整个构造形迹或相关范围。

基岩储水构造类型可以分为以下几种类型:单斜储水构造、褶曲储水构造、断裂储水构造、侵入-接触储水构造、岩脉储水构造、风化裂隙储水构造以及联合储水构造。

1.1.1 单斜储水构造

该类储水构造是指沉积岩、层状火山岩、层状变质岩和层状侵入体同向倾斜时所构成的储水构造类型,其中包括若干个不整合面或某些岩层的局部凹曲段。

首先,构造因素对单斜储水构造富水规律的控制作用表现在构造应力状态的差异造成岩石不同的倾斜状态和不同类型的含水裂隙。

岩层的不同倾斜状态对地下水的运动方式和富集过程产生决定性的影响。表 1-2 为岩层在近水平状态、缓倾斜状态、陡倾斜状态下地下水的运动方式和富水过程。

表 1-2 岩层不同倾斜状态下地下水的运动方式和富集条件[1-3]

<table>
<tr><th>构造应力状态</th><th>岩层倾斜状态</th><th>主要含水裂隙类型</th><th>岩性组合特征</th><th>地下水富集条件</th></tr>
<tr><td rowspan="2">瞬时而轻微的挤压(或挤压初期)</td><td rowspan="2">近水平(倾角5°～10°)</td><td rowspan="2">两组平面"X"形扭裂隙和追踪张性裂隙</td><td>由单一的透水性较强的厚层块状岩石组成(如砂岩、碳酸盐岩或火山岩)</td><td>地下水主要富集于扭裂隙比较密集的汇水洼地或谷地中(含水带一般在风化影响的深度内)</td></tr>
<tr><td>当有隔水层存在时</td><td>富水带可存在于当地侵蚀基准面以上有隔水岩层顶托的地方</td></tr>
<tr><td rowspan="2">持续而较强烈的挤压</td><td rowspan="2">缓倾斜(倾角10°～ 45°或小于60°)</td><td rowspan="2">主要为层面裂隙,其次是层间滑动产生的张裂隙和两组平面"X"形裂隙</td><td>由厚层塑性岩层夹薄层硬脆性岩石组成时</td><td>地下水主要汇集于硬脆性岩石夹层中(沉积岩、火山岩、变质岩均适用)</td></tr>
<tr><td>由单一的厚层透水性较好的岩石组成时</td><td>地下水主要富集于径流前进方向上有区域性隔水岩层阻挡的上游附近</td></tr>
<tr><td rowspan="2">持续而强烈的挤压</td><td rowspan="2">陡倾斜(倾角大于60°)</td><td rowspan="2">以层间滑动产生的张性裂隙为主,其次为层面裂隙</td><td>当为厚层塑性岩层夹薄层脆性岩石时</td><td>主要富集于硬脆性岩石夹层中汇水条件较好的地方</td></tr>
<tr><td>当为单一的厚层块状透水性较好的岩石组成时</td><td>地下水主要富集于垂直走向的排水沟谷或横向断裂带中</td></tr>
</table>

其次,岩层的倾向与地形坡向的关系也对基岩裂隙水的富集条件有较大影响。在山区沟谷的中游、上游地段,地下水富集的关键主要在于有无适当的储水构造条件。在透水岩层和隔水岩层相间分布的情况下,当隔水岩层倾向上游时,有利于地下水的储存;当隔水岩层倾向下游时,一部分下渗水流易于沿着浅部隔水层坡向排出地表,或者顺层流向下游远方,故不宜就地储存。此外,当岩石倾向和地形坡向相反时,层面裂隙在地面出露的数量比倾向一致时要多得多,故前者的补给条件亦比后者好。因此,岩层倾向上游将比倾向下游有利于地下水的富集。

但是在沟谷下游的地势平缓地段，上述地下水的富集条件将产生变化。此时，有无强大的侧向（即上游）补给将是富集带形成的关键，因此岩层倾向下游又比倾向上游有利于地下水的富集。

若岩层走向与沟谷方向一致时，地下水的补给和储存条件不如前一种情形，但又由于地下水顺层运动的出现，在含水层的下游段或在其横向受阻的地方，地下水亦可产生局部的富集。

单斜岩层储水构造水量的大小主要取决于主要含水层本身的裂隙类型、裂隙发育程度以及补给区面积的大小。一般来说，当主要含水层为碳酸盐岩且补给区面积较大时，水量最为丰富。

1.1.2 褶曲储水构造

褶曲储水构造主要是指那些由沉积岩或层状火山岩层组成的、两翼比较开阔且对称的褶曲所构成的储水构造。

构造因素对褶曲储水构造富水规律的控制表现在两个方面：首先，构造形迹的空间形态（如背斜、向斜及轴的倾没等）对地下水的补给、运移和聚集条件有极大的控制作用；其次，在岩层褶皱变形时，在构造形迹某些部位出现的局部张性应力裂隙常是地下水储存的良好空间。

褶曲储水构造可分为背斜储水构造和向斜储水构造两大类，两类构造中地下水运移和富集特征有着本质上的区别，但又相互依存并遵循着一些共同规律。例如两翼比较开阔的褶曲的富水性将比两翼紧密时好，不对称的褶曲中缓倾斜翼的富水性较陡倾斜翼好；褶曲构造中含水层所占比例越大，则富水带水量一般也大；对于等斜褶曲，富水特征则和单斜岩层相似。

1. 背斜储水构造

对于背斜构造来说，轴部和倾没端是两个最主要的富水部位。轴部富水主要由于纵向张裂隙发育，并在地形上常为侵蚀谷底，故具备比较理想的储水空间和补给条件。由于随着深度加深裂隙发育减弱，所以这类含水裂隙的发育深度一般较浅。对于构成分水岭地形的大型背斜来说，轴部纵张裂隙带多被剥蚀，故无意义，此时在其翼部具有和单斜岩层储水构造一样的富水规律。

背斜构造不论级别大小，其倾没端常是最有利的富水部位，在这里既有各种张性裂隙发育，在地形上又比较低洼，因而整个背斜构造形迹中地下水流都沿着层面和纵张裂隙向着倾没端汇集，尤其是当有上覆隔水岩层阻挡时更可形成理想的富水带。

2. 向斜储水构造

向斜储水构造的富水部位视其构造形态、岩性特征、主要含水层在轴部的埋深等因素不同而有所不同。

(1)对于各种透水性比较均匀的含水层来说，当其在轴部埋藏不深时，则轴部普遍富水；反之，当其埋藏较深时，地下水将主要富集于盆地边缘、主要含水层与上覆隔水岩层接触面附近。对于规模较大、两翼较缓的向斜构造，含水层在其轴部的富水深度较大；反之，规模较小、两翼较陡的向斜，主要含水层在其轴部的富水深度越小。在轴部主要含水层的构造隆起部位或上覆隔水层缺失的“天窗”区，常常既是地下水的排泄通道，也是较好的富水部位。

(2)对于含水性较差又不均匀的岩层（如某些粉、细砂岩，石英岩，层状火山岩），在向斜轴部虽普遍具有较高水头压力，但并不普遍富水；分散细小的水流常常要借助于轴部的张性或张扭性断裂破碎带，才可能构成富水带。

(3)当向斜轴部的主要含水层位高出当地侵蚀基准面时，只有在主要含水层以下具有较好的隔水垫层时，其轴部方能富水。

(4)当向斜两翼出露地面的标高相差悬殊，而产状又比较平缓时，可能出现一翼补给、另一翼排泄的情况，此时富水带一般位于排泄区一翼。

1.1.3 断裂储水构造

断裂储水构造的富水带水量的大小，主要取决于断裂的力学性质、规模，岩石的区域含水性和补给条件等。

断裂储水构造富水的原因为：首先是断裂作用所产生的密集裂隙或破碎带提供了地下水富集的场所；其次是由于某些断裂的阻水作用，地下水产生相对富集。

一般来说，压性断裂破坏程度最大，构造岩带物质细碎而结构紧密，故其储水条件最差，扭性断裂次之。在拉伸应力作用下，张性断裂破坏程度最小，构造岩带物质粗大而结构疏松，故其储水条件最佳，而断裂旁侧裂隙带发育情况和储水条件正好与张性断裂构造岩带情况相反。

对于不同的断裂，由于应力状态不同，旁侧裂隙的发育程度可有很大差别。当破碎带规模较大时，旁侧裂隙也相应较发育。对于同一条断裂，旁侧裂隙分布情况也不一样，多数断裂上盘裂隙较下盘裂隙发育，硬脆性岩石盘较塑性岩石盘发育，层状岩石盘较整体块状岩石盘发育。对于压性断裂来说，断裂面舒缓，较陡直段裂隙发育，这些规律也相应地反映在断裂两盘富水条件的差异上。此外，从各类断裂在各种构造体系中所处地位来看，压性断裂富水带的规模常常最大，扭性断裂次之，张性断裂相对较小。

断裂除提供地下水储存空间外，某些断裂的阻水作用也是富水带形成的重要条件。例如压性断裂或一盘为隔水岩层的其他断裂，当断裂走向和地下径流方向垂直时，将对补给区径流起着阻挡和相对富集作用，常常造成上游一侧地下水水位显著抬高或呈泉水溢出。

在区域地下径流强烈的地区，判断断裂的具体富水部位时，应该特别重视上述断裂与区域径流的相互关系。例如在碳酸盐岩地区，由于径流条件是岩溶发育的主要因素，因此凡具有阻水作用的断裂，一般多在上游地区的一盘富水；当其上游盘为弱透水地层，而又缺乏沿断裂带走向的补给时，下游碳酸盐岩的富水性则显著变差；当断裂走向和地下径流方向一致时，一般只能在下游地区的上盘富水。

在区域地下径流微弱的地区（如花岗岩和片麻岩等），由于断裂带的侧向径流微弱，故在断裂富水带形成过程中，径流条件的影响相对较小，此时断裂的富水部位与旁侧裂隙发育盘位一致。

断裂之间的复合关系对地下水富集条件的影响也很大。首先，不同方向断裂的交会部位（平面或剖面），经常构成较好的富水区；其次，不同时代、不同性质断裂复合时（即断裂结构面的归并），断裂破碎带的性质将发生改变。一般来说，压性断裂是各次构造运动的主结构面，规模巨大，破坏程度最深，因此当压性断裂和其他性质断裂重合时，压性断裂的特征总起着支配作用。后期的扭动不易改变前期断裂的性质，但先扭后张时，断裂则主要表现为张性特征。

1.1.4 侵入-接触储水构造

侵入-接触储水构造是指火成岩体和围岩之间形成的储水构造。按接触的性质，该类储水构造可分为侵入接触和沉积接触两大类。两类接触构造主要富水原因都在于火成岩体透水性较差，对围岩中的地下径流起着相对阻挡作用和汇集作用。对于沉积接触来说，它的储水裂隙就是围岩中的各种裂隙；对侵入接触来说，它的储水裂隙成因比较复杂，除围岩原有的各种裂隙外，还有侵入体的成岩裂隙和岩浆挤压作用下产生于围岩中的肿胀裂隙。此外，很多侵入体本来就是沿着断裂带侵入的，而后又再次活动，因此增加了更多的储水空间。

侵入-接触储水构造的富水性主要取决于接触的性质、围岩的区域含水条件和补给条件。很显然，在相同的围岩条件下，侵入接触的储水条件比沉积接触有利得多。在侵入接触中，接触面与断裂面一致时的储水条件又比单纯侵入接触时好。

围岩的区域含水条件直接影响着富水带水量的大小。在我国富水意义最大的莫过于碳酸盐岩和酸性岩浆岩侵入体形成的储水构造。由于接触蚀变带内有金属硫化物等矿物存在，活动于该带内的地下水酸度较高、侵蚀性强，从而有利于岩溶作用的进行。

火成岩侵入体与变质岩或沉积碎屑岩之间以及火成岩与火成岩之间的侵入接触储水构造由于围岩的区域含水性较差，在无断裂构造参与下，富水带的规模一般较小。

补给条件也是该类富水带形成的重要因素，当接触带和地下径流方向垂直、侵入体位于下游一侧时，富水条件最为有利；反之，则差。在某些情况下，当下游一侧围岩透水性极差时，甚至可能出现侵入体一侧富水的现象。当接触带和径流方向一致时，一般只能在接触带的下游地区或径流受阻的地方形成地下水局部富集。

1.1.5 岩脉储水构造

岩脉储水构造主要是指一切岩石中的岩墙所形成的储水构造。在大面积弱透水地层分布地区和地下水深埋的碳酸盐岩补给区，岩脉储水构造常常是地下水富集的主要形式。

岩脉的储水裂隙主要有：第一，岩脉侵入过程中挤压围岩形成的局部压扭和张扭性裂隙；第二，岩脉本身冷凝过程中形成的横向张性裂隙；第三，在后期构造运动中，脉壁两侧岩体常常产生相对运动，而出现低序次的羽状张性或扭性裂隙。经过再次断裂作用的岩脉的储水条件比无断裂作用的岩脉要好得多。

岩脉储水构造按岩脉本身的透水性和对区域地下径流的阻导作用，可分为阻水岩脉和汇水岩脉两大类。

当岩脉脉体和接触带附近围岩裂隙较发育，岩脉对两侧透水性较差围岩中的地下水起着汇集作用；当岩脉的裂隙主要发育在围岩接触带或脉体的外缘，而脉体本身裂隙不发育，岩脉对区域地下水径流起着相对阻挡作用，即为阻水岩脉，其富水带一般位于岩脉上游一侧。

对于岩脉储水构造的富水性而言，汇水岩脉因围岩透水性较差，故富水性主要取决于岩脉本身的裂隙发育程度和分布长度，而阻水岩脉主要取决于围岩的区域含水条件和补给区面积大小。

1.1.6 风化裂隙储水构造

由于风化裂隙水并非主要受构造因素的控制，廖资生的储水构造理论中没有进行详细论述。张人权等[4]所著的《水文地质学基础》一书中对风化裂隙水进行了详细论述。风化裂隙储水构造的富水规律受风化裂隙的发育控制，而风化裂隙的发育又受到岩性、气候、地形的控制，表现为：由多种矿物组成的粗粒结晶岩（花岗岩、片麻岩等）的不同矿物热胀冷缩不一，风化裂隙水主要发育于此类岩石中；在气候干燥而温差大的地区，岩石热胀冷缩及水的冻胀等物理风化作用强烈，有利于形成导水的风化裂隙；地形比较平坦、剥蚀及堆积作用微弱的地区，有利于风化壳的发育与保存。

1.1.7 联合储水构造

由两种以上储水构造共同构成某一富水带时，该类构造则为联合储水构造。这种联合储水构造是多数大型富水带的主要形式，它对地下水的富集特别有利。常见而意义较大的联合储水构造有单斜断裂储水构造、单斜侵入接触储水构造、褶曲断裂储水构造、单斜岩脉储水构造、岩脉断裂储水构造。

以上几种联合储水构造均是依靠前面一种储水构造完成地下水的主要富集过程，而后一种储水构造主要起着强化富水带的作用。例如单斜断裂储水构造中，地下水富集过程主要是由单斜储水构造完成的，而断裂附近的次级构造常常是强富水带。

1.2 基岩蓄水构造理论

在影响基岩地下水富集的诸多因素中，地层岩性是地下水储存的基础，地质构造是控制地下水埋藏、分布和运动的主导因素，地貌是影响地下水补给、径流、排泄的重要因素。刘光亚[5-7]指出凡是能够富集和储存地下水的地质构造，不论是次生构造还是原生构造，统称为蓄水构造。蓄水构造的基本要素有透水岩层或岩层的透水带、隔水岩层或阻水体、透水边界(图 1-1)。

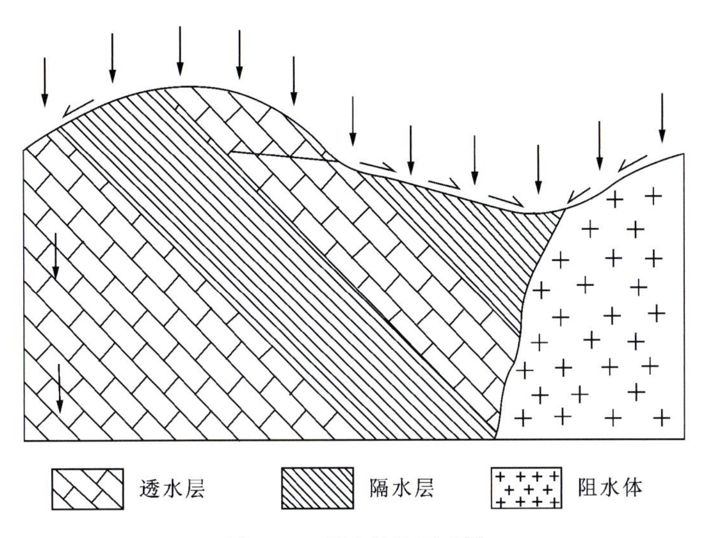

图 1-1 蓄水构造要素[6]

透水的岩层或岩层的透水带构成蓄水构造储存地下水的空间条件。隔水岩层或阻水体构成蓄水构造的隔水边界，依靠它的隔水作用把地下水阻挡在透水层里，使之成为含水层。透水边界的条件构成蓄水构造中地下水补给、排泄的交替循环条件，蓄水构造通过透水边界发生水量交换，外界的水文、气象信息通过透水边界作用于蓄水构造，使蓄水构造成为一个不断接受补给又不断排泄且具有某种动态的地下水交替循环体系，处在高势能部位的透水边界对蓄水构造地下水起补给作用，低势能部位的透水边界对蓄水构造地下水起排泄作用。构成蓄水构造必须同时具备以上 3 个条件，缺一不可。

刘光亚[6]依据蓄水构造成因的差异性、蓄水构造基本要素的差异性以及分类的适用性，总结了单式蓄水构造类型，包括阻水型蓄水构造(图 1-2)、滞水型蓄水构造(图 1-3)、褶皱型蓄水构造(图 1-4)、断裂型蓄水构造(图 1-5)、接触型蓄水构造(图 1-6)、风化壳型蓄水构造(图 1-7)以及岩溶型蓄水构造(图 1-8)。刘光亚[7]又对上述分类进行了改进和补充，新分类见表 1-3。表中所列的蓄水构造类型都是单一成因类型，自然界中还有大量的由多种构造因素形成的复杂蓄水构造。

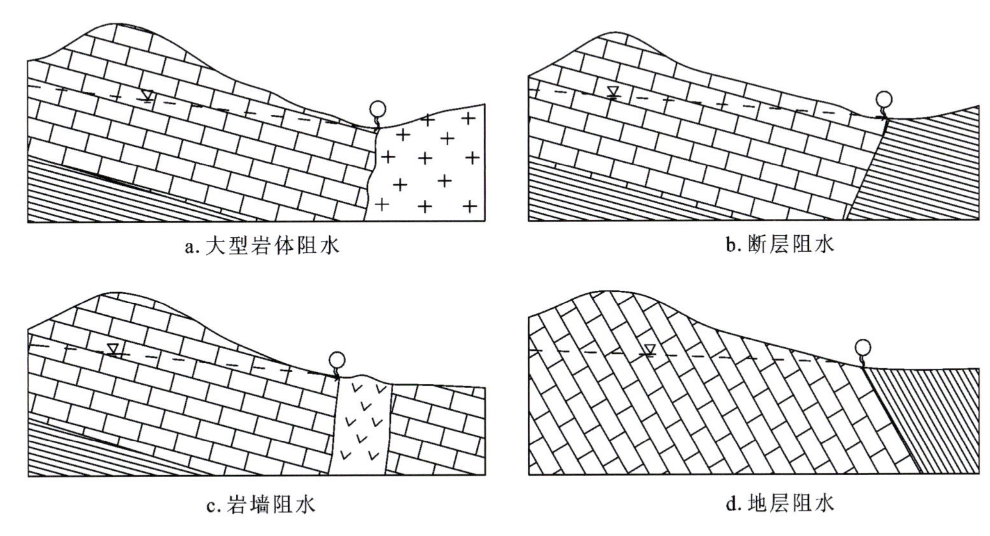

图 1-2 阻水型蓄水构造[6]

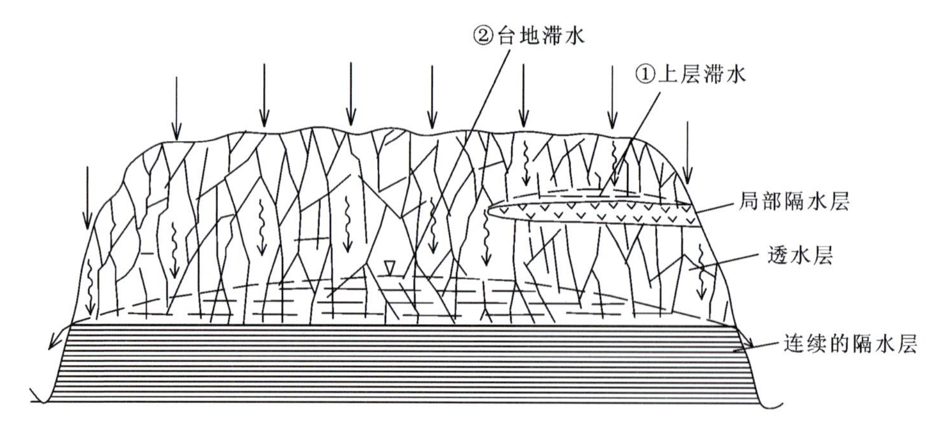

图 1-3　滞水型蓄水构造[6]

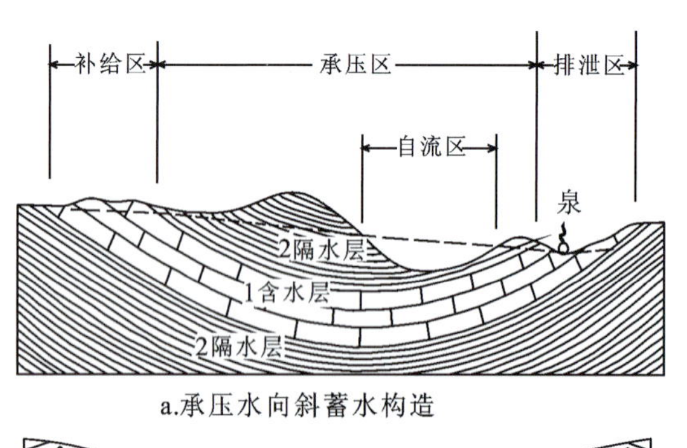

a.承压水向斜蓄水构造

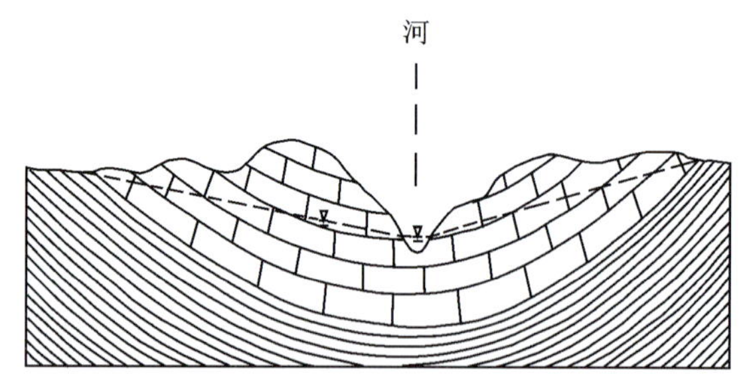

b.潜水向斜蓄水构造

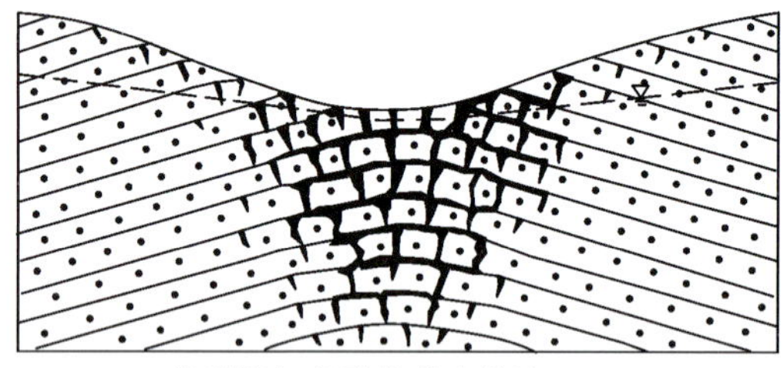

c.背斜轴部张裂隙蓄水构造

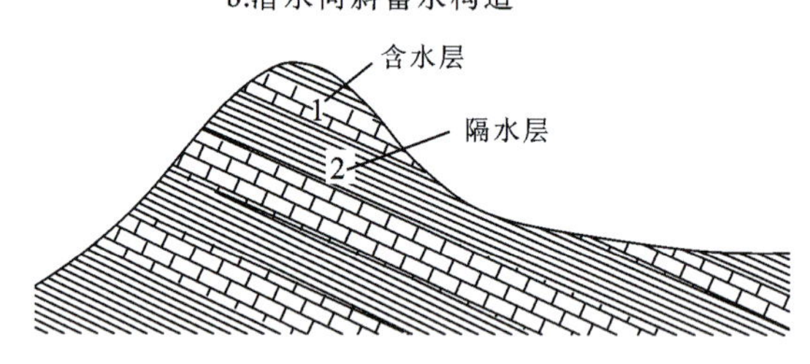

d.单斜蓄水构造

图 1-4　褶皱型蓄水构造[6]

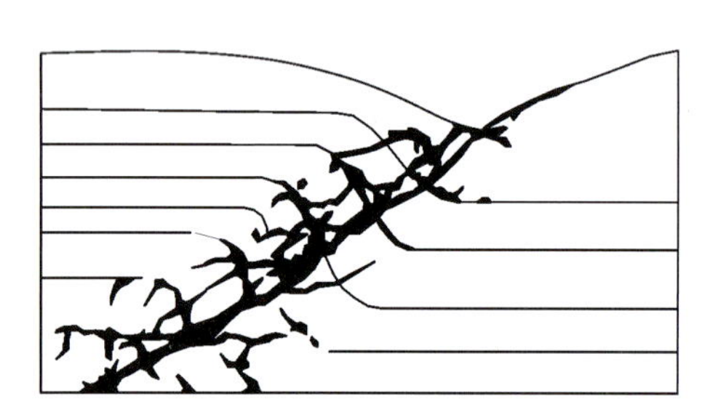

a.断层蓄水构造

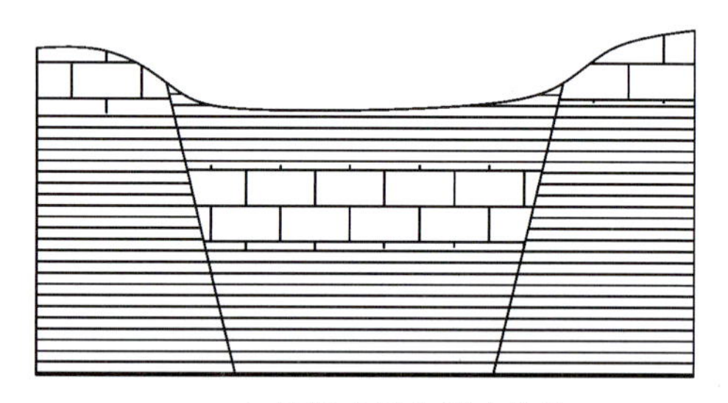

b.地堑式断块蓄水构造

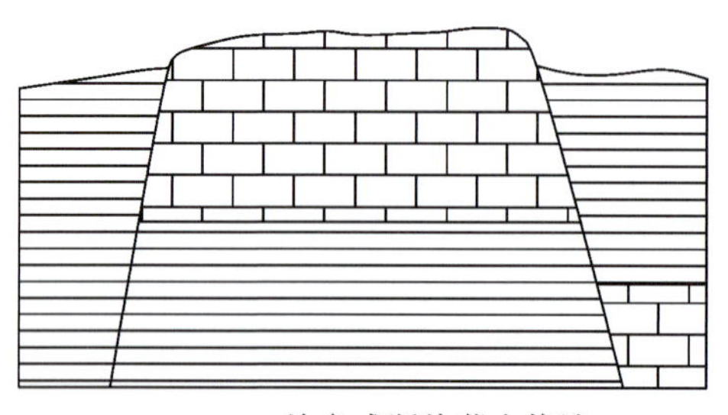

c.地垒式断块蓄水构造

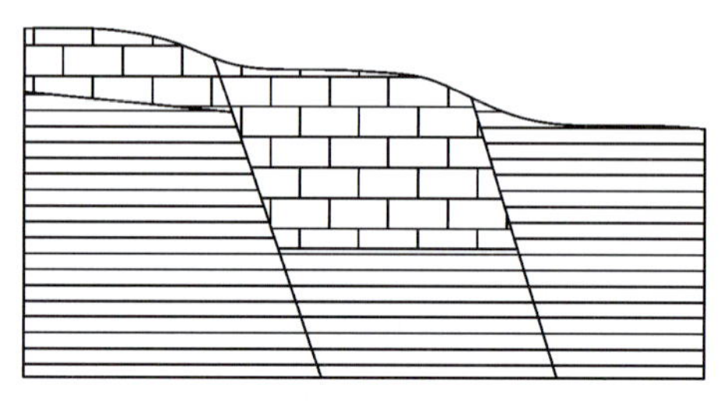

d.阶梯式断块蓄水构造

图 1-5　断裂型蓄水构造[6]

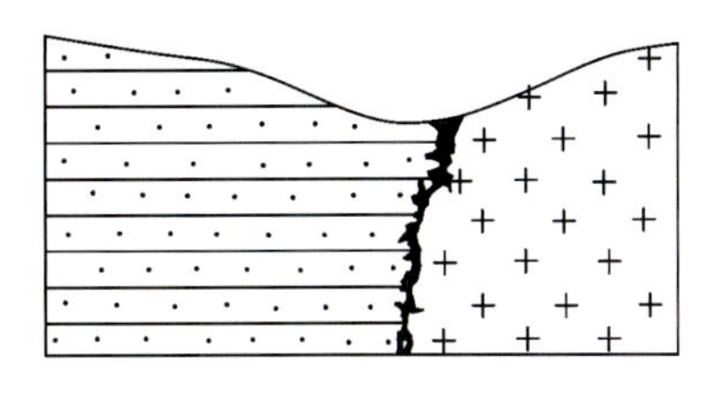

a.侵入接触带蓄水构造

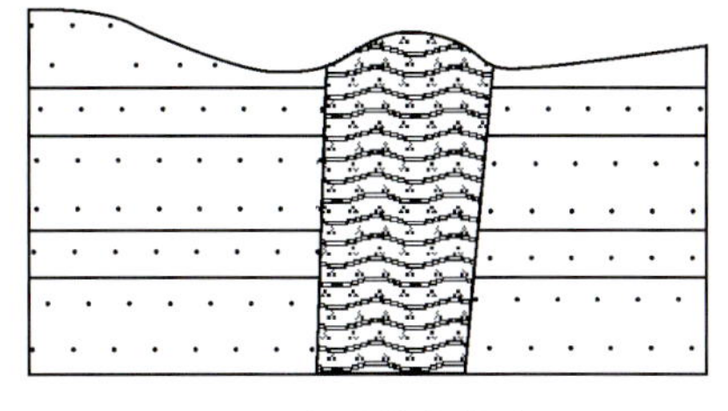

b.岩脉蓄水构造

c.不整合接触蓄水构造

图1-6 接触型蓄水构造[6]

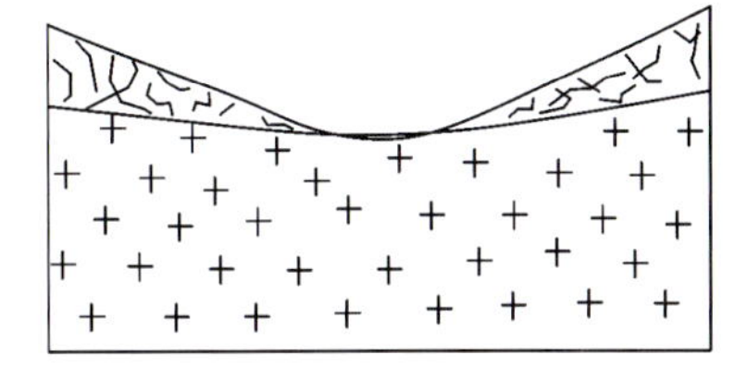

a.洼地风化带蓄水构造

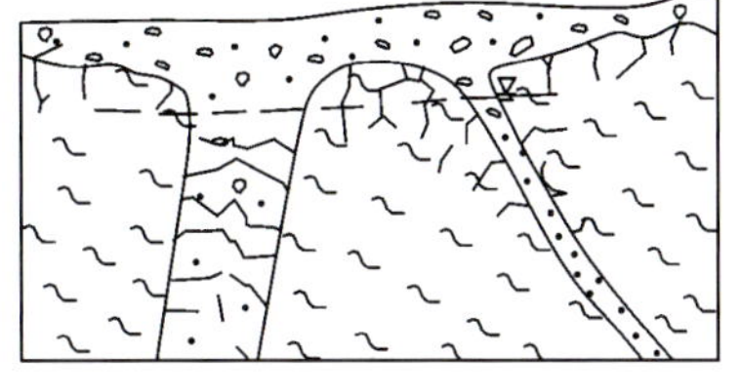

b.带状风化带蓄水构造

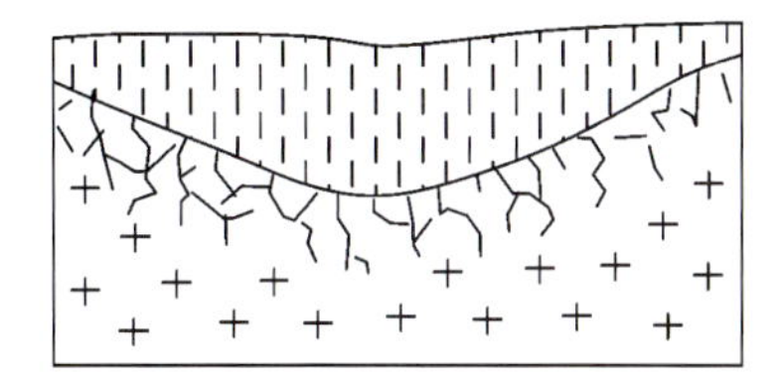

c.埋藏风化带蓄水构造

图1-7 风化壳型蓄水构造[6]

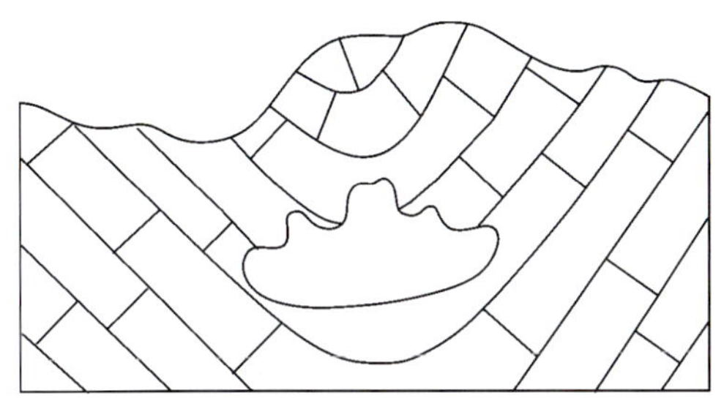

a.岩溶地下河

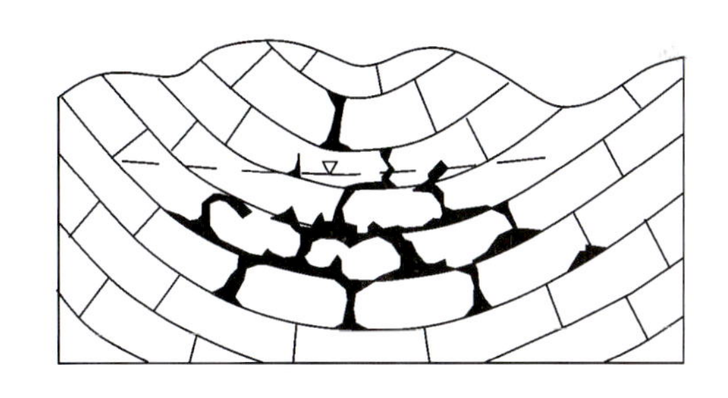

b.岩溶径流带

图1-8 岩溶型蓄水构造[6]

表1-3 蓄水构造分类表[7]

<table>
<tr><th>类型</th><th colspan="3">蓄水条件</th></tr>
<tr><td rowspan="2">水平岩层蓄水构造</td><td colspan="2">滞水式</td><td>原生水平层状构造。透水岩层位于排泄基准面以上，靠底板隔水层阻挡，地下水滞留其上，形成上层滞水或悬挂滞水</td></tr>
<tr><td colspan="2">浸没式</td><td>原生水平层状构造。透水层位于排泄基准面以下，处于浸没饱水状态</td></tr>
<tr><td>单斜蓄水构造</td><td colspan="2">承压水斜地</td><td>由透水层、顶板隔水层、底板隔水层组成的原生或次生单斜构造。透水层倾没端被隔水边界封闭（透水层尖灭、相变或被阻水体封闭），掀起端出露地表接受补给，形成承压水斜地</td></tr>
<tr><td rowspan="3">褶皱型蓄水构造</td><td rowspan="2">向斜蓄水构造</td><td>承压水盆地</td><td>由透水层、顶板隔水层、底板隔水层组成的向斜构造。两翼透水层出露区接受补给，形成承压水盆地</td></tr>
<tr><td>潜水盆地</td><td>由透水层和底板隔水层组成的向斜构造。透水层之上无隔水层覆盖，形成潜水盆地</td></tr>
<tr><td colspan="2">背斜蓄水构造</td><td>背斜轴部张力带裂隙发育，构成含水介质，两翼裂隙不发育的岩层构成隔水边界，背斜谷地形有利于补给和汇集地下水</td></tr>
</table>

续表 1-3

类型			蓄水条件
断裂型蓄水构造	断层蓄水构造		新构造断裂带或尚未填充胶结的老构造断裂带构成含水带，两盘完整的岩石构成相对隔水边界，从与断层有联系的含水层或地表水体获得补给
	断层阻水式蓄水构造		阻水断层的不透水盘或不透水构造岩将地下水阻挡在上游含水层里
	断块蓄水构造		地堑、地垒、阶梯式断块构造，两断层之间的断块出露含水层，两侧有断层阻水，地下水在中间断块含水层中富集
接触型蓄水构造	侵入接触带蓄水构造		岩浆岩体侵入相对不透水的岩层中，当接触带裂隙发育时则构成含水带，岩体及围岩构成相对隔水边界，在有利的补给条件下接触带富集地下水
	岩体阻水式蓄水构造		侵入强透水岩层中的岩浆岩体将地下水阻挡在上游强透水岩层中富集起来
	岩脉蓄水构造		侵入韧性的相对不透水岩层中的脆性岩脉或岩墙，岩脉、岩墙及其与围岩的接触带裂隙发育，构成含水带，富集来自地表及围岩的地下水
	不整合蓄水构造	埋藏洼地蓄水构造	新地层透水，老地层隔水，不整合面为一被新地层埋藏的盆地或谷地，地下水在埋藏盆地或埋藏谷地富集
		古潜山蓄水构造	新地层隔水，老地层透水，不整合面为一被新地层埋藏的古潜山，地下水在古潜山中富集
风化壳蓄水构造			风化裂隙带透水，其下未风化的完整岩石构成隔水底板，地下水在地形低洼部位或坡积物阻水部位的风化带里富集

1.3 新构造控水理论

肖楠森等[8-9]提出，在支配地下水资源分布的各种自然历史条件中，新构造运动起了控制性的作用，对地下水资源分布的控制作用表现在水平方向和垂直方向上。

1.3.1 新构造运动在水平方向上对地下水资源分布的控制作用

从地质构造上来说，大的断裂带之间会出现很多小的断裂带，这些断裂带等级不一，形成了一系列大小不一的地堑区和地垒区。地堑区多形成巨大的沉积堆积平原或盆地，地垒区新生代盖层很少，都是一些基岩裸露的山区或丘陵地区。

在地堑区，无论是大平原还是大盆地，在水平方向上它们从边缘到中心都有一定的分带特点。在平原或盆地的边缘，地下水资源分布比较复杂，有承压的、非承压的，有埋藏深的、埋藏浅的，水量变化也比较大，水质大多数是重碳酸型的淡水。而在平原或盆地的中心，一般埋藏浅、承压，水质以咸水、半咸水、氯化物或硫酸盐型水为主。平原或盆地边缘地带与中心地带新构造运动差异越大，则这种分带越明显。

在地垒区，最常见和分布最广的地下水资源是基岩中新构造断裂带以及在活动的老构造断裂带的裂隙水和岩溶裂隙水。但无论是哪一种断裂富水带，在水平方向的分布是很有规律的，常有一定的方向性、延伸性和等距性。新构造断裂带的方向性很稳定，只有北北东和北西西两种走向是自身所特有的，其余方向常是跟踪老构造断裂形成的。新构造断裂富水带的延伸性很好，可以延伸几千米甚至上千千米，而在活动的老构造断裂带即使有这样稳定的方向性和巨大的延伸性，也没有这种富水性。断裂富水带的等距性是指只要在某个地点找到这样一个断裂富水带，就可以在它的前、后、左、右按照等距性找到同样或类似的断裂富水带。

1.3.2 新构造运动在垂直方向上对地下水资源分布的控制作用

在一些长几千米的断裂或者新构造断裂富水带，其富水性只在一定深度范围内出现，在这个深度以上涌水量大，这个深度以下涌水量随深度降低不断减小，断裂带中裂隙充填物的变化也有类似情况。这种断裂带中的地下水在垂直方向上可以有3个不同的水动力和水化学作用带(图1-9)。

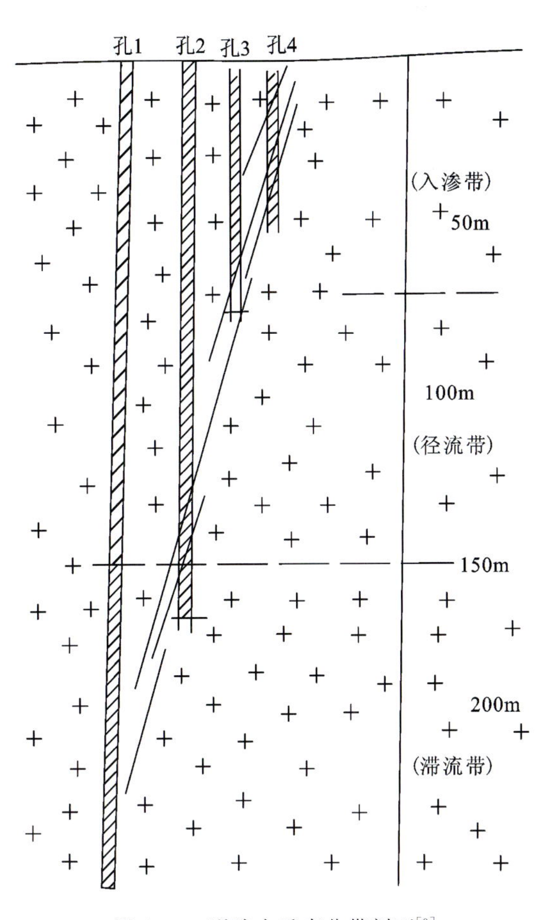

图1-9 裂隙水垂直分带剖面[9]

1. 地下水淋滤澄清入渗带

此带中沿裂隙下渗的氧气、二氧化碳、泥沙等，与围岩发生风化淋滤作用，泥沙沉积，地下水继续下渗，因此这一带中水量水质不稳定，易受污染，不宜开采利用。

2. 地下水侵蚀溶蚀径流带

从上一带中下渗而来的氧气、二氧化碳以及少量泥沙继续与围岩裂隙面发生侵蚀、溶蚀作用，然后继续下渗，水量水质稳定，多为承压水，宜开采利用。

3. 地下水矿化浓缩滞流带

下渗而来的水由于含有大量的溶解物质，达到饱和或过饱和状态，在一定条件下发生化学沉淀将裂隙封闭，形成各种各样的地下水沉积矿脉，此带内水量水质差，全为承压水，不宜开采利用。

由于岩性和裂隙构造条件不同，裂隙的分带性有各种各样的情况，可以出现单个裂隙或单个断裂带地下水的垂直分带性，也可以出现多组裂隙的垂直分带性。

有不少学者就新构造运动对地下水的控制作用进行了讨论研究，肖楠森和高明[9]论述了新构造断裂对水资源开发利用的影响；张尔匡[10]论述了新构造运动对河北平原基岩岩溶含水层的控制作用；常丕兴和马致远[11]讨论了新构造运动对地下水的形成、分布、运移和富集都有重要的控制作用；肖楠森和吴春寅[12]论述了阶地丘陵中新构造运动对水资源分布的控制。

1.4 地下水网络理论

胡海涛和许贵森[13]指出，地下水网络的含义狭义地讲是指地下水在岩体、岩层中遵循一定空间分布的导水结构面在赋存、运移所形成的带状、网状或者网层状含水结构体的总和。

基岩山区由于挽近时期的构造运动，形成一系列的断陷或坳陷谷地和盆地，其中堆积了深厚的第四系沉积物，成为地下水的汇聚场所。这种层状孔隙水与基岩山区的裂隙水网络联系起来组成了区域地下水网络。这些盆地、谷地与地表水系中的湖泊和水库相类似，往往成为区域地下水网络中的主干构造或盆装储水构造。

地下水网络的平面基本模式取决于一定的构造型式，可分为下列几种模式(图1-10)。

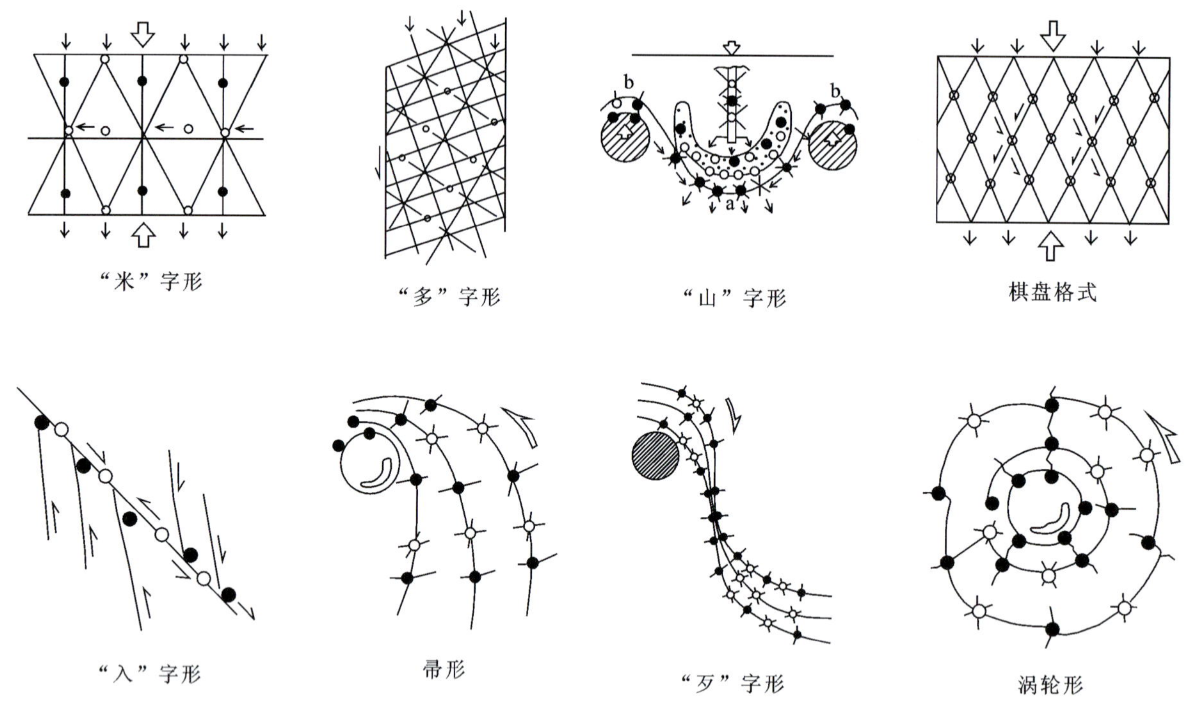

图 1-10　地下水网络模式[13]

1."米"字形网络模式

此种网络模式是一对平面压应力作用下的应变图像，受纬向及经向构造体系的控制，前者呈正"米"字形，后者呈侧"米"字形。富水部位为张性断裂及其与其他断裂的交会部位、压性断裂迎水面的旁侧派生裂隙带、褶皱轴部的纵张裂带及网层状含水层、向斜轴部及背斜的倾伏端。

2."多"字形网络模式

此种网络模式为平面上一对力偶扭应力作用下的应变图像。富水部位为压扭性断裂主动盘的派生裂隙带、张扭及扭张性断裂及其与压扭性断裂的交会部位。挽近时期活动的"多"字形构造体系的坳陷或断陷中往往沉积有深厚的第四系含水层，为孔隙层状水的富集地带。

3."山"字形网络模式

此种网络模式受"山"字形构造型式的控制，其应力状况与应变图像酷似平板梁的弯曲，它的构造要素有前弧、反射弧、脊柱、马蹄形盾地和砥柱。富水部位包括：①前弧弧顶或反射弧弧顶，压扭性断裂与放射性张性断裂交会部位；②前弧背斜、向斜轴部及压扭性断裂上盘，处于地下水流向的下游部位；③脊柱前缘与马蹄形盾地的交界处；④马蹄形盾地坳陷及断陷中第四系孔隙层状水的构造。

4. 棋盘格式网络模式

此种网络模式为简单的压应力或平面力偶扭应力所形成的应变图像，成为一套共轭组合的扭裂面，一般倾角较陡，发育在地层较平缓的地区。当地层轻微褶皱之后，常沿两组扭裂隙而形成追踪张裂隙，这时更有利于地下水的富集。富水部位包括追踪张裂或与扭裂的交会部位、两组扭裂的交会部位。

5.“入”字形网络模式

此种网络模式由主干断裂与分支断裂所组成，分支断裂可以在断层的一侧或两侧发育，在主干断裂与分支断裂交会处岩石特别破碎，往往形成富水部位。

6. 旋卷构造网络模式

此种网络模式受多种多样的旋卷构造型式所控制，有帚形、“歹”字形、涡轮形等。它们的地下水网络各不相同，但由于它们的运动方式都是围绕某一中心（砥柱或旋涡）旋扭，因此在富水规律上有共同之处，表现为：砥柱四周应力比较集中，岩石破碎严重，尤其是张扭性旋回面比较富水；旋涡部位为第四系坳陷时，松散沉积物中的孔隙水比较富集；旋回层如为第四系环形或弧形谷底，其中如果堆积了深厚的第四系沉积物，会成为天然地下水库；富水位置多位于沿旋回面或与垂直于旋回面的次级张扭性断裂的交会部位、弧形断裂或环形断裂曲率较大的部位、弧形断裂的收敛部位。

1.5　环套理论

基岩山区赋存裂隙水和岩溶水，由于受强烈构造运动的影响，蓄水构造复杂，若仅利用单要素信息进行勘查，则查明地下水的赋存规律存在较大难度。因此，需要利用能解释基岩地下水运动规律的多元信息进行综合勘查才能达到预期的效果，“环套理论”便是一种多元信息理论。

环套理论[14-15]是经典的康托尔集合论与现今的Fuzzy集合论相结合的多元信息理论，认为找水工作是多重环套、环环相扣的分析和勘查过程。通常把已知资料的分析作为一环、野外实地地质调查作为一环、地球物理勘查作为一环，秉承多环肯定、单环否定的原则，具体问题具体分析，逐步获得富水段、蓄水构造以及布井位置的信息。

1.5.1　“多重环套理论”的数学表达

多重环套理论（又称多重环套方法）[15]的数学含义为Fuzzy（模糊）集的映射。Fuzzy集的映射是该方法产生的基础。

设$\widetilde{A}$为Fuzzy集，即

$$\widetilde{A}=\left[\frac{a_1}{\mu_1},\frac{a_2}{\mu_2},\cdots,\frac{a_i}{\mu_i},\cdots\right] \tag{1-1}$$

式中：μ_i为勘查区中的一个区块；a_i为该区块中有水的程度取值[0,1]，a_i根据有关勘查手段采用Fuzzy运算确定。

式(1-1)中a_i值越大，有水程度越高，那么通过对a_i值的比较，就可以确定下一步需要重点勘查的区块。假设该区块是μ_j，将其再划分为多个更小的区块v_i，并对其有水程度分别进行勘查，可以获得

$$\widetilde{B}=\left[\frac{b_1}{v_1},\frac{b_2}{v_2},\cdots,\frac{b_i}{v_i},\cdots\right] \tag{1-2}$$

式中：b_i为区块v_i中有水的程度，取值[0,1]，同样通过对b_i值的比较可以确定下一步需要重点勘查的区块。假设该区块为v_j，再将其划分为更小的区块k_j，并对各区块进行勘查，从而获得

$$\widetilde{C}=\left[\frac{c_1}{k_1},\frac{c_2}{k_2},\cdots,\frac{c_j}{k_j},\cdots\right] \tag{1-3}$$

式中：c_j为区块k_j中有水程度，取值[0,1]。上述循环可以不断重复下去，最终达到勘查目的。

1.5.2 “多重环套方法”在供水勘查中的应用

设室内区域资料分析找水所得的信息为$\widetilde{A}$集，包括遥感信息（$\widetilde{A}_1$集）、水文地质信息（$\widetilde{A}_2$集）、构造地质信息（$\widetilde{A}_3$集）及其他信息（$\widetilde{A}_4$，$\widetilde{A}_5$，…）；野外实地调查找水所得的信息为$\widetilde{B}$集，它是在室内区域资料分析的基础上，对有水程度较大的地区进行实地调查、验证后获得的信息，包括地层调查信息（$\widetilde{B}_1$集）、构造调查信息（$\widetilde{B}_2$集）、水文地质调查信息（$\widetilde{B}_3$集）及其他调查信息；地球物理勘探找水所得的信息为$\widetilde{C}$集，包括电阻率法、激发极化法、声频大地电场法、静电α卡法等获得的信息。$\widetilde{A}$集信息主要从宏观上反映“有水”的程度，$\widetilde{B}$集信息主要从局部范围反映“有水”的程度，$\widetilde{C}$集信息从更小的区块以至于“点”上反映“有水”的程度。这相当于在实际工作中把勘查区看成若干个区块，用各种调查手段确定各个区块“有水”的程度，并通过模糊集运算，使“有水”的信息清晰。随着工作的深入，区块逐步缩小，“有水”的信息越来越清晰，与此同时，哪里富水也就一目了然。

在应用环套理论时，为保证结果的准确性，必须坚持多环肯定、单环否定的原则。在多环肯定过程中，还会出现否定结果，但这种情况出现的概率显然已经大大地降低了。

1.6 小　结

本章介绍了基岩地下水赋存的5种理论，分别是储水构造理论、蓄水构造理论、新构造控水理论、地下水网络理论、环套理论。各理论从不同角度对基岩地下水的赋存运移规律进行了研究，是基岩地下水理论的组成部分。

（1）储水构造理论主要阐述了构造因素对储水构造的富水性影响，包括单斜储水构造、褶曲储水构造、断裂储水构造、侵入-接触储水构造、岩脉储水构造、风化裂隙储水构造以及联合储水构造。

（2）蓄水构造的基本要素有：透水岩层或岩层的透水带、隔水岩层或阻水体、透水边界。透水的岩层或岩层的透水带构成蓄水构造储存地下水的空间条件，隔水岩层或阻水体构成蓄水构造的隔水边界，透水边界的条件构成蓄水构造中地下水补给、排泄的交替循环条件。

（3）新构造运动对地下水资源分布的控制作用表现在水平方向和垂直方向上。

（4）地下水网络的平面基本模式决定于一定的构造型式，可分为“米”字形网络模式、“多”字形网络模式、“山”字形网络模式、棋盘格式网络模式、“入”字形网络模式、旋卷构造网络模式等。

（5）环套理论是一种多元信息理论，通过综合多方面信息，缩小研究对象的范围，以达到最终的目的。

2 基岩地下水形成运移的影响因素

基岩地下水的形成、赋存与分布规律是多种因素综合作用的结果，主要影响因素包括地层岩性、地质构造、水交替条件及气候因素等。在诸多因素中，哪一个因素都不是孤立的，它们之间密切联系又相辅相成，并且在不同条件下主导因素和非主导因素可能互相转化。在一个较小的范围内，同一地质历史时期的气候差异微小，可视为一致。因此，基岩地下水的主要影响因素为地层岩性、地质构造及水交替条件。

2.1 地层岩性的影响

岩石中各种成因的裂隙、溶隙和孔隙是基岩地下水赖以赋存的基础，而这些空隙的形成与岩石本身的性质、形成时代、成因、形成环境及形成后的变化(构造应力等)密切相关。同时，不同岩性的地层组合方式对空隙的形成亦有影响。

(1)岩石对地下水的控制作用主要是由岩石的物质组成与结构构造决定的，表现为：①岩石的物质组成主要体现在岩石中可溶物质的含量，它是岩溶发育的物质基础；②岩石的结构构造决定了岩石的原生孔隙及力学性质。

(2)原生孔隙与生成时代和成因密切相关，如新生代微弱胶结的碎屑岩粒间孔隙大、连通性好，而新生代基性火山灰渣层中的孔洞亦占较大比例。

(3)力学性质不同的岩石在应力作用下表现出不同的破坏形式，包括弹性、塑性和蠕变变形，从而决定了构造裂隙的含水性能(发育密度、张开程度)。

(4)地层组合方式对空隙的形成亦有影响，主要体现在沉积岩中不同岩性的层序组合上。例如塑性的泥页岩中夹有脆性的砂岩、碳酸盐岩等组合方式，在构造应力作用下，脆性岩层容易形成垂直于岩层层面的张性裂隙，有利于地下水的运移、赋存。

2.2 地质构造的影响

构造对地下水的控制作用在不同性质的岩石中会有所差异，在脆性及可溶性岩石中的作用是决定性的，而在塑性及松散岩石中则影响微弱。构造对地下水的控制作用体现在两方面，即构造体系控制了区域地下水的分布规律，而裂隙水的局部富集主要受构造形迹所控制，具体如下。

(1)构造体系是大体上同一构造运动时期所形成的许多不同形态、不同力学性质、不同等级和不同序次的具成生联系的构造形迹的总体[13]。这一系列构造形迹的规模大小不等，但具有一定的展布规律。组成不同构造形迹的构造要素是不同力学性质的结构面，力学属性的差异使结构面的性状、构造岩的性质及旁侧派生构造的发育程度等均有所不同，从而使其各具不同的水文地质特性。这些不同体系的结构面在区域上按照一定的方式和规律组合在一起，控制了岩体、岩层中地下水的补给、径流、富集和排泄条件，形成地下水网络。

(2)由于构造的力学性质不同,受力规模和受力次数不同,岩石的裂隙发育也表现出一定的规律性,直接影响基岩的赋水性和地下水的富集规律。

在同一构造应力场的作用下,在同一力学强度的岩石中,产生的各种不同力学性质的结构面及结构面上的应力性质和应力大小是不同的;因而这些结构面的闭合或张开程度不同,赋水性也有差异。例如在同一背斜轴面上,张性节理一般发育于中和面以上,赋水性较好;而压性节理一般发育于中和面以下,赋水性较差。

不同水文地质特征的构造在空间上的组合方式也对地下水富集起着决定性作用,即构造控制着裂隙水的储存特征,储水环境影响着裂隙水储存富集、运移。若没有储水的环境条件,裂隙空间也只能成为临时性的过水通道,地下径流就很难相对集中富集。适宜的储水条件主要取决于构造条件,如各种有利于地下水富集的向斜盆地或其他构造断陷,各种隔水岩层在空间上所形成的封闭环境,各种阻水界面(岩体、断层等)在垂直地下水流动方向上所形成的阻水墙等。

2.3 水交替条件的影响

水交替条件包括补给条件,裂隙水流的循环方式、循环途径、深度及强度等。水交替条件对裂隙水富集条件的影响主要表现在以下几个方面。

(1)裂隙水交替强度极大影响了裂隙的张开度和连通性。裂隙提供了地下水的流动与赋存空间;相反,地下径流又反过来对裂隙空间的扩展起促进作用。尤其在可溶岩地区,水流的交替强度是促进岩溶发育的极重要因素。从某种意义上看,这种影响比碳酸盐岩的矿物成分、化学成分、水的侵蚀性等对岩溶发育的影响还重要。在难溶岩地区,地下水流的交替强度,是岩石物理化学风化作用和冲刷作用加剧的主要因素。无论哪一种作用,其结果都是促进岩石裂隙进一步增多,扩展、连通性变好,含水性能改善,赋水性增大。正因如此,通常在地下径流区局部或区域排泄区附近,岩石裂隙或岩溶发育条件最好,裂隙水最易富集。

(2)水交替深度决定着区域主要含水裂隙带或富水带的分布深度。水交替的深度除与构造带发育的深度有关外,还与地下径流场内岩层的导水性和排泄点(区)的高程有关。也就是说,岩石的区域渗透性越好,补给区和排泄区相距越远、水头差越大,则水交替深度越大。在不同地区,交替深度在弱透水岩层地区较小,在强透水的岩溶区及深大断裂带附近较大。

(3)地下水的流域面积和补给强度直接影响着富水带的富水程度。地下水流域面积不仅与地形有关,而且与构造、岩溶发育等条件关系密切,基岩地区地下水流域的范围可能与地表流域的范围不一致。

3 岩溶溶洞水赋存、运移特征

3.1 南方岩溶及岩溶溶洞水特征

可溶岩包括碳酸盐岩类、硫酸盐岩类、氯化物岩类，笔者从应用角度出发仅讨论广泛性分布的碳酸盐岩可溶岩。从区域变化上看，我国东部从北方到南方，碳酸盐岩出露层位愈来愈新，华北地块主要是中—新元古界和下古生界，扬子地块主要是古生界，而华南准地块主要是上古生界，南方岩溶发育的岩性条件优于北方[16]。秦岭、淮河以南为南方岩溶区，相当于热带、亚热带湿润气候的侵蚀-溶蚀岩溶类型。岩溶溶洞水主要存在于南方岩溶。发育于碳酸盐岩中的溶隙和溶洞是岩溶地下水的两种储水空间，组成了溶隙-溶洞双重含水系统；而地下水则以隙流、管流两种径流形式存在。

我国南方岩溶主要分布于西南部，以贵州为中心，包括滇东、川南、桂西、湘西和鄂西等，总面积达50万 km^2，是世界上连片分布面积最大的岩溶区[17]。特点为：广泛分布，质纯，厚层，以连续型岩溶层组类型为主，在新生代有强烈的地壳上升活动；气候温暖、多雨，且第四纪冰川影响相对较小，给南方岩溶的发育创造了极为有利的条件。地表岩溶是以峰林地形为标志的一套岩溶形态组合，而地下岩溶则以发育各种规模的岩溶管道、洞穴系统为主要特征。西南岩溶区由西部的云贵高原，经斜坡地带过渡到广西峰林平原。受地形高差影响，不同地貌单元的温度、降水、植被、水动力条件存在较大差异，加之岩性及其组合、构造差异，造成岩溶发育特征具有明显不同。

云贵高原面平均海拔2000m左右，山峦起伏，其间发育系列盆地、浅切割河谷；地层产状平缓，主要为碳酸盐岩与碎屑岩相间出露；山间盆地河谷区多为地下水排泄带(区)，盆地外围地表岩溶发育，落水洞、地下河、天窗相对较少，盆地底部岩溶发育较均匀，以溶隙为主，富水性相对较均匀。地下水系统划分为盆地岩溶水系统和山间谷地岩溶水系统。盆地岩溶水系统多为高原面内受构造控制并伴随着侵蚀、溶蚀作用形成的汇水型岩溶断陷盆地，这类盆地规模较大，一般以地表分水岭为汇水边界，盆底盖层厚度可达百米以上，盆底与周边山地高差多为300～500m；盆地内岩溶发育均匀性好，水位埋藏浅，多具承压性，盆地四周多有大泉、地下河出露或形成富水地段。山间谷地岩溶水系统位于以峰丛洼地地貌为主的连片岩溶分布区，或以侵蚀、溶蚀山地地貌为主的条带状岩溶分布区，岩溶发育强烈，但均匀性差，从补给区到排泄区高差大，地下水循环交替强烈，以管道流为主，自补给区向河谷底部径流，谷底大泉、地下河发育[18]。

云贵高原斜坡地带为高原面外围中深切割的谷坡地带，包括滇东、滇南、桂西、黔东南和黔南等地。斜坡地带的较大高差形成了一种十分活跃的水动力条件，侵蚀、溶蚀作用强烈，导致地下河以及峡谷底部深岩溶十分发育，地表岩溶表现为大型的峰林谷地或峰丛谷地。区内岩溶水系统主要是具有一定集水面积的独立管道水流系统，地下水以极不均匀的地下线状管道赋存为主要形式。在水平方向，各系统之间水力联系差，通常沿坡向形成长达数千米至数万米的地下河(系)，或者大型岩溶泉；在垂向上存在多层管道结构，上部以溶洞赋存为主，向深部逐步过渡到以裂隙赋存。含水层富水性严重不均匀，地下水以溶洞管道流为主，其特点是埋藏深、动态变幅大、循环交替快、水力坡度陡，在横向上无统一的地下水面。含水层受季节影响大，本身调节能力弱，雨季时充水，而旱季水量骤减或成为干洞。例如位于斜坡地带的云南省文山市平坝镇阿车钻孔揭露：0～50m 为夹有砂砾石的黏土；51～180m 为溶隙、溶孔发育的灰岩；181～184m 为空洞；185～230m 为基本完整的灰岩。该孔雨季时溶洞内充水，在地表可听到水流声。通过此孔附近落水洞的水位变化情况可知，此地段地下水水位年变幅可达 80 余米。由于斜坡带岩溶发育，地下水的径流、排泄顺畅，旱季时地下水贫乏，常成为严重缺水区，尤其是季节性（旱季）缺水更为明显。

广西峰林平原地貌以峰林、孤峰平原和岩溶谷地为主，孤峰耸立，地下河发育，形成统一的潜水面，地下水水位埋深多小于 10m。地下水主要赋存于溶洞中，以管道流形式径流，以地下河、大泉形式排泄，相对均匀的网状或孔洞裂隙状赋存为其主要特征，较大规模的地下河和伏流少见，但短小的地下河、有水溶洞、溶潭、溶井、岩溶大泉较多，岩溶和地下河发育的各向异性特征明显弱于斜坡地带。地质构造在地形特征上表现明显，在水平方向上洼地和谷地的分布及组合与构造线方向密切相关，地下河的发育明显受地质构造的制约，普遍有规律地沿地质构造线展布。在垂直方向上，地下河的发育具成层性，岩溶发育程度随深度而减弱，不同地段，岩溶发育层数有差异，50～100m 多为岩溶强烈发育带。例如红水河流域地段分为 3 层岩溶，埋深分别为 25～50m、65～110m、115～160m；而桐岭一带仅查明 2 层（一般发育 2～3 层），埋深分别为 15～40m、55～75m。总体来看，一般埋深 60m 以浅多为充填溶洞，埋深 60～100m 为少数充填或半充填溶洞，埋深 100m 以下多为空洞，充填物以黏土为主，夹杂砂砾石、碎石[19]。

3.2 广西壮族自治区隆安县岩溶及岩溶溶洞水特征

广西壮族自治区隆安县、南丹县一带属于西南典型岩溶区。岩溶区的沟谷发育受构造控制，其沟谷方向反映了构造线的方向；沿岩溶管道或构造带发育多种岩溶个体形态，如水平溶洞、地下河出口、泉、进水溶洞，以及垂直发育的溶洼、溶盆（谷）、落水洞、溶井、漏斗及峰丛、孤峰等。通过分析岩溶个体的平面分布情况，可判断岩溶及构造发育特征。

3.2.1 岩溶发育特征

岩溶水的赋存、径流、分布规律与岩溶发育特征密切相关，研究岩溶水首先应分析岩溶发育条件与特征。隆安县地处亚热带气候区，四季温暖、雨量充沛是岩溶强烈发育的外在条件，质纯的厚层纯灰岩及其岩组结构为岩溶发育的物质基础，强烈的构造运动、地势的差异和富含侵蚀性二氧化碳的水对岩溶发育起到了促进作用。

1. 构造对岩溶发育的控制作用

本区以中石炭统厚层纯灰岩为岩溶发育基础条件，构造对岩溶发育控制作用显著。纬向构造和经向构造控制全区的岩溶格局，其中以纬向构造起主导作用。纬向构造体系所产生的北东向和北西向“X”形断裂与解理面，是岩溶追踪的重要标志。特别是新南背斜两翼和单斜构造地段构成的棋盘式格局组合的谷地、洼地和山体排列是极其明显的。两组裂面或断裂的交叉处形成了宽阔的大型谷地。经向构造同样产生北东向和北西向两组裂面，长条形谷地及地下河即沿此两组方向发育，特别是北东向一组谷地有规律地平行延伸。

2. 岩溶发育深度

隆安县北部的峰丛洼地区以溶井和天窗为代表，垂向深度一般为 40～70m，最深者达 100m。峰林谷地区以垂直的天窗、溶洞、溶井为代表，深度一般为 10～30m，最深者达 60m。据钻孔资料，孤峰平原区在垂向剖面上大致归纳为 5 个岩溶带，由浅至深分布依次为：第一带溶洞底板深度为 8.14m，第二带为13.98m,第三带为58.53～60.7m,第四带为92.72～100.65m,第五带为193.58m。其中,溶洞规模比较大的是第三带、第四带,位置在地面以下56.4～99.22m,洞体高度为1.3～4.72m,多被黏土充填,其他带规模较小,洞体高度不足1m,未见充填。

3. 地下河展布规律

地下河展布规律严格受区域构造、地貌和地层岩性及排泄条件控制,在隆安县境内西部和东部具有明显差异。

隆安县西部和中部发育本区最大的布泉-大龙潭地下河系,地下水、地表水频繁转换,以布泉地下河为主干径流系统。地下河发育特征是流程长,展布方向与纬向构造体系的褶皱形迹方向一致,沿东西向呈树枝状发育在西大明山背斜北翼的单斜厚层灰岩组中。布泉地下河出口位于布泉街,枯期流量2346L/s,汇水面积913km^2。隆安县西部的天等县是布泉地下河的发源区和主要补给区,天等县东部至隆安县布泉街的高峰丛山区是补给径流区,径流排泄区自布泉街以东至右江边,径流坡降约9‰。地下水枯期水位14～20m,布泉地下河出口后为地表河,在沿河部分分散注入地下,部分注入望京湖。布泉地下河系的另一个特点是,从上游至下游径流坡降逐渐变大,而枯期径流模数逐渐变小。

隆安县东部碳酸盐岩多覆于第四系之下,以单斜构造为主,“X”形裂面发育。地下水以分散径流为主,管道径流规模小、流程短,流程小于10km,多为支状弯曲,其展布规律严格受区域构造、地貌和地层岩性及排泄条件控制。地下河排泄口均在右江、武鸣河的岸边或河床中。从整体来看,整个块段的地表、地下径流总归并右江。

隆安县中部和西部是复式褶皱构造地段,强岩溶、弱岩溶、非岩溶地层相间出露。地下河严格循走向或断裂带发育,多与北东向和南东向单一主干通道平行发育,严格受两侧不同时代地层控制,少有支流,地下水水位和径流量变化幅度一般较小,多呈平滑曲线型,如内立15号地下河发育在隆安县西部仁河东西向向斜北翼的下三叠统(T_1l)中,向斜轴部是下三叠统(T_1b),均为中厚层灰岩间中薄层灰岩,并夹有两层火山岩,在轴部形成东西向地表地下分水岭,水向南向北运动,由于向斜边缘是非岩溶上二叠统(P_2)的“包围圈”,限制地下水只能在包围圈内的纯灰岩(T_1l)中活动,这样为下三叠统(T_1l)岩溶和东西向地下通道形成创造了有利条件。地下水汇集在岩溶通道中,自西向东运动,出口在内门屯85号,枯期流量205L/s,补给地表河。地下河发育地段是中低山-峰丛洼地、谷地地貌,地形坡度变化大,地下水水位变幅小,枯期径流模数较大,地下水水位枯期埋深在10m左右,地下河的标志是消水溶斗、溶井,很少有大型潭水和溶洞水。

3.2.2 岩溶水分布与富集规律

岩溶水以溶隙、溶孔和溶洞为主要赋存空间,岩溶发育的非均一性决定了岩溶水分布的非均一性特征。地下水向沿构造及其影响带发育的岩溶管道中汇集,形成地下河,地下水最为丰富,而远离构造带、岩溶完整的地段,地下水贫乏,钻井易形成干孔。受岩溶发育控制,不同区域岩溶水的分布与富集规律亦有差异。

隆安县中部和西部属于西大明山东西向构造带北缘,总面积1676km^2,分布厚层纯灰岩,为以强岩溶岩组为主的东西向复式背向斜构造类型地区,属于面积广大的高峰丛山地、峰丛洼地、峰丛谷地地貌。其中,发育5条地下河,呈东西向树枝状展布,向东端大龙潭收敛,形成区域最典型而完整的东西向地下河系。地下水自西向东运动,汇集于大龙潭一带,最终排泄于右江。自下游的右江大龙潭起至杨湾和布泉一带的峰丛、峰林谷地和残峰平原,面积400km^2,是径流排泄区,为各地下河的汇合地段,地下水水位枯期埋深小于10m,其他地段大部分为10～50m,成为该水系地下水最丰富的地段。该水系地下通道多而复杂,各地下河所处位置不同,造成补给、径流、排泄条件的差异,其下游又组合成一个径流系统,地表、地下径流互补,互相穿插,无法实现总排泄。本地段地下水富集特征是管道径流量大、径流坡降大、动态变化大、枯期埋深大、分散排泄、非均匀性显著。

隆安县东部以右江河谷为主，包括玎珰、那桐、坛洛、定西、青年农场一带，岩溶面积 1096km²，非岩溶面积 140km²。大部分为右江阶地和局部出露基岩组成的孤峰、残丘地貌，北部局部为峰丛、峰林谷地，西部边缘接非岩溶中低山地貌。平原区大部分为第四系松散层，厚度小于 70m，底部含砂砾石层。下伏地层绝大部分为碳酸盐岩，局部地段如坛洛镇至丁当镇一带分布有湖相沉积古近系、新近系。地表径流发育，最大河流为右江，地下岩溶发育，地下径流由西、北两面向山前平原区汇集，枯水期水位埋深小于 10m。由于覆盖层普遍，反映在地表的岩溶形态不多，仅在地下主导径流地段上有漏斗、溶潭分布较明显，其他多是低凹处积水、泉水、沼泽地。从整体来说，东部平原区，较中部、西部山地岩溶水分布均匀性更好。由于本地段地处全区最低侵蚀面，地形低平，大部分为覆盖岩溶，径流坡降小，约 0.5‰，地下水赋存条件良好，在下游(隆安县境外)形成了坛洛富水地段。本地段地下水富集特征地下水以分散径流为主，管道径流规模小、流程短，径流坡降小，动态变化小，分散排泄。

3.3 云南省文山市岩溶及岩溶溶洞水特征

3.3.1 概况

由于地壳大幅度抬升、断裂作用和强烈流水侵蚀，云南高原被塑造成为高原面与深切河谷相间的宏观地貌格局，由此也控制了地下水的宏观分布格局。

云南岩溶高原面主要指曲靖、昆明、玉溪一带的滇东中部地区。高原面平均海拔为 2000m 左右。地形起伏较小，河谷切割较浅，岩溶发育的分异作用弱，总体表现为起伏舒缓的低中山、丘陵。低中山、丘陵间“镶嵌”着山间盆地、河谷，地表溶蚀残丘、孤峰、石芽是常见的岩溶微地貌形态。地层产状平缓，碳酸盐岩与碎屑岩相间出露，地层从元古宇到中生界均有分布，以古生界碳酸盐岩分布最广。地下形成岩溶化网络，洞穴规模相对较小，洞穴系统埋深较浅，断陷盆地周围、河谷区多为地下水排泄带。大气降水沿溶隙和落水洞迅速下渗后，通过短途径流，以洞隙状急变流向附近相对浅切割河谷或盆地排泄，形成岩溶大泉和富水块段。

高原面边缘、河谷斜坡地带以中生界和古生界碳酸盐岩地层分布面积最广。地势起伏较大，切割较深，地下水循环交替快，岩溶作用强烈，地表主要岩溶形态为峰丛洼地、溶丘洼地和岩溶狭谷等，漏斗、落水洞、溶洞、地下河发育。由于碳酸盐岩呈片状分布和新构造运动的间歇性上升，常形成峰线整齐的多级岩溶高原。高原面边缘及河谷斜坡地带的溶洞规模及数量均较大，岩溶水主要为快速管道流。

云南省文山市位于云贵高原南部边缘的斜坡地带，地势北西高、南东低，相对高差达 100～500m，并呈台阶状向河谷降低。全区以岩溶地貌为主，有岩溶低中山峡谷，岩溶化河间地块，峰丛洼地、谷地，溶丘洼地，峰林谷地残丘波地，盆地与落水洞、溶洞等，其次为侵蚀、剥蚀地貌。

3.3.2 岩溶发育特征

1. 岩溶地层特征

文山市出露地层以古生界和中生界为主，其中寒武系、奥陶系、泥盆系和石炭系碳酸盐岩地层分布最广，其余则为碎屑岩、岩浆岩、硅质岩及第四系松散沉积层。其中，纯碳酸盐岩(碳酸盐岩含量大于 70%)出露面积为 894.16km²，占碳酸盐岩分布面积的 79.27%；较纯碳酸盐岩(碳酸盐岩含量 30%～70%)出露面积为 174.43km²，占碳酸盐岩分布面积的 15.46%；不纯碳酸盐岩(碳酸盐岩含量小于 30%)出露面积为 59.41km²，占碳酸盐岩分布面积的 5.27%。

2. 岩溶发育特征

不同纯度的碳酸盐岩地层中，岩溶现象表现的形式和发育的个体形态、特征、规模、数量等各有不同。纯灰岩岩层中岩溶发育的规模较大，除普遍发育有小型岩溶个体形态外，还强烈发育有中大型岩溶个体形态；纯白云岩岩层中岩溶发育的规模较小，大型岩溶体个体形态少见；较纯的灰岩、白云岩中地表岩溶现象发育中等，除小型岩溶现象外还发育有中大型的岩溶个体；不纯碳酸盐岩如泥灰岩、泥云岩中岩溶现象少有发育。岩溶发育具有不均匀性，在平面上及垂向上均有表现。

(1)在平面上的不均匀性。碳酸盐岩岩层在岩溶发育程度上是很不均匀的，主要表现于部分岩层岩溶现象强烈发育，个体岩溶现象广布；部分岩层岩溶现象弱发育，个体岩溶现象少见。在同一岩层中和相同气候条件下，不同地段、不同构造部位、不同地貌部位、不同水文地质条件下岩溶的发育程度均有不同。

(2)在剖面上的不均匀性。岩溶发育的不均匀性在地表、地下的不同层面高程上表现出垂直发育的不均匀性。一方面，岩溶发育程度随深度的变化而变化，从表层岩溶带至深层岩溶带岩溶的发育由强烈发育至弱发育甚至不发育，表现出明显的不均匀特征。而不同地区岩溶发育深度不同，在平坝街幅水淹坝—坡头上—大冲子一线东南，即白石岩地下河的上游地表至饱水带上段 70m 左右内表层岩溶发育，80～230m 深部岩溶发育，240～300m岩溶较发育，300m 以深岩溶微弱发育至不发育；在其他地区地表至饱水带上段 50m 左右表层岩溶发育，50～100m 深部岩溶较发育，100～150m 岩溶较发育，150m 以深岩溶弱发育至不发育。另一方面，构造破碎带岩溶发育深度大、规模大，完整岩体带岩溶发育深度小、规模小。例如东南部古木镇阿车村—平坝镇小坝子村一带，岩溶发育深度大，埋深 200～300m 发育大型岩溶洞穴；平坝镇一带深部岩溶洞穴不发育，以溶蚀裂隙为主，强发育带深度小于 100m；栗街镇塘子边村向斜内洞穴发育深度一般小于 100m；小街镇朵白库村一带岩溶强发育带深度小于 150m。

岩溶的发育受岩性条件、水介质条件、构造条件、气候条件、地理条件、环境条件等多种因素控制。不同的岩溶形态是在不同条件下岩溶作用联合的产物，不同的因素产生不同的岩溶现象，有不同的岩溶产物。文山市地区地壳在印支运动以来强烈的间歇性抬升中，形成了 4 期水平岩溶带和垂直岩溶带，其中早期形成的岩溶带受后期溶蚀、改造和剥蚀现残存较少，晚期形成的岩溶带保存稍好。岩溶发育具有联合、包容、改造、利用的作用，后期的岩溶发育可以利用和改造前期的岩溶形态，使岩溶发育复杂化。

3.3.3 岩溶洞穴

3.3.3.1 区域发育规律

区内不同时期的岩溶洞穴在发育过程中，主要受岩性、构造、剥夷面(又称平夷面或不同时期区域水文网)的综合控制，在水平及垂向分布上均有一定的规律性。

1. 水平分布特征

岩溶在平面分布上与地层岩性关系密切，见图 3－1。从图中可直观地看出，纯碳酸盐岩地层中(如 T_2g、T_1y、C_2w、C_1b、C_1d、D_3gd、D_2d、D_2g、D_1b)岩溶发育，一般岩溶点密度大于 30 个/km^2；较纯碳酸盐岩地层中(如 P_1y、P_1m、C_3m、D_1dl、$\in_3b$、$\in_2l$、$\in_2t$)岩溶次发育，岩溶点密度为 10～30 个/km^2；不纯碳酸盐岩地层中(如 C_3Pt、C_2sh、D_1p、O_1sh、O_1x、$\in_3x$、$\in d$)岩溶欠发育，岩溶点密度小于 10 个/km^2。

2. 垂向分布特征

统计结果显示，岩溶发育 4 级，高程分别为 1850～2050m、1700～1800m、1400～1650m、950～

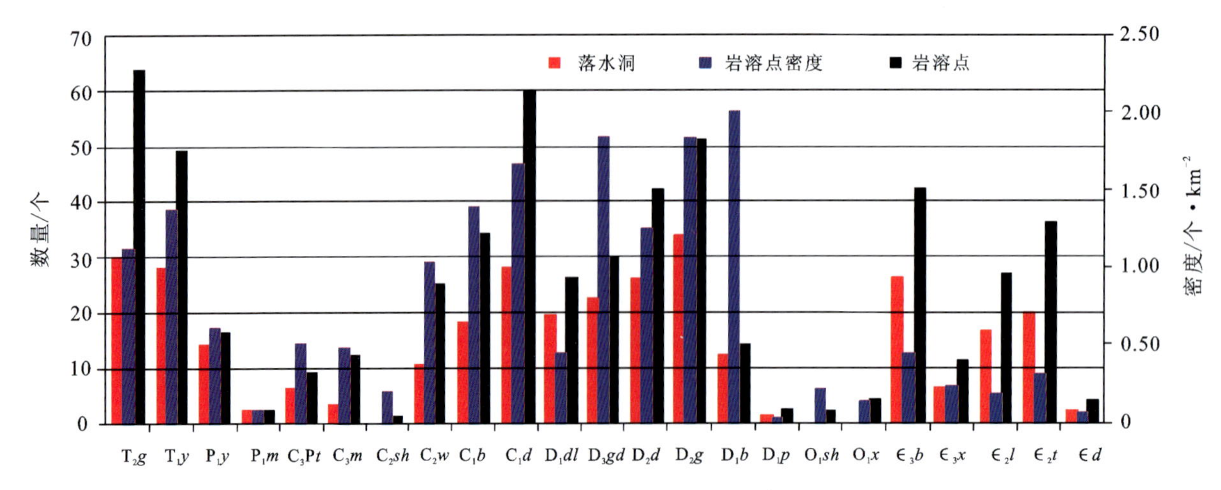

图 3-1　岩溶发育与地层关系统计图

注：T_2g. 个旧组；T_1y. 永宁镇组；P_1y. 岩头组；P_1m. 茅口组；C_3Pt. 他披组；C_3m. 马平组；C_2sh. 顺甸河组；C_2w. 威宁组；C_1b. 摆佐组；C_1d. 大塘组；D_3gd. 革当组；D_2d. 东岗岭组；D_2g. 古木组；D_1b. 芭蕉箐组；D_1p. 坡松冲组；D_1dl. 达莲组；O_1sh. 闪片山组；O_1x. 下木都底组；$∈_3b$. 博莱田组；$∈_3x$. 歇场组；$∈_2l$. 龙哈组；$∈_2t$. 田蓬组；$∈d$. 大丫口组。

1350m。高程 1400～1650m 段岩溶最为发育，占全部溶洞的 80%以上；950～1350m 为现代岩溶，多为地下水的通道，成为地下河（图 3-2）。

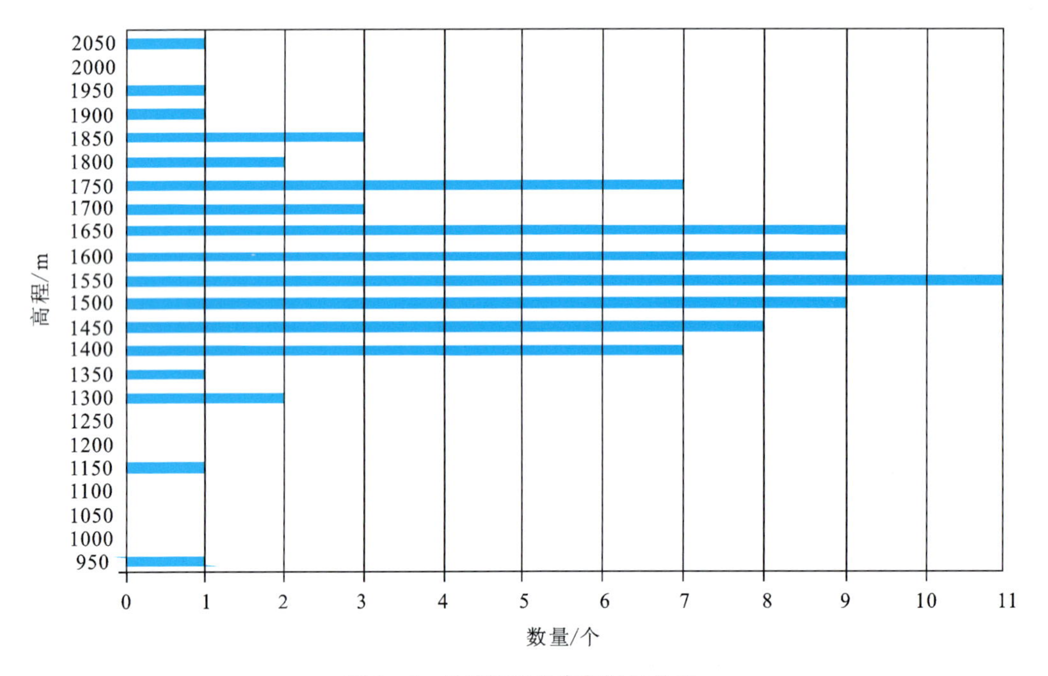

图 3-2　岩溶洞穴发育与洞口关系

3.3.3.2　岩溶洞穴的形态特征

根据空间分布状态，岩溶洞穴可分为横向洞穴、竖向洞穴以及其间的过渡型——斜向洞穴 3 种类型。

1. 横向洞穴

横向洞穴形态主要有溶洞和地下河（或伏流），可分为管道状溶洞和穹状溶洞。

管道状溶洞：洞顶大多呈不规则的折接，横断面多为椭圆状，部分溶洞为峡谷状。通道以简单的通道为主，洞长为洞宽的5倍以上。溶洞水平发育多受夷平面控制，此类溶洞较为常见，大部分溶洞属于此类溶洞。卡舍地下河主要沿北西向断层发育，起点为发育于湖广寨的落水洞，暗河出口位于卡舍。地下河平直，分支少，溶潭不发育。图3-3的示踪试验结果显示，接收点荧光素钠浓度曲线呈波动变化，稳定性较差，反映出卡舍地下河地下水流速快，径流通畅；据径流途径长2200m，可推算地下水的实际流速为275m/h。

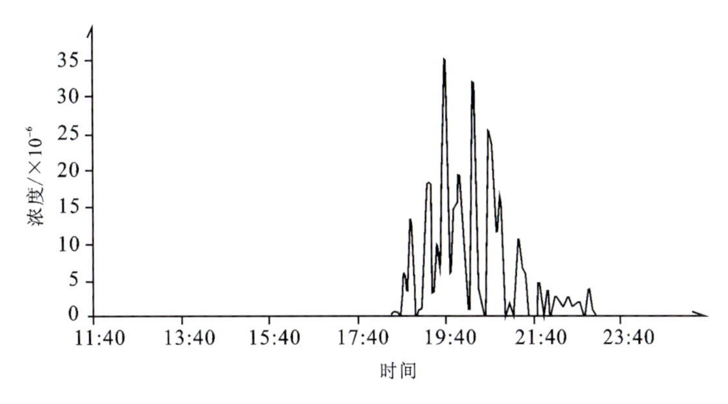

图3-3 卡舍地下河2014年9月24日接收点荧光素钠浓度变化

穹状溶洞：穹顶洞顶与天顶和侧壁之间没有明显的分界，横断面多为似圆形或似矩形。如小坝子密底洞的洞口朝向为170°，位于山坡中上部，洞穴长125m，洞高1.9～15m，宽2.1～30m。密底洞为顺层发育的穹状洞穴，容积为17 023.1m^3，底面积为1 622.5m^2。洞前20m为一小型厅堂，厅堂后洞道最狭窄处宽2.1m、高1.9m，洞壁两侧发育钟乳石。此后，洞穴为长100余米、宽7m至30余米的厅堂状洞穴，洞内次生化学沉积物相对较为丰富，洞底主要为崩塌的次生化学沉积物碎块(图3-4)。

2. 竖向洞穴

竖井或落水洞：平面轮廓呈近圆形或不规则形状，直径一般为0.5～10m，深度不等，可达上百米。井壁陡峭，近乎直立，从井口往下看多数不可见水面。这是区内最为常见的竖向洞穴形态，在岩溶地貌区皆有分布。

溶潭：呈不规则多边形、似椭圆状，直径一般在5～15m之间，水深3m至十几米不等。地下水面暴露于地表，在枯水季水位下降，在丰水季可溢出地表。溶潭主要分布在流域内的溶丘洼地和峰丛谷地。

3. 斜向洞穴

斜向洞穴主要为斜井状、阶梯状消水洞。小坝子上寨村西南的消水洞即为阶梯状消水洞，据调查，洞口呈宽0.5m、长1.0m裂隙状，陡立向下，20余米后向东近水平延伸，然后向下近垂直竖洞约30m，后又为向东近水平溶洞。

3.3.4 岩溶洞穴与地下河的关系

同一岩溶发育期的岩溶洞穴与地下河大多有成生上的联系。对于目前洞穴的分布与现代地下河的关系而言，分布于区内相对高位的洞穴、古地下河残余溶洞与现代地下河没有明显的成生联系和水力联系；而现代水文网中分布于地下河系补给区和径流区岩溶洼(谷)地内的消水洞、脚洞、伏流出入口、地下河天窗、落水洞、塌陷坑及季节性涌水洞等位置，岩溶洞穴与现代地下河水系发育演化有密切的成生联系和水力联系。

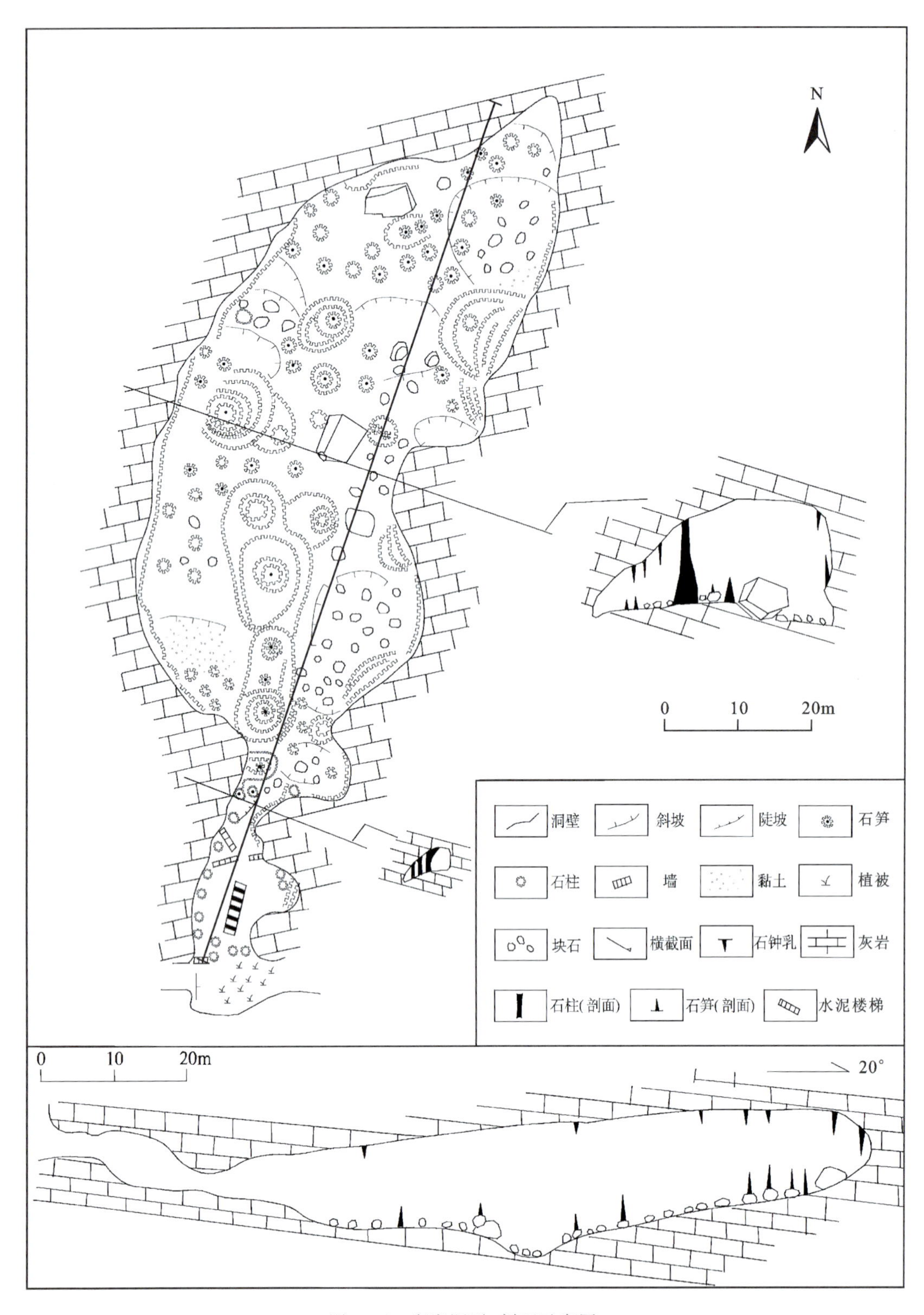

图 3-4 密底洞平、剖面示意图

地下河按其发育阶段和形态特征分成两类:①与当地侵蚀基准面相适应的地下河,多分布在主要河流的两岸,规模不大,水量丰富,地下河水面与地面高差不大;②穿山式地下河,地下河水面与地表河水面等高,往往是连接相邻两溶蚀盆地中地表河的通道,如干河伏流。

地下河往往沿岩溶发育最强烈的地带分布,影响岩溶发育的因素与控制地下河发育的因素大同小异,但地下河发育明显受地质构造和地貌控制。首先,区域80%以上的地下河皆产出于泥盆系、石炭系碳酸盐岩含水岩组中,而碳酸盐岩和非可溶岩(阻水地层)的接触带也常发育地下河,因此地层岩性是地下河发育的基础,也是主要控制因素。其次,地下河发育与张性、张扭性断裂构造密切相关,而阻水断裂往往成为岩溶水运动的边界,在构造交会部位,挤压破碎强烈,岩溶强烈发育,控制了地下河、岩溶大泉的出露及形成了岩溶水富集带。褶皱构造的核部与转折端构造应力集中,裂隙发育,地下河的平面展布和发育规模与岩层遭受的构造变动程度相对应。高原斜坡地带新构造运动强烈,造成地貌反差巨大。一方面,多层地貌的发育导致“串联式”补排区分布,其间的径流途径长,纵坡降大,底蚀作用强烈,为地下河的发育创造了良好的条件;另一方面,地壳不断上升,区域侵蚀基准面随之下降,地下河产生向源侵蚀,不断改变地貌形态和水动力条件,在势能作用下地下河水流能够穿过相对隔水岩层。

从水文学的观点出发,洞穴是地球水文循环圈的一个组成环节,主要执行输送水流的功能,亦是地表水与地下水之间的一个重要转换环节。据此,在岩溶区尤其是裸露型岩溶区,若以岩溶地下含水层作为一个独立系统,则在一固定流域范围内相对于该系统的水流运动主要有3种形式,即流入、流出和穿越含水层的运动。岩溶洞穴也可相应地划分为3种类型,即流入含水层型洞穴、流出含水层型洞穴和穿越含水层型洞穴。穿越含水层型洞穴是在构造条件相对稳定的情形下长期发育的结果,其形成也多与外源地表水或地表河的集中和固定补给有关。此类洞穴通道贯通情况主要取决于输入输出点间的距离和洞穴发育时间的长短。输入输出点间的距离越短,洞穴发育时间越长,则通道贯通情形越好;反之,则相反。若条件适宜,在固定的输入输出条件下亦可形成多层水平洞穴系统。该岩溶区的洞穴研究表明,在盘龙河、南溪河流域范围内,岩溶洞穴的类型和分布的高程均与其在流域中的位置、所处的地质条件和地貌部位等密切相关,显示出明显的空间分布规律性和流域系统内良好的协同关系。峰丛洼地地貌系统的流入含水层型洞穴以垂向和斜向洞穴为主,属于典型的原生渗流洞,如竖井和落水洞,为一种大量发育的分散地表水点状注入式洞穴,通道或逐渐尖灭,或与下层洞穴系统相接。横向洞穴则主要为伏流洞穴,其大多分布在碳酸盐岩与非碳酸盐岩呈线状接触的地带,是外源地表水或地表河集中流入岩溶含水层所形成的。背斜或向斜翼部、地貌斜坡地带等均是伏流洞穴发育的有利部位。

4　裂隙岩溶水赋存、运移特征

4.1　北方岩溶及裂隙岩溶水特征

秦岭、淮河以北为北方岩溶区，相当于干旱半干旱暖温带气候的溶蚀-侵蚀岩溶类型。北方岩溶发育的地质条件主要是中朝准地台上的蓟县系、寒武系、奥陶系等碳酸盐岩系。地层较为平缓，厚度稳定，岩相变化小，硅质和白云质含量较高，其中中奥陶统灰岩质纯，厚度大，稳定而分布广泛，为北方岩溶水的最主要含水体。北方气候因素和岩层构造条件控制和决定了北方岩溶的发育程度及富水性远弱于南方岩溶，但北方岩溶含水层依然是北方富水性最好、最具供水意义的基岩含水层，其在北方城市供水、工农业生产，特别是能源基地建设中发挥着支撑性作用。北方岩溶以华北岩溶为代表，包括太行山及山西高原岩溶地区，虽有上百个大岩溶水系统发育，但有70%～80%的水资源量已被开发利用。

北方地表岩溶地貌不发育，很少见南方岩溶典型的溶蚀漏斗、峰林、石林、洼地、槽谷等地表岩溶形态，且多是块状隆起的山地、干谷以及少数漏斗、溶蚀洼地，石芽及溶沟发育不好，而且多被风化物覆盖。相对来说，北方地下岩溶较为发育，尤其在岩溶盆地内常见溶孔、溶隙、溶缝、溶洞、岩溶大泉等，局部地下河发育，但其规模较小。例如太行山北段水磨槽泉群西北部的斜井揭露埋深78m的地下河，洞宽4～5m，沿北西向断裂发育，高水位期地下水充满溶洞，而低水位期则半充填。

4.1.1　北方岩溶水类型

相较于南方碳酸盐岩，北方碳酸盐岩年代老、硬度大、孔隙率低，更难于溶蚀，而北方冷干气候条件不利于溶蚀作用，故北方岩溶发育程度远弱于南方。在北方，影响岩溶发育的动力作用以侵蚀作用为主，溶蚀作用占次要地位，各类岩溶形态基本是在构造裂隙的基础上发展而来的，岩溶发育类型主要为侵蚀-溶蚀岩溶类型和溶蚀-侵蚀岩溶类型。北方岩溶水以溶隙、溶缝为主要的储存和运移空间，在地下水强径流带或排泄带可能发育岩溶管道，按含水介质空隙特征，划分为4类岩溶水类型，其基本特征及分布如下[20]。

裂隙-溶隙岩溶水：以裂隙系统为主，裂隙面稍有溶蚀作用的含水空间系统。蓟县系雾迷山组以硅质条带白云岩为主的含水介质分布区，均存在裂隙-溶隙潜水和脉状承压水；寒武系—奥陶系白云岩、灰岩组成太行山中低山分水岭地带，常以裂隙-溶隙潜水为主；另外，封闭较好的地堑和盆地深部的各类白云岩、灰岩亦埋藏着裂隙-溶隙承压水。在太行山区，古生界下寒武统碎屑岩夹有灰岩层，硬质灰岩层夹在塑性泥页岩中，在层面剪切应力作用下，泥页岩发生变形，而在灰岩中形成剪张裂隙，成为含水空间，虽水量有限，但对在缺水山区解决居民的分散供水具有一定意义。

溶隙-溶缝型岩溶水：以溶蚀作用较强的区域构造裂隙和大型张裂缝及断裂带组成的溶隙-溶缝网络系统，为北方主要和特有的岩溶水类型。溶隙宽度一般为5～10cm，溶缝宽度以20～50cm为主，溶缝上限宽度亦可达0.5m以上，主要指延伸较远的条带大型—巨型溶隙。该类型地下水主要分布于大型岩溶水系统的径流区和排泄区，其形成条件由北方区域构造特点、气候等自然条件决定。溶隙-溶缝型岩溶水与构造关系密切，常呈脉(带)状展布，各向异性显著。而在沂蒙山区，沿太古宇—寒武系不整合面普遍发育缓倾斜的浅层次区域滑脱构造，构造面上盘多为朱砂洞组碳酸盐岩，其中层间虚脱、碎裂岩及揉皱带层间空隙发育，溶蚀作用较强，形成水平方向展布的"似层状"含水层，位于此层的水井单井涌水量为 $600m^3/d$ 左右，泉水流量为 $300\sim600m^3/d$。

孔洞型岩溶水：孔洞指直径为 1～2cm 的溶孔和进一步溶蚀而成的直径 5～10cm 的小型溶洞。主要分布在中奥陶统的 3 个底部层位，即 O_2^1、O_2^3、O_2^6 段内，一般厚度为 20～40m；其次，在深埋区的中侏罗统，中寒武统，下奥陶统白云岩、泥灰岩和中奥陶统花斑灰岩中，由于泥质斑点中钙质被溶解后，形成多数连通性较差、直径 5～10cm 或稍大些的溶洞，含水较弱。从居民供水水源角度可将孔洞型岩溶水视为含水层，从工农业供水及矿床疏干角度可将孔洞型岩溶水视为弱透水层。

溶洞型岩溶水：溶洞指岩溶空间长轴与短轴之比一般为 2～5、最小直径大于 0.2m 空间。溶洞水常分布于溶隙-溶缝型岩溶水区岩溶发育地段，常发育于岩层层面裂隙与垂直裂隙交会点，或非可溶岩与灰岩接触带，以及断裂构造带及影响带。另外，在侵入岩体与碳酸盐接触带，由于酸性-流体溶蚀作用、混合溶蚀作用和热液大理岩化作用等[21]，溶蚀作用显著增强，在灰岩一侧常形成溶洞。例如在泰莱盆地顾家台矿区，燕山期岩浆侵入下古生界碳酸盐岩与其直接接触，在接触带附近岩溶发育程度和深度远高于周边地区，在 115 眼勘探孔中，见溶洞钻孔有 38 眼，揭露溶洞有 137 个，溶洞最大高度为 5.31m，埋深为 262.38m，无次生矿物充填。

4.1.2 北方岩溶水类型

北方岩溶水系统根据埋藏条件可分为裸露—半裸露岩溶水系统和隐伏岩溶水系统。本书主要探讨裸露基岩山区地下水探测，仅叙述裸露—半裸露岩溶水系统。裸露—半裸露岩溶水系统为北方主要的岩溶水系统，绝大部分岩溶水系统属于此类，可溶岩全部或部分直接出露于地表，岩溶水补给主要来自可溶岩露头区降水直接补给和河流渗漏及间接补给区其他岩层的侧向补给等[22]。按照排泄方式的不同，裸露—半裸露岩溶水系统进一步划分为封闭式岩溶水系统和开放式岩溶水系统。

1. 封闭式岩溶水系统

此类岩溶水系统以岩溶含水层为主，具有明确的边界和相对独立的地下水循环，70%以上的地下水天然资源量(多年平均补给量)经由泉水排出，此种类型占裸露—半裸露岩溶水系统的 65%以上。此类系统发育于山区岩溶向斜盆地或岩溶断陷盆地，地下水由四周向盆地中心汇集，排泄方式包括岩溶大泉(或泉群)集中排泄和多点分散排泄。例如沂蒙山大汶河流域上游的莱芜断陷盆地，外围补给区向盆地中部做"向心状"运动，受构造、岩体或相对隔水岩层的影响，形成郭娘泉、牛王泉等多泉点分散排泄和向牟汶河河床的线状排泄。太行北段的水磨槽岩溶水系统位于灵山向斜岩溶盆地，降水沿灰岩裂隙补给地下水，而地表水则主要通过落水洞渗漏补给地下水，沿断裂构造形成 4 条强径流带，向向斜核部汇集，在地势低洼处发育 15 眼泉水，泉群范围不足 $0.05km^2$。

2. 开放式岩溶水系统

此类岩溶水系统天然资源量主要为地下潜排，部分以泉水排泄，而下游的透水边界不明确，上游地下水流场形态多呈向主排泄点汇流的扇形，可以是一条强径流带，也可以是多条近同向汇集的强径流带。此类系统发育于山地向平原的过渡地带，在岩溶裸露区地下水接受降水或地表水补给，岩溶水强径流带总体上与山坡坡向一致；在山区与平原过渡带附近构造有利部位或岩性变化处，部分地下水以泉水形式排泄，部分地下水以潜流形式补给松散孔隙水或深部岩溶水。例如太行山东麓发育的黑龙洞岩溶水系统、一亩泉岩溶水系统及沂蒙山北侧的趵突泉域岩溶水系统等均属于开放式岩溶水系统。

北方岩溶水文地质条件的独特之处主要是含水层组是中奥陶统石灰岩中的断裂破碎带和裂隙，即以构造裂隙水为主，在强径流带和排泄区富水性比较均匀，单井出水量比较大，成井率比较高。岩溶水的运动以层流为主，而在岩溶大泉泉口附近，可能有管道流存在。深层岩溶水往往集中排泄形成数量甚多的岩溶大泉，也是北方岩溶水的一个特征。基于北方岩溶发育特点，北方岩溶水运动仍以渗流为主，总体上基本符合达西定律，只有局部地段（如集中排泄点或强径流带）可能有管道流存在。

4.2 保定西部太行山区裂隙岩溶水特征

4.2.1 碳酸盐岩岩性及结构特征

保定西部山区碳酸盐岩主要分布于灵山向斜、涞源向斜、安阳向斜、孔山向斜等向斜盆地中，在北方岩溶发育中具有典型性。构造裂隙和溶蚀裂隙是地下水的主要赋存空间，在排泄区局部发育岩溶管道，其规律与南方岩溶不同。裂隙岩溶水含水岩组的主要岩性特征为：中下奥陶统至上寒武统（O_{1-2}-$\in_3$）岩性为灰岩、白云质灰岩、竹叶状灰岩等，岩石中非可溶物含量小于30%，可溶性强，岩溶发育，同等条件下富水性强；蓟县系雾迷山组（Jxw）、长城系高于庄组（Chg）岩性为白云岩及燧石条带白云岩，非可溶燧石呈条带层状分布于可溶的白云岩中，差异溶蚀作用强，岩溶发育，富水性较强；中寒武统（$\in_2$）为中—薄层鲕状灰岩及泥质条带灰岩，岩石中非可溶物含量大于30%，多呈条带状分布于向斜的两翼及转折端，同时与相对隔水的下寒武统直接接触，地下水的溶蚀强度较弱，含水岩组的富水性一般。

灰岩、白云岩、燧石条带白云岩是本区最主要的含水岩组，一般为隐晶和细晶结构，少量为粗粒结构，呈巨厚层状、厚层状致密块状构造，溶解度较高，在水的长期淋滤溶蚀过程中易形成溶隙、溶孔，并逐渐形成溶洞，构成很好的储水空间。

中、下寒武统，青白口系景儿峪组以及太古宇均夹有一定厚度的碳酸盐岩、白云岩和大理岩。在可溶岩与非可溶岩接触带部位岩溶较发育，这些地带为岩溶水的富集提供了良好的空间条件，而且更重要的是非可溶岩的阻隔对岩溶水的富集更加有利，所以这些地带岩溶水较丰富。

在岩溶含水岩系中，以奥陶系岩溶最为发育，富水性最强；其次为蓟县系雾迷山组燧石条带白云岩；而寒武系薄层灰岩富水性较差。蓟县系雾迷山组以白云质灰岩为主，总厚度为300～1000m。

4.2.2 典型蓄水构造类型

保定西部山区水文地质条件复杂，含水岩组类型齐全，构造形迹多样，蓄水构造类型也较为齐全。从带有普遍性或具有一定规模（具备一定的供水意义）的角度总结典型的蓄水构造，主要有以下几种类型。

4.2.2.1 涞源盆地复合型蓄水构造

涞源盆地以涞源县为中心，包括南北盆地及外围山地，北、西均至涞源县边界，东到浮图峪、烟煤洞，南至插箭岭、白石山一线，总面积达1085km^2（图4-1）。

涞源盆地西、北周边及盆地中心新生界以下均为碳酸盐岩，构成含水地层。东部、南部连续分布燕山期花岗岩体及太古宙片麻岩，构成隔水边界，西部及北部以分水岭为蓄水构造边界。

盆地周边山地大部分为可溶岩，基岩裸露，裂隙发育，垂直入渗条件良好，为盆地地下水的主要补给区。盆地整体地势西北高、东南低，地下水由西北向东南径流，受王安镇岩体阻挡，水头抬高，形成很高的承压水头，为泉水出露创造了动力条件。地下水汇集于盆地中心下部的隐伏岩溶区，盆地东部的三甲村东上饭铺一带成为地表水与地下水唯一的出口，其中黄郊—狮子峪—甲村—前泉坊—涞源县城为强

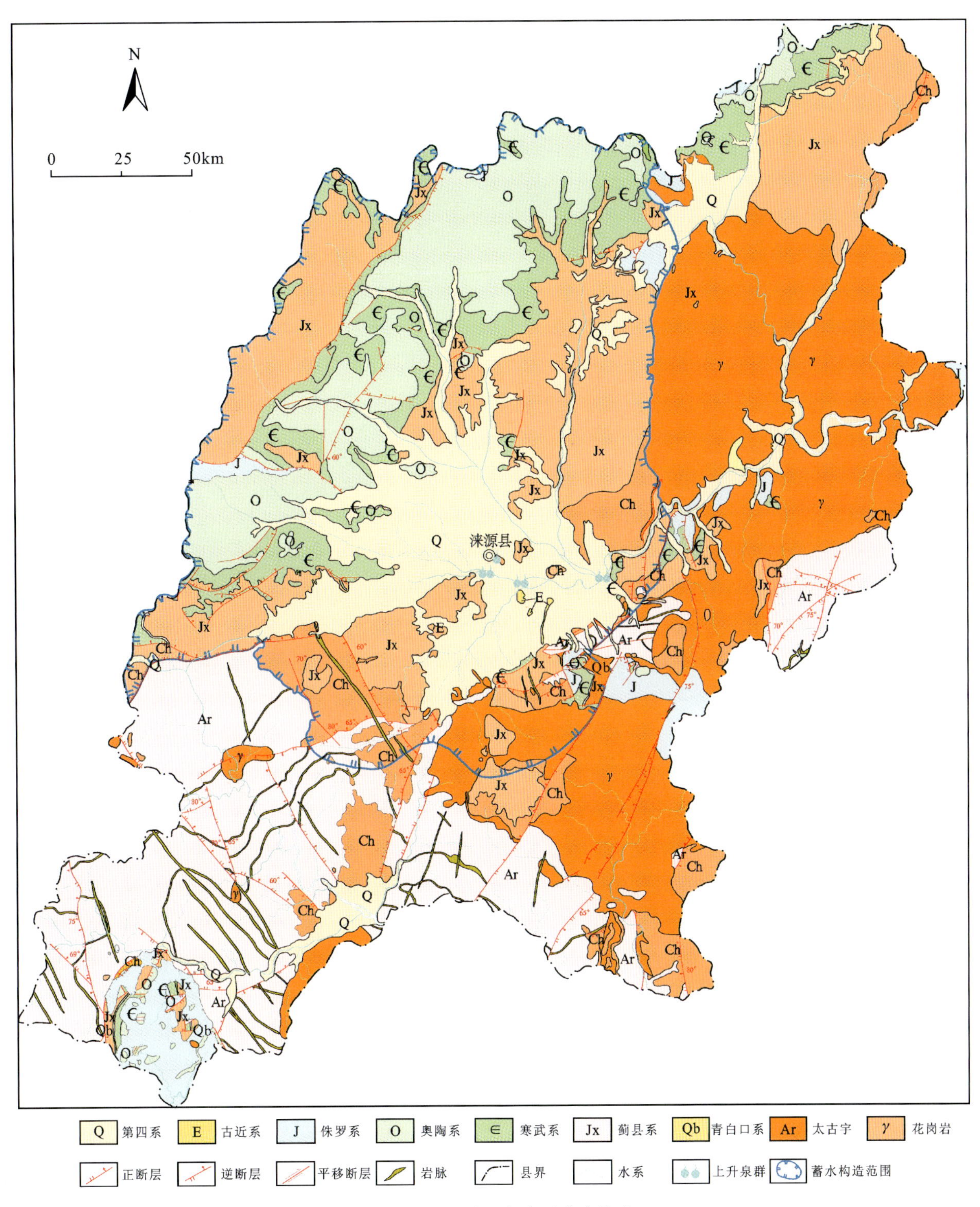

图 4-1 涞源盆地复合型蓄水构造

径流带。盆地周边南北向、东西向及北西向沟谷为较集中的地下水径流带。该蓄水构造以县城周边的岩溶泉群作为集中排泄带，由旗山泉、南关泉、北海泉、泉坊泉、杜村泉、石门泉、石门南泉 7 个较大泉群组成。旗山泉、南关泉、北海泉东流汇合与其他 4 个泉群形成拒马河干流。

该蓄水构造存在 3 种地下水类型，以岩溶水为主，尚有孔隙水和孔隙裂隙水。岩溶含水层的顶板埋深由盆地边缘小于 50m 过渡到中心部位大于 100m。盆地中心部位东部及盆地北部、东北部为富水区，向外过渡到水量中等区，在西北部分水岭地带为水量贫乏区。第四系孔隙水于盆地中部、中东部地段及拒马河河谷为富水区，向外围富水性逐渐变差。盆地中心，孔隙水含水层与岩溶水含水层之间，沿第三系(古近系+新近系)地层分布，其水量具不均一性。

涞源盆地蓄水构造主要处于北东向团圆向斜构造内，地下水向下径流过程中受到王安镇岩体阻挡。因此，涞源盆地向斜蓄水构造为一复合型蓄水构造。由于补给范围大，地下水径流条件好，这一蓄水构造具有很好的供水意义。

4.2.2.2 灵山向斜蓄水构造

灵山盆地位于灵山向斜的核部，通天河与干河沟汇合于盆地东部，交汇处沿河地带出露泉群，包括15个泉点，其中7个岩溶上升泉、8个下降泉。灵山向斜位于太行山东侧，其东北有安阳向斜、孔山向斜、易县向斜3个斜列向斜构造，它们总体呈NE55°～65°方向展布，均属由南北向之左行直线扭动形成的“多”字形构造。灵山向斜轴向为NE50°～60°，核部地层由二叠系、石炭系及中奥陶统组成，两翼依次为下奥陶统、寒武系、青白口系及蓟县系，北东端翘起，南西端倾没。

该蓄水构造边界完整，表现为：西部边界即为干河沟与大沙河的地表分水岭，同时又是相对隔水的石炭系、二叠系、古近系与寒武系、奥陶系含水层的地层界线；东部为唐河与通天河的地表水和地下水基本一致的分水岭；南、北两侧均以相对隔水的寒武系—青白口系泥页岩、砂岩作为隔水边界；在垂向上底部以岩溶、裂隙不发育或裂隙闭合的灰岩或下寒武统泥页岩作为含水层的底界。

核部及两翼的奥陶系、寒武系灰岩构成了蓄水构造的含水层。盆地构造发育，构造形迹方向为北东东、北北东、北西西和北北西。北东东向和北北东向构造形迹的结构面的力学性质为压性、压扭性或扭性；北西西向和北北西向构造形迹的结构面的力学性质是张性、张扭性或扭性。由于构造发育，灰岩中裂隙和断层带为地下水富集提供了良好的空间与运移通道，并促使岩溶发育。奥陶系马家沟组灰岩岩溶主要沿断裂带或裂隙密集带发育，如灵山镇东北的花洞，长约70m，沿NE15°～25°方向的一组压扭性裂隙带发育而成。

大气降水和地表水是盆地内裂隙溶洞水的主要来源。盆地周边构成大范围的补给区，如干河沟与通天河中游、上游地段为寒武系、奥陶系灰岩层，岩溶发育，有利于大气降水的渗入补给。河谷岸边明显可见顺岩层面、断层面和裂隙发育的溶洞及溶蚀裂隙，洞高数厘米至几米，为早期地表水渗漏的遗迹，接近河床部分目前仍起渗漏作用。干河谷及通天河除大雨过后有阵流外，一般皆为干谷，地表水全部转化成了地下水。

北北东向和北东东向两个构造体系不仅控制了岩溶发育规律，而且也制约着地下水的径流方向。向斜两翼奥陶系灰岩中的地下水在两个构造体系的断裂作用下，沿着灰岩中的岩溶、断裂，从上游向南镇径流。在盆地的东部，即干河沟与通天河的交汇地带(南镇)，侵蚀最低处以泉群的形式排泄，形成南镇泉群。泉群出露在马家沟组灰岩地层中，所处位置地势最低、褶皱发育、断裂交错，有利的构造、地貌、岩性为地下水向泉群集中排泄创造了良好条件(图4-2)。

总之，灵山盆地周边的隔水边界完整，地下水补给、径流、排泄条件清晰，构成了一个典型的向斜蓄水构造盆地。

4.2.2.3 阻水型蓄水构造

保定西部太行山区阻水型蓄水构造以地层阻水为主，由区域地层岩性及构造型式决定。在灵山向斜、安阳向斜、孔山向斜和易县向斜4个斜列向斜的北西翼，地下水由北向南径流，流经岩溶发育的白云岩(Chg-Jxw)遇阻水的泥页岩($\in_1$)阻挡，在岩性界线的上游白云岩内蓄积。此外，在唐县与顺平县的低山丘陵向平原的过渡地带，白云岩(Chg-Jxw)与变质岩(Ar)直接接触(超覆或断层接触)，地下水在白云岩空隙向下游径流过程中，被相对阻水的变质岩阻挡而形成阻水型蓄水构造。顺平县城北部苏家疃一带的阻水型蓄水构造即为后一种类型。

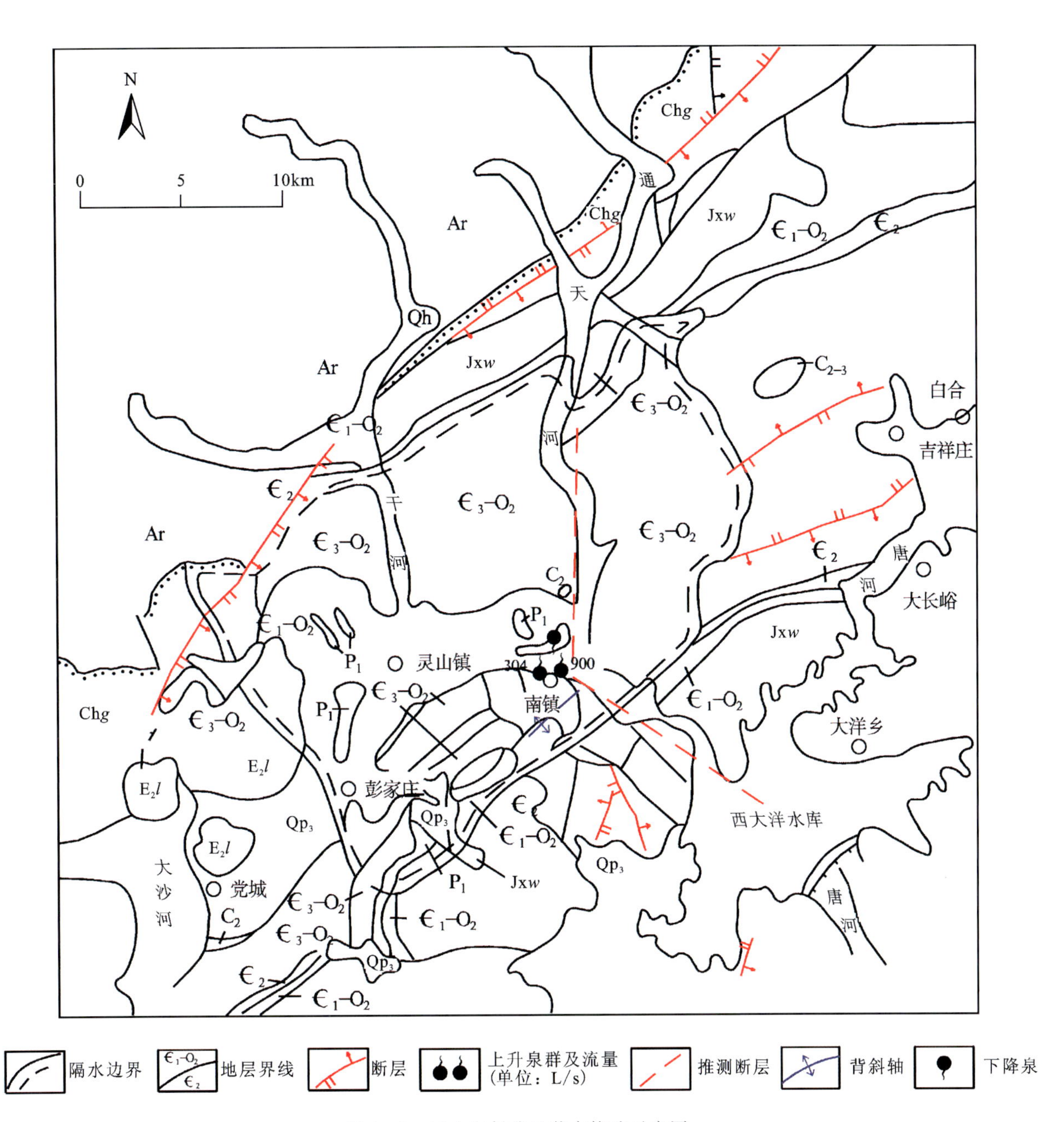

图 4-2　灵山向斜盆地蓄水构造示意图

注：Chg. 高于庄组；E_2l. 灵山组；Jx*w*. 雾迷山组。

苏家疃北部为低山丘陵向平原的过渡地带，山区出露的长城系白云岩与平原下伏的太古宙变质岩呈断层接触。此蓄水构造的南部边界以白云岩与变质岩间的断层为界，而上游（北部）及东、西两侧边界为地下水径流补给（排泄）的边界；垂向底界为因裂隙闭合而成为隔水层的长城系白云岩，埋深 400～450m。受构造影响，白云岩构造裂隙发育，降水易于通过裸露的白云岩裂隙补给地下水，沿溶蚀裂隙、孔洞由北向南径流。由于上游地下水补给充沛，白云岩岩溶发育，地下水径流通畅，受变质岩阻滞形成水量丰富的地下水富集带，具有中小型供水水源地开发前景。2008 年施工的苏家疃地下水勘查示范孔即位于该蓄水构造内，井深 168m，在 110m 处钻遇白云岩，在 120～153m 段岩石较为破碎，溶蚀裂隙、孔洞发育，为主要出水段，单井出水量达 $2800m^3/d$，见图 4-3。

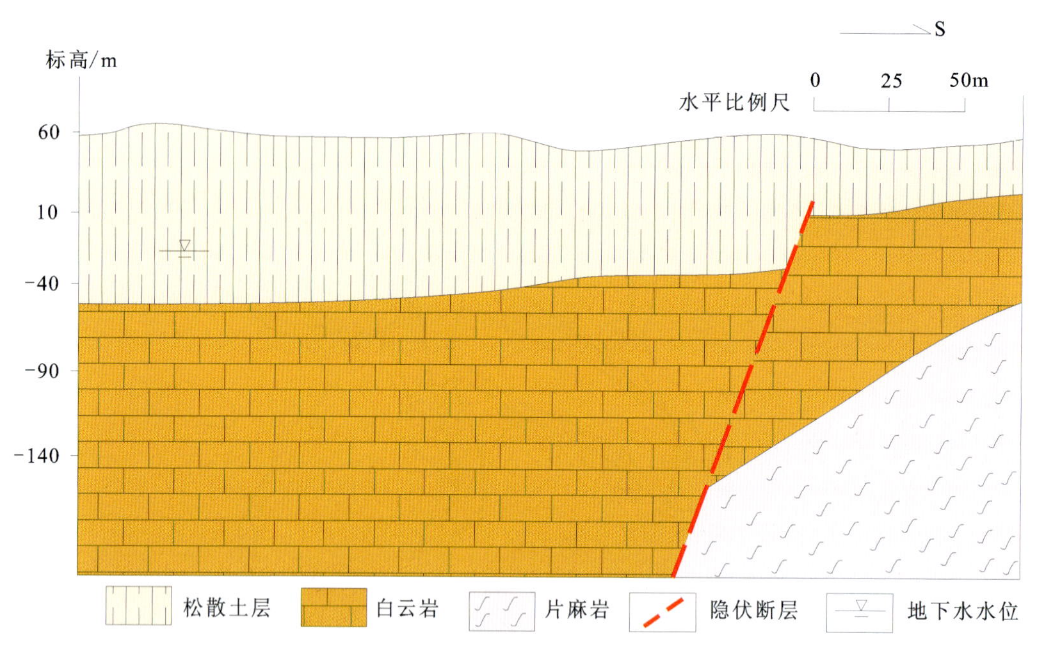

图 4-3 顺平县苏家疃示范孔剖面示意图

4.2.2.4 单斜蓄水构造

在单斜地层中，含水层夹在相对隔水层中间，在地貌和地下水补给良好的条件下，若含水层具有一定的规模则可以形成单斜蓄水构造，如夹在泥页岩间的砂砾岩、在变质岩中的大理岩夹岩等。

单斜蓄水构造地下水类型既可以是裂隙水，也可以是岩溶水，其富水性差别很大，与含水层岩性、地下水补给条件密切相关。

曲阳县石门村一带为太古宇阜平(岩)群木厂组，岩性为斜长角闪片麻岩、黑云母变粒岩夹大理岩。大理岩岩层不稳定，具明显的溶蚀现象，溶蚀裂隙宽达 20cm，溶洞和溶孔也较发育。在大理岩位置，施工一眼大口井，挖掘到 20m 时见地下水，放炮扩井后地下水流失，说明深部存有地下水通道。至 24m 深时，见几个小溶洞，水位上升至埋深 16m；至 25m 深时，又见几个小溶洞，成井深度为 26m，稳定水位埋深为 18m，抽水降深为 2.7m，涌水量达 $1320m^3/d$，见图 4-4。

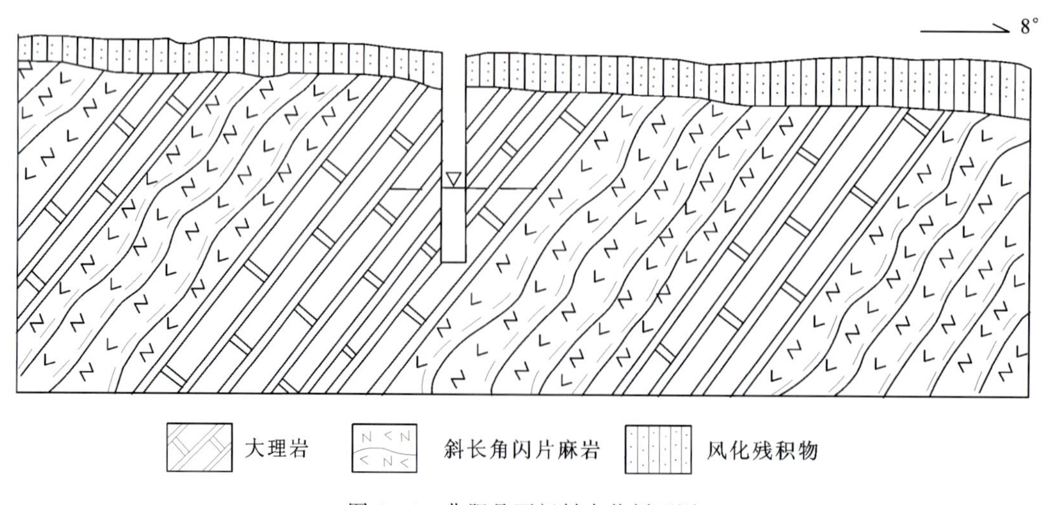

图 4-4 曲阳县石门村水井剖面图

4.2.3 山区山前平原地下水补给、径流、排泄特征

从阜平-涞源复背斜的核部中山区到山前平原，地貌类型及地层岩性齐全，具有典型性和代表性。下面以唐县为例阐述保定西部山区地下水补给、径流、排泄规律。

唐县主要地形地貌为山区、丘陵、平原，海拔由西北山区向东南平原区倾斜。西北部山区属于太行山东麓，海拔为500～1000m，向西南逐步过渡为丘陵和平原。地下水的分布、赋存状况主要受地形条件、地层岩性、区域性构造及次级构造控制。灵山向斜斜穿该区是唐县山区的基本构造形态，向斜呈北东向展布，唐县西部山区沉积盖层分布区即属于该向斜。向斜核部地层主要为奥陶系灰岩，局部出露二叠系—石炭系碎屑岩，下伏寒武系—长城系，且在向斜南、北两翼依次出露；蓟县系—长城系白云岩构成向斜的两翼，太古宇为该区的基底岩层。根据地形条件、地层分布、构造特征及地下水赋存特征，唐县从北向南依次划分为5个地下水分段。

Ⅰ段：位于县境北部的军城—川里一带，属中低山区，出露大面积太古宙片麻岩，地层岩性单一。浅部片麻岩风化程度高，深度一般小于20m。在区域上，该区为地下水补给区，总体径流方向基本与地势一致，为由北向南。风化壳孔隙裂隙是地下水径流通道与赋存空间，风化壳的发育程度决定了地下水的富水性。总体来说，该区地下水以表层径流为主，风化壳富水性弱，单井出水量一般小于10m^3/h。本区地表水与地下水联系密切，转换速度快，风化壳地下水在沟谷等地势低洼处形成下降泉，水量少，汇集成小溪。

Ⅱ段：位于灵山向斜的北翼，属中低山地貌，沟谷切割强烈，坡陡谷深。含水层为长城系—蓟县系白云岩。区内地下水补给来源以大气降水入渗为主，断层构造带、裂隙及岩溶孔洞是地表水入渗及地下水径流的通道，同时也是地下水赋存空间。地下水径流随地势由北而南，在豆铺—马沟—贤表一线遇下寒武统泥页岩受阻，地下水水位抬高，成为地下水富集带，也有部分地下水转入深部径流（图4-5）。2009年实施的豆铺村示范孔和2010年实施的史家佐村示范孔均位于此富水段。豆铺村示范孔位于NE40°—NW∠70°～80°断层和NE60°—SE∠70°～80°断层的交会处，岩石破碎，抽水降深3.0m，出水量为70m^3/h。史家佐村示范孔则位于发育于蓟县系雾迷山组白云岩中的北东向断层，抽水降深10m，出水量达60m^3/h（图4-6）。

Ⅲ段：位于灵山向斜的核部，属于低山地貌，含水层由中奥陶统—中寒武统灰岩组成，下寒武统泥页岩为两侧的边界。本段地下水自成系统，大气降水是地下水的主要补给来源，沿断裂构造带、裂隙向向斜核部中心汇集，形成地下水富集带。经调查及示范孔验证，灵山向斜核部地下水也呈脉状或带状分布，受构造的控制。2007年唐县吉祥庄示范孔即位于向斜核部，而东距此孔500m、同样位于核部的已有孔则干涸无水（图4-7）。

Ⅳ段：与Ⅱ段地层岩性基本相同，但倾向相反。此段属低山丘陵，沟谷切割深度与坡度弱于Ⅱ段。此段属于补给径流区，除接受大气降水补给外，还有北部深部地下水径流补给。与Ⅱ段不同的是，地下水向南部径流过程中，在长店—北店头—游家佐一线受太古宙变质岩隔水岩系阻挡，从而在接触带附近的白云岩含水层中富集，成为富水带。2007年唐县下赤城村示范孔即位于此段的富水带内，井旁地表出露雾迷山组白云岩裂隙发育，张开宽度达60cm，延伸性好。设计孔深120m，全孔破碎，水量太大导致潜孔锤无法钻进，钻至86m时停钻。

Ⅴ段：位于长店—水头一线的南部地区，太古宙变质岩零星出露，片麻岩分布总体呈北东向，与灵山向斜的走向一致。其余为第四系所覆盖，山前覆盖层厚度达20～30m。区内地下水赋存于变质岩风化壳及第四系松散层内，其特点是含水层富水性较差，一般单井出水量小于10m^3/h，多集中于浅部30m深度，地下水补给来源以大气降水为主，受降水影响大。随着区域地下水水位的逐年下降，本区地下水富水性减弱，供需水矛盾日益突出。

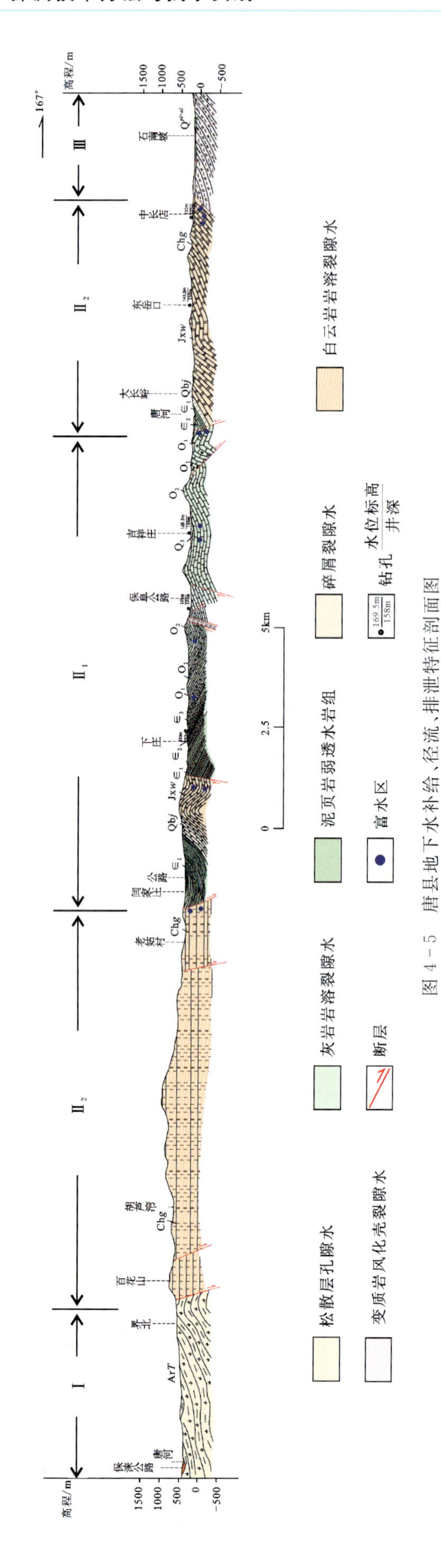

图 4-5 唐县地下水补给、径流、排泄特征剖面图

注：ArT. 泰山岩群；Chg. 高于庄组；Qbj. 景儿峪组；Jxw. 雾迷山组；$\in_1$. 下寒武统；$\in_2$. 中寒武统；$\in_3$. 上寒武统；O_1. 下奥陶统；O_2. 中奥陶统；O_3. 上奥陶统；Q^{al+pl}. 第四系冲洪积。

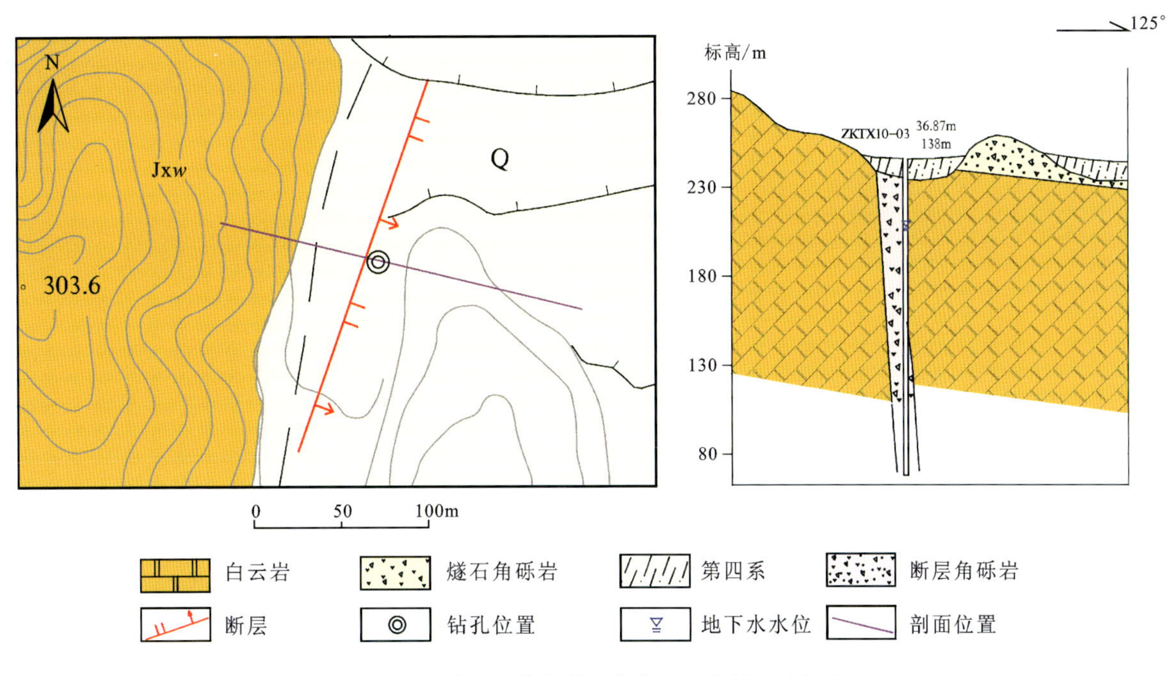

图4-6 唐县史家佐村示范孔平面及剖面示意图

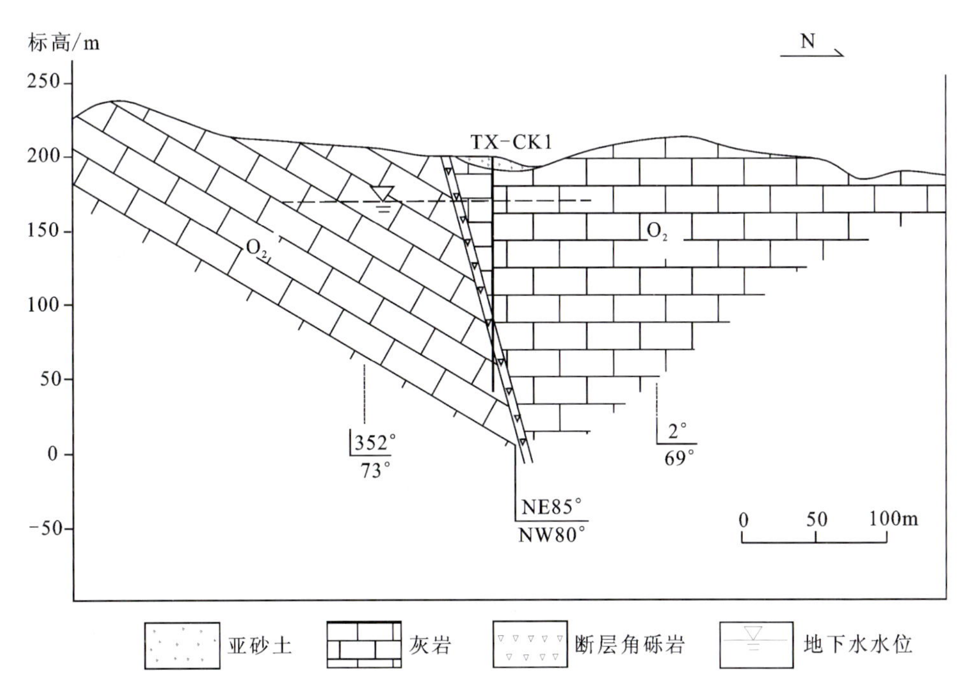

图4-7 唐县吉祥庄示范孔剖面示意图

4.3 山东沂蒙山区裂隙岩溶水特征

沂蒙山区碳酸盐岩地层为古生界寒武系、奥陶系，主要有：寒武系—奥陶系九龙群，为以海相碳酸盐岩为主要特征的岩性组合，包括张夏组、崮山组、炒米店组；奥陶系马家沟群，是继九龙群之后的又一套巨厚层的海相碳酸盐岩沉积，岩性以白云岩和石灰岩交替出现为特征；新生界古近系(E)，岩性以各类砂砾岩为主，但在断陷盆地边缘，常分布大厚度的灰质砾岩。受构造作用控制，碳酸盐岩在沂蒙山区常呈条带状沿北西向和近东西向断陷盆地分布，其间被变质岩基底分隔。下文以典型的大汶河流域为例，叙述沂蒙山区断陷盆地岩溶水的赋存运移规律。

4.3.1 碳酸盐岩层组类型

据不同时代碳酸盐岩岩层的组合关系，以组为最小单位将不同时代的碳酸盐岩岩层划分为连续型、互层型、夹层型，3 种层组类型地层情况见表 4－1。

表 4－1 碳酸盐岩岩组类型与地层对应表

类型	连续型	互层型	夹层型
地层	马家沟群（$O_{2-3}M$）、三山子组（$\in_4 O_1 s$）、炒米店组（$\in_4 O_1 \hat{c}$）、张夏组上灰岩段（$\in_3 \hat{z}^u$）、张夏组下灰岩段（$\in_3 \hat{z}^l$）、朱砂洞组（$\in_2 z$）、朱家沟组（$E_2 z$）	崮山组（$\in_{3-4} g$）、馒头组石店段（$\in_{2-3} m^s$）	张夏组盘车沟段（$\in_3 \hat{z}^p$）、馒头组洪河段（$\in_{2-3} m^h$）、馒头组下页岩段（$\in_{2-3} m^l$）、大汶口组（$E_{2-3} d$）
岩性	灰岩、白云岩、灰质砾岩	灰岩、白云岩、泥质灰岩、页岩、砂岩	页岩、泥岩、砂岩、灰岩、泥灰岩

连续型：在一段（地层组）沉积序列中碳酸盐岩连续沉积，碳酸盐岩厚度占该序列总厚度 70％以上，称为连续型碳酸盐岩，此类型分布最广。

互层型：在一段（地层组）沉积序列中碳酸盐岩与碎屑岩呈互层状，碳酸盐岩厚度占该序列总厚度的30％～70％，称为互层型碳酸盐岩。

夹层型：在一段（地层组）沉积序列中碳酸盐岩少量连续沉积，呈夹层状分布于该序列中，碳酸盐岩厚度占该序列总厚度小于 30％，称为夹层型碳酸盐岩。

需要说明的是，由于古近系岩相变化大，在断陷盆地北部边缘朱家沟以大厚度的朱家沟组灰质砾岩为主，碳酸盐岩含量高，连续沉积，为连续型类型；大汶口组中泥页岩、砂砾岩中夹有泥灰岩，泥灰岩厚度占总厚度的 10％～20％，属于夹层型岩组类型。

4.3.2 岩溶形态

历经多期地质构造运动，古生界寒武系、奥陶系可溶性岩石中形成了错综复杂的构造节理、裂隙。由于地表水和地下水长期作用，在地表和地下形成形态各异、规模不等的各类岩溶类型，从而形成岩溶景观。

1. 地表岩溶形态

（1）溶沟、溶槽：由地表水流沿灰岩岩层层面及节理裂隙长期溶蚀所产生的沟、槽状凹地，其间残留的石脊，构成石芽。在灰岩裸露分布区，尤其是泰莱盆地南部灰岩分布区，溶沟、溶槽发育，往往形成石芽地形。在丈八丘、东泉地区南部山坡下部的灰岩裸露区，地表岩溶发育地段多呈溶沟、溶槽状。在河谷及两侧的裸露灰岩区还可见溶孔发育。

（2）溶洞：莱芜区南部十里河—老君堂一带发现 4 个溶洞，以朝阳洞最大，目前已初步开发；塔子附近苍龙峡处有 6 个溶洞，规模较小，长约几十米。溶洞沿灰岩层面或构造裂隙发育，呈圆形或椭圆形、长条形，皆为干溶洞，无充填。部分洞的洞壁有次生石灰华及小钟乳石。溶洞发育两层，高程分别为180～250m、450～550m。

(3)干谷:泰莱盆地南部碳酸盐岩分布区的沟谷内,雨季过后,地表水流消失,形成干谷。即使是较大河流,如汶南河、新甫河、莲花河等,在枯水期灰岩地段河谷干涸,而其上游变质岩或花岗岩分布区则长年流水。

(4)溶蚀裂隙:地表多见溶蚀裂隙,走向呈 NE20°~40°及 NW50°~70°两组分布,与区域构造裂隙发育方向一致。地表溶蚀裂隙一般宽度大于 20cm,裂隙面网格状起伏不平,多被铁质、泥质充填。

2. 地下岩溶形态

地下裂隙岩溶情况主要依靠钻孔揭露,主要有溶蚀裂隙、溶孔及溶洞等,在泰莱盆地、大汶口盆地均有发育。

(1)溶蚀裂隙:在丈八丘、清泥沟、东泉地区钻孔均见到大量的溶蚀裂隙,为岩溶地下水的主要通道。溶蚀裂隙大致沿两个方向发育,一组近垂直方向发育,一组沿地层层面发育。溶蚀裂隙一般宽 1~50mm 不等,裂隙面因长期溶蚀而呈起伏不平状,常与溶孔、溶洞同时存在。溶蚀裂隙面常见黄褐色铁质浸染或黑色锰质浸染,为地下水活动痕迹。在地下 10~150m 内,溶蚀裂隙一般无充填物或少量砂质充填。深度 150m 以下,溶蚀裂隙一般不发育,常被方解石脉充填或半充填。西丈八丘 ZK03 孔在 41~41.3m 处见一条连续的近垂向裂隙将岩芯分成两半,裂隙面起伏不平,蜂窝状溶蚀明显。

(2)溶孔:在丈八丘、清泥沟、东泉地区钻孔中均见到。溶孔一般孔径小于 10cm,以 1~3cm 居多,常密集呈蜂窝状,为良好的储水空间。溶孔一是顺溶蚀裂隙面发育,二是顺层面发育,溶孔壁常有钙质薄膜,为地下水溶蚀-沉淀作用的痕迹。近地表处的溶孔常被泥质充填,150m 以下常被方解石晶簇充填。

(3)溶洞:在东泉地区较为发育,且洞径较大,一般直径大于 10cm,连通性较好。在丈八丘、清泥沟地区发育较少,且洞径较小。溶洞一般无充填物,近地表处常被泥质、砂质充填。在深度 300m 以下,溶洞发育较少。

4.3.3 岩溶发育规律

岩溶发育以可溶岩为基础,受水文地质条件、地质构造及岩浆侵入的影响,造成不同地段岩溶发育程度、发育深度的差异性。

4.3.3.1 泰莱盆地南部碳酸盐岩分布区

通过钻孔资料统计发现,以溶蚀裂隙发育为主,同时发育溶孔;东泉断块、清泥沟断块以溶洞、蜂窝状溶孔发育为主。区内裂隙岩溶发育受构造运动的控制,在构造裂隙发育部位,裂隙岩溶发育,并以倾向裂隙和层面裂隙两个方向发育。

在水平方向上,从补给区到排泄区,裂隙岩溶发育逐渐增强,补给区多为溶蚀裂隙,排泄区多为溶蚀裂隙加溶孔、溶洞。在河谷及两侧,因地下水循环交替作用较强,裂隙岩溶发育,距离河谷较远处则变差。

在垂直方向上,因地层岩性不同,裂隙岩溶发育也不尽相同。据丈八丘、傅家桥、黄庄、东泉、清泥沟地区 39 眼钻孔统计资料(图 4-8),各地区裂隙岩溶发育特点不一。丈八丘地区溶蚀裂隙和溶孔的发育深度主要集中在 200m 以浅,200~300m 深度零星发育溶蚀裂隙、溶孔和蜂巢状溶孔,溶蚀裂隙、溶孔发育密度较清泥沟和东泉地区小;傅家桥和黄庄地区 100m 以浅溶蚀裂隙、蜂巢状溶孔集中发育;东泉、清泥沟两地区裂隙岩溶发育特点相似,蜂巢状溶孔及溶洞均较发育,发育深度多集中在 150m 以浅。总之,从地下水径流上游至下游,岩溶发育深度、发育程度逐渐增加。

4.3.3.2 泰莱盆地西北部

在泰莱盆地西北部,泰安—旧县水源地一带,中、下奥陶统,上寒武统碳酸盐岩在区内广泛分布,且

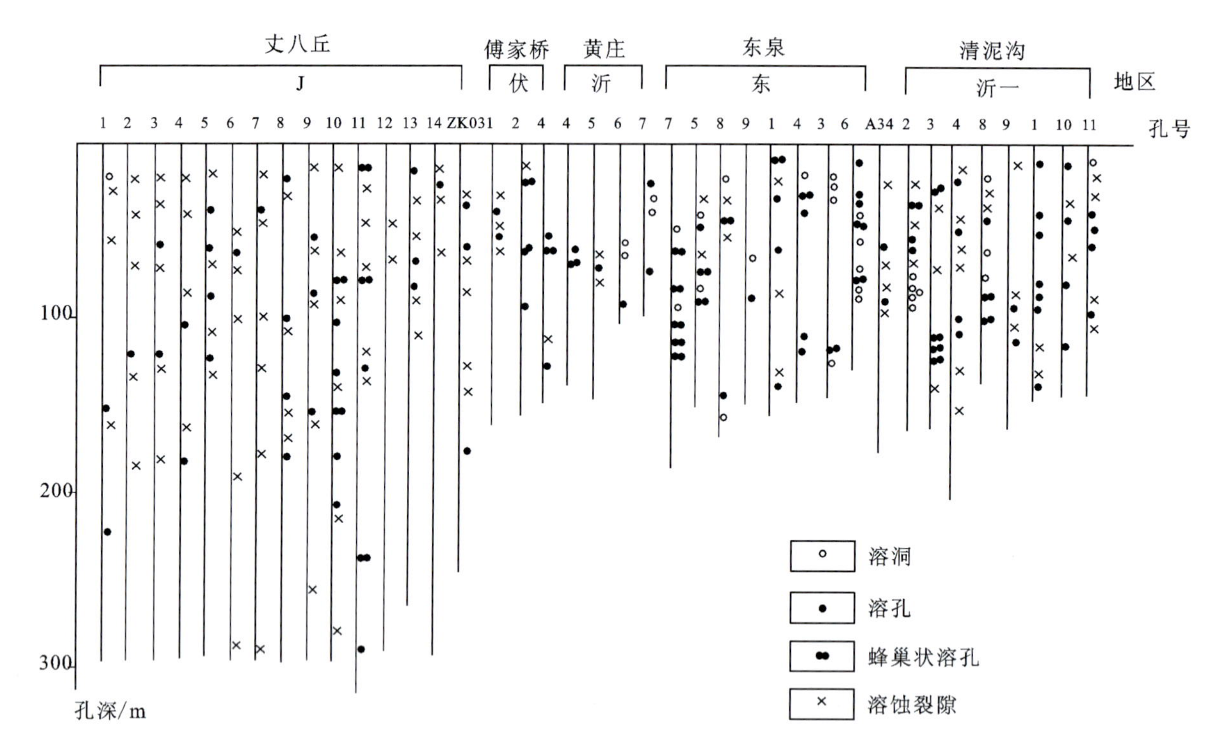

图 4-8 泰莱盆地南部钻孔裂隙岩溶分类统计分布图

隐伏于第四系之下。受构造、岩性、岩性组合、岩石化学以及地下水等诸因素的综合影响，碳酸盐岩形成溶蚀程度不同、溶蚀形状各异的岩溶现象。

据钻探揭露，岩溶溶蚀现象包括溶孔、溶隙和溶洞。常见溶孔直径 0.5～2.0cm 的小孔，溶孔零星分布或呈蜂窝状、网络状。溶隙面通常宽 1～2mm，也有十几毫米者，有的被方解石或红色黏土充填。区内溶洞发育程度较高，153 眼钻孔中有 114 个揭露溶洞，钻孔溶洞能见率达 74%，溶洞高度小于 1m 者居多，最高达 13.16m；溶洞大部分被充填或半充填，特别是灰岩顶部的溶洞，由于距物质来源近，充填程度及充填率更高，可达 81%。

总之，泰莱盆地西北部整体上岩溶发育规律为：岩溶强烈发育段在标高 95m 以上，即灰岩顶板以下 30m 深度内；岩溶发育多沿层间界面，同时受构造控制，在构造带常形成岩溶强发育带，且远离断裂岩溶发育逐渐减弱；“天窗”部位岩溶发育，且多发育溶洞。

4.3.3.3 矿山岩体周边

本区地表被第四系覆盖，无裸露岩溶发育，因此根据矿山岩体周边顾家台矿山等钻孔资料分析隐伏或埋藏岩溶发育规律。受矿山岩体侵入影响，碳酸盐岩变质成为大理岩，大理岩中岩溶化现象普遍存在，发育高程不同、大小不等的溶洞，局部蜂窝状小溶孔丛生，构成隐伏岩溶景观（图 4-9）。矿区内总平均线溶洞率为 3.61%，总平均面岩溶率为 2%～26%，为中等岩溶发育程度。

溶洞是矿区岩溶发育的主要类型，其垂直方向上的分布和规模大小主要受大理岩层的埋藏条件及所处位置的高程控制，发育下限由闪长岩接触面高程决定，受深度影响并不显著；在水平方向上，溶洞的分布与闪长岩侵入体的接触界线产状有关，靠近接触带溶洞发育，远离接触带发育较差。岩溶最为发育的方向为北东-南西向和北西-南东向，与天然状态下矿区裂隙岩溶水的主要补给方向是一致的。

矿区内揭露 115 眼大理岩钻孔、38 眼见溶洞、137 个揭露溶洞。按规模可划分为大（洞径>1m）、中（洞径为 0.5～1m）、小（洞径≤0.5m）3 种类型，溶洞发育以小型为主，统计结果见表 4-2。

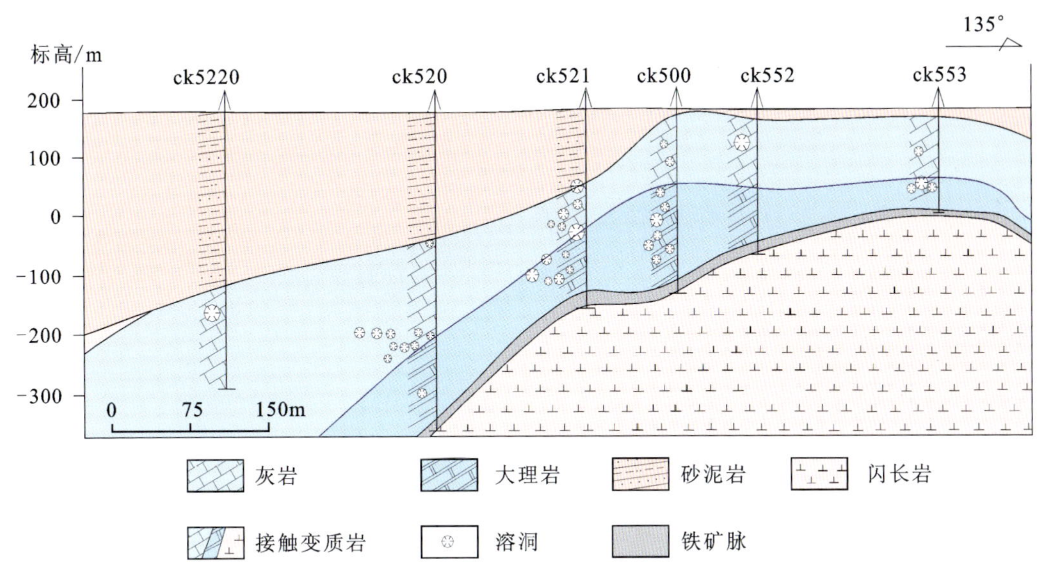

图 4-9 顾家台矿区侵入接触带岩溶发育示意图

表 4-2 顾家台矿区溶洞发育统计表

溶洞类型	数量/个	占比/%	备注
大型	28	20.44	最大 5.31m,深 262.38m 处无次生矿物充填
中型	41	29.93	
小型	68	49.63	
合计	137	100.00	

区内大部分溶洞充填性不良,揭露溶洞多半为无充填物的空洞,约占总数的 59.14%,充填物多种多样且是多期形成的。其中,泥质填充占比 19.35%,砂质填充占比 7.53%,混合物充填占比 12.90%,紫红色黏土质粉砂岩填充占比 1.08%(表 4-3)。

表 4-3 矿区各标高段溶洞数量及充填情况统计表

单位:个

标高	空洞	泥质	砂质	混合充填物	紫红色黏土质粉砂岩	溶洞总数
100~180m	4	16	1	5	1	27
50~100m	3	2	4			9
0~50m	7		2	1		10
-50~0m	6			1		7
-100~-50m	9			1		10
-150~-100m	7					7
-200~-150m	7			1		8
-250~-200m	11			2		13
-300~-250m				1		1
-350~-300m	1					1
总和	55	18	7	12	1	93

岩溶洞穴的泥质、砂质及黏土质粉砂岩充填集中在浅部，埋深小于200m；而由泥质、砂质及岩石碎屑岩块组成的混合物充填则分布于整个钻孔段，其中除泥质为地下水淋滤堆积外，其他成分多为地下水溶蚀岩石本身堆积所成；砂质充填物来源于嘶马河河床；紫红色黏土质粉砂岩堆积物与古近系沉积初期的古地理条件有关，或者是通过与闪长岩的接触面或是通过大理岩的古剥蚀面经淋滤堆积而成。

4.3.3.4 大汶口盆地南部碳酸盐岩区

根据钻孔资料，通过对各代表地段的岩溶发育进行综合分析对比，区内岩溶发育具有以下分布规律（图4－12）。

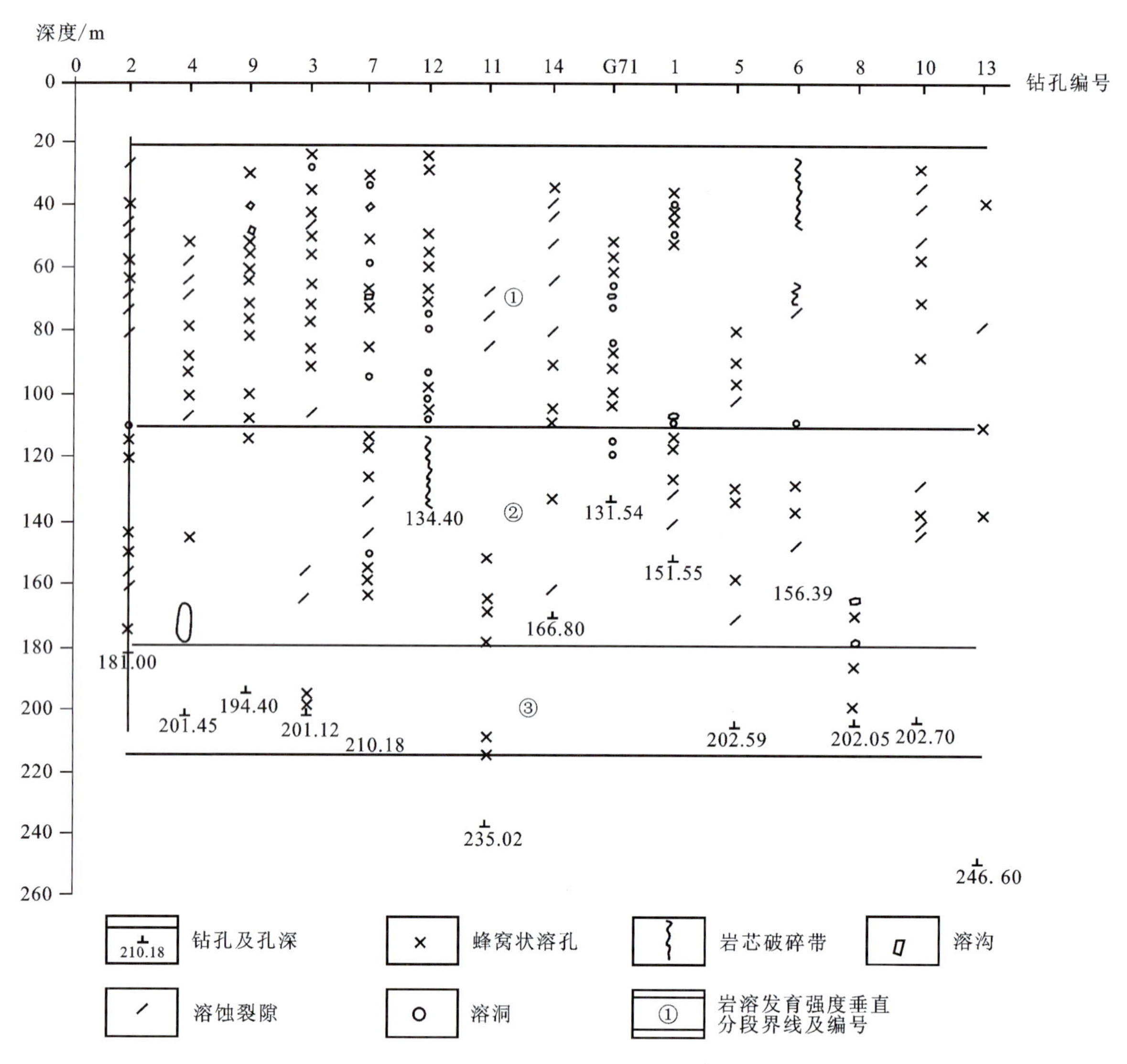

图4－10　东武水源地一带岩溶发育规律图

(1)在水平方向上，在盆地西北部仪阳街道一带和苏家龙泉南落星一带，碳酸盐岩隐伏区岩溶发育；在垂直方向上，随着深度的增加，岩溶发育程度减弱，岩溶发育深度主要在埋深150m以上。

(2)靠近较大断裂构造影响带部位，裂隙岩溶发育程度好，远离断裂构造带岩溶发育程度差。

(3)地下水主径流带及排泄区岩溶较发育，如仪阳富水地段处于地下水主径流带，苏家龙泉富水地段处于排泄区，岩溶发育均较好，富水性好，单位涌水量大于1000m^3/(m・d)。

岩溶发育在垂直方向上表现出一定的规律性，根据其发育程度可以分为3段。

(1)岩溶强发育带：主要分布在东武村一大侯村一带与华丰一磁窑镇一带南侧，以奥陶系马家沟组碳酸盐岩为主。该区域受断裂构造影响，岩溶特别发育，岩溶形态以溶洞和蜂窝状溶孔为主。

(2)岩溶较强发育带：岩性以寒武系一奥陶系三山子组白云岩、寒武系张夏组灰岩为主，岩溶形态以蜂窝状溶孔及溶蚀裂隙为主。

(3)岩溶弱发育带：岩性以寒武系一奥陶系炒米店组泥质条带灰岩、崮山组薄层灰岩夹页岩、馒头组页岩夹薄层灰岩为主，岩溶发育较差，以溶蚀裂隙为主。

另外，地下水补给区到排泄区，裂隙岩溶发育程度也有所不同，补给区多为溶蚀裂隙，径流排泄区主要为蜂窝状溶孔、溶洞及溶蚀裂隙。

4.3.4 地下水富集模式

沂蒙山区地下水的形成与运移受地层岩性、地形地貌、地质构造等综合因素的控制，其典型的盆-岭相间的复式构造格局及寒武系一奥陶系一石炭系一三叠系一侏罗系一白垩系一古近系北倾的单斜半地堑盆地结构，决定了地下水分布、运移的总体规律性。同时，各时期岩浆的侵入对地下水的径流与富集也造成了影响。针对沂蒙山区地下水运移的特征，本书总结了具有普遍性的3种岩溶水富集模式，即岩溶断块型、岩溶单斜构造自流盆地型、古近系岩溶+孔隙+裂隙复合型。

1. 岩溶断块型地下水富集模式

岩溶断块型地下水分布于半地堑盆地的北缘，在两级控盆断裂之间存在寒武系一奥陶系碳酸盐岩断块，北部边界以外弧断裂与泰山岩群接触，南部以内弧断裂与古近系碎屑岩相接。受构造作用影响，断块内碳酸盐岩裂隙发育，溶蚀作用强烈，有利于地下水的赋存与运移。岩溶地下水补给来源于北部变质岩径流补给和断块内降水、地表水入渗补给；地下水由北向南径流，遇古近系碎屑岩阻滞，地下水水位壅高，形成地下水富集带，部分地下水以泉的形式向地表排泄。典型代表包括山口岩溶断块地下水富集模式(泰莱盆地北缘)(图4-13)、大汶口盆地东北缘上泉岩溶断块地下水富集模式(图4-14)。

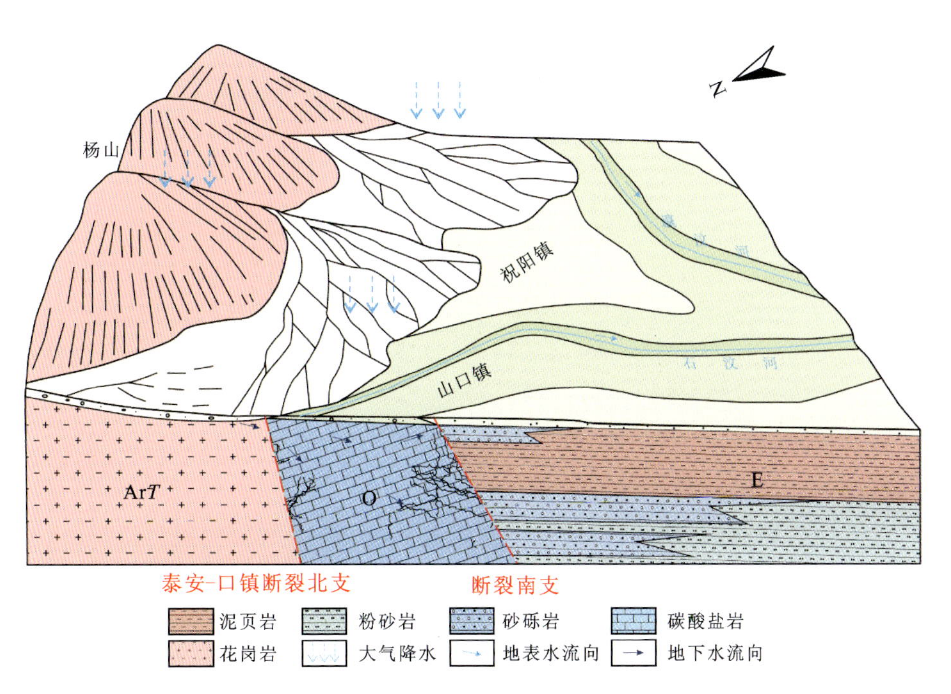

图4-11 泰莱盆地北缘山口岩溶断块地下水富集模式示意图

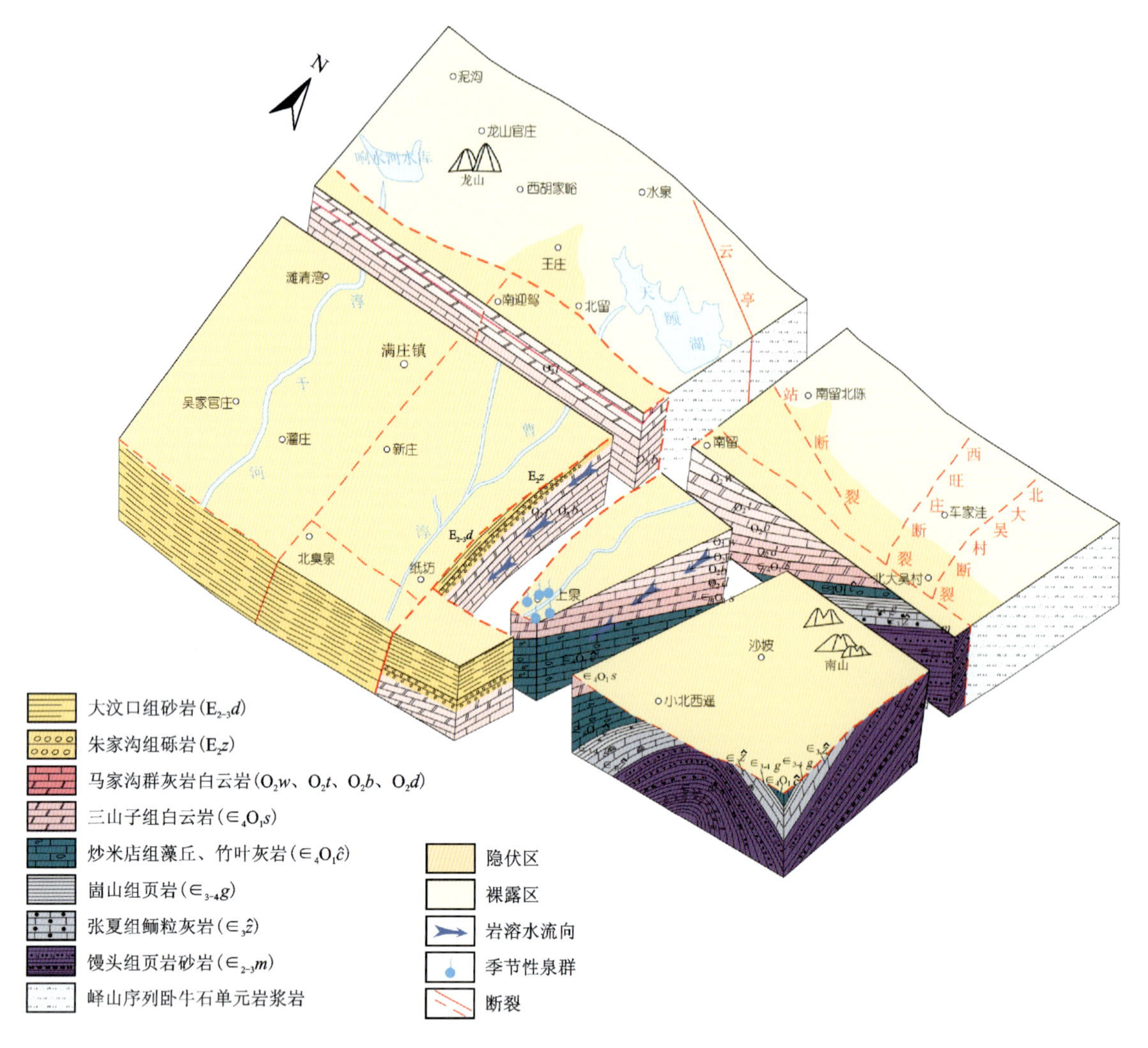

图 4-12　大汶口盆地东北缘上泉岩溶断块地下水富集模式示意图

2. 岩溶单斜构造自流盆地型地下水富集模式

泰莱半地堑盆地内岩层北倾，由寒武系—奥陶系碳酸盐岩及石炭系—二叠系—白垩系—古近系碎屑岩组成，在盆地南部超覆于泰山岩群之上。地下水主要赋存于碳酸盐岩溶蚀裂隙、孔洞中，南部灰岩裸露区大气降水及地表水入渗是地下水的主要补给来源，其次为上游变质岩区地下水径流补给。地下水向盆地运移过程中，遇到弱透水及隔水的碎屑岩系，径流不畅，产生回水、富集并具高压水头，部分排泄出地表，部分为人工开采排泄，余量地下水在压力平衡作用下转向下游径流排泄。在泰莱盆地内，由于矿山岩体及八里沟向斜的存在，地下水补给、径流、排泄更为复杂化，见图 4-15。

3. 古近系岩溶＋孔隙＋裂隙复合型地下水富集模式

以前被视为弱含水层的古近系碎屑岩在盆地北部控盆断裂的附近存在强富水地段，具备集中供水条件。靠近盆地北缘，由于控盆断裂剧烈伸展活动沉积形成了山麓洪积相的一套类磨拉石建造(灰质角砾岩)，其溶隙、溶孔发育，在构造影响下岩溶发育，具强富水特征；从盆地北部边缘向中心过渡地带，沉积物变化为分选中等的灰质砾岩、杂砾岩、砂岩、泥岩互层的正粒序沉积物，应为山间辫状河沉积环境，属河流相沉积，在地下水循环强烈的地带，部分层段砂砾岩胶结程度低，成岩性差，赋存孔隙水，而受构造影响的杂砾岩则赋存裂隙水；向盆地中心由砂砾岩再过渡为泥岩，夹有石膏层、岩盐、自然硫等，为湖

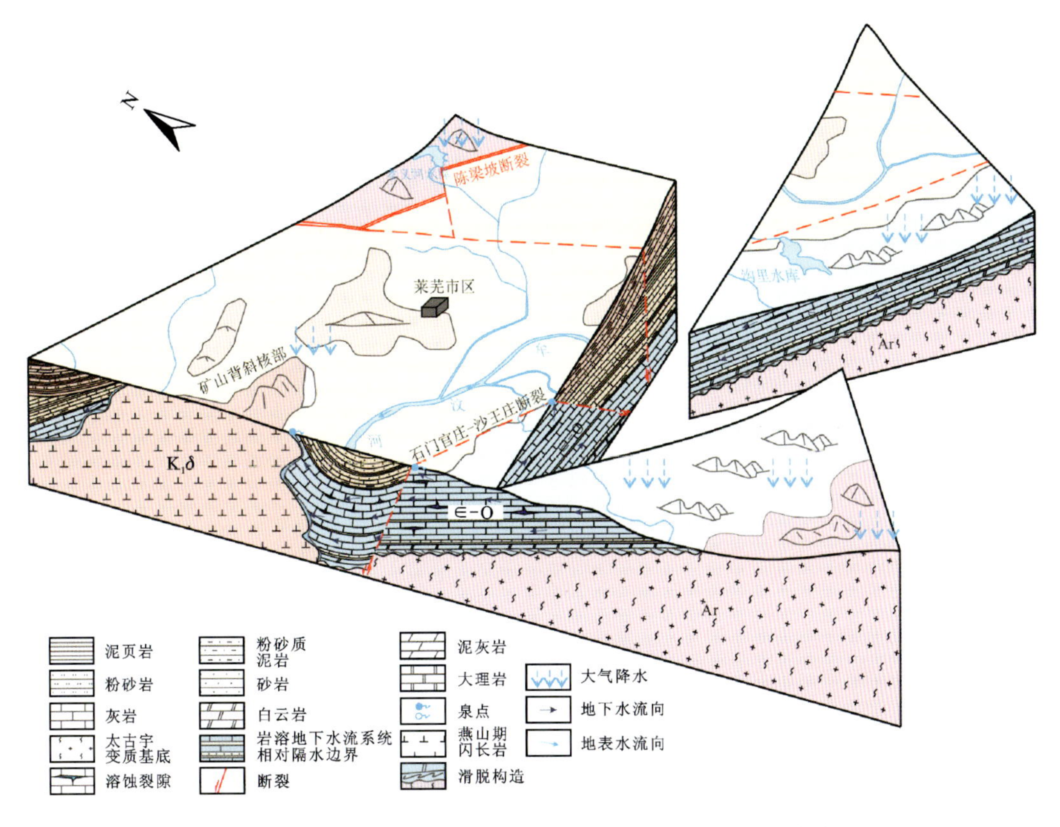

图 4-13　泰莱盆地岩溶单斜构造自流盆地型地下水富集模式图

盆相沉积，其富水性及水质均变差。受含水介质特征的控制，古近系地下水类型复杂，包含岩溶水、孔隙水及裂隙水，在不同地段地下水类型亦有变化。孔隙含水层受上部泥岩或泥灰岩隔水层的影响，常具承压性。古近系与上游的寒武系—奥陶系碳酸盐岩或泰山岩群呈断层接触，并接受其地下水径流补给，地下水向盆地中心径流过程中，随着岩层颗粒逐渐变细，径流受阻，具高压水头，地下水常具承压性，并转而由东向西径流，部分为人工开采排泄(图 4-16)。

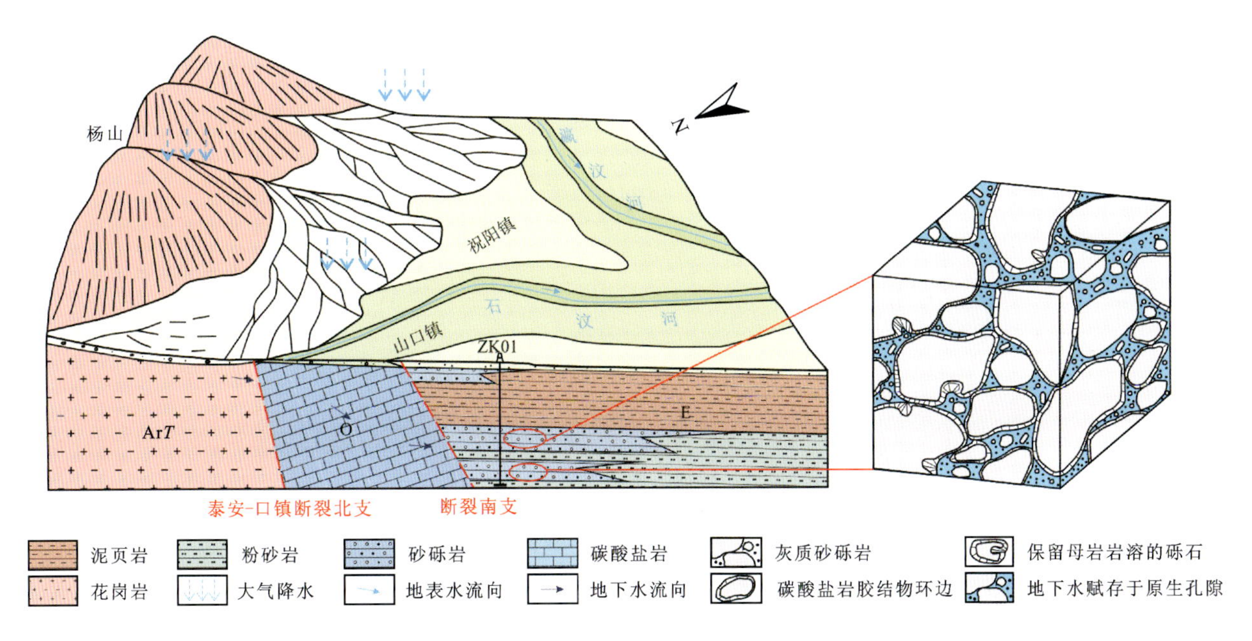

图 4-14　山口村古近系岩溶+孔隙+裂隙复合型地下水富集模式示意图

5 碎屑岩孔隙裂隙水赋存、运移特征

5.1 碎屑岩孔隙特征及孔隙裂隙水特征

5.1.1 碎屑岩基本特征

碎屑岩是母岩机械破碎的产物经搬运、沉积、压实、胶结而成的岩石。按碎屑颗粒大小，可分为粗碎屑岩（砾岩、角砾岩，＞2mm；中碎屑岩，2～0.5mm）、细碎屑岩（粉砂岩，0.05～0.005mm）。

按碎屑的物质来源，碎屑岩可分为陆源碎屑岩和火山碎屑岩两类。火山碎屑岩按碎屑粒径分为集块岩（＞64mm）、火山角砾岩（2～64mm）和凝灰岩（＜2mm）、粗砾岩（64～256mm）、中砾岩（4～64mm）、细砾岩（2～4mm）；在陆源碎屑岩中，砂岩按砂粒大小可细分为巨粒砂岩（1～2mm），粗粒砂岩（0.5～1mm）、中粒砂岩（0.25～0.5mm）、细粒砂岩（0.1～0.25mm）、微粒砂岩（0.062 5～0.1mm）。粉砂岩按粒度可分为粗粉砂岩（0.031 2～0.062 5mm）、细粉砂岩（0.003 9～0.031 2mm）。

在沉积区外的陆地上搬运来的碎屑称为外碎屑，是碎屑的主要来源，碎屑以分选性、磨圆度均较好为特征。而在沉积区内形成的碎屑称内碎屑，碎屑特征为大小混杂，呈棱角状或次棱角状。碎屑岩主要由碎屑颗粒、杂基、胶结物和空隙组成。

碎屑又可分为岩屑和矿物碎屑两类。岩屑成分复杂，各类岩石都有。矿物碎屑主要是石英、长石、云母和少量的重矿物。胶结物是碎屑岩中以化学沉淀方式形成于粒间的自生矿物，起到胶结作用，主要胶结物有硅质矿物、碳酸盐矿物、硫酸盐矿物、磷酸盐矿物、硅酸盐矿物和一部分铁质矿物。

碎屑岩中未被固体物填充的空间即为空隙，包括孔隙、裂隙，常被水或空气填充。孔隙一般是在成岩过程中形成的，包括原生孔隙和次生孔隙，而具有水文地质意义的裂隙多是后期构造作用的产物，属次生裂隙。空隙的大小和连通性对岩层的富水性起着决定性作用。

碎屑岩空隙的特征是同一岩层中孔隙分布较均匀、连续或呈渐变变化，而裂隙发育以变化显著、突变为特征，常呈带状或脉状分布。

5.1.2 碎屑岩空隙的影响因素

碎屑岩中的地下水赋存于岩石中的孔隙、裂隙中，地下水类型为孔隙裂隙水，其特征受孔隙、裂隙的控制。影响碎屑岩孔隙发育的因素众多，主要有沉积作用、成岩作用和构造作用。

5.1.2.1 沉积作用对碎屑岩孔隙的影响

1. 矿物成分

碎屑岩的矿物成分以石英和长石为主，一般来说，石英砂岩比长石砂岩透水性好。长石的亲水性比石英强，当补水润湿时，长石表面所形成的液体薄膜比石项表面厚，通常情况下这些液体薄膜不能移动，它在一定程度上减少了孔隙的有效流动面积，导致渗透率变小；石英抗风化能力强，颗粒表面光滑，地下水易于通过，而长石抗风化能力相对较弱，颗粒表面有次生高岭土和绢云母，不仅对水有吸附作用，而且吸水膨胀堵塞原来的孔隙，透水性变差。

2. 碎屑岩的结构

碎屑岩沉积时形成的粒间孔隙的大小、形态和发育程度主要受碎屑岩的结构（粒径、分选、磨圆和填集程度等）影响。一般来说，细粒碎屑磨圆度差，呈棱角状，颗粒支撑时比较松散，它比圆度好的较粗的砂质沉积可能有更大的孔隙度。然而细粒沉积物中孔喉小，毛细管压力大，地下水渗滤的阻力大，因此细粒沉积物的渗透率比粗粒的小。研究资料表明，分选系数一定时，渗透率的对数值与粒度中值呈线性关系，粒度越大，渗透率越高。在粒度相近的情况下，分选差的碎屑岩因细小的碎屑充填了颗粒间孔隙和喉道，不仅降低了孔隙度，而且降低了渗透率；从分选好至中等时，渗透率下降很快，分选差时，渗透率下降就缓慢了。

3. 杂基含量

在与沉积作用有关的影响碎屑岩孔隙率的诸因素中，最为重要的要数杂基含量。杂基是指颗粒直径小于 0.031 5mm 的非化学沉积颗粒。杂基含量是影响碎屑岩孔隙性、渗透性最重要的因素之一，杂基含量高的碎屑岩分选差，平均粒径较小，喉道也小，孔隙结构复杂。

5.1.2.2 成岩作用对碎屑岩孔隙的影响

成岩作用对碎屑岩孔隙的影响很大，即可以改造碎屑岩在沉积时形成的原生孔隙，也可以堵塞这些原生孔隙，或溶蚀可溶矿物形成次生溶蚀孔隙，从而改变孔隙率和渗透性。成岩作用主要包括压实、压溶、胶结、溶解、交代及破裂作用等。

1. 压实作用和压溶作用

压实作用和压溶作用是碎屑岩的孔隙率及渗透性衰减的主要因素。

压实作用就是通过岩石的脱水脱气，岩石孔隙度变小，变得致密。它是通过颗粒的下沉，颗粒之间距离变小，沉积物体积收缩而实现的。压实作用主要发生在成岩作用的早期，3000m 以上压实作用的效果和特征明显。从成岩作用的现象来看，压实作用不仅可以造成泥岩和页岩岩屑等的假杂基化、火山岩屑等软颗粒的塑性变形，还可以造成石英和长石等刚性颗粒的破裂与粒间接触程度的提高。压实作用使砂岩的孔隙度迅速减小，但不同类型的砂岩，其孔隙度衰减的速率不同。如黏土杂基含量高的砂岩，其孔隙度衰减速度大，而纯净砂岩的孔隙度衰减速率小。

压溶作用是指发生在颗粒接触点上，即压力传递点上有明显的溶解作用，造成颗粒间互相嵌入的凹凸接触和缝合线接触。由于碎屑在压力作用下溶解，使得 Si、Al、Na、K 等造岩元素转入溶液，引起物质再分配，造成低压处石英和长石颗粒的次生加大与胶结。

2. 胶结作用

胶结作用是指砂岩中碎屑颗粒相互连接的过程。松散的碎屑沉积物通过胶结作用变成固结的岩石。胶结作用是降低渗透性的重要因素。碎屑岩胶结物的成分是多种多样的，有泥质、钙质、硅质、铁质、石膏质等。一般来说，泥质、钙—泥质胶结的岩石较疏松，渗透性较好，纯钙质、硅质、硅—铁质或铁质胶结的岩石致密，渗透性较差。

不同的黏土矿物对岩石孔隙度和渗透率的影响也是不同的。在埋藏初期，从富含黏土质的孔隙水中可以沉淀出高岭石、绿泥石或伊利石，形成碎屑颗粒周围的黏土膜，或充填孔隙。高岭石除了直接从孔隙水中沉淀外，还可以通过长石和云母的风化形成自生高岭石，这种作用在颗粒边缘或顺着解理缝首先发生。在酸性孔隙水中长石易高岭石化，这种自生的黏土矿物填塞孔隙，降低了岩石的孔隙度。扫描电镜揭示，围绕颗粒缝隙生长的伊利石是从喉道部位向孔隙中央发展的，而高岭石往往充填在孔隙中，因此伊利石的生成对孔隙度的影响虽小，但对渗透率的影响很大，高岭石在降低岩石渗透率方面的作用比伊利石小得多。

硅质胶结作用对碎屑岩的孔隙度影响表现在两方面：一方面，石英、长石的次生加大在沉积物埋藏初期可以起到支撑碎屑颗粒骨架的作用，产生抵御压实作用的影响，对压实作用对孔隙度的破坏有所减轻，使原生孔隙最大限度地保存下来；另一方面，硅质胶结物始终占据孔隙空间，使空隙变小、喉道变窄，剧烈发育段能形成孔喉堵塞，严重降低渗透率。

胶结物在成岩早期能够抵御压实作用的影响，为提高孔隙度做出了一定的贡献。但是胶结物毕竟要占据各类孔隙空间，使得孔隙喉道变窄、曲折复杂化甚至堵塞，降低了碎屑岩的孔隙度及渗透性。

3. 溶解作用

在地下深处孔隙水成分的改变，导致长石、火山岩屑、碳酸盐岩屑和方解石、硫酸盐等胶结物大量溶解，形成次生溶蚀孔隙，使岩石孔隙度增大。砂岩经过不同程度的溶蚀改造形成多种类型的次生孔隙，对增大岩石的孔隙度起到了积极作用。溶解作用在提高岩石孔隙度的同时，更重要的是提高了孔隙的连通能力，为地下水运移通道的建立起到了良好的作用。

影响溶解作用的因素很多，如沉积时具有较粗的粒度且孔隙-渗透性好的碎屑岩、碎屑岩中含可溶性物质较多、地下水呈酸性及具有一定流动速度等都有利于次生孔隙形成，其中以酸性水的形成最为重要。

4. 交代作用

交代作用前后体积基本不变，对孔隙度影响不大，但可为后期溶解作用提供更多的易溶物质，从而有利于溶解作用的进行。例如碳酸盐矿物交代碎屑颗粒之后形成的碳酸盐矿物可能被后期溶解作用溶解则使次生孔隙增加，这对岩石孔隙的改造起积极作用。

5.1.2.3 构造作用对裂隙的影响

碎屑岩在应力作用下破裂形成构造角砾岩或在岩石内部形成裂隙。无论角砾间的裂隙还是岩石内的裂隙，都可成为地下水的运移、储存空间。构造作用的非均匀性，导致裂隙发育具非均匀性。构造角砾岩沿断裂构造呈线状或带状展布，成为主要的地下水运移通道。而裂隙多分布在断裂带两侧一定范围内，发育程度向外围逐渐衰弱，或者在应力集中区岩石裂而不断形成裂隙。应力性质决定了裂隙的张开性，无论是大的断裂带还是小的裂隙，也都具有不同的水文地质性质。

5.1.3 碎屑岩地下水的一般特征

5.1.3.1 碎屑岩中地下水类型

碎屑岩中空隙的特征决定了碎屑岩的地下水类型。而空隙包括孔隙和裂隙，它们在不同形成时代、不同成因、不同物质来源的碎屑岩中组成是不同的，所占主导地位亦可发生转变。因此，碎屑岩中地下水类型不是一成不变的，视岩层中的孔隙、裂隙发育情况而定。一般来说，成岩时代由老至新，岩石孔隙率由小至大、裂隙率由大变小(构造作用)，地下水类型亦随之变化。

古生代及以前形成的碎屑岩，压实作用占主导地位，硅质胶结居多，岩石孔隙率低，连通性差，往往成为弱透水岩层或隔水岩层，但在经历的漫长历史时期中，构造作用对其改造较大，断裂构造和裂隙等构造形迹较为发育，非均匀性的裂隙成为地下水的主要赋存空间，地下水类型为孔隙裂隙水。例如太行山区青白口系景儿峪组石英砂岩，岩石致密，无释水孔隙，若无构造裂隙发育，富水性极差，无成井条件。

我国新生代地层主要分布在盆地之中，以陆相沉积为主，沉积类型复杂，而海相沉积物分布局限，仅见于新疆塔里木盆地、西藏珠穆朗玛峰地区、东南沿海、台湾和邻近南海诸岛屿等少数地区。新生代沉积主要受新构造运动控制，差异性垂直升降运动和水平挤压运动决定了新生代盆地沉积物为近源性，而沉积物搬运距离短、快速堆积，造成岩石颗粒分选性差、磨圆度低、成岩作用弱，大部分处于半固结状态，粒间孔隙发育，其富水性取决于颗粒的大小与分选。构造作用对新生代地层富水性影响小，一方面是经历构造运动少，构造形迹多不发育；另一方面岩石成岩性差、塑性强，构造形迹多为闭合裂隙，不利于地下水富集。总之，新生代碎屑岩地下水以孔隙水为主，颗粒粗、分选好的岩层在补给充足的情况下含水丰富，其特征与第四系砂砾石层相类似。

中生代碎屑岩处于以裂隙水为主向以孔隙水为主的过渡阶段，多呈现钙质胶结，固结成岩作用较弱，砂砾岩孔隙发育，透水性能良好；岩石强度低，在构造作用下易产生脆性变形，形成构造角砾岩或岩石裂隙，裂隙与孔隙相叠加，不仅增大了岩石空隙，而且透水性显著增强，从而富水性得到极大提升，地下水类型或为孔隙裂隙水，或为裂隙孔隙水。就普遍性而言，中生代白垩纪砂砾岩富水性最好，具备大型供水能力，其次为侏罗系砂砾岩地层。

5.1.3.2 碎屑岩特征与水文地质性质

单就孔隙而言，碎屑岩孔隙的多少决定了岩石储容水能力，在一定条件下，还控制岩石滞留、释出和传输水的能力，以单位体积岩石中孔隙所占比例（孔隙度）表示。粗粒岩（砂岩、砾岩）孔隙度的大小，与颗粒大小无关，主要取决于颗粒分选性；颗粒排列状况、颗粒形态以及胶结物的多少，也影响孔隙度。自然界中，影响粗粒岩孔隙度的首要因素是分选性，颗粒大小越悬殊的岩土，孔隙度越小。泥岩的孔隙度较粗粒岩大得多。岩石孔隙率越高，含水量越高，因此饱水带中的泥岩、粉砂岩含水量远高于砂砾岩。从供水角度来说，当水位下降时，由于结合水、孔角毛细水的存在，黏细颗粒碎屑岩中的地下水仅能释出一小部分，成为贫水含水层，而岩石颗粒越粗，释水能力越强，富水性越好，可以成为供水目标层。

5.2 山东沂蒙山古近系碎屑岩孔隙裂隙水特征

2016—2018年，水环中心在大汶河流域开展了1∶5万水文地质调查工作，对古近系的岩性、岩相变化有了全新认识，也突破了人们以往对古近系贫水、不具备供水意义的传统认识，这也得到了探采结合孔的证实。对古近系含水层富水性及地下水赋存特征的认识是一个循序渐进、逐步深入的过程，从2016年的泰莱盆地受到启发，到2017年、2018年在泰莱盆地和大汶口盆地的持续探索，发现了水量大、水质良好的古近系富水新层系，这都为沂蒙山区新生代断陷盆地贫水的古近系分布区解决用水水源提供了新思路。

5.2.1 探采结合孔的基本情况

2016年，通过在泰莱盆地实施的官水河探采结合孔，在古近系弱富水区发现富水性强的砂砾岩含水岩组裂隙水。2017年，加大了古近系钻探工作量，在泰莱盆地实施山口北村和石龙头村两眼探采结合孔，地下水主要赋存于半固结的砂砾岩裂隙孔隙中，富水性强，水质良好；在大汶口盆地东北缘实施北留村和黄家庄村探采结合孔，含水层为灰质角砾岩，溶蚀孔洞发育，其厚度大于280m，富水性强，水质良好。在2016—2017年工作的基础上，2018年，选择在大汶口盆地西北缘（东城村）和南缘实施两眼探采结合孔，含水层岩性为灰质角砾岩，富水性强，水质良好。古近系探采结合孔各孔情况及分布参见表5-1和图5-1。

表 5-1　2016—2018 年古近系探采结合孔一览表

图幅	位置	含水层	孔深	出水量(降深)	TDS	pH
			m	$m^3/d(m)$	mg/L	
莱芜区幅	莱芜区口镇官水河	大汶口组砂砾岩	80.0	338.9(46.58)	498.0	7.4
范镇幅	泰安市岱岳区山口镇山口北村	大汶口组半固结砂砾岩	222.0	1080(16.74)	395.0	7.7
	泰安市岱岳区祝阳镇石龙头村	大汶口组半固结砂砾岩	181.5	600(45.3)	370	7.5
南留幅	泰安市岱岳区满庄镇北留村	朱家沟组灰质角砾岩	204.1	1728(16.77)	628.0	7.17
	泰安市岱岳区满庄镇黄家庄村	朱家沟组灰质角砾岩	282.0	1 240.8(14.07)	543	7.68
夏张幅	夏张镇东城村	朱家沟组灰质角砾岩/奥陶系灰岩	242	2016(13.0)	545	7.8
大汶口幅	泰安市磁窑镇国家庄村	朱家沟组砾岩/奥陶系灰岩	150.4	2 104.8(16.07)	690	7.7

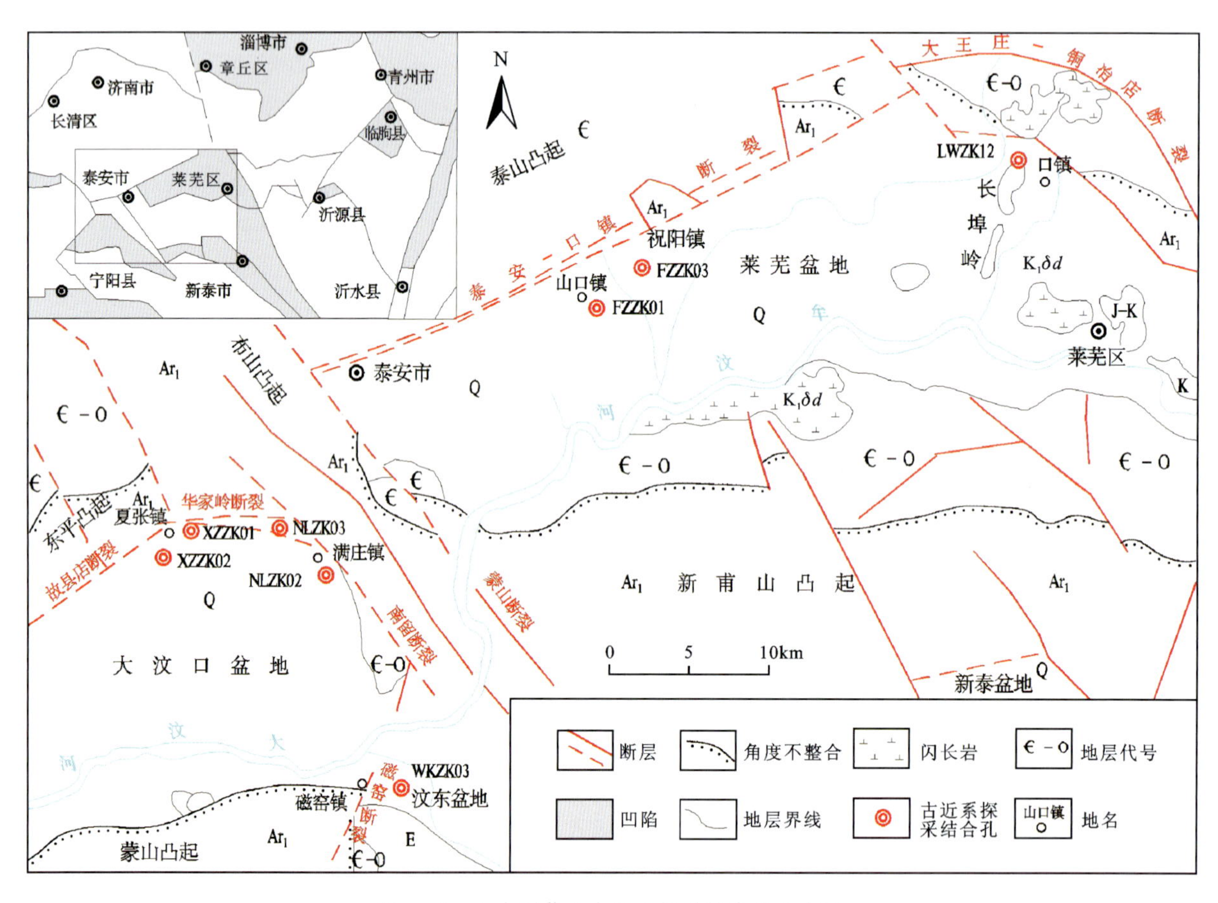

图 5-1　山东沂蒙山古近系探采结合孔分布图

5.2.2　古近系岩性及岩相变化特征

5.2.2.1　岩性特征

古近系包括大汶口组和朱家沟组，在新生代断陷盆地内广泛分布，一般下伏于第四系之下，鲜见朱家沟组露头。

大汶口组($E_{2-3}d$)含水岩组可分为两段:野外调查及 LW - ZK12 钻探结果显示,上段($E_{2-3}d^3$)岩性为砖红色、灰绿色、灰白色等杂色黏土岩、砂岩夹有石膏层和天然硫;下段($E_{2-3}d^1$)为灰白色泥岩、泥灰岩、杂砾岩、灰质砾岩,夹有半固结粉砂岩、砂砾岩。以山口北村 FZ - ZK01 钻孔岩芯为例,26～46m,地层岩性为半固结的砂砾石孔隙含水层,与第四系潜水连通;100～205m,含水岩组岩性为弱固结—半固结浅灰色灰质砾岩、砂砾岩与粉砂岩、泥质粉砂岩互层,主要出水层段(图 5 - 2a)岩芯不完整,砂砾石碎屑成分为碳酸盐岩(图 5 - 2b),分选一般,磨圆度较好,砾石表面可见碳酸盐岩泥晶,部分砾石保留了原岩发育的溶孔溶洞,局部充填碳酸盐岩泥晶胶结物。

朱家沟组(E_2z)为山麓洪积相沉积的一套巨厚层的灰质砾岩层。岩性以灰褐色灰质粗—中砾岩为主,不显层理,基本不见夹层,砾石成分以古生界灰岩为主,占比达 90%,分选性差,粒径一般为 10～20cm。实施的 NL - ZK02、NL - ZK03 钻孔岩芯结合野外井孔调查结果显示,该套砾岩垂向上溶蚀发育深度大于 240m,规模不尽相同(图 5 - 2c),溶蚀孔洞由砾间胶结物溶蚀以及砾屑崩落形成,呈不规则状(图 5 - 2d、图 5 - 3)。

图 5 - 2 古近系含水岩组主要出水层段岩性特征

a. 大汶口组下段半固结砂砾岩(FZ - ZK01 钻孔 160.8～178m);b. 大汶口组下段成分为紫竹叶砾屑灰岩的砾石;c. 溶蚀发育的朱家沟组灰质砾岩(NL - ZK02 钻孔 70～73.1m);d. 朱家沟组砾岩溶蚀孔洞(J481 钻孔,深度不详)

5.2.2.2 岩相变化特征

由于泰莱盆地和大汶口盆地都发育在北升南断的断裂南侧断陷内,边界断裂呈弧形,古近纪表现为同沉积断裂性质。中—晚始新世,郯庐断裂右旋活动最强烈,其沉积速率及扭张量均较大,泰莱盆地和大汶口盆地边界断裂受此影响断裂活动加剧,沿盆地边界断裂发育了一系列的山麓洪积扇,形成类似于

图 5－3　朱家沟组(左)和大汶口组(右)岩芯

磨拉石建造的朱家沟组厚层砾岩，向盆地内部方向发生相变尖灭。晚始新世至渐新世时期，断裂活动变缓，沉积趋于稳定，进入湖盆发育阶段，盆地中沉积了一套以湖相泥灰岩、泥页岩、细粉砂岩为主的大汶口组湖相沉积物，分布广泛，沉积物粒度向湖盆中心变细。

本次施工及调查结果显示，朱家沟组厚层砾岩靠近陈梁坡断裂、华家岭断裂和故县店断裂下降盘方向分布。富水性较好的大汶口组半固结粉砂岩及粉砂质砾岩则多位于盆地腹部偏北方向，靠近边界断裂处(表 5－2)。

表 5－2　古近系含水岩组调查点统计表

井号	地理位置	井深/m	水位埋深/m	地层代号	含水岩组岩性	含水岩组厚度/m	折算单井涌水量/$m^3 \cdot d^{-1}$	所处构造位置
LW－ZK12	口镇上水河村	80.1	7.5	$E_{2-3}d^3$	破碎的砂砾岩夹黄褐色砂岩	6.6	338.8	泰莱盆地北缘
FZ－ZK01	山口镇山口北村	222	21.7	$E_{2-3}d^1$	半固结灰色粉砂岩、粉砂质砾岩	105	1080	泰莱盆地西北缘
FZ－ZK03	祝阳镇石龙头村	181.5	18.9	$E_{2-3}d^1$		65	960	泰莱盆地西北缘
J052	祝阳镇石龙头村	260	7.54	$E_{2-3}d^1$		80	600	泰莱盆地西北缘
J174	山口镇周王庄村	150	—	$E_{2-3}d^1$		50	960	泰莱盆地腹部
J451	夏张镇赵家店村	120	6.54	$E_{2-3}d^1$	半固结泥质砂岩	20	240	大汶口盆地腹部
J018	张家洼镇孝义楼村	180	25.0	E_2z		180	1200	陈梁坡断裂下降盘
J351	夏张镇刘家庄村	260	55.8	E_2z	灰质砾岩，砾石分选性、磨圆度较差，钙质胶结	230	1200	华家岭断裂下降盘
J459	夏张镇贾家岗村	100	9.4	E_2z		95	720	故县店断裂下降盘
J704	满庄镇黄家庄村	185	41.21	E_2z		180	1200	华家岭断裂下降盘
NL－ZK03	满庄镇黄家庄村	204.1	34.24	E_2z		159	1024	华家岭断裂下降盘
NL－ZK02	满庄镇北留村	282	2.6	E_2z		279	1728	南留断裂下降盘

5.2.3 古近系地下水赋存特征

古近系在断陷盆地广泛分布，受构造、物源、形成条件及所处位置等因素的控制，岩性差异大，也造成了其地下水赋存形式及富水性的差异。

5.2.3.1 裂隙岩溶水

盆地北部边缘存在分选性极差的巨厚灰质砾岩，砾石成分多为中生界碳酸盐岩，分选性较差，钙质、泥质胶结。钙质胶结物矿物组分为泥晶方解石，与砾石所含矿物成分相同，该类岩石中的岩溶形态与灰岩中的岩溶相近，胶结物与砾石基本同步溶蚀。泥质胶结物矿物成分以黏土矿物为主，吸水后具微胀性，易软化崩解，形成类岩溶孔洞，其溶隙、溶孔发育。由于此地层靠近北部控盆断裂，受构造影响，岩石破碎，岩溶化程度高，地下水赋存于溶蚀孔洞及溶蚀裂隙中，具强富水特征。例如北留村探采结合孔，孔深 282m，含水层岩性为灰质砾岩，块状构造，砾石分选性、磨圆度差，砾径为 3～12cm；岩石为基底式胶结，胶结物上部为钙质，下部泥质成分增多；在 7～9m、30～32m、66～73m、83～90m 等不同深度段发育溶蚀孔洞，为主要出水层段；抽水降深 16.77m 时，单井涌水量为 1728m^3/d。

5.2.3.2 裂隙孔隙水

从盆地北部边缘向中心过渡地带，沉积物变化为分选性中等的砾岩、砂岩、泥岩互层的正粒序沉积物，应为山间辫状河沉积环境，属河流相沉积。在地下水循环强烈的地带，砂砾岩胶结程度低，成岩性差。地下水主要赋存于半固结的砂砾石中（钻探取芯为松散的砂砾石）孔隙裂隙中，富水的古近系半固结含水层兼具裂隙与孔隙水含水层特性，以孔隙水为主（图 4－16）。山口北村探采结合孔在降深 16.74m时，涌水量为 1080m^3/d。

5.2.3.3 裂隙水

在盆地内部，杂砾岩夹粉砂岩、泥岩的碎屑岩层在构造活动影响下形成构造破碎带，若具有丰富的地下水补给源，则可形成裂隙水富集带。2016 年施工的莱芜口镇官水河探采结合孔，孔深 80m，含水层为大汶口组杂砾岩，杂砾岩岩芯破碎（40.5～47.1m），显示断层的存在。在降深 46.58m 时，裂隙水涌水量为 338.9m^3/d，说明裂隙水在严重缺水区具备供水意义。

6 块状岩类裂隙水赋存、运移特征

裂隙水的分布十分广泛，可以存在于可溶岩和非可溶岩中，本书讨论的基岩裂隙水限定为赋存于非可溶性岩浆岩、变质岩等非可溶性坚硬岩石裂隙中的地下水。

6.1 块状岩类裂隙与裂隙水特征

裂隙水是指存在于岩石裂隙中的地下水，分布广泛，面积占我国的50%以上，受限于储水能力，一般来说，基岩裂隙地下水不丰富，但在脆性岩石的张性构造带，若有地下水补给源，可形成地下水富集块段，具备集中供水意义。

裂隙水赋存空间主要有构造裂隙、成岩裂隙和风化裂隙，由于裂隙的发育特征各异，其中的基岩裂隙水特征具有明显的差异。对找水而言，在上述3类裂隙中，构造裂隙占据绝对的主导地位，构造裂隙地下水分布也最为广泛，最具找水意义。李四光先生的《地质力学》是构造裂隙水勘查找水的理论基础。

6.1.1 构造裂隙的特征及其地下水

构造裂隙是岩石在构造应力作用下产生的裂隙，包括构造节理和断层。由于构造应力在一个地区有一定的方向性，所以由构造应力形成的各种构造裂隙在自然界中的分布和排布方向是有规律的。

由于块状岩体体积大，无层面，不易产生褶皱，断裂形成后其裂面不易改变。在构造变动轻微的地区常形成棋盘格式构造，而在构造变动较强的地区可形成“米”字形断裂构造[6]。

构造裂隙的发育与岩石的性质有着密切的联系。脆性岩石如石英岩、花岗岩等，它们传递应力的能力很强。岩石受力以后，主要以脆性破裂的形式释放应力。脆性岩石的裂隙较长、较宽，分布较稀，发育的深度较大，泥质充填物较少。往往具有很好的渗透和导水能力。塑性岩石如云母片岩等，它们传递压力的能力较弱。岩石受力以后，主要以塑性变形的形式释放应力。塑性岩石的裂隙较短、较窄，分布较密，延伸的深度较浅，泥质充填物较多，渗透和导水能力较差[24]。

对于非可溶的块状岩类而言，断裂构造裂隙水是最具供水意义的。受断裂的线状发育控制，断裂构造裂隙水赋存于断裂带及影响带裂隙中，水平方向呈脉状展布。受断裂性质、岩性的影响，构造裂隙水的富水性差异较大。

断裂构造中包括断裂带裂隙和影响带裂隙，影响带裂隙随着与断裂带的距离增加而减弱。无论断裂带还是影响带，其裂隙的发育特征及富水性取决于断裂的力学性质、活动性、规模及岩石的物理力学性质等[25]。

构造裂隙水分布受岩石裂隙发育所控制，表现为水平方向上的分布极不均匀、垂向上随深度增加裂隙逐渐闭合而含水量递减。同时，由于裂隙间的连通性差，赋存于其中的地下水往往无统一的水力联系，造成同一区域地下水水位差异较大。

6.1.2 风化裂隙特征及其地下水

风化裂隙是岩石在外营力风化作用下形成的裂隙。岩石在遭受风化的过程中,一方面扩大或是破坏了原有的成岩裂隙和构造裂隙,另一方面沿着岩石中隐蔽的脆弱结构面产生了新的裂隙。

岩石风化作用包括物理风化作用、化学风化作用和生物风化作用。物理风化包括:①气温的变化引起岩石矿物颗粒或是碎屑颗粒不均匀的胀缩作用;②岩石裂隙和孔隙中的水体由于周期性的冻结和融化产生的冻胀作用;③植物根系的生长引起的胀裂作用等。物理风化作用产生的裂隙多为张裂隙,对地下水的运移和蓄积较为有利。而岩石遭受化学风化和生物风化作用,往往残留一些黏土类物质,形成了以风化的岩石碎屑和黏土为主的残积带,透水性很低,不利于地下水的蓄积和径流。在干旱、寒冷的气候条件下,化学风化作用微弱,物理风化作用强烈,岩石以机械破碎为主,有利于地下水的赋存,形成富水块段;在南方湿热气候条件下,化学风化和生物风化作用比北方和西部地区强烈得多,岩石以改变其化学、矿物成分为主,不利于导水风化裂隙形成,从而富水性弱。

岩石风化强度,除气候因素外,主要与岩石的矿物成分和结构有关。一般来说,粗粒的结晶岩比细粒的结晶岩容易风化;矿物成分复杂的岩石比矿物成分单一的岩石容易风化;黑色矿物多的岩石比黑色矿物少的岩石容易风化;薄层的岩石比厚层的岩石容易风化。在自然界中,厚层的石英岩风化程度较弱,粗粒的花岗岩、片麻岩往往具有厚度较大的风化裂隙带。

风化裂隙延伸比较浅,分布密集,裂隙面折曲,呈不规则的网格。岩石的风化裂隙带或者叫作强风化带,它的深度一般只有 10～20m。在现代河床附近、埋藏的古风化壳,以及断层破碎带附近,风化裂隙带的深度可能达到 50～100m。随着埋藏深度的增加,岩石的风化程度明显减弱,在风化裂隙带以下便是新鲜的岩石。

风化裂隙带在适当的气候和地形条件下,能够接受降水的入渗补给,构成小型的潜水型风化裂隙蓄水构造。它的地下水水位埋藏浅,多数是 1～3m。富水性比较低,钻井单位涌水量一般是 0.01～0.2L/(m·s),适宜大口井取水。

一些覆盖或是隐伏的风化壳,能够接受上覆冲积层孔隙水下渗补给,或是下伏基岩裂隙水顶托补给,构成小型的潜水或承压水古风化裂隙蓄水构造。地下水特征是埋藏浅,承压水位甚至高出地表,富水性稍高一些,钻井单位出水量一般为 0.1～0.52L/(m·s)。

赋存于风化带的地下水具有孔隙水和裂隙水的双重特征,随着由地表向岩石深部风化程度的减弱,地下水的性质发生变化,逐步由以浅层孔隙水为主向以裂隙水为主转变。

6.1.3 成岩裂隙特征及其地下水

成岩裂隙是火成岩冷凝过程中或沉积物固化成岩石过程中产生的裂隙,这里仅涉及火成岩侵入围岩、冷却和结晶时形成的原生裂隙。

火成岩沿断裂或裂隙向围岩侵入,对围岩产生挤压、摩擦作用,使接触带附近的围岩产生肿胀裂隙,形成裂隙带;岩浆源冷却时和结晶时,岩石体积收缩,产生收缩应力,形成垂直于流动构造方位面发育的横裂隙、顺沿线状流动构造的走向排列的纵裂隙、产生于侵入体上部和旁侧部分的层状裂隙及与流动构造方向斜交的斜交裂隙 4 类裂隙[26]。其中,横裂隙总是张开的,属于张性裂隙;斜交裂隙多闭合,属于剪裂隙;而纵裂隙张开性弱于横裂隙,强于斜交裂隙。

火成岩侵入体以花岗岩为主,也有石英岩、石英正长斑岩、辉绿岩、闪长岩等,多以岩基、岩脉、岩株、岩墙的形式沿断裂带或裂隙带侵入。接触带各类裂隙组合形成裂隙带,随着与接触面距离的增加而急剧减弱,裂隙之间连通性一般较好,构成连通的裂隙网络。

接触带裂隙的富水性与围岩性质密切相关。若围岩为碳酸盐岩,碳酸盐岩发生接触变质形成粗晶大理岩,在混合溶蚀作用下,岩溶强烈发育,接触带附近形成溶蚀洞穴,成为强富水带。例如莱芜盆地内角峪、金牛山等闪长岩体侵入奥陶系碳酸盐岩，在靠近接触带的碳酸盐岩则发生不同程度的大理岩化作用，钻孔揭露多层溶洞，洞径达1m以上，在接触带附近岩溶塌陷发育，地下水极其丰富。

若侵入体围岩为变质岩等弱透水岩石，则在接触带形成裂隙水网络，受限于裂隙储水能力，富水程度有限，远不能与可溶性围岩相比。例如河北省张北县对口淖附近海西期花岗岩侵入太古宙片麻岩，接触带呈交错状、近南北向延伸。据接触带上的三合庄大口井揭露，上部为黑云母斜长片麻岩，下部为花岗岩呈脉状沿片麻岩节理裂隙侵入充填。花岗岩脉坚硬、性脆，节理裂隙发育，是成井的重要条件。位于接触带上的大口井10余眼，井深小于12m，单井出水量200～250m^3/d；而在接触带两侧花岗岩或片麻岩中的大口井，水量均不大，成井率很低[6]。

6.2 太行山北段块状岩类裂隙水特征

6.2.1 岩性特征

6.2.1.1 变质岩

太行山北段变质地层为早前寒武纪地层系，包括阜平岩群、五台岩群及滹沱群，主要出露于东部及西南部。阜平岩群出露较为零星，一般呈捕虏体赋存于阜平期变质深成岩体之中或被变质深成岩体分割；原岩建造下部为中基性火山岩-碎屑沉积岩建造，上部为陆源碎屑岩-碳酸盐岩夹火山岩建造；岩石受到中深层次变形改造，遭受了高角闪岩相变质作用，局部达麻粒岩相。五台岩群仅分布于本区西南部，层位较连续，下部以陆源碎屑岩-中基性火山岩夹沉积变质型条带(BIF)火山-沉积建造，上部为中基性—中酸性火山岩建造夹陆源碎屑岩建造。岩石遭受了角闪岩相变质作用及中部层次构造改造。滹沱群仅在老潭沟有少量出露，原岩建造为一套陆源碎屑岩建造，岩石变质程度浅，遭受了绿片岩相变质作用和中浅层次构造变形。

1. 阜平岩群

阜平岩群分布零散，主要以规模不等的包体形式赋存于各期变质深成岩体中。根据变质岩石组合、原岩建造、变余火山-沉积韵律等特征，结合区域对比，将其划分为元坊岩组。岩性组合以灰色黑云斜长片麻岩、黑云角闪斜长片麻岩、角闪斜长片麻岩等为主，夹斜长角闪岩、角闪斜长变粒岩、黑云斜长变粒岩及似层状—透镜状磁铁石英岩，局部夹二长浅粒岩。

2. 五台岩群

五台岩群主体出露于曲回寺—滑车岭—上寨—龙家庄、黑印台—青羊口—串岭一带，在王城庄、马头关、西沟、高渠沟等地亦有零星分布，总体呈北东向条带状展布。底部以韧性剪切带与阜平岩群接触，顶部被变质石英闪长岩体侵入或被滹沱群变质地层、中元古代沉积盖层角度不整合覆盖，出露不全。

五台岩群是一套遭受褶皱干扰和断裂破坏的火山-沉积变质岩系，变质程度达低角闪岩相。该岩群在山西省五台山一带最为发育，分为下、中、上3个亚群，本区地层仅相当于五台岩群下亚群，将其划分为板峪口岩组。

岩性组合底部为石英浅粒岩、斜长浅粒岩夹绿帘斜长角闪岩；下部岩性为石英浅粒岩与钙硅酸盐岩互层，横向延伸较稳定；上部以黑云斜长变粒岩、石榴黑云片岩、夕线榴云片岩、含蓝晶石黑云斜长变粒岩、石榴黑云斜长变粒岩、角闪片岩为主，夹大理岩及玫瑰色大理岩，向上大理岩有所增多。原岩形成于2600～2557Ma，应为一套陆源碎屑岩-碳酸盐岩沉积建造，形成于相对稳定的陆棚浅海沉积环境。

3. 滹沱群

滹沱群分布非常局限，典型地点为山西省五台山，为一套未受混合岩化作用的绿片岩相变质岩系。岩石之中变余结构清晰，原岩为一套碎屑岩、黏土岩夹火山岩。底部角度不整合超覆于五台岩群之上，顶部与变质石英闪长岩体以断层接触。

岩性组合下部以变质长石石英砂岩、变质石英砂岩、变质长石砂岩为主夹变质砂质砾岩；上部岩性组合以阳起绿泥片岩、黑云片岩、二云片岩等为主夹少量的变质石英砂岩。厚度为1 205.97m。

6.2.1.2 岩浆岩

1. 新太古代变质深成岩

太行山北段新太古代变质深成岩较为发育，变质侵入岩的岩石特征如下。

英云闪长质片麻岩($Ar_3^2\gamma\delta og$)：侵入新太古代变质地层，内部有较多变质地层的捕虏体，被新太古代斜长花岗质片麻岩、二长花岗质片麻岩及古元古代变质二长花岗岩和变质钾长花岗岩等岩体侵入，被长城系高于庄组角度不整合覆盖。平面形态多呈不规则状，常于斜长花岗质片麻岩和二长花岗质片麻岩之中呈不规则孤岛状捕虏体存在。岩体内见有片麻岩、变粒岩等表壳岩捕虏体和暗色基性岩包体。

斜长花岗质片麻岩($Ar_3^2\gamma og$)：该变质深成岩体侵入新太古代变质地层及英云闪长质片麻岩，内部有较多变质地层的捕虏体，被新太古代二长花岗质片麻岩及古元古代变质二长花岗岩等侵入，并被长城系高于庄组地层角度不整合覆盖。岩石钠质混合岩化和钾质混合岩化较发育，脉体呈条痕状、条带状，且均发生复杂揉皱。脉体含量为15%～30%。岩体中后期基性岩脉亦较为发育。岩体内包体成分复杂，既有层状斜长角闪岩、磁铁石英岩、变粒岩等围岩捕虏体，又有暗色细粒基性岩包体。

二长花岗质片麻岩($Ar_3^2\eta\gamma g$)：侵入新太古代变质地层及斜长花岗质片麻岩、英云闪长质片麻岩，被古元古代变质二长花岗岩、变质钾长花岗岩等岩体侵入，并被长城系高于庄组角度不整合覆盖。岩体内见透镜状、不规则状的黑云斜长片麻岩、斜长角闪岩、夕线二长浅粒岩及角闪斜长片麻岩等捕虏体，但包体含量不及英云闪长质片麻岩与斜长花岗质片麻岩。

2. 古元古代变质侵入岩

变质石英闪长岩($Pt_1\delta o$)：岩石呈灰色、深灰色，变余中粗粒半自形粒状结构、交代结构，块状构造。岩石主要由斜长石、角闪石、透辉石、黑云母(0～5%)、石英等组成。

变质二长花岗岩($Pt_1\eta\gamma$)：岩石呈浅灰白色、淡粉色，变余中细粒半自形粒状结构、交代结构，似片麻状构造及块状构造。岩石主要由斜长石、钾长石、石英及少量黑云母等矿物所组成。

变质斑状二长花岗岩($Pt_1\pi\eta\gamma$)：岩石呈肉红色、暗肉红色，变余似斑状结构。基质为中粒变余花岗结构，片麻状、弱片麻状构造。交代结构发育。岩石主要由斜长石、钾长石、石英及黑云母等矿物所组成。

变质钾长花岗岩($Pt_1\xi\gamma$)：岩石呈浅红色、肉红色，变余中细粒半自形粒状结构、交代结构，似片麻状构造及块状构造。岩石主要由钾长石、石英、斜长石及黑云母等矿物组成。

3. 中元古代侵入岩

角闪辉石岩在地貌上呈低缓的山丘，以岩枝及不规则状产出，侵入于新太古代变质结晶基底之中，部分又被中生代侵入体侵入。侵入体与变质杂岩围岩接触界线清楚，与其他围岩界线不清楚，接触带产状直立或略向外倾，有不同程度的混染现象。角闪辉石岩基本未发生变质，根据产状特征及其与围岩的关系，其侵入时代应在古元古代之后中侏罗世之前。

主要岩石类型为角闪辉石岩，其他尚有少量辉长岩等。岩石呈黑色—黑绿色，中、粗粒半自形粒状结构、嵌晶结构、纤维状结构等，块状构造。

4. 脉岩

各种岩石类型岩脉较发育。根据脉岩与地质体的相互穿切关系，同源岩浆演化期后的岩石类型变化具有从早到晚具基性→中酸性→酸性→基性煌斑岩的变化规律。这表明每次脉动岩浆活动之后均可能有残余岩浆继续活动，形成相关类型脉岩。根据形成时代，脉岩可大致划分为前寒武纪脉岩和显生宙脉岩。

5. 中生代火山岩

中生代火山活动不十分强烈，分布局限。火山活动分别发生在中生代中、晚侏罗世。中侏罗世火山活动产物以中性熔岩、火山碎屑岩为主，并发育与其相配套的潜火山岩类，岩石地层单位为髫髻山组，主要分布于阜平县神仙山、灵丘县太白维山、涿鹿县小五台山、涞水县镇厂、蔚县白草窑一带。晚侏罗世火山活动产物以酸性熔岩、火山碎屑岩为主，并发育与之相配套的潜火山岩类，岩石地层单位为张家口组，主要分布于蔚县东甸子梁、涿鹿县小五台山、涞水县镇厂一带。火山活动具较明显的阶段性特点，岩石类型有较大差异，根据火山岩的时空分布特征，将区内火山活动划分为两期，即中侏罗世髫髻山期和晚侏罗世张家口期。

6.2.2 地下水赋存特征

太行山北段广泛出露古太古界阜平岩群变质岩系，是一套由各种变质建造组成的复杂变质岩。变质岩中的地下水主要赋存于表层网状风化裂隙、构造裂隙、成岩裂隙、构造破碎带及构造影响带内。在相同的气候条件下，裂隙含水带储水空间的大小及富水性的丰度，主要取决于裂隙的发育程度和张开程度。而裂隙的发育程度又受构造、岩石结构、地貌所控制，裂隙的张开程度受构造的力学性质及充填程度等控制。富水区一般出现于地势低洼、岩石风化程度高、构造发育的地带，如阜平县走马驿—插箭岭一带，30km^2 范围内有多条断层通过，出现了5个流量大于1.0L/s的泉点。中等富水区主要分布于富水区以外的非陡峻山区的沟谷内。地下水赋存于风化裂隙发育带或构造裂隙与风化裂隙均较发育地带。其中，以网状风化裂隙为主要储水空间的中等富水区，裂隙含水带厚度一般为10～20m，局部厚度为20～30m；而在构造裂隙与风化裂隙共同构成储水空间的中等富水区，裂隙含水带厚度一般为30～50m，局部断裂带附近可达80～100m。在深山区的地表分水岭、山坡地带及丘陵区，为弱富水区。裂隙含水带厚度普遍小于10m，单井涌水量小于10m^3/d（多为2.8～8.0m^3/d）。

岩浆岩类地下水赋存于花岗岩、闪长岩风化裂隙、构造开裂隙中，或者赋存于岩体、岩脉与围岩的接触带里。裂隙含水带厚度一般为10～25m，但在构造裂隙或断裂带及影响带，裂隙含水带的厚度可达50～80m，甚至上百米。含水带岩性以闪长岩、闪长玢岩、花岗闪长岩、花岗岩、安山岩及流纹岩为主。据统计，裂隙率一般为5%～6%，但含水不均一。在岩体与围岩接触的裂隙带、区域构造裂隙及成岩裂隙发育地段，常见泉流量为1.26～12.4L/s。位于紫荆关断裂影响带内、近东西向构造裂隙中的涞水清泉寺泉点，因岩石疏松、裂隙张开性好，裂隙宽度为0.2～1.5cm，具有良好的导水性，流量最大可达16.70L/s，动态稳定。在以网状风化裂隙为主的发育带，地下水富集程度主要受风化裂隙的控制，常见泉流量为0.1～1.0L/s。而在分水岭地带及裂隙多被充填的丘陵地带，大气降水绝大部分形成地表径流，补给条件差，泉水不发育，或形成季节性泉，泉水流量小于0.1L/s。

6.2.3 典型蓄水构造类型

太行山北段地区大面积出露变质岩及岩浆岩，富水性相对贫乏。根据阜平县水文地质调查结果，通过分析地下水富集条件，总结了具有普遍性的蓄水构造，这对本区找水工作起到借鉴作用。

6.2.3.1　风化壳型蓄水构造

风化壳型蓄水构造是在变质岩类及花岗岩中存在最为普遍的一类蓄水构造类型，是指将基岩全风化带及其风化裂隙带作为含水层，其下完整未风化不透水岩石为隔水底板，周边多以地表分水岭形成隔水边界，从而构成蓄水构造。此类蓄水构造分布广泛，受岩性条件限制，水量普遍较小，仅具备分散式或半集中式供水意义。由于水位浅、找水难度小、取水成本低等原因而成为山区居民生活用水的主要水源。

由于抵抗岩石物理化学风化能力的性质不同，岩石中裂隙的发育程度亦存在差异。质地坚硬的浅粒岩、云母含量少的片麻岩等风化裂隙较发育，填充物少，含水相对丰富；含角闪石、云母含量高的片岩等风化裂隙不发育，且裂隙多被泥质充填，含水相对贫乏。在不同的风化带部位，风化带裂隙水的富水性不同。全风化带厚度一般小于10m，岩石结构破坏，呈土状，充填堵塞裂隙，孔隙率较低，地下水以垂直渗入为主，含水不多；强—弱风化带，岩石以机械破碎为主，岩体呈块状破碎，裂隙发育，透水性、导水性较强，地下水具有径流带特征，以储集、径流为主；微风化带岩石破坏程度低，风化裂隙少且闭合，透水性弱，地下水具滞留带特征，含水微弱。

地貌对风化壳裂隙水的富集起着明显的控制作用。在山脊和陡坡地带上的基岩风化带，全—强风化岩石易被侵蚀或剥蚀，而仅保留部分弱风化带，储水空间小，同时该部位地下水的运动属于散流型，风化带中的地下水很快被疏干，成为透水不含水的岩石。在地形起伏平缓的地区，特别是具有良好汇水地形的低洼部位，诸如谷地、洼地、掌心地、簸箕地形等微地貌，岩石风化带比较发育，且易保留，厚度也较大，赋存较丰富的风化裂隙水。

汇水洼地风化壳富水带在阜平县片麻岩地区最为普遍。通常由山脚至山顶，岩石风化程度由强变弱，裂隙发育深度由深变浅，风化壳地下水的水力特征为裂隙潜水，受重力作用影响，随风化壳底板从分水岭向地形低洼地富集、排泄，形成泉水排泄带（图6－1）。

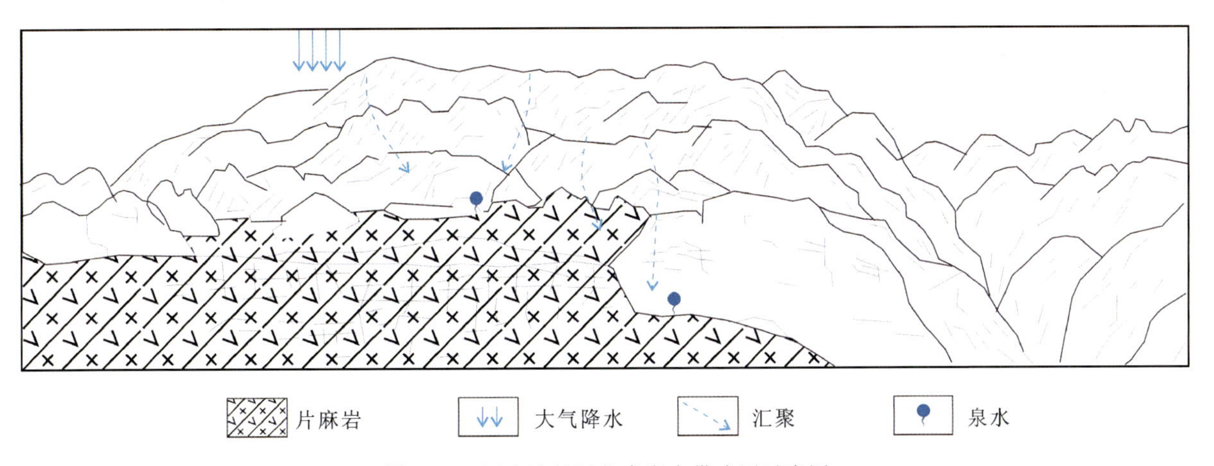

图6－1　汇水洼地风化壳富水带成因示意图

风化壳厚度凸变富水带受地形地貌、岩性等多因素影响。在风化壳厚度突变变薄、完整基岩凸起处，形成地下水溢出带。在风化壳变厚处，地表水变为地下潜流，在完整基岩凸起处溢出成泉，其成因模式见图6－2。

阜平县北果园乡卞家峪村局部完整基岩凸起，地下水溢出成地表水溪沟或以泉的形式排泄，泉水流量为0.6L/s，pH为7.59，TDS含量为431mg/L，Ca^{2+}含量达126mg/L，HCO_3^-含量达219.67mg/L，与周边地表水水质具有一定差别（图6－3）。

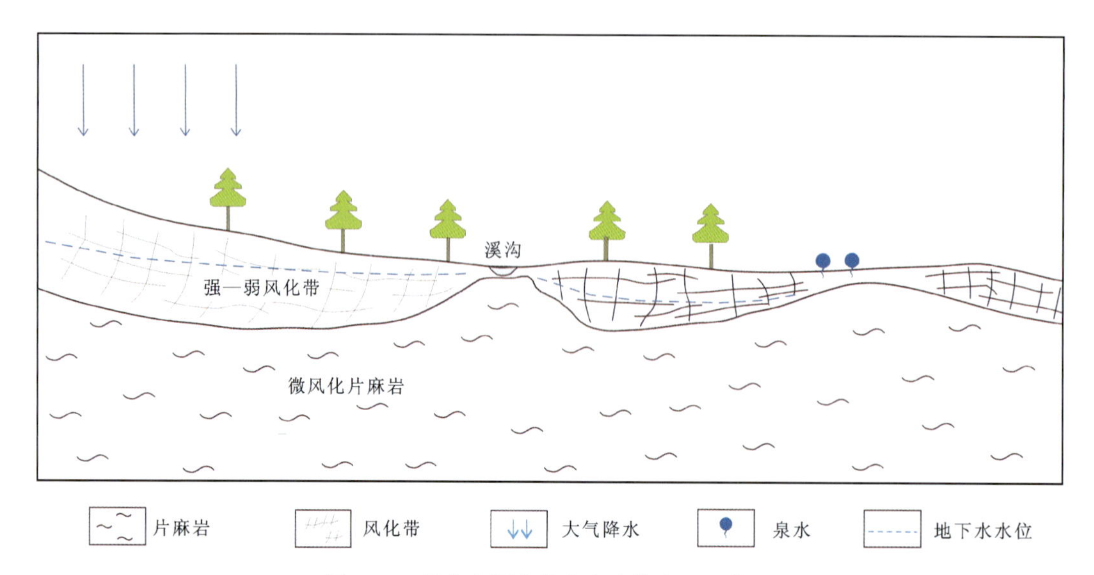

图 6-2 风化壳厚度凸变富水带成因示意图

图 6-3 卞家峪村地下水溢出带

6.2.3.2 岩脉阻水型蓄水构造

区域内大面积出露片麻岩，且广泛发育北北西向辉绿岩脉、钠长石英岩脉，特别是王快水库西南部区域岩脉分布规模大、密度高，当岩脉走向与地下水流向垂直或斜交时，对该区地下水径流主要起阻水作用。因而，在迎水方向地下水比较富集，岩脉上游地形洼地常见地下水露头。

在野外调查过程中，常见沟谷内大口井位于辉绿岩脉上游，拦截上游浅层风化裂隙水和松散孔隙水，部分水量可满足周边农田灌溉，适合小范围集中供水(图 6-4)。

在阜平县王林口乡马坊村实施 C3 探采结合井，该井揭露在坊里片麻岩中，其下游东部发育一条北西走向的辉绿岩脉(图 6-5、图 6-6)，单井涌水量为 81.6m^3/d。该点验证了找水谚语“含水层，岩脉穿，地下水流被阻拦；岩脉上游好打井，可以截取好水源”。

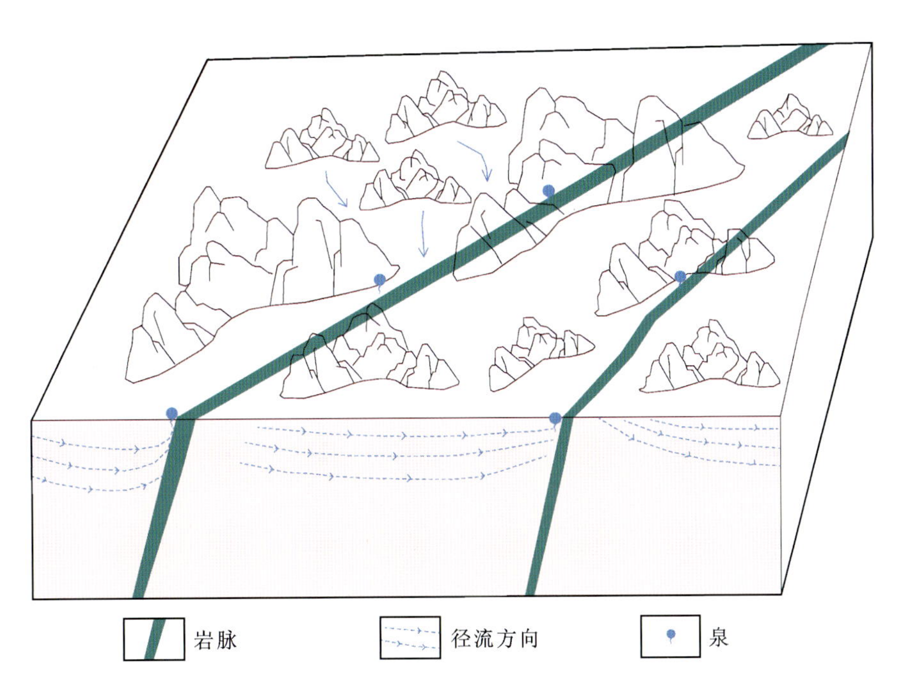

图 6-4 岩脉阻水型蓄水构造示意图

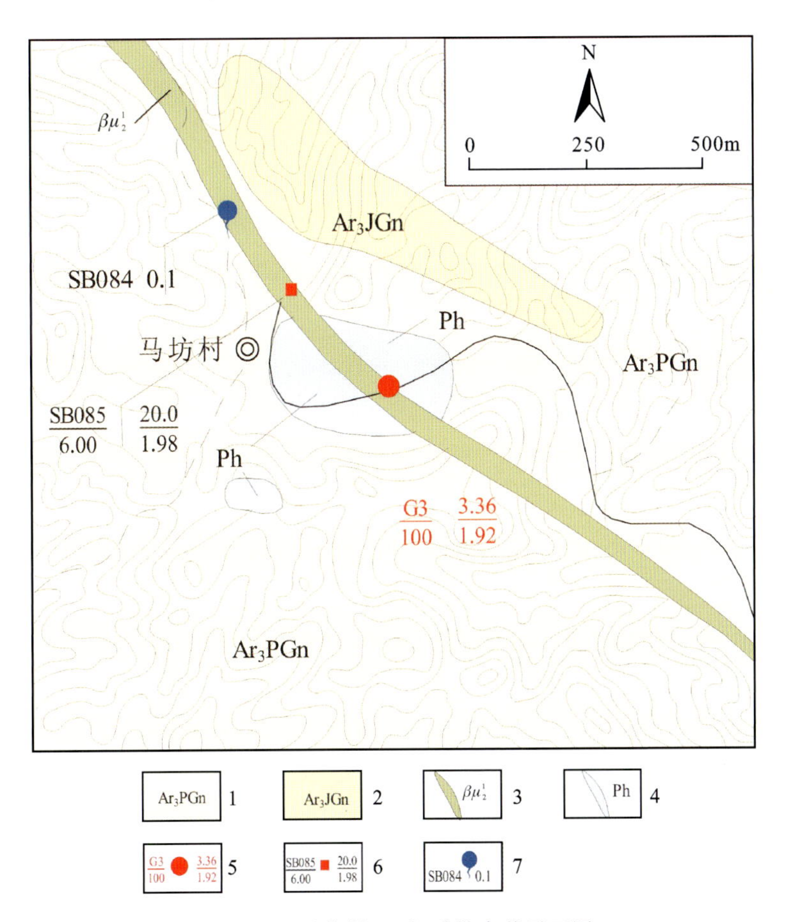

图 6-5 马坊村 C3 探采结合井平面图

1.坊里片麻岩；2.计家台片麻岩；3.辉绿岩脉；4.斜长角闪岩；5.探采结合井$\frac{\text{井编号}}{\text{井深(单位:m)}}\cdot\frac{\text{出水量(单位:m}^3\text{/h)}}{\text{水位埋深(单位:m)}}$；6.民井$\frac{\text{井编号}}{\text{井深(单位:m)}}\cdot\frac{\text{出水量(单位:m}^3\text{/h)}}{\text{水位埋深(单位:m)}}$；7.泉点

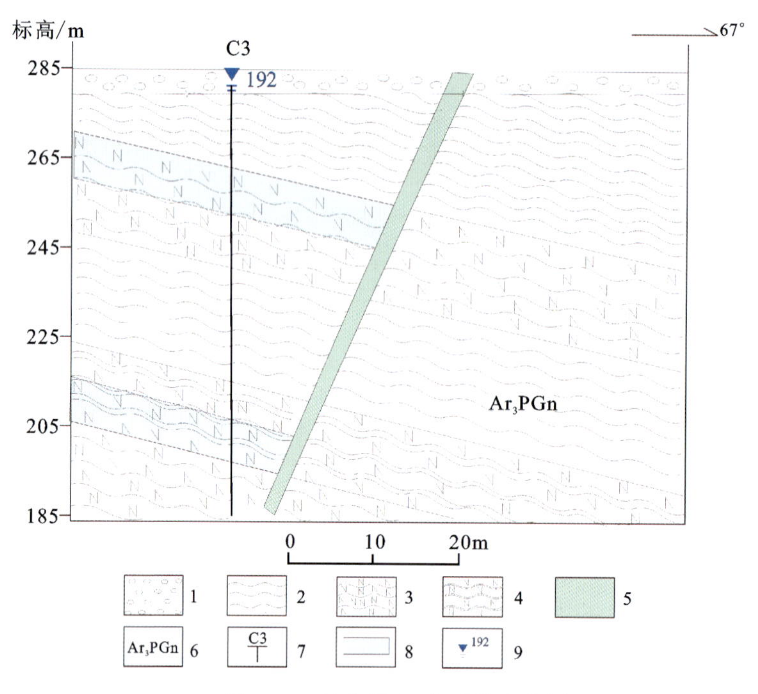

图 6－6　马坊村 C3 探采结合井剖面

1. 卵石；2. 黑云变粒岩；3. 黑云斜长片麻岩；4. 二长浅粒岩；5. 辉绿岩；6. 地层代号；7. 探采结合井位置；8. 出水位置；9. 地下水水位

6.2.3.3　岩脉导水型蓄水构造

辉绿岩脉（$\beta\mu_2^1$）岩脉蓄水构造是以导水岩脉裂隙带作为含水带、以岩脉两侧的围岩作为相对阻水边界而构成的蓄水构造，也是弱透水岩层分布区常见的一种岩脉蓄水构造。自然界中岩脉裂隙带不但包括裂隙发育的岩脉本身，也包括受岩脉影响而裂隙较发育的围岩接触带。一般来说，脆性岩脉比韧性岩脉富水性强，酸性岩脉比基性岩脉富水性强，岩脉与围岩之间力学性质差别大的比差别小的富水性强，经过构造变动的岩脉比未经过构造变动的岩脉富水性强，导水岩脉的富水部位一般为岩脉两侧的接触带，尤其是在脉壁附近（图 6－7、图 6－8）。

岩脉发育在断裂带附近，受错动、断碎等影响，发育构造裂隙，因而较其他地段富水。

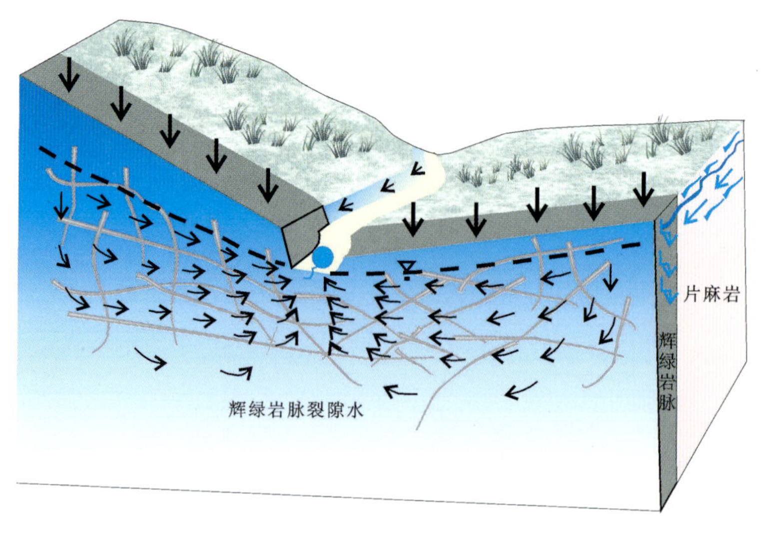

图 6－7　岩脉导水型蓄水构造示意图

图 6-8 阜平县辉绿岩脉裂隙泉水

6.2.3.4 岩性接触带型蓄水构造

变质岩岩性复杂，矿物成分主要包括长石、石英、云母、角闪石等，矿物成分占比差别较大。不同矿物抵抗风化能力强弱不一，由强至弱依次为石英>（长石、云母）>角闪石，导致岩石裂隙发育程度不同。岩性变化导致裂隙发育程度不一，形成了地下水径流通道和局部阻水岩体。

阜平县平阳镇平阳村西南 2km 处的一条北东向沟谷，沟谷内出露斜长片麻岩、角闪斜长片麻岩、钾长片麻岩，在岩性接触带处均出露泉水。沟谷上游斜长片麻岩石英长石含量较低，且颗粒较粗，发育的裂隙呈闭合—微张开状态，在遇到裂隙不发育的角闪斜长片麻岩阻水时会在地形低洼处出露成泉（图 6-9）。

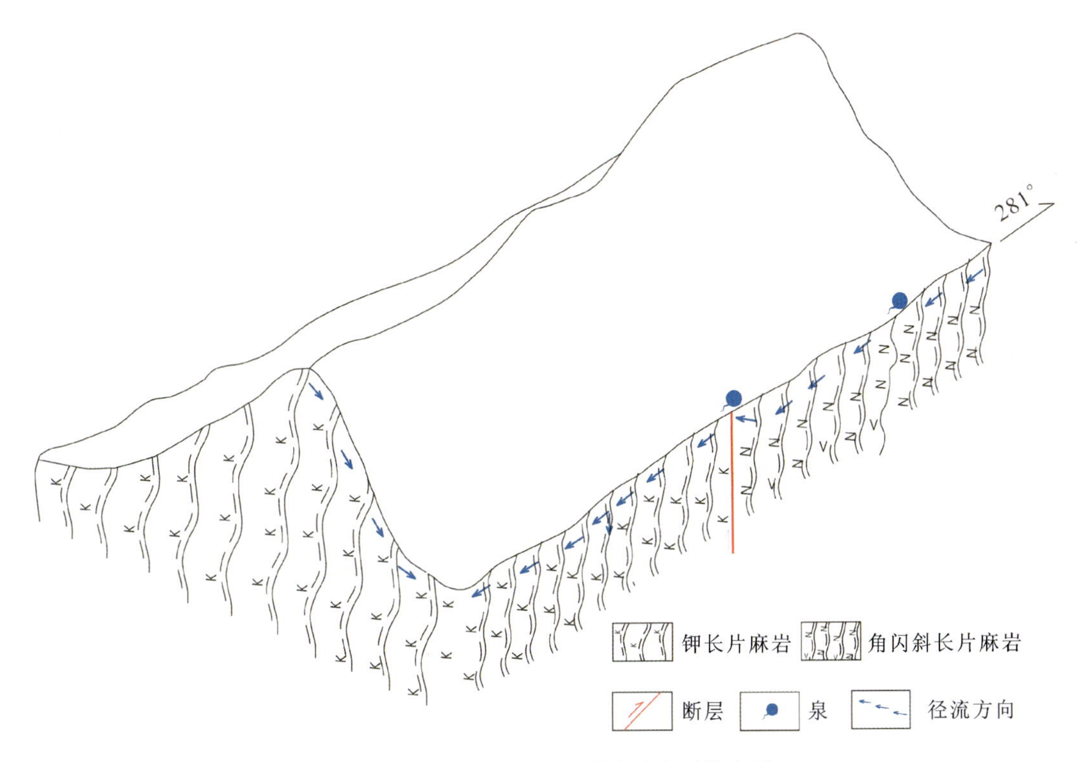

图 6-9 SQ07 岩性接触带泉水出露模式图

7 玄武岩孔洞裂隙水赋存、运移特征

玄武岩是一种基性喷出岩，是由火山喷发出的岩浆冷却后凝固而成的致密状或泡沫状结构的岩石。我国玄武岩除寒武纪、志留纪外，古生代、中生代、新生代各时期均有分布，但大面积分布厚度较大的主要是新生代玄武岩和二叠纪峨眉山玄武岩。其中，新生代玄武岩主要分布在吉林、内蒙古、黑龙江、广东、海南、山东等19个省（自治区、直辖市），面积约 $9.4\times10^4km^2$；二叠纪峨眉山玄武岩分布在云南、四川、贵州等省（自治区、直辖市），面积约$4\times10^4km^2$。

7.1 玄武岩孔洞裂隙水水文地质特征

由于玄武岩形成特点及多期次喷发特征，原生孔洞（包括熔洞）、裂隙及后期的构造裂隙成为地下水的运移、赋存空间，形成玄武岩裂隙孔洞水，并在水平方向上呈层状分布，同时伴有脉状水存在。受玄武岩裂隙、孔洞发育程度控制，不同地区地下水富水程度差异大，单井涌水量为 $5\sim50m^3/h$，若钻孔揭露熔洞，水量更大，可达 $100m^3/h$ 以上。

一般来说，玄武岩地下水循环交替快，具有低矿化度、水质良好的特点。同时，受玄武岩矿物成分影响，地下水中锶、偏硅酸含量普遍较高，部分达到或超过矿泉水指标，长期饮用此类水有助于增强体质，益于身体健康。

鉴于《中国玄武岩地下水》对玄武岩的基本水文地质特征、地下水富水性、富水规律及补、径、排条件等做了全面、系统的阐述，本节参考该书相关理论内容对典型地区水文特征进行介绍。

7.2 山东省临朐县玄武岩孔洞裂隙水特征

7.2.1 玄武岩的分布特征

山东省临朐县境内玄武岩是新生代火山活动的产物，分布在两个主要地区：①主要分布于县城附近的临朐盆地内，形成缓丘垄岗，下伏古近系黏土岩或粉砂质泥岩；②在县境东南部边界的太平山（位于沂沭断裂带内）也有出露，于山顶形成开阔台地，下伏太古宙蒋峪岩体或中生界白垩系碎屑岩。火山地层主要为临朐群中新统牛山组和上新统尧山组，在中新统山旺组中也有小范围出露。牛山组多分布于山坡或山前平原地区，地势平缓；而尧山组多出露于山顶，形成孤包。

7.2.2 岩性及地层结构特征

岩性以碱性玄武岩、橄榄玄武岩、碧玄岩和橄榄拉斑玄武岩为主，常夹有薄层状玄武岩质火山角砾岩和正常沉积的砾砂砾岩、黏土岩等。玄武岩的构造有气孔构造、杏仁构造、块状构造、柱状构造、似层状构造等。

牛山组呈似层状产出，发育多个沉积夹层及氧化壳，岩相复杂，分布随着底部沉积形状而变化，产状与底部沉积地层一致。尧山组岩性单一，形成火山岩栓（或火山岩颈），多出露于山顶。火山岩栓具有向下散开的柱状节理，较之围岩更耐剥蚀和抗风化而残留形成圆锥形残山外貌。

7.2.3　水文地质特征

7.2.3.1　地下水的补给

玄武岩地下水的补径排条件，主要取决于地形、岩性和地质构造及它们的组合特征。临朐盆地处于弥河、潍河的上游，水系呈放射状分布，属于沟谷发育的低山丘陵区。深层地下水的补给方式主要有3种：浅部玄武岩风化带接受降水入渗，通过裂隙-孔洞补给深层地下水；火山岩栓中柱状节理非常发育，浅部地下水主要垂直向下运动，然后通过似层状的孔洞或裂隙在水平方向径流，补给地下水；埋藏型玄武岩或与其他岩性含水层接触，深层地下水也可获得补给。

玄武岩中的原生气孔、节理、裂隙与后期的风化、构造裂隙共同组成复杂的空隙网络系统，是地下水的储存空间和径流通道，决定了玄武岩含水层的富水性。

7.2.3.2　含水层特征

临朐县玄武岩的生成、发育特征及玄武岩浆成分不均匀及冷凝环境的差异，使玄武岩的气孔发育及成岩裂隙发育程度很不相同，导致玄武岩含水层的不稳定性、不均匀性和复杂性，主要体现在以下3点。

1. 小规模、多中心岩流喷溢的方式

牛山组玄武岩以裂隙式中心溢出为主，局部为中心式喷发；尧山组玄武岩以中心喷发为主。因迭复式的喷溢作用，玄武岩具似层状构造，呈气孔层状发育，有利于大气降水对地下水的渗透补给；同时，玄武岩岩相水平方向变化复杂，使得含水层在水平方向上连续性较差。

2. 玄武岩流喷溢的多期性

临朐县玄武岩具有多期次的喷溢，产生了不同期次的地表风化壳及盖层之间的沉积夹层，促使地层组合上出现了透水、隔水的差异，有利于地下水富集。

3. 玄武岩流喷溢的时代

临朐县玄武岩的喷溢发生在晚新生代，此时多沉积河湖相的松散砂砾石层，成为玄武岩区地下水的含水层。同时，也因新构造运动形成的断层为地下水的补给、径流和赋存创造了良好条件。

7.2.3.3　地下水赋存类型

1. 玄武岩构造裂隙水

临朐县地区浅埋或出露玄武岩表层均发育风化裂隙，其富水性一般较差。受新构造运动影响，玄武岩中通常发育有北东向、北北东向构造。在构造发育部位，岩石破碎，富水好。分布于临朐县新生代断陷盆地东侧及龙岗镇周边的牛山组玄武岩均直接覆盖于始新统泥岩或砂砾岩之上。在视电阻率断面上，由浅至深，为玄武岩风化→玄武岩→泥岩（砂砾岩），呈现出低阻→高阻→低阻的电性特征；如遇构造发育部位，在视电阻率断面上则呈现纵向低阻条带的电性特征。

马家辛兴村位于临朐盆地东北部，为残丘丘陵地貌。物探工作区位于马家辛兴村村东地势最高处。该处第四系亚砂土厚度小于40cm，沟谷处玄武岩出露，玄武岩气孔发育。从EH-4断面上可知（图7-1），玄武岩风化壳视电阻率值为20Ω·m左右，与下伏泥岩的视电阻率值相当。玄武岩的视电

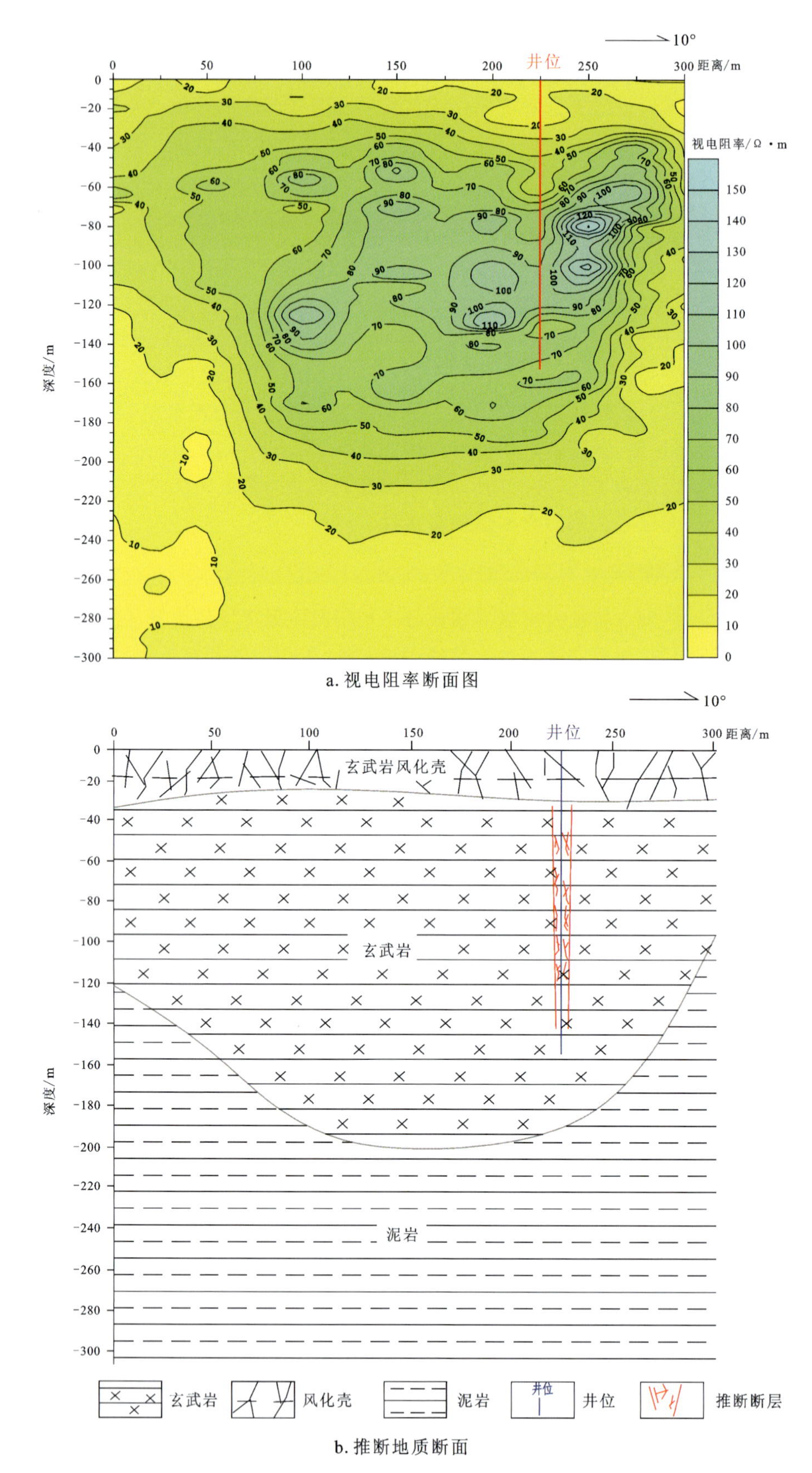

图 7-1　马家辛兴村 EH-4 勘查结果

阻率值整体为 100 Ω·m左右。剖面前端玄武岩对应的视电阻率值较低，推测由玄武岩岩性变化引起。在剖面 225m 处埋深50～100m间存在一纵向低阻带，而其两侧并未出现相似的电性特征，因而推断其为断层反应。井位定于剖面 225m 处，钻探结果显示，单井涌水量为 $70m^3/h$，主要出水段埋深为 70～100m。

2. 古风化壳裂隙-孔隙水

玄武岩多期次喷发间歇期，于泛流层形成的风化裂隙或其间沉积的松散物，与玄武岩相比均具有低阻的电性特征。喷发间歇期越长，泛流层风化裂隙越发育，富水性就越强，它与上覆、下伏未风化玄武岩间的电性差异就越明显，在视电阻率断面上则会呈现似层状的低阻特征。同样，喷发间歇期越长，松散沉积物的厚度就越大，它与上覆、下伏玄武岩间的电性差异就越明显，若沉积物为粗粒的砂砾石，厚度越大，富水性则越强。若喷发间歇期较短，则玄武岩泛流层风化壳不发育或较薄（或松散沉积物厚度较小），富水性弱。玄武岩的古风化壳与玄武岩顶、底气孔带共同组成了裂隙-孔隙含水层。

龙岗镇周边均为玄武岩覆盖区，物探工作的目的是查明玄武岩厚度、不同期次喷发玄武岩界面（图 7－2）。以剖面 75m 为界，首端埋深 300m 范围内均为玄武岩的电性反应；剖面尾端埋深 120m 以深视电阻率值约为 20Ω·m 的是泥岩的电性反应。剖面首端埋深 120～140m 间存在明显的低阻层，推断是不同期次喷发玄武岩界面，具备一定的富水性；埋深 40～60m 间存在横向低阻层，推测其亦为不同期次喷发玄武岩界面，具备一定的富水性；埋深 40m 以浅，视电阻率值横向变化明显，结合已知浅井的资料，推测岩性均为玄武岩，电性变化由岩相变化引起。井位定于剖面相对高阻的 50m 处，取水目的层为玄武岩喷发间歇期在泛流层形成的风化壳。钻探结果显示，单井涌水量为 $240m^3/d$，主要出水段埋深为 55～70m和 120～140m 两段。

3. 砂砾岩孔隙-裂隙水

临朐县牛山组玄武岩底部局部沉积一层砾岩、砂砾岩，其直接覆盖于古近系泥页岩之上。砂砾岩胶结松散，孔隙发育，并受新构造运动的影响，裂隙发育，在地下水水位以下成为层状含水层。而下伏的泥页岩为隔水底板，若上覆的玄武岩裂隙-孔隙发育，则与砂砾岩层共同组成蓄水空间，从而具备一定的供水意义。

与此地层岩性结构玄武岩→砂砾岩→泥岩相对应的视电阻率断面呈现出高阻→次高阻→低阻的电性特征，找水目的层为次高阻的砂砾岩，可同时兼顾玄武岩。砂砾岩层的富水性与埋深、分布范围、厚度以及上覆玄武岩的孔隙裂隙发育程度直接相关。

7.2.4 结 论

（1）临朐县玄武岩的生成、发育特征及玄武岩浆成分不均匀与冷凝环境的差异，使玄武岩的气孔发育及成岩裂隙发育程度差异较大，导致玄武岩含水层的不稳定性、不均匀性和复杂性。

（2）临朐县玄武岩地下水的富集受岩性、构造、喷发旋回层、层间古风化壳、下伏砂石层、喷发层的古地形和现代地貌等多因素制约。

（3）临朐县玄武岩地下水类型主要为构造裂隙水、古风化壳裂隙-孔隙水、砂砾岩孔隙-裂隙水、似层状孔隙水 4 种。玄武岩构造裂隙水主要赋存于北东向、北北东向断层中；古风化壳裂隙-孔隙水主要赋存于玄武岩多期次喷发间歇期于泛流层形成的风化裂隙中；砂砾岩孔隙-裂隙水赋存于牛山组玄武岩底部砂砾岩中孔隙-裂隙中；似层状孔隙水主要分布于太平山顶的古近系胶结松散的砂层中。在视电阻率断面上，玄武岩裂隙水呈现纵向低阻特征；古风化壳裂隙水呈现似层状低阻特征；砂砾岩孔隙-裂隙水呈现层状次高阻特征；似层状孔隙水呈现层状低阻电性特征。

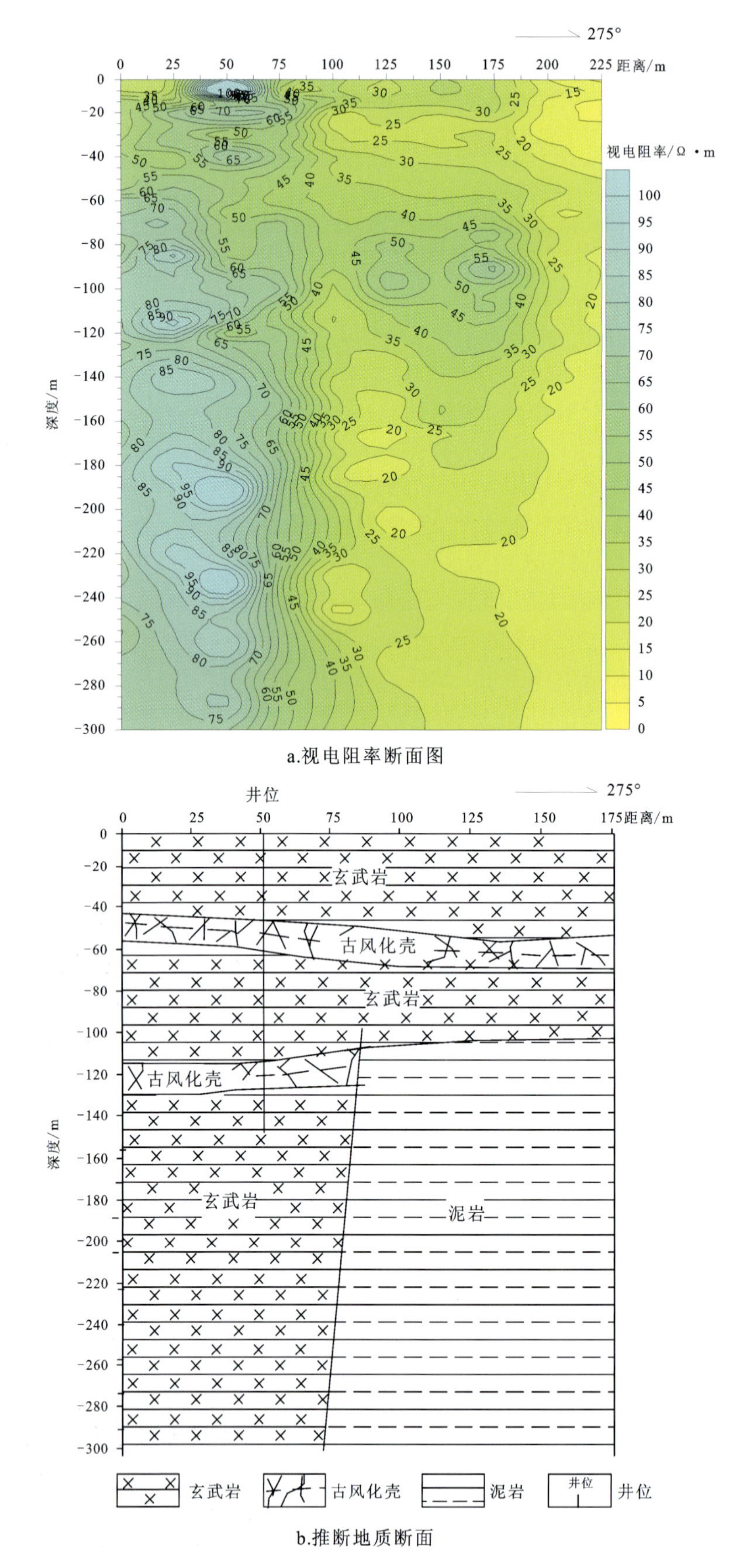

a.视电阻率断面图

b.推断地质断面

图 7-2 龙岗镇 EH-4 勘查结果

7.3 河北省坝上地区玄武岩孔洞裂隙水特征

7.3.1 概 述

河北省新生代玄武岩主要出露于坝上高原的张北县、尚义县的熔岩台地以及围场县棋盘山等地区。张北县玄武岩分布于县域安固里淖以南地区，呈岩被状覆盖于上白垩统南天门组、新近系开地坊组以及更老的其他岩层之上，为中新世裂隙式喷发，俗称“汉诺坝玄武岩”。在张北县汉诺坝村，该层玄武岩剖面最为典型，也是该组命名地。玄武岩底面呈现轻微凹凸不平，岩性为致密块状玄武岩，橄榄玄武岩与气孔、杏仁状玄武岩互层，中上部球状风化明显，并夹有黑色、黄色及红色黏土岩，下部夹薄层白色黏土岩。

7.3.2 张北玄武岩地层结构特点

渐新世—中新世早期，受喜马拉雅运动影响，尚义-赤城断裂带重新复活，引发基性岩浆的裂隙式溢流，在坝缘一带多次喷发形成了分布面积广泛、厚度较大的玄武岩台地，其总体结构特征为：①台地面平均海拔为1400～1600m，地面波状起伏，呈熔岩台被状；②台地相对高度小于100m，台面坡度为2°～5°，玄武岩在地表呈层状水平分布；③玄武岩台面总体向北略倾斜，因侵蚀、剥蚀作用，并伴之河流及冲沟的切割作用，多形成阶梯状残留面、残山、残丘、桌状平台等，沿台地边缘沟谷发育；④由于多期喷发特性，玄武岩具有垂向多层性，共发现15次玄武岩浆的喷发过程，遗留下气孔层达15层之多，每次喷发之间均伴以残积层、泥岩的沉积层存在；⑤熔岩台地上零星分布有椭圆形、浅碟形、簸箕形等洼地，洼地多以玄武岩间夹的泥岩为底，在雨季积水成湖（淖），除此以外在熔岩台地上还分布着10余座火山锥，多呈椭圆形、纺锤形残丘。

玄武岩的多层结构，因喷发熔浆的数量和强度的大小不同而各异。每次所形成的气孔层在水平分布上也有较大的差异性。各钻孔中气孔层多少不一，故此又具有很大的不均匀特点。

玄武岩“气孔”形态各异，有针状、扁豆状等，直径多小于20mm，而大于20mm者，称为“孔洞”。气孔构造通常发生在每次玄武质熔浆喷发的末尾，其后火山喷发作用暂停，期间遭受风化剥蚀作用，使原生的气孔层被外营力破坏而形成彼此连通气孔层，为后来的地下水运动创造了条件。

玄武岩柱状节理构造实为玄武岩形成的原生节理构造。由于熔浆冷凝过程，能量释放而收缩出现与层面相垂直的节理发育，节理之间生成裂缝，为地下水的垂直运动创造了条件。

玄武岩的构造裂隙（或节理）发育，与柱状节理有很大的区别，为玄武岩形成之后，受地壳内营力作用而发生，使原岩成为破碎状，形成构造破碎带。破碎带裂隙面呈现70°～75°的高角度张开裂隙特点，往往形成导水、储水带，最具水文地质意义。

7.3.3 玄武岩地下水的形成与径流

玄武岩地下水来源有3个方面：首先，主要来源为大气降水和冰雪融水，通过表层风化带、节理裂隙等入渗形成地下水；其次，由于坝上地势高，日温变差大，极易形成凝结水，附着在岩石表面，在重力作用下入渗形成地下水；局部存在的地表河水、湖水直接向下渗漏，成为地下水的第三来源。

坝上玄武岩地下水径流受台地地势、玄武岩结构和裂隙发育特征的控制。在重力作用下，地表水通过表层风化壳或节理裂隙进入玄武岩，成为地下水，并向下做垂直运动；当地下储水空间完全被水充满之后，地下水便沿气孔层或破碎带水平运移。玄武岩气孔层中地下水的水平运移是一种独特的似层状的非均匀类紊流运动状态，它不同于松散砂质含水层中的地下水和碳酸盐岩中岩溶水的水平运动方式。

玄武岩中的地下水基本上属潜水类型，分为赋存于上新世玄武岩气孔层的上层潜水和赋存于中新世玄武岩的气孔层和裂隙破碎带的层间潜水。上层潜水含水层的自由水面与大气降水关系密切，并接受凝结水的补给。层间潜水接受降雨、降雪融化与地表水的补给。由于坝上地区中新世玄武岩普遍上覆中新世湖相泥岩隔水层，当层间潜水由高水头向低水头方向运移时，受上层湖相泥岩阻隔，层间潜水转变为承压水。

上层潜水多以下降泉的方式排泄，出露于地势低洼处。该类泉水水流量较小，一般为 90～450m^3/d。若上层玄武岩下伏透水层，则上部潜水向深部径流补给下层层间潜水，再沿水平方向径流进入承压区。在上覆隔水层薄弱的地段，受压力水头作用，地下水向上垂直排泄，形成上升泉。

7.3.4 玄武岩地下水的赋存特征

玄武岩水文地质条件复杂，含水层分布不均匀、富水性变化大。富水程度主要受玄武岩原生的孔隙、裂隙和后期构造裂隙的影响。

玄武岩地下水赋存特征主要表现为 3 类：一为由多层层状气孔层和剥蚀面构成的似层状含水层，单井涌水量一般为 48～120m^3/d，个别达到 240m^3/d；二是脉状破碎带含水体，钻孔揭露的中新世玄武岩的单井涌水量差异大，多为 240～360m^3/d，2019 年实施的东不拉水厂探采结合孔的单井涌水量达 720m^3/d，较为少见；三为潜蚀孔洞，富水性强，受孔洞规模控制，呈现管道流特征，单井涌水量达 7200m^3/d 以上。

7.3.5 玄武岩地下水的分带性

玄武岩地下水无论在水平方向，还是在垂向上，均具有明确的分带规律，主要有下述几个方面。

上层玄武岩潜水带：此带潜水广泛分布于上新世玄武岩出露区和张北县台路沟、鹿尾沟一带中新世玄武岩出露区，主要集中在西部的三台河谷地、单晶河谷地和大清沟河上游。潜水在西部多以泉水形式排泄，泉点集中，流量较大；向东泉点逐渐稀少，且流量也相应变小。究其原因为：西部上层玄武岩底部分布有较厚的泥岩隔水层，潜水下渗受阻，大部分向外排泄；而东部玄武岩下伏砂岩、砂砾岩透水层，上层潜水向下径流至下层玄武岩含水层，仅少量向外排泄。

分水岭潜水带：仍为上层玄武岩潜水，分布于孟家梁、大羊盘、白布落一线和奎腾台、东山村、两面井南山一线由玄武岩垄岗组成的地表水分水岭。分水岭台地的小型碟状洼地在雨季接受大气降水形成小淖，部分地表水入渗储存在玄武岩气孔层或风化裂隙中；枯水期，小淖干涸，但洼地中上层玄武岩潜水水量虽有限但可满足居民饮水需求。

平原区隐伏玄武岩潜水带：主要分布于张北镇和狼尾巴山两侧，为中新世玄武岩组成的层间潜水含水层。张北镇层间潜水含水层上覆砂砾岩透水层，向西北逐渐转变为泥岩隔水层。此带含水层整体上水量相对丰富，具有集中供水潜力，但狼尾巴山西北侧和安固里淖南部含水层富水性相对较差。

平原区隐伏玄武岩承压水带：仅见于平原区低洼部位，主要位于安固里河左岸、馒头营以东和许清房子以西的条形地带区，玄武岩含水层上覆泥岩隔水层，地下水具有承压性，以山前潜水侧向补给为主。

脉状含水带：发育于玄武岩的断裂带及其影响带的构造裂隙成为地下水主要赋存空间和径流通道，形成脉状的富水带。钻孔揭露的脉状破碎带穿越了多层玄武岩气孔层，破碎玄武岩厚度可达 40～50m。现已发现了 3 处脉状含水带，即大红沟—东南营、春垦—南滩台路南—海子洼—大庙滩、二格楞—淖沿子—许清房子。

7.3.6 台地地下水补-蓄模式

坝上玄武岩台地的结构和玄武岩空隙特征，决定了地下水的形成和蓄积特征（图 7-3），表现为：自坝头向北掀斜的玄武岩台地，控制了降水、地表水向高原内陆湖泊汇集，而不向外泄流；玄武岩地下水的补给来源包括降水、融雪、河湖水及凝结水，以降水补给最为普遍，占比也最大；由于风化作用加剧了玄武岩表层气孔的连通，风化裂隙和气孔成为了补给水源垂向运动的通道，局部玄武岩柱状节理裂隙也是地下水下渗的途径，在重力驱动下，地下水在空隙中向下运动，随着深度的增加，裂隙和孔洞发育程度减弱，渗透性减弱，地下水逐渐充满储水空间，形成饱水带（潜水）；地下水沿残积剥蚀面或气孔层水平运动，一部分地下水遇到沟谷侵蚀切割含水层，便形成侵蚀下降泉（小型），另一部分地下水遇断裂构造带及裂隙带，由水平径流变为垂向径流，向深部运动；受断裂构造发育特征控制，地下水在水平方向呈带状展布，且表现为极不均匀，同时又受下部沉积泥岩层控制而在上部富集；地下水遇到相对隔水泥岩，垂向径流受阻，转向水平运动时，随着玄武岩灭失或厚度变薄，同时水平方向受第四系阻滞，常于谷缘形成大泉。

泉水流出后，直接形成地表溪流或者河流的源头，在地表径流过程中，河溪水部分或全部渗入地下，继续补充地下水。地下水循环流程短、循环快速，且与地表水转化频繁是玄武岩台地地下水调蓄的一个显著特征。

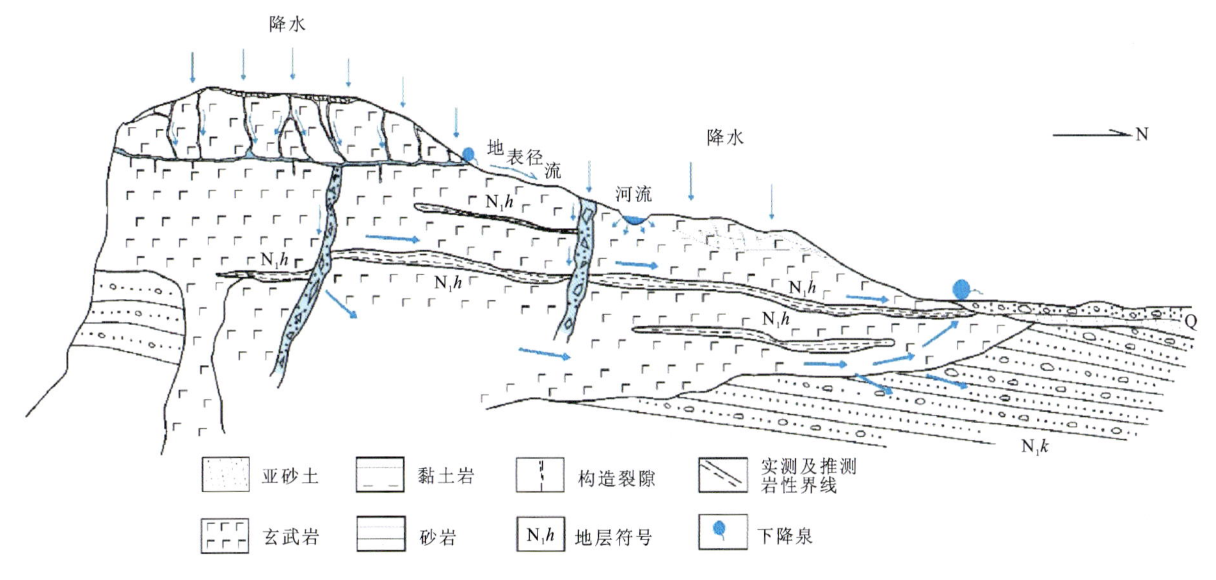

图 7-3 坝上玄武岩台地地下水补给-蓄积模式示意图

注：Q. 第四系；N_1h. 汉诺坝组；N_1k. 开地坊组。

参考文献

[1]廖资生.基岩裂隙水的富集规律[J].吉林大学学报(地球科学版),1976(2):45-57.

[2]廖资生.基岩裂隙水的一些基本理论问题[J].吉林大学学报(地球科学版),1978(3):86-96.

[3]廖资生.地下水的分类和基岩裂隙水的基本概念[J].高校地质学报,1998,4(4):473-477.

[4]张人权,梁杏,靳孟贵,等.水文地质学基础[M].北京:地质出版社,1995.

[5]刘光亚.基岩蓄水构造[J].石家庄经济学院学报,1978(1):19-39.

[6]刘光亚.基岩地下水[M].北京:地质出版社,1979.

[7]刘光亚.基岩蓄水构造的理论与实践[J].石家庄经济学院学报,1981(4):50-56,28.

[8]肖楠森.新构造裂隙水[J].水文地质工程地质,1981(4):22-25,32.

[9]肖楠森,高明.论新构造运动对地下水资源分布的控制作用[J].工程勘察,1982(4):1-6.

[10]张尔匡.试论新地质构造运动对河北平原水文地质条件的控制作用[J].石家庄经济学院学报,1980(1):34-41.

[11]常丕兴,马致远.新构造运动与水资源环境[J].西安工程学院学报,1998(2):24-28.

[12]肖楠森,吴春寅.阶地丘岗中地下水资源赋存形式与开发利用途径[J].南京大学学报(自然科学版),1983(3):511-520.

[13]胡海涛,许贵森.论构造体系与地下水网络[J].水文地质工程地质,1980(3):1-7.

[14]霍明远.环套理论在找水中的应用[J].自然资源,1997(2):46-50.

[15]王献坤,庞良,王春晖,等."多重环套方法"在山丘区供水勘察中的应用:以豫西山丘区供水勘察为例[J].水文地质工程地质,2004,31(3):108-110.

[16]袁道先.中国岩溶学[M].北京:地质出版社,1993.

[17]袁道先.中国西南部的岩溶及其与华北岩溶的对比[J].第四纪研究,1992,43(4):352-361.

[18]王宇,张贵,张华,等.云南省水文地质环境地质调查与研究[M].北京:地质出版社,2018.

[19]张永信,周兆东,白爱忠,等.广西壮族自治区区域水文地质工程地质志[R].南宁:广西壮族自治区地质矿产局,1993.

[20]中国地质学会岩溶地质专业委员会.中国北方岩溶和岩溶水[M].北京:地质出版社,1982.

[21]刘元晴,周乐,李伟,等.鲁中山区下寒武朱砂洞组似层状含水层成因分析[J].地质论评,2019,65(3):653-663.

[22]刘启仁,张凤岐,秦毅苏,等.中国北方岩溶水资源的形成、分布与合理开发利用[J].水文地质与工程地质,1992,19(4):41-44.

[23]张人权,梁杏,靳孟贵,等.水文地质学基础[M].6版.北京:地质出版社,2011.

[24]钱学溥.中国蓄水构造[M].北京:科学出版社,1990.

[25]王辉,罗国煜,李艳红,等.断层富水性的结构分析[J].水文地质工程地质,2000(3):12-15.

[26]卢金凯.基岩裂隙水的野外调查方法[M].北京:地质出版社,1985.

中篇

基岩地下水探测技术方法

以蓄水构造为代表的地下水找水理论是通过水文地质(力学)分析,来判断富水地段(部位),从而确定宜井孔位。20 世纪 70—80 年代,中国基岩山区地下水开发利用程度低,地下水水位埋深浅,找水难度小,通过野外水文地质现象和地质构造形迹易于找到地下水。当时,遥感、物探等技术手段较为落后,故未能被广泛应用到山区找水工作中,仅个别单位在找水工作中应用了物探技术手段。可以说,中国地下水找水理论与当时水文地质条件和技术发展阶段相适应。但随着地下水开发程度和对地下水需求的提高,需要在地下水深埋区、基岩覆盖区等水文地质条件复杂区寻找地下水资源,仅依靠水文地质条件分析难以找到地下水,导致找水难度增大。因此,需要借助地下水勘查技术手段才能达到找水的目的。

遥感、物探找水技术的发展有力支撑了山区找水工作实践。2007 年,水环中心为了探索遥感、地质、物探、钻探等多专业融合的山区找水模式,组建了由多专业技术人员组成的项目团队,在太行山区开展了以综合技术为支撑的基岩地下水探采结合示范工程。经过初期的磨合,团队各专业人员相互协作,逐渐融合为以基岩地下水探测、开发为目标的调查研究团队,先后在北方基岩山区、南方岩溶区和红层区开展了找水工作,总体成井率达 90%以上,并多次在找水禁区“啃下硬骨头”。在找水实践的基础上,团队提出了水储多元信息探测技术方法体系,其实质是继承基岩地下水理论,探索水文地质、遥感、物探及钻探技术的耦合,研究找水方法,力求形成较为完善的基岩地下水探测技术体系,从而推动我国山区找水理论与技术的发展。

8 水储多元信息探测技术方法体系

1. 水储的概念

长期以来,人们都用含水层这一术语定义地下水的赋存状况,且以岩性层为单位。2016 年,水文地质学家刘光亚在发表的《地下水藏及其类型》一文中指出,用含水层的概念来定义埋藏和分布都不均一的基岩地下水是不确切的,并且含水层的概念是地下水层控理论的核心,在一定程度上成为人们深入认识基岩地下水埋藏分布的一种思想束缚,并首次提出“地下水藏”的概念。刘光亚先生提出的地下水藏的定义是:地面下含水并能给出水的透水地质体、岩石裂隙带和洞穴空间-地下水储藏和运移的单元场所。地下水藏有 3 类:一是地质体水藏;二是裂隙带水藏;三是地下洞穴水藏。地下水藏概念对地下水赋存状况的刻画更为准确,不易产生理解上的偏差,并丰富了水文地质术语。物探学者郭建强从地球物理探测地下水的角度出发,曾提出“水储”的概念。“水藏”与“水储”具有相似的含义,为了与地下水探测相关联、利于构建地质-地球物理模型,本书引入“水储”来定义地下水的赋存状况,并对其概念进行界定。

“水储”是指构成地下水赋存的、可被技术手段探测描述的(具一定规模)的储水构造。水储有两层含义:其一,在水文地质条件分析中,强调地下水的补给与蓄积的地质条件组合,即蓄水构造;其二,在地下水研究、探测过程中,则将其看作储水构造,以利于将其概化为地质-地球物理模型,应用物探技术对“水储”进行识别。“水储”应具有一定的规模,具可探测性,而微或小的、不可探测(不具相对稳定的供水能力)的含水地质体不在此范畴内。

2. 体系的含义

水储多元信息探测技术方法，是指通过水储的表象调查及多元探测所获取的信息，研究地下水的客观存在状态。

多元信息包含3个方面的内容，即多信息源、多信息量和多尺度。多信息源是指通过现场调查、遥感解译、物探勘测和钻探揭露获取不同来源的水文地质信息。多信息量是指多信息源获取全面的和大量的水文地质信息。多尺度是指从区域尺度和场地尺度获得水文地质信息。

水储多元信息探测技术方法体系包括了基岩地下水研究的全过程，是多理论的集合体，这也是该理论有别于其他地下水理论的所在。

3. 体系的构成

水储多元信息探测技术方法体系是理论与实践的统一，以基岩找水理论和基岩地下水富集模式为水文地质分析基础，以找水方法为主线，以综合探测、开发技术为支撑，经有机耦合而成的基岩山区地下水探测技术方法集成。它是对十几年基岩山区找水实践工作的总结，有效地提高了基岩山区的找水成功率。水储多元信息探测理论技术方法体系构成见图8-1。

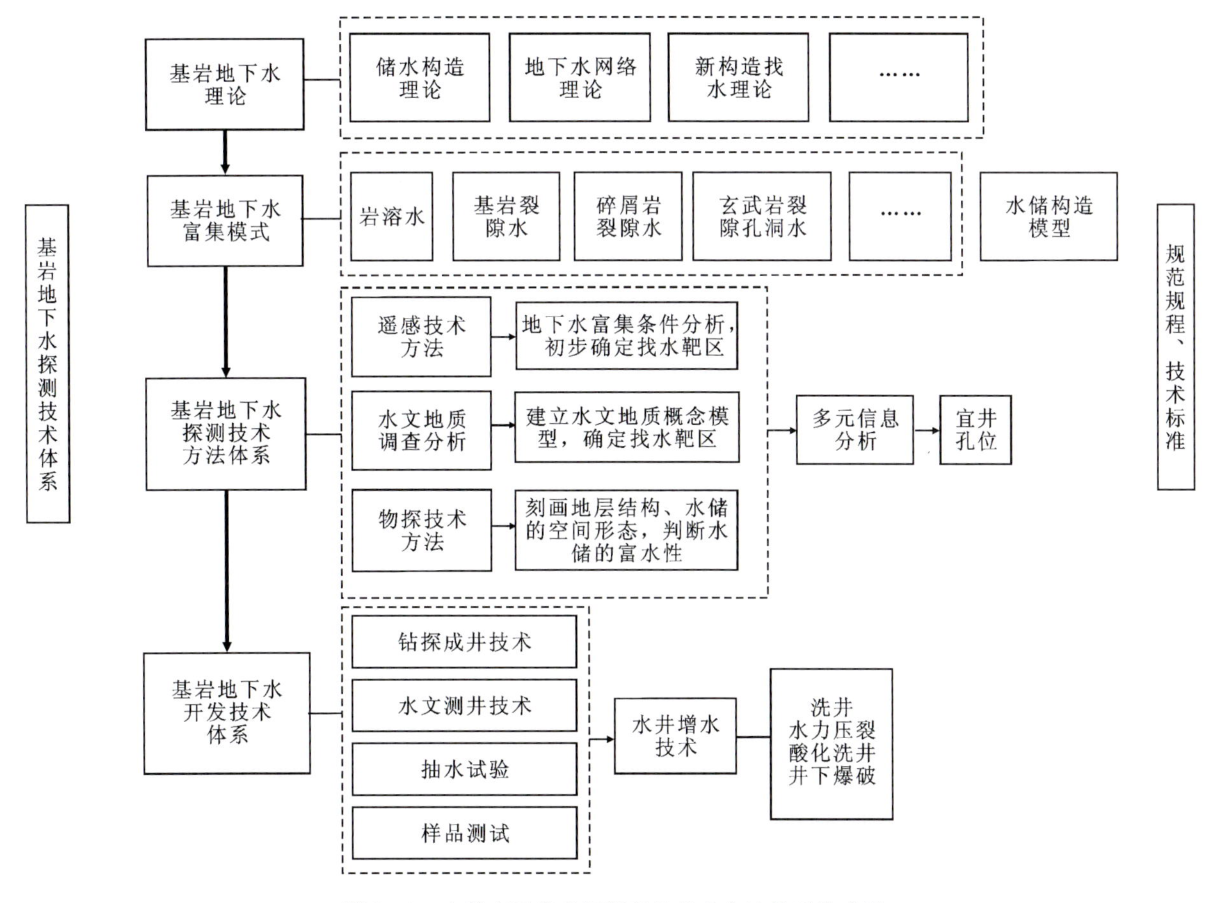

图8-1 水储多元信息探测理论技术方法体系构成图

基岩地下水理论对基岩地下水探测起指导性作用。新构造找水理论、地下水网络理论及地下水系统以区域(中、小尺度)地下水分布、运移规律的分析为主，而蓄水构造理论和储水构造理论则从场地(大尺度)判别地下水富集块段。

在不同水文地质条件下，地下水富集规律亦不同。针对岩溶水、基岩裂隙水、碎屑岩孔隙裂隙水、玄武岩裂隙孔洞水等不同类型的地下水，分析其富集规律，总结形成富水模式，不仅可以为找水提供借鉴，而且对应形成水储构造模型便于将物探找水与水文地质认识相统一。

基岩地下水的探测技术包括遥感技术、水文地质调查、物探技术等。水环中心在地下水勘查实践中，开展了基岩找水技术手段的研究与总结：①在中小比例尺遥感解译分析区域水文地质条件的基础上，探索性采用大比例尺遥感影像数据（1∶1万）确定地层岩性和产状，判定线性构造类型及构造力学性质，分析地下水富集条件，初步圈定前景富水区；②现场调查地下水露头、各类构造形迹及性质、地层岩性的分布等，分析地下水补径排条件，建立水文地质概念模型，确定找水靶区；③根据场地内水储构造模型，结合场地条件、地下水埋藏条件选择有效的物探找水方法技术，刻画地质结构、水储空间形态，判断水储的富水性；④根据获取的多元信息融合分析，确定宜井孔位。

基岩地下水开发技术包括钻探成井技术、水文测井技术、抽水试验和样品测试分析等，本书只涉及钻探成井技术。在找水实践过程中，针对玄武岩多期喷发形成的软硬变化而导致钻进困难、岩溶发育黏细颗粒造成井水混浊等复杂条件下的钻探成井技术进行了创新，形成了一套针对不同条件的钻探成井工艺。在水井出水量不理想的情况下，根据测井结果，对有增水条件的水井进行增水改造，增水技术包括洗井、水力压裂、酸化洗井、井下爆破等。多年实践结果显示，经增水处理后的部分井孔增水明显，如水力压裂后的水井出水量明显增加达80%以上，最大增水量达900%。

基岩地下水找水方法从信息源角度可称之为多元信息找水法，从工作步骤和深入程度角度可谓逐步逼近式找水法[1]。原来的物探找水、地质找水已逐步被多元数据融合找水法代替。基岩地下水探测是一个复杂的线性过程，由区域到场地再到孔位，逐步聚焦，最终达到取水的目的。主要包括利用前人调查成果通过预研究确定找水方向，应用遥感解译方法圈定找水靶区，辅以简易快速物探方法的中比例尺地面调查确定富水地段，通过详细地面调查多与物探方法结合优化确定钻探孔位，不同含水层选择相应的钻探方法和成井工艺等。其中，遥感技术和物探技术又各自形成了相对独立的、完整的找水技术方法体系。

4. 水储多元信息探测一般流程

水储多元信息探测技术方法体系是基岩地下水理论和勘查方法、技术之间相互作用、相互联系，以找水、取水为目的，按照相对固定的、逐步逼近式的方式组成的技术整体。

水储多元信息探测流程参见图8－2。资料分析、遥感解译及水文地质调查是山区基岩找水工作的基础，通过这3项工作基本建立工作区水文地质概念模型，明确水文地质条件、找水方向及找水靶区，并且根据工作场地条件及找水目的层，确定下一步物探测量的方法。

水文物探工作则是找水勘查成功与否的关键，物探结果对水储或构造空间特征的刻画，对井位的确定及水储富水性的判断具有决定作用。水文地质钻探是找水勘查工作目标实现不可缺少的一个环节，选择合适的钻探技术方法，可以有效地节约钻探成本、缩短施工周期。井斜的控制对山区基岩构造裂隙水非常重要，井孔斜度大，不但会影响抽水设备的安装，很可能偏离预计的含水层，从而造成出水量减少，甚至干孔。井孔实验可以明确井孔的出水量情况、水质优劣，验证上述各项工作的可靠性。若井孔出水量达不到预期，可以根据测井结果分析井孔处理增水的可能性。井孔处理是在井孔出水量达不到预期，并且据测井结果判断酸洗或压裂或爆破处理后有增水前景，采取的一项水井增水技术，该项技术可以尽可能减少干孔现象，避免资金损失。

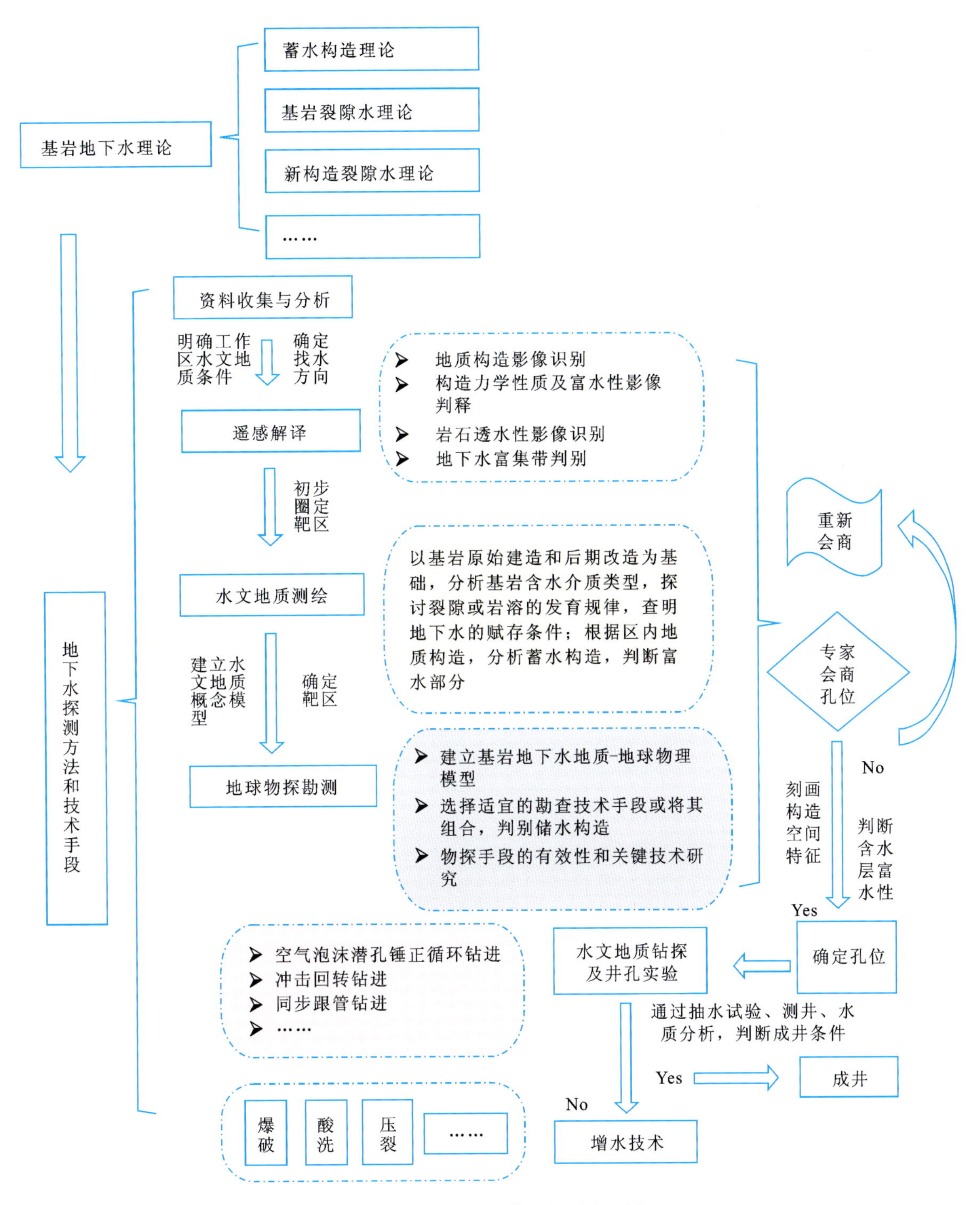

图 8-2　水储多元信息探测流程图

9 资料收集与分析

通过资料收集与分析，可以了解地下水勘查工作区的地层岩性、地质结构及构造等基本信息。如果有水文地质资料，可以了解地下水水位埋深、水质状况等，进而判定含水岩组类型、找水方向及含水层位。需要收集的资料主要涉及自然地理、基础地质、水文地质、遥感影像等方面。下面主要以华北太行山区的相关工作为例予以说明。

1. 自然地理

自然地理资料主要包括县志和地形图。

每个县(市)均编有县志。县志中内容较为齐全，包括气象水文、地形地貌、地质及水文地质概况等，可对工作区有整体概括了解。

适宜于地下水勘查工作的地形图比例尺包括1∶5万和1∶1万两类。通过地形图可了解工作区地形情况，并可将地形图作为调查工作底图和工作布置用图。

2. 基础地质

基础地质资料以区域资料为主，场地(大比例尺)地质资料仅在个别进行过详细调查的矿点存在。以华北太行山区为例，可收集到的区域性地质资料有区域地质志、1∶20万地质图、构造体系图及说明书等，1∶5万地质图仅有部分图幅，未全面覆盖。

由于1∶20万地质图覆盖程度高、准确度高，是分析工作区地质条件的最基本资料。此外，若能收集到工作区的钻孔资料，可较准确地了解场地的地层岩性及地质结构，并为物探资料解译提供地质依据，从而提高解译精度。

3. 水文地质

太行山区水文地质工作研究程度较低，仅完成区域性的水文地质工作，成果资料有1∶20万水文地质图(部分)或1∶10万水文地质图等，故仅能从区域上了解地下水的补给、径流、排泄条件(简称补径排条件)，已有资料对地下水勘查工作的指导性不强。个别山区城镇开展了以供水为目的的地下水供水水源地勘查评价，精度因项目而异。若在此范围或附近开展工作，项目成果报告有益于勘查工作。此外，部分典型岩溶大泉及山间盆地曾开展过地下水调查，如峰峰黑龙洞泉、灵山盆地南镇泉群、鱼骨洞泉、涞源盆地等，调查成果对了解当地地下水特征具有借鉴作用。

随着需水量的提高和经济的发展，山区找水打井日益增多，无论成井还是干孔，都有助于了解地层岩性、地质结构及地下水水位埋深。由于打井多为个体施工，施工人员不注重资料的整理保存，多数钻井未能留下纸质资料，仅能通过访问当事人了解情况。

4. 遥感影像

在地下水勘查工作中，针对1∶5万和1∶1万解译精度，常用的遥感数据有ETM、DLT、ASTER、SPOT、IKONOS、Quickbird和国产高分系列数据等。

10 遥感技术方法

通过遥感图像的解译分析，可确定地层岩性及产状，判别断裂带、裂隙发育带、岩脉、不同岩性接触带的分布区域，初步判定断层产状、性质及相互交接关系，推断构造与地下水的补给、径流和排泄关系，获得区域水文地质信息，初步圈定可能的富水区，为地面地质调查及物探工作布置提供依据，可以有效减少地面调查工作量，缩小工作区域，提高工作效率。

10.1 基岩山区找水遥感技术工作方法综述

10.1.1 水文遥感技术方法体系

我国将遥感技术应用于水文地质调查中始于20世纪70年代，主要通过彩红外影像解译典型的地下水排泄点[2]。随着遥感卫星的发展，遥感技术逐渐被应用于区域水文地质条件分析。2007年，为满足找水工作需求，中国地质调查局水文地质环境地质调查中心在定井工作中探索性地引入了大比例尺水文遥感技术，通过对岩性、构造、水文地质现象、水系等要素的解译，进行了水文地质分析，进而间接获得了地下水信息。在多年找水实践中，遥感技术结合现场调查在定井中发挥了重要作用，起到了技术支撑作用，目前已初步形成了山区找水的水文遥感技术方法体系(图10-1)。

基岩山区找水遥感工作内容及方法主要包括：在数据源选取、图像预处理、图像解译标志建立的基础上，在各项技术支撑下开展地下水主控要素信息提取；综合各项遥感信息，结合已有地质资料，分析地下水的补给、径流、排泄条件，判断地下水的富集条件，进而初步判定富水块段或蓄水构造类型，为地面调查和物探工作布置提供支撑。遥感工作者已建立不同地区、不同岩性区的解译标志，并在断裂构造水文地质性质判译、岩石透水性解译、地层产状判定及地下水富集区分析等方面取得创新性进展。

基岩山区地下水露头极少，很难从遥感图像上直接获取地下水信息。通过影像解译的地形因子、地表水系、含水岩组、地质构造、构造力学性质及富水性等要素信息和数字高程模型DEM数据有机结合，借助GIS空间分析功能，在三维空间结构模型下可初步完成对地下水分布规律的分析。

构造对地下水的控制在基岩山区起着决定性作用，也是遥感技术需要解决的首要任务。经分析总结，遥感解译的构造控水类型主要分为断裂带型、断层交会型、断层围堵型、岩脉阻水型、接触带型等[3]。不同类型断裂构造的发育规模不同，构造控水分析要首先解决尺度效应，通过选取多信息源、多尺度、多层次、多序列的遥感工作方法以适应不同阶段找水对不同比例尺精度线性构造识别的需要；然后通过线性构造信息提取技术、构造力学性质判释技术，结合对水文地质的认识，识别、判断线性构造的富水性。

10.1.2 基岩山区找水遥感地质基础

基岩山区地下水主要类型为基岩裂隙水，通常地下水水位埋深较大，分布极不均匀，而遥感信息主要反映地表现象及地物的波谱特征，很难从遥感图像上直接获得地下水信息。但是基岩地下水并非是孤立的，其赋存分布是由一定的地质条件决定的。地质作用改造了原有的地质条件及相应的地球物理

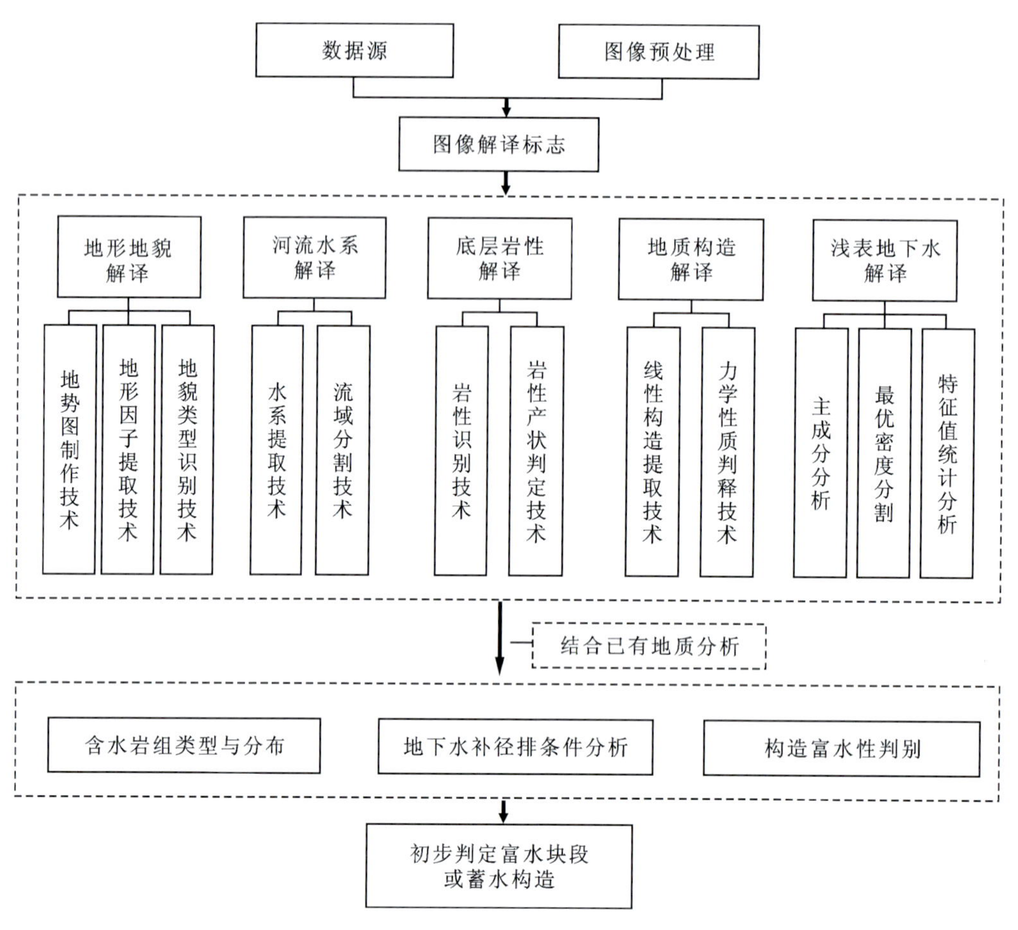

图 10－1　水文遥感技术方法体系结构图

场，基岩裂隙水将按新的模式赋存和分布。尤其在新构造应力场作用下形成和发展的断裂体系是基岩裂隙水赋存、分布、运移的最佳场所，并且明显地控制着现代地形地貌、地表水系发育，影响着土壤水、植被的发育状况。从地下水的形成、运移、赋存分布规律分析，地形地貌、地质构造、地层岩性、水系分布等因素均在一定程度上直接或间接反映了地下水信息。因此，研究地质构造、划分地层岩性、分析地貌形态及水系分布特征是寻找基岩裂隙水的主要途径。

遥感图像能客观、真实、全面地记录地表地物特征[4]，通过在遥感图像上提取与地下水有关的地表地物信息可获得有关地下水信息，特别是地质构造形迹总体和个体的地表几何形态物理特征。并且遥感信息具信息密度大、连续性好的优点，有高度的概括性且含有大量的、地下一定深度的隐伏地质构造的信息特征。断裂构造在遥感图像上的空间结构特征和光谱特征是遥感研究的主要内容：一方面，断裂构造在遥感影像上无论是以线形、环形还是其他形状出现，它们都会以一定的空间形态和空间尺度形成独特的空间结构；另一方面，断裂是构造应力作用的产物，它的形成必将影响到其周围一定长度、宽度、深度的区域，在空间上都会以“带”的形式出现。由于应力状态不同，再加上岩性改变导致的差异侵蚀和差异风化，断裂带在遥感影像上形成独特的色调、纹理等光谱特征。用遥感图像研究构造变形形迹及动力学特征，可弥补传统地质调查方法点线观测的局限性。连续、系统、大量的信息特征，有助于将破裂系统与区域构造变形乃至地质建造等有机地联系起来进行综合分析研究，从根本上改变了以往常规地质调查方法受限于地形、气候及主观意识等因素的局面[5]。从遥感图像上正确地认识一个地区的构造发育特征，对阐明该地区水文地质条件、预测富水区分布具有重要意义。借助遥感影像与 GIS 数字化图像处理技术，可最大限度地显示控制基岩地下水的各类要素信息，通过综合分析初步确定地下水富集区(带)。

10.1.3 基岩地下水勘查遥感工作目标

通过对遥感图像的解译分析，确定地层岩性及其产状，判定断裂带、裂隙发育带、岩脉、不同岩性接触带的分布区域，初步判定断层产状、性质及相互交接关系，推断构造与地下水的补给、径流和排泄关系，获得区域水文地质信息，初步圈定可能的富水区，为地面地质调查及物探工作布置提供依据。这样可有效减少地面调查工作量，缩小调查范围，提高地质工作效率[6]。遥感图像的主要解译内容包括以下几个方面。

（1）地貌基本轮廓、成因类型和主要微地貌形态组合及水系分布发育特征，判定地形地貌、水系特征与地质构造、地层岩性及水文地质条件的关系。

（2）各类地层岩性的分布范围，并对不同地层的透水性、富水性进行分析和判断。

（3）主要构造形迹的分布位置、发育规模及展布特征，特别是褶皱断裂、隐伏断裂、活动断裂及节理裂隙密集带，判定地质、水文地质条件与地质构造的关系。

（4）圈定泉点、泉群、泉域、地下水溢出带的位置，河流、库塘、湿地等地表水体及其渗失带的分布，确定古（故）河道变迁、地表水体变化，分析其对水文地质条件的影响。

10.1.4 基岩山区找水遥感工作方法

基岩山区找水遥感工作内容及方法选择主要从数据源选取、图像处理、信息提取、目标识别等方面体现。北方基岩山区主要出露岩性包括变质岩、岩浆岩（侵入岩、喷出岩）、碳酸盐岩、碎屑岩、松散岩类（第四系松散层）等。由于不同类型岩石的物性差异在影像上表现为光谱特征的差异，因而基岩山区的岩性构成、植被覆盖度、岩石裸露程度、地貌部位、构造部位等的差异性，决定了遥感工作方法的灵活多样，通过多信息源、多尺度、多层次、多序列的工作方法，能够达到解译或提取基岩区地下水信息的目的。基岩山区找水常见遥感工作方法见表10－1。

表10－1 基岩山区找水遥感工作方法综合表

岩石类型	常用数据源	数据时相	图像处理方法	波段组合	成像精度	解译及提取信息	找水预测靶区
变质岩	ETM、OLI、热红外图像	丰水期	线性增强、主成分分析、密度分割	ETM741/543、OLI752、TM6、OLI10/11	1∶5万	浅层地下水信息、地表水系和分水岭、岩脉、线性构造	浅层地下水信息区、岩脉阻水上游、构造交会部位
花岗岩	SPOT5/6/7、国产高分系列图像、WV2、IKONOS、Quickbird	枯水期	线性增强、定向滤波	高分辨率波段432/321	1∶2.5万、1∶1万	地表水系和分水岭、线性构造	断裂构造带、构造交会部位、区域性大断裂的旁侧裂隙、裂隙密集区
玄武岩	ETM、OLI、热红外图像	丰水期	线性增强、主成分分析、密度分割	TM741/543、ETM741/543、OLI752、TM6、OLI10/11	1∶5万	浅层地下水信息、地表水系和分水岭、线性构造	浅层地下水信息区、断裂构造带

续表 10-1

岩石类型	常用数据源	数据时相	图像处理方法	波段组合	成像精度	解译及提取信息	找水预测靶区
碳酸盐岩	ETM、OLI、热红外图像、SPOT5/6/7、国产高分系列图像、WV2、IKONOS、Quickbird	春末一夏初、秋末	线性增强、定向滤波、密度分割	ETM741/543、OLI752、ETM6、OLI10/11、高分辨率波段432/321	1∶2.5万、1∶1万	地下水溢出带、泉、线性构造、地表水系和分水岭、岩脉、侵入岩体	地下水溢出带、泉、断裂构造带、断裂交会部位、裂隙密集区、岩脉阻水上游、岩体阻水上游
碎屑岩	ETM、OLI、SPOT5/6/7、国产高分系列图像、WV2、IKONOS、Quickbird	丰水期	线性增强、定向滤波	ETM741/543、OLI752、高分辨率波段432	1∶5万、1∶2.5万	地表水系和分水岭、岩脉、线性构造	岩脉阻水上游、断裂构造带及构造交会部位
松散岩类	ETM、OLI	丰水期	主成分分析、密度分割	ETM741/543、OLI752	1∶5万	浅层地下水信息	浅层地下水信息区

10.2 数据源选择

10.2.1 常用数据源及特性

遥感应用离不开遥感信息源，它是遥感水文地质勘查的基础资料和调查工具，选择合适的、有应用价值的遥感数据是保证遥感地下水勘查效果的前提。遥感图像是地物电磁波谱的反映，不同的波谱图像对水的探测能力不同，对水文环境要素反映也有所差异。在具体的遥感地下水勘查中，要充分考虑不同勘查阶段选用遥感数据的特性，并结合当地的自然地理和水文地质条件进行有目的的选择。

1. 可见光、近红外遥感

多光谱遥感提供的是从可见光到红外波段的光谱信息。自美国 NASA 的陆地资源卫星(Landsat)的多光谱扫描仪(MSS)应用于对地观测，遥感成为一种新技术在各个领域得到了广泛应用。美国后来相继发射了 Landsat5、Landsat7、Landsat8 陆地资源卫星，其他国家的卫星有法国的 SPOT 对地观测卫星，印度的资源卫星，中国的资源一号、资源三号卫星和高分系列卫星，以及具有较高分辨率的美国的 IKONOS 和 Quickbird 卫星。

地下水探测常用卫星数据及参数见表 10-2 和表 10-3。

不同波段图像反映了各地表物体的电磁波特性。图像上同名点的灰度值表征出的光谱特性反映了对水的探测能力。

0.45～0.52μm 蓝波段：该短波端对应了水的透射峰，对水穿透力强，有助于水质、水深、水中叶绿素分布、沿岸水流泥沙等的判别；同时长波端接近蓝色叶绿素吸收区的上限，能识别健康植被，区分林型、树种，可探测岩石含氧化铁、氧化锰的状况。

0.52～0.60μm 绿波段：对水有较强的透射力，可反映一定深度的水下地形，识别水体洁净度，有利于对水体污染的分析，对健康茂盛的绿色植物反应灵敏，易于区分林型、树种；反映色浅的岩石地层和第四系松散堆积物（呈现浅色调），能检测岩石含氧化铁、氧化锰的情况。

表 10－2 地下水探测常用卫星数据及参数

常用数据源	波段	地面分辨率/m	适用范围	实际应用
美国陆地资源卫星 Landsat5(TM)	可见光—近红外	30	比例尺小于或等于 1：10 万地质、水文地质调查	含水岩组划分、线性构造信息提取、地表水体信息提取、湿地信息提取、浅层地下水信息提取、构造力学性质判别
	热红外	120		
美国陆地资源卫星 Landsat7(ETM) Landsat8(OLI)	全色	15	比例尺小于或等于 1：5 万地质、水文地质调查	
	可见光—近红外	30		
	热红外	60、100		
日本 ASTER	可见光—近红外	15	比例尺小于或等于 1：5 万地质、水文地质调查，可替代 ETM 数据	
	短波红外	30		
	热红外	90		
法国地球观测卫星 SPOT4	全色	10	比例尺小于或等于 1：5 万地质、水文地质调查	含水岩组划分、线性构造信息提取、地表水体信息提取、湿地信息提取、构造力学性质判别、水文地质点识别、微地貌识别
	可见光—近红外	20		
法国地球观测卫星 SPOT5	全色	2.5、5	比例尺小于或等于 1：2.5 万地质、水文地质调查	
	可见光—近红外	10		
法国地球观测卫星 SPOT6、SPOT7	全色	1.5		
	可见光—近红外	6		
中国资源一号 02C 卫星	全色	2.36、5		
	可见光—近红外	10		
中国资源三号卫星	全色	2.1、3.5		
	可见光—近红外	6.8		
中国天绘一号卫星、二号卫星	全色	2、5		
	可见光—近红外	10		
日本 ALOS 卫星	全色	2.5	比例尺小于 1：1 万地质、水文地质调查	
	可见光—近红外	10		
美国 IKONOS 卫星	全色	1	1：1 万比例尺地质、水文地质调查	次级构造解译，大型节理、裂隙识别，富水区段划分，找水预测靶区圈定
	可见光—近红外	4		
美国 Quickbird 卫星	全色	0.61	1：1 万～1：5000 地质、水文地质调查	
	可见光—近红外	2.44		
中国高分卫星一号、六号	全色	2	比例尺小于或等于 1：1 万地质、水文地质调查	
	可见光—近红外	8		
中国高分卫星二号、七号	全色	1、0.8	1：1 万～1：5000 地质、水文地质调查	
	可见光—近红外	4、3.2		

表 10-3 中国国产高分辨率卫星数据及参数

卫星	高分一号		高分二号		高分六号		高分七号	
发射时间	2013 年 4 月 26 日		2014 年 8 月 19 日		2018 年 6 月 2 日		2019 年 11 月 3 日	
光谱波段/μm	PAN	0.45～0.90	PAN	0.45～0.90	PAN	0.45～0.90	PAN	0.45～0.90
	MSS	0.45～0.52 0.52～0.59 0.63～0.69 0.77～0.89	MSS	0.45～0.52 0.52～0.59 0.63～0.69 0.77～0.89	MSS	0.45～0.52 0.52～0.60 0.63～0.69 0.76～0.90	MSS	0.45～0.52 0.52～0.59 0.63～0.69 0.77～0.89
分辨率/m	全色 PAN:2 多光谱 MSS:8		全色 PAN:1 多光谱 MSS:4		全色 PAN:2 多光谱 MSS:8		全色 PAN:0.8 多光谱 MSS:3.2	
幅宽/km	60		45		90		≥20	

0.63～0.69μm 红波段:对水体有一定的透射能力,可反映水中泥沙、水下地貌和泥沙流;识别不同植被的叶绿素吸收和健康状况;具有丰富的岩石地层和地貌信息,有利于对岩性和构造的解译,对第四系松散堆积物的颗粒分布规律及类型划分有一定的效果,地貌解译效果较好。

0.76～0.90μm 近红外波段:是水的强吸收波段,可研究水体分布、划分水陆界线、判别有无流水、寻找地下水;健康植被反射性较强,病害植被反射性较弱,能区分树林、农作物、草地;可识别与水有关的地质构造和隐伏构造、充水断层及平原区的新凹陷;富水地层呈现深色调;第四系沉积物类型及形成顺序有明显反映。

1.55～1.75μm 短波近红外波段:对地物含水量反应敏感,可区分水、雪、冰;可用于土壤含水量、植被含水量调查,区分不同类型作物;能反映丰富的地质结构信息,区分岩性、检测蚀变岩石与非蚀变岩石。

10.4～12.5μm 热红外波段:可测定水温,区分草本植被和木本植被;可识别大面积沙漠化;可提供关于湿地淡水与盐水混合、水体深度和热源信息;可反映区域性地面湿度变化;可识别充水断层、节理面。

2.08～2.35μm 短波红外波段:是水的强吸收带,水体呈黑色;对地面直接出露的含黏土矿物与碳酸盐矿物较敏感,可区分岩性。

2. 热红外遥感

热红外遥感是一种全天时的遥感技术,能够连续探测地表温度的变化情况,热红外图像是地面目标热辐射信息在图像上的反映。不同地物热辐射量大小不同,反映在热红外遥感图像上色调或色彩不同。地面水体、含水量不同的土壤及与不同含水量有关的岩性或构造在热红外遥感图像上都有明显差异[7-8],尤其是对第四系松散堆积层、基岩裸露区和泉水分布区探测效果较好。在水文地质调查中,使用最多的热红外波段是 Landsat5(TM6)和 Landsat7(ETM6),以及 Landsat8(OLI10、OLI11)波段。在空间分辨率上,TM6 分辨率为 120m,ETM6 分辨率为 60m,OLI10、OLI11 分辨率为 100m。NOAA 的热红外波段空间分辨率较低(1100m),获得的信息精度较低,故只能在精度要求不高的区域性调查中使用。航空热红外遥感图像因空间分辨率和热辐射分辨率都高于卫星热红外遥感图像,所以在地下水勘测中是理想的数据源,特别适用于重点勘查区或比例尺大于 1∶5 万遥感水文地质调查。

常见卫星和航空热红外遥感数据特征参数见表 10-4 和表 10-5。

表 10－4 几种卫星热红外波段参数

类别	NOAA	Landsat5(TM6)、Landsat7(ETM6)	Landsat8 (OLI10、OLI11)	ZY－1
波段/μm	10.3～11.3、11.5～12.5	10.4～12.5	10.60～11.19、11.50～12.51	10.4～12.5
分辨率/m	1100	120、60	100	156
观测宽度/km	2800	185	185	119.5

表 10－5 几种航空热红外扫描仪主要参数

类别	DS－1230	JHY	IR301
波段/μm	3～14	3～14	8～14
扫描视场/(°)	87.3	90	—
瞬时视场/(°)	1.7	1.0	3
NEΔT/(°)	0.1	0.1	0.1

10.2.1.3 微波遥感

微波是指波长 1mm 至 1m(即频率 0.3～300GHz)的电磁波。它比可见光—红外(0.38～15μm)波长大得多。最长的微波波长可以是最短的光学波长的 250 万倍。地面物质的微波反射、发射与它们对可见光或热红外的反射、发射无直接关系。一般来说，通过微波响应，人们可从一个完全不同于光和热的视角去观察世界。微波遥感与可见光—红外遥感在技术上也有很大的差别。

虽然微波遥感的起步较晚，数据获取较难，实际应用也不如可见光—红外遥感普遍。然而，微波遥感具有全天时、全天候、穿透性以及对地表粗糙度、介电性质敏感性、多波段多极化散射等独特优势，是可见光—红外遥感所难以比拟的。因此，微波遥感发展很快，已成为遥感技术研究的热点，在对地观察中属于十分重要的前缘领域[9]，在地质构造、找矿、海洋、海冰调查，土壤水分动态监测、洪涝灾害调查，干旱区找水，农业、林业、土地资源调查研究以及军事等方面越来越显示出十分广阔的应用前景。

微波成像主要受地物表面粗糙度、复介电常数、物体结构等影响，由于水的复介电常数较大(80)，在同等地面粗糙度的前提下，土壤含水量越大，介电常数越大，后向散射越强，反映在图像上亮度越大。正是由于微波雷达的这一特殊功能，在寻找埋藏古(故)河道和浅层地下水方面极具优势。同时，合成孔径雷达的侧视功能对地貌、地质构造表现也非常清晰，对表面粗糙度和湿度很敏感，可进行断裂和破碎带的分析解译，适用于进行地下水重点勘查区的调查。

利用微波遥感对浅表地物具有一定贯穿性能，在水文地质工作中最早被用以发现地下古河网的踪迹，寻找地下潜水。随着 2004 年加拿大 Rardarsat－2 和日本 ALOS 雷达遥感卫星的发射，微波遥感从多波段、多极化向极化干涉雷达方向发展，对定量化雷达水文地质遥感的研究具有重要的意义。国内外一些学者利用微波遥感来定量评价地下水存储量、水位埋深以及预测地下水动态变化等。

10.2.1.4 航空遥感

航空遥感具有良好的时间选择性，片种齐全，主要有黑白可见光、黑白近红外、彩红外、天然彩色、中红外、热红外等波段图像。航空遥感图像空间分辨率高于卫星数据，特别是航空热红外图像，空间分辨率达到米级，而卫星热红外图像最高分辨率(ETM6)为 60m。航空遥感图像所反映的地质信息丰富，微观信息清晰，适合于大比例尺的区域地质、水文地质勘查，是遥感水文地质详查的重要数据源。

综合上述光谱特性，虽然从各波段性能上均不能直接探测地下水，但不同波段影像都以与地下水有关的地表影像特征间接地反映地下水信息，为进行基岩裂隙水研究提供了丰富的信息。

10.2.2 数据时相确定

遥感是对地表地物不同波谱特性的反映，由于受地形、地貌、地质构造、植被、气候等因素的影响，在同一波段上不同地区相同季节或相同地区不同季节所获取的遥感影像会有较大的差异，而同一地物在一天中的不同时间段所获图像也会有较大差别。因此，在进行遥感影像选择时，必须了解当地的自然地理、地质条件，结合工作目的，确定出获取影像的最佳时间，才能保证所需信息在影像上得到最有效的反映。

冬季太阳高度角最低，对冲沟、丘陵、沙丘等起伏不大的微地貌形态特征在可见光波段遥感影像上均有较好的显示。另外，北方大部分地区冬季降水较少，植被较少，影响地质解译的干扰因素较少，有利于地形、地貌、区域地质构造的解译，但北方冬季时间长，气温较低，冻土层厚，浅层地下水热信息与背景温度场差异较小，不利于利用热红外波段影像解译地下水。

夏、秋季节一般地区降水量集中，植被发育，影响地表地质解译的干扰因素相对较多。

春季气温普遍回升，植物开始生长，水分蒸发量增大，地下水水位下降，表层土壤含水量明显减小，这时获取影像的干扰因素较少，特别是红外—热红外波段及微波影像解译浅层地下水及构造裂隙水效果较好。

热红外图像的色调受太阳辐射影响很大，不同时间、不同天气摄取影像色调的深浅度不同。同一天内，白天获取的热红外影像上，含水量大的土壤显示冷异常，色调较深；而在夜晚获取的热红外影像上则显示热异常，色调较浅。利用热红外影像解译地下水信息，常选择零点到黎明前的时间段所获影像能取得较好的效果。因为热红外影像获取的是地物的热辐射信息，白天太阳光热辐射作用强，干扰较大，而黎明前太阳的辐射干扰已基本消除，物体基本上处于自身发射状态，这时不同物体的温度差异代表各自的热辐射特性差异。此外，选择热红外图像获取地下水信息应尽量避开植被生长相对茂盛的秋季及有较厚冻土层的冬季。北方地区季节温差变化较大，冬季时间长，气温较低，冻土层较厚，时相选择以春初或秋末为佳。

微波雷达影像的成像波谱和成像方式与可见光、近红外、红外遥感影像不同。微波遥感为全天时工作，不受时间限制，与阳光无关，不受云、雾、雨的影响。微波影像实际上是地物自身发射或散射雷达发射波的微波强度分布图，它不仅受地物表面粗糙度、复介电常数、地质体结构等因素的影响，而且因成像的工作参数如频率、极化方式、入射角等的改变而不同。例如不同的频率和极化方式对植被的不同部位敏感度不同，获取的信息也有差异。微波影像反映地下水信息主要受土壤复介电常数的影响，含水量大的土壤复介电常数大。利用微波遥感勘查地下水时，图像的选择应尽量避开雨季。

10.2.3 不同波段组合选择

适当的波段组合可以得到一幅信息量大、层次分明、色彩饱和度适中，且含有目标地物特征信息的彩色合成图像。参加组合的波段选取是获取一幅好的假彩色合成图像的关键。

组合波段选择遵从原则为：①各波段的标准差要尽可能大，保证有足够的信息量；②各波段的相关系数尽可能小，保证图像色彩饱和度好；③各波段的平均值大小相差不大，保证色调的一致性；④尽量选用含有目标物特征谱带的波段。

对于 Landsat5～8 图像的应用，根据研究区各波段亮度值分布范围、平均值和标准差统计以及各波段间的相关系数大小确定图像的最佳波段组合方式。另外，在波谱特性上，TM1、TM2、TM3 主要反映的是地物亮度，TM4 对绿色植物反应敏感，TM5、TM7 对土壤和植物水分较为敏感和有强烈的吸收作用，TM6 反映地物温度特征。根据各研究区的自然景观和地质背景以及各波段光谱特征，可以大致确定地下水信息提取的最佳波段组合。

由 Landsat7 ETM 图像波段光谱特征值统计结果可见，ETM 波段标准差从大到小排序为：ETM6＞ETM5＞ETM7＞ETM3＞ETM1＞ETM2＞ETM4。ETM 波段平均值从大到小排序为：ETM6＞ETM5＞ETM1＞ETM2＞ETM3＞ETM4＞ETM7。

依据波段组合原则、光谱特征值统计结果以及实际应用经验，对于一般山区找水遥感应用常用的波段组合为 ETM7、ETM4、ETM1，或 ETM5、ETM4、ETM3。

10.3 地质构造影像识别

根据基岩山区地下水的赋存分布规律，找水的主要方向为深部基岩裂隙水和构造裂隙水。构造解译是遥感图像地质解译的重点，利用遥感图像进行地质构造解译的效果较明显，其优越性表现在以下几个方面：①遥感图像视域广、概括性强，能在一景或几景图像上把规模较大的构造形迹完整地表现出来，轮廓清楚，一目了然，而且连续性强，既能得到整体概念，又便于了解平面上的变化特征，这是常规地质方法无法比拟的；②遥感图像立体感强，便于获得构造形迹的三度空间变化特征；③遥感图像客观、全面地反映了地表的各种构造形迹，便于研究它们之间的相互关系和生成次序；④对于地表覆盖较严重、地面工作不易识别的某些隐伏构造或深部构造，有时在遥感图像上也能得到一定程度的显示；⑤卫星图像具有连续性和重复性，通过对不同季节、不同时相卫星图像的对比分析，可以揭示或推断某些构造的存在，还可以通过动态分析监视活动构造。

10.3.1 构造解译标志

无论褶皱构造还是断裂构造，在影像上都具有特殊的影像特征，一般通过目视解译或人机交互解译方法均可得到识别。

10.3.1.1 线性构造标志

在遥感影像上，线性特征可能代表断裂、岩墙、岩脉、层理面或地层岩性分界线，大型或中型线性体常为复杂的断裂带，并以大的地形特征表现出来。而航片线性体可能代表不连续的断裂迹线，主要由线状水系、土壤色调异常和植被的变化表现出来。岩墙有时也具有一定的水文地质意义，可以是阻水墙，也可以是围岩中的破碎带。基岩中的地下水主要存在于断裂破碎带中，因此在基岩区研究线性体的实际意义最大。

活动性断裂通常控制区域地貌发育、水系迁移以及植被分布。不同地貌单元的分界常有断裂构造通过，断裂两侧的地貌特征、水系发育状况以及植被生长从影像色调上均有明显差异，沿着活动断裂带常有线状（或串珠状）分布的泉水出露。因此，在不同缺水类型区利用影像解译地质构造，判断构造富水性，编制构造专题图，对地下水勘查具有十分重要的指示意义。

利用遥感影像重点解译线性构造及裂隙系统发育部位。断裂构造的影像光谱特征与其他地物一样，也是通过形状、大小、色调、阴影、纹理、图形、位置等直接或间接的解译标志表现出来的。基岩山区断裂构造在影像上具有较为明显的解译标志，通常表现为地形不连续，构造不连续，岩性不连续，色调不连续，河流的同向急剧转折、突然加宽、变窄或消失，冲洪积扇群顶端呈直线排列，岩脉的发育，密集成排分布的植物生长带，截然划分的植被模式等。

1. 地形不连续

(1)两种不同的地貌单元相接，如侵蚀地形和剥蚀堆积地形相接（图 10－2）。

图 10-2　侵蚀地形与堆积地形相接

(2)系列河流同向急剧转折,河道突然加宽,或突然变窄,或突然消失等(图 10-3、图 10-4)现象都可能说明断层的存在。受断层控制,当两侧地层岩性存在较大差异时,断层两侧水系平面结构形态、切割深度、切割密度、冲刷态势等方面均出现明显差异。

图 10-3　河流同向转折、两侧河道宽度差异且色调差异明显

(3)平直的陡坎在同一个方向上延伸,有时通过不同岩性的岩层,有时出现成排的断层三角面(图 10-5)。

(4)山脊上受断层切错形成明显的垭口地貌,有时出现多个垭口呈线状分布。

(5)平直深切割沟谷,切穿一系列山脊和山谷,有时呈一条狭缝,两侧为近直立陡壁(图 10-6)。

(6)断层使其两侧的地形发生水平错动,使连续的山脊线错开,有时几条山脊线在一条连线上按同一方向错开(图 10-2、图 10-6)。

(7)山前冲洪积扇群的顶端呈直线排列。

2. 构造不连续

断层破坏了褶皱构造的完整性,如背斜、向斜被错断(图 10-7),岩层的重复或缺失,以及断层两侧岩层产状不同。

图 10-4 河流同向转折、加宽

图 10-5 断层三角面呈直线形排列

图 10-6 平直沟谷切穿山脊呈一条狭缝

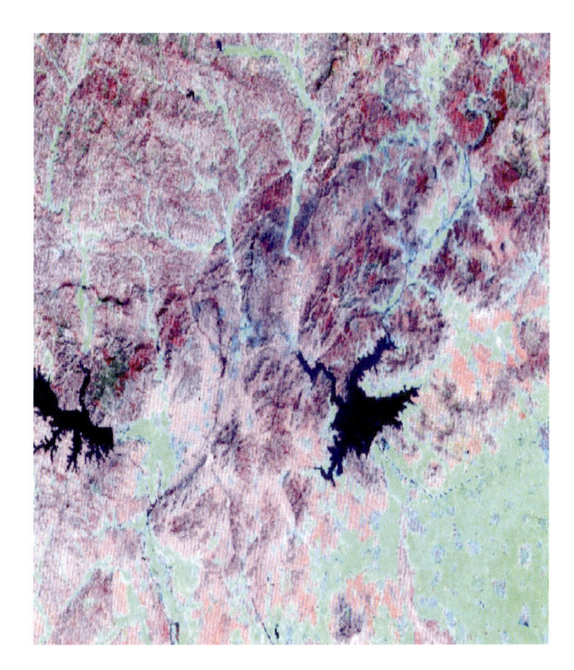

图 10-7 北东向向斜被北西向断裂错断

3. 岩性不连续

同一岩层沿走向突然变为另一岩层，岩性差异在影像上呈现光谱特征差异，导致断层两侧影像呈现不同色调、不同形态和不同纹理特征。

4. 色调不连续

在同一类型岩层影像上，沿断层带的表面出现异常色调痕迹，而断层两侧色调、纹理、地貌形态上可能没有特殊的差异。当断裂导致两种不同类型岩层相接触时，影像上呈现为不同色调、不同地貌形态、不同纹理特征的界面(图 10-2～图 10-6)。

5. 岩层产状突变

在高空间分辨率影像上，植被覆盖程度较低的基岩山区，岩层层理可明显辨别(图 10-8)。特别是在同一岩性地层中，影像色调、地貌形态基本一致，而断裂构造两侧岩层面产状的变化在影像上表现为纹理特征变化，成为断裂构造判别的重要标志。

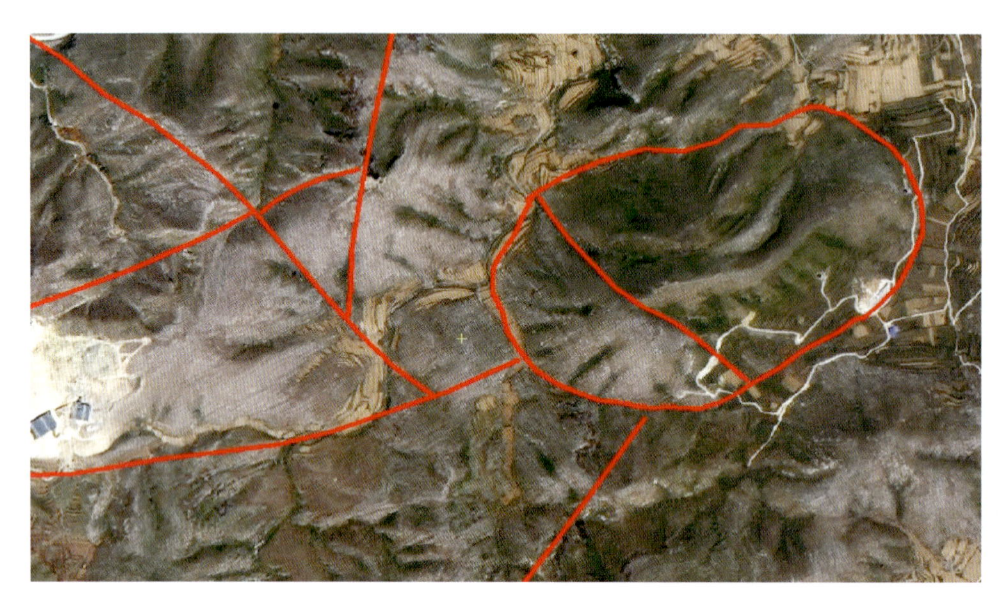

图 10-8　高分辨率影像纹理特征识别构造

6. 岩脉解译标志

岩脉在坡面上往往形成直线型“U”形槽谷，两侧为近直立陡壁，槽谷内坡积碎屑物覆盖较多，山脊上形成垭口地貌(图 10-9)。岩脉在多光谱影像上具有明显区别于围岩的色调，延伸较远具有一定宽度的火成岩脉侵入体与围岩接触带裂隙发育。当岩脉发育方向与地形等高线平行、与冲沟和河谷正交或斜交时，往往对上游地下水构成阻水体，沟谷上游接触带可构成地下水富集区或地下水溢出带。

a.北西向岩脉SPOT影像

b.北西向岩脉野外照片

图 10-9　岩脉解译标志

10.3.1.2 褶皱构造标志

卫星影像中的褶皱构造影像特征可通过不同地层岩性的分布和产出形态表现出来，主要表现为背斜、向斜和单斜构造构成的山地及谷地地形。影像判读的难易主要取决于地层岩性的组合特征、差异程度、可解性和产出状态等。在大区域影像上，褶皱构造特征一般较明显，地形地貌受构造骨架和地层岩性控制，影纹按一定规律重复出现，组成与轴部垂直的近平行状排列图案（图 10－10）。褶皱的轴部（核部）往往是裂隙系统最发育的部位，通过褶皱轴部的解译可确定有利于寻找基岩裂隙水的富水区。

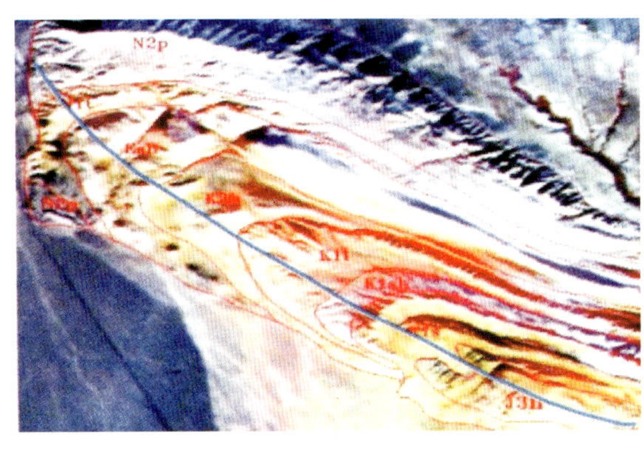

a.背斜

b.向斜

图 10－10 褶皱构造影像标志

由于褶皱轴部岩层受到较大的拉张应力作用，发育在脆性岩层中的背斜、向斜常产生一系列张裂隙，岩层变得较为破碎，特别是正向斜构造两侧岩层倾向相反常形成负地形，坡面水系发育密度基本相同，水流方向指向褶皱轴部，沿轴部发育成河谷地形或地下富水带。

10.3.1.3 环形构造标志

环形构造包括侵入岩体形成的环形构造和断裂形成的环形构造，影像特征近似圆形。

岩体形成的环形构造通常形成孤峰状地貌，水系呈放射状由中心向四周发散分布，地下水主要赋存于岩体的原生节理裂隙以及表层风化裂隙中，径流方向基本与地表水系一致。断裂形成的环形构造（图 10－11）往往表现为水系呈环形深切沟谷，周边坡面冲沟发育，呈向心状直线形分布，外围地表分水岭也呈环形，利于地表水及地下水汇集。

a.环形构造SPOT影像

b.环形构造带野外照片

图 10－11 断裂形成的环形构造

10.3.2 线性构造信息提取技术

10.3.2.1 图像增强处理

线性构造的影像结构要素主要有线性体尺度、几何形态、岩石地层结构及光谱特征。为了突出线性体信息、提高图像的视觉效果、更容易地识别图像上线性构造，需要对图像进行增强处理。处理方法包括光谱信息增强、空间域处理、影像纹理分析等。

依据遥感影像的地质-地貌-景观背景，选择有效的处理方法和数学模型进行信息提取，可以从不同侧面突出不同等级、不同层次、不同形态构造线性体的空间分布信息。光谱增强是通过对图像亮度值的改变来增强或减弱一些特征的信息。空间变换侧重于图像的空间特征或频率。空间频率主要是指图像平滑或粗糙程度。空间变换主要有空间卷积、傅里叶变换、空间尺度变换等。图 10－12 是对拒马河流域图像进行 45° Directional filter 空间卷积滤波增强处理后形成的对比结果，处理后的图像对河流、山体之间的凹陷谷地均有较好的凸显，地物之间的边界更加锐化，线条明显，利于线性构造解译。

10.3.2.2 线性构造信息提取

线性构造信息识别方法主要包括目视解译、人机交互解译、计算机自动提取等。其中，目视解译和人机交互解译最为常用，主要依赖于专业人员的解译经验及基于现代构造地质理论的空间推理分析能力。这两种方法以构造解译标志为基础，依据线性体的影像结构要素，对影像线性体进行识别、检测和制图，解译精度较高，但解译工作量较大，适用于小范围图像解译。计算机自动提取方法速度快，有效地减少了人工解译工作量。但是由于受地表地物干扰，提取结果除包含有用的线性构造信息外，还包括了其他线状地表地物信息。因此，还需要进行人工修正，计算机自动提取方法适用于大范围中小比例尺图像解译。

线性体自动提取方法有很多，实际应用效果较好的方法为在滤波处理基础上的线性识别法，即选取用于线性体自动提取的原始波段黑白图像，对图像的要求是方差最大、反映的信息最丰富，选择拉普拉斯滤波模板进行滤波，使线性信息得以增强，确定二值化（灰度级）阈值，使图像灰度级二值化，确定线性体提取的有关参数，即线性体的方向、最小长度参数、最大断点等。线性体自动提取方法在目前专业遥感图像处理软件平台上均可实现。

10.3.3 构造力学性质影像判释技术

在遥感影像上不仅可以通过直接或间接的解译标志判断出断裂构造的存在，还可以利用其中的一些线状的影痕、色条、色带等细微特征进一步区分断裂的性质，即压性断裂、张性断裂、扭性断裂。

10.3.3.1 压性断裂判释特征

在通常情况下，压性断层面产状不稳定，沿走向、倾向均有较大变化，呈波状起伏。压性断层带中的破碎物质常有挤压现象，出现片理、拉长、透镜体等现象，断层两侧岩石常形成挤压破碎带，为地下水的运移和储集提供了有利条件，而断裂带本身由于挤压密实，常形成隔水层。逆断层多属于压性断层，因此断层两盘或一盘岩层常直立，或呈倒转褶皱、牵引褶皱。断层带内常产生一些应变矿物（受压受热重结晶），如云母、滑石、绿泥石、绿帘石等，并多定向排列。

压性断裂在影像上多呈细线条，沿走向延伸有舒缓波状弯曲或分支、汇合，其断裂带多由大小不等的透镜状岩体组成，长轴方向与主断裂方向一致。平面形态有波状、折线状、交叉曲线状等，其中以波状最为常见。波形舒缓、对称，类似正弦曲线。压性断裂延伸较远，走向稳定，成组出现或者由多条平行的断层组成断裂带（图 10－13）。

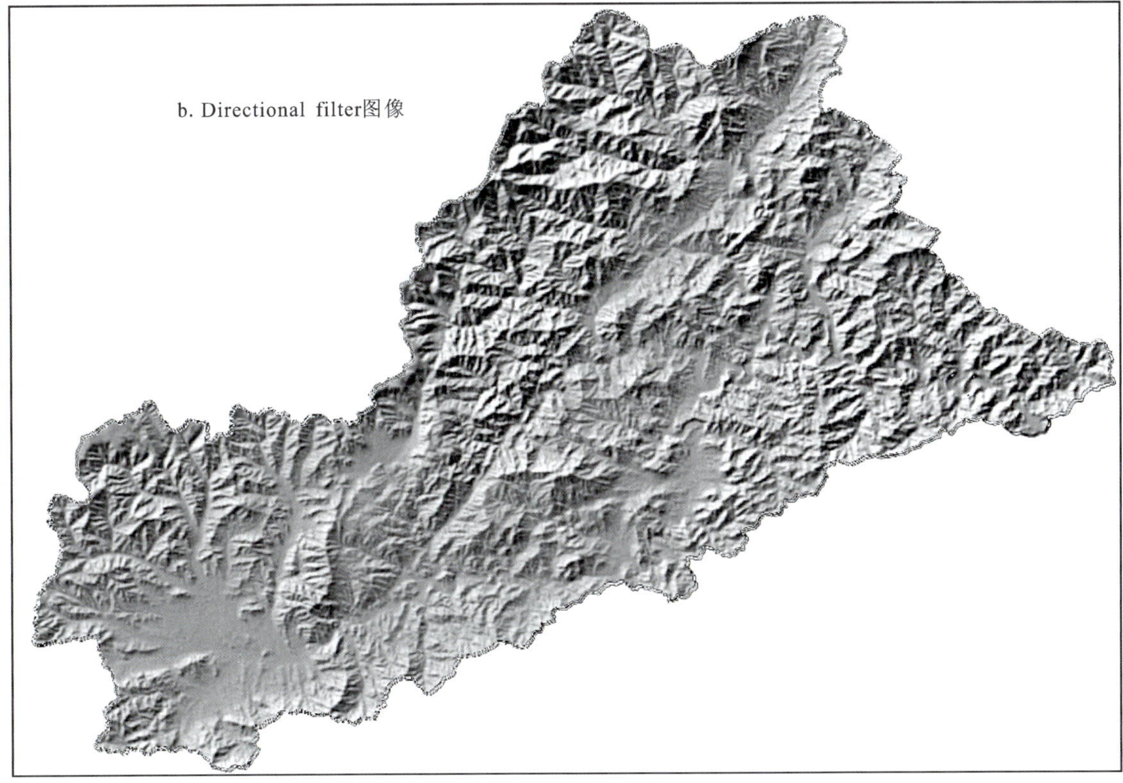

图 10－12 DEM 原始图像与 45° Directional filter 空间卷积滤波增强处理结果图像对比

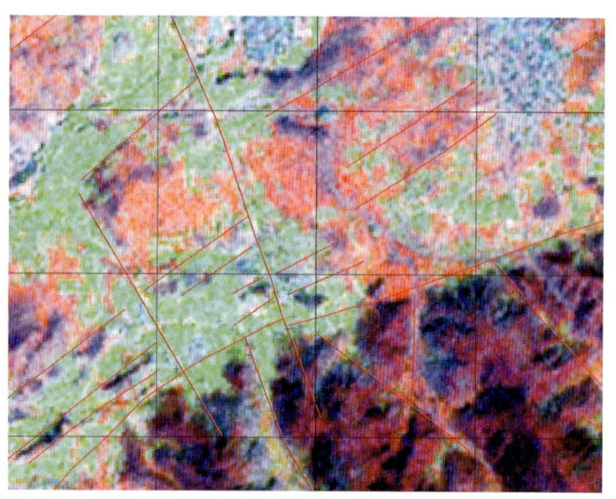

图 10-13　北东向压性断裂成组分布

10.3.3.2　张性断裂判释特征

张性断裂层面一般较粗糙，断裂带较宽或宽窄变化悬殊，其中常填充构造角砾岩，尚未完全胶结的构造角砾岩带可构成地下水的运移通道。沿断裂常发育断层崖、陡坎、破碎岩块，部分断裂带中有岩墙、岩脉充填(图 10-14)。正断层多属于张性断层，一般延伸不远，平面上断续出现或呈雁行状排列，宽窄变化较大，在地表出露不规则，多形成沟谷地貌。张性断裂带在影像上多呈明暗色调交替规则排列，锯齿状或“之”字形影纹由追踪一组共轭扭裂面而形成，影像平面特征较粗糙。

a. 张性断裂带构成负地形

b. 张性断裂带被岩脉充填

图 10-14　张性断裂带

10.3.3.3　扭性断裂判释特征

扭性断裂带一般较平直，呈光滑平直线状，细而清晰。扭性断裂面产状较稳定，延伸较远，表现为窄而直的线状形迹，有时表现为平直的沟谷，常成组出现，互相平行，并具有大致相等的间距，有的呈斜列式、共轭式。共轭式扭裂面往往构成菱形格状，能控制一定范围的水系格局。

10.3.4 构造富水性判释

遥感影像的线性构造形迹往往以不同的地貌类型和分区界线为主要标志，结合地质图和地形图大体可以确定。

断裂带的富水程度受断裂发育的岩性、结构以及断裂力学性质等因素控制。一般硬质岩石结构致密，能干性强，属脆性岩石，发育其中的断裂性质多为张性或张扭性，破碎带富水性强。软质岩石结构相对松散，能干性弱，属塑性岩石，在构造应力作用下易发生塑性形变，发育其中的断裂构造常显示压性或压扭性质，断裂带富水性较差。

富水断裂带一般具有良好的导水、储水性能，沿断裂带第四系松散堆积物和植被较发育，地下水通常沿断裂带以泉的形式出露，且呈线状规则展布。岩溶发育程度较强地区的张性、张扭性断裂带往往导水性好，储水能力较差，构成地下水径流通道(图 10－15)，在图像上呈现浅而明亮的色调。在基岩裂隙水和碎屑岩孔隙裂隙水分布区，泉流量较小，规模不大，利用卫星影像判释泉点较为困难，通常在解译出断裂构造后，再结合区域水文地质资料综合对比分析可确定断裂带的富水程度。

图 10－15 Quickbird 影像及构造解译图(北北东向张性断裂切割北东东向压性断裂)

10.4 岩石透水性影像识别

岩石透水性无法从影像上直接获取，可通过分析水系发育特征间接地判别。

10.4.1 不同岩性区水系形态特征

水系是遥感图像解译的重要标志，也是影像上最醒目的特征之一。水系的发育分布特征与地层岩性密切相关。构成一个地区的地表岩层往往是多种多样的，不同的地层岩性因成分、结构不同，导致岩石的抗风化能力存在极不相同的特性。因此，同一地区地表水系会出现多种形态。

(1)在页岩、砂岩及花岗岩地区一般形成树枝状水系，单斜山一侧为平行水系。

(2)岩浆岩穹隆构造地区发育放射状、环状水系,受断裂构造控制区常发育格网状(图 10-16)、羽状和倒钩状水系等。影纹结构一般为块状、刀砍状、壳状、条带状等,山体坡地受冲刷侵蚀,深沟壑谷发育,常为鱼骨状、梳状、瓦棱状组合影纹,排列规则有序,具一定方向性。在风化作用较强的花岗岩地区,影纹结构为较窄的条带状、鱼骨状和较宽的蠕虫条带状。

图 10-16　花岗岩 ETM 影像格网状水系

(3)在软质浅变质岩分布区,山体形态为圆钝齿状,色深且暗,沟谷常为"V"形谷。该类型区含水岩组可解程度一般较高。

(4)在灰岩、白云质灰岩分布区,常见发育典型的角状水系。这主要是因为该类型岩石质脆,受区域构造应力的作用,发育 X 型节理裂隙,岩石可溶性和大气降水共同作用,促使节理、裂隙向纵深发展,其他部位的岩石致密坚硬,透水性很差(图 10-17)。水系分布极不均匀的特征使这些地区岩层富水性较差,除断裂破碎带可作为找水目标外,主要的找水方向应沿着角状水系主干沟两侧山前地带。

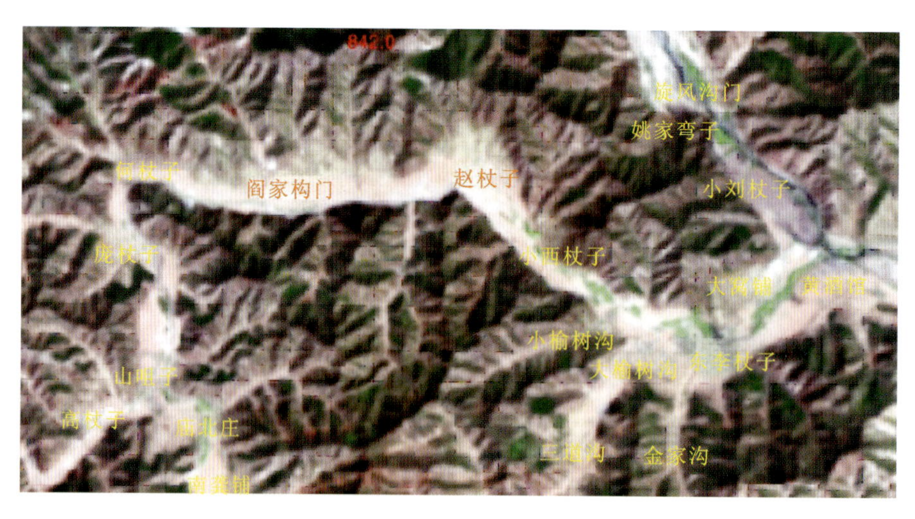

图 10-17　灰岩 ETM 影像角状水系

10.4.2 不同岩性区水系密度特征

水系分布密度大小取决于地层岩性及其透水性。

(1)水系分布密度大,形成的1级、2级或3级冲沟短而浅,以树枝状形态展布,反映岩石结构较为均匀,各向同性,透水性差,富水性也较差。地表径流特别发育,地势比较平缓,岩石和土壤结构致密,透水性不好,质地软弱,易被流水侵蚀。大片泥岩、板岩、粉砂岩、易碎片岩发育的地区容易形成密集的羽毛状水系(图10-18)。

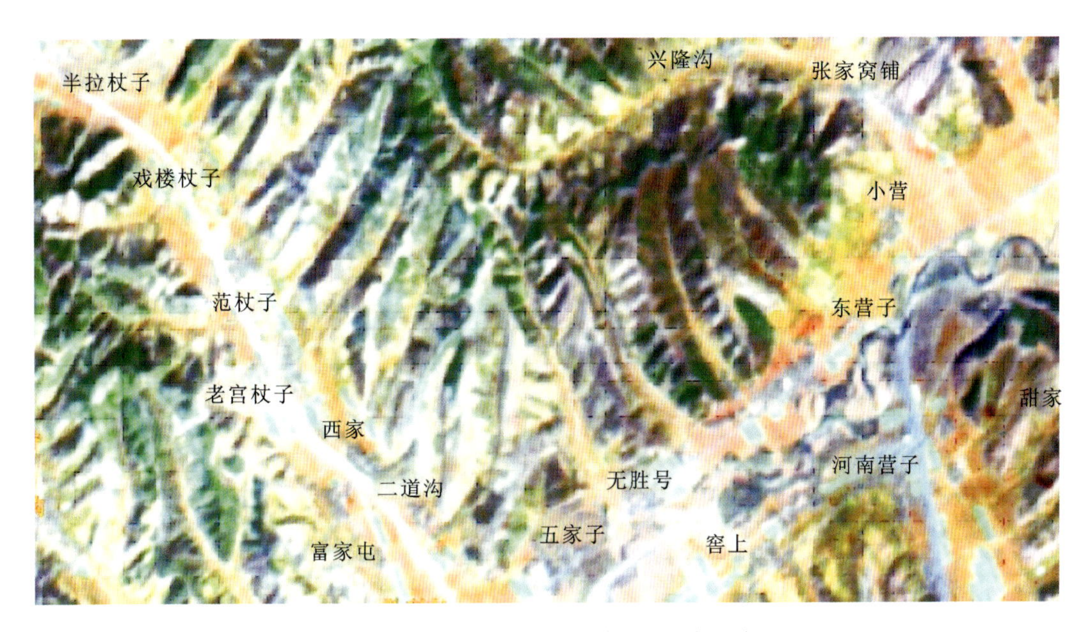

图10-18 粉砂岩ETM影像羽状密集状水系

(2)水系分布密度小,反映地表径流不发育,岩石坚硬,裂隙发育,透水性好。例如砂岩、抗侵蚀能力强的均质坚硬花岗岩、玄武岩、砾岩区常形成稀疏的树枝状水系。

(3)水系分布密度中等,反映地表径流比较发育,地面有一定的坡度,岩石透水性较差,抗侵蚀能力中等。例如含泥质较高的砂岩、泥灰岩、裂隙不甚发育的花岗岩区常形成中等密集的树枝状水系。

10.4.3 不同岩性区地貌形态特征

一般大的地貌单元受区域构造控制作用显著,局地地貌形态受地层岩性控制作用明显。区域大构造往往构成两种以上地貌单元的接触边界,如山地隆起与断陷盆地接触、山区与平原接触等(图10-19)。在同一地貌单元中,不同类型岩石因组分差,故易遭受风化、侵蚀、剥蚀、溶蚀等作用的强度也有显著差异,形成了形态各异的地貌类型。

(1)致密坚硬的花岗岩区一般表现为险峻高山,直面坡坡度较大,以险坡为主,棱状山脊,直线状、树枝状水系,深切"V"形峡谷发育,影像上无明显规则平行状线型影纹分布。

(2)砂岩分布区多表现为低山丘陵地貌,浑圆状山脊,凸面坡,主沟深切,"U"形谷,延伸较平直,发育稀疏,次级支沟较发育,多平行状谷地两侧对称分布,地貌形态较破碎。

(3)页岩、泥岩分布区多表现为起伏不大的丘陵或缓丘地貌,呈浑圆状,凸面坡,宽浅沟谷,地貌形态较破碎。

(4)碳酸盐岩分布区,地貌形态常表现为棱状低山或浑圆状丘陵,坡面多呈台阶状或阶梯状,主沟深切呈"U"形谷,角状、折曲状且延伸较远。

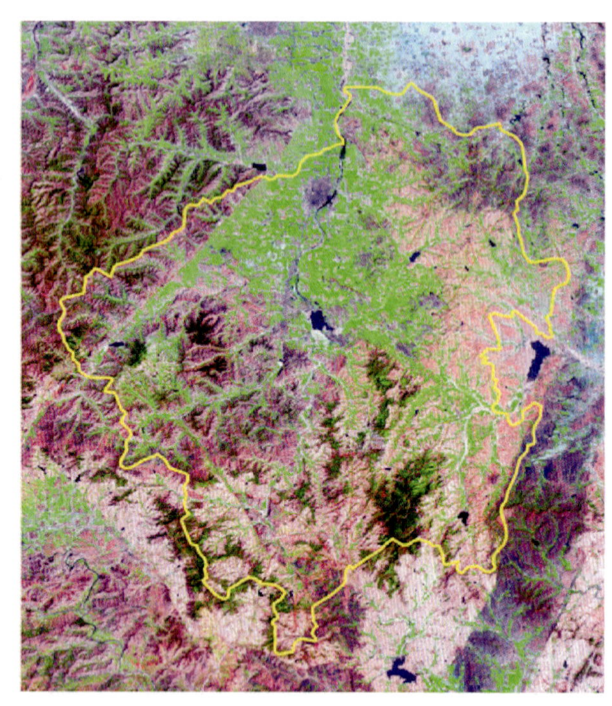

a. 山地与断陷盆地

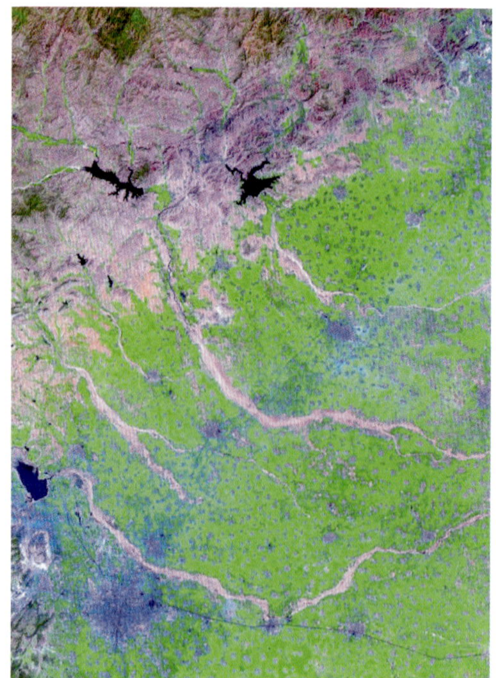

b. 山区与平原

图 10-19 构造控制地貌边界

10.4.4 岩石富水性特征判释

根据地表水系发育形态、密度与地层岩性相关性分析，可总结出岩石富水性特征标志。

基岩山区树枝状水系较为常见，在基岩山区利用水系发育特征作为寻找地下水的间接标志。首先，考虑有利地下水汇集的地貌部位，有一定的汇水面积、有构造发育，再结合水系发育密度进行综合分析。通常水系密度较大的区域，地表径流较发育，岩石透水性较差。由于树枝状水系的各级分支都没有固定的发育方向，特别是1～3级冲沟密度大，以树枝状形态展布，反映岩石结构较为均匀，各向同性，透水性差，富水性也较差。

羽毛状水系多发育在泥质含量较高的粉砂岩地区，岩石硬度小，易风化，表层岩石风化程度较高，风化裂隙发育，分布较均匀，下部未风化的岩石透水性较差，大气降水除少量入渗到风化裂隙中外，其余大多以地表径流的形式向下游排泄。这类岩层中一般不易存在好的含水层(构造裂隙除外)，浅部风化裂隙由于没有大的储水空间，因而水量较小，据以往资料及实地调查结果，单井涌水量一般小于100m^3/d，集中供水价值不大，但分布在3级水系间的相对低地形区，可解决少数居民的生活用水。4级、5级水系为河流主干道，是浅层地下水的主要汇水区，水量一般较丰富。

角状水系多发育在灰岩、白云质灰岩中，这主要是因为岩石质脆，受区域构造应力的作用X型节理裂隙发育，岩石的可溶性和大气降水的共同作用促使节理、裂隙向纵深发展，其他部位的岩石致密坚硬，透水性很差。水系分布极不均匀的特征使这些地区岩层富水性较差(单井涌水量达50～100m^3/d)，除断裂破碎带可作为找水目标外，主要的找水方向应沿着角状水系主干沟两侧山前地带。野外调查发现，角状水系所在区岩石一般致密坚硬，微风化或弱风化，山前坡洪积碎屑堆积物较少，基岩与河谷松散堆积物直接接触，局部接触带地下水以泉的形式出露，断裂构造发育部位岩石破碎，易于风化、溶蚀，可见溶洞、泉。

10.5 典型蓄水构造分析

蓄水构造是地下水富集和储藏的场所，在基岩山区找水主要是寻找蓄水构造。任何蓄水构造都是由透水岩层或岩层的透水带、隔水岩层或阻水体以及透水边界3个基本要素组成的[10-11]。在北方基岩山区（太行山区、沂蒙山区、辽宁西部山区、燕山区等）地下水勘查工作中常见的典型储水构造包括断裂带型蓄水构造、断层交会型蓄水构造、断层围堵型蓄水构造、岩脉阻水型蓄水构造、接触带型蓄水构造、水平层型蓄水构造和复合型蓄水构造等。

10.5.1 断裂带型蓄水构造

断裂带型蓄水构造是基岩山区的主要蓄水构造类型，包括含水新构造断裂带、尚未充填胶结的老构造断裂带以及新活动的老构造断裂带等。该类蓄水构造为主要由断层破碎带及其裂隙、孔隙、溶隙组成的蓄水空间，断裂构造带两盘的完整岩石组成相对隔水边界，并且该地区地形地貌有利于降水补给，补给大于排泄。断裂带型蓄水构造富水性取决于断裂性质、地层岩性以及补给、径流条件。张性、张扭性断裂带本身结构疏松，胶结和充填程度较低，是地下水赋存的有利场所，往往构成廊道式断裂带富水段或导水通道，地下水补给充足时，富水性较强。在断裂性质和补给、径流条件相近的情况下，断裂带富水性主要取决于地层岩性。一般情况下，不同地层岩性富水性为厚层碳酸盐岩＞碳酸盐岩夹碎屑岩＞气孔状玄武岩＞块状基岩＞碎屑岩。

单一的导水断层或断层的导水带包括压性或压扭性断层的旁侧裂隙带，均可构成断裂带型储水构造（图10-20）。导水带由于裂隙发育，容易储水或被侵蚀切割成为负地形，更有利于地下水运移和富集。由压性或压扭性断裂的旁侧裂隙带组成的导水带上游盘较富水，两侧及深部裂隙减弱的岩层构成其隔水边界。

图10-20 压性断层F_1的旁侧断裂带储水构造影像

10.5.2 断层交会型蓄水构造

不同方向断裂交会部位一般水系发育，地势低洼，植被生长茂盛，富水性较强(图 10－21)。不仅是导水断层的交会部位，甚至在阻水断层由于旁侧裂隙导水，它的交会部位也可构成较好的储水构造。

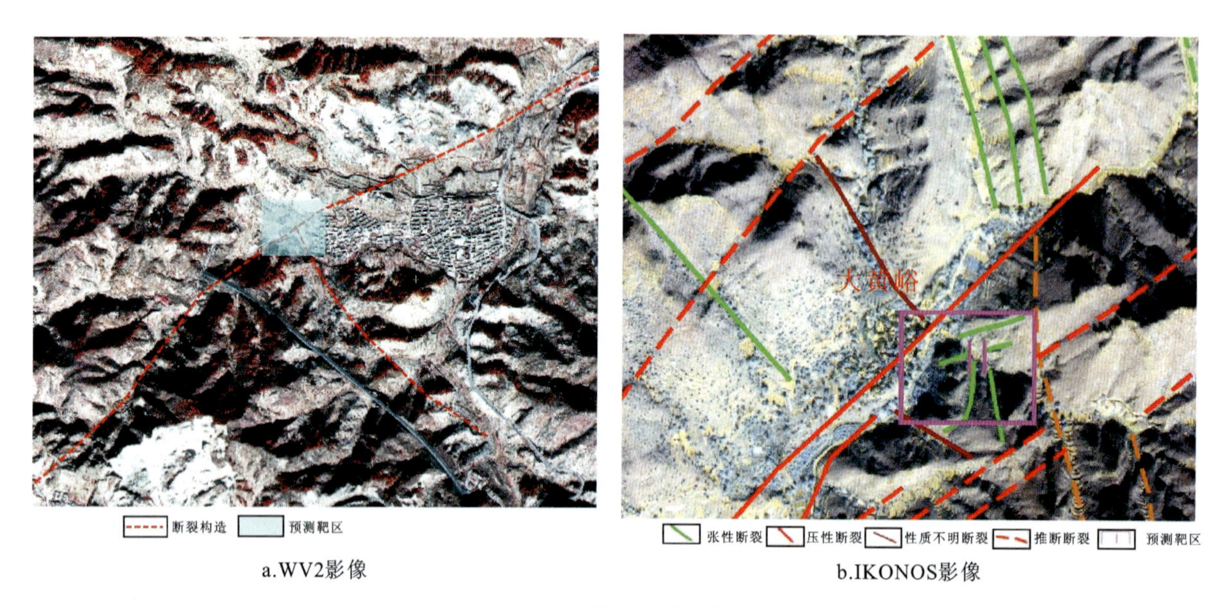

图 10－21 断裂交会型储水构造

10.5.3 断层围堵型蓄水构造

由导水断层和阻水断层在空间分布上的不同组合，可构成围堵型储水构造。阻水断层从一面或多面围堵导水构造、含水岩块或褶皱构造而形成部分地段的储水构造。

1. 压性断层围堵脆性岩层中破碎岩块形成的蓄水构造

例如利用 ETM 影像色调差异，在偏罗峪村南雾迷山组燧石条带白云岩中识别出北西向条块状分布的青白口系景儿峪组石英砂岩和燧石角砾岩。IKONOS 高空间分辨率图像(图 10－22)显示，景儿峪组石英砂岩南、北两侧分别与雾迷山组白云岩以北西向线性断层 F_3、F_1 接触，且具压性构造特征。北侧断层 F_1 为逆断层，构成地表及地下水的阻水边界，石英砂岩中发育北北东向张性构造带 F_2，切割山脊形成垭口地貌，坡面上形成凹槽，色调较暗，反映出沟谷切割较深，且沟谷两侧谷坡较陡，延伸长度约 500m，推测北北东向张性构造 F_2 与北西向压性构造 F_1 的交会部位构成断层围堵型蓄水构造。

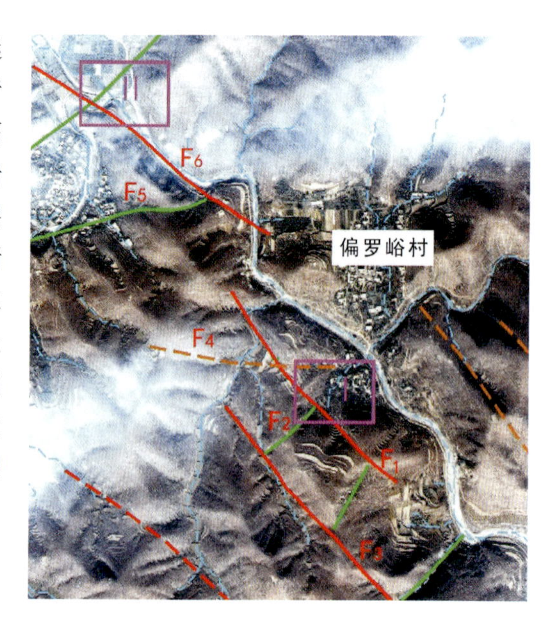

图 10－22 断层储水构造 IKONOS 影像

2. 压性断层堵截张性断层导水带形成的蓄水构造

实例 1：在辽宁西部山区某河段，出露岩层为雾迷山组含燧石条带白云岩和侏罗系安山岩、砂岩、凝灰岩、砾岩。河床分布砂砾卵石层。在影像上可见一组压性逆断层(F_2)呈北西-南东向斜切河床，堵截了地表水及地下水的去路，使河道出现近直角转折，沿断层线呈北西方向径流(图 10-23)。而顺河道则另有一组张性正断层呈北东-南西向发育(F_1)。构造裂隙水汇集于河谷中的断层导水带，而该构造带又被阻水断层所截。资料显示，在压性逆断层北东侧北东向河段地下水溢出量达 0.2～0.4m^3/s。沿河道西侧施工了 4 眼钻孔，从上游至下游出水量分别为 889m^3/d、1 982.6m^3/d、4 328.6m^3/d、4 805.2m^3/d，数据显示越接近下游的堵水断层钻孔的出水量越大。

图 10-23　断层围堵型蓄水构造 ETM 影像

注：Q. 第四系沉积物；J_2l. 中侏罗统兰旗组安山岩、凝灰岩夹碎屑岩；J_3t. 上侏罗统土城子组砂岩、粉砂岩、砾岩夹页岩；Jxw 蓟县系雾迷山组含燧石条带白云岩。

实例 2：涞源县走马驿镇东南岭北村地处唐河水系，为一条支沟(图 10-24)，上游为由南西向北东方向径流，至岭北村沟谷转为近南北方向。低山丘岭区，沟谷深切，呈"U"形谷，且沟谷较平直，两侧多直立陡壁。SPOT 影像显示，支沟为褐黄色，具较均匀密集的小冲沟，影像较粗糙，具片麻岩或碎屑岩影纹特征。根据解译推测，北东方向为压性断裂，围堵北北东向张性断裂，构造交会部位具富水条件。

实地调查显示，在岭北村近东西向小桥北侧，分布一眼大口井，为居民饮用水的唯一来源。构造交会处位于深切沟谷中，两侧为直立陡壁，明显可见一条张性构造带，上宽下窄，充填胶结的构造角砾，构造面较平直光滑，其上擦痕十分清晰。构造面产状为南北向，倾向正西，倾角为 85°，下盘岩石完整，上盘岩石破碎，见一组平行构造面的节理、裂隙十分发育，且节理面均平直光滑，具擦痕，构成节理、裂隙型蓄水构造，新打机井位于构造上盘，距构造带 1m。

a. SPOT影像解译图

b. 钻孔位置调查照片

c. 张性断裂调查照片

d. 居民饮水大口井调查照片

图 10－24　涞源县岭北村蓄水构造特征图

10.5.4　岩脉阻水型蓄水构造

岩脉在多光谱影像上具有明显区别于围岩的色调，延伸较远具有一定宽度的火成岩脉侵入体与围岩接触带裂隙发育。当岩脉走向与地形等高线平行且横切地下水流向，又横穿或斜穿较大的沟谷，沟谷上游接触带为预测富水区。

实例 1：唐县石北沟影像显示（图 10－25），在一条北北东向延伸的沟谷底部，见多个椭圆形墨绿色规则图斑，与周边丘陵地貌形成较大反差，推测为泉点。西部丘陵区隐约可见一条北西向延伸的线性构造。

实地调查显示，石北沟村南约 600m 处路东的北北东向谷底，地貌为丘陵区沟谷，观测点为多个泉点，外围由石头砌成椭圆形，为下降泉，周边为农田。泉西侧约 100m 处公路西缘为基岩陡壁，岩性为大块状变质岩，见辉绿岩脉，产状近直立，强风化呈褐色，可见宽度大于 1m。

经成因分析认为：辉绿岩脉呈近直线状北西向分布，倾向北东，倾角大于 70°，出露于泉点的下游边界，依据相对位置推测该岩脉构成泉点出露的阻水边界。据调查，该处常年有水，枯水期水量减小。因上游地层均为变质岩，地下水为风化裂隙水，以接受大气降水补给为主，径流方向受地形影响较大，总体由北向南径流，观测点附近受岩脉阻挡在低地处形成富集区并出露地表，构成下降泉。

实例 2：行唐县鲁家沟影像显示（图 10－26），一座小型水库分布于浅切割丘陵山区。从影像纹理特征推断，该区岩性为透水性较差的片麻岩，坡面植被发育中等，水库位于一个完整独立的水文地质单元，水库为海拔最低点，即地表水和地下水的排泄区，水文地质单元西边界以北北西向灰白色岩脉为分水岭，水库坝体位于水文地质单元东南与两条并行的北北西向岩脉重合。从影像色彩推断，库坝处发育的两条北北西向岩脉的西侧为棕褐色辉绿岩脉，东侧为浅色细晶脉，两条岩脉发育规模较大、延伸远，构成了该区地表水和地下水的挡水坝。

a. SPOT影像

b. 辉绿岩脉调查照片

c. 泉点调查照片

图 10－25　唐县石北沟村岩脉阻水型蓄水构造特征

a.SPOT影像解译图

b.岩脉调查图

c.水库(地表水及地下水集中排泄区)

图 10-26　行唐县鲁家沟村岩脉阻水型蓄水构造特征

实地调查显示，水库位于鲁家沟村西沟，沟口库坝南北坝肩出露辉绿岩脉宽度大于20m，灰白色细晶钠长石岩脉宽度约8m，呈北北西向延伸，两岩脉之间以构造面接触，倾向为E85°，倾角为83°。岩脉东、西两侧岩性均为斜长角闪片麻岩，水库上游地表分水岭明显，构成一个完整的地貌及水文地质单元，汇水面积约0.67km^2，水库为地表水和地下水的最低排泄区。

10.5.5 接触带型蓄水构造

1. 断裂使隔水岩层或阻水体与含水层接触形成蓄水构造

曲阳县影像显示，沿灵山向斜核部发育一条北东东向压性构造，其北侧为奥陶系灰岩，与南部石炭系—二叠系页岩相接，形成阻水边界，在北部奥陶系灰岩中发育多条北北东向张性断裂，并将北东东向压性构造切割，形成灰岩地下水导水通道。在综合分析水文地质条件的基础上，圈定出3个找水预测靶区，如图10-27所示。

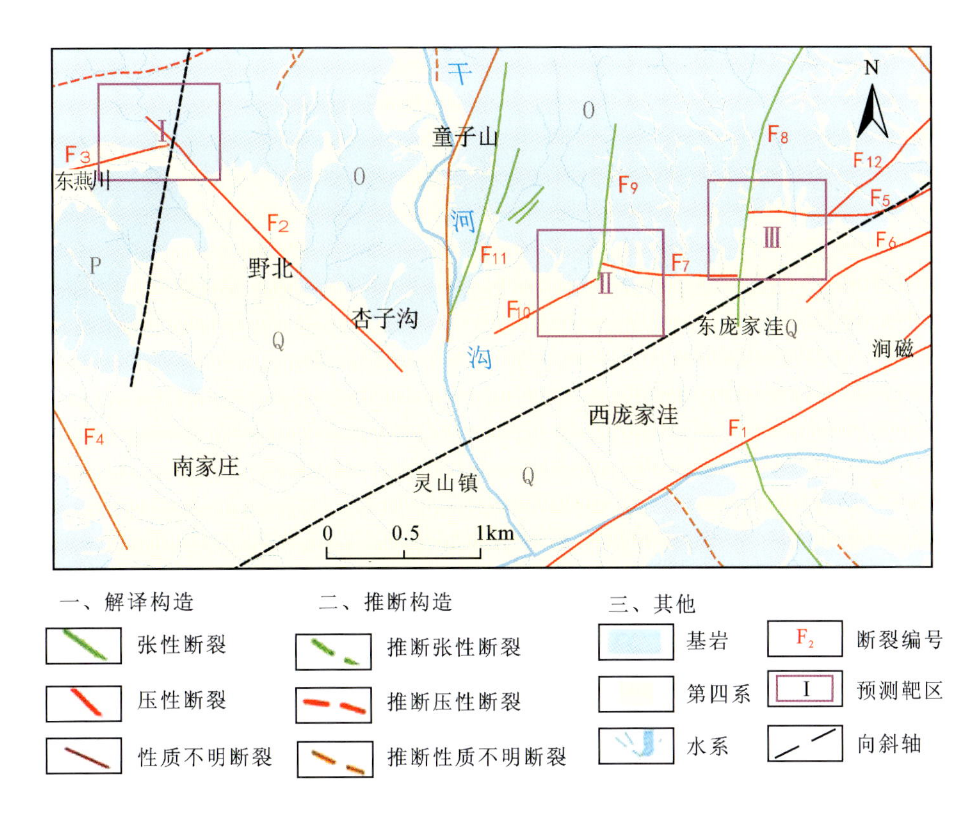

图10-27 灵山向斜构造解译及预测靶区图

预测靶区Ⅰ：位于野北向斜核部。地层岩性为奥陶系灰岩，靶区定于一条北东向压性断裂与一条北西向压性断裂的交会部位。虽然压性构造破碎带本身透水性和含水性很小，但影像解译结果显示，断层北侧为大面积脆性可溶性灰岩，断裂影响带裂隙较发育，具备含水条件。实地调查显示，该区存在较富水构造，已被钻探成果证实，钻井深200m，出水量达50m^3/h。

预测靶区Ⅱ：位于东庞家洼村西北部200m。地貌上位于一条近南北向沟谷的沟口，影像呈现出明显的张性断裂构造特征，切割近东西向压性断裂，具左旋性质。东西向断裂北侧奥陶系灰岩与南侧第四系覆盖层下石炭系—二叠系页岩相接触，灰岩岩溶裂隙水在径流方向上受阻，构成较好的阻水构造，而南北向张性断裂成为该区地下水的导水通道和蓄水构造。实地调查显示，沿沟谷两侧坡面上呈串珠状分布较多人工开挖获取钟乳石留下的深洞，表明沟谷两侧灰岩裂隙发育且溶蚀作用较强。在圈定靶区处已打成一眼水井，井深 180m，单井涌水量达 $60m^3/h$。

预测靶区Ⅲ：位于靶区Ⅱ东约 300m，地质条件与靶区Ⅱ极为相似，南北向断裂构造切割东西向构造，且具左旋性质，使断层东盘向北推移大于 1km，靶区定于构造交会部位。实地调查显示，南北向沟谷两侧坡面上也分布较多溶洞。在沟口构造交会部位已打出水井，井深 200m，单井涌水量大于 $60m^3/h$。

2. 不同岩性接触带（包括岩脉与围岩接触带）富水区

利用高空间分辨率影像判别新老地层的接触关系，角度不整合的沉积接触带，多为透水性强，含水丰富区。上游碳酸盐岩分布区与下游侵入岩体接触带常形成地下水富集区或溢出带[12]。

实例 1：临朐县域内石佛堂-临朐北北东向活动断裂于临朐盆地中部通过，倾向南东，倾角 50°左右，断裂使奥陶系厚层灰岩与白垩系安山质凝灰岩接触（图 10－28）。在石佛堂-临朐断裂西南部冶源一带，地形起伏大，沟谷切割强烈，寒武系—奥陶系灰岩中岩溶裂隙发育，发育深度为 40～100m，为地下水的赋存运移营造了良好通道，来自南部的岩溶地下水，在盆地中受到北部青山群火山岩地层的阻挡而富集，以泉的形式出露于地表，形成了著名的老龙湾泉群（图 10－29），多年最大流量达 $1.84m^3/s$。2009 年 6 月 24 日野外调查时老龙湾泉群泉水流量达 $1.157m^3/s$，水质良好。

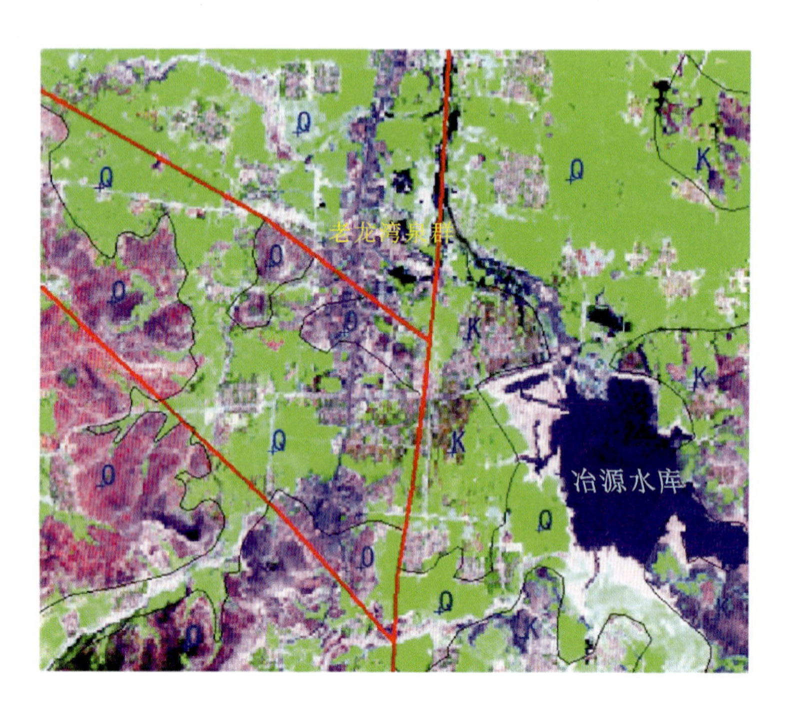

图 10－28　断层使阻水岩层与含水岩层接触储水构造 ETM 影像

实例 2：涞水县炮尔上-西角村地下水溢出带（图 10－30）位于西角村西北约 400m，位于近东西向缓曲状河道北缘山前。影像显示，墨绿色蝌蚪状斑点及细曲线自山前呈北西向南东延伸，至下游汇入河流，具泉点影像特征。泉点北影像显示出一条北东向直线形沟谷，纹理特征显示其具线性构造特征。

实地调查证实泉点的存在。泉点周边出露地层岩性为大块状花岗岩，并且在解译泉点上游的炮尔上村北部沟谷实现多个大口井集中分布。据调查结果，大口井集中分布区原为地下水溢出带（图 10－31），近些年由于地下水水位下降，已无地下水溢出，多户居民在该区开挖大口井取水，水位埋深 1m 左右，且水量较大。密集大口井分布区以南出露花岗岩，北侧坡面出露中厚层燧石条带白云岩，西北方向约 50m 坡面上均出露白色大理岩化白云岩。这表明地下水溢出带位于上游碳酸盐岩与花岗岩体的接触带，地下水在由北西向南东径流方向上受到岩体的阻挡而在岩性接触带区域富集，形成地下水溢出带。

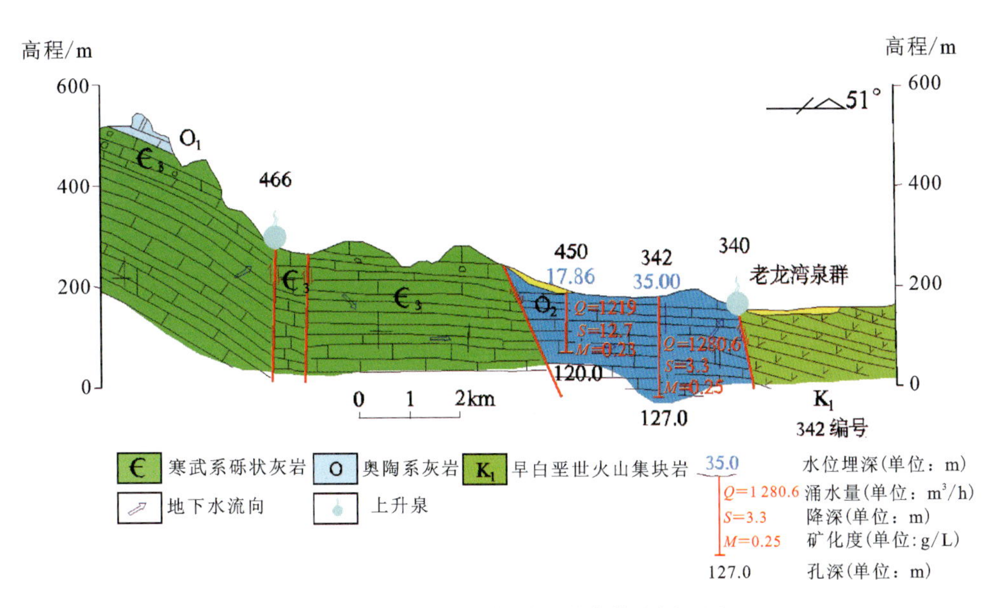

图 10-29 老龙湾接触带型蓄水构造剖面图

a.SPOT影像解译图

b.地下水溢出带调查图

图 10-30 涞水县炮上村—西角村地下水溢出带

a.干枯的地下水溢出带

b.碳酸盐岩与花岗岩接触带大理岩

图 10－31　干枯的地下水溢出带与岩性分界特征

10.5.6　水平层型蓄水构造

山东省临朐县域内新生代多期构造运动引发的岩浆喷发分布在临朐盆地中东部牛山—方山之间、盆地东南太平顶等古近系碎屑岩之上。玄武岩与碎屑岩接触带之间为近水平状的半松散砂砾岩，具备良好的储水条件，而其下伏的古近系粉砂岩、泥质粉砂岩相对隔水，从而使砂砾岩成为区域含水层（图 10－32）。受地形条件控制，大气降水是地下水的唯一补给源，由地表入渗通过裂隙、孔洞向深部径流，地下水遇古近系碎屑岩阻滞，在半松散砂砾岩中富集，从而形成水平层状蓄水构造。受限于地形条件，地下水补给源不足，同时砂砾岩含水层被陡坡切割，部分地下水于坡脚排泄形成下降泉。因此，水平层型蓄水构造富水性有限，仅能满足人畜饮水需求，且由中央向边缘富水性变差。

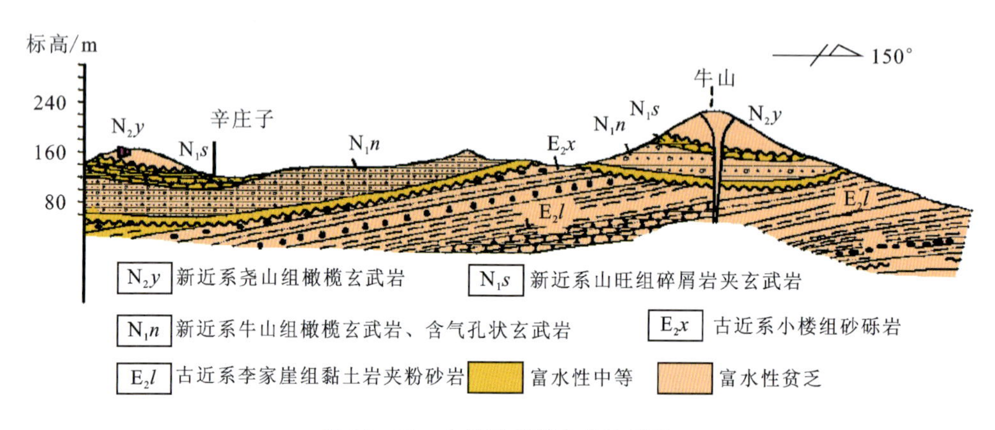

图 10－32　水平层型蓄水构造示意

临朐盆地东南部太平顶玄武岩熔岩台地与盆地高差大于 100m，台地面积大于 $2km^2$。台地上部为气孔状、杏仁状玄武岩，致密块状玄武岩，厚度近 60m；下部为古近系砂砾岩、粉砂岩。玄武岩储水空间主要为气孔、原生节理裂隙、古风化壳裂隙以及下伏古近系砂砾岩孔隙。大气降水为地下水的补给源，透水岩层位于排泄基准面以上，靠底板隔水层阻挡，远离台地边缘的地下水滞留其上，形成上层滞水或称悬挂潜水。位于台地的大官庄钻孔 ZK28 孔深为 153m，揭露岩层为玄武岩及古近系砂砾岩，单井涌水量为 $120m^3/d$，可基本满足当地居民的生活用水需求。

10.5.7 复合型蓄水构造

新生代玄武岩的多期次间歇式喷发，形成复杂的多层结构，在每次喷发间断期间在玄武岩之上，有的接受松散沉积物，有的形成剥蚀间断面。这种玄武岩与松散层及剥蚀面相间出现给区内地下水运移和储存提供了良好的空间，形成层间近水平蓄水构造。在此基础上，若发育断裂构造（新构造）则形成水平层状蓄水构造与断裂带型蓄水构造叠加的复合型蓄水构造。此类蓄水构造一般富水性强，单井出水量大，是成井的有利部位。

山东省临朐盆地东北部的马家辛兴村抗旱供水井位于多期次玄武岩分布区北北东向断裂带上，井深为 140.8m，出水量为 $1440m^3/d$，是当前玄武岩区出水量最大的水井。物探勘查和钻探结果均证实了断裂的存在，在深度 41.7～47.0m、75.6～80.0m、98.0～100.5m 段岩石呈块状破碎，为断层破碎带。井径测井结果显示，上述破碎段超径明显（图 10-33）。

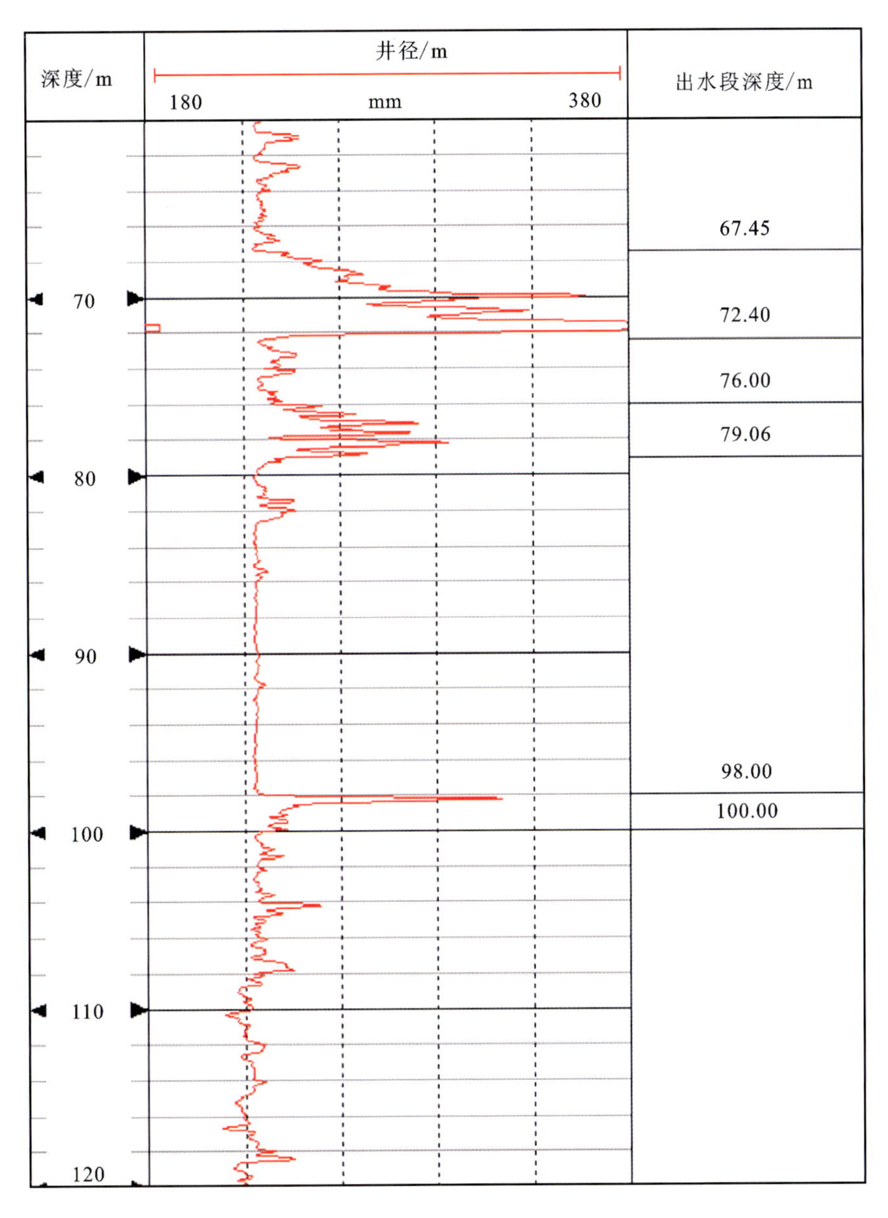

图 10-33　马家辛兴村抗旱井主要出水段测井曲线

10.6 浅层地下水信息提取

本次浅层地下水信息提取以张北县幅OLI图像为基础数据。张北县所在地区为坝上低缓丘陵区，地层岩性较为单一，主要覆盖第三纪(古近纪+新近纪)玄武岩，植被不发育，岩石裸露，岩层透水性、富水性较差，地表水系发，部分区域发育古(故)河道以及湖(淖)。多年来，由于干旱少雨、人类活动频繁，地下水水位下降，许多河道、湖(淖)干涸，草场退化，草场农耕化程度不断提高，部分古(故)河道已从地表消失。古(故)河道相对玄武岩区属浅层地下水富集区，借助PCI等专业图像处理软件的分析功能模块，对多波段数据进行统计分析、主成分分析、拉伸增强、滤波和密度分割等处理，将浅层地下水信息从影像中提取出来。

10.6.1 数据特征值统计分析

利用PCI等专业图像处理软件，对遥感数据进行统计分析，计算出各波段的平均值、标准差，并对各波段数据间进行相关性分析。由数据特征值可见，ETM6波段与其他波段相关性很小，其次是ETM7波段与ETM1、ETM2、ETM3、ETM4波段相关性较小，ETM5与ETM1、ETM2、ETM3波段相关性较小。

平均值排序为：ETM6>TM5>ETM7>ETM3>ETM1>ETM2>ETM4。

标准差排序为：ETM7>ETM5>ETM3>ETM2>ETM4>ETM1>ETM6。

由此得出，多光谱波段最佳组合为ETM7、ETM4、ETM1或ETM5、ETM4、ETM3或ETM5、ETM3、ETM2等。张北县OLI数据特征值统计见表10-6。

表10-6 张北县OLI数据特征值统计表

特征值		波段						
		ETM1	ETM2	ETM3	ETM4	ETM5	ETM6	ETM7
标准差		6.833	9.352	14.304	7.317	16.061	4.991	17.494
平均值		102.726	97.220	124.158	73.345	155.076	157.700	143.951
相关矩阵	ETM1	1.00						
	ETM2	0.97	1.00					
	ETM3	0.93	0.98	1.00				
	ETM4	0.85	0.90	0.92	1.00			
	ETM5	0.48	0.55	0.61	0.71	1.00		
	ETM6	0.05	0.05	0.08	0.05	0.07	1.00	
	ETM7	0.36	0.44	0.52	0.56	0.94	0.06	1.00

10.6.2 主成分分析

主成分分析是遥感地物信息提取中最常用的一种方法，它基于计算图像数据的方差-协方差矩阵或相关矩阵，求得它们的特征值和特征向量，然后反变换回遥感图像，完成对图像信息的集中和数据的压缩。选取多个波段进行主成分分析、IHS变换等方法的实验研究。

通道(Channel)	平均值(Mean)	标准差(Deviation)
1	102.726	6.833
2	97.220	9.352
3	124.158	14.304
4	73.345	7.317
5	155.076	16.061
6	157.700	4.991
7	143.951	17.494

输入通道的协方差矩阵(Covariance matrix for input channels):

	1	2	3	4	5	6	7
1	46.700						
2	61.800	87.474					
3	90.992	130.657	204.604				
4	42.550	61.793	95.871	53.543			
5	52.146	82.203	139.971	84.046	257.956		
6	3.002	4.817	10.860	3.425	10.845	90.861	
7	42.727	71.609	130.527	71.337	262.633	9.503	306.042

本征通道 (Eigenchannel)	特征值 (Eigenvalue)	偏差 (Deviation)	方差 (%Variance)
1	729.162	27.003	69.63%
2	199.689	14.131	19.07%
3	90.348	9.505	8.63%
4	19.128	4.373	1.83%
5	5.014	2.239	0.48%
6	2.670	1.634	0.25%
7	1.166	1.079	0.11%

结果表明，用ETM 1、ETM 2、ETM 3、ETM 4、ETM 5、ETM 6、ETM 7波段进行主成分分析的效果好，既很好地反映了松散层的地表湿度、水系分布等特征，也较好地揭示了基岩区的含水断裂、裂隙等信息。主成分分析特征向量矩阵见表10-7。PC3集中反映了ETM6热红外波段的信息，而其他波段的特征向量较低。因此，把PC3作为提取遥感找水信息的最佳变量。

表10-7 ETM1～ETM7主成分分析特征向量矩阵

PCS	ETM1	ETM2	ETM3	ETM4	ETM5	ETM6	ETM7	方差/%
PC1	0.175 78	0.264 78	0.434 21	0.228 66	0.561 86	0.029 69	0.584 47	69.63
PC2	−0.324 47	−0.418 48	−0.568 40	−0.222 89	0.307 16	−0.016 75	0.502 21	19.07
PC3	−0.021 50	−0.025 97	−0.004 28	−0.025 44	−0.002 92	0.998 96	−0.016 57	8.63
PC4	−0.020 58	−0.059 77	−0.249 32	0.396 15	0.666 32	−0.000 60	−0.577 00	1.83

续表 10－7

PCS	ETM1	ETM2	ETM3	ETM4	ETM5	ETM6	ETM7	方差/%
PC5	0.720 88	0.308 67	−0.404 41	−0.446 94	0.145 51	0.010 49	−0.021 76	0.48
PC6	0.245 09	0.088 09	−0.445 58	0.731 87	−0.353 21	0.027 72	0.269 22	0.25
PC7	−0.532 17	0.804 67	−0.253 23	−0.071 23	0.007 10	0.006 66	0.004 34	0.11

10.6.3 最优密度分割

最优密度分割是在有序量的最优分割法的基础上改进而来的图像分类方法。它将图像的灰度级作为有序量，利用费歇尔准则进行分割，即使各分割段的段内离差总和最小、段间离差总和最大，进而划分出不同的地物类型[13-14]。最优密度分割在直方图没有出现明显的双峰或多峰时是十分有效的。

从 PC3 直方图统计(图 10－34a)中看出，灰度值集中在比较窄的动态区间，难以区分出更多信息，需进行拉伸增强，使其亮度数据分布占满 0～255 动态范围(图 10－34b)，以加强图像中地物特征的对比度；同时为了消除局部噪声，还对拉伸图像分别进行了 5 像元×5 像元、11 像元×11 像元、33 像元×33 像元窗口的平均值滤波，使直方图无明显的双峰或多峰出现，便于进行最优密度分割。从滤波后图像可看出，33 像元×33 像元窗口滤波效果较好。因为研究区地貌特征均为丘陵及丘陵河谷，地表出露岩性较为单一，为第三纪(古近纪＋新近纪)玄武岩，在岩石裸露区光谱特征相类似，除地下水浅埋区外，仅在地形低地存在阴影而使图像 DN 值差异，33 像元×33 像元窗口滤波基本消除了地形的影响，在此基础上对平均值滤波后的 PC3 进行最优密度分割，达到提取浅层地下水信息的目的。

选择最大分割段数为 16，运算获得各级分割段数的最优分割区间及段内离差平方总和，做出最优分割段内离差平方总和随分割段数变化的曲线(图 10－35)。从图 10－35 可看出，当分割段数达到 4 后，曲线趋于平衡。因此，取 4 为合理的分割段数，分析对比认为第 1、第 2、第 3 分割区间(灰度级为 2～151)为找水信息区。对该灰度段进行彩色分割，分别赋以红色、粉色、绿色(表 10－8)，将该灰度段以外的灰度级作为背景处理，从而得到遥感找水信息异常分布图(图 10－36)。

表 10－8　遥感找水信息异常特征表

序号	异常级别	灰度值域	异常斑块数	面积/km^2	占全区比例/%
4	无	151～255	22	1 439.04	82.794
3	低值级	102～151(绿色)	126	241.95	13.921
2	中值级	52～101(粉色)	129	30.98	1.782
1	高值级	2～51(红色)	25	26.12	1.503

10.6.4 找水异常信息分析

研究区圈定找水信息异常 280 处(图 10－36)，分为第四系松散岩类和基岩类两大类。第四系松散岩类信息异常多沿河床、丘间谷地分布，灰度值小，异常级值相对较高，分布面积较小，多呈长条形斑块。基岩类信息异常级值中等，个体规模不大，且分布零散，主要分布于河谷两侧及丘间谷地。研究区低值异常区分布面积较大，分布范围较广，以丘陵区为主，因受地表植被及地形阴影的干扰，可信度稍差。

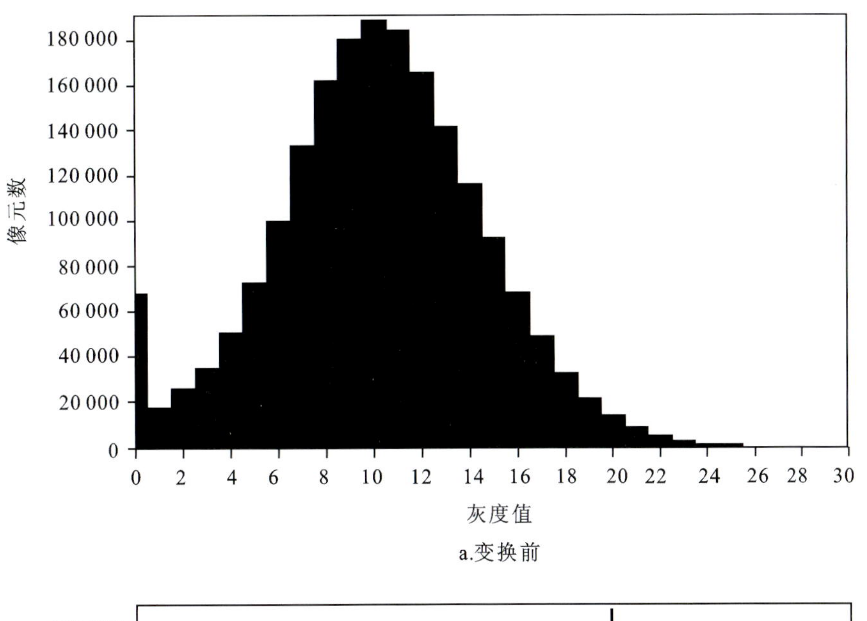

a.变换前

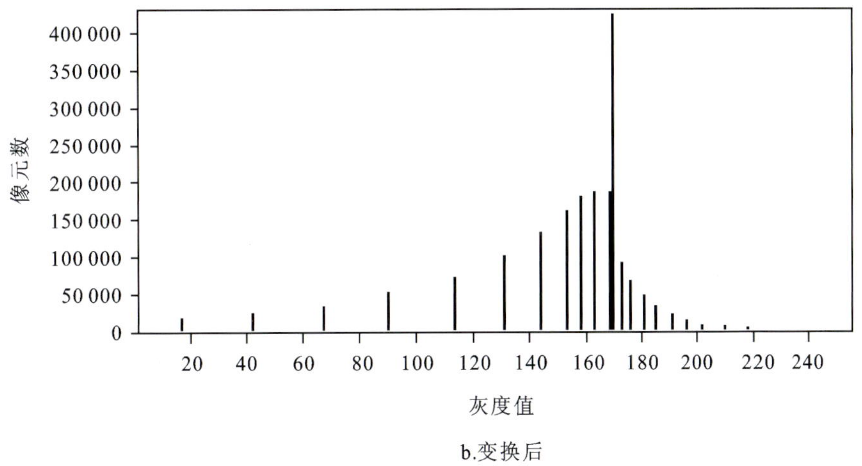

b.变换后

图 10－34　PC3 分量变换前后直方图

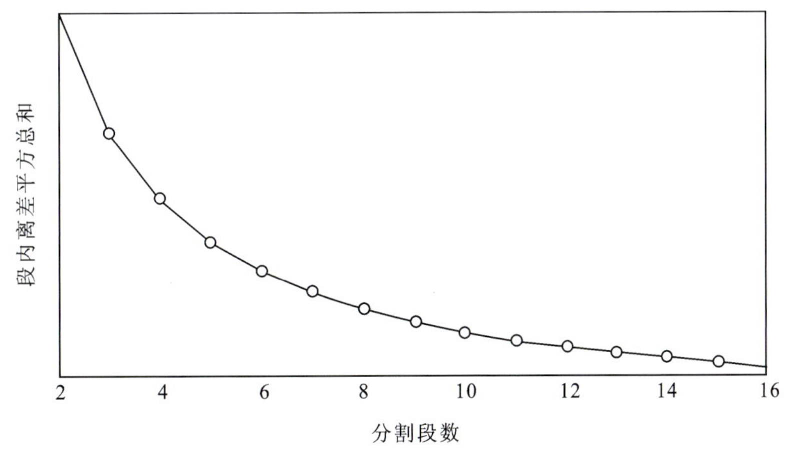

图 10－35　段内离差平方总和曲线图

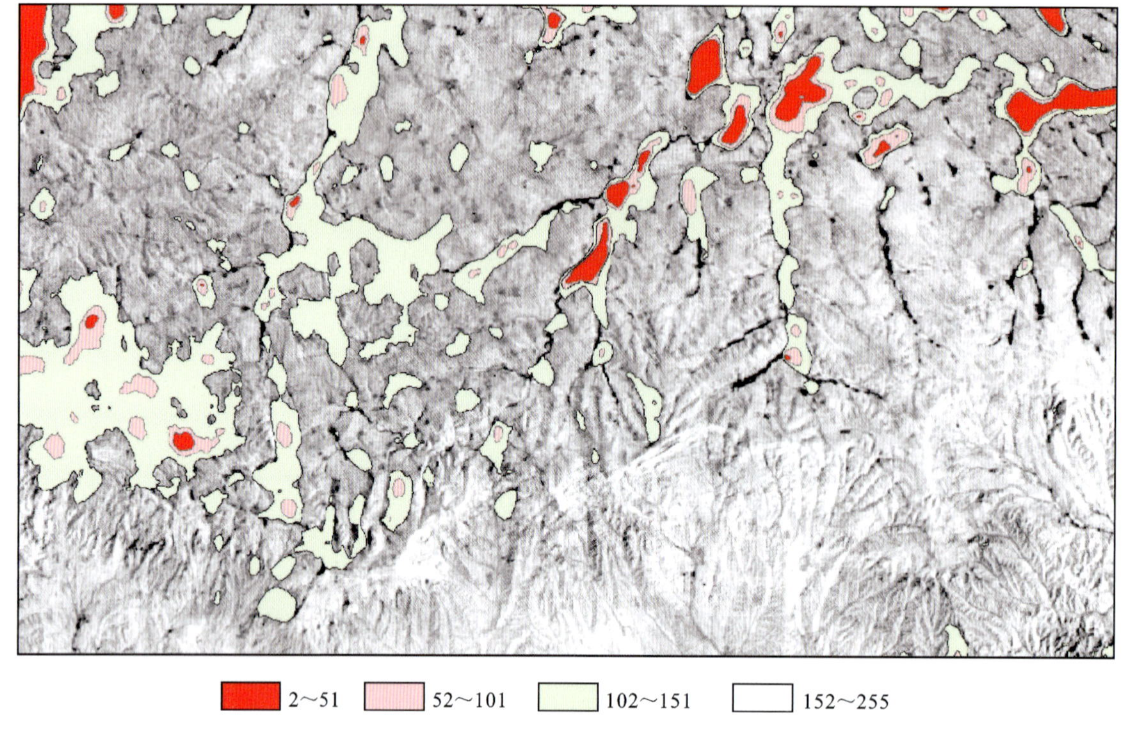

图 10-36　浅层地下水信息异常提取结果图

10.6.5　找水异常信息验证

根据调查及井、泉信息异常出现比率推测，遥感找水信息异常的可能见水率约在 40%，且高级值、中级值信息异常区含水程度相对较好。

10.7　结　论

(1)利用遥感图像可以提取与地下水密切相关的各类水文地质要素信息，可初步圈定地下水可能的富集区，为地面地质调查及物探工作布置提供依据，有效地减少地面调查工作量、缩小调查范围、提高地质工作效率。

(2)数据源是遥感水文地质勘查的基础资料和调查工具。数据源的选取需要充分考虑不同勘查阶段及不同的自然地理和水文地质条件。区域性地下水勘查应选取中等分辨率的多光谱数据，进行重点区地下水勘查及确定井位，需采用多光谱数据与较高空间分辨率数据结合才可满足需求。

(3)线性构造解译是基岩山区地下水勘查遥感工作的重点，一般采用目视解译和人机交互解译的方法。通常线性构造在影像上具有较明显的色调、影纹特征，包括断裂、岩墙、岩脉、层理面或地层岩性分界线、地貌分界等。根据不同类型线性构造发育的地貌部位、岩性类别、水系特征等信息，可以有效地判定构造类型及富水性。

(4)基岩地下水富水性除了受构造控制外，还与岩石透水性密切相关，遥感图像上岩石透水性主要表现在水系形态、水系发育密度、地貌形态特征等，通过解译分析与岩石透水性相关的要素信息，可以确定岩石的透水性。

(5)确定蓄水构造是基岩山区地下水勘查的主要目的。通过影像解译归纳出北方基岩山区较常见的7个大类共12个亚类的典型蓄水构造类型,为山区找水打井提供了思路,指出了方向。典型蓄水构造主要包括断裂带型、断层交会型、断层围堵型、岩脉阻水型、接触带型、水平层型、复合型等。

(6)在地层岩性构成相对单一、岩石透水性较差区,地下水通常埋深较浅,地下水富集区在多光谱影像上具有特殊的光谱信息反应,利用光谱波段特征值统计、主成分分析、密度分割等图像处理方法,可提取出地下水富集异常信息。

11　物探找水技术方法

物探找水属于水文物探研究范畴，是利用物探方法技术解决水储探测与水储属性问题。在解决诸如地层结构、构造空间形态、岩性等基础地质问题的基础上，还需要就岩石物理性质、岩石物性参数与水文地质参数间的关系进行研究。

层状、脉状或体状储水构造因赋存空间内岩石破裂及富水均诱发储水构造这一研究目标体与围岩有着明显的物性差异，如电阻率、极化率、放射性、速度、介电常数等，尤其表现在电阻率和极化率差异方面，故物探方法中的电法成为地下水探测的主要方法。每种物理方法都有使用的假设前提和局限性。现阶段没有一种物探方法适用于所有的应用方面，真正决定工作成败的关键则是能否科学有效地运用物探方法，故必须对物探方法有所掌握，以便找水中具体问题具体分析，选择适宜的物探方法达到最佳工作目的。

本书侧重于地下水的寻找过程，即如何找到地下水，故本章涉及的物探方法仅为地面物探，井中物探、测井技术不作为本章内容；利用地球物理场变化研究水文地质条件、地下水运移等地质体时空变化问题，属于地球物理监测的范畴，本书暂不涉及。

11.1　物探找水技术方法体系

水文地球物理勘探是跨学科的应用研究，以地球物理勘探知识解决水文地质问题，虽然由于多因素影响使得地球物理勘探数据存在误差或地球物理反演后获得的地质模型存在不确定性，但地球物理数据为研究区水文地质规律的认知和水文地质参数估算提供了额外信息，且可实现时空上的连续采样，可有效提高对地下地质体特征的刻画能力。

模型研究、岩石物性研究、地球物理技术方法研究是物探找水的“三剑客”（图 11－1），缺一不可。水环中心历经三代人 40 余年的坚持，形成了有特色的物探找水技术体系，为水文物探的发展和地下水探测技术发展提供了驱动力。

岩石物性是岩石类型、地质年代、破碎程度等地层属性与地球物理量参数之间的“桥梁”。每类岩石均具有固有的物理参数，如电阻率、极化率、速度等。地球物理探测获取的物性参数除与目标体本身的岩性、构造特征、富水性相关外，还与上覆地层的物性、目标体与围岩的物质差异等相关；另外基于含水介质岩性划分的水储类别，其富水性和构成水储的几何要素特征仍可以通过物性参数表征。

基于地质概念模型或较为精准的地质模型建立地球物理模型是地下水探测物探工作的重要一环。在岩石物性研究的基础上（可通过标本、原位测试、测井等方式获取），赋予地质模型以物性参数，获得以待研究水储为目标的地球物理模型，选择适当的地球物理算法进行数值模拟，以研究方法对目标体的分辨能力、用以评价物探方法探测水储的适用性以及地球物理响应特征，以指导勘查实践和用于实际工作中的物探成果向地质成果的转化。

地球物理方法技术是物探找水的灵魂。结合方法技术特点，本书形成了一套基于水储埋深、电磁干扰、场地条件等因素的不同类型水储探测技术模式，包括物探方法选择原则、适宜方法、数据采集方案、资料处理推介方案等集方法选择、数据采集、资料处理和分析的完善的技术方案。通过全国 26 个省（自

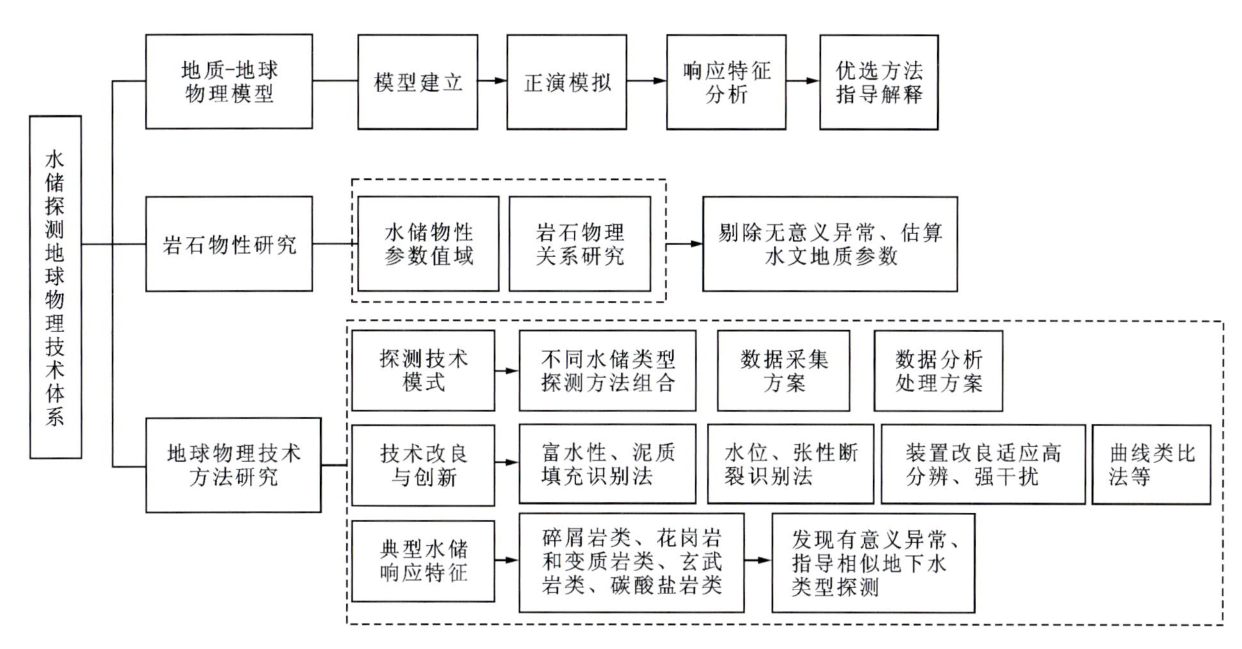

图 11-1 水储探测地球物理技术方法体系

治区、直辖市)不同类型地下水勘查实践并结合正演模拟,水环中心找水团队梳理了典型水储的地球物理响应特征,以指导地下水探测工作、发现有供水意义的水储。面向具体地质和水文地质问题、改良已有技术、服务找水工作是水文物探与地质有效融合的具体体现。

目前,水环中心对多类技术如CSAMT法单分量电道测量技术、激电测深极距线性和对数双等间距应用、高密度电阻率法密集采集技术进行了改良;研发了音频大地电场仪,形成了基于曲线形态、曲线形态可重复性、异常规律性、异常幅值4个要素的张性断裂快速查寻和判别的方法;构建了时间域激电多参数曲线的形态特征和值域分布与水储富水性关系;研究了利用激电参数推测地下水水位的方法;针对岩溶区泥质充填问题,建立了"高阻中找低阻、低阻中找高阻"的定井理念;另外,继承性发展了曲线类比法确定水储、电阻率差异法识别岩脉等找水技术。

在物探发现水储的基础上,依据岩石物理关系研究,可以定性或半定量地利用物性参数预测水储的水文地质参数如孔隙度、含水量、渗透系数等;利用井中物探如测井则可对水文地质参数进行定量估算。

11.1.1 基岩地下水的地质-地球物理模型

基岩地下水按其赋存空间形态特征可分为层状水和带状水,按其赋存介质可进一步划分为层状孔隙裂隙水、层状岩溶水、断裂带裂隙水、岩脉裂隙水、接触带裂隙水等[15]。

1. 层状孔隙裂隙水和层状岩溶水

层状孔隙裂隙水和层状岩溶水主要包括赋存于半胶结的古近系、新近系、白垩系、侏罗系的砂砾岩孔隙中的地下水;脆性岩与塑性泥质岩互层,经构造变动,脆性岩层发育为裂隙含水层;成岩裂隙发育的火山熔岩(如玄武岩)与裂隙不发育的凝灰岩、泥岩或页岩互层时,火山熔岩成为含水层;可溶性岩层与非可溶性的砂、泥岩岩层互层,可溶性岩溶发育,成为含水层;此外,变质岩、火成岩、碎屑岩等基岩风化壳为近层状孔隙、裂隙含水层。

该类层状含水层地球物理勘查的主要目的是岩性识别,除基岩风化壳含水层具低阻、低速地球物理特征外(与下伏完整基岩相比),其他含水层均呈现高电阻率、高地震波速度的地球物理特征。

2. 断裂带裂隙水

断裂带裂隙水发育于脆性岩石中的断裂带及其影响带，在适宜的补给条件下，断裂破碎带及其裂隙发育带就会成为地下水的有利赋存空间。通常，压性、压扭性断层或张性、张扭性断层均有可能成为储水构造。在山区找水时，多以燕山期或新构造运动形成的小型张性断裂作为地球物理探测的目标体。通常，该类张性断裂宽几米至几十米，发育深度一般小于500m，张开的透水性好的裂隙深度一般不超过200m，倾角较大，通常为70°～85°。

断裂构造带无论富水与否，通常与围岩相比都具有低阻、低速、高放射性、低磁（岩浆岩）的地球物理特征。在北方，富水断裂带与不富水断裂带相比，通常其与围岩的电阻率差异更大；在南方岩溶区，富水断裂带与泥质充填或充填泥水混合物的断裂带相比，其与围岩的电阻率差异更小。

无论南方的溶洞储水构造、地下管道储水构造，还是北方的岩溶强径流带，这几类储水构造多沿断裂构造发育，并对断裂构造进行改造；或具备不同深度多层发育的特征，与断裂构造带储水构造具备一致的地球物理响应特征。

3. 岩脉裂隙水

岩脉在侵入冷凝过程中及后期受地质构造运动的影响，其本身及两侧的围岩形成的裂隙为地下水的赋存提供了有利条件。

通常发育于板岩、片麻岩、闪长岩等岩层中的石英岩脉、伟晶岩脉、石英正长斑岩脉、花岗斑岩脉、花岗岩脉等，若经受了后期构造运动，岩脉本身强烈破碎或裂隙发育，则呈现低电阻率特征；若岩脉后期未遭受构造运动，则岩脉本身呈现高电阻率特征。岩脉与围岩接触带裂隙水对小口径钻孔取水没有研究意义。

4. 接触带裂隙水

接触带主要指碳酸盐岩类（包括大理岩）与非可溶岩的岩性接触带，通常接触带中裂隙、溶隙发育，在南方岩溶区接触带在灰岩一侧易形成溶洞，成为地下水的良好通道。

不同岩性接触带两侧的岩石物性通常具有非常明显的差异。在电性上反映为电阻率阶跃变化并伴有电阻率值的逆冲现象，在接触带裂隙、溶洞发育时会有放射性异常出现（如氡异常）。

11.1.2 物探找水方法适宜性分析

目前比较成熟的地面水文物探方法有电法、地震法和放射性方法3类方法（表11-1），最常用电法的技术特点见表11-2。物探找水方法以综合电法为主，找水工作可划分为快速定位储水构造、描述储水构造空间形态、识别储水构造富水性3个阶段。第一阶段以剖面类方法为主，如音频大地电场法、联合剖面法、测氡法，工作目的为寻找并确定储水构造的平面位置和走向。第二阶段以测深类方法为主，如高密度电阻率法、音频大地电磁测深法、瞬变电磁测深法等，工作目的为刻画断层、溶洞、地下河等基岩水赋存空间的分布特征，尤其是断层破碎带的宽度和倾向。第三阶段采用的物探方法主要为激发极化法，多在上述工作发现的异常点处开展测深工作，结合水文地质条件、破碎带或岩溶发育带与围岩的电性差异，分析储水构造的富水性，并确定宜井位置。

11.1.2.1 物探方法选择原则

1. 适宜性原则

含水介质类型、地下水水位、目的层埋深、工作区微场地条件、电磁干扰程度等因素影响物探方法勘查储水构造的适宜性。

表 11-1 常用地下水探测地球物理方法

方法分类		常用程度分类
直流电法	电测深法	* *
	电剖面法	* *
	高密度电阻率法	* * *
	自然电位法	*
	充电法	*
	激电测深法	* * *
电磁法	音频大地电场法	* * *
	音频大地电磁测深法	* * *
	瞬变电磁测深法	* * *
	地面核磁共振法	*
地震法	反射波法	*
放射性方法	测氡法	* * *

注:表中常用程度按 3 类分级,* 表示不常用、仅在某些特定条件下使用;* * 表示常用但受限条件较多;* * * 表示常用、受限条件少。

2. 经济、高效原则

在适宜性原则的指导下,选择有效的物探手段,但同时应考虑工作周期和费用,以达到找水目的为原则,尽量减少相似方法的重复性使用。技术方法选择时应尽量采用设备轻便、工作效率高的方法。

3. 方法组合原则

应考虑方法的技术特点、对储水构造的分辨能力,尽量选择不同种类的方法。

地震类方法+电法类方法:高分辨率+高效率。

电法类方法+放射性方法:高效率。

电法类方法:直流+交流,抗电磁干扰+高分辨。

不同勘查阶段方法:剖面类方法+测深类方法+富水性类方法。

11.1.2.2 典型储水构造探测物探方法推介

1. 层状水

通常,层状地下水勘查物探工作的目的为识别岩性,岩层的富水性通过水文地质调查工作获取。野外工作时点距的大小视工作区的范围和工作条件而定。一般情况下,点距不小于 30m 或 50m 即可满足找水定井要求。物探工作方法视勘探深度、电磁干扰程度、场地条件,经济、合理地选择测深类方法。

可采用高密度电阻率法(浅部,勘探深度小于 200m)或(可控源)音频大地电磁测深法、瞬变电磁测深法。若需要识别埋深小于 150m 的薄层含水层(厚层泥质岩中夹薄层砂岩或可溶岩),在场地条件允许和电磁干扰不严重的地区可直接采用地面核磁共振法开展工作。

2. 带状水

地球物理勘查的主要目的是识别构造破碎带或裂隙发育带,并查明其空间分布规律及富水情况。在野外工作时,点距为 15m 或 10m,异常地段可加密至 5m;在采用频率域电磁法开展工作时,电偶极距

表 11－2　常用水文物探电法技术特点一览表

物探方法		利用参数	解决的问题	应用条件	优势	局限性
直流电法	电测深	电阻率	(1)确定覆盖层、风化层厚度、基岩起伏； (2)确定基岩构造破碎带、岩溶发育空间形态； (3)确定孔隙含水层的空间分布； (4)评价孔隙地下水矿化度情况； (5)调查地下水污染情况	(1)探测对象与围岩有一定电阻率差异； (2)探测对象的厚度与埋深比大于0.2； (3)地形起伏不大； (4)无强大的工业游散电流； (5)接地困难，难以处理； (6)应用电测深法做分层探测时，被探测岩层的倾角一般要小于20°； (7)电阻率剖面法测量时，被探测地质体的倾角愈大，异常愈明显	(1)抗干扰能力强； (2)相对电磁法，受静态影响小； (3)电测深法和高密度电阻率法浅部纵向分率较高，高密度电阻率法尤其适用于200m勘探深度； (4)高密度电阻率法，数据量大，利于反演解释； (5)高密度电阻率法装置类型多，可根据目标体和仪器特点选择一种或多种装置开展工作	(1)受高阻和低阻层的屏蔽作用； (2)作业空间大、消耗大、劳动强度高、工作效率低，不容易实现大深度探测； (3)对地下被探测目标体的分辨率低； (4)受地形限制较大，要求工作场地相对平缓； (5)体积效应明显
	高密度电阻率法					
	电剖面法（联剖）		(1)确定陡立岩性接触界线； (2)追索构造破碎带走向，确定其倾向，估计破碎带宽度			
	激发极化法	极化率、半衰时	(1)了解基岩构造裂隙或岩溶储水构造的富水性； (2)了解区域水位	(1)勘探对象与围岩有一定的激发极化效应差异； (2)无较厚的低阻屏蔽层或无强大无法消除的工业游散电流区； (3)测区内没有或较少有强电化学效应的金属矿物、煤层、石墨、碳化岩层等； (4)有较大的供电电流； (5)供电时间应大于20ms； (6)不极化电极电位差不超过2mV； (7)地形切割剧烈、起伏较大时，布极方向应沿等高线	(1)抗干扰能力强； (2)地形影响不会改变二次场参数的曲线形态，仅影响幅值； (3)由不同时窗的视极化率值可衍生出多个激电参数，利用参数组合可更多了解储水构造的富水信息	地质体的极化率与岩(矿)石的成分、含量、结构及含水性等多种因素有关

续表 11－2

物探方法		利用参数	解决的问题	应用条件	优势	局限性
交流电法	音频大地电磁测深法（AMT）	电阻率、磁导率	（1）划分地层结构； （2）查明构造破碎带空间分布特征； （3）刻画岩溶发育形态； （4）了解地下水矿化度； （5）寻找古（故）河道	（1）勘查对象与围岩存在较明显的电阻率差异； （2）目标体的尺度在地表能够引起可分辨的异常； （3）测点应选择在相对开阔地，至少两对电极范围内地面比较平坦； （4）点位不应设置在明显的局部电性非均匀体旁； （5）点位不能布设在流水旁、废石堆上以及树根处； （6）测点远离金属干扰物； （7）AMT 法测点远离电磁干扰源； （8）CSAMT 法场源附加效应对卡尼亚视电阻率有影响，尽量保持在远区测量； （9）CSAMT 法场源尽可能选择在与测区具有相同地电结构的地区，或选择在低阻基底上； （10）CSAMT 法场源尽可能地避开高阻基底，因它使观测数据更早地进入过渡带和近区，从而造成更严重的场源效应； （11）CSAMT 法选择场源位置时发收距之间应避开河流、湖泊、已知大的断裂带，低阻体会使信号衰减； （12）CSAMT 法场源布设要避开高压线、矿山上方、暗埋管道等； （13）CSAMT 法收发距选择：CSAMT 满足远区并保证足够信噪比的最佳收发距为：$r_{min}\approx 8.09\delta\cong 11.44H$，即最小发收距 r_{min} 应不小于趋肤深度 δ 的 8.09 倍或者有效探测深度的 11.44 倍	（1）天然场源，频谱宽，勘探深度大； （2）模型简单，多极化平面电磁波正演、反演解释容易； （3）穿透力强，不受高阻电性层屏蔽； （4）地形影响相对小，工作相对简便，无需人工场源； （5）平面波阻抗，无需场源信息，精度高； （6）仪器轻便，适用于地形条件差、植被发育的山区使用	（1）为随机信号，信噪比低，预处理复杂； （2）静态效应严重； （3）易受电磁干扰
	可控源音频大地电磁测深法（CSAMT）				（1）可在较强电磁干扰区工作，有效勘探深度可达 1500m； （2）地形影响小，易于校正； （3）标量测量，工作效率高； （4）穿透力强：不受高阻电性层屏蔽； （5）仪器轻便，适用于地形条件差、植被发育的山区使用； （6）水平分辨率高，约等于接收电偶极长度	（1）发射端附近存在导体时可能会对发射源带来干扰； （2）过渡区修正比较困难； （3）场源效应的影响，主要包括非平面波效应、场源附加效应、阴影效应； （4）静态效应； （5）电磁干扰小的地区，效果比 AMT 法要差

续表 11-2

物探方法		利用参数	解决的问题	应用条件	优势	局限性
交流电法	瞬变电磁测深法(TEM)	电阻率	(1)划分地层结构； (2)查明构造破碎带空间分布特征； (3)刻画岩溶发育形态； (4)了解地下水矿化度； (5)寻找古(故)河道	(1)勘查对象与围岩存在较明显的电阻率差异； (2)目标体的尺度在地表能够引起可分辨的异常； (3)接收站的布置应避免靠近强干扰源及金属干扰物； (4)发送站不能布设在上万伏高压线下	(1)观测纯二次场，可以近区观测，减少旁测影响，受地形影响小； (2)穿透低阻地层的能力强； (3)基本不受或少受静态效应影响； (4)抗电磁干扰能力强； (5)发射用不接地回线，不受地表接地条件限制； (6)装置灵活多样，可根据地质任务选用； (7)点位、发射圈方位要求不精准，工作简单，工效高	(1)宽带接收，压制周期噪声能力差； (2)动源装置使用较长的发射回线时，工作效率不高； (3)中心回线和重叠回线装置，相邻测点的首枝值有时相差甚远，影响解析结果； (4)目前商业化实用的反演方法还停留在一维
	地面核磁共振法	地下水中氢核的感应电动势	(1)定量给出含水层埋深、厚度、单位体积含水量； (2)判断充填物性质； (3)估算孔隙含水层渗透系数和导水系数	(1)适用于电磁干扰小地区； (2)适用于地磁场稳定区，不宜在强磁性火成岩发育区或局部磁性体存在区开展工作； (3)最大勘探深度为150m； (4)裂隙水或岩溶水勘查时，必须与其他电法配合确定构造发育特征及宜井位置	(1)直接找水； (2)量化含水层信息； (3)不需接地，几乎不受地表电性不均体影响	(1)易受电磁干扰； (2)难以在地磁场不稳定区开展工作； (3)场地要求相对平坦、开阔
	音频大地电场法	电阻率	(1)追索断裂构造带、岩溶发育带走向，估计其发育宽度； (2)探测不同岩性接触带	(1)勘查对象与围岩存在较明显的电阻率差异； (2)探测对象为较陡立脉状地质体，一般为断裂构造带、岩溶发育带、岩脉等； (3)低阻覆盖层厚度小于30m； (4)测量中同一测线上的电极排列方向要保持一致	(1)地形影响小； (2)工作便捷，适合地形条件较差山区开展工作	(1)静态效应； (2)易受电磁干扰； (3)随机信号，信噪比低

与点距相同，为 15m 或 10m 即可。

在地下水浅埋区，供水井成井深度一般为 200m 左右；在地下水深埋区，供水井成井深度一般不超过 500m。物探工作的有效勘探深度视钻孔深度而定，通常要求其大于预定的钻孔深度 100m 即可。

鉴于此，基岩山区寻找裂隙、溶隙水的最优物探方法组合可根据工作区地下水水位埋深、电磁干扰程度、场地条件、构造迹象的明确性等因素，进行有效组合。

在构造迹象不明、电磁干扰不严重、场地条件宽松的工作区，可采用音频大地电场法（或 α 杯法）＋（可控源）音频大地电磁测深法或高密度电阻率法或瞬变电磁测深法＋激电测深法（或地面核磁共振法）。

在构造迹象明确、电磁干扰不严重、场地条件宽松的工作区，可采用（可控源）音频大地电磁测深法或高密度电阻率法或瞬变电磁测深法＋激电测深法（或地面核磁共振法）。

在水位埋深浅的强电磁干扰区，可采用高密度电阻率法＋激电测深法的组合方式。其中，当工作场地狭小时，可在遥感解译和地质调查工作的基础上，先有目的地开展高密度电阻率法工作（短剖面，浅勘探深度）确定有利部位，借用激电测深法了解储水构造的富水性及深部裂隙发育情况。

11.1.3 电法勘探探测深度的影响因素

探测深度是指在特定的围岩条件下，对于某一地质目标体，某一特定传感器的最大勘探深度。勘探深度与诸多因素有关，见图 11－2，如传感器灵敏度、传感器精度、工作频率或目标体的几何尺寸、环境噪声水平、目标体与围岩物性差异、数据处理与解释技术。定量了解勘探深度与上述因子之间的关系，可有效帮助用户解决地质目标、避免不必要的花费、显示有意义的地质特征[16]。

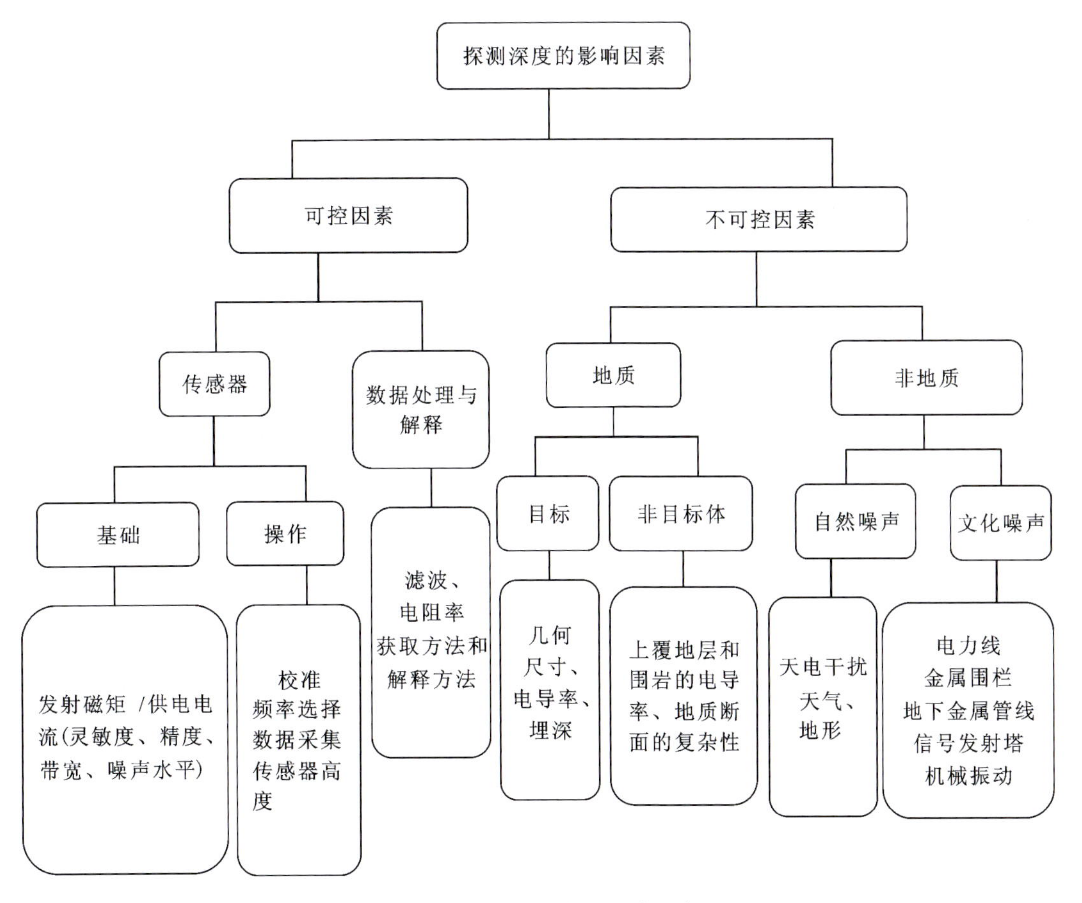

图 11－2 探测深度的影响因素

11.1.4 地质目标体即异常可分辨的评价准则

定义目标体引起的异常扰动占总场比值作为异常可检测的标准[17-18]，即

$$\eta = \max\left|\frac{R_{\rho_1} - R_{\rho_2}}{R_{\rho_1}}\right| \times 100\% \tag{11-1}$$

式中：R_{ρ_1}、R_{ρ_2}分别为两个不同模型（目标层位电阻率值从 ρ_1 变为 ρ_2）所对应的地球物理响应，或为视电阻率值或为电场分量（磁场分量）的振幅响应。在野外，若信号水平良好且地质条件简单，可认为获得的异常绝对值大于背景的5%时电阻率的变化可以被分辨出来，但要做到可靠分辨，建议 η 的取值设定为10%。在某些特定的环境中，如噪声及干扰很强或很弱时，可以分辨的标准也可以比10%高或低一些。

11.1.5 电法勘探的分辨率问题

11.1.5.1 横向分辨率

横向分辨率是地质体大小、深度、信号波长、电场偶极长度与排列尺寸的复杂函数。一般而言，浅部水平或横向的分辨率主要与电场偶极的尺寸有关，其大约等于1/2电极距的大小；虽然更小的目标是可以探测的，但要分辨它们的具体位置仍然取决于电场偶极的大小。而在深部或低频时，由于长波信号勘探区域的扩大，分辨能力肯定是下降的，估计地质体接触界面和断层的倾角也是困难的。

11.1.5.2 纵向分辨率

1. 粗略的分辨能力

地质体的垂向分辨率即纵向分辨率是一个十分复杂但又很重要的问题，它取决于地质体的横向尺寸、厚度、埋深以及其与围岩的电阻率差异，导电层较电阻层容易分辨。

粗略的经验方法为：如果层的厚度埋深比大于层的电阻率与围岩电阻率之比的平方根的0.2倍，导电层就可以分辨出来；如果电阻层的厚度埋深比为0.2，与围岩电阻率比为10∶1或更大，就可以分辨；对基底这样埋藏的厚层比中间层容易分辨。对于相同埋深的，二维和三维地质体比层状更难分辨，且以三维物体最难分辨。

对于三维地质体，在均匀半空间中，当低阻体与围岩电阻率之比为0.02，且埋深超过低阻体最大水平尺寸50%时，在地表就很难发现它。对于高阻体或复杂介质情况，可能发现它的埋深会更小。当地表存在低阻覆盖时，发现地下三维低阻地质体的最大埋深将不超过其最大水平尺寸的30%。

2. 频率域电磁法纵向分辨率探讨

频率域电磁法的纵向分辨率主要受电阻率、频率（采样时间）及频点抽样密度（时窗）影响。一般情况下，频率越低，电阻率越高，勘探深度越大，纵向分辨率则越低。在不考虑收发距、仪器灵敏度、观测误差等因素影响时，可以将纵向分辨率 R_v 定义为

$$R_v = \frac{D(f_1) - D(f_2)}{D(f_1)} \times 100\% = \left(1 - \sqrt{\frac{f_1}{f_2}}\right) \times 100\% \tag{11-2}$$

式中：f_1、f_2为频率；$D(f_1)$、$D(f_2)$为勘探深度。

以300Ω·m均匀大地、3Hz的电磁波为例，其勘探深度为3560m，如果频率抽样间隔为1Hz，则4Hz的勘探深度为3080m，即在3080～3560m的480m厚度内只有一个采样点，显然其间的地质构造是无法详细分辨的，纵向分辨率约为13.4%；但如果频率抽样间隔为0.1Hz，在同样深度内有10个采样点，纵向分辨能力提高为1.6%。因此，提高频率抽样密度或减小频比是提高纵向分辨率的有效手段。

电磁波在耗散介质中的扩散性决定了电磁勘探的纵向分辨特点(体积勘探),也决定了电磁勘探是“找头容易找尾难”,因为感应或涡旋电流一经产生,就会影响后续频率或时间上的测量结果。

11.1.5.3 深部分辨率

深部分辨力,指一种物探方法(含技术参数,例如观测精度、观测装置等)在某一深度上可以探测到的最小有意义目标体的规模[19]。

论证深部分辨力,对实际工作非常重要。对于埋藏浅的目标体,靠加密点距,即可提高其横向分辨力;对于埋藏深的目标体,其横向和垂向分辨力都不能靠加密点距来提高。

深部分辨率是个复杂的问题,若要采用半量化物探方法提高对深部目标体的横向或纵向分辨能力,可通过建立地球物理模型,改变目标体的几何参数和物性参数,利用正演模拟得以实现。

11.1.5.4 分辨率与测量误差的关系

电磁法是研究电磁场在空间上的稳态分布,而且在实际工作中通常是研究其在地表的分布。无论地下是否存在异常体,在地表和地下都存在正常场。当地下存在低电阻率或高电阻率的异常地质体时,它会使电磁场的空间分布发生改变,只有当这种改变使得地表场的分布有明显改变,即足够强的异常,或者说,此异常必须大于测量误差的 3 倍以上,从而有足够的把握认定它确实是异常而不是误差,才能发现它的存在。

异常地质体引起电磁场分布的改变最大是在异常地质体所在空间及其附近范围,距它越远,其影响越弱,当它埋藏稍深时,对地表场分布的影响就弱了,当它弱到与测量误差可比或更小时,就无法辨别了。

11.1.6 地球物理的反演与解释

探测获取的原始数据经资料处理后通过反演获得地下地质模型的近似真实的物性参数及其分布,利用岩石物理关系、物理现象与地质体间存在的特定关系、钻孔约束等先验信息,把反演结果转化为地质语言或图示,并赋予地质含义,获得地质模型。

11.1.6.1 地球物理反演

1. 二维反演的重要性

考虑水文物探的经济性和断层储水构造的二维性,基岩地下水探测多为沿测线的 2D 勘探而非沿测网的 3D 勘探,故数据的处理与反演多针对以测线为单元组织的 2D 测深数据体。

1D 反演对勘探目标体有着较高的横向分辨率,但受地形、静态效应等影响,1D 反演结果难以对地层结构、目标体、构造空间形态等给出定量化的信息。现商业化的软件均具备带地形的 2D 反演功能,故建议对 2D 勘探数据体开展 2D 反演。

图 11-3 为某地高密度勘探结果,a 图剖面 240m 处视电阻率等值线畸变似乎揭示出有断层发育的迹象;2D 反演结果揭示出断层发育以剖面 360m 为中心、倾向剖面首端、宽约 30m 的发育规律,而剖面 240m 处仅是第四系厚度发生变化。

2. 地球物理反演的多解性起因

地球物理反演的多解性起因有:①不同地质体可能有相同的物理场;②地质体的大小、形状、深度与产状等参数的不同组合,可能引起相同的异常现象;③数据误差条件下的物理场叠加;④观测数据的有限性(剖面短、点距稀、频率或测深极距少)和方程组的欠定问题。

在数学上,偏微分方程的反演是病态问题——除非已知信息是完备的,但即使如“医学 CT”,已知信

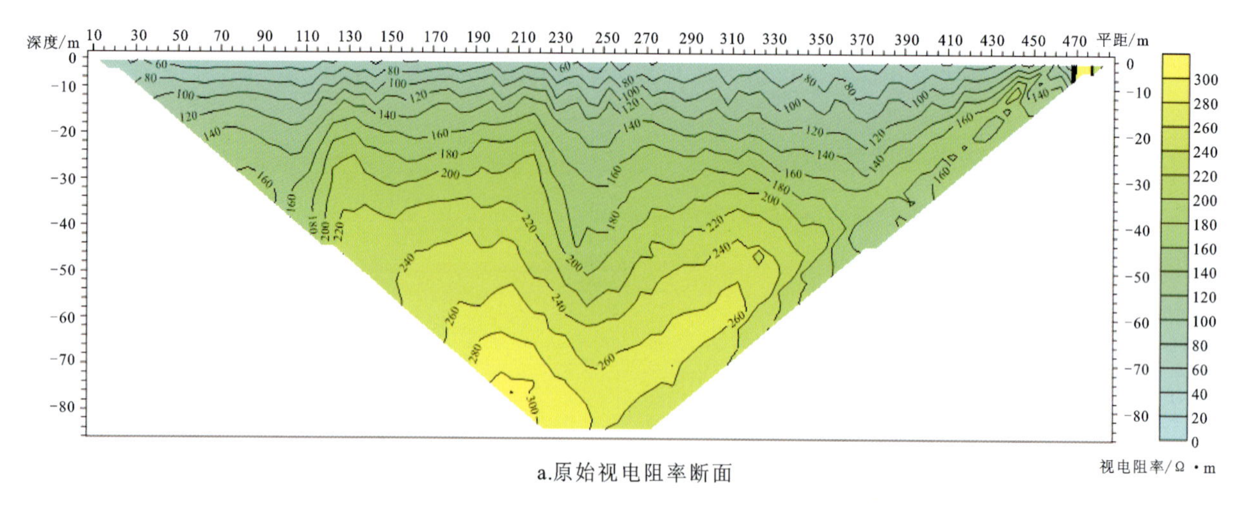

a.原始视电阻率断面

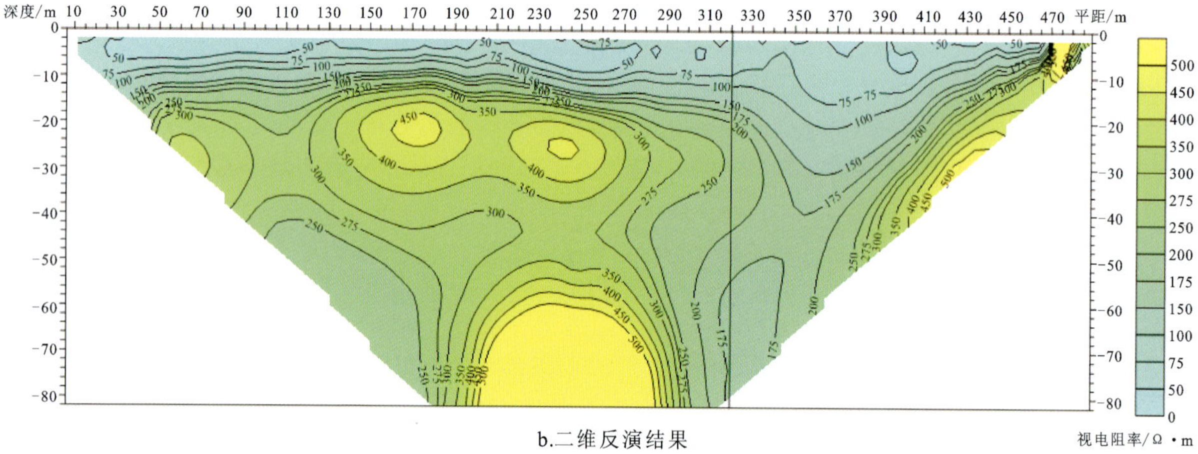

b.二维反演结果

图 11－3　某地高密度电阻率法勘查结果

息也不是完全完备的，其解释仍有赖于医生的经验。由于地球物理信息天然的不完备性，其反演解释必然是病态的，主要体现是反演结果的非唯一性。

3. 减少反演非唯一性的策略

提高数据采集的可靠性，充分利用钻孔、测井、已有物探资料等先验信息，将多方法联合反演、约束反演、与地质信息紧密结合。

11.1.6.2　地球物理解释的意义

地球物理解释中最重要的是物性的变化及其趋势。没有物性的变化就没有地球物理，均匀大地假设虽然提供了一种参考模型，但没有任何实际意义。因此，地球物理最重要的价值不是它是否能提供真实的物性参数，而是在于它提供的物性变化趋势及其背后的地质含义。

笔者从未获得地球结构的真实模型，但希望获得的模型能有效满足当前的需求。

11.2　音频大地电场法

音频大地电场法是我国 20 世纪 70 年代试验研究的用于基岩山区找水的一种便捷的物探方法。它是利用大地中天然交变电磁场中音频电场作为信号源，来研究岩石的电学性质的变化，借以了解浅层地质构造问题,从而达到找水的目的。

音频大地电场法适用于地形复杂的山区勘查基岩裂隙水、岩溶水。该方法具有仪器轻便、操作简单、效率高、成本低、资料解释直观、地质效果好等优点。

11.2.1 概 述

我国丘陵山区约占全国总面积的 2/3,这些地区多是山高坡陡、地形地质构造条件复杂区。因此,地表水难以存留,地下水又难寻找,多为缺水地区。为解决缺水基岩山区的水源问题,急需找寻有效的物探找水技术方法,为此,中国地质调查局水文地质环境地质调查中心于 1977 年开始立项研究适合地形复杂山区、寻找基岩裂隙水的技术方法。经查阅、分析相关资料,发现了音频天然大地电场水平分量的变化与岩石电阻率的变化密切相关,即天然音频大地电场水平分量的高低变化显示出岩石电阻率的高低变化的对应关系,为研究应用音频天然大地电场解决地质构造问题提供了物理依据。为使这个发现能成为实用的找水技术,着重研究解决以下几方面的问题:①了解方法的原理及物理前提;②设计并研制技术性能良好的专用仪器;③总结出一套较为完善的工作技术方法;④为使本方法得到合理的应用,明确提出方法的应用条件;⑤肯定了该方法找水的地质效果。

11.2.2 基本原理

音频大地电场法,是利用频率在 0.01~30kHz(即亚音频和音频)范围内的天然大地电场作为场源,在地面沿一定的剖面线测量电场强度 E_x,通过研究剖面上电场强度的变化达到了解地质构造、找水、找矿的目的。

11.2.2.1 方法的地球物理依据

采用卡尼亚视电阻率[20]定义进行视电阻率值计算的公式为

$$\rho_s = \frac{1}{5f}\left(\frac{E_x}{H_y}\right)^2 \tag{11-3}$$

式中:ρ_s 为地层视电阻率(Ω·m);f 为电磁场的频率(Hz);E_x 为 x 方向的电场分量(mV/km);H_y 为磁场强度的 y 分量(nT)。

上式表明:当其他参数不变时,地表观测到的电场强度 E_x 的大小反映出相应岩层的视电阻率值 ρ_s 的高低,只要能准确地测出大地电场 E_x(通过测量 MN 电极的电位差除以 MN 之间距离获得,即 $E_x = \Delta V_s/MN$)就可定性地反映出地下岩层电阻率变化情况。

图 11-4 和图 11-5 是高电阻率石英岩脉及低电阻率破碎带上的联合剖面法和对称四极测量的视电阻率与大地电场电位差 ΔV_s 对比曲线,两者曲线形态基本是一致的,这就更进一步说明电场强度的变化基本反映出岩石电阻率的变化情况。地层岩石电阻率的大小,除与岩石成分有关外,还受岩石完整性及富水性的影响,构造裂隙带和断层破碎带通常是地下水富集区域,充水破碎带的电阻率比完整岩石要低得多,这些充水的破碎带是基岩山区寻找地下水的主要目标。

富水程度不同的岩石,电阻率有着明显的差异,这种差异正是大地电场法探测含水构造的地球物理依据,如图 11-6 白云岩地区富水断裂构造带上的大地电场曲线,在富水构造带上方低值异常明显。

11.2.2.2 应用条件

同其他物探方法一样,大地电场法只有在满足一定的应用条件下才能取得好的探测效果。

(1)所探测的地质体,与围岩必须有明显的电阻率差异,无论探测断层破碎带、岩脉还是不同岩性的地质界线等,要取得明显的地质效果必须有较大的电性差异。

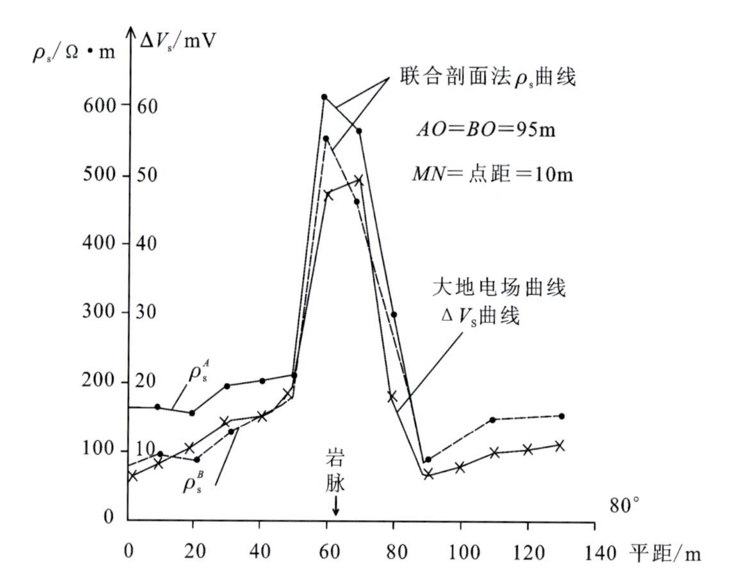

图 11-4 联合剖面视电阻率 ρ_s 曲线与大地电场 ΔV_s 曲线对比图

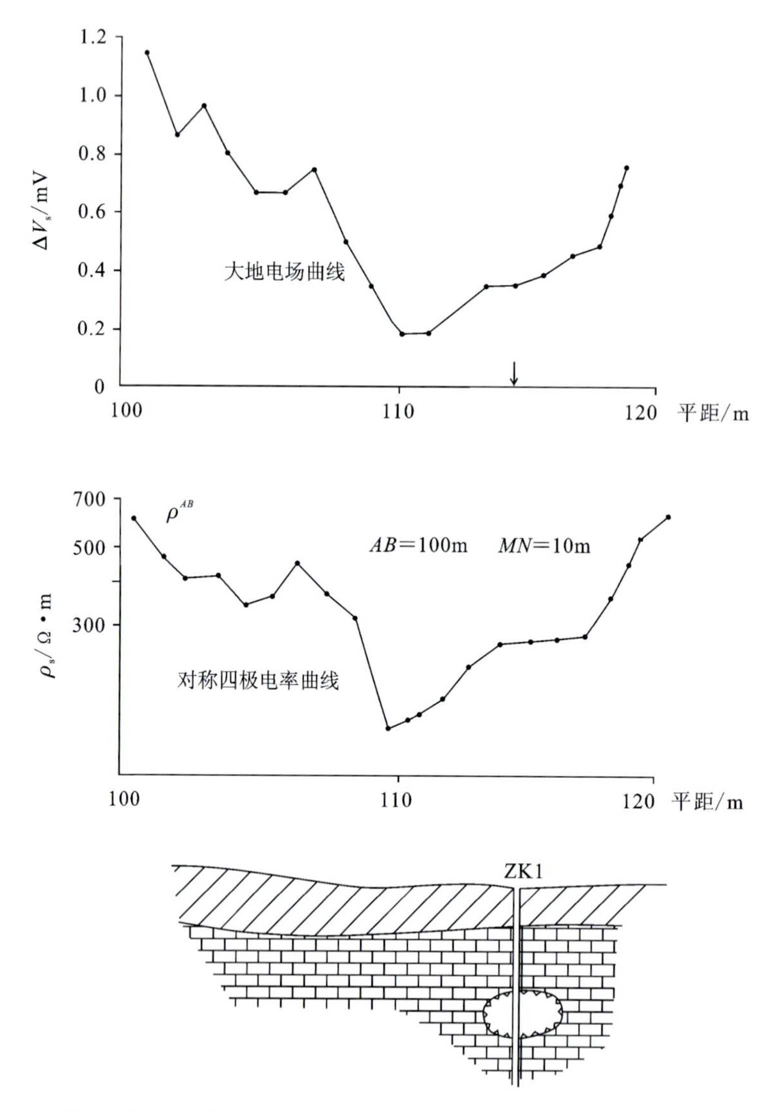

图 11-5 对称四极视电阻率 ρ_s 曲线与大地电场 ΔV_s 曲线对比图（广西柳州螺丝山试验点）

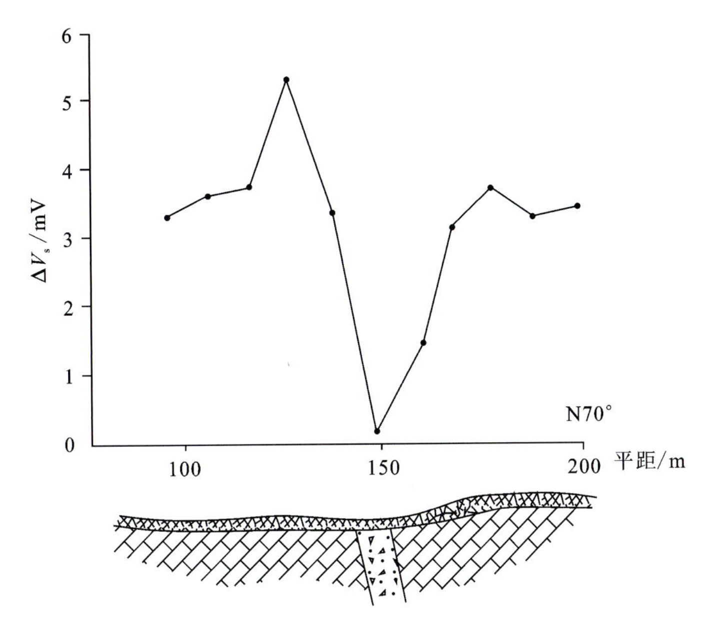

图 11-6 富水破碎带上的 ΔV_s 低值异常曲线(唐县新长店)

(2)本方法是沿地表测量不均匀体所引起的大地电场变化特征,没有测深能力,因此最适宜探测较陡立的条带状(脉状)地质体,如断裂构造带、岩溶裂隙发育带、岩脉等。

(3)在基岩埋藏区,覆盖层多为黏土或松散沉积物,该类覆盖层一般为低电阻率层,会影响方法的探测能力。实践表明,在我国北方地表干燥地区,若覆盖层厚度在 30m 以内,利用该方法均能测到明显的异常;而南方表土湿润,电阻率很低,覆盖层厚度超过 10m 异常就不明显了。

11.2.3 野外工作技术方法

本方法主要是为了了解浅部脉状地质构造,所以野外工作主要应用于小面积范围内的剖面测量。

11.2.3.1 工作布置

1. 测线布置

大地电场测量曲线的异常形态及幅值与测线的布设有一定的关系。通常要求测线尽可能垂直于地质构造的轴线方向(图 11-7),测线与构造之间的夹角越小,异常越不明显。测线长度应在构造线两侧各延伸 50m 左右,以追踪出完整的异常为准。例如在某一地区工作时,事前不知道工作区主要构造的发育方向,可先在不同的方向做几条试验剖面,再根据试验剖面的异常方向重新校正测线,使其尽可能垂直于构造线方向。

2. 测线间的距离

根据所探测地质体的形状、规模大小及所要了解的详细程度而确定,线距通常为 20～50m。如为追索脉状体的异常发育方向,至少要有 3 条测线通过被探测目标体带。

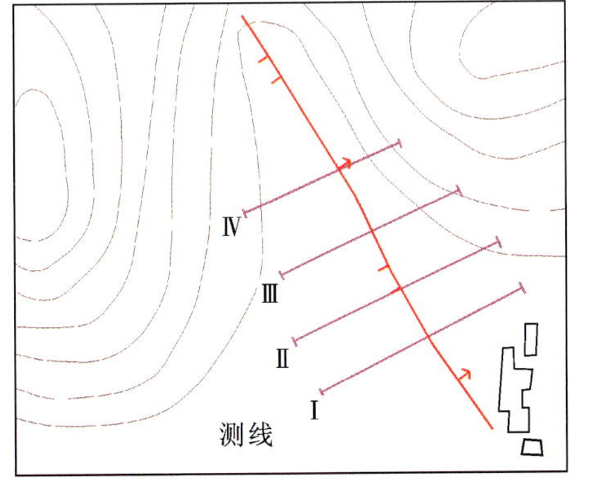

图 11-7 测线布置示意图

3. 电极距及点距的选择

MN 的大小直接关系到电位差读数的大小，MN 越大，电位差读数也越大。因此，应依据工作地区大地电场强度的大小、所用仪器的灵敏度以及探测地质体的规模等确定电极距的大小。根据长期试验结果，一般地区探测富水构造时，MN 为 10m 即可；个别地方场强很弱时，可适当增大 MN 的距离。为了便于图件的分析对比，绘图时纵坐标轴应为 $E_x=\frac{\Delta V_s}{MN}$(mV/m)或 ΔV_s(mV)。

点距的大小与地质体的规模(如断裂带宽度)有关，常以是否能完整地反映出异常形态为标准。点距太大时，虽然工作速度快，但通常不能正确地反映出异常的极大值和极小值；点距太密时，不仅要增加观测工作量，而且对充分反映异常形态也无必要。根据勘探经验，点距设定为与电极距一致，即点距=MN=10m，基本能适应工作需要。必要时可在异常点处加密点距，以便更精确地确定储水构造的位置。

4. 测量电极的排列方式

通常采用 MN 电极沿测线方向的排列方式进行测量(图 11-8)。因电场方向性较强，要求工作过程中要严格保持电极方向的准确，至少在同一条测线上保持电极方向的一致性。记录点定为 MN 的中点 O。

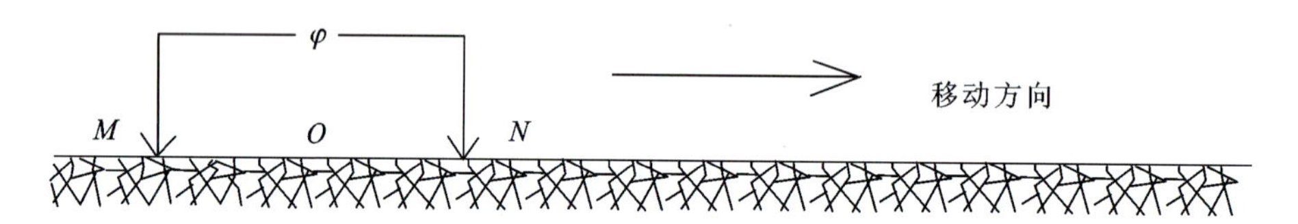

图 11-8 大地电场测量方式示意图

11.2.3.2 质量评价方法及注意事项

大地电磁场本身是一种不稳定的场，其方向、振幅随机变化。但在测量同一剖面的某一段时间内可以认为其是相对稳定的(就是其变化量与目标体引起的异常相比很小)，在不同时间所测得的剖面在数值上不会相同，但不同测线测量获得的曲线变化形态应该是相似的。对该方法测量曲线进行质量评价时，不能依据检查点的数值误差，而应以曲线异常形态来衡量，即不看原观测曲线与检查观测曲线数值是否相同，而观其曲线形态是否一致。如果两次观测曲线形态基本一致，而且两曲线近似平移一个常数，这种曲线质量是最好的(图 11-9)。

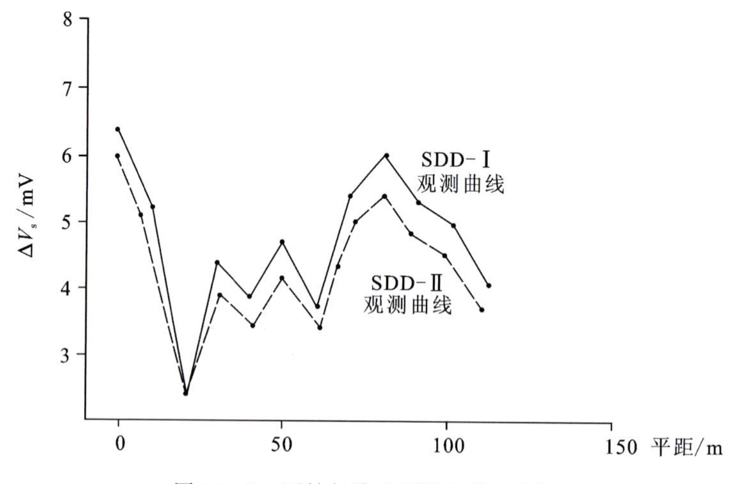

图 11-9 原始与检查观测曲线对比图

如果两次观测曲线形态完全不一致，如原来的异常曲线检查观测后异常不存在了，可能有两种原因会导致出现这种情况：其一是电场本身发生较大的突变，造成假异常（非地质体引起的）；另一种原因就是观测误差。这类假异常通过两次以上的重复观测可鉴别出来。

有以下几种干扰情况是不能完全消除的，工作中应予以注意：①雷雨季节近距离雷电影响观测结果，建议不在雨季的雷雨天开展工作；②广播电台高频率信号干扰使观测曲线畸变，建议在电台停止工作时段进行观测；③高压输送电路及大型变压器的影响，当测线垂直穿过10kV以上的高压输送电线时，会出现程度不同的高值异常。

11.2.4 资料整理及解释推断

11.2.4.1 资料整理

音频大地电场法常用以下几种图件来反映异常性质及分布规律。

1. 电场强度 E_x（或电位差 ΔV_s）曲线图

最常见的一种图件（图11－10），可以很清楚地反映出沿剖面线地层的电性变化。纵坐标轴表示电场强度 E_x(mV/m)或电位差 ΔV_s(mV)，视测量值的大小、变化幅度来确定纵坐标的比例尺，以突出异常。横坐标轴表示点号或水平距离（平距）。

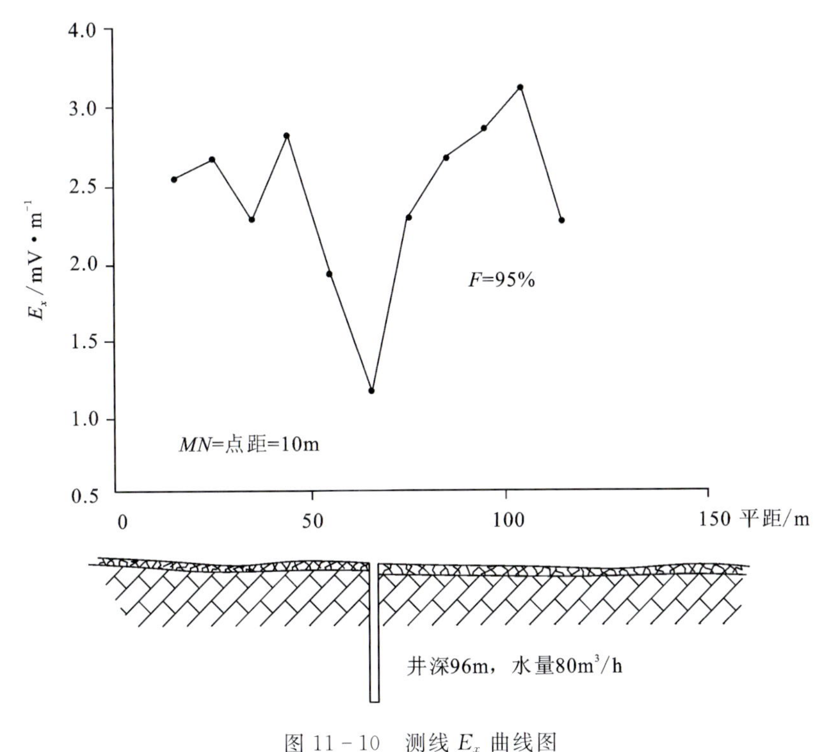

图11－10 测线 E_x 曲线图

2. 电场强度 E_x（或电位差 ΔV_s）剖面平面图

将工作区各条测线上的曲线图按实地相对位置展绘到平面图上，图11－11就是探测溶洞发育规律的实测图件，图中清楚地反映了溶洞在平面上的发育位置及展布方向。

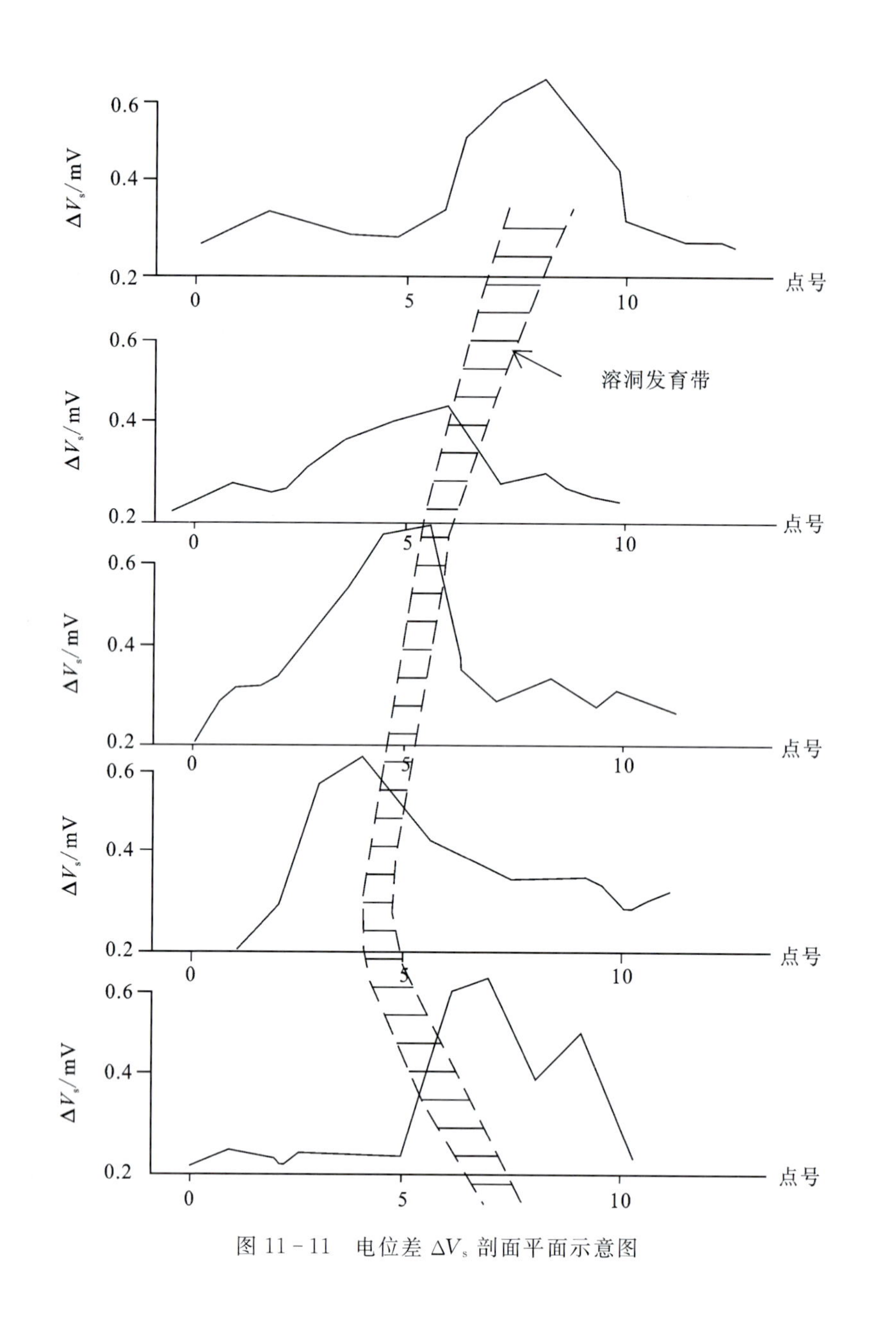

图 11－11　电位差 ΔV_s 剖面平面示意图

11.2.4.2　资料解释

资料的解释过程就是分析研究各种曲线的性质及其所反映的地电特征，再结合地质及水文地质情况，做出具体的地质方面的推断，为此要注意以下几点。

（1）首先应尽可能多地了解工作地区的地质构造情况，如主要构造性质、断裂发育方向、岩性及水文地质条件。

（2）分析判断电场曲线异常属性（高值异常或低值异常）并计算异常幅值［式（11－4）］。其中，分母可以用正常场值，极值应取平稳峰值。

$$F=\frac{\Delta V_{s\max}-\Delta V_{s\min}}{\frac{\Delta V_{s\max}+\Delta V_{s\min}}{2}}\times 100\% \tag{11-4}$$

式中：F 为异常幅值；$\Delta V_{s\max}$、$\Delta V_{s\min}$ 分别为电位差 ΔV_s 的最大值和最小值。

（3）至少 3 条测线上的异常特征具有相似性（异常宽度、异常幅值均相近），方可认为该异常可信。

(4)电场强度的高值异常指示地下高电阻率的地质体,电场强度的低值异常指示低电阻率的地质体。再依据工作区岩性、岩石破碎程度、富水性等影响电阻率的主要因素推断富水断裂带、地下河、岩性界线等。

11.2.4.3 典型地质断面的异常曲线形态

为了解该方法的地质效果以及在各种地质条件上的异常反应特征,对在山区找水经常遇到的典型地质断面进行了勘测,获得一些较为标准的曲线。

1. 碳酸盐岩区

灰岩和白云岩具致密、坚硬、性脆、易溶蚀的物理特点,构造破碎带内常是地下水富集地段。破碎带与围岩电阻率差异较大,ΔV_s 曲线幅度变化较大,异常明显,异常曲线常呈"V"字形,表土覆盖厚度小于10m时,富水地段异常幅度一般大于80%。

图11-12和图11-13为碳酸盐岩富水构造带上典型电位差 ΔV_s 低值异常曲线。

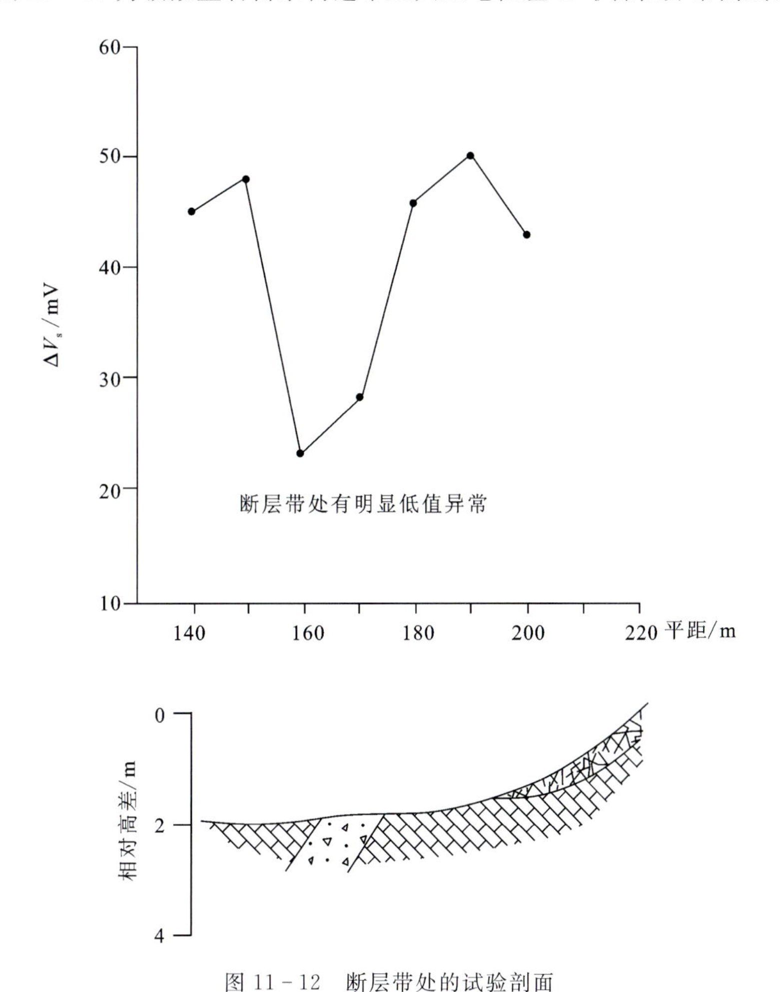

图11-12 断层带处的试验剖面

2. 砂岩地区

图11-14是浅色钙质砂岩地区构造裂隙带上的低值异常曲线,砂岩地区的 ΔV_s 曲线异常虽然也很明显且规律性很好,而且多条剖面相对应部位都有异常反应,但是变化不很强烈,异常幅度也没有碳酸盐岩地区那样大。

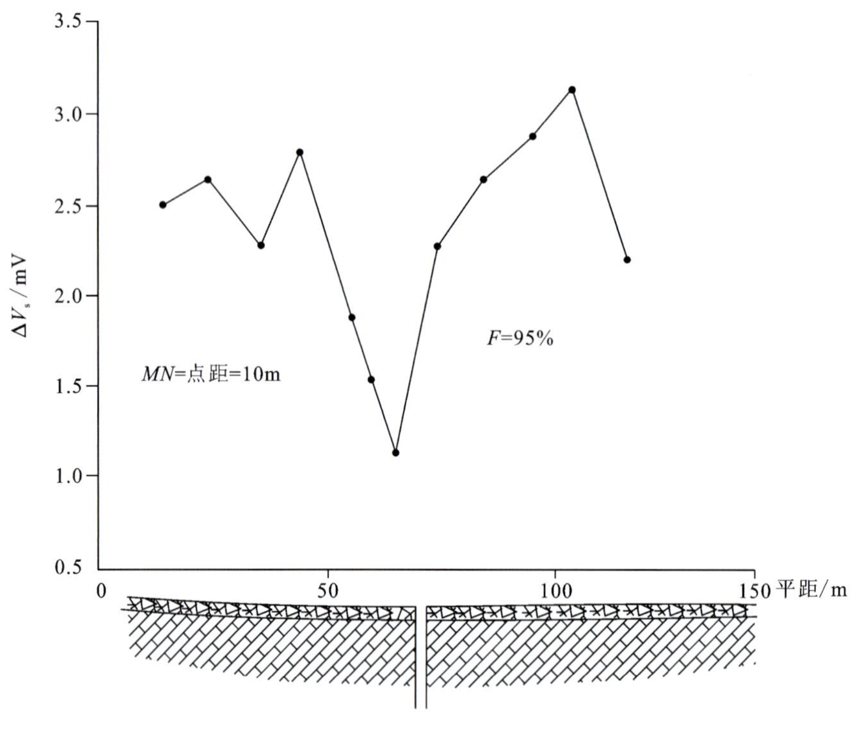

图 11-13　唐县野庄有水机井试验剖面

注:机井处有明显的低值异常。

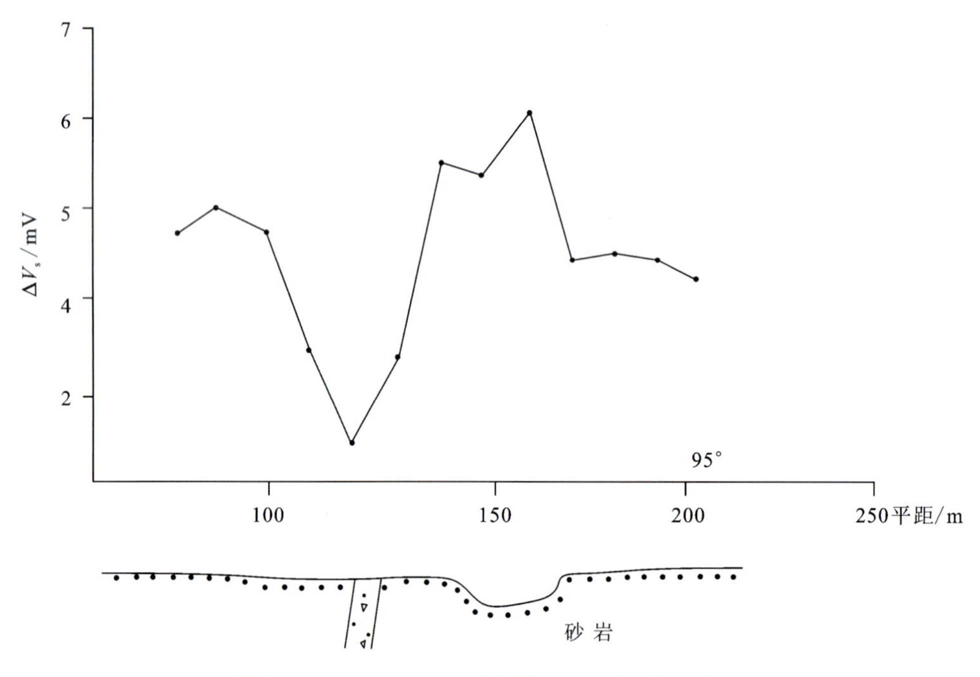

图 11-14　山东省周村区胜利大队砂岩区实测剖面

3. 片麻岩地区

片麻岩地区富水构造带的 ΔV_s 曲线也有明显的低值异常，其特点是异常幅度较小，背景值较平缓，变化不大，所以即使异常幅度不大也能较清楚地反映出低值异常(图 11-15、图 11-16)。图 11-15 中音频大地电场法曲线与直流电阻率联合剖面法电阻率曲线显示了形态基本一致的低阻异常曲线。

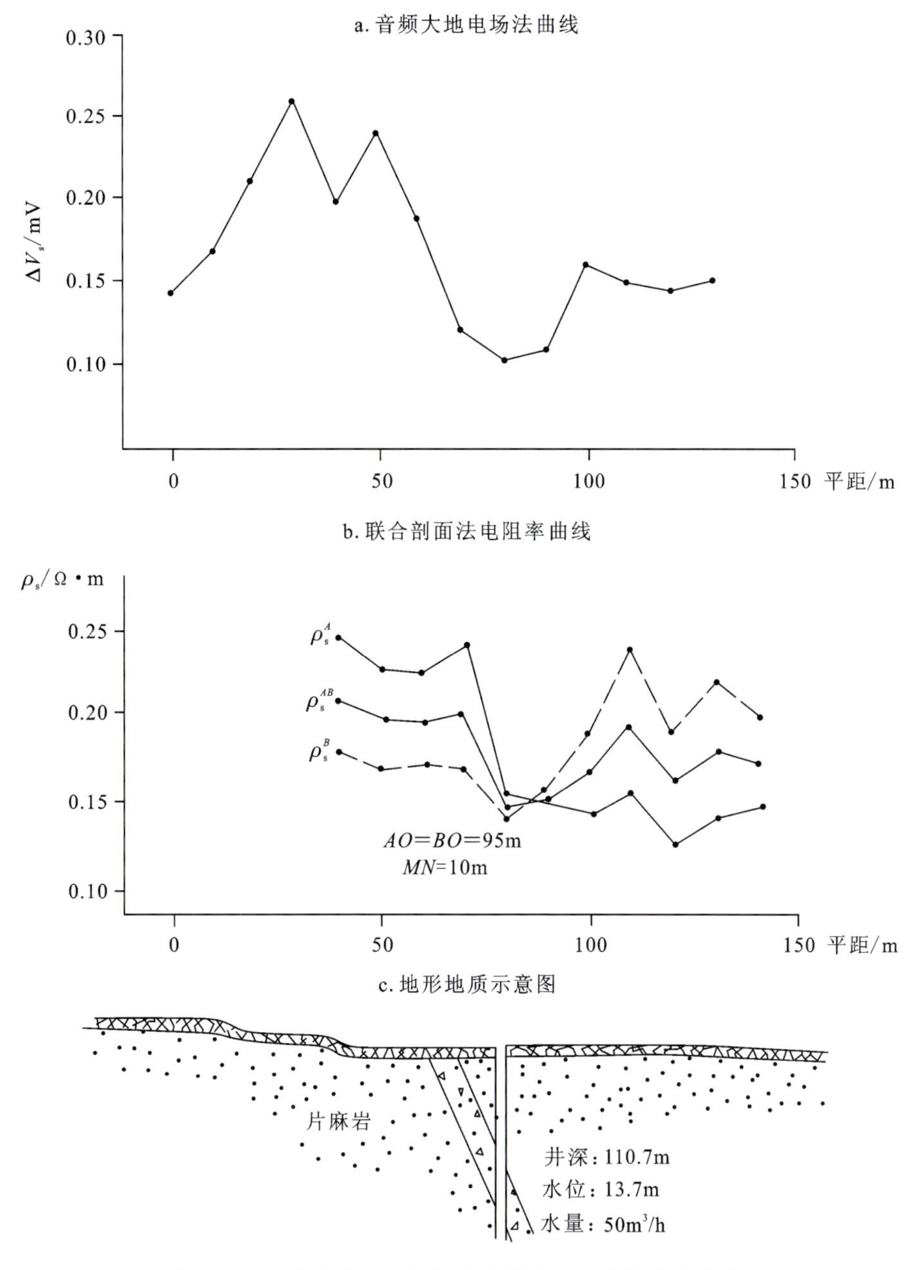

图 11-15　片麻岩地区机井试验剖面(山东招远县齐山店)

4. 花岗岩地区

图 11-17 和图 11-18 是花岗岩地区断层带上的异常曲线，也有较明显的低值反映。这类曲线特征在一定程度上类似片麻岩地区的曲线，异常幅度不大但背景值变化较小，故而异常也较明显。

5. 岩性接触带

若两种岩性有较明显的电性差异，则 ΔV_s 曲线在接触带两侧也有相应的高低异常反应，图 11-19 是灰岩与闪长岩接触带处的音频大地电场曲线。测量结果显示，灰岩的电阻率高于闪长岩，闪长岩电阻率较稳定，灰岩电阻率高低起伏变化应与差异性溶蚀有关。

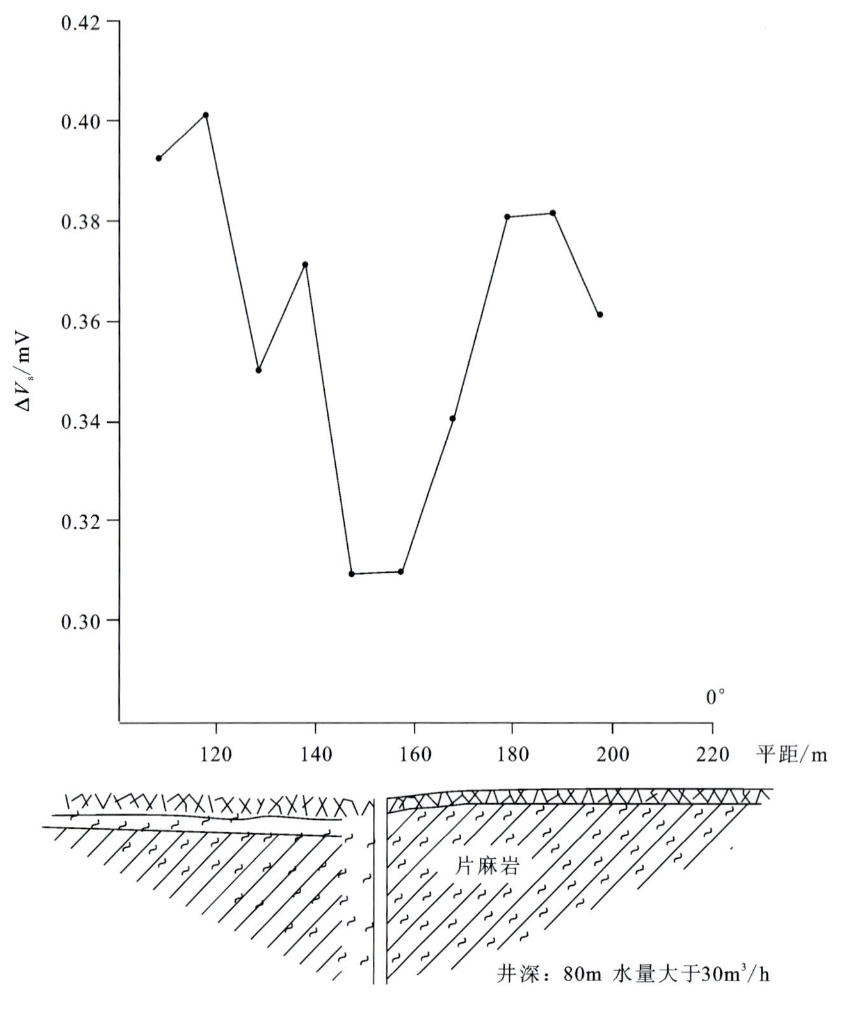

图 11-16 山东省掖县北关机井试验剖面

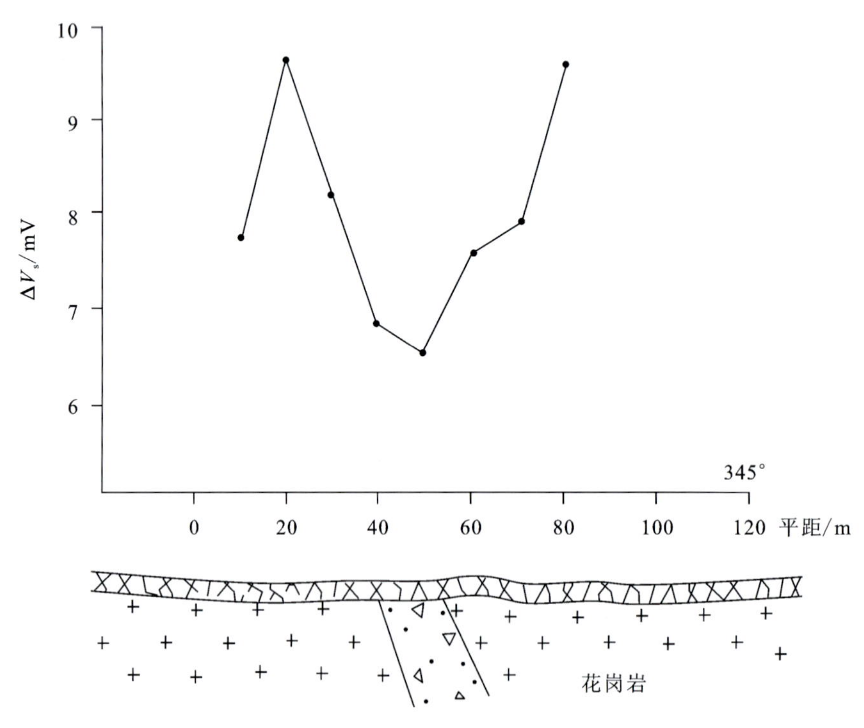

图 11-17 青岛市轻工技校花岗岩地段实测剖面

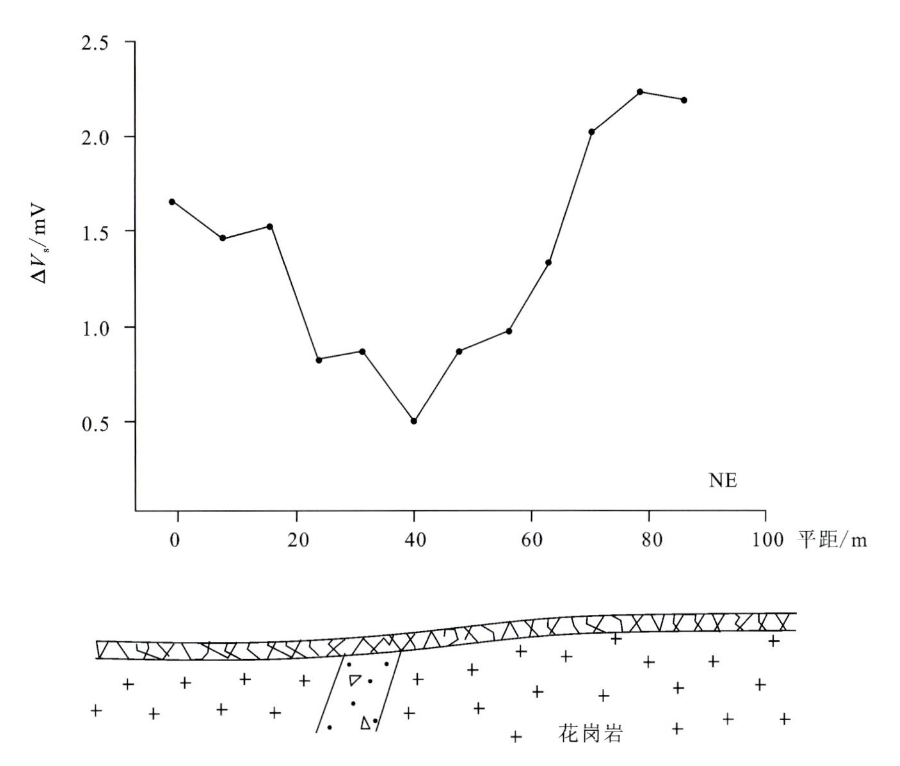

图 11-18　山东省青岛市黄岛区花岗岩区实测剖面

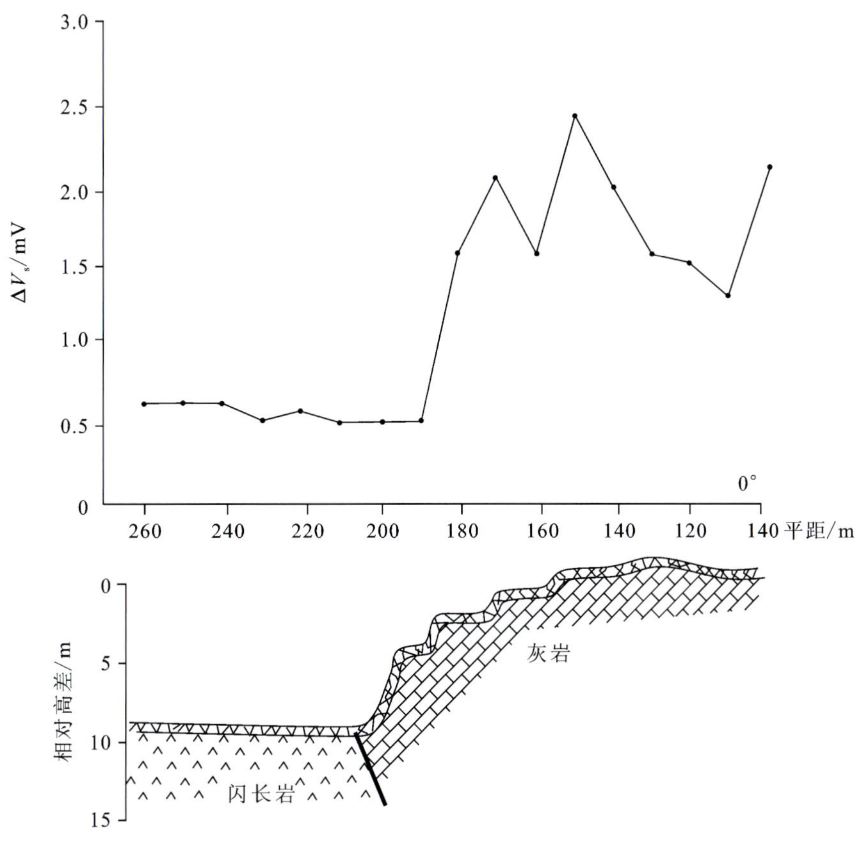

图 11-19　不同岩性接触带试验剖面

6. 溶洞与地下河

在灰岩地区的一些溶洞或地下河上，大地电场曲线也依据其电阻率的高低差异有相应的异常反应。若溶洞内充满水则为明显的低值异常，若为空洞则为明显的高值异常(图 11－20)。

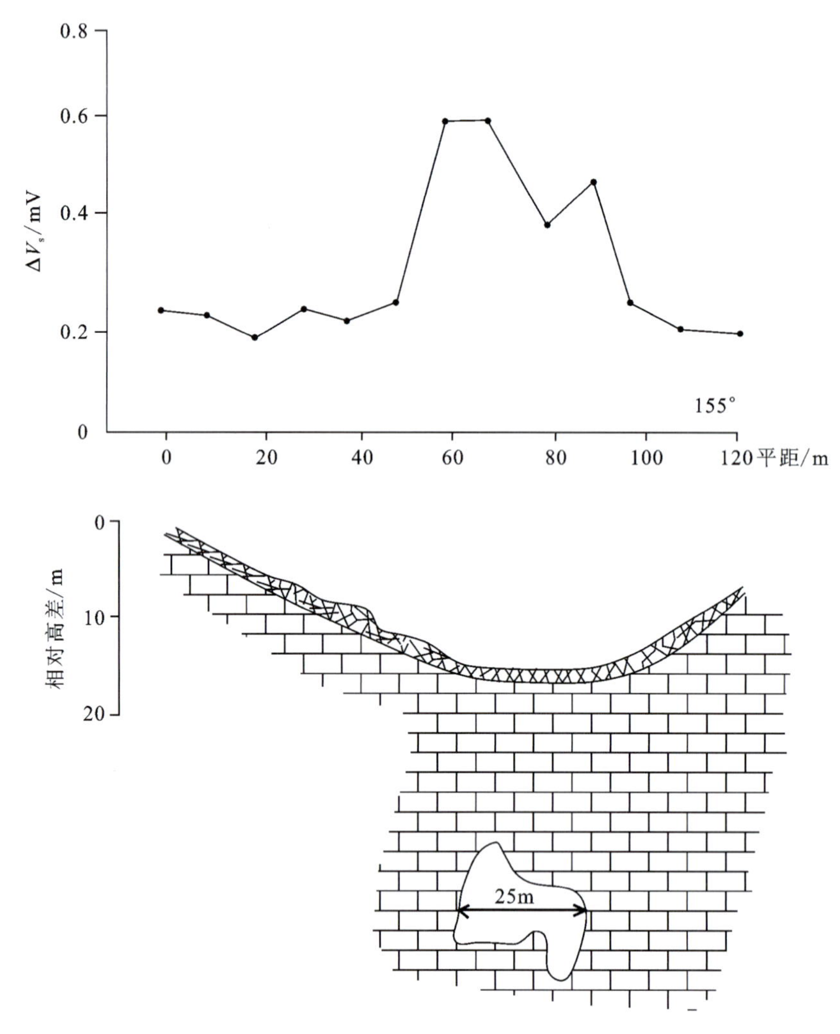

图 11－20　湘西洛塔屋檐洞试验剖面

7. 压性断层破碎带处

压性断裂由于强烈的挤压作用，断层带岩石被破碎成糜棱岩等的致密粉状物或断层泥等。这类破碎带本身并不富水，其电阻率比围岩稍低但差别不太大，所以大地电场曲线无明显的异常(图 11－21、图 11－22)。

11.2.4　结　论

(1)音频大地电场法是电磁法的一种，它是利用频率在 0.01～30kHz(音频和亚音频)范围内的天然大地电场为场源，通过测量电场水平分量 E_x 来研究地层的电阻率变化达到找水的目的。

(2)音频大地电场法适用于地形复杂山区普查浅层地质构造，探测断层破碎带、暗河、溶洞及不同岩性接触带等地质问题。

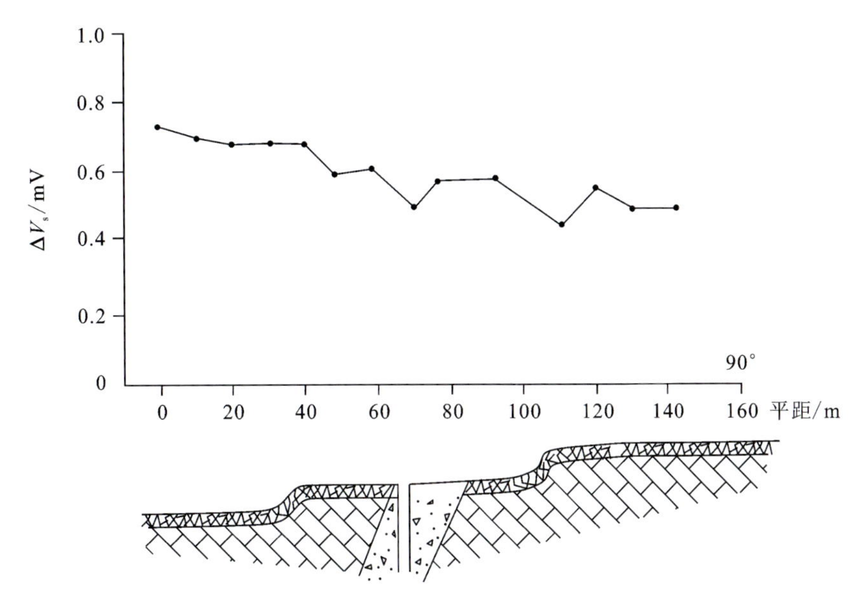

图 11-21 曲阳县辉岭无水机井试验剖面

注:机井处无明显异常反应,井深 154m 岩芯全为糜棱岩挤压破碎物。

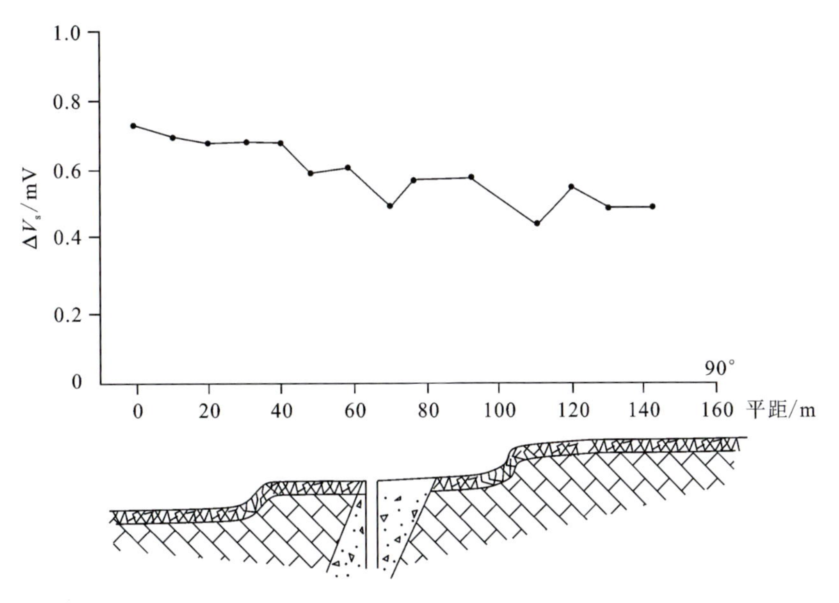

图 11-22 曲阳县岭尔上无水斜井试验剖面

注:断层处无明显异常反应,井深 154m 岩芯全为糜棱岩挤压破碎物。

(3)该方法具有设备轻便、操作简单、工作效率高的特点,且受地形影响小,资料解释较直观,便于物探、地质人员应用。

(4)实践证明,典型储水构造的大地电场曲线具有几个特点:一是曲线形态呈现"V"字形而非"U"字形;二是异常幅值应达到 80%;三是多条曲线的异常形态要有相似性;四是异常可重现。

11.3 电阻率联合剖面法

直流电阻率剖面法简称电剖面法，在水文地质调查中能划分不同岩性的陡立接触带，追索构造破碎带和地下暗河等，并可发现浅层的局部不均匀体（溶洞、古窑等）。根据电极排列形式的不同，电剖面法又分为联合剖面法（$\overrightarrow{AMN\infty MNB}$）、对称四极剖面法（$\overrightarrow{AMNB}$）、偶极剖面法（$\overrightarrow{ABMN}$）和中间梯度法（$\overrightarrow{MN}$）等工作方法，其中找水最常用的方法为联合剖面法[21-22]。

11.3.1 装置形式

联合剖面法是由两组三极装置联合进行探测的一种视电阻率测量方法，具有分辨能力高、异常明显的优点，但也有装置较笨重、地形影响大等缺点。联合剖面法装置形式见图 11-23，它把 AMN 和 MNB 两个三极排列组合起来。

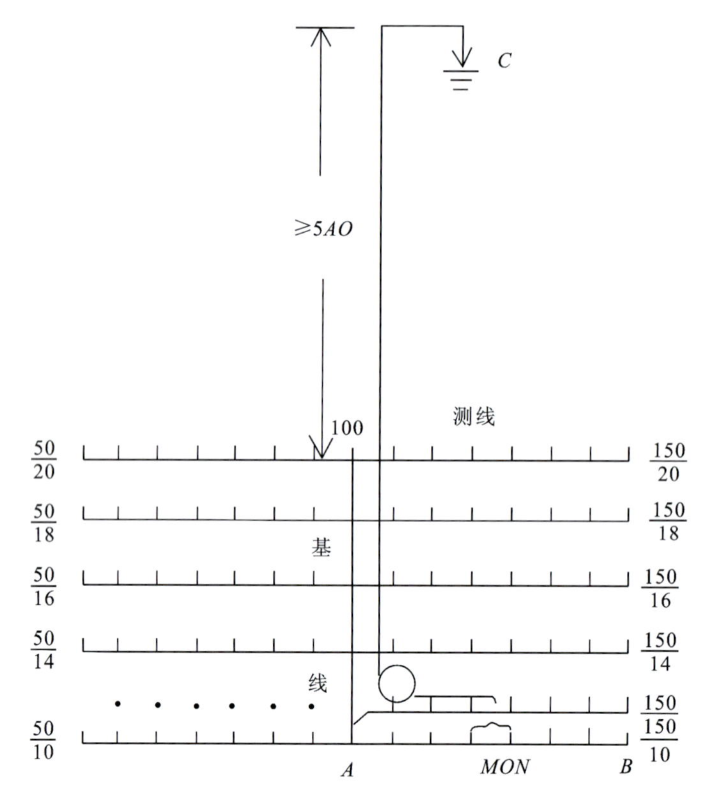

图 11-23 联合剖面法的装置形式示意图

通常把公共电极无穷远极 C 布置在测区基线方向离测区最边缘测线大于 5AO 的距离处。装置沿测线逐点移动，每个记录点观测两次，一次是 AMN 装置，一次是 MNB 装置，分别计算出ρ_s^A和ρ_s^B。视电阻率的计算公式为

$$\begin{aligned}\rho_s^A(\rho_s^B) &= K\frac{\Delta V}{I} \\ K &= 2\pi\frac{AM \cdot AN}{MN}\end{aligned} \tag{11-5}$$

作图时，习惯上ρ_s^A用实线，ρ_s^B用虚线表示。两条曲线相交点叫交点，分正交点和反交点。在低阻体

上出现正交点异常反应，在高阻体上出现反交点异常反应。

11.3.2 不同地电断面视电阻率曲线的异常特征

下面以找水工作常见的几种地电断面为例，说明典型地电断面联合剖面法异常曲线特征。

1. 两种岩石陡立接触面上的曲线

两种岩石垂直接触面上联合剖面曲线有如下特点（图 11－24、图 11－25）。

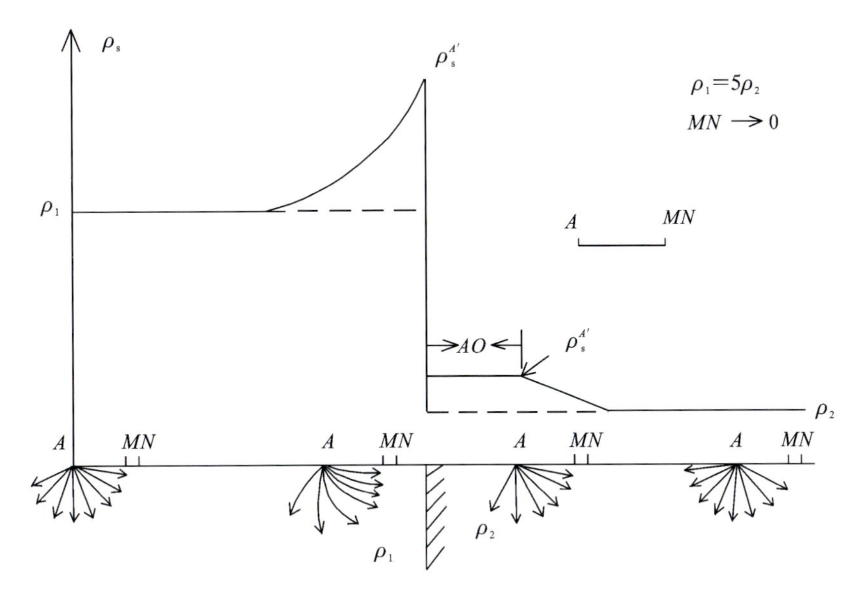

图 11－24 两种岩石的垂直接触面上的ρ_s^A曲线（$\rho_1>\rho_2$）

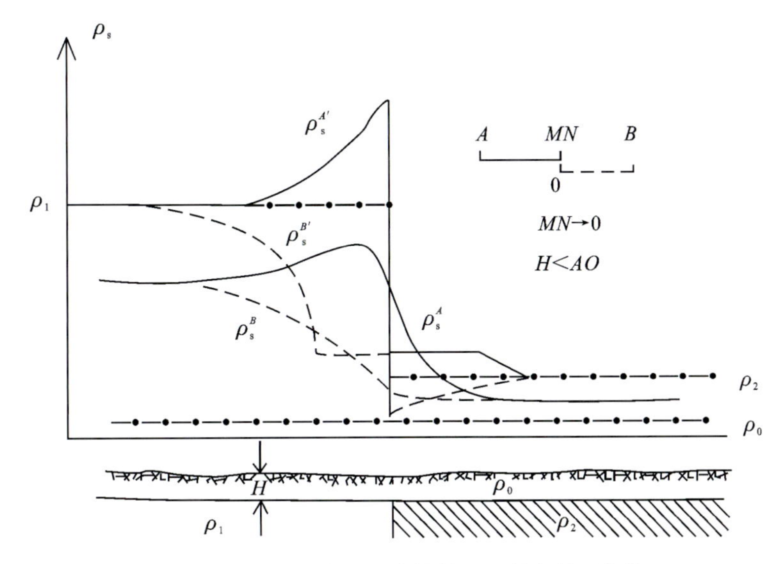

图 11－25 两种岩石垂直接触面上联合剖面曲线

注：$\rho_s^{A'}$、$\rho_s^{B'}$ 为无浮土覆盖的曲线，ρ_s^A、ρ_s^B 为有浮土覆盖的曲线。

(1)远离接触面时，ρ_s^A和ρ_s^B不受界面影响，其值趋近于背景值 ρ_1、ρ_2。

(2)MN 中点恰在岩石接触面上，靠近高阻一侧电极排列曲线有明显升高跃变，因此根据这一曲线的明显跃变部位，即可确定岩石接触面的位置。

(3)当测量电极 MN 跨过接触面时，ρ_s^A 和 ρ_s^B 值随之发生相应的变化，ρ_s^A 和 ρ_s^B 曲线出现明显的转折点，常依此确定界面的位置。

(4)当供电电极与测量电极分别处于界面两侧，ρ_s^A 和 ρ_s^B 均有一段水平的直线，其水平长段等于 AO 或 OB。

(5)覆盖层影响测量结果：浮土使 ρ_s 曲线变缓，并使 ρ_s 下降，但在接触面附近，ρ_s^A 曲线仍保持着明显的阶梯状陡坡，界面位置为极大值下降 1/3 处，ρ_s^B 曲线却较平缓。

2. 良导脉体上的曲线

(1)对于有一定埋深的直立良导(低阻)薄脉，ρ_s 两支曲线呈对称状，曲线的正交点出现在良导脉的正上方(图 11-26)。

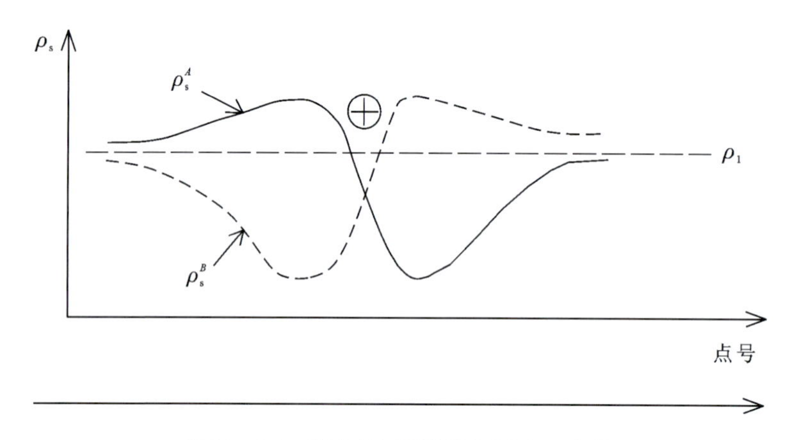

图 11-26　良导直立薄脉联合剖面 ρ_s 曲线

(2)在倾斜薄脉上，ρ_s 两支曲线呈不对称状，随着倾角的减小，不对称性越加明显。若低阻脉向 B 极方向倾斜，则 ρ_s^A 极小值小于 ρ_s^B 极小值；反之，若低阻脉向 A 极方向倾斜时则相反。在工作中，常依据这一特点来判断地质体的倾斜方向(图 11-27)。

(3)对于直立低阻厚脉，两支曲线成对称图形呈凹槽状，低阻带的宽度大致等于脉宽，有明显的低阻正交点组，交点处的视电阻率接近低阻脉的电阻率(图 11-28)。

(4)对于倾斜低阻厚脉(图 11-29)，良导体的视脉宽(视厚度)正好等于 ρ_s 曲线极大值点和极小值点的水平距离。在良导脉倾斜方向上，ρ_s^A 和 ρ_s^B 同时出现极小值点；在相反方向上，靠近脉的边缘上出现极大值。曲线呈不对称形状，出现低阻正交点，且正交点偏向倾斜方向一侧。

3. 良导球体的 ρ_s 曲线

常见的充水溶洞可用良导球体模型来模拟。设球心埋深 $h=1.6a$(a 为球体半径)，测线通过球心在地面的投影点(图 11-30)。

(1)当 $L=1.5a<h$ 时，ρ_s^A 和 ρ_s^B 曲线有一低阻正交点，交点位置正好与球心在地面投影位置重合，交点两侧曲线张开(分离较大)且十分对称，在交点两侧各自出现极小点。

(2)随极距 L 增加($L=3a$，$L=10a$)，两条曲线逐渐靠拢，以致它们的极小点合二为一，其低阻带中心对应球心在地面的投影。

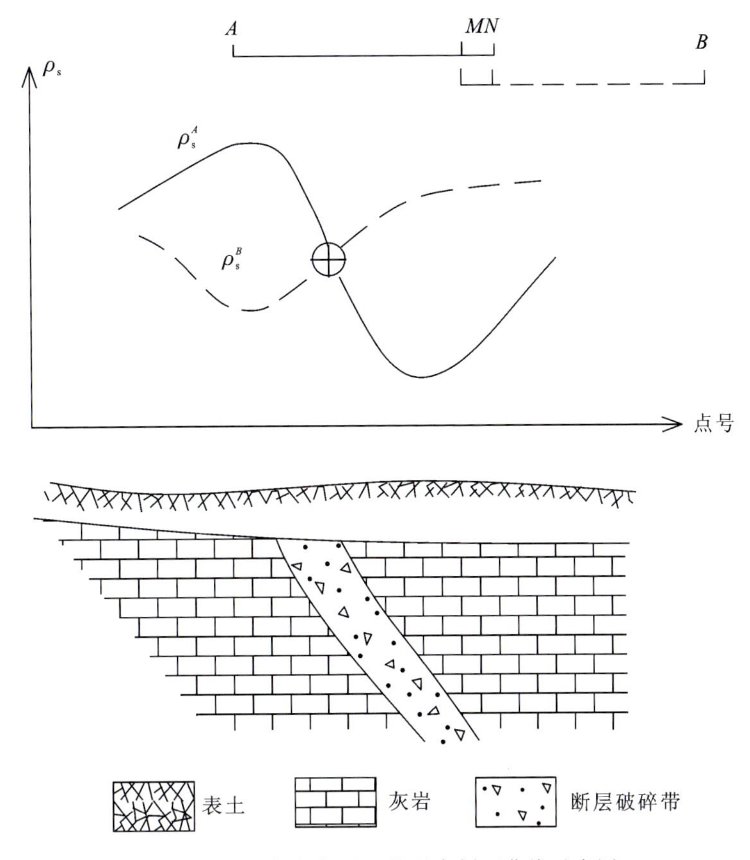

图 11－27 倾斜断层上的联合剖面曲线示意图

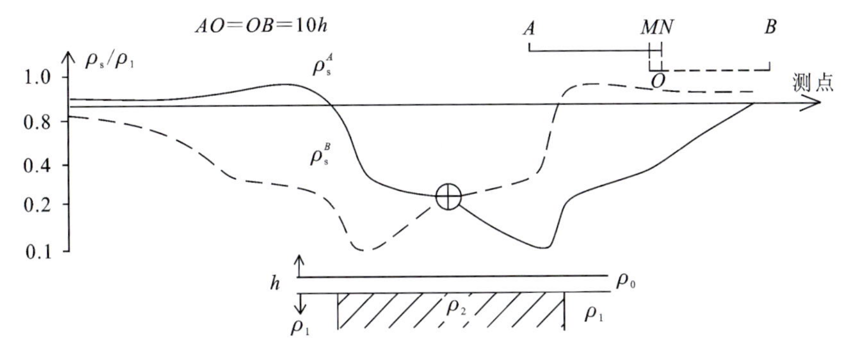

图 11－28 直立低阻厚脉上联合剖面模型实验曲线图

注：$\rho_0=30\Omega\cdot m$，$\rho_1=1\Omega\cdot m$，$\rho_2=0.14\Omega\cdot m$。

11.3.3 联合剖面资料的解释

1. 联合剖面法异常的确定

(1)联合剖面法的资料解释以定性解释为主，首先是分析每条异常曲线，从其形态判断其性质是正反交点，确定目标体是高阻体还是低阻体。

(2)再结合地质资料进行推断解释，如曲线有正交点异常，其交点位置为目标体在地表投影点，从曲线的不对称性可判断倾斜方向。

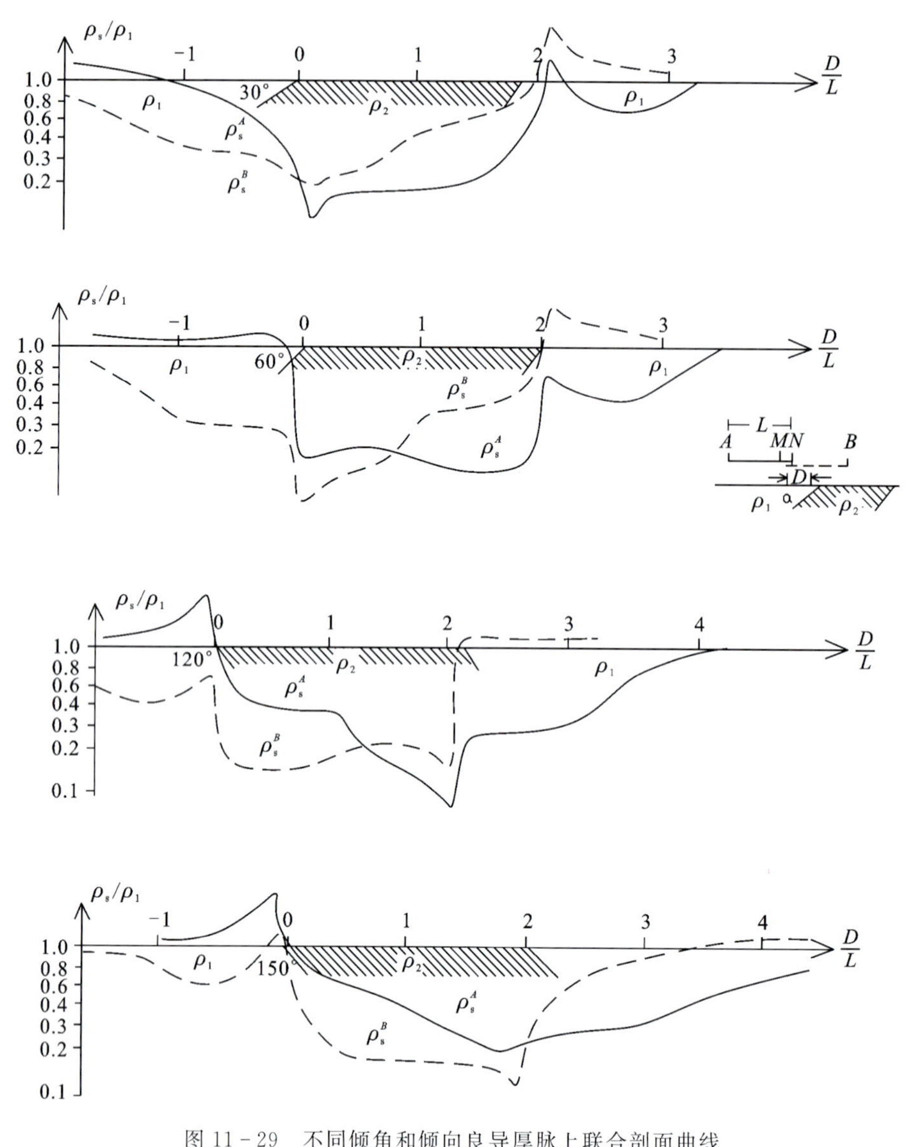

图 11-29　不同倾角和倾向良导厚脉上联合剖面曲线

注：$\rho_1=1\Omega\cdot m$，$\rho_2=0.14\Omega\cdot m$。

2. 联合剖面法异常的解释

联合剖面法异常的解释必须建立在符合工区区域地质规律及掌握勘探对象电阻率差异的基础上。所布置的电测工作量应比较充分，即被追索的异常形态比较完整，有一定数量的不同极距对比资料，必要时还要有控制点的电测深资料。必须强调，没有 3 条或 3 条以上的测线的控制，就无法确定异常的存在及发育方向。

(1)追索构造破碎带(良导脉)的走向、确定其倾向并估计破碎带的宽度。由低阻正交点异常轴的走向及平面位置推断一定探测深度下构造破碎带的走向及平面位置。从 ρ_s 剖面曲线的对称性可判断构造破碎带的倾斜，从ρ_s^A 和ρ_s^B 曲线极小点的水平距离确定破碎带的视宽度。从 ρ_s 剖面曲线的对称性和不同极距的 ρ_s 曲线，判断构造破碎带的倾向(图 11-31)。

(2)用切线法求良导脉顶埋深。良导脉埋深越大，影响地表电流的能力减弱，在实际工作中，对近似二度体的低阻脉，在围岩电性较均匀、曲线畸变不大的情况下，可用切线法估计脉顶埋深的数量级(图 11-32)。

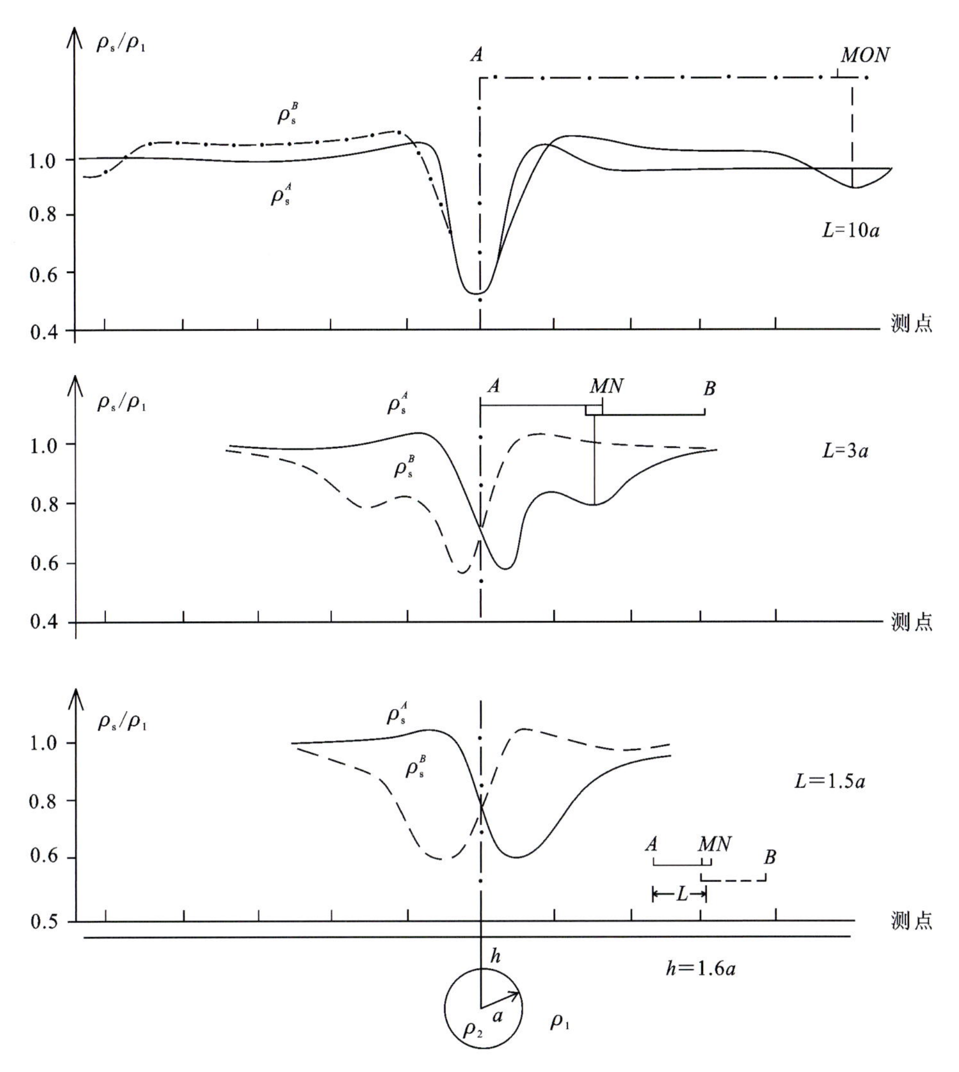

图 11－30　良导球体联合剖面曲线

注：$h=1.6a$，$\rho_2=0\Omega\cdot m$。

切线法的具体做法(图 11－32)为：过正交点做两条切线和一条垂线，再过 ρ_s 极小点做两条切线，获得截距 m_1、m_2，然后求平均值[$m=(m_1+m_2)/2$]。良导脉顶段埋深大致等于 m。用这种方法求出埋深数据只是一个近似数量级结果，这种估计只适用于脉的厚度比深度小很多的情况。

(3)确定陡立岩性接触界线的方法。供电电极位于高阻一侧的那支曲线在界面附近有明显阶梯状异常，并出现极大值。另一支曲线则不明显。根据经验，对陡立接触面可选取特征点明显的单支 ρ_s 曲线，在其陡度最大处或用极小点至极大点幅度值的 2/3 处来估计接触面的位置(图 11－33)。

11.3.3　结　论

(1)储水构造探测时，音频大地电场法和电阻率联合剖面法均用以快速定位断层或构造裂隙带的平面位置及走向。两种方法各有所长，一般在强电磁干扰环境下采用联合剖面法替代音频大地电场法。

(2)要有 3 条或 3 条以上的测线控制，才能确定异常的存在并明确其发育方向。

(3)同一测线不同极距的联合剖面法曲线才可确定异常倾向，仅依据单一极距的 ρ_s 剖面曲线的对称性来判断构造破碎带的倾向可能会导致错误的结论。

(4)地形起伏、地表局部电性不均匀体、围岩导电性不均匀等干扰因素常使 ρ_s 曲线形态复杂甚至淹没有用的异常,可通过计算比值曲线突出异常压制干扰。

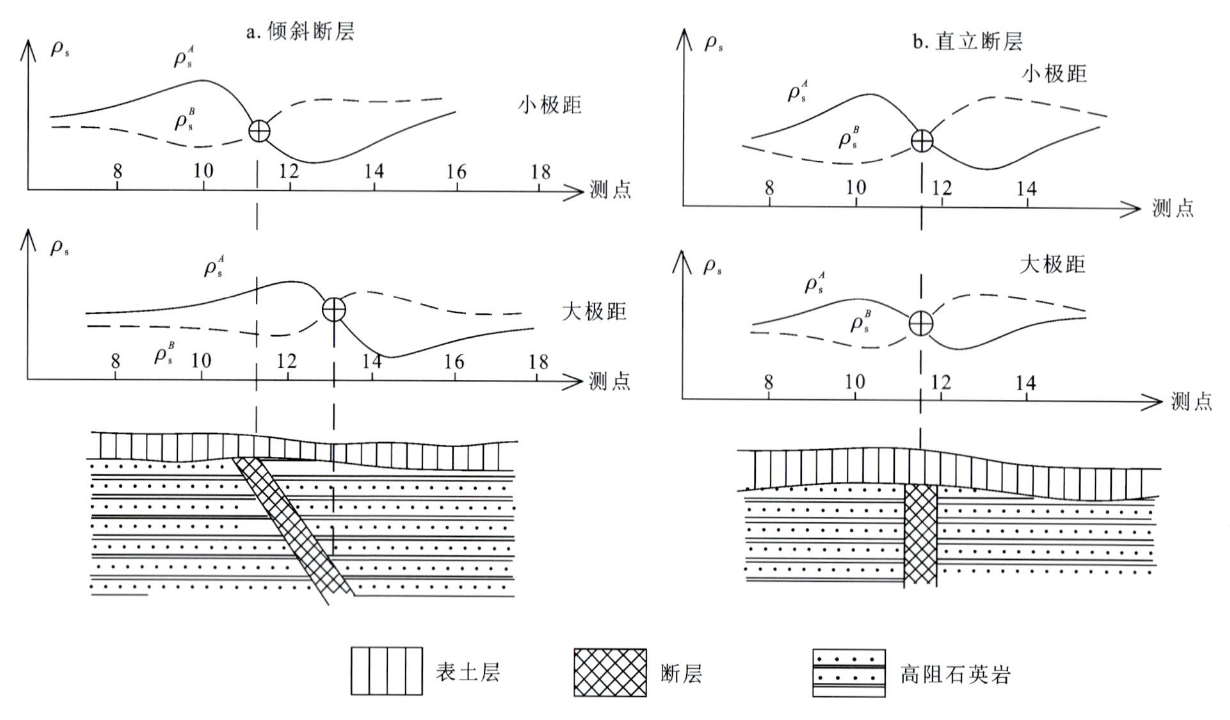

图 11-31 不同极距 ρ_s 对比曲线形态与构造倾向的关系示意图

注:小极距反映浅部的情况,大极距反映深部的情况。大、小极距的低阻正交点位置重合,说明断层直立;若大极距相对小极距的低阻正交点有位移,说明断层倾斜,位移越大,说明断层倾角越缓,大极距交点位移方向代表断层倾向。

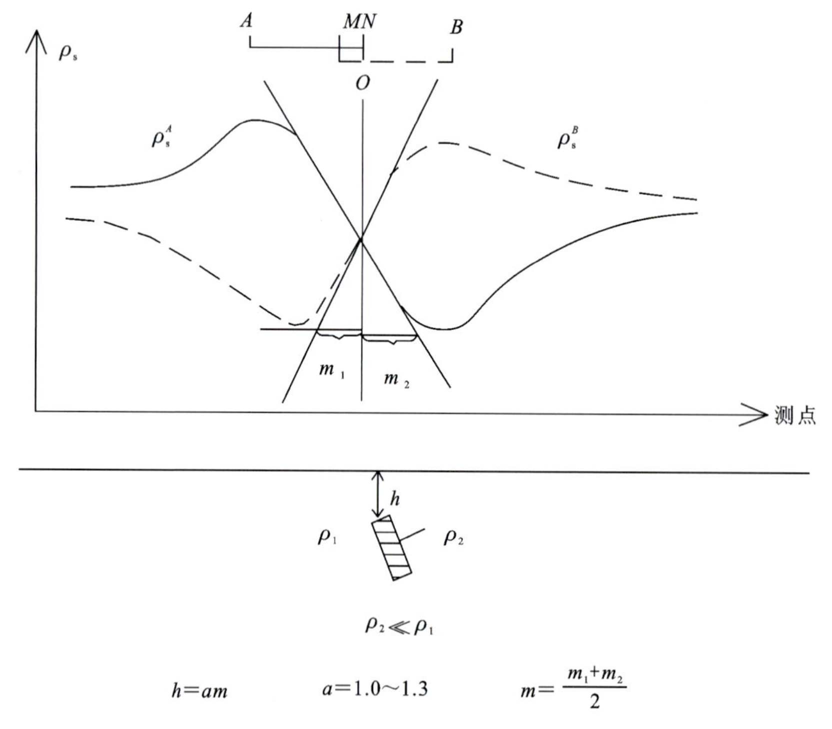

图 11-32 理想情况下用切线法求良导脉顶埋深

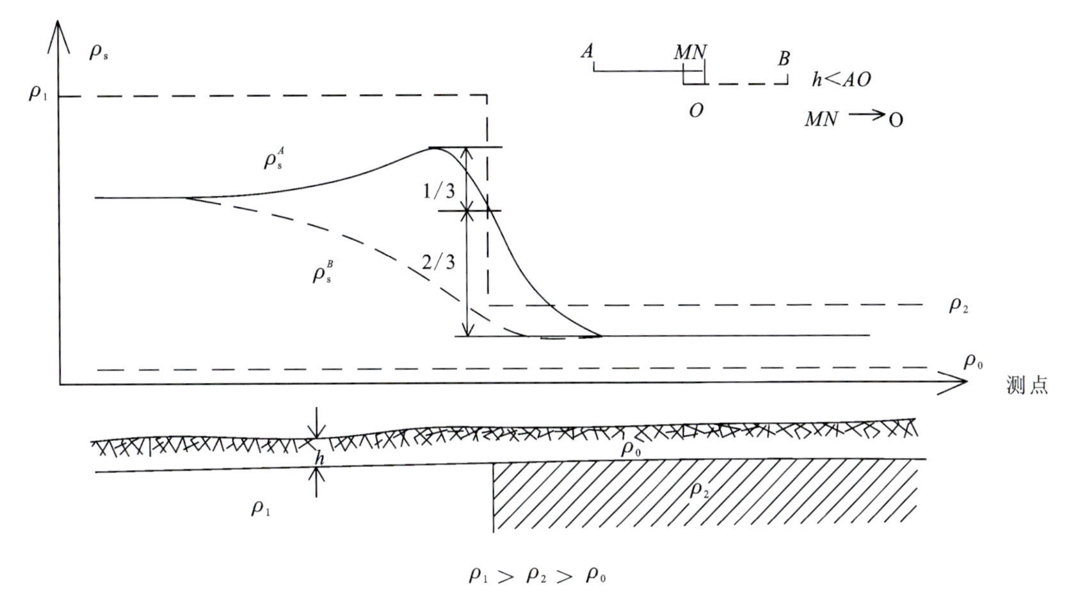

图 11-33　直立岩石界面上($\rho_1>\rho_2$)联合剖面模型实验曲线

11.4　时间域激发极化法

11.4.1　概　述

激发极化法简称激电法，是直流电法中发展较晚的一种方法，在 20 世纪 50 年代先后有美国和苏联开始对基岩找水进行了一些理论和试验研究[23-25]，我国 20 世纪 60 年末和 70 年代初首先由陕西省第一物探大队提出了衰减时法找水，全国很多单位都做了大量的研究和试验。70 年代山西省平遥卜宜电探仪器厂率先研制出 JJ-2 型积分式激发电位仪，采用激发比和衰减度等参数开展找水应用并取得了一定的效果。80 年代初，由北京地质仪器厂研制出的 DWJ-Ⅰ型和 DWD-Ⅰ型微机激电仪，为我国应用极化率(η_s)和半衰时(S_t)等参数找水提供了有效的观测手段，并在全国进行广泛推广应用，取得了很好的找水效果，为推动我国激电找水工作的发展创造了有利条件。80 年代末，中国地质大学(北京)李金铭教授对激电找水基础理论进行了深入的研究，给出了岩石极化效率的数学模型，并提供了偏离度(γ)这一新参数，对激电法找水的应用和发展起到了积极的推动作用。

激电找水方法并非是直接找水法，所测参数的异常反应除与水有关外，还受岩石的湿度、颗粒度、孔隙液的成分、黏土含量等多种因素的制约和影响。因此，对激电异常资料的分析解释应慎重。

激电法有其独特的优点，测得的视极化率(η_s)、半衰时(S_t)等参数很少受到地表地形起伏的影响[26]；一次供电不仅可测得地层的电阻率信息，同时可获得与水有关多个参数的信息。在地形地质条件复杂的山区应用激电法寻找基岩地下水，得到了广泛的应用并取得了很好的找水效果。

11.4.2　储水构造的激发极化效应

大量的室内试验和野外的实践资料充分表明了储水构造在外电场的作用下，能产生很明显的激电效应，从模型实验中可总结出以下几点：①不含水的干土、干砂、干石块激电现象很微弱；②纯水的激电效应十分微弱[27]；③含水黏土、砂、石块激电效应明显；④含水的纯砂、石块的激电效应强度不如混以少量土的更强。

以上结论说明，水是激电效应的主导因素，也是激电法找水的物理依据。

11.4.3 与找水有关的参数

在找水工作中，常采用温纳或等比装置在音频大地电磁测深法或高密度电阻率法等确定的低阻异常区开展测深工作，利用多参数判断储水构造的富水性[28-29]。

1. 视极化率(η_s)

表征岩石激发极化强弱的参数，这个参数在找水工作中应用较普遍，η_s 数学计算式为

$$\eta_s = \frac{\Delta V_2(t)}{\Delta V_1} \times 100\% \tag{11-6}$$

式中：$\Delta V_2(t)$为断电后二次场的峰值电位差；ΔV_1 为一次场的电位差。

视极化率参数对自然干扰有较强的反映，如碳质灰岩、泥岩、泥质充填的断层或溶洞等都会产生高值的视极化率假异常，易与储水构造的富水信息易混淆。

2. 充电率(M)

充电率为表征岩石极化强弱的参数，为供电电流断电后，在某一特定时间区域内，对放电曲线下部面积的积分与 ΔV_1 的比值，其单位为 ms(或 mV · s/mV)。M 表达式为

$$M = \frac{\int_{t_1}^{t_2} \Delta V_2(t)\mathrm{d}t}{\Delta V_1} \tag{11-7}$$

式中：t_1、t_2 分别为放电时开始采样的时间和采样终止时间。

实践表明，极化率 η_s 和充电率 M 在含水层位上均显示高值异常。图 11－34 是北京某地实测的 η_s 和 M 异常曲线，在 $AB/2>30$m 时均有明显的升高反映。

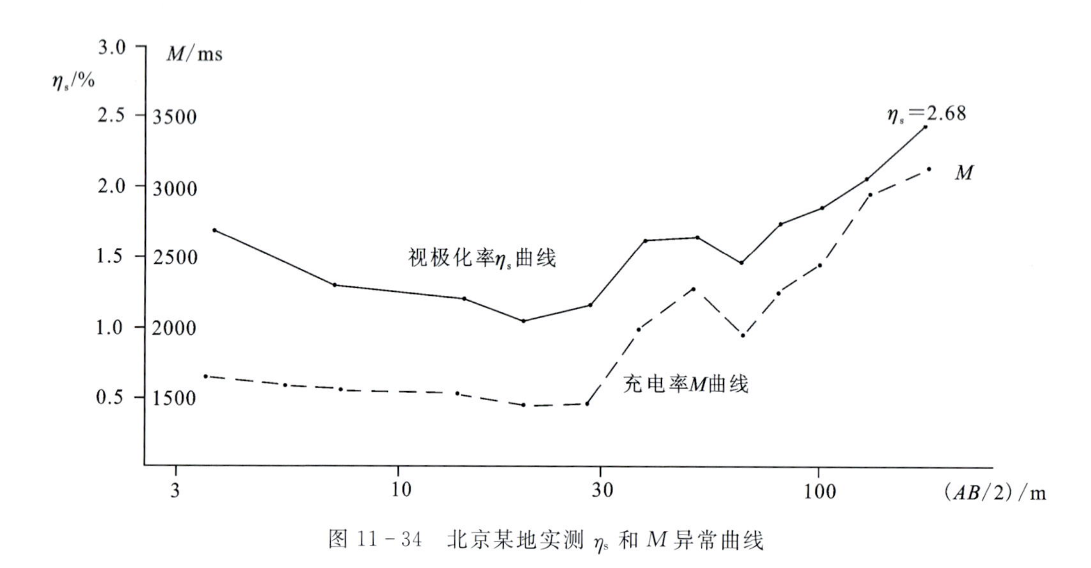

图 11－34 北京某地实测 η_s 和 M 异常曲线

3. 半衰时(S_t)

半衰时是衡量二次场衰减速度快慢的参数，通常含水岩层 S_t 值均较高。图 11－35 是实测的半衰时 S_t 和 η_s，曲线在 30m 至 80m 的范围上为高值异常反应，是富水层位。

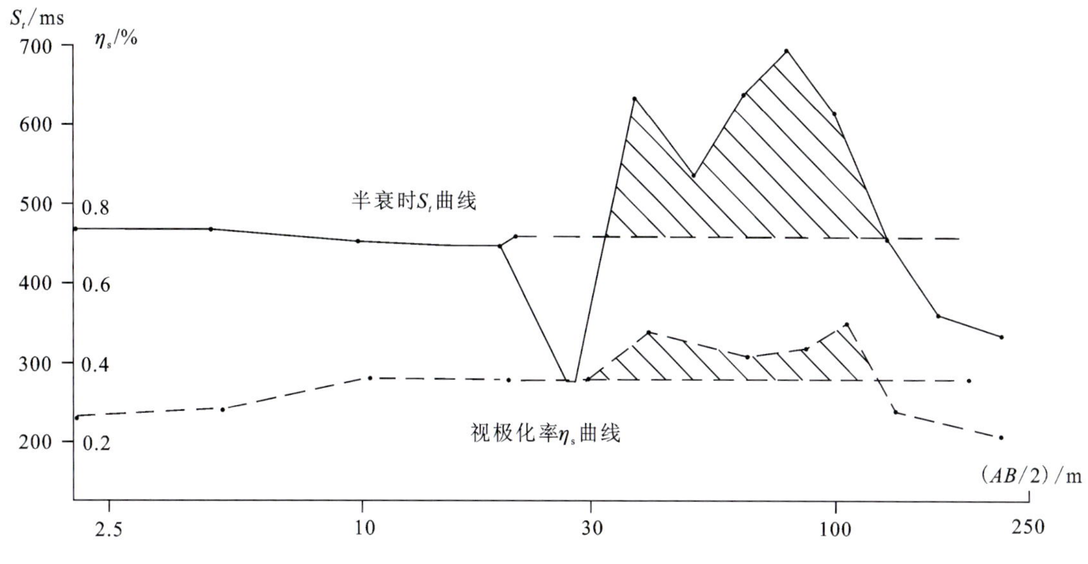

图 11-35 实测半衰时 S_t 及 η_s 曲线在富水段为高值异常反应

4. 衰减度(D)

衰减度是衡量二次场放电快慢的参数,其含义为二次场某一段时间区域内的平均值与二次场的最大值之比,计算公式为

$$D = \frac{\overline{\Delta V_2}}{\Delta V_{2\max}} = \frac{\frac{1}{5}\int_{t_1}^{t_2} \Delta V_2(t)\mathrm{d}t}{\Delta V_{2\max}} \tag{11-8}$$

式中:$\overline{\Delta V_2}$、$\Delta V_{2\max}$分别为断电后二次场峰值电位值的平均值和最大值。

山西省平遥卜宜电探仪器厂的设备采用 $t_1 \sim t_2$ 为 0.25～5.25s 时间区域进行计算。在储水构造上,其值较高(图 11-36)。

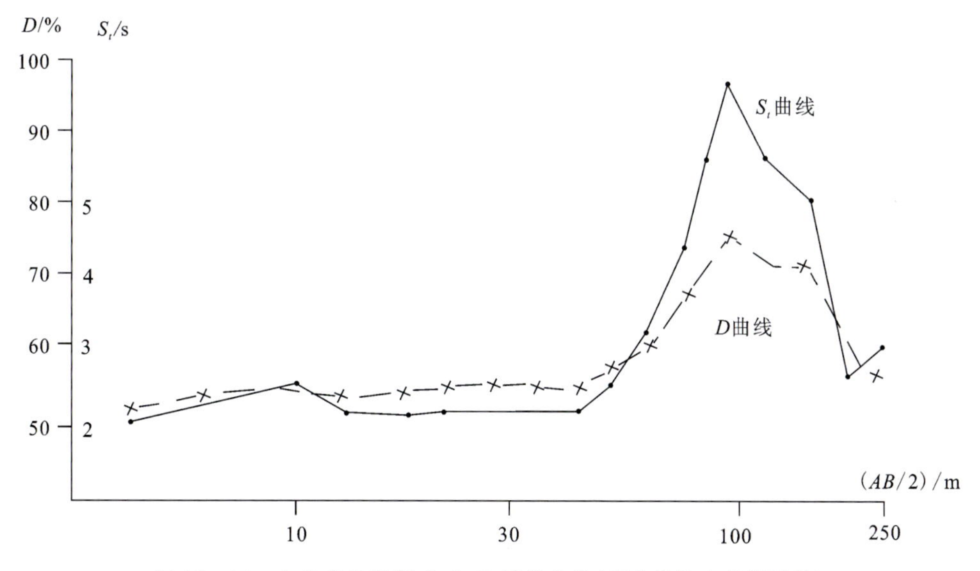

图 11-36 山东某地实测 S_t 和 D 异常曲线(富水段均有高值异常)

5. 激发比(J)

激发比定义为二次场某一时间区域的平均值$\overline{\Delta V_2}$与一次场 ΔV_1 的比值：

$$J = \eta_s \cdot D = \frac{\overline{\Delta V_2}}{\Delta V_1} \times 100\% \tag{11-9}$$

在储水构造上 η_s 和 D 均较高，两者乘积可使异常放大，异常更明显。

6. 综合参数(S_η)

综合参数为综合性二次场放电参数，表达式为

$$S_\eta = 0.75\eta_s \cdot S_t \tag{11-10}$$

同样，在储水构造上 η_s 和 S_t 值均较高，两者乘积可使异常放大，异常更明显。

根据大量的实践资料分析结果，综合参数 S_η 很有实用价值。从图 11-37 可看出，半衰时 S_t 曲线异常不明显，视极化率 η_s 虽有明显异常反应，但不如 S_η 曲线异常明显；S_η 曲线无水段的背景值清楚，近似一条直线。当岩层中有电子导体存在时，η_s 将明显升高，而 S_t 则很低，其乘积 S_η 也无明显的异常显示。因此，对山区找水来说综合参数 S_η 有着一定的实用价值。

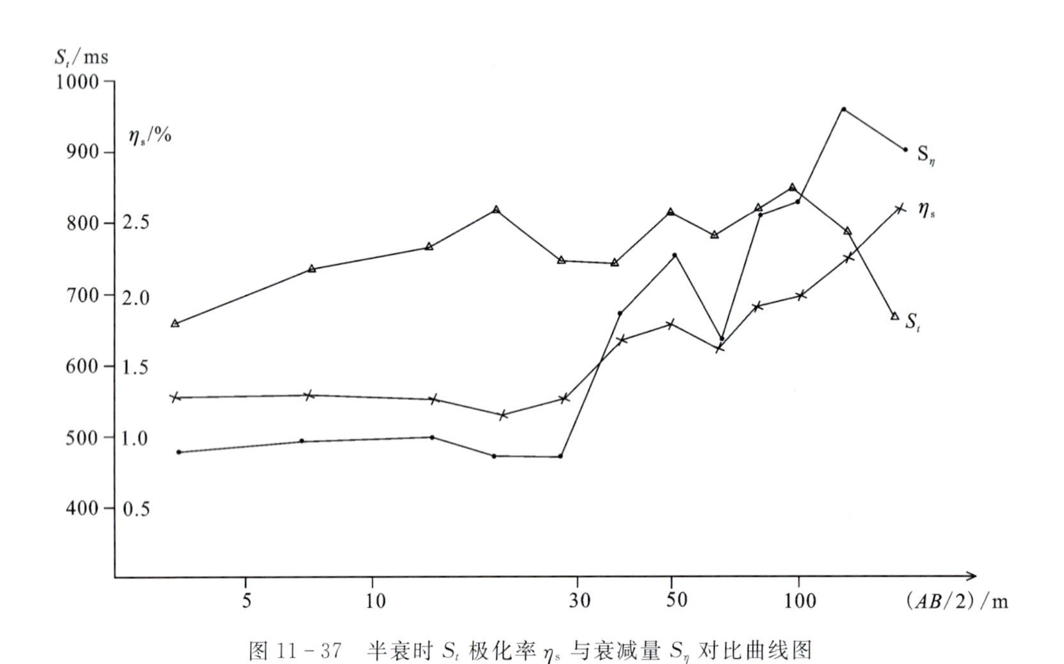

图 11-37 半衰时 S_t 极化率 η_s 与衰减量 S_η 对比曲线图

7. 相对衰减时(S_r)

相对衰减时的定义是半衰时 S_t 与视电阻率 ρ_s 的比值，即

$$S_r = \frac{S_t}{\rho_s} \tag{11-11}$$

相对衰减时是用减少半衰时随 $AB/2$ 的增加也相应增大的影响而提出的参数。

8. 反射系统(K)

该参数为视电阻率曲线的导数，垂向分辨能力优于视电阻率参数，可挖掘隐藏在视电阻率曲线上的微弱信息，分辨出纵向上岩层裂隙发育带[30-37]。

11.4.4 野外工作技术方法

我国应用激发极化法找水主要是进行激发极化测深工作，其工作方式与电阻率测深法基本一致，激电测深通常采用温纳或等比装置。

1. 供电时间和延时

国内外的学者通过大量的实验并总结了生产实践中一些经验，认为供电时间应保证在20～30s内即可。实验资料表明，供电时间在30s时激电参数即可达到饱和值的80%～90%。为避开电磁耦合影响，一般延时不小于100ms[38]。

2. 供电电流与供电电压

为获取有效的视极化率、视半衰时等二次场参数，通常要求二次场电位差$\Delta V_2 \geqslant 10mV$，且供电电流应大于100mA。

3. 测量电极及极距 MN 大小的选择

测量电极采用不极化电极，MN极距视工作区干扰程度而定。干扰较大时，选较小的MN，如选择$MN/AB=1/5$的等比装置；干扰较小时，选择较大MN，以压制浅表不均匀极化体的干扰。

4. 布极方向

激电测深法的布极方向对激电测深结果影响较大。通常在工作区地形起伏较大时，布极线方向应尽量与地形等高线方向一致，以减少地形对勘查结果的影响。当岩层倾角较大时，一般沿岩层走向布线。如果研究断层产状，应垂直于断层的走向布极，但此时获取的异常幅值较小。对称四级测深装置的布极方向一般都是垂直于极化体走向，但如果是作测深剖面，布极方向最好沿极化体走向。

5. 供电电极距大小与勘测深度的关系

对于这个问题，目前还没有统一的认识，就山区寻找基岩裂隙水而言，通过大量的实践总结出以下几点规律。

(1)应用极化率η_s、半衰时S_t等参数判断区域地下水水位时，一般情况是η_s、S_t出现高值异常时对应的$AB/2$极距基本相当于水位埋深，但由于电极距是跳跃变化的，因而不可能精确确定水位深度。但是可以从无水段的η_s、S_t低值到有水段的η_s、S_t高值出现时曲线拐点对应的供电电极距的大小估量地下水水位的最大深度。

(2)从国内大量激电测深法勘探基岩裂隙水的实践中可以得出，供电电极距$AB/2$与勘探深度的关系是：勘探深度$h \approx (0.8 \sim 1)AB/2$。当然，这是一个经验计算公式，由于各地地电条件的不同，其相应关系也将有各自不同的特点，可根据不同地区的实际情况总结各自的相应关系。

11.4.5 富水岩体上激电参数的异常分析

1. 视电阻率 ρ_s 曲线异常特征

对于单一岩性而言，由于富水破碎带的电阻率明显低于完整围岩，因此视电阻率曲线在相应部位一般会出现较为明显的低值突变点[39]。破碎带的垂向厚度越大、破碎程度越大、富水程度越高，则低值段幅值越明显(图11-38)。但当受地形影响、富水破碎带埋深较大时，亦存在有水处η_s、S_t有高值异常反

应而 ρ_s 却无异常的情况。厚层单一岩性的碳酸盐岩区如果出现视电阻率值随 $AB/2$ 极距增大不升反降出现明显转折的情况(图 11－39,K 型曲线),应考虑泥质充填问题。

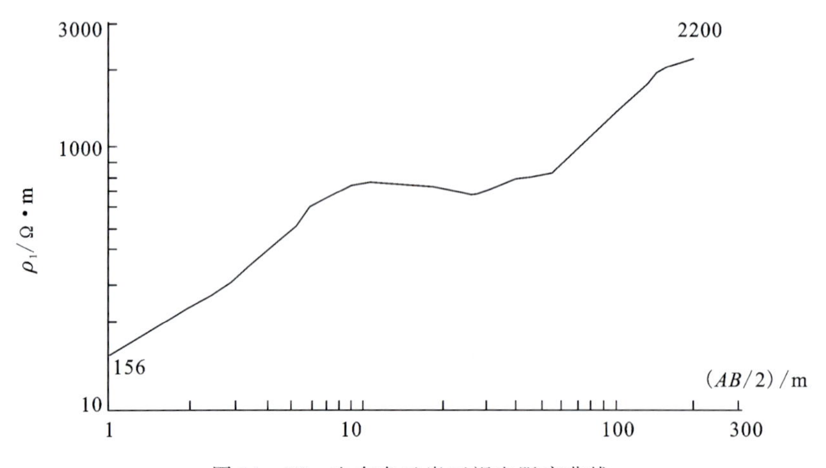

图 11－38　山东白云岩区视电阻率曲线

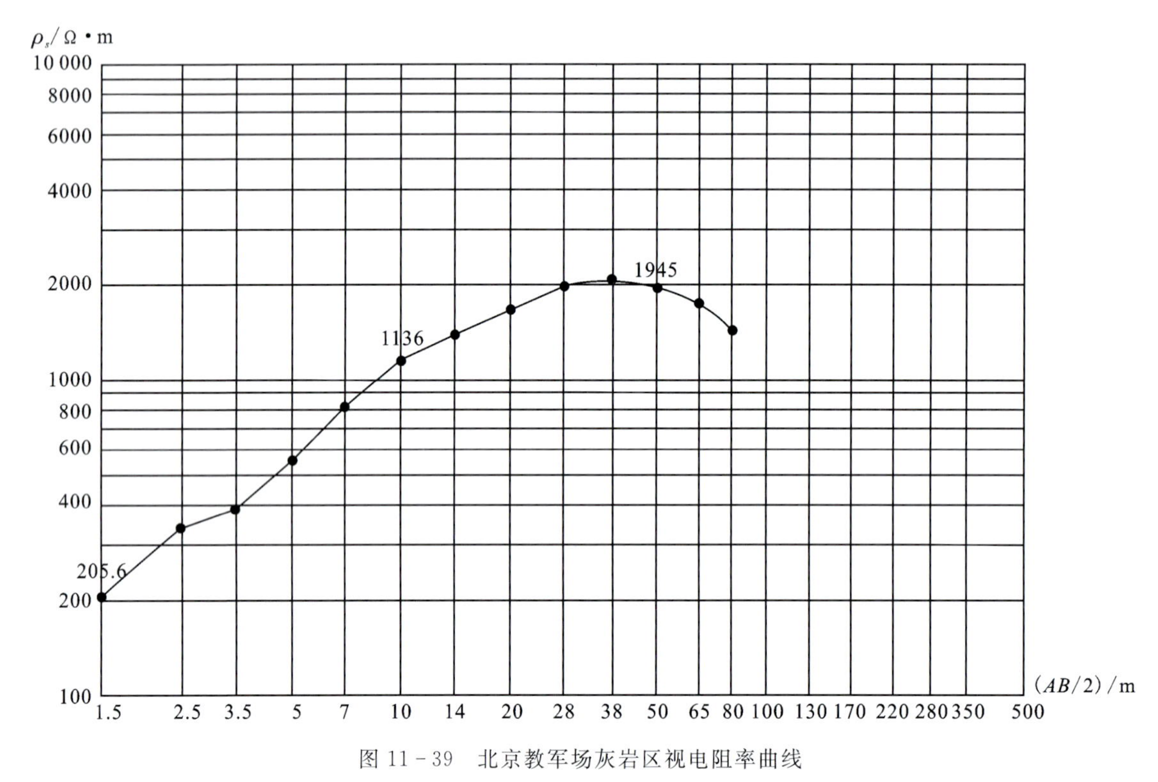

图 11－39　北京教军场灰岩区视电阻率曲线

注:奥陶系灰岩出露区,跑极方向与岩层走向一致,钻孔孔深 100m,20m 以浅为灰岩,20m 以深为泥质充填。

2. 视极化率曲线异常特征

(1)在富水岩体上视极化率参数(η_s)在相应的部位呈高值异常反应,通常异常值应高于背景值。由于各地区地质条件不同,无水段背景也不同,分析资料时不能依据其观测资料数值高低判断是否富水,应该看整条曲线的相对变化大小,图 11－40 中 η_s 曲线在 $AB/2=38m$ 开始逐渐上升,反映出此地在 30～38m开始出现富水岩体。

(2)异常形式有多种。单峰高值异常,反映出仅在高值异常部位有一个富水地段,此异常段的其余上、下部位都不富水;双峰高值异常曲线,反映出两个含水段,浅部、中部、深部低值对应部位都不富水,

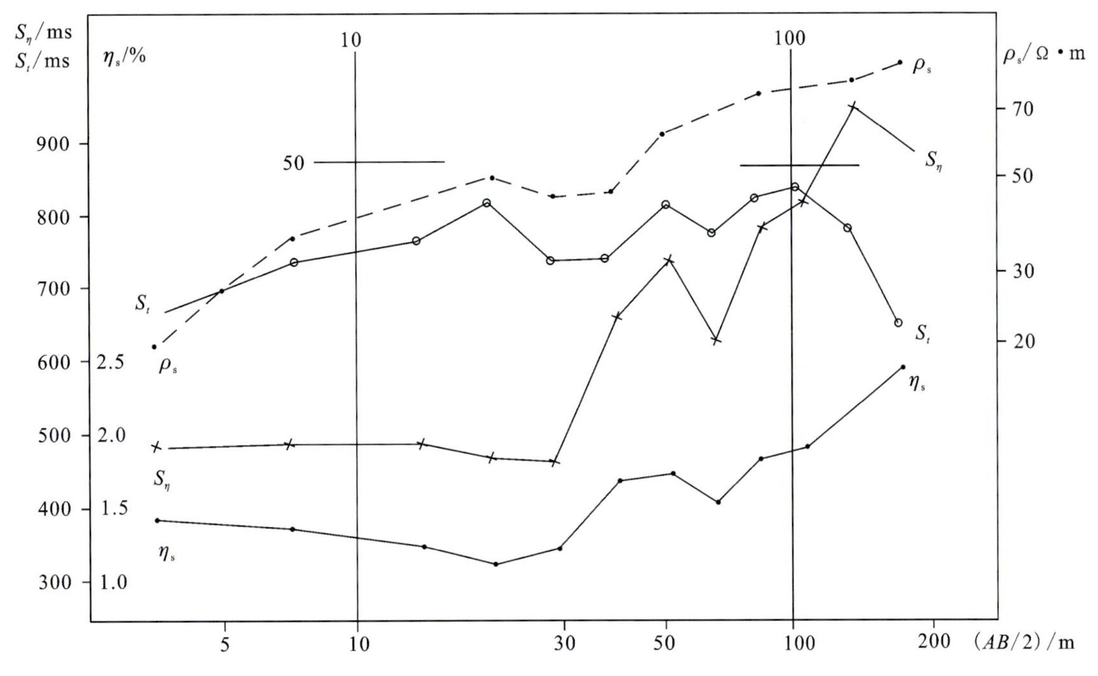

图 11-40 富水地段激电参数的 ρ_s、η_s、S_t、S_η 等异常对比曲线图(北京十三陵冶金疗养院机井)

这两种类型成井深度应稍大于峰值的电极距即可。对于深部开放型的高值异常,深部是否富水要结合其他资料具体问题具体分析。

(3)遇到有富水地下溶洞等大型水体,其 η_s 则为明显的低值异常反应(实验表明纯水 η_s 值很低)。

3. 半衰时 S_t 曲线异常特征

对 27 眼有水机井 341 个数据的统计结果表明,一般无水段半衰时的背景值小于 650ms(图 11-41 为有水机井半衰时数据统计曲线)。高于此数字的多反映为富水地质体,这个统计数字仅是太行山区白云岩地层中富水岩体的反映信息,不适用于火成岩和变质岩地区。

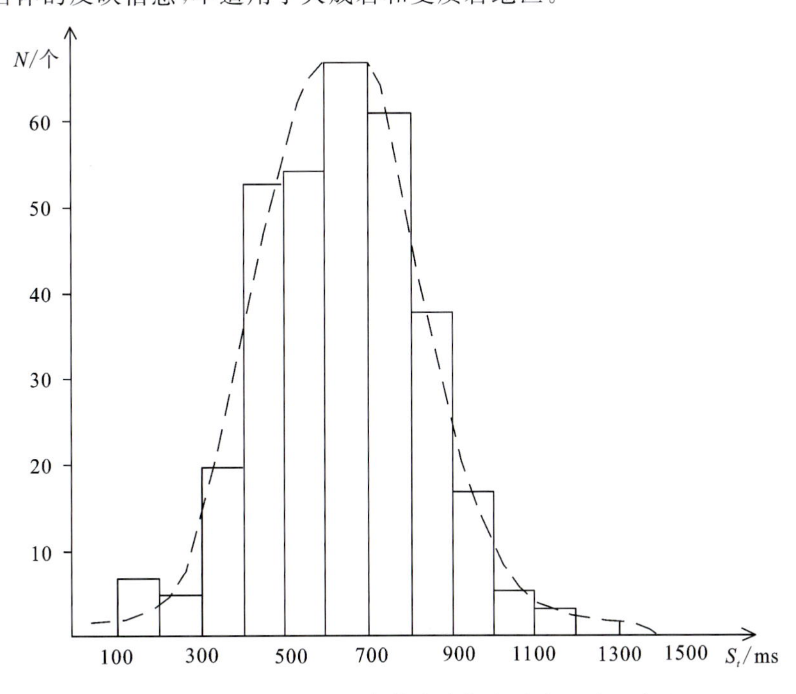

图 11-41 有水机井半衰时数值统计曲线(太行山白云岩地区)

S_t 曲线随供电极距增大以某一斜率上升的曲线类型基本为地层不富水的反映，这种典型类型在侵入岩分布区更常见。

由于衰减度 D 亦是表征二次电场衰减快慢的参数，在富水体上的表现形式与半衰时曲线形态基本一致，亦呈高值异常反应(图 11-42)。

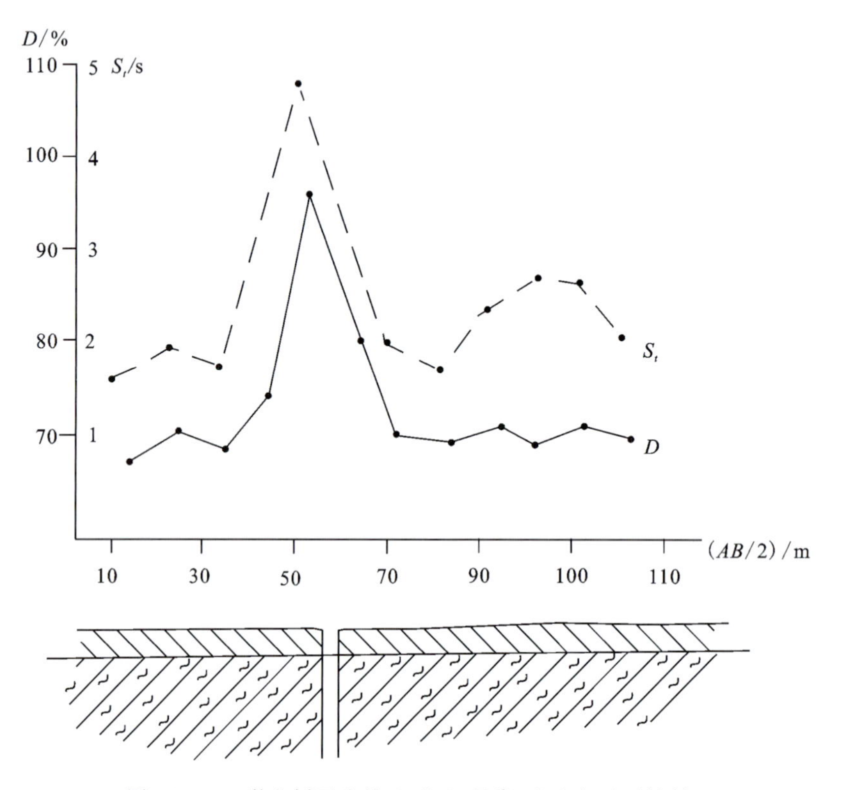

图 11-42　激电剖面法的 S_t 和 D 异常(山东方登西岭村)

11.4.6　激发化法在山区找水中的应用

1. 不富水的完整基岩

在完整基岩上，由于没有构造破碎带，岩层中不含地下水，因而电阻率呈高阻反应，是一条没畸变现象的圆滑曲线；激电参数极化率 η_s、半衰时 S_t 及综合参数 S_η 不仅数值低，而且变化量很小，如图 11-43 所示，没有出现较大的高值异常反应。

2. 弱含水地段的激电测深曲线

图 11-44 是曲阳东沟村一眼未成井的钻孔，岩性为白云岩，在 120～130m 有微量的裂隙水，涌水量为 $5m^3/h$ 左右。

激电测深 η_s 曲线中 $AB/2=80m$ 以前一段，值低且平直，100～130m 稍有升高，且宽度很窄，仅在两个极距上出现。S_t 曲线背景值较高，$S_t=600ms$，局部有微小的高低跳动，推测为水位以上被黏土类物质充填的破碎带反应，总之激电测深曲线没有明显异常反应。

3. 深部富水地段激电测深曲线

图 11-45 为白云岩地层中富水破碎地段在深部的激电测深曲线，地下水水位为 40m。水位以下极化率 η_s、半衰时 S_t 等参数均有明显的逐渐升高趋势。钻孔资料证实，井深 20 余米开始见破碎带；20～

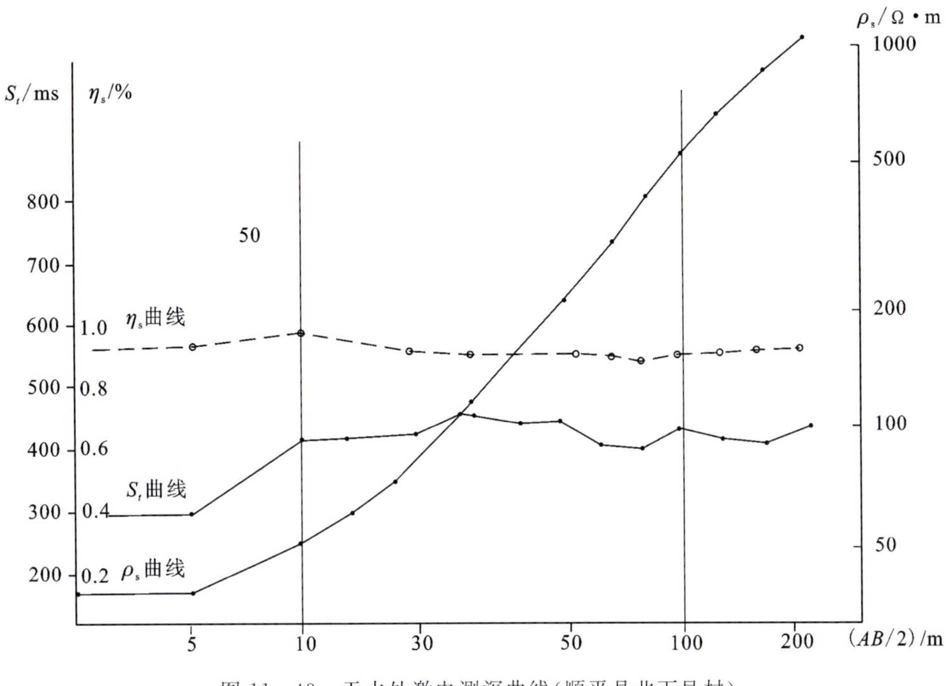

图 11-43 无水处激电测深曲线(顺平县北下邑村)

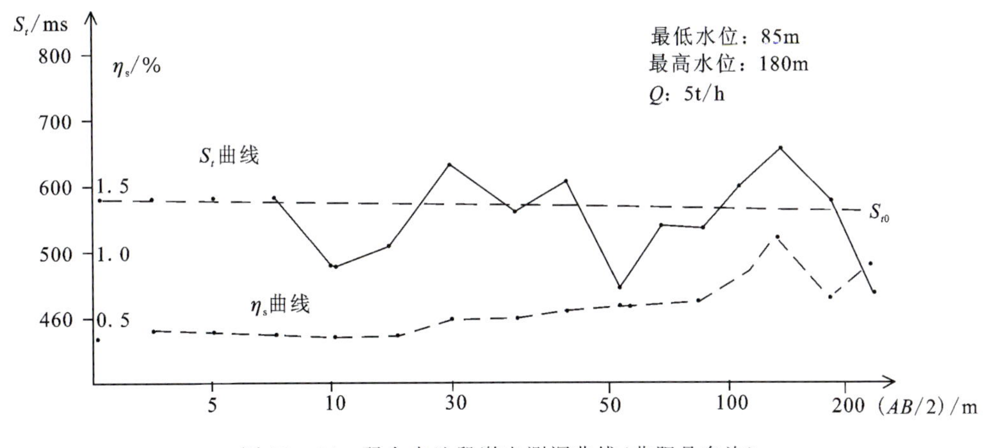

图 11-44 弱含水地段激电测深曲线(曲阳县东沟)

30m 段 η_s、S_t 稍有升高，为水位以上不含水的破碎带反应；40m 往下直到终孔 η_s、S_t、S_η 出现高值异常反应，岩石呈块状破碎，富水性好，该井出水量大于 60m^3/h。

11.4.6 结 论

1. 基岩山区断层储水构造的典型激电异常特征

(1)中等富水的断层上方典型的激电参数异常特征为：低视电阻率＋高视极化率＋高半衰时。

(2)强富水的断层上方激电测深曲线的异常特征组合为：低视电阻率＋低或未有异常的视极化率＋高半衰时。

(3)泥质充填的断层或溶洞激电测深曲线的异常特征组合为：低视电阻率＋高视极化率＋低半衰时。

(4)贫水断层上方典型的激电参数异常特征(压性断层或被岩脉充填)为：低视电阻率＋低视极化率＋低或高半衰时。

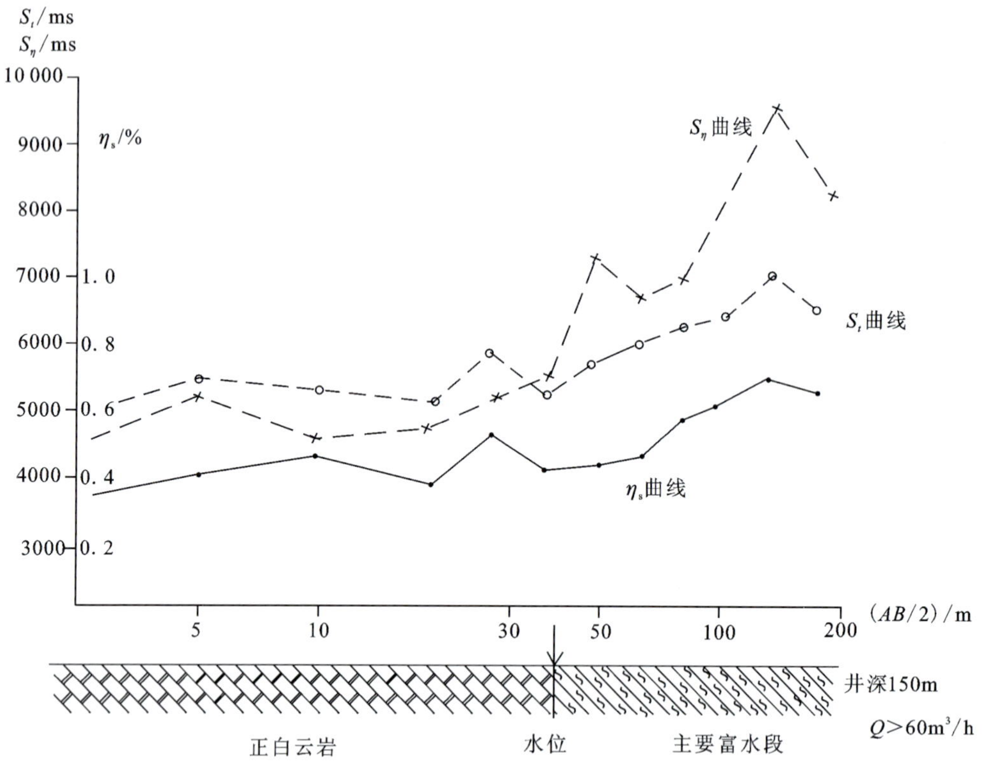

图 11-45　河北满城县北赵庄机井激电测深曲线

2. 找水工作应注意的问题

(1)因受地形影响或断层带与围岩电性差异较小等缘由,视电阻率曲线的低阻异常不明显或未有低阻异常时,应结合其他的物探资料对断层的存在性进行判别。

(2)通常情况下,可根据视极化率和半衰时参数估算研究区地下水水位。水位埋深与视极化率与半衰时高值异常出现的初始 $AB/2$ 极距基本相当。依据激电测量结果,结合水文地质调查结果,共同推测研究区地下水水位会更准确。

(3)找水实践显示,在泥质充填的断层或溶洞上方,S_t 通常呈现出低值特征。因此,找水工作中 S_t 的高值特征可作为储水构造富水的必要条件,可充分利用 S_t 参数。

(4)勘查实践揭示,强富水断层上方视极化率曲线无异常反应。岩脉充填的断层上方的激电参数曲线,有时呈现低视极化率和高半衰时特征,但与强富水断层的曲线形态有所不同。强富水断层的高半衰时与富水地段相对应,整体高出无水段的背景值,曲线变化平缓;而岩脉充填的断层上方的视极化率曲线通常随极距增大而值逐渐减小,而同时半衰时参数随极距增大其值逐渐升高。

(5)若测深点的激电曲线为低视极化率和高半衰时特征,难以区分断层的富水性时,可借助综合参数和相对衰减时等参数进行分析。

(6)多参数综合分析辨别断层的存在及其富水性,并结合地质资料,进行合理的地质解释。

11.5　高密度电阻率法

高密度电阻率法为地下水探测常用方法之一,可应用于强电磁干扰环境,为探测深度 150m 范围内的最佳物探找水手段。

11.5.1 方法原理

高密度电阻率法为阵列式勘探方法，以岩、矿石的电性差异为基础，采用密集改变的电极距，在密集的测点上观测人工建立的地下稳定电场的分布规律。该方法测量信息丰富，反演可获得横向和纵向均具较高分辨率的勘探目标体的赋存状态。

11.5.2 装置类型

高密度电阻率的装置类型较多，各类装置的分辨能力也有所差异，工作中选择与工作目的相契合的装置类型，以达到最佳探测效果。

常用装置有温纳装置（Wenner α、Wenner β、Wenner γ）、偶极-偶极装置（Dipole－Dipole）、三极装置（Pole－Dipole、Dipole－Pole）、斯伦贝谢装置（Schlumberger）等，见图 11－46。

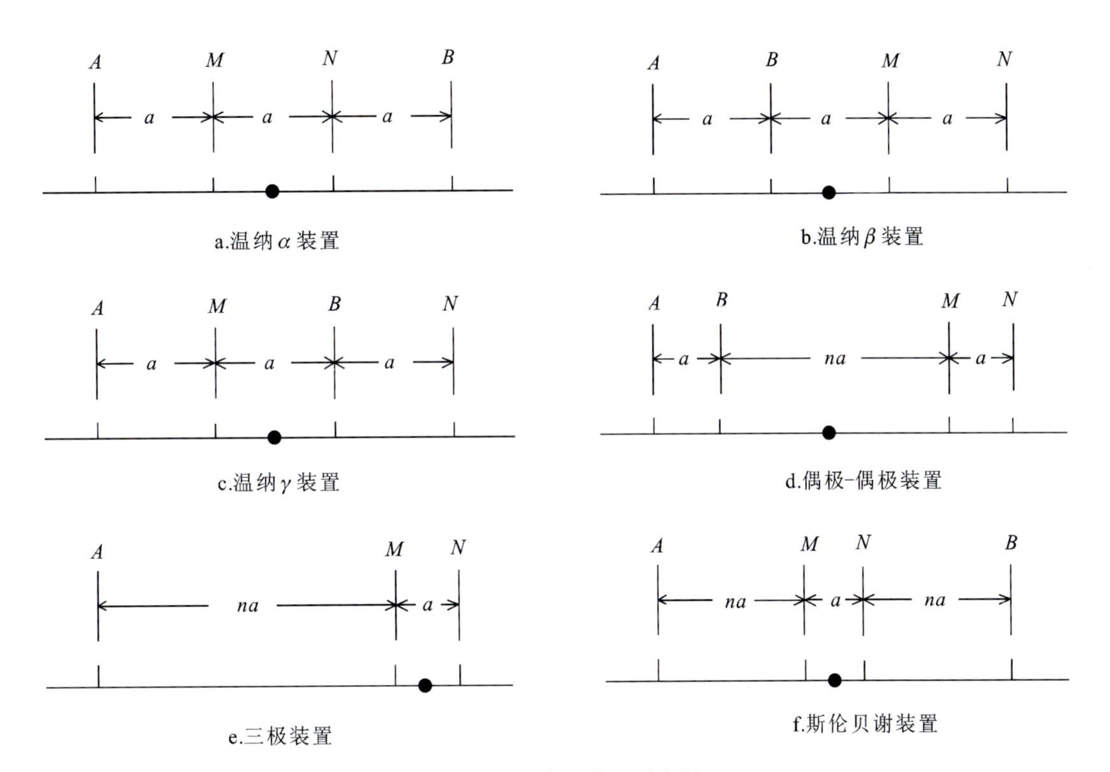

图 11－46 常见装置示意图

对应装置系数的计算公式分别为

$$
\begin{gathered}
k^{\alpha} = 2\pi a \\
k^{\beta} = 6\pi a \\
k^{\gamma} = 3\pi a \\
k^{\mathrm{O}} = 2\pi n(n+1)(n+2)a \\
k^{\mathrm{T}} = 2\pi n(n+1)a \\
k^{\mathrm{S}} = \pi n(n+1)a
\end{gathered}
\tag{11-12}
$$

式中：a 为单位电极距；k^{α}、k^{β}、k^{γ}、k^{O}、k^{T}、k^{S} 分别为温纳 α 装置、温纳 β 装置、温纳 γ 装置、偶极-偶极装置、三极装置、斯伦贝谢装置的装置系数。

11.5.2.1 常用装置的分辨能力

1. 基于探测理论的装置分辨能力

地球物理探测理论认为:物探方法对地下异常探测的空间分辨率,与被观测的场参数密切相关,观测场参数的空间导数会提高探测的空间分辨率;并且导数的阶数愈高,分辨率愈高。基于此,容易预测电阻率法中各种电极装置的探测分辨率。

(1)二极(电位装置)、三极梯度装置和偶极-偶极装置,观测参数分别是点电源场的电位、电位梯度和偶极源场的电位梯度,因此它们的探测分辨率依次递增(偶极源场的电位是点源场电位的一阶导数)。

(2)双向三极梯度装置,包含正向和反向两个三极梯度装置,双向三极观测到的信息比三极多,因而双向三极的分辨率高于三极装置。

(3)斯伦贝谢装置的探测分辨率低于双向三极梯度装置。

(4)α、β 装置分别是对称四极和偶极-偶极的变种,所以 α、β 装置的探测分辨率相应地低于对称四极和偶极-偶极。

(5)γ 装置是两个电位装置 AM 和 BN 的微分组合,其探测分辨率应与电位装置的分辨率相当或稍高。

(6)电阻率法各种电极装置的探测分辨率从高到低的排序应该是:偶极-偶极装置、双向三极梯度装置、单向三极梯度装置、β 装置和对称四极装置,而电位装置及 α 和 γ 装置属于探测分辨率最低的一类电极装置。

2. 基于模型模拟结果的装置分辨能力

从模型模拟结果可以得出以下结论[40-41]。

(1)对于低阻体,偶极-偶极装置比三极装置和对称四极装置具备更好的分辨能力。三极装置要好于四极。

(2)对于探测高阻体,三极装置与偶极-偶极装置对异常体的分辨能力相差不大,也都要好于对称四极。

(3)当探测深部异常体时,最好选用三极装置。

(4)当测区由浅部至深部要求全面的探测时,建议小极距用偶极-偶极装置,大极距用三极装置。

11.5.2.2 装置类型的选择

选择装置类型时要综合考虑装置的分辨力、测量信号强度和勘探深度、地形条件、数据对称性等多个因素。

偶极-偶极分辨能力最强,但观测到的信号最弱,难以探测厚层、高导覆盖层下伏地层的电阻率变化。

三极分辨率虽然高于四极装置,但无穷远极布设在地形条件复杂的山区也相对为工作带来难度。

现阶段,如若想获得可靠的数据,建议 MN 电位差至少保持在 10mV,供电电流 I 应大于 100mA,至少也应保持在 10mA。

常规下,装置类型与平均勘探深度的估算关系为[42]:温纳装置为 17.3%剖面长度;斯伦贝谢装置为 19.1%剖面长度(图 11-47),偶极-偶极装置为 14%~25%最大电极距间隔(图 11-48);三极装置为 50%~60%的 MN 间距,MN 间距与 AM/MN 相关;二极装置为 60%的 AM 间距。

斯伦贝谢装置是地下水探测中常用的类型:一是其分辨率高于温纳装置,信号强度优于偶极-偶极装置;二是在勘探深度 150m 范围内是信号强度与分辨率二者折中的最佳装置类型。

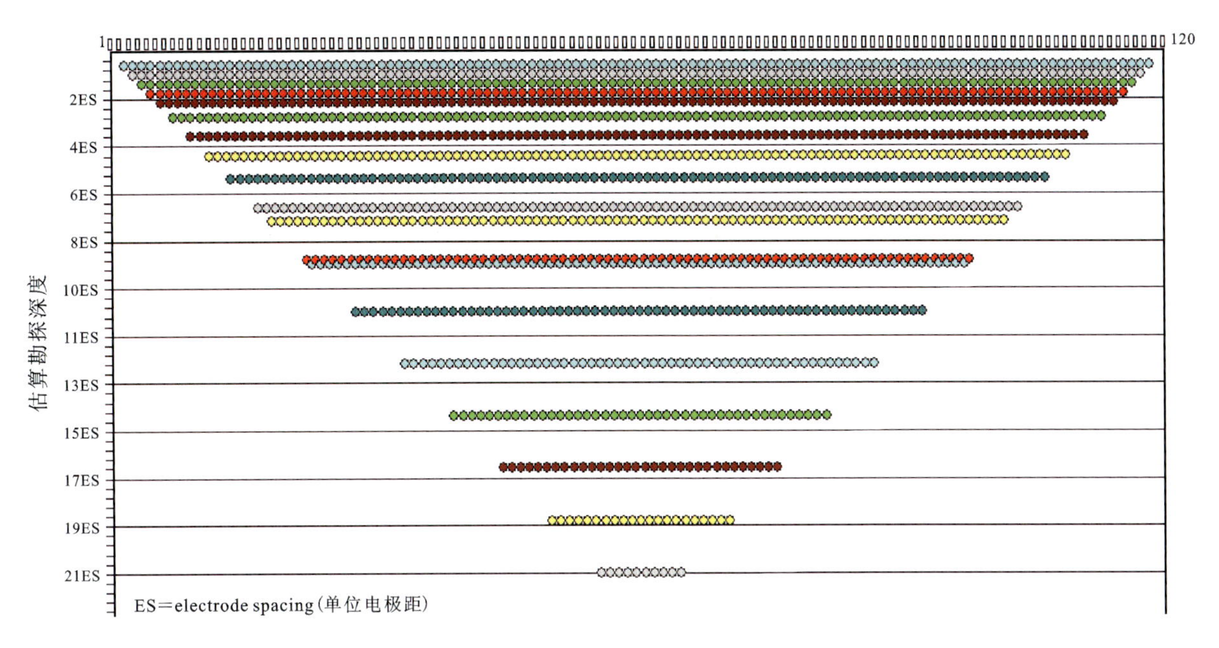

图 11-47 斯伦贝谢装置采集数据分布示意

注:120 道,$AB/MN=11$,在保障较强信号的条件下模拟,勘探深度约为 21 倍单位电极距(即 21ES)。

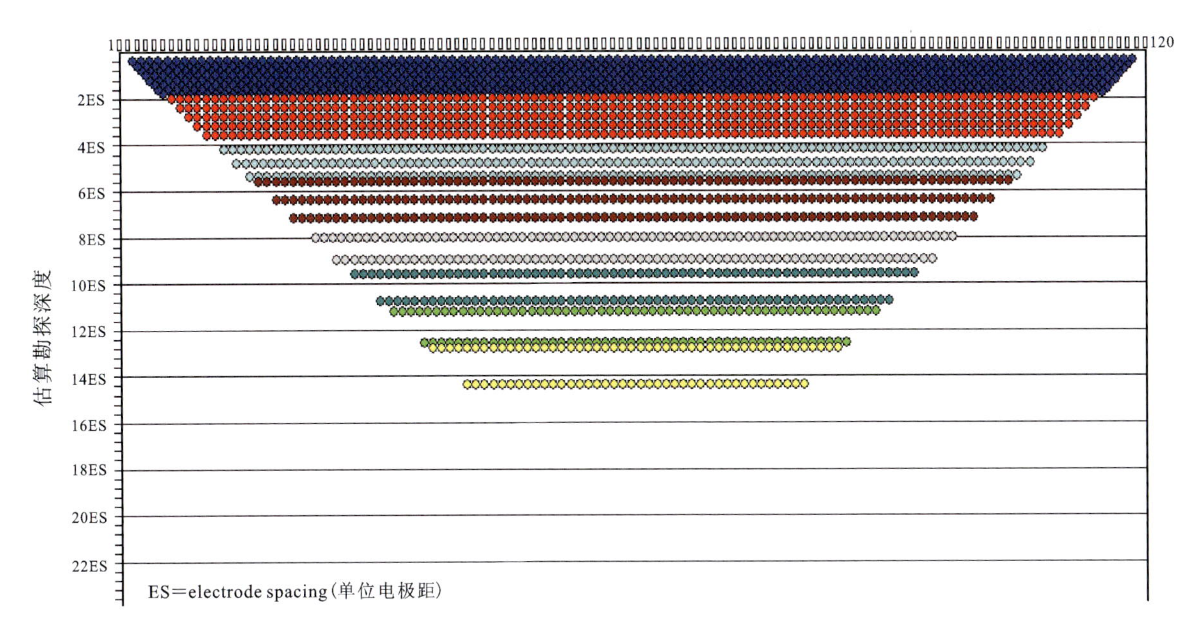

图 11-48 偶极-偶极装置采集数据分布示意

注:120 道,隔离系数 $n=8$,在保障较强信号的条件下模拟,勘探深度约为 14 倍单位电极距(即 14ES),2425 个记录点。

11.5.2.3 数据采集模式革新

1. 模糊装置类型的采集方式

为提升高密度电阻率的纵向分辨能力,原以电极距、隔离系数为基准的数据采集和记录形式已发生转变,现今高密度电阻率法的数据采集不再局限于装置类型,可以组合不同类型装置的数据采集控制文件或人为控制数据采集方式,仪器采集时只需知道供电和测量电极的位置。

若组合偶极-偶极(图 11-49)与斯伦贝谢装置(图 11-47)则可以达到较大的勘探深度、高密度采样,尤其是中深部高密度采样的效果(图 11-50)。

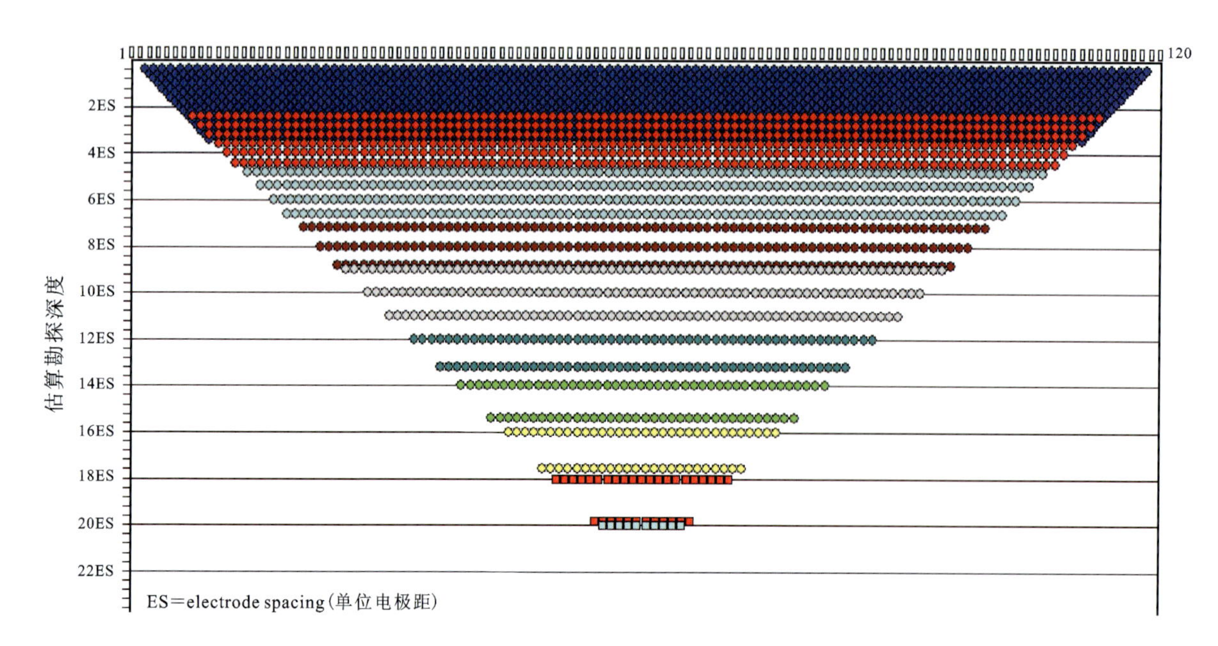

图 11-49　偶极-偶极装置采集数据分布示意(模糊装置)

注:120 道,隔离系数 $n=11$,深部信号在低阻区较弱,勘探深度约为 20 倍单位电极距。

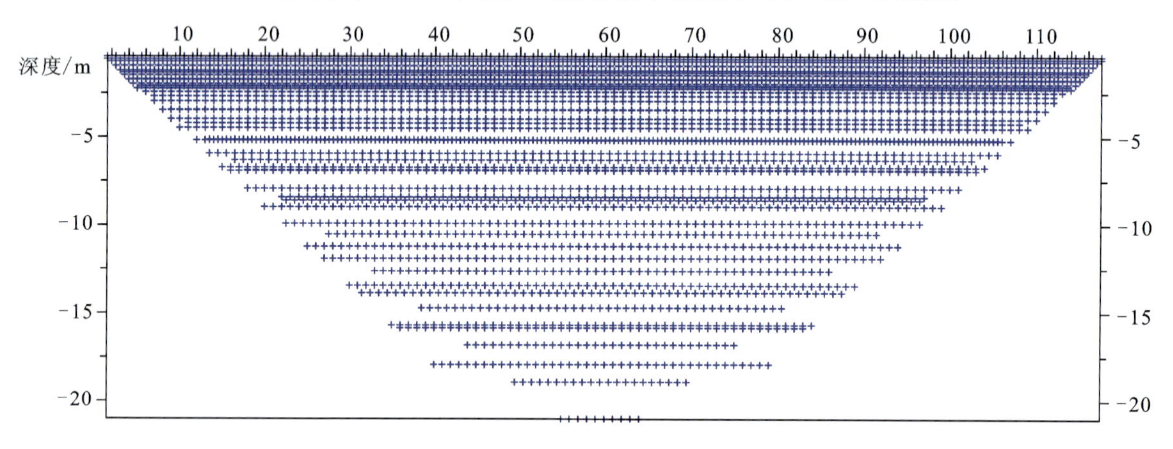

图 11-50　合并装置后采集数据分布示意

注:单位电极距设为 1m。

2. 扩展覆盖技术应用

通过扩展覆盖技术,很大程度上可提高勘探深度尤其是中深部的勘探分辨率,对于浅部小规模地质体的精细刻画具有重要意义。

图 11-50 和图 11-51 显示在测道、隔离系数等参数均相同的情况下,采用与未采用扩展覆盖技术的偶极-偶极装置采集数据分布,记录点的个数从 2425 个增至 9138 个,横向、纵向分辨能力和勘探深度明显提升。

11.5.3　接地电阻

电极接地会产生接地电阻,接地电阻的大小对测量结果产生不可忽略的影响。接地电阻受电极周边土壤/岩石的电阻率、电极入土深度、电极半径等多种因素综合影响。

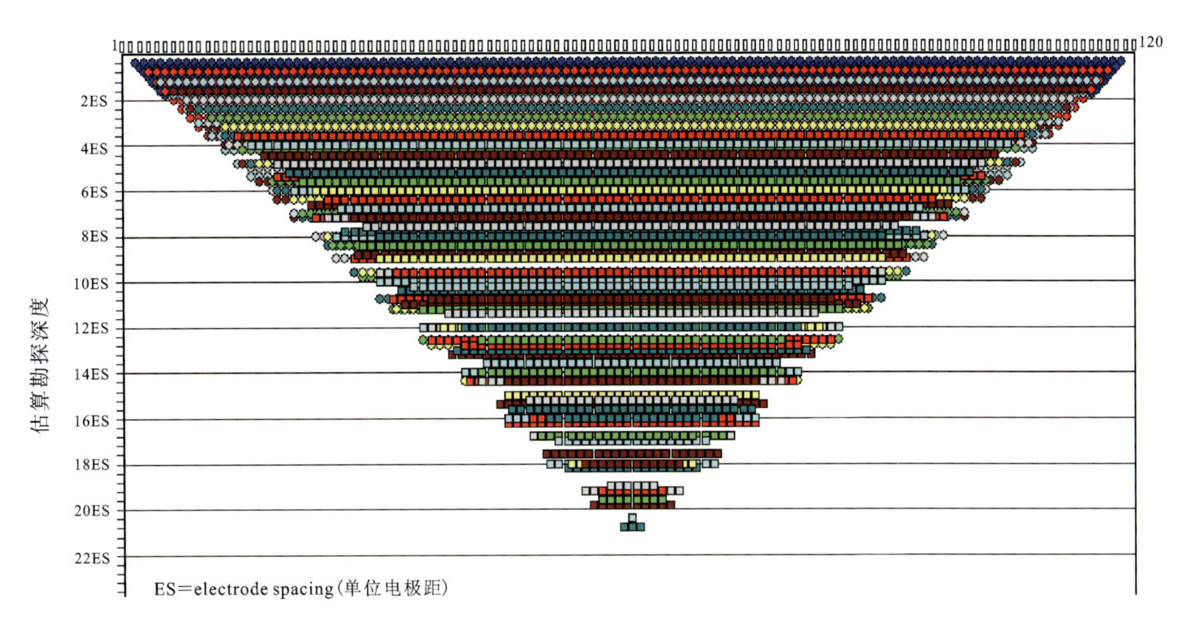

图 11-51 偶极-偶极装置采集数据分布示意(扩展覆盖技术)

注:120 道,隔离系数 $n=8$,较强信号,9138 个记录点。

11.5.3.1 棒状电极的接地电阻

高密度电阻率法勘探时使用电极均为棒状电极,在此以棒状电极为例,说明影响接地电阻的因素[21]。

设在土壤电阻率为 ρ 的均匀各向同性介质,棒状电极半径为 r_0,电极入土深度为 L,则接地电阻 R 由下式决定[43]

$$R = \frac{\rho}{2\pi L}(\ln \frac{4L}{r_0} - 1) \tag{11-13}$$

由式(11-13)可知,接地电阻与电极周边岩石电阻率呈正相关关系,与电极入土深度和电极半径呈负相关关系,即可通过降低电极周边岩石的电阻率、增大电极入土深度和电极半径来降低接地电阻。

11.5.3.2 减少接地电阻的方法

1. 更换土壤半径值的确定

确定高阻区更换土壤的半径:高阻区如卵砾石区、基岩风化壳出露区,通过浇水难以降阻的区域需要考虑更换电极周边的土壤以达到降低目的。根据已有的研究成果[44-45],土壤更换半径与接地电阻的变化规律见图 11-52。

由图可知,接地电阻率随电极附近更换土壤覆盖半径 r_1 的增加而减小,当土壤电阻率 ρ 取 100Ω·m 时,不管入土深度如何变化,在更换土壤半径 r_1 大于 150cm 时,接地电阻减小变化趋势于平缓;当土壤电阻率 ρ 取 100Ω·m 时,变化规律亦然。

故更换土壤半径 r_1 可取 150cm,考虑劳动强度,建议 r_1 取值为 100~150cm。

2. 多根电极并联

当多个电极并联(图 11-53),在各电极间距 P 很大时,n 个电极并联后的接地电阻 R_n 与单根电极的接地电阻力 R 具备下列关系

$$R_n \approx \frac{R}{n} \tag{11-14}$$

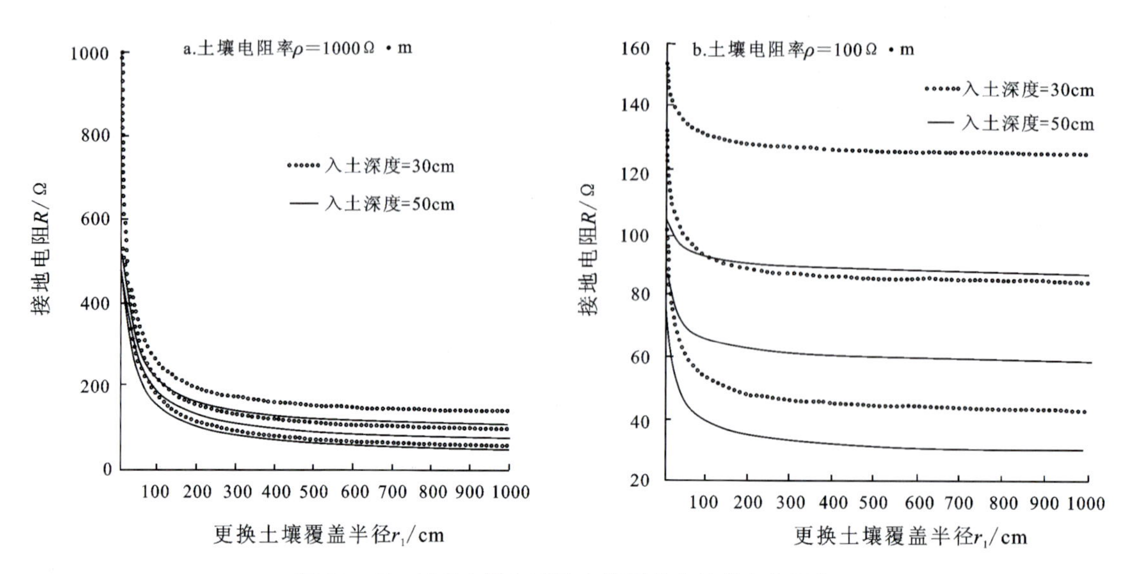

图 11-52　接地电阻与更换土壤覆盖半径的变化规律

注：a、b 图土壤电阻率 ρ 取 1000Ω·m 和 100Ω·m，电极半径为 1cm，电极入土深度 L 分别取 30cm 和 50cm，更换电极附近的土壤电阻率 ρ_1 分别取 $\rho_1=3/4\rho$、$1/2\rho$、$1/4\rho$。

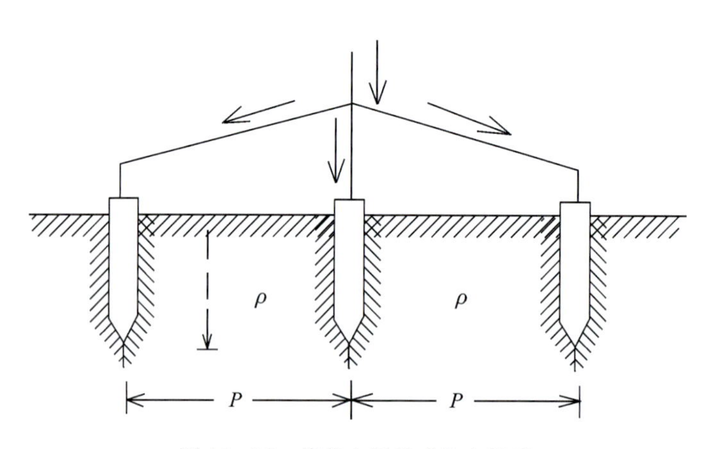

图 11-53　棒状电极组成的电极系

然而实际接地电极彼此间隔距离有限，电极间共有一部分同样土壤，其并联接地电阻值要比 R/n 大。另外，根据同性电荷电场排斥理论，接地电极间隔越窄，电流线的排斥作用越强，导致每一个接地电极发出的电流线在地中穿过的截面积减小，所以接地电极电阻增大，而且接地电极间的间隔越窄，接地电阻超出 R/n 程度便越大。

通常基岩出露区可以考虑两根电极并联模式降低接地电阻，若要达到良好的降阻效果，要求并联电极间距 $P>2L$。高密度电阻率法工作时，要求电极入土深度 $L<1/5d$（d 为电极距）；故 $P>2/5d$，并同时满足并联电极垂直测线方向布线，单根电极与预定接地点间的最大距离 $di_{max}<3/20d$。

因此电极间距 P、电极入土深度 L、电极距 d、单根电极与预定接地点间的最大距离 di_{max} 应同时满足以下条件：$P>2L$，$L<1/5d$，$di_{max}<3/20d$。

3. 深埋接地电极

当地下深处的土壤电阻率较低或有水时，可采取深埋接地电极来降低接地电阻值。这种方法对含砂土壤效果明显，在岩石地区困难大。

4. 化学降阻

在电极周围土壤中加食盐、木炭、电石渣、石灰等化学物，提高土壤导电性。例如土壤中加入食盐时，砂质土电阻率可降低 1/3～1/2，砂土可减少 3/5～3/4。

11.5.4 剖面长度和最小电极距(精细勘探)

最小电极距决定着横向分辨率，一般为最小电极距的 1/2。因断层储水构造的规模较小，断层带宽 10 余米、发育深度达 100 余米、走向上有一定延伸的张性断裂均可成为好的水储，在信号强度可保障的前提下，建议保持 5m 的最小电极距。

在剖面长度一定时，电极距越小，数据密度越大，分辨率越高，恢复探测目标体性态的能力越强。

剖面长度由勘探深度(可按平均深度估算)、场地条件决定。当场地狭小达不到勘探深度时，若探测断层构造，可采用高密度电阻率法刻画浅部和横向物性变化、电测深法刻画深部结构的工作方式；当场地宽阔时，剖面长度需略长于按平均深度估算的剖面长度。

11.5.5 视电阻率负值产生原因

原始数据中偶会有视电阻率值的存在，在接收、发射主机部分性能良好的情况下，究其原因如下[46-48]。

(1)接地电阻太大为主要原因，请参照接地电阻部分降低：如图 11 - 54 所示，由于某单个电极(数据空白区，"八"字形)的接地电阻过大，引起该电极供电或测量时的数据为负值或过小的电压差或供电电流，在资料处理时只能删除。

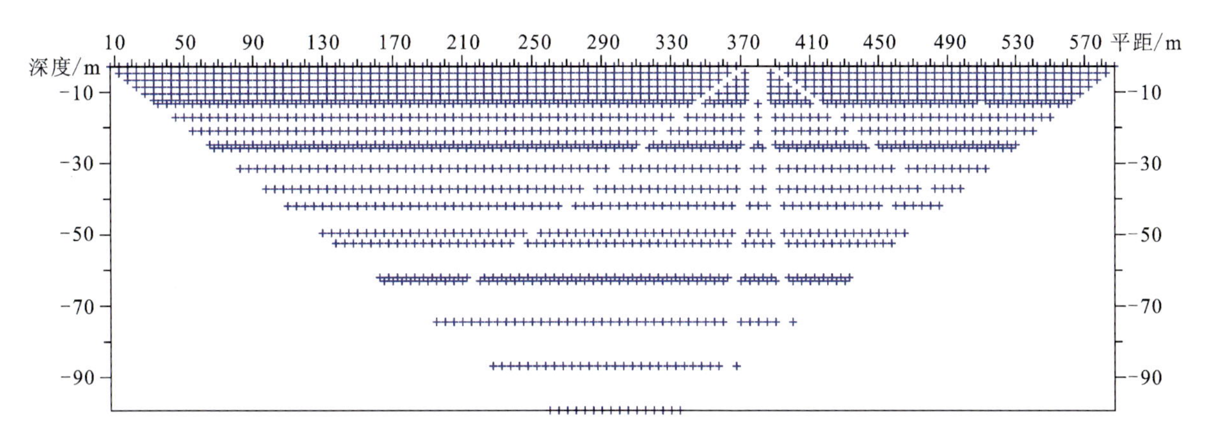

图 11 - 54　接地电阻过大引起的数据异常(空白部分为坏点)

(2)电缆漏电，特别是电缆接头可能潮湿或/和充满尘土：检查单根电缆的性能，清洗电缆插头。

(3)周围电器设备漏电：远离漏电设备。

(4)观测的电位差太小和供电电流太低：除去接地电阻的影响，主要是深部信号出现的问题，说明设备探测能力已达极限；增加外设，加大供电电压或供电电流。

(5)测线非直线性即供电、测量电极未保持同线：遇障碍物时正常偏离测线，极少情况会出现测量负值；尽量保持电极同线。

(6)测量电极间高差较大：地形引起电流畸变，点位可适当偏离，避免电极位于陡坎上、下；或舍弃该电极，使其不再参与测量。

11.5.6 资料处理与反演

常用软件为 RES2D,常用反演方法为阻尼最小二乘法、光滑约束法、Robust 法等。

1. 资料处理

(1)核对、修正剖面坐标和最小电极距。

(2)同一条测线多次测量结果的数据拼接。长剖面测量工作通常会分段开展,两相邻断面间存在数据重叠,可对重叠数据取平均或取其中一次测量结果,将多次测量数据合成一个数据文件。

(3)剔除突跳点。可以供电电流,测量电压,视阻率负值,最大、最小视电阻率值,曲线的突变等要素为依据,进行数据筛选。

2. 数据反演

(1)网格剖分时,通常网格宽度取最小电极距的 1/2。

(2)确定深度因子参数。控制反演后的断面深度与平均深度的关系。通常情况下,高阻区取值为 1.1 或更大,低阻区取值为 0.9 或更小。可通过井旁试验获得较为准确的参数。

(3)纵向网格即网格高度递增因子,通常设为 1.1。

(4)选择反演初始模型。模型或为均匀半空间或为测量的视电阻率拟断面。数据质量优良、地质剖面简单时,可选视电阻率拟断面;否则,均匀半空间的反演效果更好。

(5)选择反演结果。一般反演迭代 3~5 次,均方根误差(RMS)即小于 5%;数据质量良好时,RMS 可以低至 3%;数据坏点较多时,RMS 达到 8%,反演结果亦可信。建议选取 RMS 误差由快速减少至平稳变化那一次的迭代结果作为反演结果,RMS 数值太小,则数据出现过度拟合,并非真实结果。

11.5.7 结　论

(1)高密度电法是基岩山区尤其是强电磁干扰区找水效率高、对储水构造刻画精细的方法。

(2)接地电阻是影响高密度电法数据质量的最重要因素。

(3)该方法用于找水工作一般采用 2D 勘探模式,时移和 3D 勘探是监测饱气带溶质运移的有效手段。

(4)若要揭示岩溶区小尺度裂隙型地下水通道,则需考虑地面与井中联合勘探方式。

11.6 音频大地电磁测深法

音频大地电磁测深法(AMT 法)是地下水探测中应用最为广泛的电磁类测深方法。可控源音频大地电磁测深法(CSAMT 法)除考虑场源布设外,它的数据采集、资料处理与反演方法均与 AMT 法有较多相似性(基于波区数据)。故本章不再对 CSAMT 法另行介绍。

现国内代表性的 AMT 法仪器设备为 EH-4 电导率成像系统(简称 EH-4)和 V8 多功能电法仪(简称 V8)。EH-4 系统支持标量和张量测量模式,最高频率可达 80kHz,浅部勘探盲区少,适合于高阻基岩出露区和基岩浅埋区;V8 系统的 AMT 法支持张量测量模式,最高频率可达 9kHz,当沟谷狭窄或地形陡峭时难以布设两对测量电偶极,高阻基岩出露区浅部勘探盲区大。V8 系统的 CSAMT 法采用标量工作方式,适合于地形条件复杂区,发射电极应布设在与测量区域相同的地质构造单元或低阻区域。

11.6.1 方法原理

通过在地面观测不同频率交变电磁场之正交的电场分量和磁场分量，进而求得卡尼亚视电阻率(ρ_s)随频率(f)的变化关系。卡尼亚视电阻率和阻抗相位的计算公式为

$$\rho_{ij} = \frac{1}{\omega\mu_0}|Z_{ij}|^2 = \frac{1}{5f}|Z_{ij}|^2 \tag{11-15}$$

$$\Phi_{ij} = \tan^{-1}\left[\frac{\mathrm{Im}(Z_{ij})}{\mathrm{RE}(Z_{ij})}\right] \tag{11-16}$$

式中：ρ_{ij}为地层视电阻率；ω为角频率；μ_0为真空磁导率；Z_{ij}为阻抗；f为电磁波频率；Φ_{ij}为阻抗相位。

由于电磁波在地下介质传播过程中能量的吸收，其趋肤深度δ由下面的公式计算

$$\delta \approx 503\sqrt{\frac{\rho_s}{f}} \tag{11-17}$$

因此，选用不同的频率可达到不同的勘探深度，降低频率可加大探测深度。

11.6.2 场源特点

太阳及其他星体射向电离层的辐射轰击电离层引起的扰动所产生的次生电磁波，是天然电磁场最主要的来源[49-52]。此外，地表以上一切可发生电磁波的事物均可以是天然电磁场的源，比如雷电、无线电通信、其他工业器件引起的发射等。天然场源由地表的自然过程、工业器件以及电离层的扰动构成。这一切源的发射在时间和空间上都是不稳定的、随机的，天然电磁场包含的各电磁波频率、振幅、相位、偏振及传播方向都是随机的。

在一天中，地球的自转使得电离层的电荷组成和分布有着明显的日变化特征，并影响了它的导电性和电磁波传播。具体来说，白天，电离层的光电反应吸收了大量的能量，使得天然场信号变弱，故夜间信号比日间强；白天清晨、傍晚时段天然场信号较强，中午时段天然场信号最弱，是天然场信号采集最不利时段。

而在一年中的北半球，夏季雷暴频发，天然场信号强；而秋冬季雷暴减少，天然场信号变弱，故夏季信号比秋冬强。

信号在800～5000Hz以及0.05～5Hz之间存在极小值，大地电磁信号幅度极其微弱，使得信噪比较低，高质量的资料相对较难获取，因此称该频带为“死频带”，见图11-55。

11.6.3 噪声干扰问题

高信噪比的数据是地球物理数据采集的终极目标，明晰电磁法勘探的噪声类型、干扰特点以及防范措施是获得高质量数据的必要前提。

11.6.3.1 噪声类型

噪声可分为场源噪声、地质噪声、人文噪声和观测装置引入的噪声[54-57]。这些噪声因产生原因不同，对观测数据的影响也就不同。

1. 场源噪声

场源噪声起源于地球外部的天场电磁场，其影响主要表现为：①因场源的随机性，可能会出现某些频率成分缺失或极化特征单一等情况；②AMT法1～5kHz频率范围内，天场电磁场信号强度处于极低值，通常将这一频率范围称为AMT的“死频带”，大地电磁场信号能量低、谱值小，造成视电阻率曲线和相位曲线在此段的畸变；③距观测点太近的闪电信号与平面波假设相违背。

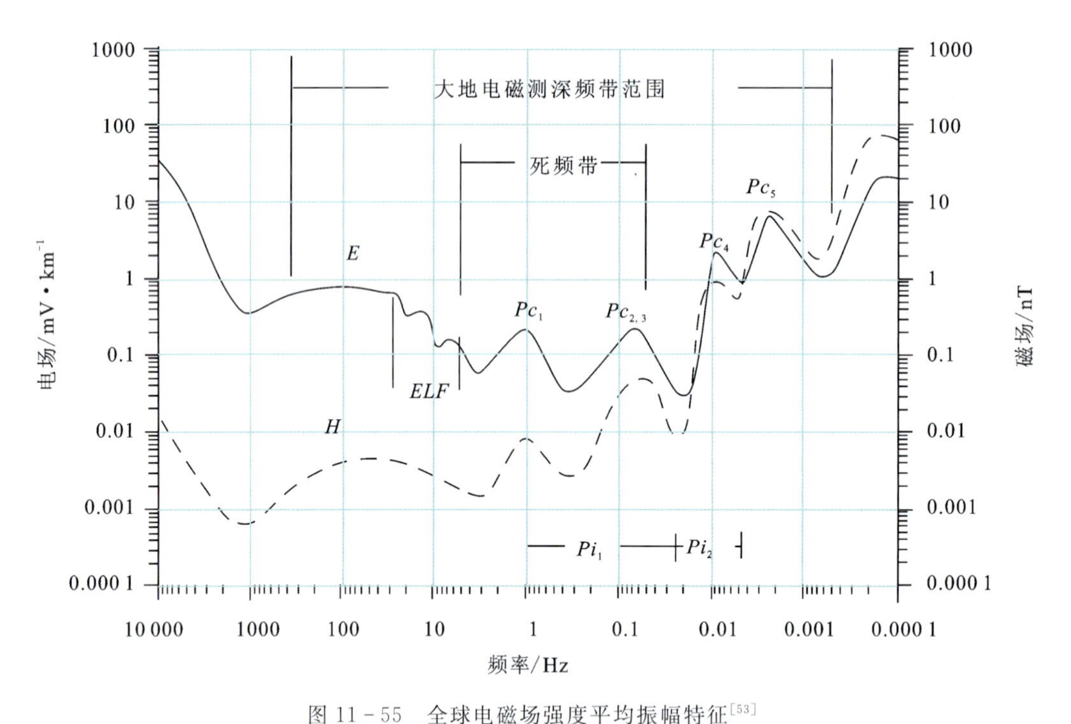

图 11-55　全球电磁场强度平均振幅特征[53]

注：E. 电场强度；H. 磁场强度；Pc. 连续地磁脉动，Pi. 不规则地磁脉动，ELF. 极低频。

2. 地质噪声

地质噪声为测区地质因素对地球介质电性的影响形成的噪声，地质噪声主要为：①地表附近的局部不均匀体产生的静位移畸变；②地势起伏不平产生的地形影响；③测区构造异常复杂，很难找到与此构造相适应的资料处理、分析和解释方法，用近似方法与简化模型代替而必然导致的误差；④测区构造的大尺度非均匀性对平面波失效、浅层构造为高阻、用长周期资料探测深部构造致使场源影响加剧，由此产生的噪声均属于场源与地质因素共同形成。

3. 人文噪声

人文噪声源于地球本体的人工电磁场与其他活动产生的噪声，包括电力传输系统、有线广播、电器设备与电信工程中的电磁辐射现象以及车辆运行和风等。这些电磁噪声离观测点很近，为非平面波，不符合大地电磁测深对场源的要求；而且噪声信号能量可以是正常信号的数倍甚至几个数量级，但只集中在少数几个频率（如 50Hz 或 60Hz 及其谐波）或某个有限频带。

在高压输电线附近，由于干扰信号强，有效信号几乎被淹没，形成似等振幅的 50Hz 的噪声干扰。同时，电网电压波动除引起电道零线随之变化外，还会产生新的频率成分，而供电频率不稳形成的包络信号也是低频噪声干扰源。

测点靠近电台、雷达、载波电话及有线广播时，在工作期间，伴随声频信号的强弱变化，形成许多包络状的杂乱无章的假信号。

此外，当大型电器设备突然启动、关闭或负荷突然改变时，电道将产生阶跃信号，在其上升与下降沿，磁道将形成尖脉冲。特别是对两线一地或三线一地式线路流入地下的游散电流噪声，有人估计，电气化铁路运行时的机车电流为 200～700A，短路时可达 1000～2000A，若流入地下的游散电流按 30% 计算，则可达到 60～200A，其影响非同一般。

若观测点在公路近旁，汽车驶过时，等效于一个大磁铁对观测的快速作用，尤其当磁棒与公路平行时，将使磁场信号发生突变。

4. 观测装置引入的噪声

观测装置产生的噪声是由野外施工不严格或观测装置本身连接不当造成的。电极距不准、两电道不完全正交、磁棒方向偏差等原因造成观测资料的人为偏差。观测装置本身的原因有:电缆接头的连接方法不正确或接头处绝缘性能降低造成漏电;电缆悬空敷设,由风动产生感应干扰。

11.6.3.2 噪声干扰的特点及减小噪声的方法

1. 场源噪声

场源噪声自然与场源同源,来自太阳与雷暴活动。在 1kHz 左右天然场的"死频带"区,AMT 法资料在这些频点处分散,甚至为飞点。根据资料特点,在后续资料处理中利用相位资料进行校正[58]或人工圆滑方式去除噪声。对于不满足平面波条件的近距离闪电信号,在资料处理中利用时序筛选的方式进行剔除。

2. 地质噪声干扰

静位移畸变和地形影响,通常是全频域的。静位移畸变产生于地表附近的局部电性不均匀体和局部地形起伏,它们引起视电阻率沿测线急剧变化[59]。为减少静态影响,一方面要在野外施工中选点布极时避开地形影响区,如山顶、山谷等,同时选择长电极距来压制静位移;另一方面通过后续资料处理来压制静位移。减少地形影响的方法主要为在后续资料处理中进行地形校正或直接进行带地形的 2D 反演。

3. 人文噪声干扰

人文噪声是经济和文化发展地区的特有的噪声,当系统稳定时,主要影响 50Hz 及其谐波。当系统负荷变化时,产生的电磁噪声信号虽然频域宽广,但以低频影响为主。

一般表现为使视电阻率曲线近于 45°上升而阻抗相位曲线则突然下跌至零,或者使某一段曲线产生畸变。显然电磁噪声是非常复杂且最难克服的噪声,它不仅强度变化大、频域宽、影响形式多样,而且与测点周围的环境和地质条件有关。当沉积盖层很薄时,常使很大范围深受其害,在这种情况下精细的野外施工尤为重要。

在选点布极工作时,尽量避开工业输电线路和用电高峰,远离电磁干扰源。对无法避开的高压电力线,数据观测时宜采用远参考或互参考测量。

4. 观测装置引入的噪声干扰

对于布极过程中由工作差错造成的人为噪声,可采取一人布极、另一人检查的方式来解决。

磁场信号比电场信号更弱,工作中特别注意磁传感器及其传输线。当传输电缆被风吹动而在地磁场中摆动时,传输线中将产生感应电流对仪器形成干扰,这种干扰同时影响电道和磁道。野外施工中将传输线加以固定或掩埋。

11.6.4 超相位现象

野外测量时,有时会出现阻抗相位 φ 大于 90°的情况,即相位曲线出现非最小相位的现象,称之为超相位现象[58-60]。研究表明,超相位现象由三维结构异常体所引起。目前,基于各向同性介质的二维反演技术无法对这些出现在低频段的异常相位进行拟合,利用二维反演时,只得将这些测点删除;而采用三维反演技术对引起相位超象限现象的地下结构进行恢复是可能的。

1. 阻抗相位与视电阻率间的关系

对于一维大地电磁问题，地表阻抗在频率域中是一个最小相位函数，其振幅和相位由希尔伯特变换相联系，相位 φ 与视电阻率 ρ_s 的斜率 S 相对应。在对数域上有

$$S=\frac{d(\lg\rho_s)}{d(\lg f)}\cong\frac{\varphi}{45^\circ}-1 \tag{11-18}$$

斜率 S 与相位 φ 的变化范围为：$-1\leqslant S\leqslant 1$，$0\leqslant\varphi\leqslant 90^\circ$。

对于二维和三维情况，大地电磁阻抗张量一般情况下不是一个最小相位函数。由测点附近各点上进入地下的电磁波都有可能被反射和折射到测点上，从而影响测量的阻抗。对于二维和三维测量，一般情况下视电阻率与相位之间的关系不满足上述方程。

2. 超相位曲线特征

超相位曲线有以下特点：在 TE 极化模式中，阻抗出现非最小相位现象，通常高频的响应满足最小相位，随着频率的减小开始出现非最小相位，而且在以后的低频端都保持下去。一般表现为相位 φ 大于 90°，且视电阻率 ρ_s 的斜率也不一定与 φ 成比例，常常随着频率的减小，斜率变得很大(大于 1)，但在视电阻率 ρ_s 达到一定最小值后，随着频率的减小又开始增大；而同一测点上的 TM 极化模式中，阻抗常为近似的最小相位函数，见图 11-56。

在所有的超相位实例中，TE 阻抗均表现了超相位特征，具体表现为相位急剧上升，明显地超过 90°；则视电阻率斜率也急剧增加，视电阻率值很快达到最小。然而，TM 阻抗的曲线却正常。

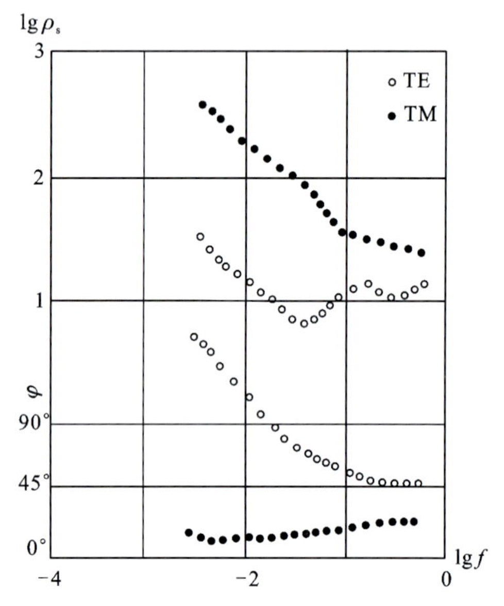

图 11-56 AMT 曲线的超相位现象

11.6.5 资料处理和反演

AMT 法资料处理包括噪声压制、静态校正、地形校正、阻抗张量分析等，反演一般为一维和二维反演。剔除噪声有多种滤波方法，静态校正亦有相位校正法、时间域瞬变电磁测深法校正法、EMAP 法等多种方法。一般地，地形校正通过带地形的 2D 反演来实现。常用一维反演方法为 Bostick 反演、拟地震、梯度法、广义逆、OCCAM 等方法，常用二维反演方法为 RRI、NLCG、OCCAM法等。

本小节仅对噪声压制中的时序筛选、人工圆滑、相位校正、Bostick 反演、有效阻抗计算等在地下水勘探中实用且易实现的功能进行简单介绍。

11.6.5.1 去噪处理

1. 时序文件筛选

野外测量工作完成后，即进入原始资料的预处理阶段。在该阶段，首先，对照野外原始记录检查各个测点的坐标及电极距的正确性；其次，重新回放每个测点的原始时序文件，并逐点、逐屏地对时序进行挑选，剔除那些存在明显干扰信号的时间序列段，以减少随机干扰信号对数据的影响；最后，利用采集软件重新处理筛选过的时序资料，这样最大限度地保证了估计出的大地电磁响应的质量(图 11-57)。

对比时序筛选前后的视电阻率、相位、相关度以及 Bostick 一维反演曲线，从图中可以看出，挑选时序后视电阻率曲线尾枝质量有着明显的改善，但相位曲线无变化，相应的相关度曲线和 Bostick 一维反

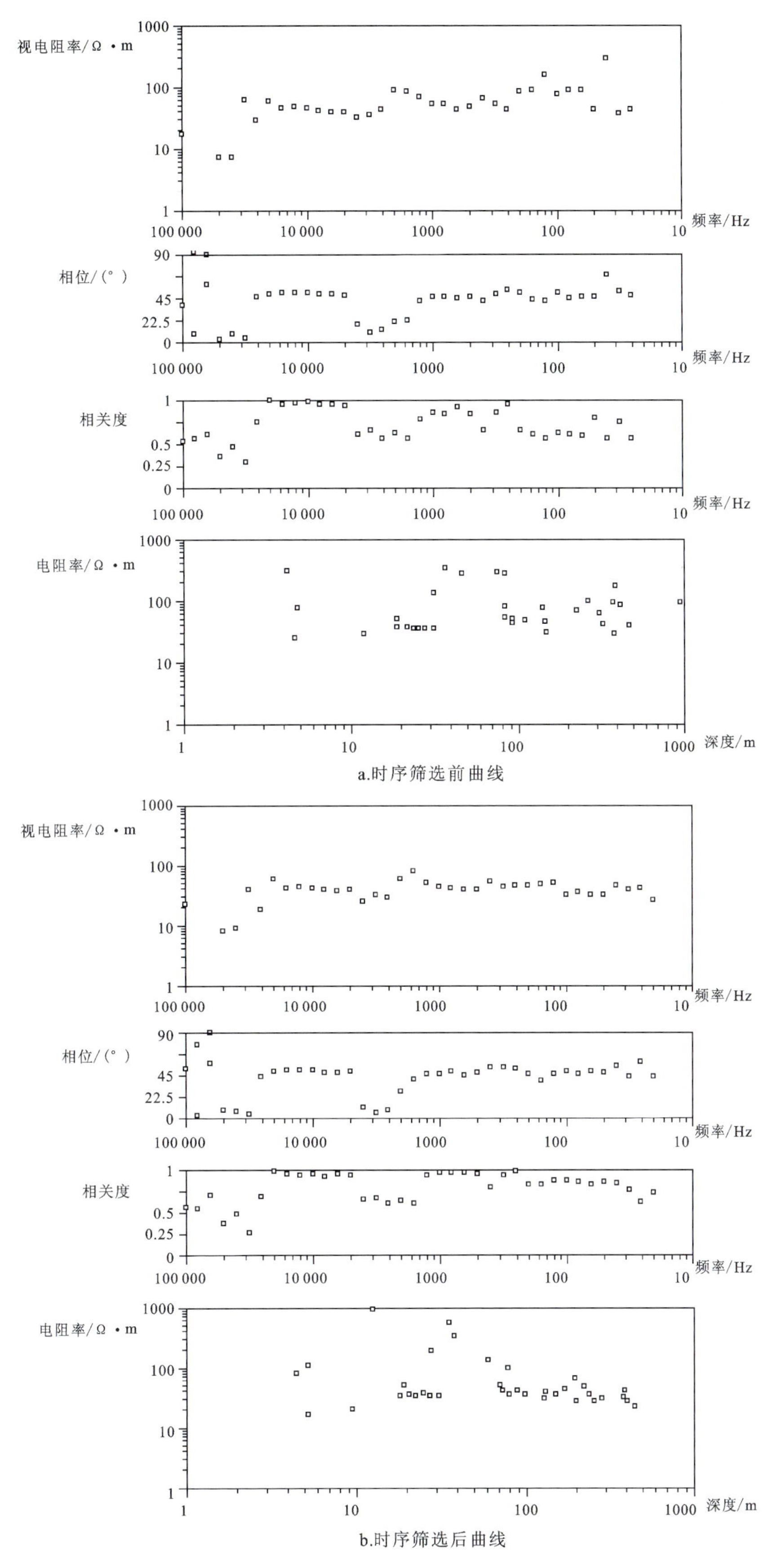

图 11-57 时序筛选前后对比图

演曲线质量都有所改善。这一方面说明了时序筛选确实能提高数据质量;另一方面也可以看出,相位参数的抗干扰能力强于视电阻率参数。

2. 人工圆滑去噪

人工圆滑去噪实际上是人机联作手工剔除飞点,并根据视电阻率、相位曲线的变化趋势对资料进行人工编辑。人工圆滑对处理天然场"死频带"区数据以及电磁干扰下的畸变数据效果很好,但需资料处理人员对实测资料和测区地质资料有着较多的了解;同时由于人工圆滑有着很大的随意性,编辑后的结果会因人而异,从而显得不够科学严密(图 11-58)。

图 11-58 为人工圆滑前后资料对比图,人为数据编辑主要针对曲线首枝、尾枝和中频段天然场"死频带"区进行。人工圆滑后数据质量有着明显的提升。

3. 相位资料校正畸变视电阻率

在电磁测深法中,由于各种电磁噪声的存在,不可避免地会使实测资料产生一定的误差,严重时使曲线形态发生变化,给后续的定量解释带来困难。凡从事处理解释的人员都面临着一个资料编辑与圆滑的问题。

无论人机联作的编辑还是计算机自动圆滑(如 3 次样条插值),其本质都是一种趋势分析方法,当由于干扰严重,某一频段形态失真时,仅靠视电阻率本身形态的趋势分析则失去了依据。

(1)利用阻抗相位计算视电阻率的递推公式:理论研究和实测资料表明,AMT 资料相位数据的质量要优于视电阻率资料的质量。在二维地质背景下,电性主轴上阻抗相位不受电磁噪声影响。因而,可以利用相位资料恢复畸变视电阻率。利用阻抗相位计算视电阻率的递推公式见以下公式

$$\rho_{a,\rho}(\omega_i)=\begin{cases}\rho_{a,\rho}(\omega_i) & i=m\\ \rho_{a,\rho}(\omega_{i-1})\left(\dfrac{\omega_i}{\omega_{i-1}}\right)^{\left[\frac{4}{\pi}\theta(\omega_i)-1\right]} & i=m+1,m+2,\cdots,N\\ \rho_{a,\rho}(\omega_{i+1})\left(\dfrac{\omega_i}{\omega_{i+1}}\right)^{\left[\frac{4}{\pi}\theta(\omega_i)-1\right]} & i=m-1,m-2,\cdots,1\end{cases}\tag{11-19}$$

(2)利用阻抗相位资料对畸变视电阻率曲线的改正:阻抗相位资料实际上是阻抗振幅资料取对数的加权平均,由相位推算的视电阻率可能会丢失一些细微变化,同时由相位计算视电阻率采用的是递推算法,前一频点的误差会累加到后一频点上,因此不建议在全频域使用。但在某些频段实测视电阻率由于电磁干扰严重畸变时,选择实测视电阻率畸变段两侧的正常频点的视电阻率数据作为初始值,由相位计算出畸变段的视电阻率。

图 11-59 为原始曲线与相位计算视电阻率曲线对比图,从图中可以看出,通过相位计算出的天然场"死频带"区的视电阻率数据与前后数据可以很好地衔接,Bostick 反演结果也得到明显改善。

11.6.5.2 Bostick 反演

Bostick 反演的基本公式为

$$\rho(H)=\rho_s\left(\frac{180}{2\theta}-1\right),H=\sqrt{\frac{\rho_s}{\omega\mu}}\cdots \text{或} \rho(H)=\rho_s(\omega)\frac{1-\dfrac{\mathrm{dlg}\rho_s}{\mathrm{dlg}\omega}}{1+\dfrac{\mathrm{dlg}\rho_s}{\mathrm{dlg}\omega}},H=\sqrt{\frac{\rho_s}{\omega\mu}}\cdots\tag{11-20}$$

式中:ρ_s 为观测视电阻率值;H 为 Bostick 深度;θ 为相位值(°);$\rho(H)$为对应深度处的电阻率;ω 为角频率;μ 为磁导率,一般取真空中的磁导率。

当出现超相位现象时,由 Bostick 反演公式计算的电阻率将为负值或零,所以不能用一维层状介质的模型来解释超相位现象。

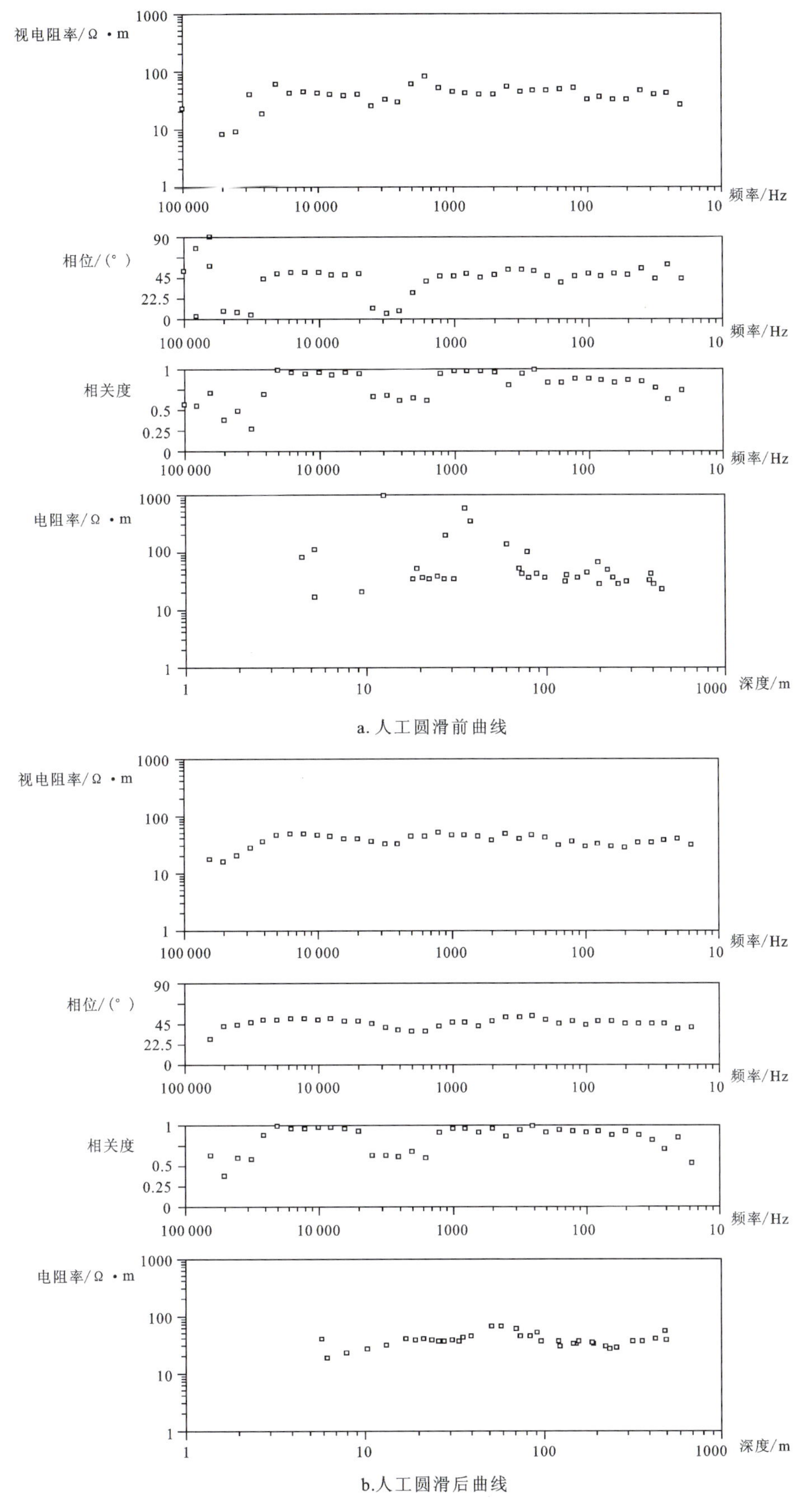

图 11-58 人工圆滑前后资料对比图

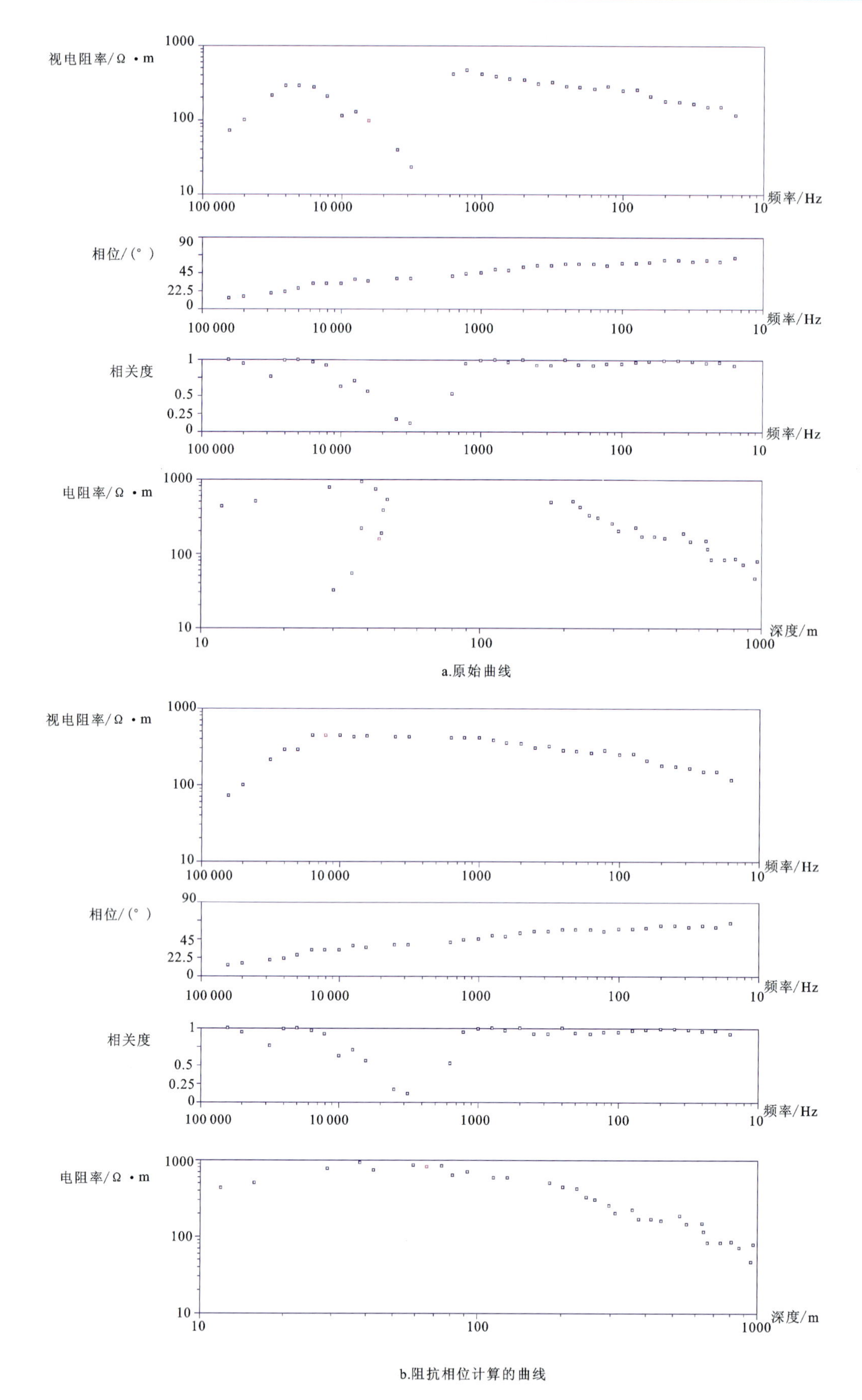

图 11-59　原始曲线与相位计算视电阻率曲线对比图

Bostick 作为一种半定量反演方法能较好地反映地电断面的基本特征，被广泛应用于初步解释和作为其他反演方法的初始模型。

11.6.5.3 有效阻抗

受地形、场地条件限制，地下水探测时测线通常会与预判的构造走向斜交并不能保障垂直或近 70°夹角；同时，在勘探深度范围内，浅部与深部构造走向有时会发生变化，即同一测点高频与低频数据电性主轴方向不同；研究区域内，可能同时存在不同方向的断裂构造。故基于 TE/TM 模式的 2D 反演有时结果也不尽如人意，且存在电性主轴误判的问题。故本节引入有效阻抗的概念[61]。

1. 行列式阻抗

为充分利用测量的张量阻抗信息，引入行列式阻抗 z，公式为

$$z = z_{xx} z_{yy} - z_{xy} z_{yx} \tag{11-21}$$

式中：z_{xy}、z_{xx}、z_{yx} 和 z_{yy} 为阻抗要素，均为复数。

则有效视电阻率 ρ_{eff} 定义为

$$\rho_{\text{eff}} = \frac{1}{5f} |Z| \tag{11-22}$$

式中：$|z|$ 为行列式阻抗 z 的模。

2. 有效阻抗的性质

（1）有效阻抗计算时，使用了 4 个阻抗张量元素，因此是个三维参数。

（2）有效阻抗常用在三维构造的成像问题中，它能有效地协调复杂地电结构的方向特征。

（3）有效视电阻率就是大地电磁响应阻抗张量矩阵的模，除以 $5f$ 是个坐标旋转不变量，在一维条件时等于常规视电阻率；在二维条件时，有效视电阻率等于 ρ_{TE} 和 ρ_{TM} 的几何平均（$\sqrt{\rho_{\text{TM}} \times \rho_{\text{TE}}}$）。

（4）阻抗张量旋转不变量能很好地解释三维构造的形态。

（5）静态效应会影响阻抗要素视电阻率的曲线形态，但不影响有效视电阻率的曲线形态，所以可以直接对其进行平移法的静态校正。

（6）因有效视电阻率具有降维特征，与对 ρ_{TM} 和 ρ_{TE} 的一维反演相比，对有效视电阻率的一维反演结果更接近于二维反演的结果，所以由其作为二维反演的初始模型，可以防止反演的发散。两者的可比性达到相互佐证的目的，以减弱 AMT 解释工作的多解性。

11.6.6 模拟研究 AMT 法探测储水构造的能力

本小节通过数值模拟来说明第四系覆盖层厚度变化引发的静态效应，并阐明 AMT 法对断层储水构造、薄层状储水构造的分辨能力，以期对科学地运用该方法有所助益。

11.6.6.1 第四系覆盖层厚度变化引起的静态效应

静态效应是由近地表电性横向不均匀性或地形起伏引起的，它总是与二维或三维构造有关。静态效应是 AMT 法在山区找水工作中不可避免的和后续资料处理无法完全消除的，会影响对勘查目标体的正确识别，甚至导致错误结果。

山区找水工作中多以寻找断裂构造为目的，而构造通常沿沟谷发育，物探测线常垂直于沟谷走向布设。薄层第四系沉积物和下伏的基岩构成了基岩山区简单的地质模型。从基岩出露区至沟谷区第四系覆盖层厚度明显不同。由第四系覆盖层厚度不同引起的 AMT 的静态效应不可忽视。

1. 正演模型建立

正演模型为第四系覆盖层厚度不均的二维模型，AMT 剖面长 70m，点距 5m，响应频率范围为 0.01～100kHz。第四系覆盖层电阻率值为 50 Ω・m，基岩的电阻率值为 1000Ω・m。正演模型及测点位置见图 11-60。

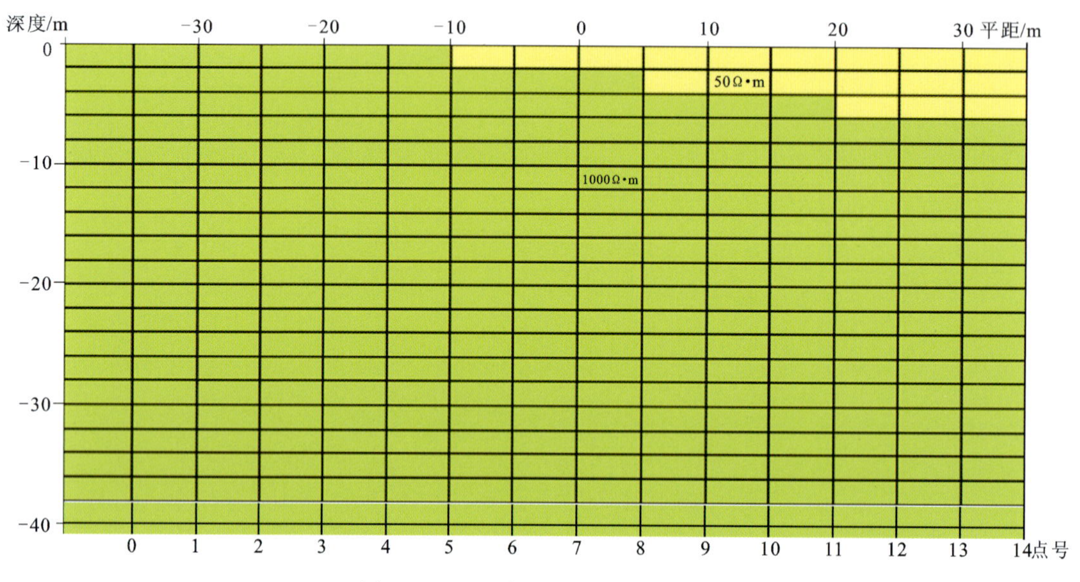

图 11-60　地表不均匀的正演模型

2. 正演模型的单点响应

图 11-61 为图 11-60 所示模型的正演响应曲线，其中每个测点由视电阻率曲线和相位曲线形成。其中，三角代表 TE 极化模式，方块代表 TM 极化模式。图 11-62 为基岩出露区与第四系覆盖区接触带附近 AMT 单点响应的视电阻率曲线。从图 11-61、图 11-62 可以得出以下结论。

（1）在高阻基岩出露区，TM 视电阻率在高频端接近真实背景值，随频率降低，其值逐渐增大；TE 视电阻率值在全频域内接近真实值，10～1000Hz 区间视电阻率平稳，可真实地反映了背景值大小。TM 和 TE 相位曲线接近，相位值约为 45°。

（2）TM、TE 视电阻率曲线高频点对覆盖层均有所反映，且随覆盖层厚度增加，两者高频端视电阻率值均呈现降低的趋势。TE 低频端视电阻率值不受第四系覆盖层的影响，能真实地反映出高阻基底的电性值；而 TM 低频端视电阻率值与覆盖层厚度为反像关系，其值小于真实基底电性值。

（3）在基岩出露区与第四系覆盖区接触附近，TM 视电阻率曲线先出现上冲现象，后又出现下冲现象，而 TE 视电阻率曲线基本没有变化。

（4）TE 视电阻率曲线不受地表不均匀性影响，其视电阻率曲线比 TM 视电阻率曲线更好地反映深部的信息，相位曲线不受覆盖层厚度的影响。

3. 正演模型的电阻率断面特征

图 11-63 为正演模型的 TE、TM 模式的视电阻率断面图。

由此可知：①TE 模式拟断面受静态影响小，TE 断面视电阻率值较真实地反映了高阻基底的电性特征，浅部第四系覆盖区电阻率值小于基岩出露区；②TM 模式的拟断面由于受静态影响严重，剖面始端与终端电性值明显不同，最高电阻率值大于 2000Ω・m，而最小电阻率值仅为 200Ω・m，剖面 30m 位

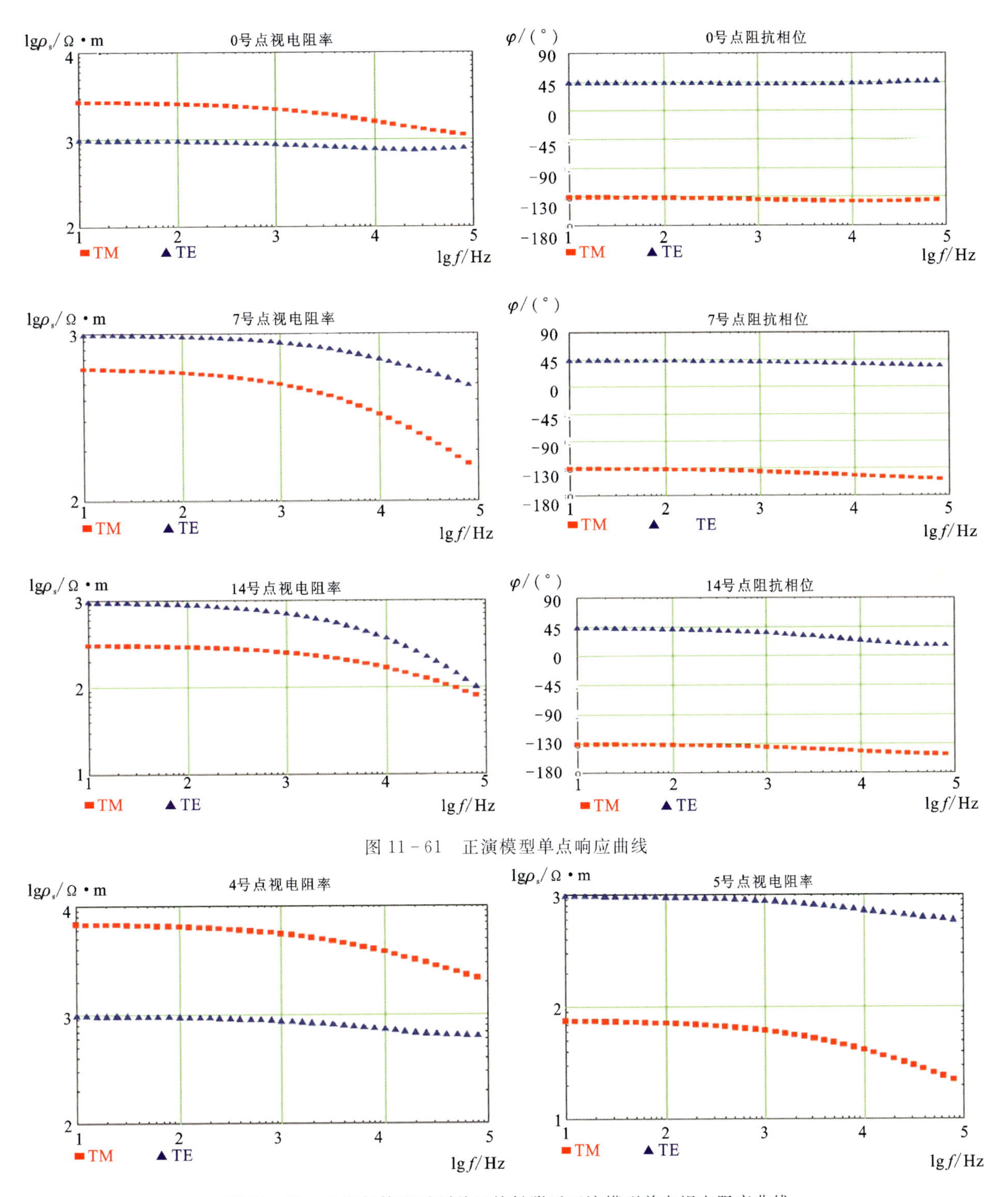

图 11-61 正演模型单点响应曲线

图 11-62 基岩与第四系覆盖区接触附近正演模型单点视电阻率曲线

置第四系覆盖最厚处呈现出断层特征。而在剖面－5m 和 10m 处左右由于覆盖层厚度变化视电阻率曲线上冲、下冲现象影响出现了密集等值线分布区，视电阻率值呈现出高→低→高→低的变化特征。

4. 正演响应的二维反演电阻率断面特征

二维或三维反演方法的应用是解决静态效应问题的最好途径，浅部不均匀性的响应可以通过数值

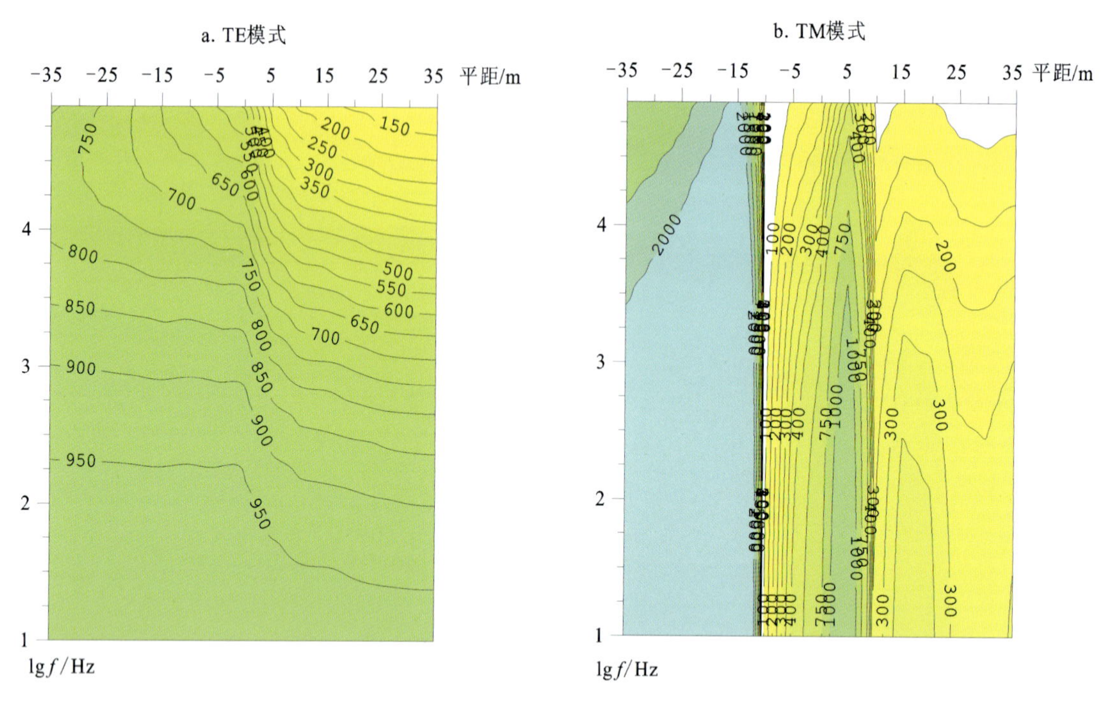

图 11-63 正演响应 TE、TM 视电阻率演断面

计算方法算出来,实际上静态效应也是一种信息,反映出浅部电性呈多维分布,好的反演算法能比较有效地修改浅部模型单元来模拟这种浅部不均匀性,从而达到拟合实测数据的目的。

图 11-64 为正演模型响应的二维反演结果。反演数据为 TM、TE 模式视电阻率和相位,反演方法为快速松弛迭代(RRI)和非线性共轭梯度(NLCG)。由图可知,两种反演方法均有效地压制了静态效应,还原了真实的地电断面,但反演后的基底电阻率值不同,且近地表处表征的电性特征有所不同。

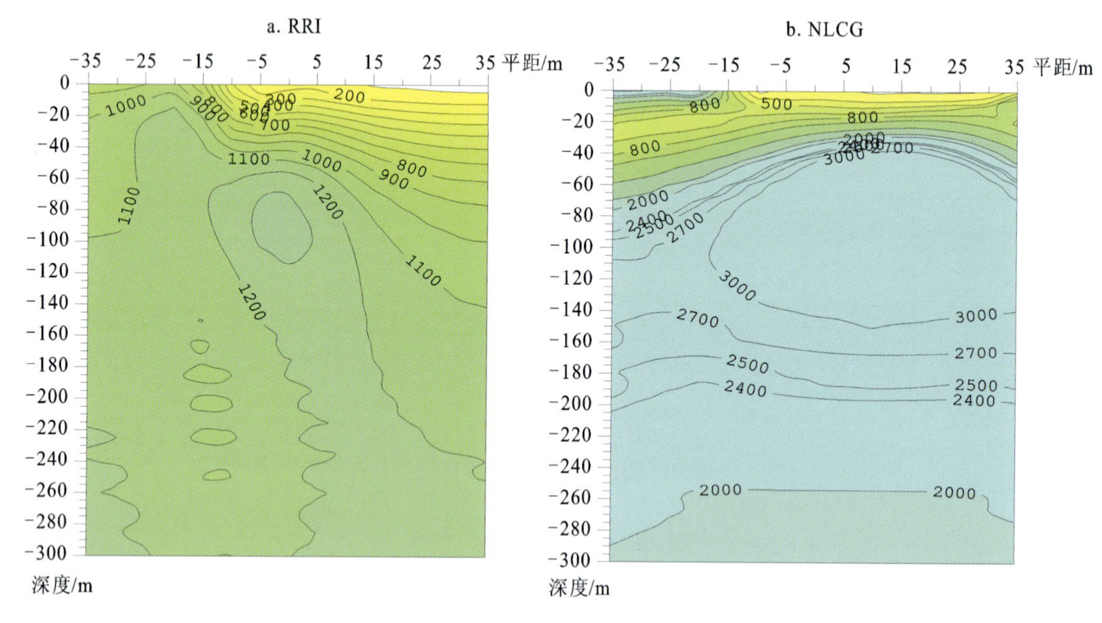

图 11-64 正演响应的二维反演断面

11.6.6.2 AMT 法对层状储水构造的分辨能力

1. 数值模拟目的

以山东省山口镇测井结果为基准，建立层状模型（240m 以浅），主要模拟砂砾层与泥岩互层情况下 AMT 法的分辨能力，即埋深多深、多厚时 AMT 法可分辨；此外，底部加入了表征奥陶系灰岩的高阻层；研究在上层高、低阻互层（基本等厚）和下伏高阻地层夹持下，中间低阻层（25m 厚度，埋深 215m，与下伏高阻层有着明显电阻率差异）是否能通过 AMT 法很好地分辨。

2. 正演模拟

泥岩电阻率值取值为 25Ω·m，砂砾岩电阻率值为 200Ω·m，上覆第四系亚砂土的电阻率值仍取值为 25Ω·m。模型建立在古近系河流相沉积环境的基础上，浅部泥岩表征大汶口组中上段的沉积，属湖相沉积；下段泥岩与砂砾石互层模拟大汶口组下部，为河床相和泛平原相沉积环境，粒径变化表征气候变化对湖泊、河流和沉积物的影响。层状模型模拟结构见表 11－3。

表 11－3 高低阻互层的层状模型

模型层数	顶板埋深/m	厚度/m	底板埋深/m	电阻率值/Ω·m	地层年代和岩性
1	0	20	20	25	Q 亚砂土
2	20	30	50	200	E 砂砾岩
3	50	50	100	25	E 泥岩
4	100	10	110	200	E 砂砾岩
5	110	10	120	25	E 泥岩
6	120	5	125	200	E 砂砾岩
7	125	10	135	25	E 泥岩
8	135	15	150	200	E 砂砾岩
9	150	5	155	25	E 泥岩
10	155	5	160	200	E 砂砾岩
11	160	5	165	25	E 泥岩
12	165	5	170	200	E 砂砾岩
13	170	10	180	25	E 泥岩
14	180	10	190	200	E 砂砾岩
15	190	5	195	25	E 泥岩
20	195	10	205	200	E 砂砾岩
21	205	5	210	25	E 泥岩
22	210	5	215	200	E 砂砾岩
23	215	25	240	25	E 泥岩
24	240	260	500	500	O 灰岩

正演模拟的其他参数说明：利用 MT2D 软件做正演模拟和反演计算，在网格剖分时，X 起始为 0m，X 结束为 500m，列宽 20m，测点位置与此相同；Z 列（深度）起始坐标为 0m，结束坐标为 －500m，行高 5m；频率范围为 1Hz 至 90kHz，一个对数等间隔内频点数为 10 个（表 11－4），正演模型见图 11－65。

表 11－4　正演模拟频率表

单位：Hz

序号	频率	序号	频率	序号	频率	序号	频率
1	1	13	19.952 6	25	316.228	37	5 011.87
2	1.258 92	14	25.118 9	26	398.107	38	7 943.28
3	1.584 89	15	31.622 8	27	501.187	39	10 000
4	1.995 26	16	39.810 7	28	630.957	40	12 589.3
5	2.511 89	17	50.118 7	29	794.328	41	15 848.9
6	3.162 28	18	63.095 7	30	1000	42	19 952.6
7	5.011 87	19	79.432 8	31	1 258.93	43	25 118.9
8	6.309 57	20	100	32	1 584.89	44	31 622.8
9	7.943 28	21	125.893	33	1 995.26	45	39 810.7
10	10	22	158.489	34	2 511.89	46	50 118.8
11	12.589 2	23	199.526	35	3 162.28	47	63 095.8
12	15.848 9	24	251.189	36	3 981.07	48	79 432.8

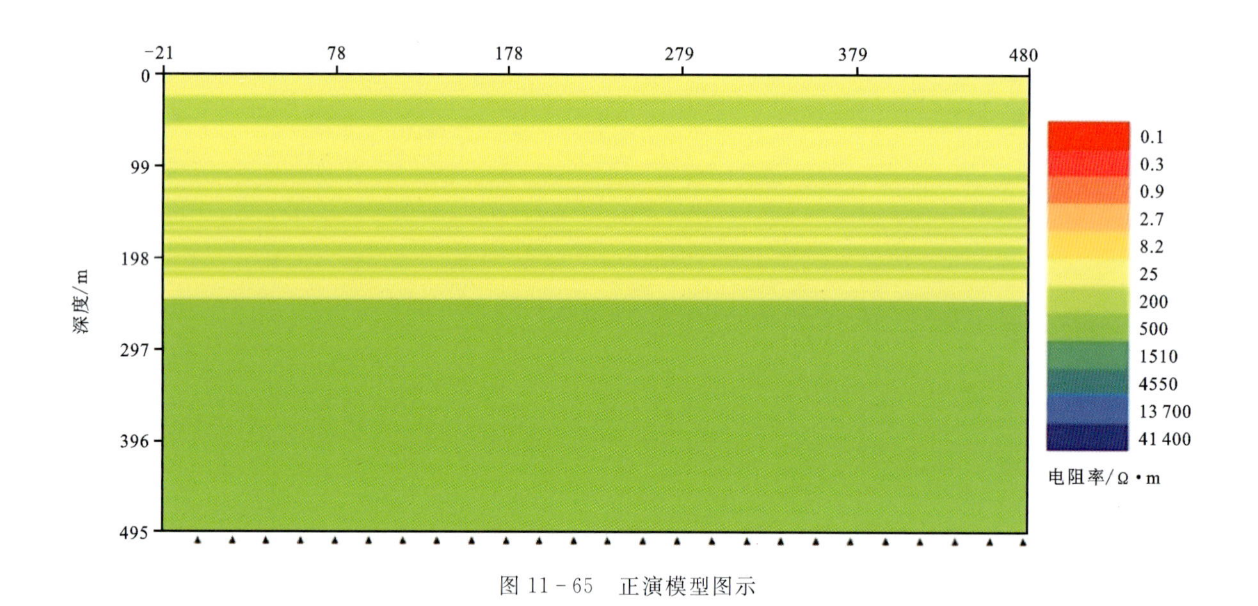

图 11－65　正演模型图示

由正演响应结果可知（图 11－66～图 11－70）。典型层状模型状态下，TE 和 TM 模式响应无任何差异，说明正演计算结果正确，表征地层电阻率特征无各向异性和方向性特征；正演响应的单点视电阻率曲线和 Bostick 变换曲线均表现为 KH 型四层特征，即低→高→低→高的电阻率特征，单点曲线上除 100m（或 200Hz 左右）表现为明显的低阻特征外，100～250m 间层状等厚度出现的泥岩和砂砾岩并未有表征；与之相呼应，相位曲线则为 HKH 型五层特征即高→低→高→低→高的特征，视电阻率曲线的高值与阻抗相位的低值相对应，另说明相位数据对深部地质体的分辨能力要高于视电阻率数据。

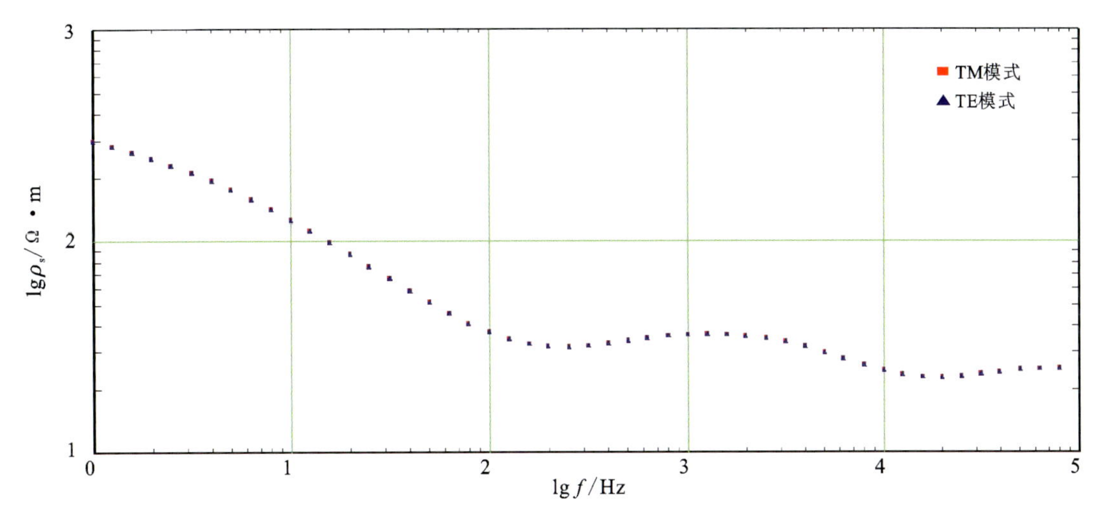

图 11-66 模型正演响应的视电阻率-频率曲线

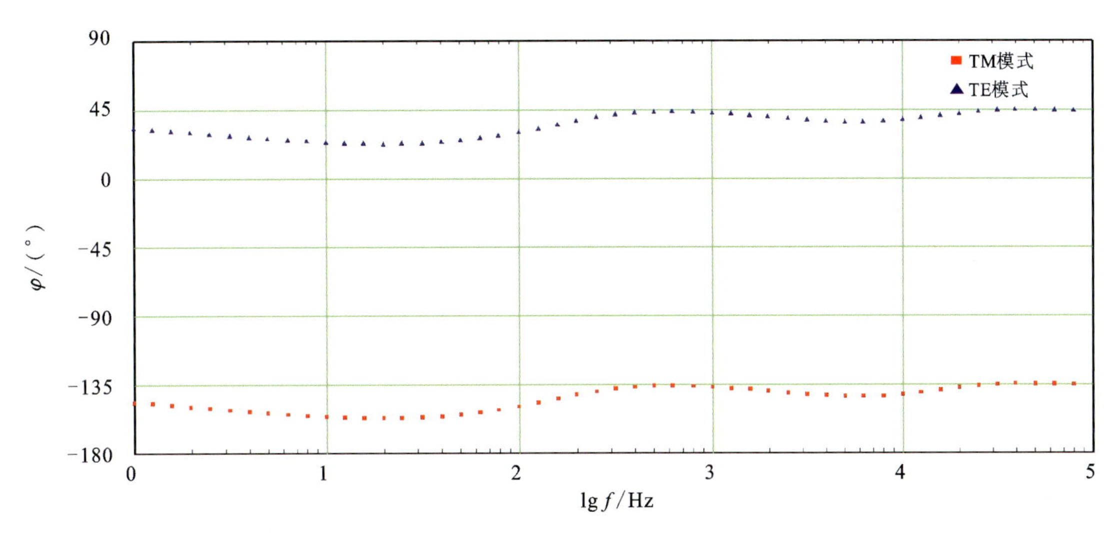

图 11-67 模型正演响应的阻抗相位-频率曲线

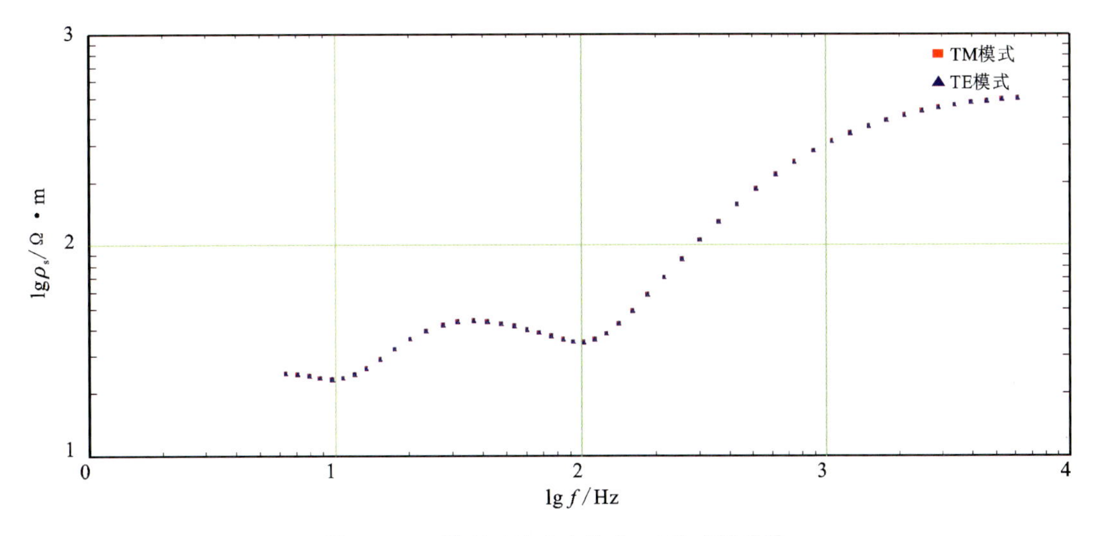

图 11-68 模型正演响应的 BosticK 变换曲线

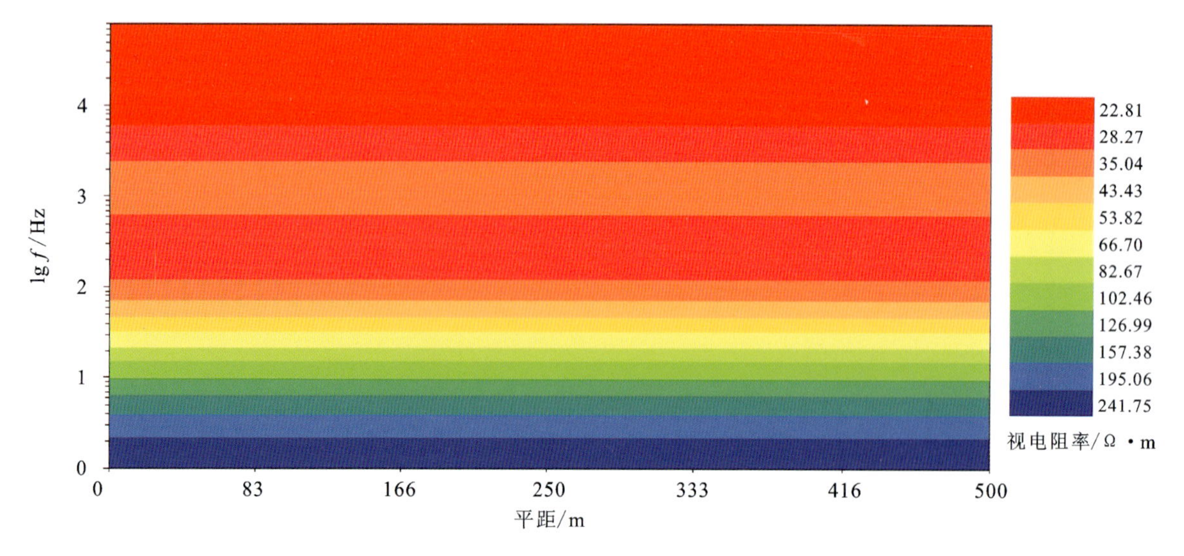

图 11-69　模型正演响应 TE 模式视电阻率断面

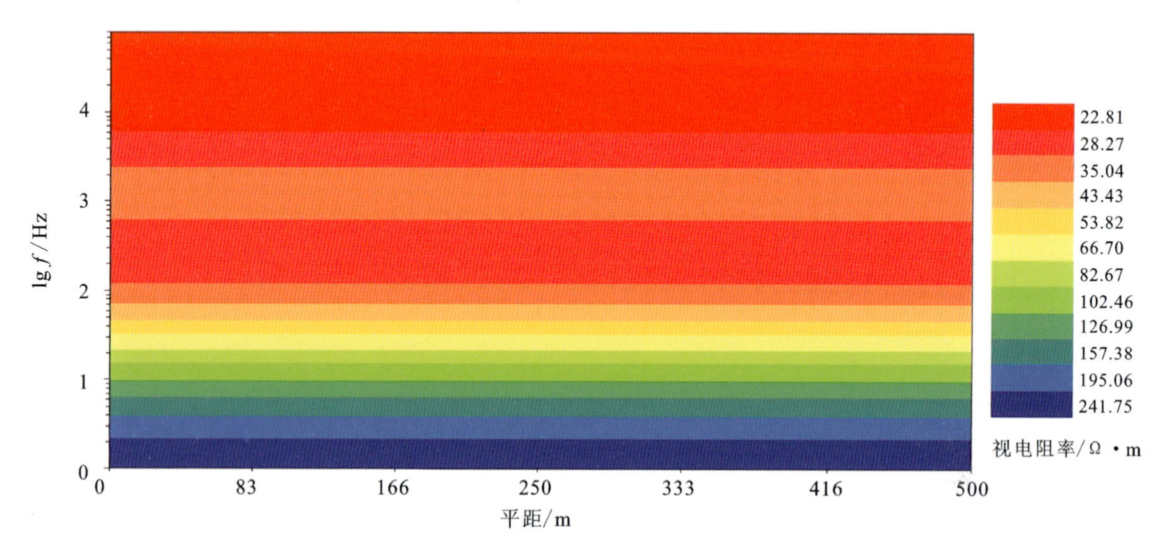

图 11-70　模型正演响应 TM 模式视电阻率断面

3. 反演结果分析

利用正则化反演方法对模型的正演响应数据进行反演，TE 和 TM 模式均参与反演，均匀半空间初始模型，未加入任意噪声数据，反演结果如图 11-71 所示。

1)反演结果对电性层电阻率值和电性界面的分辨

埋深 150m 以深出现了非层状的电阻率变化特征，形状呈中间稍隆而两侧微凹的地质特征，表现如下。

0～20m 低阻亚砂土，由于下伏高值砂砾石影响，反演后的电阻率值抬升为 40Ω·m 左右，但底板埋深基本与设计模型一致。

埋深 20～50m 的高阻砂砾石受上覆、下伏低阻电性层影响，反演后的电阻率值仅为 60Ω·m 左右，明显低于设计的 250Ω·m 的电阻率值，受上、下低阻层影响，很容易将该高阻层的岩性推测为砂岩而非砂砾岩；高阻层中心位置埋深与设计高阻层底板埋深一致，但通常人们会将 40Ω·m 的电阻率曲线作为该高阻层的底板形状。

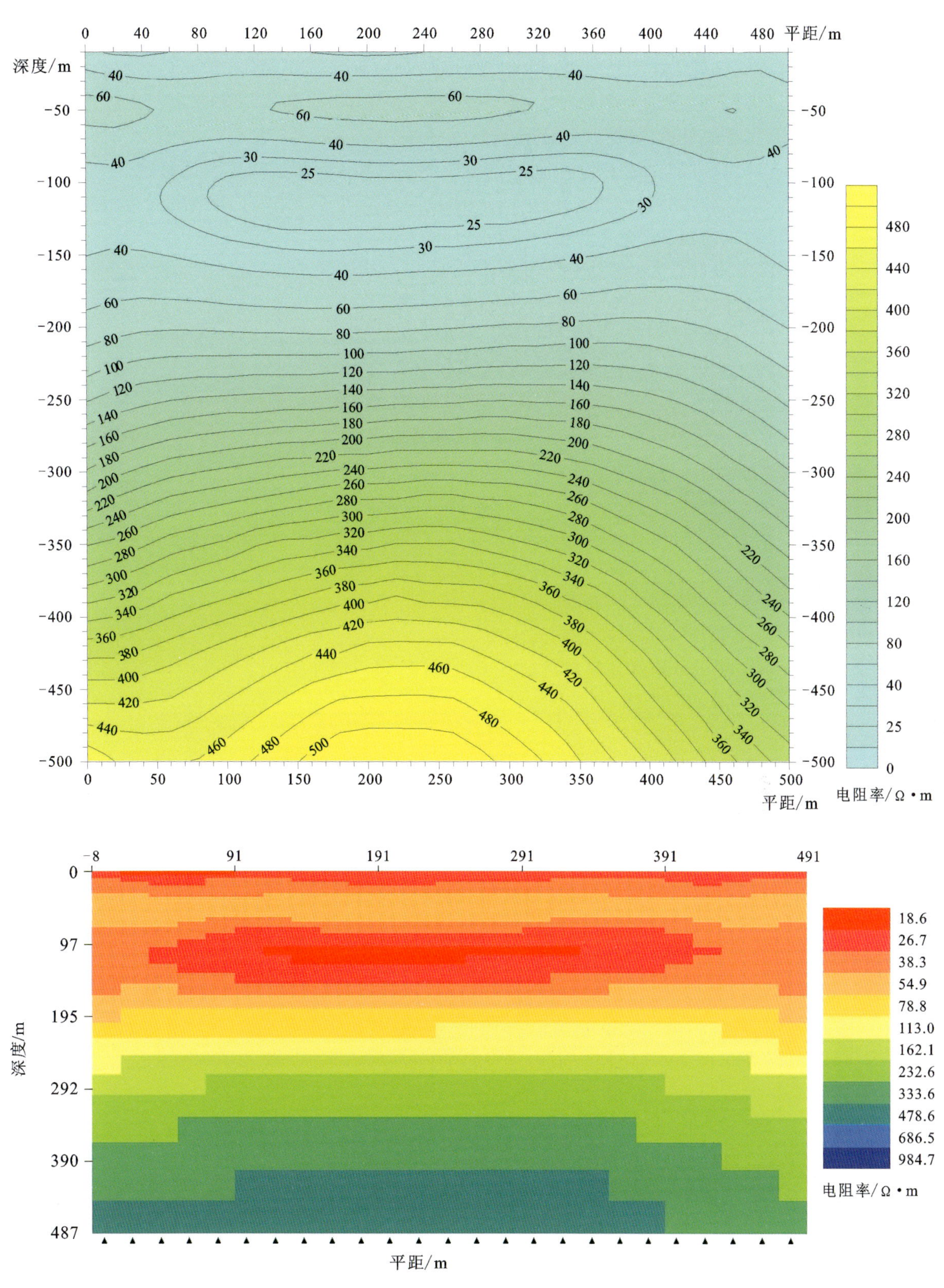

图 11-71 正则化反演结果

第三层厚 50m 的低阻层(埋深 50～100m)反演得到的电阻率值与设计值一致，这与该层层厚有关；但底板埋深受上层误差影响与原设计相差较大，通常会认为该层底板埋深应为 140m 或者 150m 左右。

埋深 100～210m 间几乎以等厚度交替出现的高、低阻层在反演结果并未有丝毫响应，呈现的仅是上升趋势与其下部电阻率等值线相比较缓，即变化梯度相对较小的特征；受上覆巨厚层低阻影响，该互层组合表现出的电阻率值也偏低，但整体上与第二层高阻层的电阻率值一致，表征出二者物性相似的特征；从电阻率曲线变化特征分析，可勉强划分出其底板界面应在 200m 深度左右，与设计深度基本趋于一致；但若事先无先验信息可参照，该层很难识别，地质解释时漏掉该层实属正常现象。

鉴于埋深 190～210m 间相对高阻与下伏明显高阻层间厚 25m 低阻层，反演结果对其无响应信息可分辨，故地质解释时根本无从对该低阻层进行分辨。

深部奥陶系灰岩层顶板通常会被解释为埋深 200m 左右，从埋深 200m 至 450m 间电阻率曲线以等梯度形式上升趋于设计值；直至埋深 450m 上升趋势才变缓，认为该时电阻率值接近真实的岩石电阻率值。

2)反演结果不同表征形式对电性界面认知的影响

对于以对数间隔和线性间隔展示反演结果图，可发现：二者对电性层的分辨能力趋于一致，从对数间隔图像也可分辨模型从浅至深低→高→低→高→更高的电性分界；对深部高至更高的电性分层比线性间隔图像反映更清晰，且其顶板埋深可大致分辨为 250m 左右，与设计模型一致；对浅部低→高→低三层的电性界面分辨能力基于一致。

从该反演结果表征方式可以得到以下启示：因模型反演时均以电阻率值的对数值进行拟合，故以对数等间隔表征的反演结果从某些方面应比以线性间隔表征的反演结果更具一定优势，在实际工作中可以采用两种表征方式来表述电阻率断面图。

3)关注拟合差断面图

从反演模型的响应视电阻率断面图可得到以下结果(图 11－72～图 11－75)。

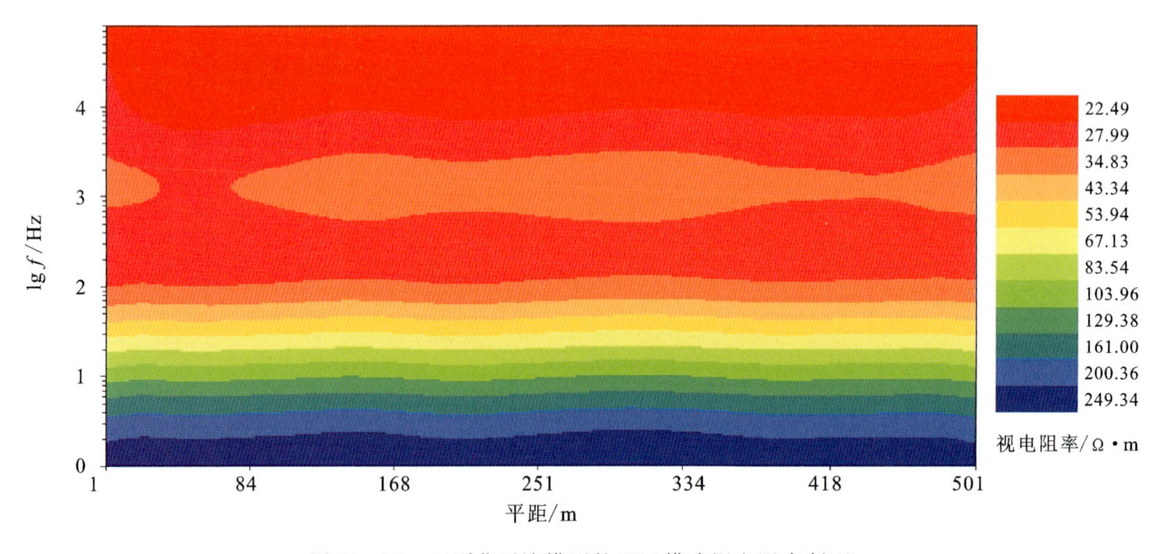

图 11－72　正则化反演模型的 TM 模式视电阻率断面

TE/TM 模式的视电阻率均表现为近似层状的特征，但 TE 模式深部层状特征明显，与设计模型偏离较小。

在设计模型的正演响应中加入 10%的噪声背景下(工作中会有电磁干扰、地形影响、均匀电性不均匀体静态效应、电极距误差、磁棒与电极非垂直布设等)，反演模型的响应视电阻率与设计模型的响应视电阻率的拟合差最高已达 20%～30%。该误差不仅由电阻率值引起，还与设计模型与反演获取模型的电性层埋深差异有关。

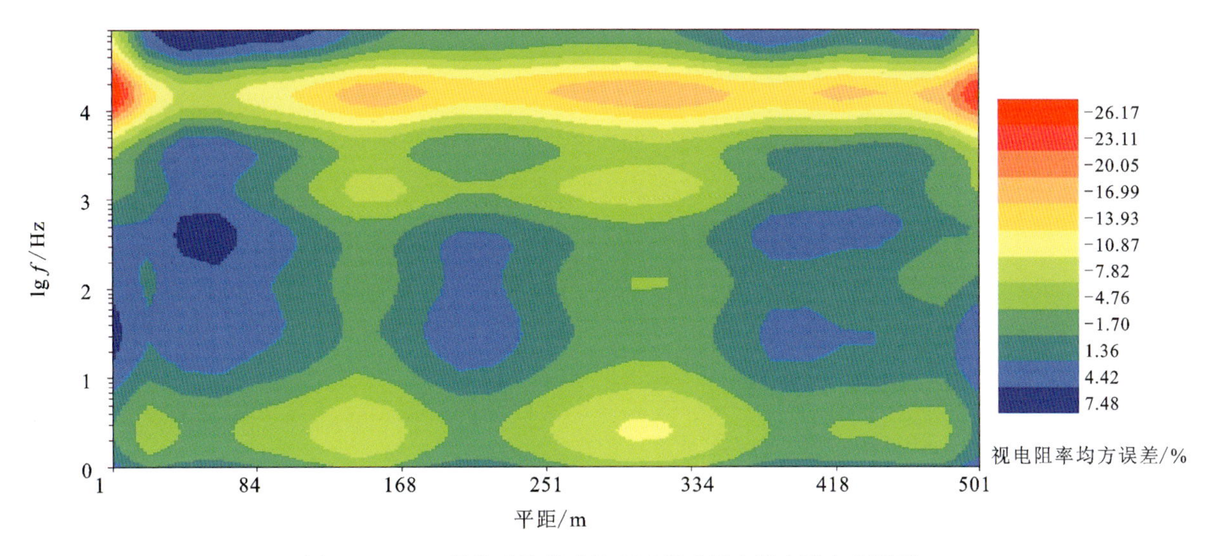

图 11-73 正则化反演模型的 TM 模式视电阻率拟合差断面

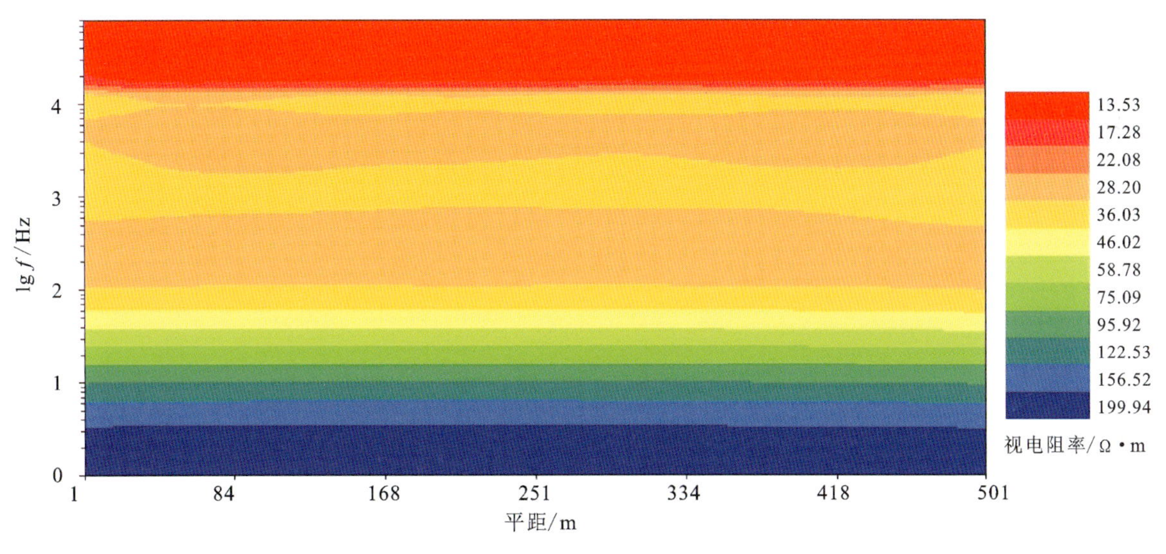

图 11-74 正则化反演模型的 TE 模式视电阻率断面

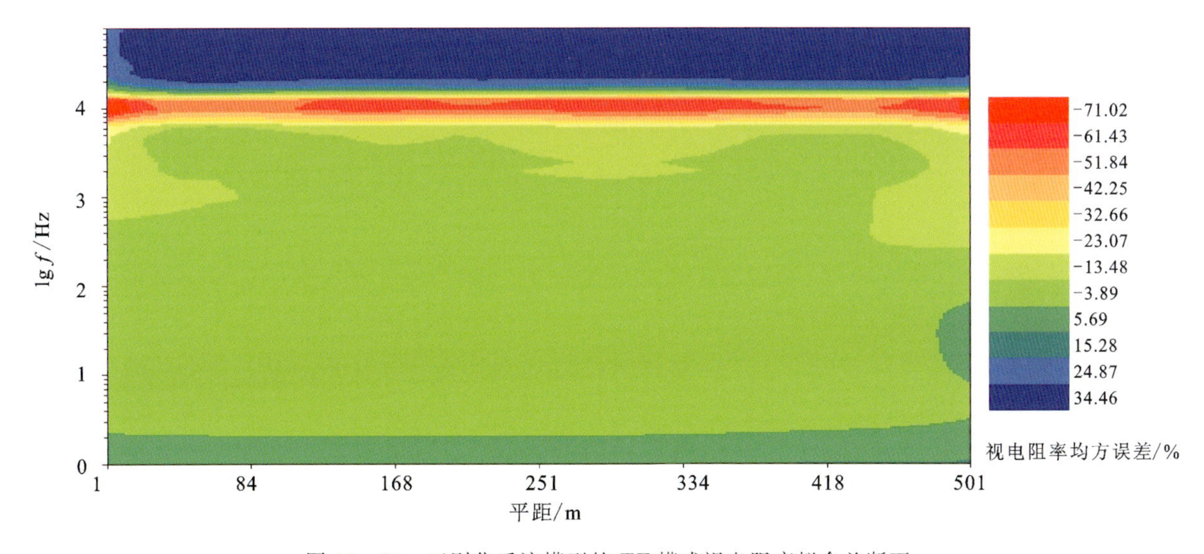

图 11-75 正则化反演模型的 TE 模式视电阻率拟合差断面

TE/TM模式视电阻率拟合差极大值均集中在高频段，这与高频段AMT法对地层分辨能力强有关（电性界面可分辨，但电阻率值、界面深度有误差）；深部设计模型正演响应曲线与反演模型的响应曲线一致，虽拟合差较小，但并不能真实地反演地质情况。

可见，评价反演结果的可靠性要参考拟合差但不能仅仅依靠拟合差。

4. 小结

（1）只有在巨厚层电性层存在的情况下，反演模型中心部分的电阻率值才与真实地质体电阻率值一致；否则，其值为趋肤深度范围内上、下、左、右、前、后电性层的平均效应（体积效应），与真实电阻率值大小可能相差甚远。

（2）对地质体的分辨通常可划分为3种：①可靠分辨即几何特征和物性参数都与实际情况接近；②可分辨即可分辨出地质体存在，但几何特征和参数与实际情况相差甚远；③不可分辨。在该模型条件下，AMT法对埋深100～200m间高、低阻互层的电性层无从分辨其结构特征，但它作为一层得以体现，基本可划分为可分辨的范畴（相对而言，呈现高阻特征，在古近系地层中正好为寻找目标体，保证目标体不漏失即可称为可分辨）；对顶板埋深215m、厚25m的低阻层无从分辨，属于不可分辨范畴。可想而知，随着勘探深度的增加，对深部地质体的探测难度加大。

（3）对电性层位划分更多依据电阻率值的变化趋势，而非电阻率值本身；在地球物理勘探时，可依从物性变化趋势来识别地质体的存在，但仍要依从物性参数值的大小来识别地质体的属性（岩性、温度、矿化度等）。

（4）对数和线性间隔的电阻率等值线断面图给人的感觉和可从中获取的信息存在差异，故建议工作中可以通过两种表征方式组合，提高对地质体的识别能力。

（5）电法勘探对地质体进行识别要依据原始单点曲线、视电阻率断面图、一维反演结果、二维反演结果、先验信息等多方面信息，对此进行对比分析，方可获得有效结果。电法勘探从不推崇“无中生有”的地质体识别方法（只存在于反演结果中，无从在原始数据体上找到存在证据）。

（6）一些反演算法可引发构造冗余现象，故注重电阻率等值线变化趋势的同时，也应注重变化率的大小。对于不同地质勘探目的，存在变化趋势但变化率较小的异常在解释时可选择忽略（忽略反演算法这一诱因，水文地质勘探工作中仅当异常体与围岩存在较大电阻率差异时，作为储水构造才有意义。此时，该类有变化趋势但变化率小的异常可忽略）或认真对待以进一步求证（例如在工程勘探中，小异常可诱发大隐患时，对物性趋势的变化应更加注重）。

（7）反演结果的可靠性倚重于原始数据的可靠性以及反演模型响应与实测数据的拟合差，对反演结果可靠性分析应从原始数据体的质量、拟合差、先验信息吻合性3个重要方面进行估算。

11.6.6.3 AMT法对断层储水构造的分辨能力

1. 数值模拟目的

本次数值模拟的目的是研究在薄层低阻覆盖层条件下，AMT法对下伏单一岩性中发育的低阻断层的分辨能力。通过该模型，要研究TE+TM极化模式联合反演与TM极化模式反演对目标体的还原能力、反演结果对断层倾向的分辨能力、测点点距（相对于异常体规模而言）对反演结果的影响等一系列与找水相关的问题。

2. 正演模拟

正演模型如图11－76所示，上覆低阻层厚9m，视电阻率值为100Ω·m；下伏碳酸盐岩视电阻率值为2000Ω·m，其中发育有宽10m、发育深度约200m、倾角约82°的断层，断层带视电阻率值为500Ω·m。正演计算时，X 方向网格间距为 5m，测点位于 0～600m，测点距为 10m；Z 方向网格为 0～300m，网格距为 9m；计算频率范围为 10～10 000Hz，一个对数等间隔内频点数为 10 个。

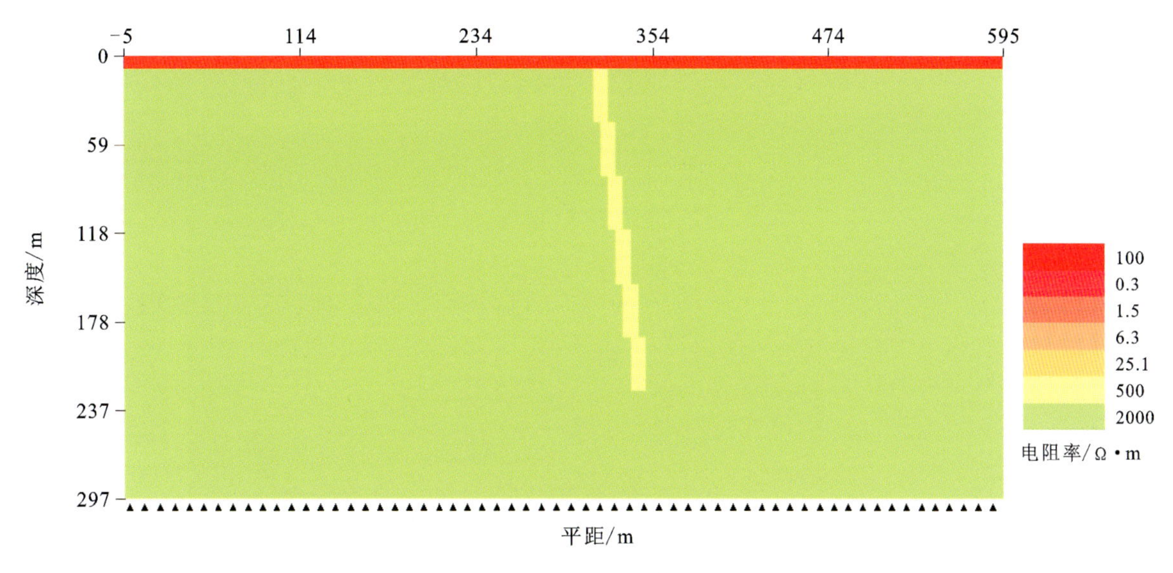

图 11-76　正演模型

该模型与基岩山区多数情况下储水构造的浅层地质结构相吻合，如花岗岩或变质岩区，岩性单一，发育其中的断层与上述模型相吻合；在巨厚碳酸盐岩分布区，上述模型虽过于简单，但不失一般情况，仍可对野外工作起指导作用。

由图 11-77 可知，基于该模型的地电断面，其勘探深度大于 1km，但浅部存在约 90m 的勘探盲区（最高频率 10 000Hz）。

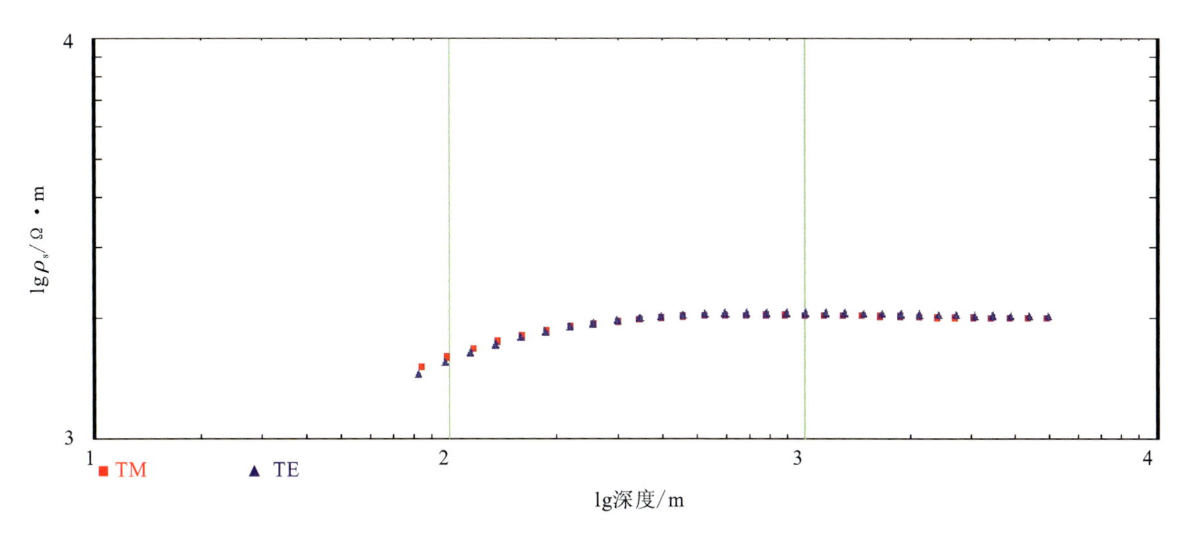

图 11-77　单点 Bostick 变换曲线

TM 模式视电阻率断面和 Bostick 变换断面图（图 11-78、图 11-79）均反映断层的存在，其平面位置与模型一致。两者揭示的断层近乎直立，难以分辨其倾向，且无论频率域还是深度域上均显示出断层从浅部（约 90m）一直发育至有效勘探深度范围内。这与设计模型不同，也是一种静态效应，即由断层发育引起的静态效应。

TE 极化模式的视电阻率断面(图 11－80)和 Bostick 变换结果(图 11－81)对断层的分辨能力相对较差,在断层位置处视电阻率曲线仅有稍微弯曲,不足以说明断层的存在性。

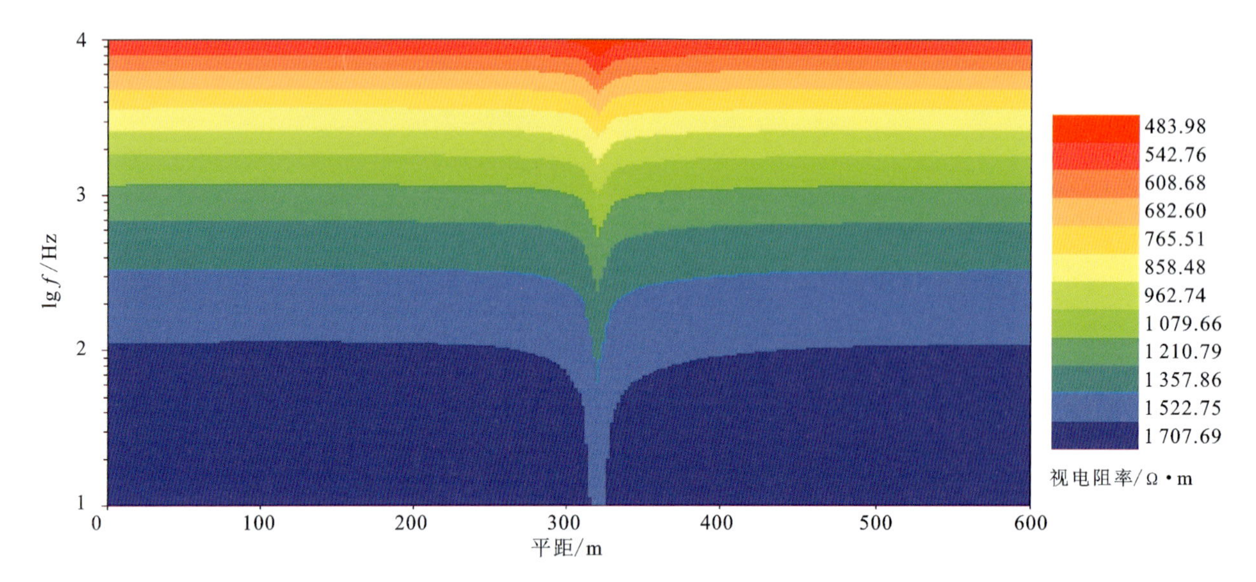

图 11－78　TM 模式视电阻率断面

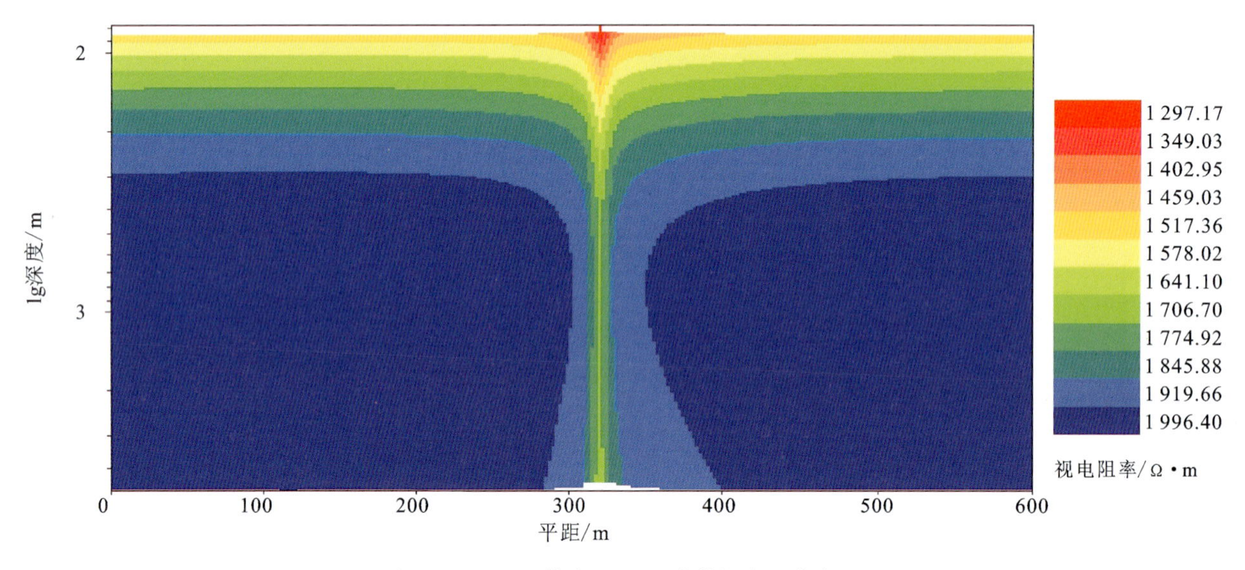

图 11－79　TM 模式 Bostick 变换视电阻率断面

3. 反演结果分析

1)单分量与联合反演对反演结果的影响分析

正则化反演时,选择 TM 模式 Bostick 变换结果作为初模,研究 TM 模式单分量反演与 TE＋TM 模式联合反演的差异性(图 11－82)。

(1)对于基岩山区寻找简单地层结构的断层储水构造时,TM 模式测量数据反演结果并不逊于双极化模式测量结果,该结论与一些学者对三维模型的研究结果类似(对于三维模型,TM 极化模式的二维反演结果要优于 TE 模式和 TE＋TM 联合反演模式)[62-63]。

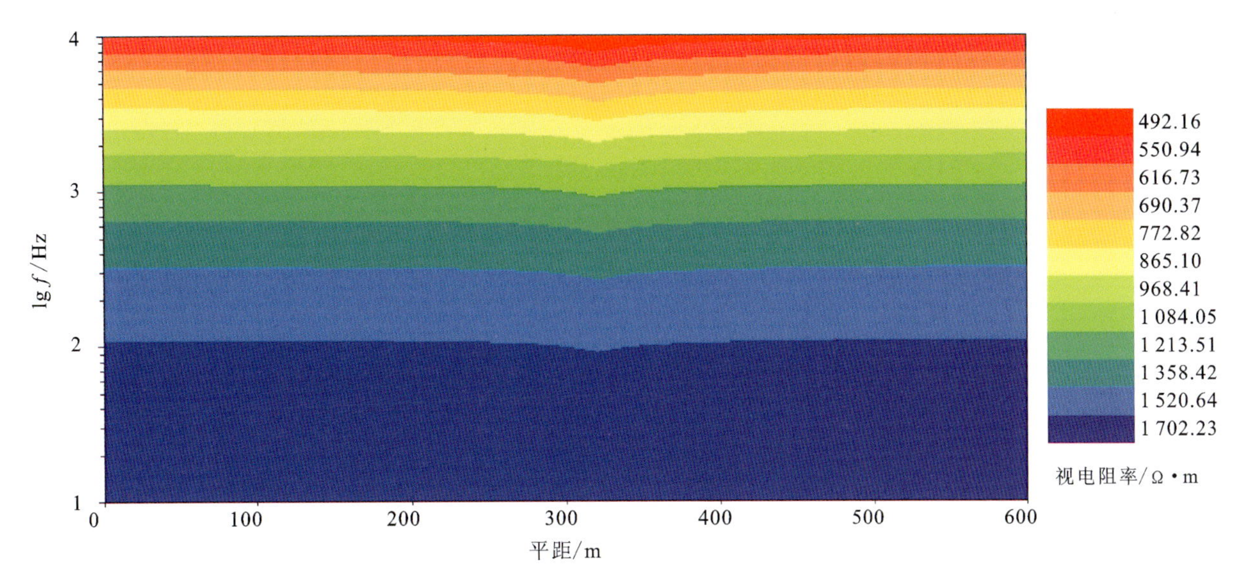

图 11-80 TE 模式视电阻率断面

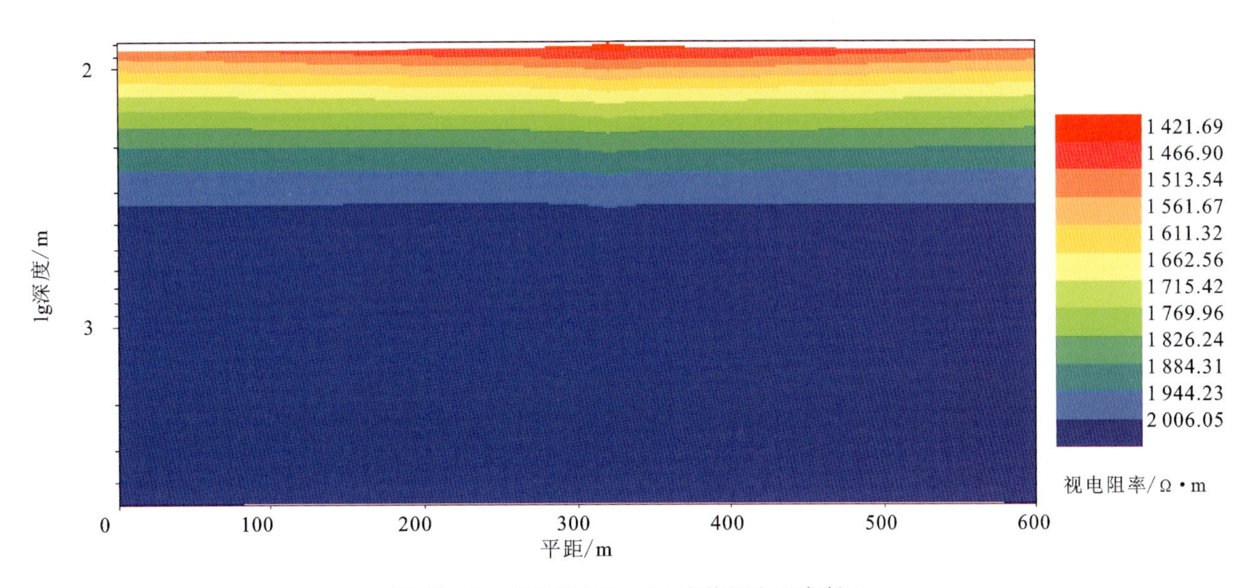

图 11-81 TE 模式 Bostick 变换视电阻率断面

(2)模拟结果得出的上述结论，均是基于张量测量的结果即 TM 模式的视电阻率和相位由张量测量的互功率谱计算得出，而非标量测量模式下自功率谱计算得到的视电阻率和相位值。基于标量测量由自功率谱计算得到的 TM 数据，相同电磁干扰条件下其信噪比逊于张量测量模式下由互功率谱计算得到的 TM 数据。因此，建议在工作场地允许的条件下，尽可能采用张量测量模式。

(3)由于设计测点时仅有一个测点可控制断层，故反演结果未能揭示断层带宽度；且无论是原始视电阻率拟断面、Bostcik 变换结果，还是二维反演结果均不能给出断层发育深度的可靠信息，分析各类图件，反而会得出断层发育深度均大于 300m 的结论。

该模拟环境下，仅有一个测点控制断层，在未加入任何噪声的前提下对正演响应结果进行直接反演，从反演结果可以看出断层的存在。但在实际野外工作中，由于噪声影响，单点曲线上单个点的异常很可能被作为飞点或干扰点剔除，造成对断层的漏判，故相关的物探技术规范或规程明确规定，至少要有 3 个测点控制研究的地质目标体。

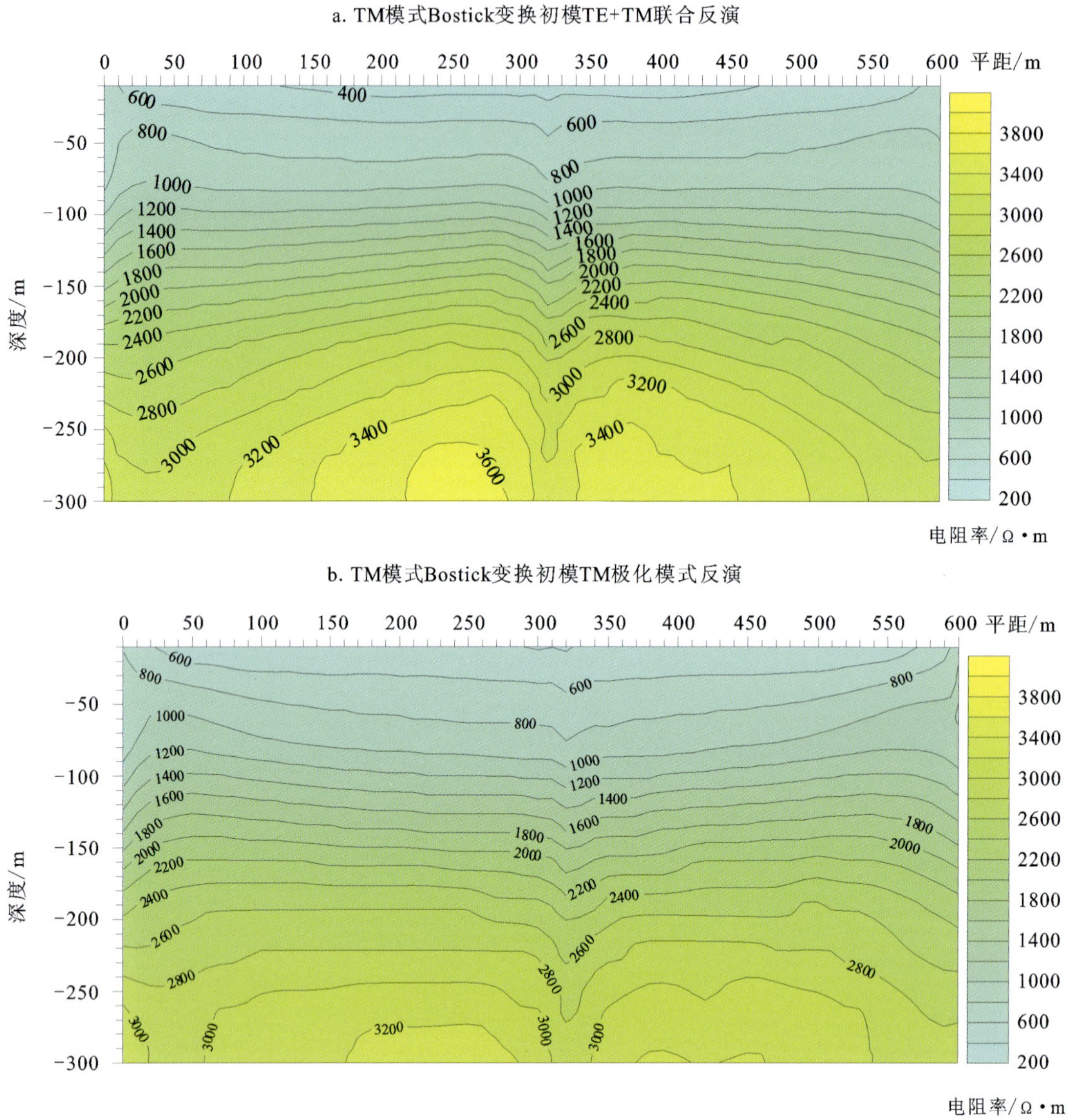

a. TM模式Bostick变换初模TE+TM联合反演

b. TM模式Bostick变换初模TM极化模式反演

图 11－82　TM 模式 Bostick 变换为初模的 TM＋TE 和 TM 模式反演结果

（4）设计模型中断层倾角约 82°，倾向剖面尾端，但从各类图件分析，AMT 法各类勘探结果均不能给出有关断层倾向的任意信息。

2）改变测点密度的反演

基于上述正演模拟得出的认识，下述反演数据只取 TM 模式分量，且将 TM 模式的 Bostick 变换断面作为二维反演的初始模型。

因上述模拟时仅有一个测点控制断层，不符合地球物理勘探标准的相关规定（一条测线至少有 3 个测点通过目标体），故通过加密 250～400m 间点距至 5m（图 11－83），以保障对 10m 宽断层有 3 个测点可以进行控制，以研究测点加密后 AMT 法 TM 单分量二维反演结果对断层的揭示能力。

上述模拟工作中最高频率只有 10kHz，致使浅部勘探盲区过大（约 90m），对研究浅部地层结构和构造非常不利，亦是浅部勘探应尽可能要避免的问题。故本次正演计算时频率范围改为 0.01～70kHz，在模型背景电阻率值不变的情况下，用于减小浅部勘探盲区（增加高频频点后其仅为十几米，是浅部勘探希望达到的）。

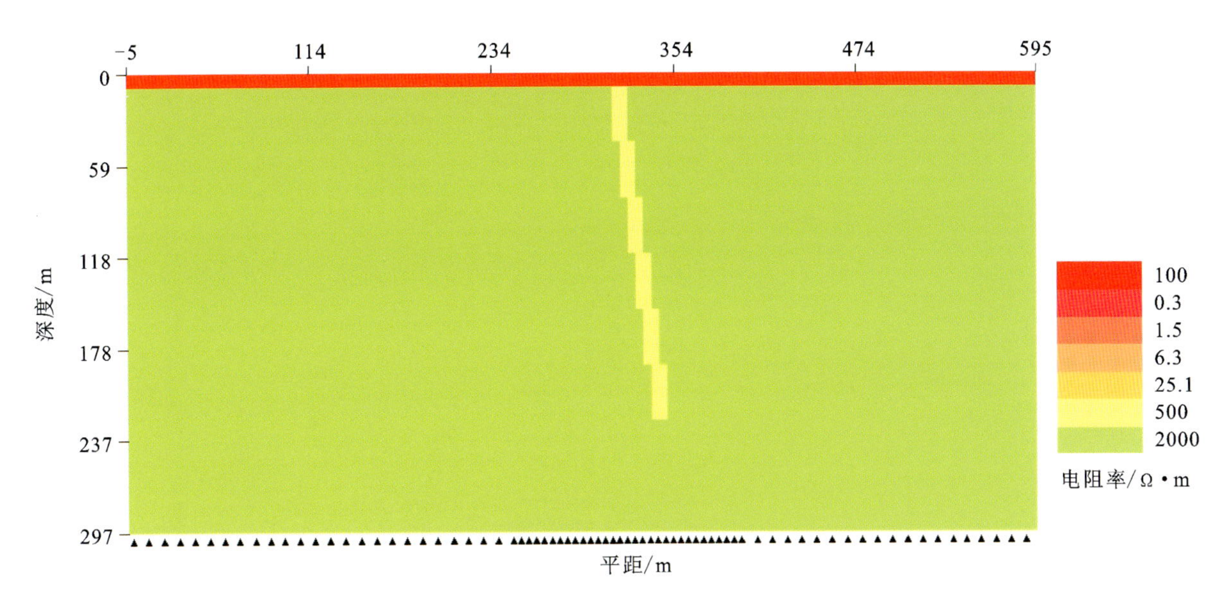

图 11-83 加密点距后的正演模型

正演计算的网格设计、反演计算各项参数均与图 11-76 正演模型所做的模拟保持一致。

从图 11-84 和图 11-85 可得到如下结论。

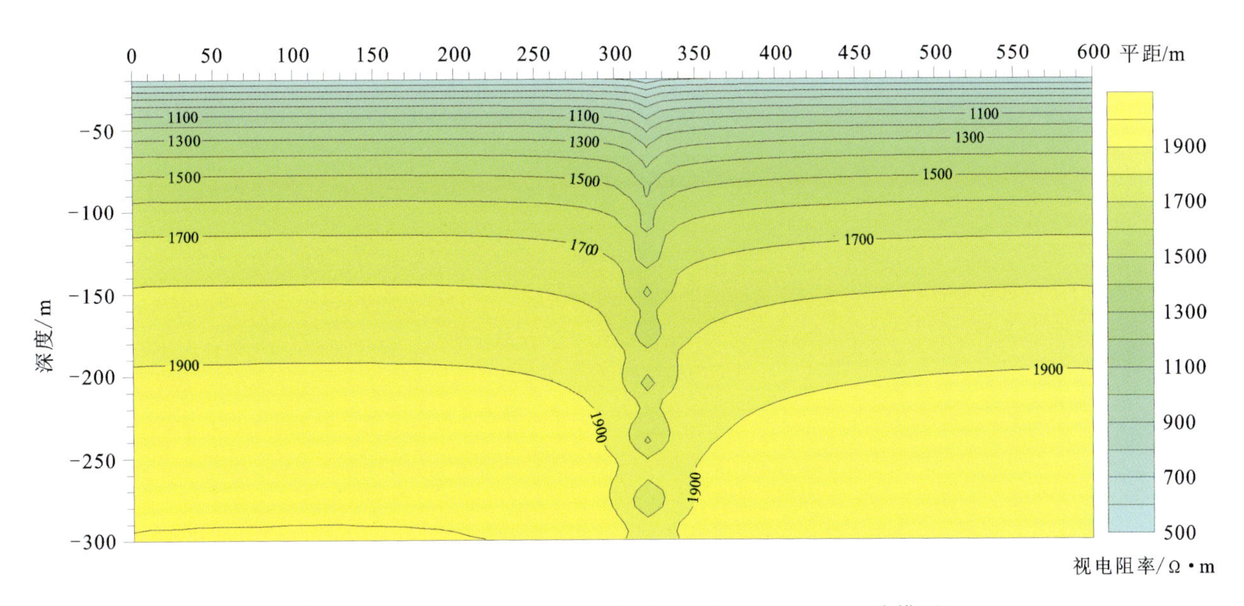

图 11-84 TM 模式 Bostcik 变换断面(基于图 11-83 正演模型)

(1)TM 模式的 Bostcik 变换较未加密测点前出现了断层带的信息,该特征同样在其二维反演结果上得以体现,故加密测点即目标体要有适当数据的测点控制是对目标体进行可靠还原的重要前提。

(2)对断层倾向的反应能力一如前述模拟结果。故对于无断距的小型张性断裂或有断距但断层两侧岩性无变化或岩性变化但无电阻率差别地质条件,在缺少 H_z 分量数据即倾子控制的情况下,仅从 AMT 法勘查结果上来分析是断层倾向存在一定难度的(后面将通过改变断层倾角来研究这一问题)。可以结合地质调查结果如构造分期、断层性质、岩性接触关系等资料进行分析。

(3)反演结果的深部(220~300m)断层带有变宽的趋势,但断层带与围岩的电阻率差异也明显变小;在断层带发育深度范围内围岩的电阻率值达到最高,此特点与图 11-82 所示的特点(深部即 300m

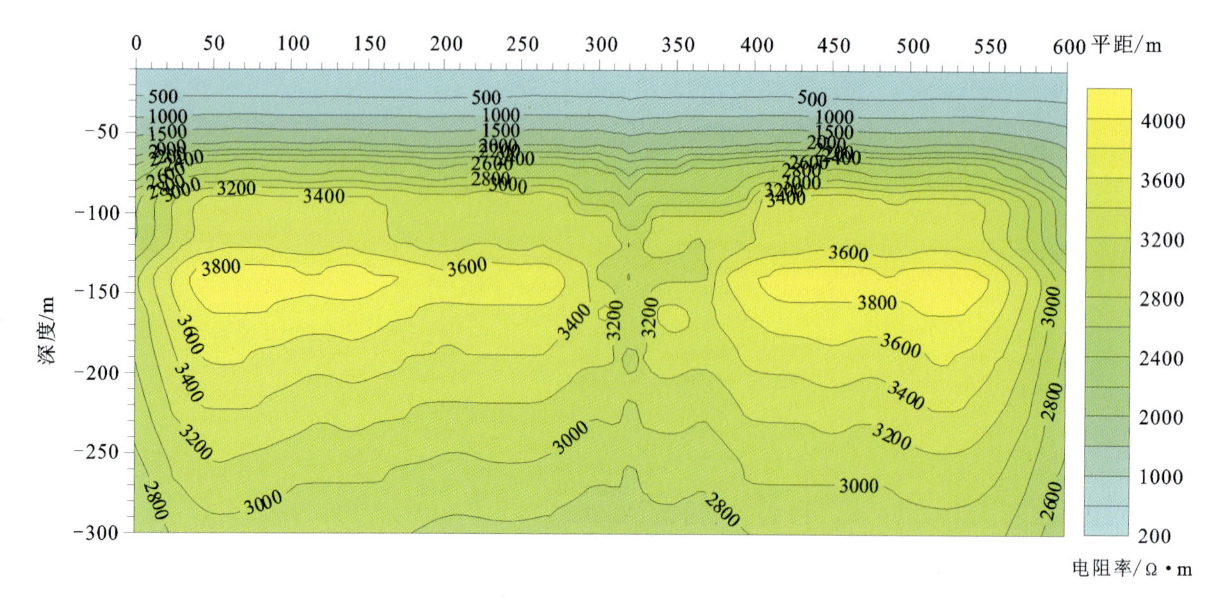

图 11-85　TM 模式二维反演结果

左右围岩视电阻率值最大）明显不同。从图中可以看出，可以通过这些不同预判出断层的发育下限。

3）改变断层倾角的反演

是否会因为倾角 82°的断层太陡，致使 AMT 法对其倾向难以分辨呢？基于此问题，设计宽 20m、倾角 76°的断层，点距 10m 的正演模型，见图 11-86。

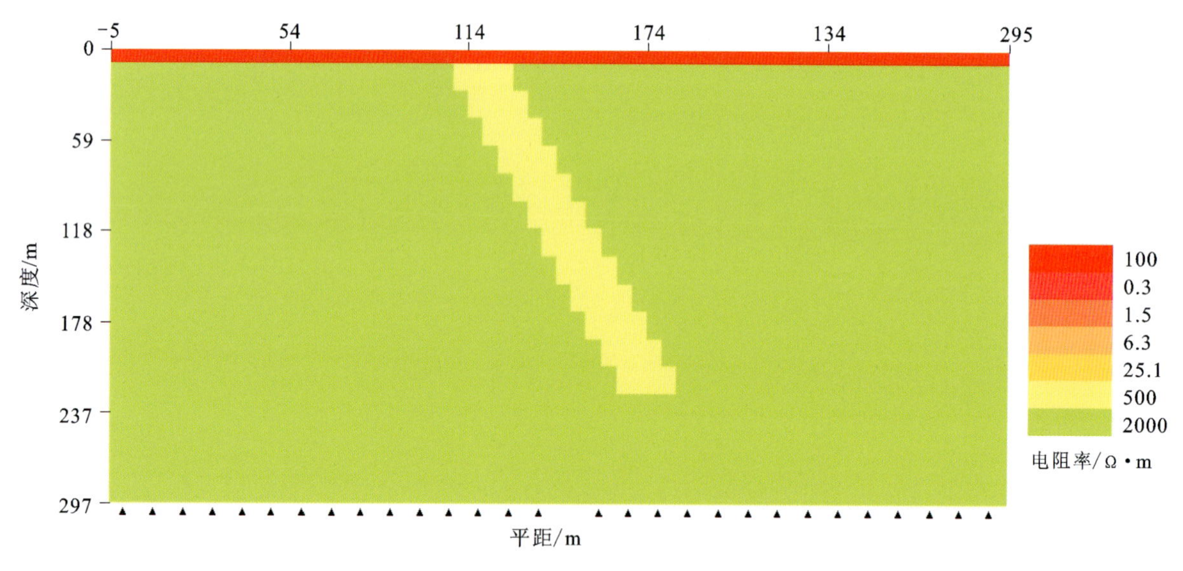

图 11-86　小倾角断层正演模型

二维反演结果见图 11-87，与图 11-85 对比可知：①揭示断层带宽度更明确，且它与围岩视电阻率差异更明显（得益于较宽的断层模型）；②小倾角、大宽度的断层，AMT 法仍未对其倾向做出有效的估量；③围岩高值分布区仍可以指示出断层带发育下限；④故该模型再次证实了“对无断距的小型张性断裂或有断距但岩性无变化或岩性变化但无电阻率差别的地层结构，在缺少 H_z 分量数据即倾子控制的情况下，AMT 法勘查结果难以对断层倾向给出有用信息”这一结论。但在实际工作中，又常常可以借助 AMT 法勘查结果对断层倾向进行判别（与建立的模型具有相似的地质结构），这应是因为实际张性断裂上盘更加破碎、影响带较宽，与下盘岩性有着截然不同的破碎程度，与实际模拟中断层带与围岩完全隔离开来的现象完全不同；此外，还可以借助地质现象(邻近节理、裂隙倾向)来加强对断层倾向的判断。

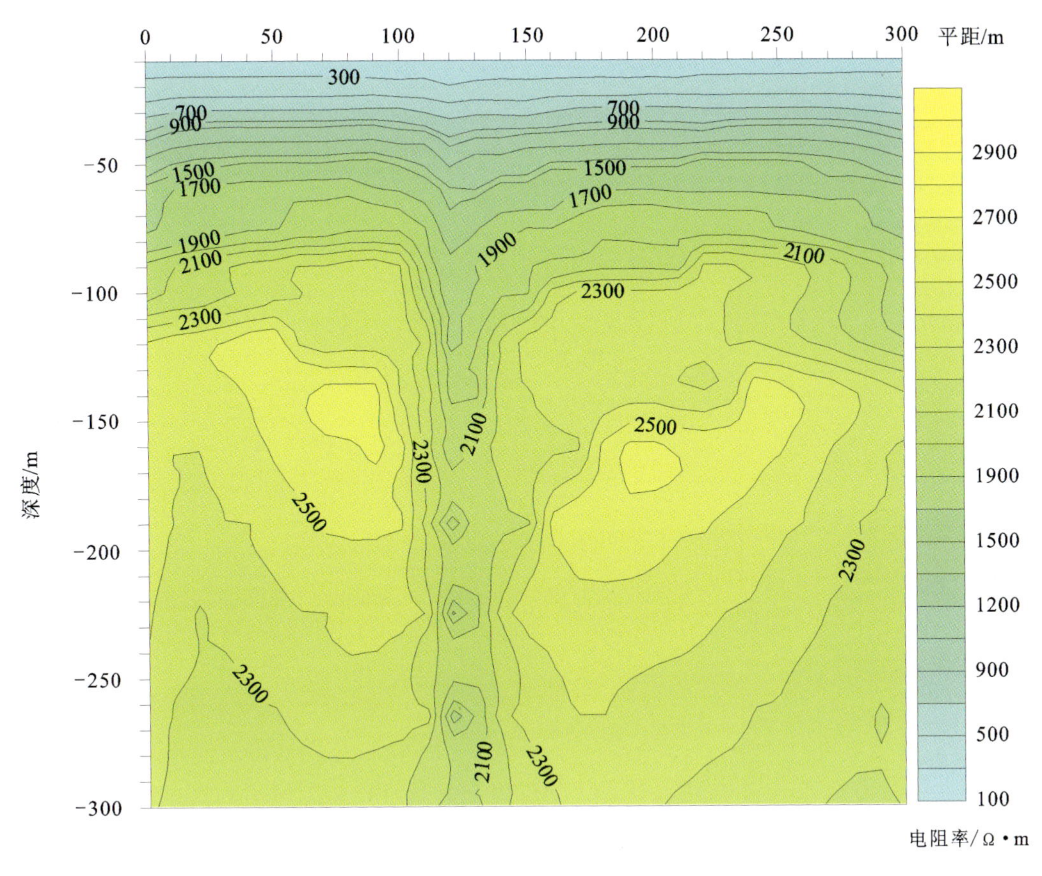

图 11-87 TM 模式二维反演结果

4. 模拟小结

针对本次模拟的模型条件，可以得出以下主要结论。

(1)TM 模式数据二维正则化反演结果不逊于 TE+TM 联合反演结果，故其可在地层结构和构造简单区对断层储水构造进行寻找，利用标量测量模式也可解决地质问题。

(2)对目标体有足够数量测点控制(至少 3 个)是可靠恢复目标体特征的重要前提，故 AMT 法工作时点位、点距选择与目标体之间的契合关系非常重要。

(3)断层发育下限可以根据围岩体电阻率值的高值分布下限来确定，在测点数量满足条件的情况下，对断层发育下限推测基本可以通过 AMT 法二维反演实现的。

(4)基于模型的模型工作，虽然指示在缺少倾子数据控制下，AMT 法对断层倾向判断基本“无能为力”。但实际工作中却并不如此，应和模型将断层带与围岩电阻率值完全隔断并不渐变有关。断裂上、下盘岩石破碎的差异性应该可以为 AMT 法勘查结果指示出断层倾向提供有效信息。

11.6.7 强电磁干扰下基于电场分量的 CSAMT 法

在经济快速发展和交通网日益密集的影响下，电磁干扰、机械振动等引起的地表振动对电磁法勘探影响日趋严重，使得 AMT 法可应用区域十分有限。在此条件下虽发展了 CSAMT 法，虽其抗电磁干扰能力强于 AMT 法，但仍存在以下问题[64-69]。

(1)测量电场分量和磁场分量,两者由干扰引起的畸变程度不同,导致卡尼亚视电阻率曲线质量会逊色于单分量振幅曲线。

当大地电阻率值较大和噪声频率较高时,电场噪声较强;当大地电阻率和噪声频率较低时,磁场噪声较强。因地表振动引起磁道信号扰动,会导致磁场信号质量不高。

电磁干扰极化方向不同、环境和地质条件不同,可能使电场和磁场观测质量不同,即两者受干扰产生的畸变程度不同。此时,电场和磁场比值不能消除干扰,卡尼亚视电阻率质量明显逊色于电场或磁场振幅曲线。图 11-88 中视电阻率曲线有较明显的畸变,但电场分量 E_x 曲线平滑未扰动,磁场信号在 0.1~1Hz 频段内的扰动,比值视电阻率被磁场恶化。

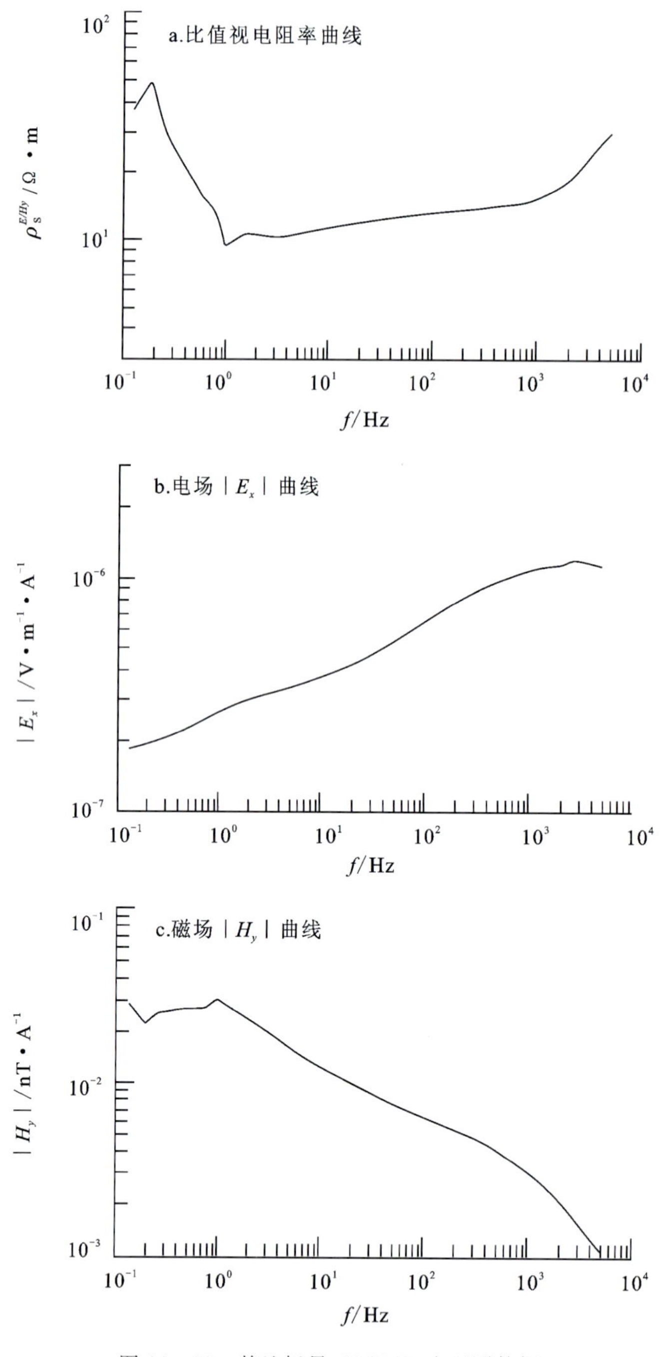

图 11-88 某地标量 CSAMT 法观测数据

(2)电磁场的各分量在地形、地表电性不均匀等情况下的反映也不尽相同,在场区划分、记录点等方面也有不同的表现。尤其在场区划分方面,通过计算均匀半空间 E_x 与 H_y 的衰减率,在容许误差为5%时,对于赤道装置 E_x 在5.125倍趋肤深度时进入远区,H_y 在6.305倍趋肤深度时进入远区,Z_{xy} 在7.408倍趋肤深度时进入远区。可见,在相同地质下、同一收发距时,E_x 分量进入远区所需用的发收距最小,由阻抗定义的卡尼亚视电阻率所需用的收发距最大。

CSAMT因受发射机功率、接收机灵敏度和信噪比的限制,不可能做到完全的远区观测,视电阻率和大地真实电阻率之间的关系更加复杂,而目前CSAMT法数据反演基本沿用了AMT/MT法的成熟商业化软件。

(3)基岩地下水探测区域,总体上大地电阻率值偏高,卡尼亚视电阻率曲线在相对较高频率已进入过渡区和近区,降低进入过渡区和近区的频率是野外工作十分关注的问题。

11.6.7.1 基于 E_x 分量的全区视电阻率

1. 全区视电阻率表达式

电流源 E_x 的表达式为:

$$E_x = \frac{IdL}{2\pi\sigma r^3}[1 - 3\sin^2\varphi + e^{-ikr}(1 + ikr)]\cdots\cdots \tag{11-23}$$

由式(11-23),可求得地层的视电阻率 ρ_s 表达式为

$$\rho_s = K_{E-E_x}\frac{\Delta V_{\overline{MN}}}{I}\frac{1}{f_{E-E_x}(ikr)}$$

$$K_{E-E_x} = \frac{2\pi r^3}{dL \cdot \overline{MN}} \tag{11-24}$$

$$f_{E-E_x}(ikr) = 1 - 3\sin^2\varphi + e^{-ikr}(1 + ikr)$$

式中:dL 为电流源的长度;K 为波数;$k=\sqrt{i\omega\mu\sigma}$,称传播常数;$\omega$ 为圆频率。

通过迭代算法,便可求得全区视电阻率;再利用处理远区场数据(AMT/MT法)的二维反演软件对全区视电阻率进行反演。

2. 电场分量测量方式及全区视电阻率的获取

(1)野外工作采用V8多功能电法仪的CSAMT法采集模式。

(2)在常规工作的基础上,发射端加入TMR盒子实时记录电流数据。

(3)提取电流文件和电场振幅数据,记录点的坐标以及发射 A 极、B 极坐标。

(4)利用公式,编程计算全区视电阻率。

(5)利用MT2D软件对全区视电阻率进行反演。

11.6.7.2 卡尼亚视电阻率与 E_x 分量曲线场区比对

图11-89为张北县CSAMT法实测数据,收发距10km时全区视电阻率曲线与收发距为14km时的卡尼亚视电阻率曲线在频率30~70Hz间趋于一致,相比同频段收发距10km时卡尼亚视电阻率出现的虚假低阻极值(过渡区,不能正确反映地层岩性),说明电场分量定义的全区视电阻率较卡尼亚视电阻率在较低频率进入近区,即全区视电阻率在收发距较小、信噪比较高的条件下,即可达到较深的探测深度。

高频段受发射电流小、信噪比低的影响,无论全区视电阻率还是卡尼亚视电阻率曲线均有较大波动,但整体上,卡尼亚视电阻率在高频区段数据质量稍好于全区视电阻率。

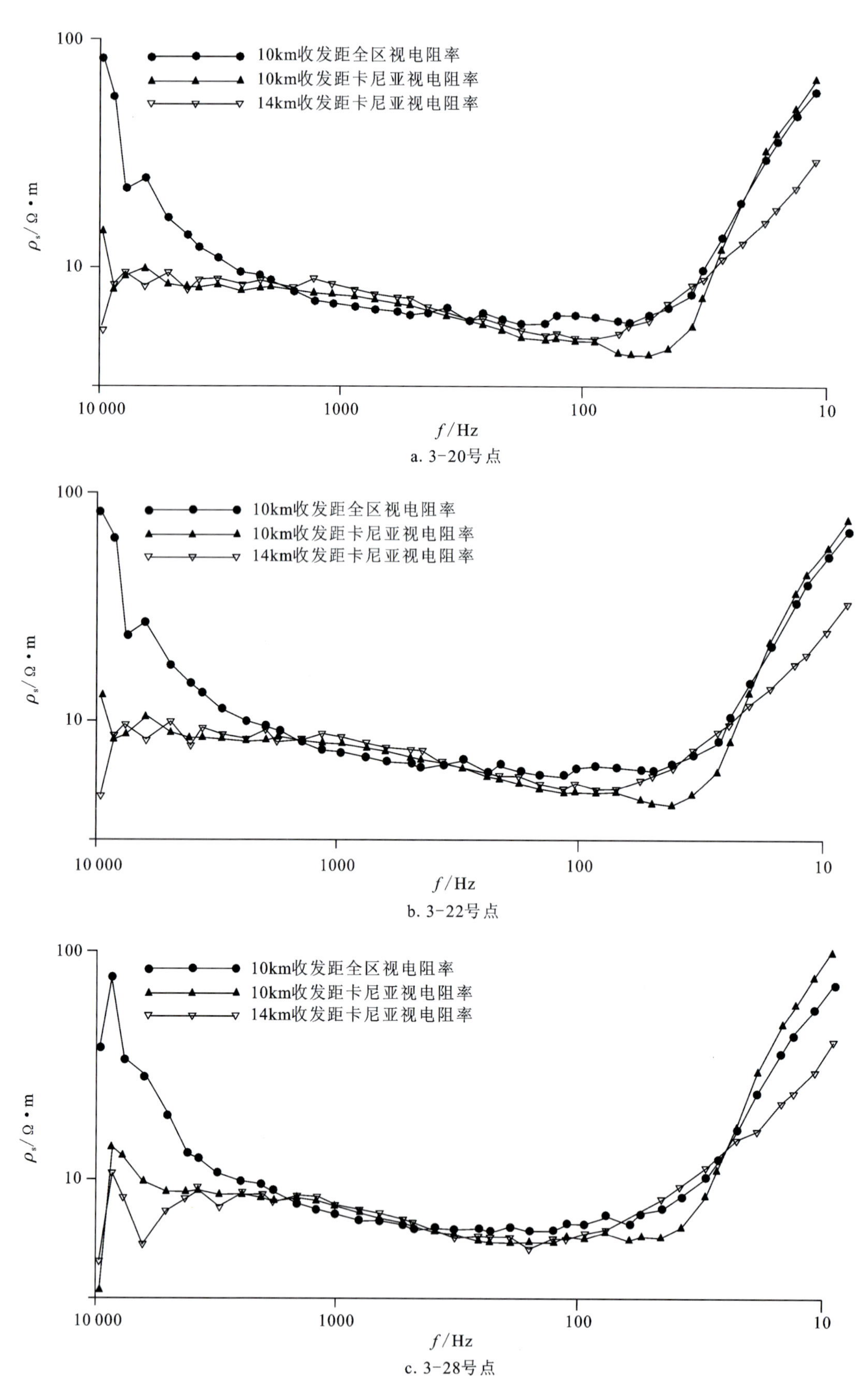

图 11-89　不同收发距/不同定义视电阻率曲线对比图

在中频段即 100～2000Hz 间 3 条曲线基本重合，该段对于不同收发距、不同视电阻率均属于远区场。

3 个测点的全区视电阻率在 100Hz 附近均出现视电阻率值的波动（高值），应与泥岩所夹砂质泥岩相对应，说明 E_x 分量定义的视电阻率对高阻地层反应更加敏感。

11.6.8 储水构造探测典型实例

本小节以南方岩溶区储水构造充填物和北方岩脉发育区储水构造识别为例，说明 AMT 法测量结果的电阻率变化趋势及电阻率值大小对储水构造判别的意义。

11.6.8.1 岩溶储水构造充填物性质的判别

储水构造充填物性质的判别，即判断储水构造中充填物的主要成分是水还是泥，是南方岩溶区地下水勘查中物探工作所面临的难点问题。在通常情况下，作为空隙充填物的泥和水常常伴生，当充填物以水为主时，储水构造富水性好；反之，富水性差。

长期以来，人们尝试利用多种物探方法来解决储水构造充填物的性质问题，但均未取得明显效果。从理论上讲，地面核磁共振方法可以解决这一问题，但该方法属于体积勘探，该体积约为一个直径为 2 倍天线直径的圆柱体，这样大的一个体积范围内很难保证储水空间的唯一性，加之该方法纵向分辨率的限制，目前很难用地面核磁共振法来解决岩溶区的充填物性质问题。国内的物探工作者也曾利用激发极化参数来分辨充填物的性质，但效果不理想，尤其在对岩溶富水区的低极化率特征，使其在充填物性质判别问题上效果不佳。

储水构造充填物无论水还是泥均呈现低阻的电性特征，难以直接用电阻率参数加以区分。在工作中我们结合水文地质调查结果，对物探成果进行细致分析，总结了在高阻中找低阻、在低阻中找高阻的经验，基本避开了泥质充填的问题，提高了成井率。高阻中找低阻是指通过物探方法对含水体准确的空间定位（岩溶均呈现低阻的特征）；低阻中找高阻有两个方面的含义：一是在水文地质调查的基础上，有目的地增加物探工作量，研究工作区不同含水体的电性特征，结合工作区已有水井、落水洞等的发育和充填情况，以泥质充填少、电阻率值较高的储水构造作为取水目的层；二是对物探成果进行细致分析，判断断层的发育规模及产状，分析断层带与围岩间电阻率的差异，井位定于电阻率值稍高的断层影响带上。

屏山乡隆力屯位于北东向沟谷内，根据地形特征、落水洞分布及岩石的裂隙发育情况推断工作区存在顺沟发育的北东向断层和切沟发育的北西向断层。布设两条垂直的 EH－4 剖面，以对比分析断层发育情况（图 11－90），勘查结果见图 11－91。村内已有井位于Ⅱ线 60m 处，井深 65m，单井出水量仅 $1m^3/h$ 左右，并且井孔内泥沙严重淤塞，井位无法利用。根据已有井的情况，分析推断断层 F_4 和 F_5 的发育规模、与围岩电性差异、影响带宽度等因素，认为 F_4 断层带及其影响带浅部（＜60m）泥质充填的可能性大，成井难度大；相比而言，F_5 断层电性值高于 F_4 断层，其发育深度可达 180m，而浅部岩溶不发育，基本无黏性土充填，判断该断层富水性较好。钻孔 LA04 定于Ⅰ剖面 153m 处，在 101～103m 揭露断层，单井出水量为 $50m^3/h$。

11.6.8.2 岩脉与富水断层的电阻率特征

以太行山区为代表的北方基岩区燕山期岩脉十分发育，其中闪长岩和辉绿岩充填的断层与富水断层一样，与完整的碳酸盐岩相比呈现低电阻率的特征。虽两者电阻率特征相近，但经精细求证两者也存在电性差异，具体表现特征如下。

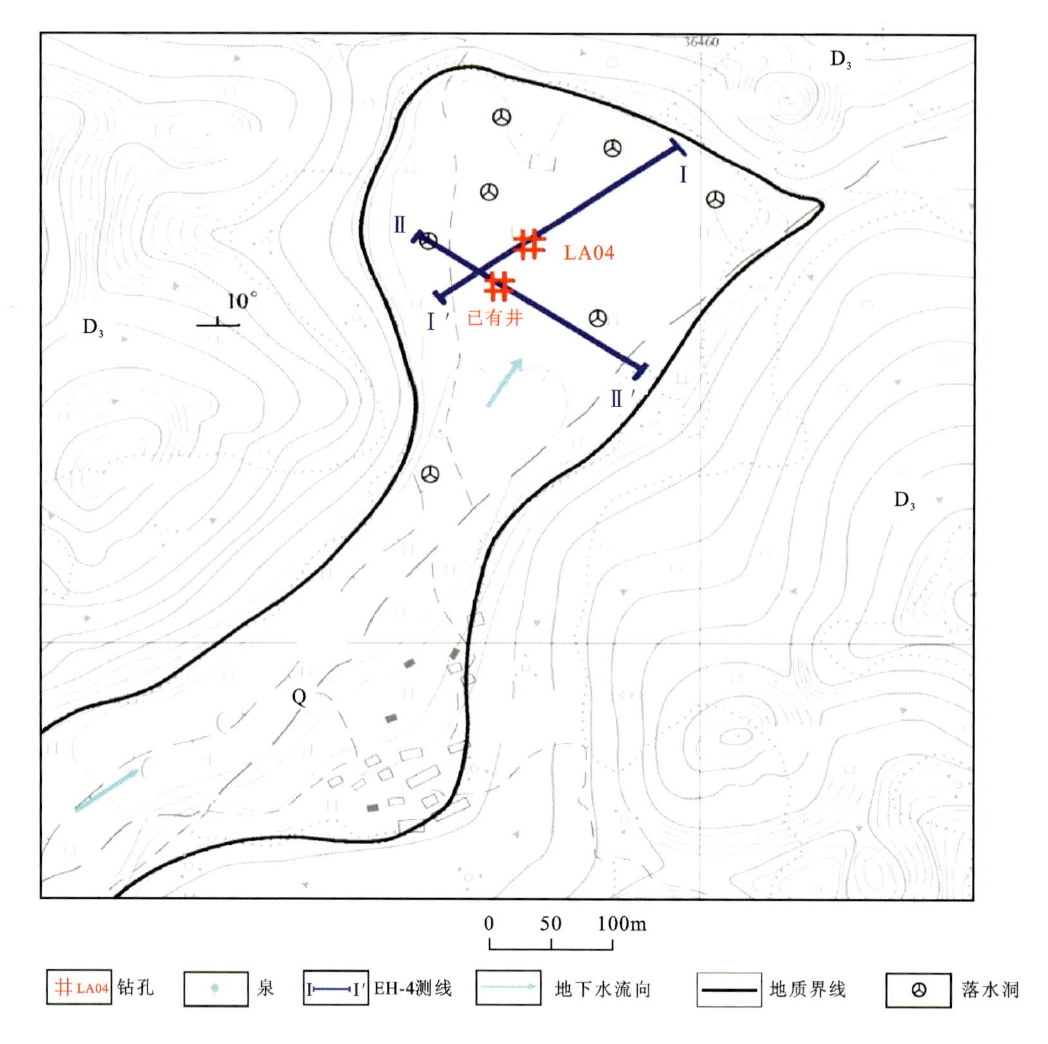

图 11-90　隆力电物探工作布置图

一是富水断层的电阻率值相比岩脉侵入的断层电阻率会更低，富水断层与围岩的电阻率差异更大，结合地面地质调查，依据电阻率特征可初步推测岩脉和富水断层；二是两者的激电参数曲线有着明显的差异性。充分利用 AMT 法勘探断面的电阻率特征和异常点位激电测深的激电参数曲线形态特征基本可将两者进行区分。

图 11-92 和图 11-93 分别为史家佐闪长岩脉出露处和地面地质调查推测富水断层处的 EH-4 勘查结果。两条测线方向不同，但所揭示的完整围岩的电阻率基本相吻合，且显示岩脉的视电阻率明显高于推测的富水断层的视电阻率。

图 11-94 和图 11-95 是闪长岩脉和富水断层上的激电测深结果。岩脉上半衰时曲线随 $AB/2$ 电极距的增大快速增大，而视极化率则随之明显降低，综合参数也未有异常指示。富水断层的半衰时曲线与岩脉的半衰时曲线特征明显不同，综合参数有明显的异常指示且富水段为 $65\text{m} \leqslant AB/2 \leqslant 130\text{m}$。

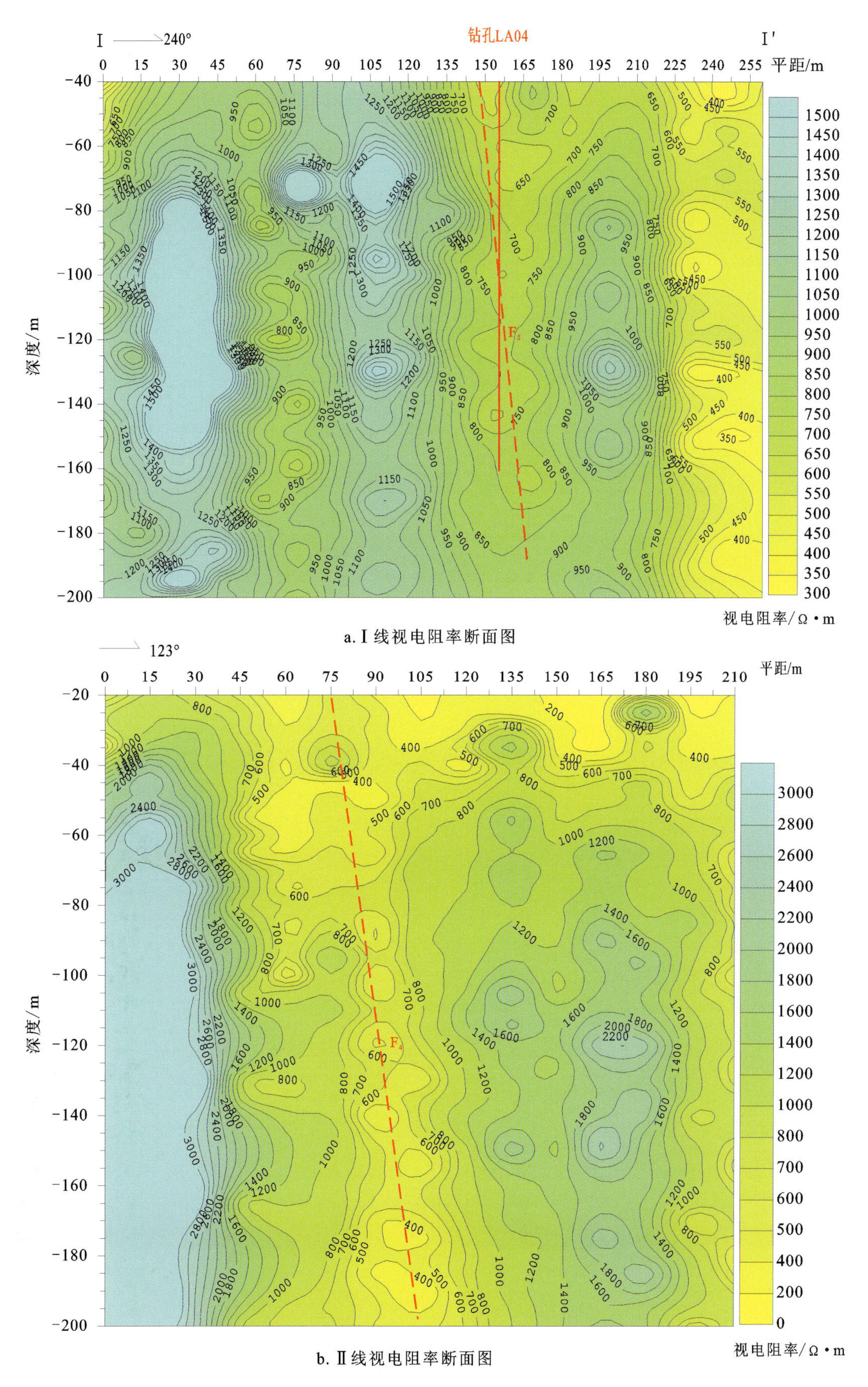

a. I线视电阻率断面图

b. Ⅱ线视电阻率断面图

图 11-91 隆力屯断层发育规模和浅部岩溶发育对比图

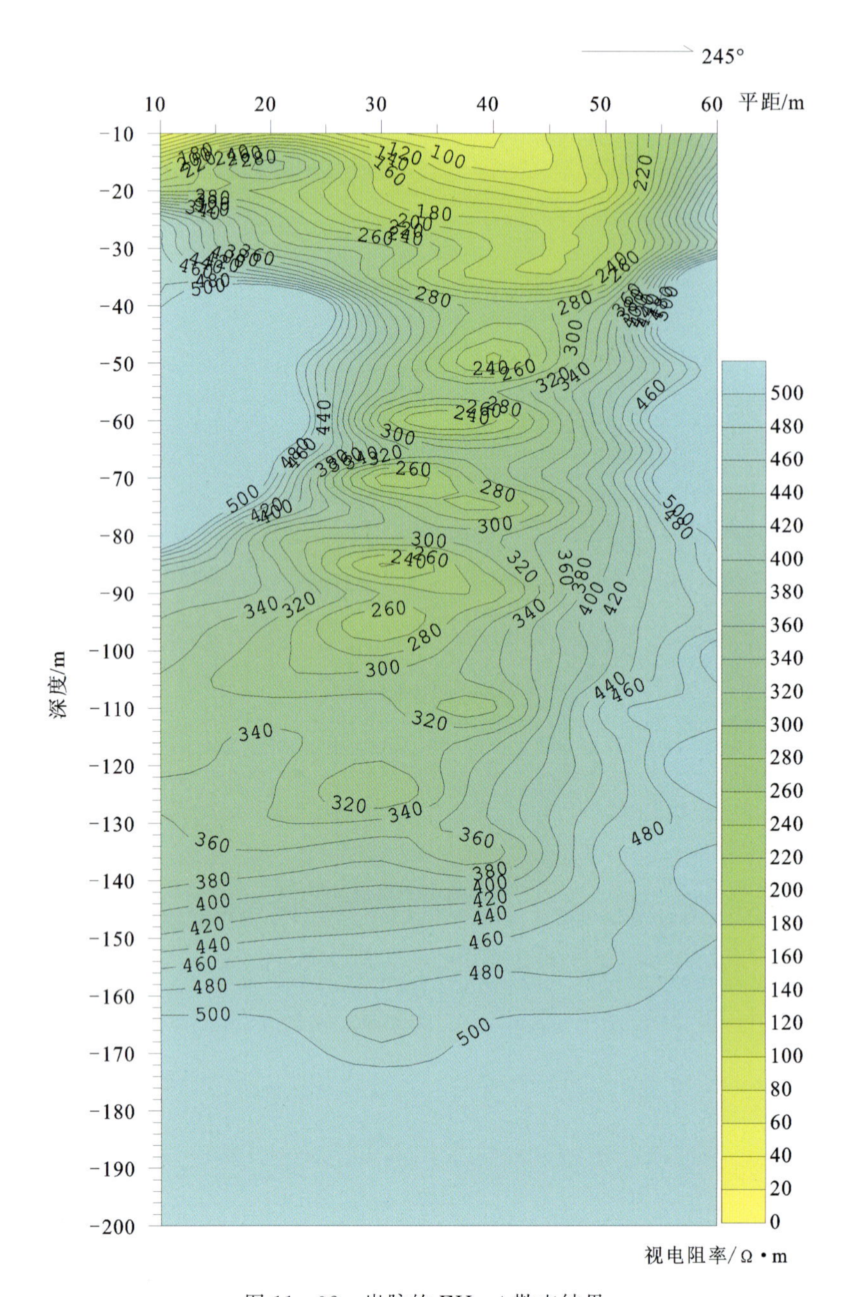

图 11-92 岩脉的 EH-4 勘查结果

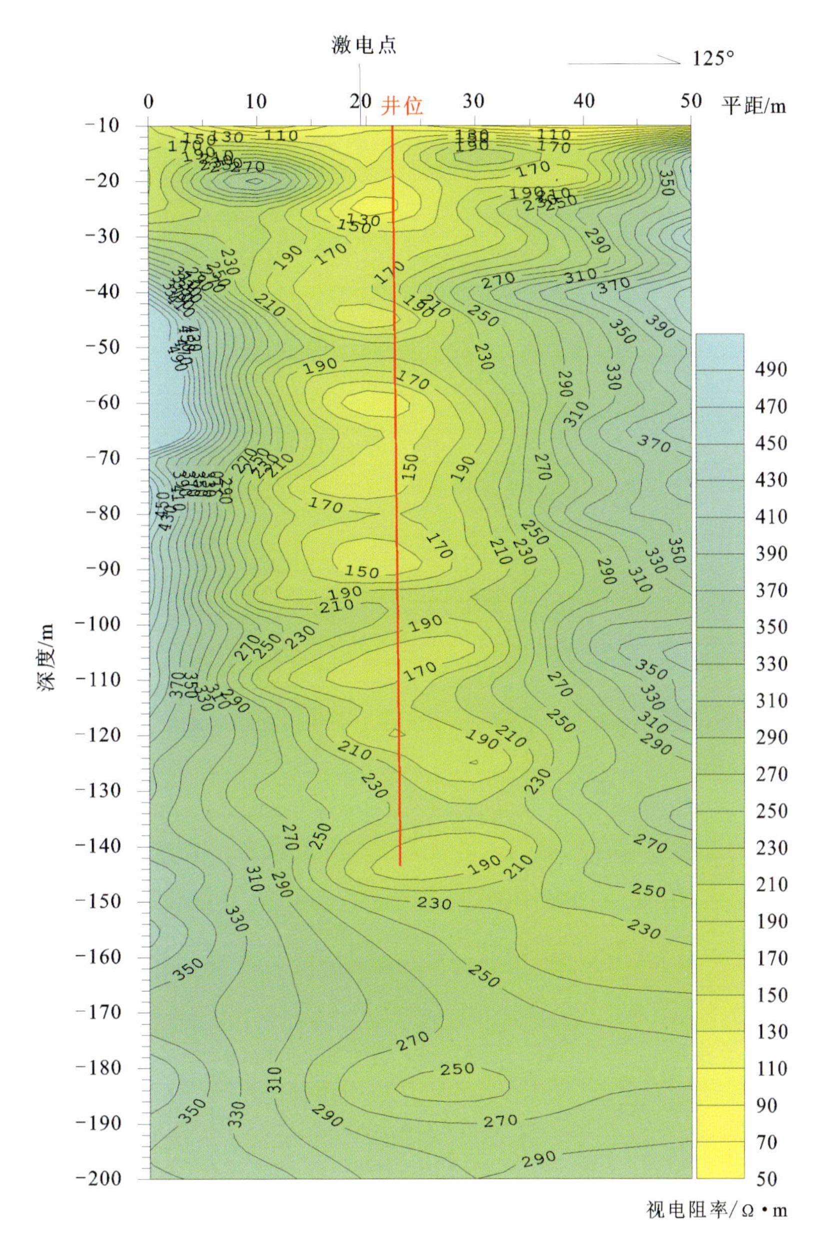

图 11-93 富水断层的 EH-4 勘查结果

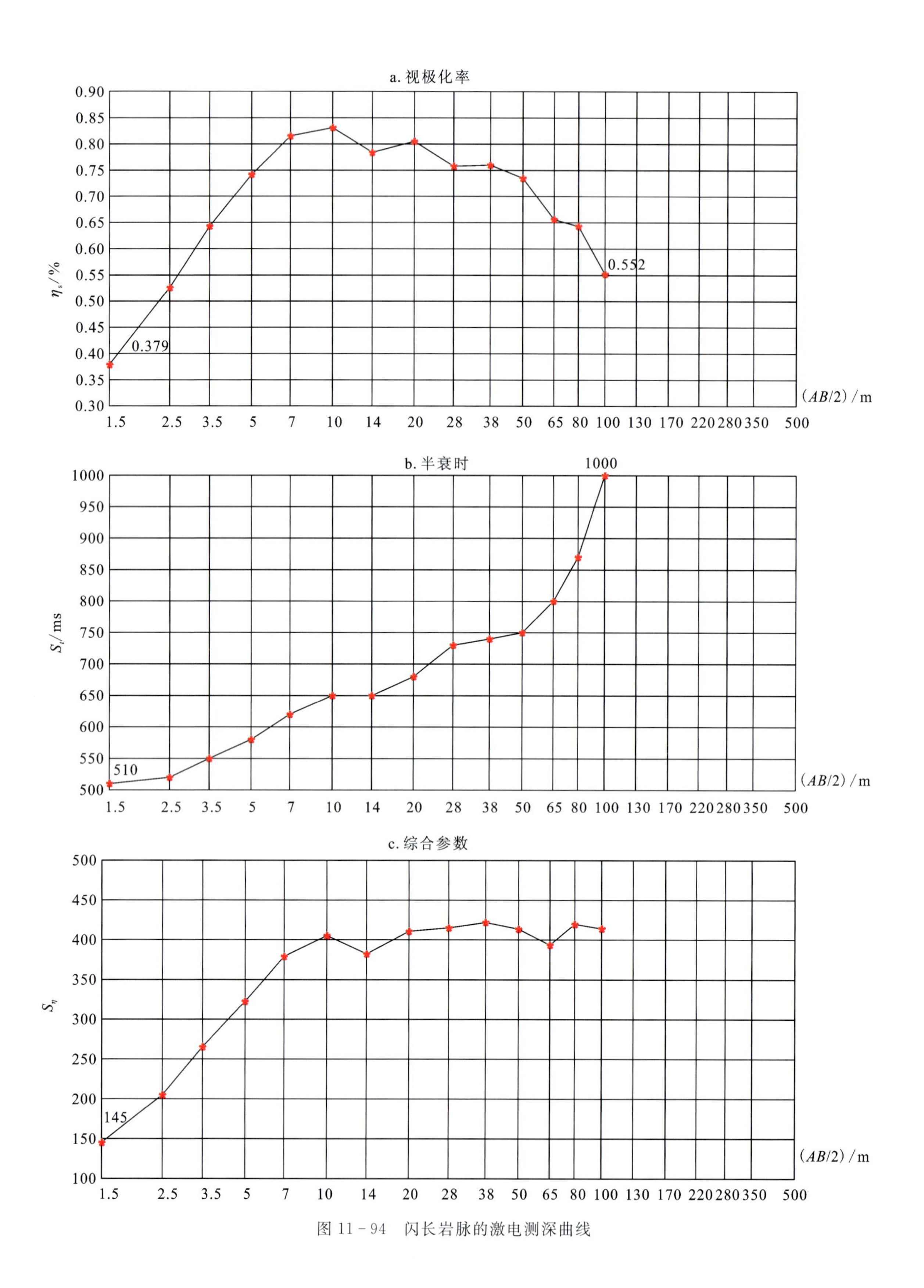

图 11-94 闪长岩脉的激电测深曲线

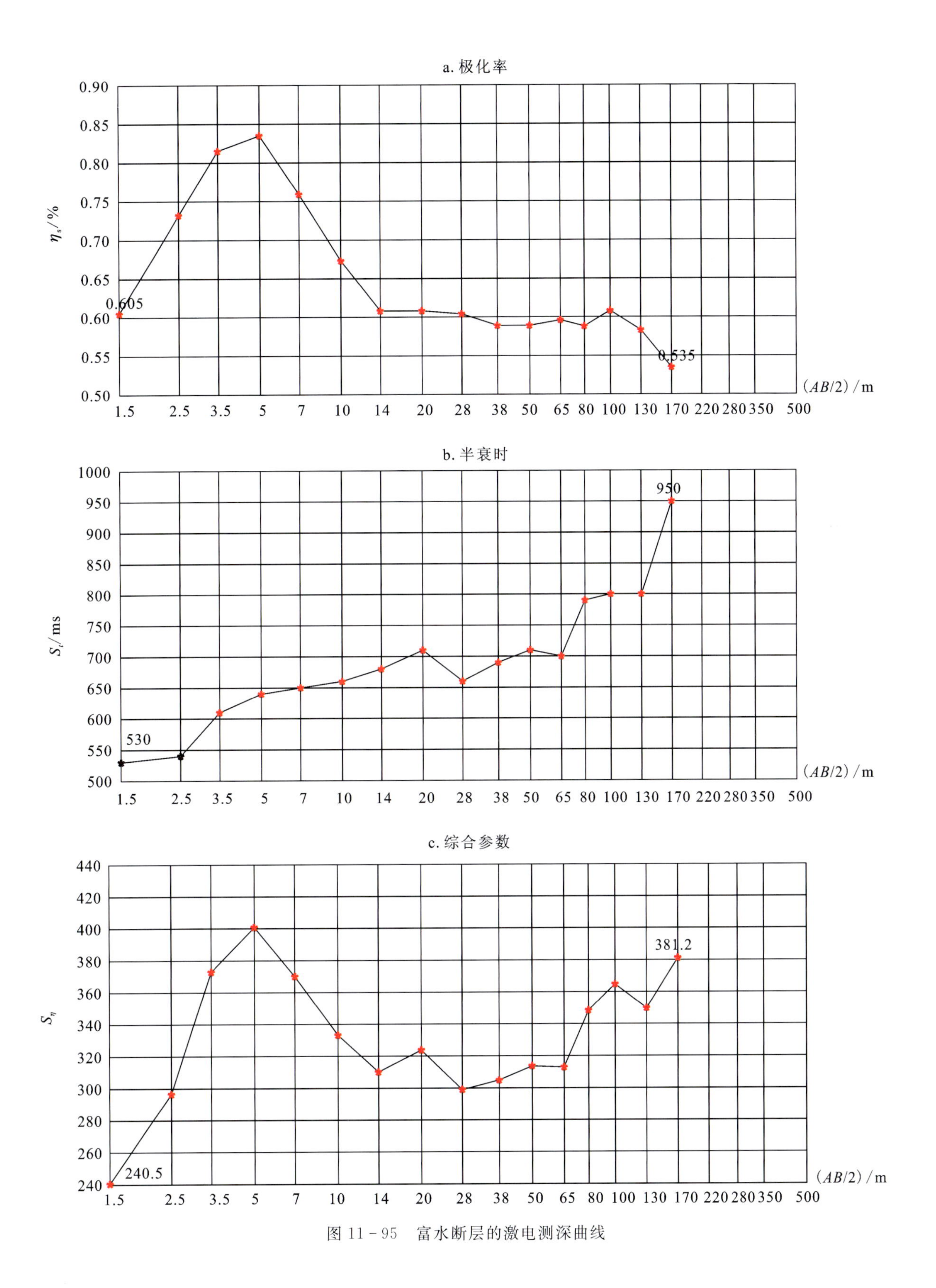

图 11－95　富水断层的激电测深曲线

12 基岩钻进与增水技术

基岩地下水钻探实践证明，空气潜孔锤钻进适用于基岩水井钻进，而压裂增水技术对基岩水井处理有较为显著的效果。在本章仅对空气潜孔锤钻进及水力压裂增水技术进行介绍，此外对复杂地层成井技术进行说明。

12.1 空气潜孔锤钻进技术

12.1.1 空气泡沫潜孔锤钻进的技术优势

空气泡沫潜孔锤钻进是以空气泡沫作为动力介质驱动潜孔锤工作的新型工艺方法，它将空气潜孔锤钻进技术和泡沫钻进技术有机结合在一起，既发挥了空气潜孔锤破碎硬岩效率高的特点，又体现了泡沫携带岩粉能力强、有一定的护壁作用、适用于排屑困难及潮湿地层的特点。

空气泡沫潜孔锤钻进具有如下技术优势。

(1)钻进用水少。在施工中除配制泡沫液需要少量水外，施工过程不需要生产用水，非常适宜干旱缺水地区施工。

(2)钻进效率高，成井周期短。它可在很短时间内实现钻进成井，既降低了燃油消耗和人工投入，符合低碳环保的发展理念，又能快速成井解决旱区人畜用水问题。

(3)在漏失、涌水、坍塌等复杂地层能顺利进行钻进，适用于岩溶山区复杂地层钻进。

(4)防斜效果好，钻孔垂直度高。由于进尺快和钻压小，加之在潜孔锤上部加装级差合理的扶正器，钻进具有良好的防斜效果。一般情况下，可将孔斜控制在每百米小于1°左右。在满足水井孔斜度要求的同时，能确保下管、止水工艺顺利进行，同时为换径后的安全、高效钻进提供了有力保证。

(5)钻头使用寿命长。通常一个直径220mm的球齿钻头在石灰岩的钻进进尺可达1000m。

(6)与空气粉尘钻进相比，空气泡沫钻进有很好的除尘效果，可以防止粉尘污染、改善劳动条件。

(7)正循环钻进对设备和机具要求低，施工工艺简单，操作方便，辅助时间短。

12.1.2 钻进设备

钻机：SPC-300H型水文水井钻机3台，150型散装钻机1台。

空压机：2台阿特拉斯XRHS836，排气量22.2m^3/min，额定风压2MPa；2台英格索兰1070，排气量33.1m^3/min，额定风压2.41MPa。

泡沫泵：KM-26型4台，泵量17～26L/min，泵压2～3.5MPa。

钻杆：Φ89mm地质钻杆1100m。

空气潜孔锤：JW200型、JW250型。

钻具构成：主动钻杆-钻杆-空气潜孔锤-钻头。

12.1.3 泡沫灌注系统及管路布置

空气泡沫潜孔锤钻进灌注系统主要由泡沫泵、泡沫液箱、流量调节阀、混合器、逆止阀(也称止回阀)和压力表等组成,泡沫和高压空气在混合器充分混合后经水龙头灌注至孔内钻杆柱,驱动潜孔锤碎岩钻进,携带岩屑由环状间隙返回地表。空气泡沫潜孔锤钻进灌注系统及管路布置见图12-1。

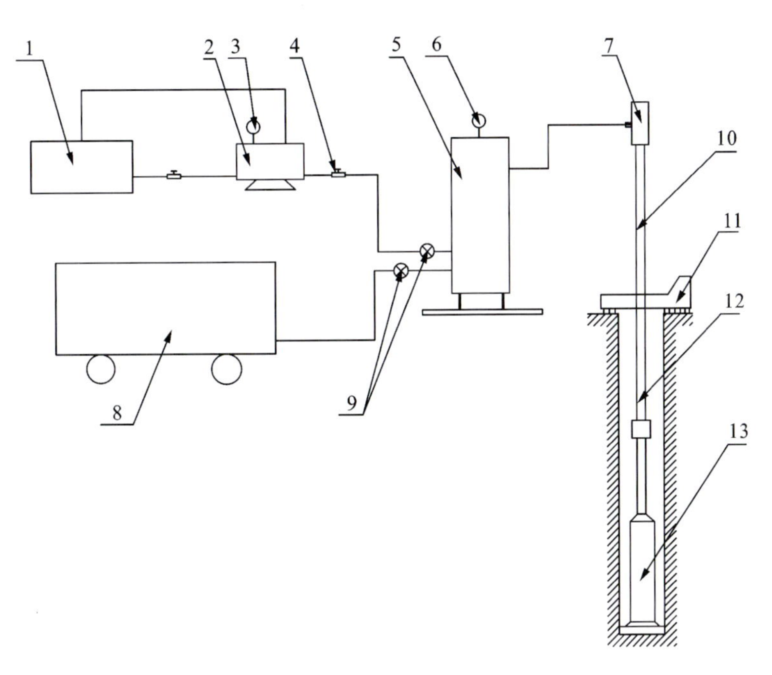

图12-1 空气泡沫潜孔锤钻进灌注系统及管路布置图

1.泡沫液箱;2.泡沫泵;3.压力表;4.流量调节阀;5.混合器;6.压力表;7.水笼头;8.空压机;9.逆止阀;10.主动钻杆;11.钻机;12.钻杆;13.潜孔锤

12.1.4 技术参数

(1)转速:浅部第四系松散层钻进以剪切破碎与冲击破碎相结合,转速控制在25~50r/min。硬岩钻进以冲击破碎为主,深部石灰岩地层采用相对低转速,转速控制在15~30r/min。

(2)钻压:根据钻孔孔径、钻头直径、地层情况综合确定。

(3)供气量:15~20m^3/min。

(4)气压:1~2MPa。

12.1.5 钻探技术要求

(1)钻进过程中,每5m采取一次岩屑样,若遇断层或地层岩性变化则加密采样。

(2)根据采取岩屑样以及钻进情况,对钻进揭露的地层进行岩性描述。

(3)钻进过程中应进行简易水文地质观测与记录。观测项目包括初见水位和静止水位;观测钻进中孔内水位变化;记录钻进中发生的钻具陷落、孔壁坍塌和严重掉块、涌砂、气体逸出及水色变化等情况;观测和记录岩层变层深度、含水层构造等。

(4)每钻进100m、换径、终孔及下管前,均须用钢卷尺测量校正孔深,允许误差为2‰,超差应以校正测量数据为准更正。

(5)每钻进100m、换径、终孔，测量顶角弯曲度。在100m深度内其孔斜不大于1.5°，大于100m的井段每百米顶角偏斜递增速率不超过1.5°。孔段的顶角和方位角不得有突变。

(6)钻进结束，同时采用视电阻率、自然电位、自然伽马、井斜和电视测井法开展测井工作，对测井资料与钻进岩屑综合分析后，划分地层岩性，确定裂隙发育部位。

12.2 基岩水井水力压裂增水技术

12.2.1 基岩地下水类型与压裂增水的关系

岩石中存在的各种裂隙、溶隙、孔隙是赋存地下水的基本条件，而这些空隙的多少、大小和分布状况决定着地下水的丰度。由于基岩地下水的埋藏、分布和运移规律复杂，储水的裂隙、溶隙、孔隙等呈不均匀分布，给钻井取水带来很大难度。有的井位虽然水文地质调查、地球物理勘探等工作，从区域蓄水构造、补给条件等方面均具备成井条件，但仍有水井出水量达不到预期目标或因出水量小而报废的情况，造成大量的人力、物力、财力损失。在地下水勘探中，有时会遇到相距数米远的两眼井，出水量却相差悬殊，有数倍甚至数十倍的差距。例如中国地质调查局水文地质环境地质调查中心在20世纪90年代负责施工的满城县坎下村和白堡村的供水井，地层岩性均为灰岩，坎下村的两眼水井相距不到5m，但每小时出水量却相差很大($32m^3/h$、$6m^3/h$)；白堡村的两眼井布置在上、下两个相邻的埝阶中，每小时出水量相差$55m^3$($76m^3/h$、$21m^3/h$)。1992年，长沙黄花机场施工的供水工程要求单井日供水量不小于$3500m^3/h$，由于地下水类型，在一个不足$100m^2$的场地内连续施工了4眼水井，出水量最小的只有约$600m^3/d$，出水量最大的超过了$5000m^3/d$。这种情况在我国的缺水地区和干旱、半干旱山区及西南岩溶石山地区普遍存在。

除部分水井因地质条件差造成水量偏小外，多数水井由以下因素所致：①井(孔)未钻到或偏离了主蓄水构造；②井(孔)岩层的裂隙通道因存在充填物或胶结矿物导致其与蓄水构造连通性差；③钻进过程中的泥浆固相、岩屑等淤塞了岩层裂隙通道，使岩层裂隙透水能力降低。总之，影响基岩水井成井质量的因素是多方面的，也是普遍存在的。

鉴于上述情况，对于非地质条件差造成的出水量偏小的井，可以通过压裂增水法解决，而压裂增水工艺方法又与地下水的类型和结构特点密切相关。

12.2.1.1 基岩地下水的特点

1. 风化岩层裂隙型地下水

风化裂隙是由出露于地表的岩石受到物理、化学和生物等的风化作用所形成的，风化裂隙一般发育在地壳的浅层。风化作用的深度取决于当地气候、岩性、地貌与地质构造条件，一般在湿润气候条件下，地壳上升运动不强烈的地区由于剥蚀作用较弱而风化层比较厚。风化裂隙水多由大气降水直接补给，有时亦存在上层滞水。风化壳上部有透水性很差的覆盖层时(如古风化壳)，其中的裂隙水常有一定承压性。风化裂隙的总特点是：裂隙分布普遍，广泛分布于裸露基岩的浅层；裂隙延伸短，无一定方向，多为张开型；裂隙面曲折，不光滑，分支较多，分布密集均匀，构成彼此连通的网状裂隙系统。一般风化裂隙深度为10～50m，有的地方风化作用沿着出露于地表的构造裂隙延伸，使风化裂隙的深度增加，有时可达100m以上。在风化裂隙发育的深度以内，形成一个层状的风化裂隙带，它的下部逐渐过渡到新鲜基岩，没有清晰的分界面，从上到下依次可以划分为全风化带、半风化带、微风化带。其中，全风化带岩层呈碎块状，化学风化作用的影响深浅不一，岩石的矿物成分大部分已经改变，产生大量次生黏土矿物，充填堵塞裂隙，空隙率低，透水性弱，含水性差；半风化带岩石的化学成分改变不多，以机械破裂为主，裂隙比较发育，泥质充填物较少，透水性和含水性比较强，是主要的取水层段，也是压裂增水的目标层；微风化带的岩石破碎程度低，裂隙较少呈闭合状，岩石化学矿物成分基本未变，透水性和含水性相对较弱。

2. 塑性岩石孔隙、裂隙型地下水

塑性岩层主要为泥质页岩、板岩、凝灰岩等，其传递应力的能力较弱，岩石的力学强度低，其受力后以塑性变形为主。岩石的破坏方式以黏性剪断为主，产生大量不明显的隐裂隙和闭裂隙，不易产生明显的开裂隙。裂隙较窄、较短、分布较密，但裂隙之间连通性较差，虽然也有发育的张性裂隙，但常常被其本身破碎的泥质矿物填充堵塞，因此裂隙的导水能力较弱。

3. 非可溶性脆性岩石裂隙型地下水

非可溶性脆性岩石主要是石英岩、硅质砾岩等，其传递应力的能力很强，力学强度也很大，抗压强度远大于抗拉强度。这种岩石受力后主要以脆性破裂的形式释放应力。当应力超过其自身的弹性极限后随即破裂，形成张性裂隙。破裂方式以脆性拉断为主，塑性变形很小。因此，在同样的作用力和边界条件下，脆性岩石的裂隙较长、较宽、分布较稀，但裂隙的贯穿性较大，泥质充填物一般较少，往往是赋存地下水的丰水构造。

4. 可溶性岩石溶蚀裂隙型地下水

岩溶水的含水介质是由成因不同、大小不等的空隙组成的复杂系统。它包括直径较大的岩溶管道或溶洞及由直径很小的溶隙、溶孔和溶洞中的松散堆积物形成的空隙。

可溶性岩石溶蚀裂隙是具有溶解能力的水不断交替运动对可溶性岩石（主要是指石灰岩、白云岩、大理岩等岩石）产生化学溶解而形成孔隙和裂隙，孔隙宽度在厘米级以下。随着岩石的性质不同，溶蚀裂隙的特征也不一样。在较纯的石灰岩、白云岩、大理岩中可形成近似溶洞的溶蚀裂隙，各裂隙间连通性较强，导水能力也较强，存在丰富的地下水资源。在泥质、硅质灰岩、重结晶的石灰岩等不纯灰岩中，由于存在不溶于酸的物质，阻碍了可溶性成分的继续溶解，再加上部分黏土矿物遇水后体积膨胀，更容易堵塞裂隙和孔隙，使得导水能力下降。此类溶蚀裂隙也发育在深部地下水径流交替迟缓的地带，储水空间常常属于半导通性质，一端为堵塞，另一端和其他导水孔道或裂隙相通。因此，采用压裂与高压流体洗井是疏通和解淤导水通道的主要方法，也是压裂增水工作的重点地带。

5. 可溶性岩石管道型地下水

可溶性岩石管道状或暗河型地下水是岩溶地区一种特有的地下水类型，它主要形成于近地表浅部，存在于水岩作用强烈的地区。富含侵蚀性 CO_2 的雨水和地表水渗入促使碳酸盐类岩石大量溶解及迁移，并伴随着机械侵蚀和重力崩塌作用形成的以溶洞为主的各种形态的岩溶管道系统（如脉状、树枝状、网状等，常形成地下河系等岩溶含水空间）。地下水在其中的运动属于管道流或明渠流，因为其发育地带往往是局部地下水的汇集带，所以水力坡度和地下水流量均较大。但此类岩溶水的分布极其复杂，在暗河排泄集中带附近亦可能无水，为该地区找水带来很大的难度。对于此类地下水，若前期井孔出水量不理想，可以通过压裂方式来解决，建立其与主要地下水流和水井的联系通道。

12.2.1.2 基岩地下水类型与压裂增水的关系

基岩地下水主要赋存于岩层的裂隙构造中，而岩层构造裂隙发育程度与岩石性质及其矿物组成密切相关，其中岩石性质（主要是力学强度、化学性质）是岩石受力破坏和化学溶蚀的内在因素。地层受构造力的作用，因岩石性质不同，就有不同的变形结果。有些岩石产生破裂形成断裂带，成为蓄水构造；有些岩石即使产生破裂也不一定形成含水裂隙。在水力及化学溶蚀下，碳酸盐岩则产生溶蚀型裂隙或溶洞。裂隙是基岩地下水的储存空间和运移通道。岩石裂隙的特点、含水性质决定了地下水的成井条件，但是在有限的井孔条件下也很难百分之百地钻穿目标层。为此，压裂增水技术的应用，是解决目前成井率低的关键技术，采用合理的压裂工艺方法可以提高成井率。

1. 风化岩层压裂增水

风化岩层的岩石类型主要包括花岗岩、片麻岩、玄武岩、安山岩等。对于风化岩层孔隙、裂隙型地下水，以往多以人工开挖成大口井和部分裸眼成井，但受季节性和降水量的影响较大，水井产水量不稳定，有时会干涸而无法正常取水。该类含水层以压裂增水法效果最好，可以在水井的某一深度如微风化带中实施压裂，将高能流体劈裂岩层形成裂缝并向四周辐射延伸，将风化带中的孔隙、裂隙连通，大范围扩大含水岩层的汇水面积，使得水井水量成倍增加。该类岩层作水力压裂时，通常将目标层位上、下封隔，采用清水作为压裂液压裂，压裂效果好，成功率高。

2. 塑性岩层压裂增水

塑性岩石在围压较大的环境中易产生流劈理。劈理常常出现于受到强烈挤压产生的褶皱及断层中，形成一系列相互平行的隐裂隙。由于断裂面上所受的压应力和剪应力较大，断裂带岩石破碎程度较强，但裂隙多呈闭合状态，闭合裂隙不含重力水，因此成井难度较大。但有些地层中的裂隙经后来的构造变动和风化作用改造，可以变为开裂隙。对该类地层采用人工裂缝支撑法压裂，可以起到较好的增水效果。

3. 非可溶性脆性岩层压裂增水

脆性岩层以成岩裂隙和构造裂隙的形式存在。该类裂隙的特点是：具有明显可见的开口裂缝，两壁岩石脱离接触。这种裂隙含水空间大，含水量大，导水能力强。

例如玄武岩、安山岩是在岩石形成过程中由冷凝、固结、脱水等在岩石内部引起张应力作用而产生的原生裂隙，它包括火山熔岩的柱状节理、侵入岩的原生节理及某些沉积岩在成岩过程中因脱水体积收缩而产生的张裂隙等。该类裂隙较均一，且相互连接，连通性好，具有良好的导水和含水条件。而花岗片麻岩、砂砾岩等构造裂隙的形成是在岩石受构造应力作用下产生的，它包括张节理和张性断层。张节理包含横张节理和纵张节理，其特点是裂隙宽度较大，短而曲折，尖灭较快，由系列小裂隙、孔隙组成。这些裂隙可以相连，也可能不相连，分布不均匀。张节理为开裂隙，因此其导水能力强，能构成良好的裂隙含水带。张性断层多为正断层和开断层，断层可形成单一的断裂面，也可以是较复杂的破碎带，断层破碎带由构造角砾岩及系列张节理和部分扭节理构成。由于构造角砾岩结构疏松，空隙率大，其富水性和导水性都较强。

由于脆性岩石破裂方式以脆性拉断为主，塑性变形很小。因此，在同样的作用力和边界条件下，脆性岩石的裂隙贯穿性较大，泥质充填物一般较少，往往是赋存地下水的丰水构造。该类岩层可以将上、下较完整井段封隔，以清水或植物胶凝液作压裂液压裂，均能起到良好的压裂效果。采用植物胶压裂液，更有利于形成宽而长的导水裂缝。

4. 可溶性岩层压裂增水

溶蚀裂隙在某种程度上仍然保持着岩石的裂隙形态，但裂隙已被溶蚀扩大，相互间的连通性大大加强。溶蚀裂隙进一步发展，则成为溶洞。由于岩石的性质不同，溶蚀裂隙的特征也不相同。在较纯的石灰岩、白云岩、大理岩中，岩石易受地下水溶蚀，可形成近似溶洞的裂隙，或裂隙与溶洞伴生。在含硅质成分较多的石灰岩中，由于岩石溶解度低，地下水对裂隙的溶蚀改造作用就较弱，裂隙的特征与普通成岩构造裂隙相似。在自然界中，随着碳酸盐岩成分的差异及气候条件的不同，溶蚀裂隙的特征及其导水性则介于裂隙与溶洞之间，包含了裂隙到溶洞的一系列过渡类型。虽然溶蚀裂隙的规模比溶洞小，但它的连通性好，导水能力比非可溶性岩石的构造裂隙大得多，所以它的含水量丰富。此外，溶孔也是碳酸盐岩中普遍存在的一种相对弱的含水层带，因为溶孔的通道细小故导水能力比溶蚀裂隙要小得多。以自然沉积作用为主形成的某些碎屑结构的石灰岩，溶蚀作用除沿着岩石裂隙进行外，还沿着碎屑颗粒之间的胶结物进行，使整层发育成蜂窝状溶孔，称为体积溶蚀。有时溶孔中存在钙泥质胶结物，也会成为弱的导水层。溶孔也常出现在断层带及深部地下水径流交替迟缓的可溶性岩石中，溶孔与断层裂隙之间存在着水力联系。因此，对于可溶性岩层，适宜的压裂增水工艺法有水力压裂、高压流体洗井和酸化压裂，特别是酸化压裂增水效果更好。

12.2.2 基岩水井压裂工艺

开采基岩地下水，成井的前提条件是岩层中必须存在富含地下水的岩溶性裂隙或非岩溶性裂隙构造和补给条件，而地下水的蓄水构造和运移途径通常比较复杂，在有限的井孔条件下有时无法命中目标层。因此，开展基岩水井压裂增水工艺技术研究是提高打井成井率的重要方面。但是，不同性质的岩层适用的压裂工艺方法、压裂液类型及相应的压裂工艺也不同，应根据实际情况研究和选用合理的压裂增水工艺方法、压裂液类型及配套器具才能达到基岩水井有效增水的目的。

12.2.2.1 岩石性质与压裂工艺的关系

不同岩性的岩石性质不同，按岩石的力学性质可划分为脆性岩石、脆塑性岩石、塑性岩石。因此，压裂增水所采用的工艺与技术方法就不同。

脆性岩石以清水或普通压裂液压裂就可满足增水要求。塑性岩石压裂形成的裂缝在卸荷后会自行闭合，需要采用混砂压裂，以支撑剂支撑裂缝，使其保留一定的导流能力，才能达到水井增水的目的。脆、塑性岩石压裂后形成的裂缝通常不会完全闭合，成井深度相对较浅的井，采用清水或普通压裂液压裂，也能获得较好的压裂效果。但是，基岩水井经压裂形成的裂缝是否闭合除与岩石自身的脆、塑性有关外，还与岩层的围压有关。当盖层达到某一厚度时，岩石在围压下也会导致压裂裂缝完全闭合，使压裂增水失败。

碳酸盐岩类如灰岩和白云岩地层成井，利用盐酸与碳酸盐岩反应的性质来溶蚀和扩展岩层的裂隙通道，是提高含水层渗透率、增加水井出水量最有效的压裂方法之一。通过高压注入酸液，使其沿地层裂隙远距离渗入岩层内，达到溶蚀和扩展裂隙的目的。盐酸与碳酸盐岩快速反应并伴随大量 CO_2 气体产生，会使压裂系统的压力急剧增大而产生安全隐患。因此，直接采用酸液压裂存在酸蚀时间短、压裂范围小、安全性差、压裂效率低的问题。需要研发适宜于碳酸盐岩类水井压裂的缓释酸液，通过人工控制酸液的反应速度与返排时间，提高酸化压裂效果。

总之，基岩水井压裂增水是一项复杂的工艺技术，若要基岩水井压裂增水成功，必须选用合理的压裂工艺方法才能获得较好的压裂效果。

12.2.2.2 压裂工艺原理

岩(层)石裂缝的形成与延伸是一种力学行为，其原理是利用高压泵以超过地层吸液能力的排量向井内注入压裂液，当流体压力达到或超过地层应力和岩石的抗张强度时，岩石起裂并形成裂缝。人工裂缝除与岩石的岩性、自身的力学性质有关外，还与岩层的裂隙、孔隙结构、节理以及岩石的溶蚀性裂隙发育程度密切相关。

1. 脆性岩石压裂

通过压入高压流体，使孔壁岩石被压裂，形成新的裂缝并延伸至蓄水构造，使井孔直接与储水构造贯通，达到增水的目的，见图 12-2。

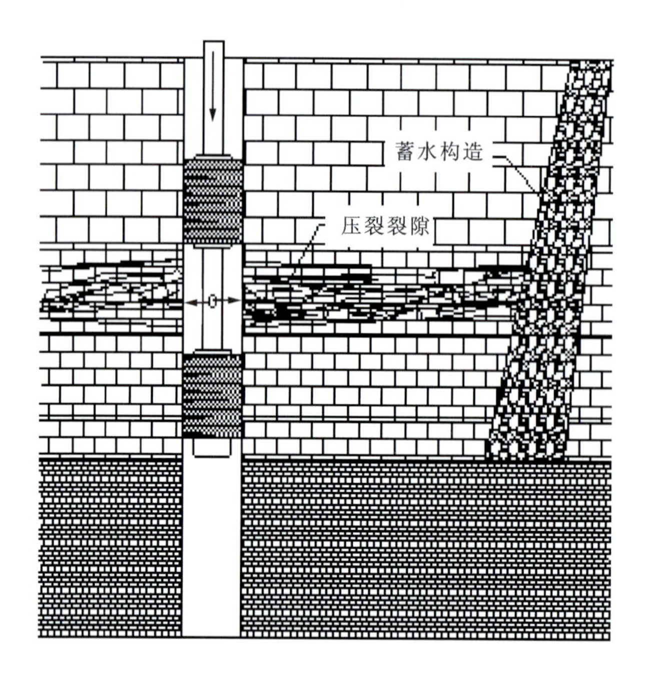

图 12-2　完整基岩井压裂示意图

高压流体洗井：对已有的含水裂隙，因其裂隙内含有充填物或已胶结，故渗透性较低，经高压流体强力剪切、冲蚀和运移后，裂隙扩展和疏通，将原有裂隙的水流由径向流变为线性流；同时高压流体可有效清除淤塞于裂隙中的泥浆固相、岩屑，使含水层的渗流条件得以改善，实现增水的目的，见图 12-3。

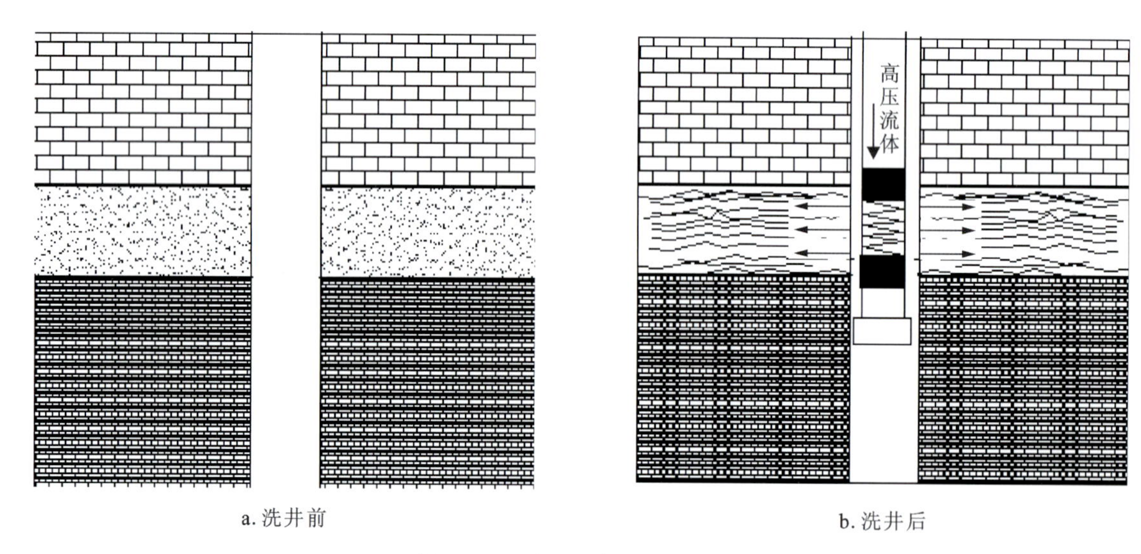

图 12-3　高压流体洗井示意图

压裂、洗井并存增水：首先将井孔内局部岩石压裂，不断注入的高压流体则沿着低应力的岩层面如解理面、微孔隙、裂隙层延伸。压裂液进入天然裂缝的同时迫使天然裂缝扩展到更大范围，以扩大岩层改造体积，将岩层中的裂隙和孔隙连通，增大井(孔)含水岩层的汇流面积，使水井的水量增加，见图 12-4。

在基岩水井压裂过程中，上述 3 种压裂工艺形式的压力随时间的变化关系见图 12-5。对于完整岩层压裂，岩层起裂时的瞬间压力值最高，裂缝的延伸压力则快速降低(曲线 1)；对风化型岩层，压裂段一般在微风化岩层中，岩层的起裂压力与裂缝的延伸压力随时间的变化关系介于完整岩层压裂和高压流体洗井之间(曲线 2);对于含有裂隙的岩层,压裂时以高压流体洗井为主,压裂时的压力随时间的变化不大(曲线 3)。

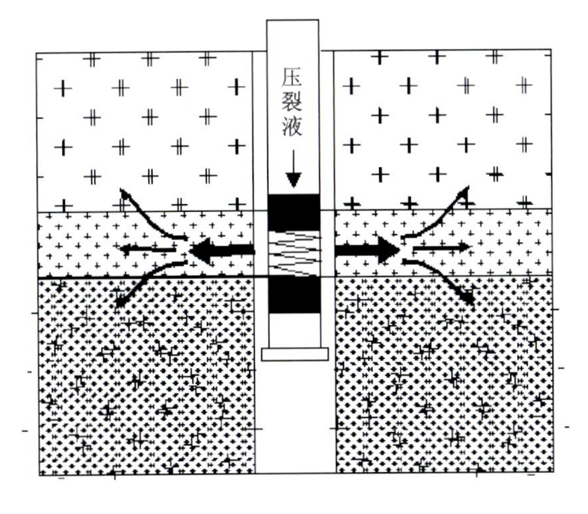

图 12-4 压裂、洗井示意图

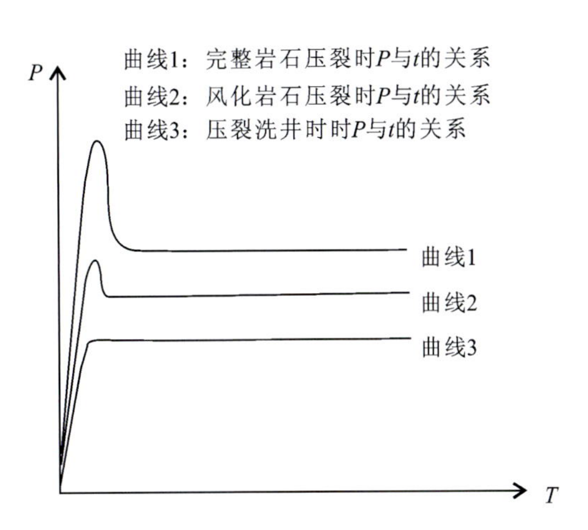

图 12-5 压裂洗井压力与时间的关系曲线

2. 塑性岩石压裂

压裂工艺是首先用压裂液将地层压裂产生裂缝,继续将带有支撑剂的混砂液压入地层,裂缝继续延伸并在裂缝中充填支撑剂。由于支撑剂有支撑裂缝的作用,可在地层中形成足够长、有一定导流能力的填砂裂缝,使地下水沿铺砂层进入井内,以达到增水的效果。

3. 酸化压裂

碳酸盐岩类地层成井,利用盐酸与碳酸盐岩反应的性质和对地层挤酸时的水力作用,压裂并溶蚀、扩展岩层的含水裂隙通道,解除含水岩层淤塞。采用缓释酸液,在压裂过程中逐渐释放酸液,使酸液在地层内远距离延伸并产生溶解反应,可以增大酸液的有效作用距离。酸化压裂有如下两种方式。

(1)常规酸化:注酸压力低于岩层破裂压力,酸液主要沿着原地层的裂隙、孔隙、层理进入地层,只起化学溶蚀扩大岩层的裂隙、溶隙,达到增产的目的。

(2)注酸压力高于岩层破裂压力和地层应力,将岩层压裂并酸化,酸液同时起压裂和化学溶蚀两种作用,扩大岩层裂隙和通道,达到增水的作用。

在酸化压裂时应注意的问题有:①酸化压裂前,应进行洗井,至少能部分清除含水裂隙层中的岩屑和淤塞物,提高酸化压裂效果;②酸化处理后,由于盐酸与地层反应的生成物会沉淀在裂隙里面或反应物的黏度增大,对岩层裂隙仍有堵塞作用。因此,压裂后需要洗井返排处理。

12.2.2.3 压裂工艺技术

1. 地表压裂设备与系统流程布局

地表压裂设备与系统流程依次为远程控制→压裂泵→高压管路→管汇→高压管路→井口专用水龙头→钻杆,详细结构见压裂设备与系统布局图(图 12-6)。

2. 双座封定压开启压裂工艺

井内器具组合依次由地表系统→井内钻杆→卸荷阀→上封隔器→定压开启阀→下封隔器→钻杆→底堵组成,详细结构见双座封定压开启压裂示意图(图 12-7)。需要注意的是:卸荷阀可以安装在定压

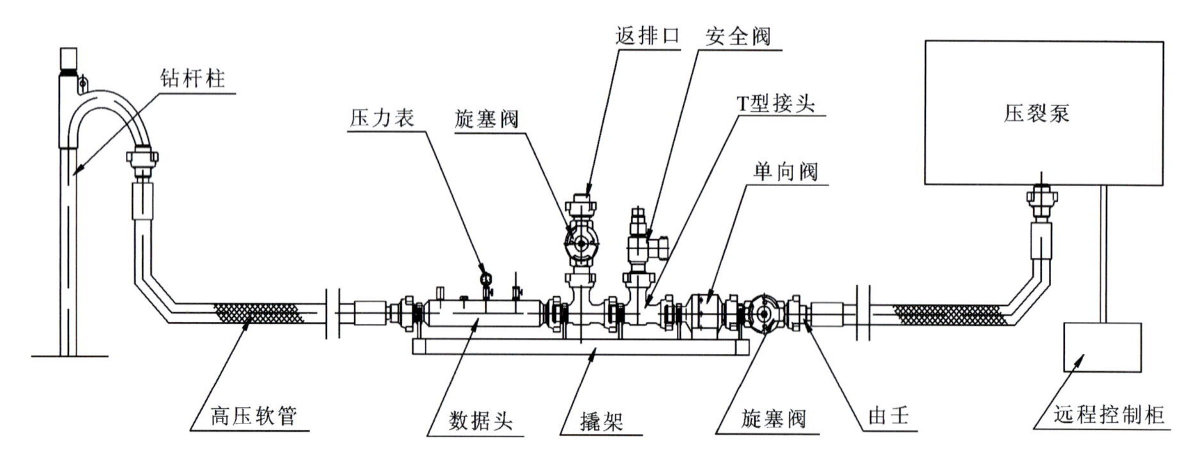

图 12-6　地表压裂设备与系统布局结构图

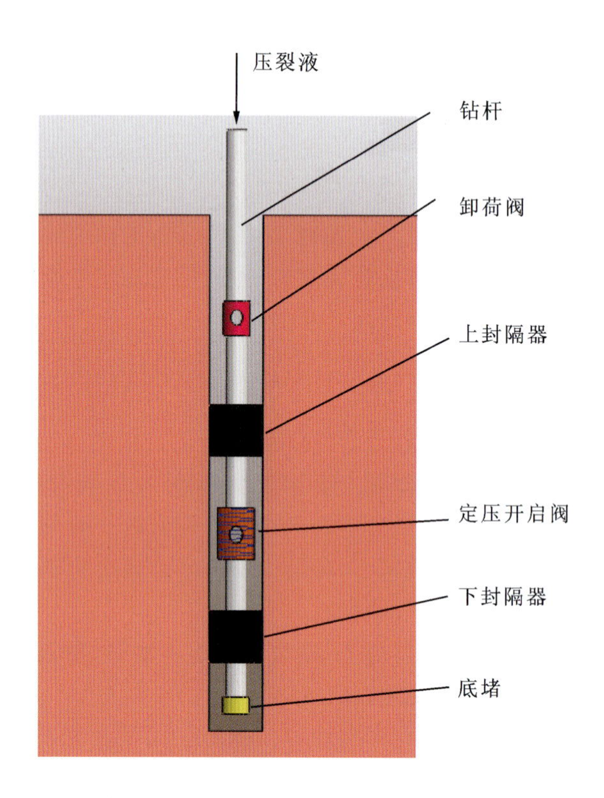

图 12-7　双座封定压阀开启压裂示意图

开启阀上部，与下封隔器的安全距离不大于 15m。

该压裂技术采用单管路顶液→双封隔器座封→定压开启阀开启→压入压裂液的工艺方法。首先压裂液由钻杆内腔进入上、下封隔器，封隔器膨胀并贴紧井壁实现密封，随着系统压力的升高并达到某一定值时，定压开启阀打开，压裂液进入上、下封隔器之间与井壁的环腔内。当流体压力足以克服地层应力及岩石的抗张强度时，岩石起裂形成初始裂缝，随着压裂液的不断顶进，裂缝扩展和延伸，从而实现水井与蓄水构造连通，达到增水的目的。当第一压裂工作段完成后，如果井内静水位大于 10m，需要将钻杆内腔的压裂液泄掉。卸荷时，卸开井口的高压水龙头，在钻杆内腔投入钢球，重新连接后，开泵送水，剪断卸荷阀内紧固于滑套上的销钉，滑套下移露出泄流孔，使钻杆内腔的压裂液流出，封隔器会自行收缩，然后提钻。若要进行若干段次压裂，压裂顺序应自下而上，每压裂完成一个段次，将钻柱内的液体用气举排液法排出，然后提钻并对准另一压裂段，再实施压裂作业。

该压裂工艺可在单井(孔)内分段隔离、分段压裂，以一套管路系统实现(井)孔的逐段座封、逐段压裂，从而实现以较小泵排量达到基岩水井压裂增水的目的，且施工成本低，效率高。该工艺技术适用于脆性岩石压裂和高压流体压裂洗井，不适用于混砂压裂和酸化压裂。

3. 单座封水力锚锚固定压阀开启压裂工艺

井内器具组合依次为钻杆→投球卸荷阀→封隔器→水力锚→高定压开启阀→返排底阀，见单封隔器座封水力锚锚固定压阀开启压裂示意图(图 12-8)。

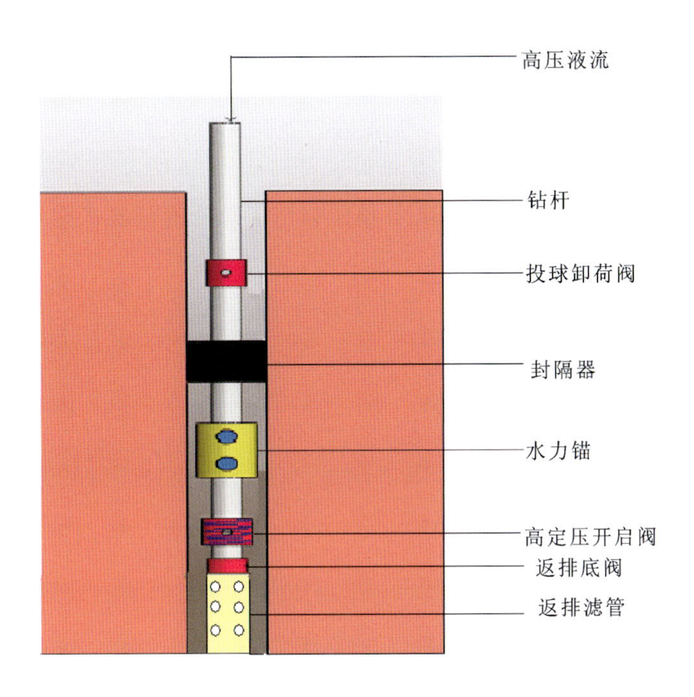

图 12-8　单座封水力锚锚固定压阀开启压裂示意图

该工艺采用单管路顶液→单封隔器座封→水力锚锚固→高定压开启阀定压→开启注入压裂液压裂→返排底阀返排的工艺方法。首先，压裂液由钻杆内腔进入封隔器和水力锚，使封隔器膨胀并贴紧井壁实现密封和水力锚锚固。随着系统压力的升高并达到某一定值时，高定压开启阀打开，压裂液进入封隔器之下与井壁的环腔内。当流体压力足以克服地层应力及岩石的抗张强度时，岩石起裂形成初始裂缝，随着压裂液的不断顶进，裂缝扩展和延伸，使得水井与蓄水构造连通，达到增水的目的。当压裂工作结束后，若井内静水位大于 10m，需要将钻杆内腔的压裂液泄掉。操作程序同双座封定压开启压裂工艺。

该压裂工艺以一套管路系统就可以实现对(井)孔座封与压裂，施工成本低，效率高。该工艺技术适用于碳酸盐岩酸化压裂和塑性岩层单层段混砂压裂。对于硬脆性岩石，由于起裂压力高，井内会产生巨大的向上顶驱力易造成安全隐患，裸孔压裂选用该工艺时，应根据岩石的性质进行起裂压力安全校核，特别是对于脆性高强度岩石压裂，应按式(12-1)进行必要的计算。

$$F = P \times S = (\frac{D^2 - d^2}{4}) \times \pi \times P \tag{12-1}$$

式中：F 为压力(kN)；P 为单位面积上压力，即压强(MPa)；S 为面积(mm^2)；D 为钻孔直径(mm)；d 为钻具直径(mm)。

12.2.3 基岩水井压裂增水试验与示范

2010年10月—2012年11月，分别在河北省唐县、顺平县和山东省临朐县、北京市昌平区等地开展了基岩水井水力压裂和混砂支撑剂压裂增水试验与示范，完成7眼水力压裂井、1眼混砂压裂井。经抽水对比试验，增水效果良好，增水最好的水井的水量为原水量的10倍，增水最小的水井的增水量也超过了30%。

12.2.3.1 压裂前准备

1.井位确定

由于压裂工作存在特殊性和危险性，结合我国基岩水井成井特点，压裂试验井位选择应具备如下条件：①井位地层以石灰岩、白云岩、安山岩或玄武岩、花岗岩与片麻岩等岩性为宜；②井孔直径在220～280mm之间，深度在300m内，且出水量偏小、具备压裂增水条件的基岩水井；③压裂施工结束后，具备卸荷排液和抽水试验条件；④交通便利，满足大型压裂设备运输，试验场地应满足大型压裂设备、辅助设备、吊装设备、地表压裂系统流程布置和现场供水水源及压裂液、混砂液的配制要求；⑤施工场地与井位应尽可能避开对他人造成危害。

2.资料收集

收集试验井的原始资料，包括地层岩性、井孔结构、出水量及附近区域水文地质条件，确定是否满足裸孔压裂增水要求。

3.物探测井

通过物探测井并结合钻探获取的地层资料，确定含水层埋深、厚度以及井(孔)壁的完整性、井径等信息，为压裂增水作业提供准确资料和设计依据。通过测井获取的参数包括井深、井径、井孔倾角、静水位、水温、井孔岩层的完整性，以及含水裂隙层段数及发育程度、埋深与厚度。根据测井资料，确定压裂目标层段和封隔座封段的深度与厚度，为压裂试验提供准确资料。压裂层段上下孔壁应有不少于3～5m完整孔段，确保对压裂段的安全封隔。

4.压裂准备

压裂施工前，要对所有的压裂设备与器具进行全面检查，压裂泵要进行维护与试机。施工井场布置、设备安装、地面流程连接完毕后，要进行仔细检查，地面流程要进行试压。其他技术要求、安全措施、应急预案按相关规定执行。

12.2.3.1 试验与示范

1.压裂设备、器具

压裂设备与器具：地表设备由YTB-40型高压泵(或QZB-400型高压泵)、高压管汇、高压胶管(内径38mm，单根长20m)、高压水龙头组成；井内压裂器具由投球卸荷阀、ZKS-190型扩张式封隔器(上、下座封)、定压开启阀、底堵组成。辅助设备包括：以SPC-300型黄河钻机为压裂试验提吊动力设备，以Φ89钻杆作为孔内压裂器具的连接钻具，以及供水泵、抽水泵等。

2. 压裂增水试验与示范

以河北省唐县高昌镇山阳庄村供水井为例进行说明，地层岩性为片麻岩；成井深度 80m，井径 220mm，静水位 9.1m。压裂前水井日出水量仅 6.26m^3/d。为此，确定对该井实施压裂增水试验，压裂前采用 MicroLogger 2 数字测井仪进行了电测井。根据测井结果，确定第一压裂井段为 44.5～54m，第二压裂井段为 17～31m（表 12－1）。压裂过程中，第一压裂段岩石起裂泵压力为 7.01MPa，裂缝延伸泵压力由 5.1MPa 逐渐降至 4.1MPa，压入水量为 9.87m^3；第二压裂段岩层起裂泵压力为 5.01MPa，裂缝延伸泵压力由 3.7MPa 逐渐降至 3.1MPa，压入水量为 6.87m^3。

压裂后经抽水试验，该井日出水量达到 62.4m^3/d，水量增加至原水量的 10 倍。该供水井解决了该村 400 余人的长年吃水难题。该井第二压裂段为压裂与洗井并存方式压裂，是主要的压裂增水段；第一压裂段由于裂缝闭合，压入地层的水被挤出，并在井孔溢出，压裂失去效果。

其余水井压裂情况见表 12－1。

表 12－1　基岩水井水力压裂、洗井试验结果表

编号	试验地点	地层岩性	压裂方式	压裂段次/m		（起裂压力/裂缝延伸压力范围）/MPa	压入水量/m^3	水井水量/$m^3 \cdot h^{-1}$（压裂前/压裂后）	水量增加/%
1	唐县山阳庄村	片麻岩	单管路顶液双座封开启阀定压开启水力压裂	Ⅰ	44.5～54	7.01/(5.1～4.1)	9.87	0.26/2.60	900
				Ⅱ	17～31	5.01/(3.7～3.1)	6.87		
2	临朐县大楼村	灰岩		Ⅰ	93.2～114	3.2/(3.2～2.8)	14.54	8.60/13.03	51.5
3	临朐县西寨村	安山岩		Ⅰ	18.3～40.6	5/(5～4.2)	9.82	3.20/4.86	98.1
				Ⅱ	91.8～111	2.9/(2.9～2.8)	10.00		
4	北京市昌平区	花岗岩		Ⅰ	45.7～54.6	8.1/(7.9～5.7)	7.08	1.84/4.86	164.1
				Ⅱ	15.4～44.6	4.1/(4.1～3.8)	5.35		
5	顺平县杨辛庄村	灰岩		Ⅰ	70.28～86	5.25/(5.25～4.25)	29.59	8.90/33.40	127.3
				Ⅱ	118.3～131	6.35/(6.35～5.72)	30.90		
6	唐县郑家庄村	灰岩夹页岩		Ⅰ	71～96.4	10.1/(8～4.3)	25.68	1.44/1.90	32
				Ⅱ	40.5～70.4	5.1/(5.1～4.3)	4.18		
7	顺平县常庄大村	白云岩		Ⅰ	149～158.65	19.6/(13.2～11.2)	18.60	干眼/1.86	
				Ⅱ	125.5～135	18.7/(12.4～11.7)	28.25		
8	顺平县马家台村	白云岩	单座封压裂	Ⅰ	155～161	7.2/(7.2～6.9)	25.3	7.82/18.10	131.45

12.3 井内狭小空间多层过滤降浊工艺

在基岩孔钻探成井过程中，经常遇到地层中含有极细颗粒进入井管内，造成井管淤积、井水混浊的情况。经过多年探索实践，笔者在张北玄武岩区和江西岩溶区成功通过井内狭小空间多层过滤降浊，在短期(3天以内)抽水情况下实现了水清砂净的效果。

12.3.1 基本情况

江西省兴国县梅窖镇寨脑村地处岩溶断陷盆地，岩溶发育，溶洞内黏土充填。在钻进过程中，为了防止坍塌，采用潜孔锤跟管(过滤管)钻进。

钻孔成井后，在洗井过程中，泥沙大量进入井内，造成淤积，且出水浑浊，呈泥浆状，含砂量极高。面对常规成井技术无法满足饮用水质要求的突出问题，该孔创新应用飞管止砂、井内多层过滤等工艺，选取合适含水层段进行成井，最终成功克服了出水浑浊的难题，获取了水质清澈的地下水，两眼钻孔成井后最大水量合计可达2140m³/d。

12.3.2 飞管止砂工艺

为解决XGZK1902钻孔含砂量高、难抽清的问题，经过反复试验研究确认采用飞管止砂工艺(图12-9)，隔绝溶隙中充填的大颗粒物质，在管隙中形成天然过滤层，起到止砂、过滤的作用(图12-10～图12-12)。

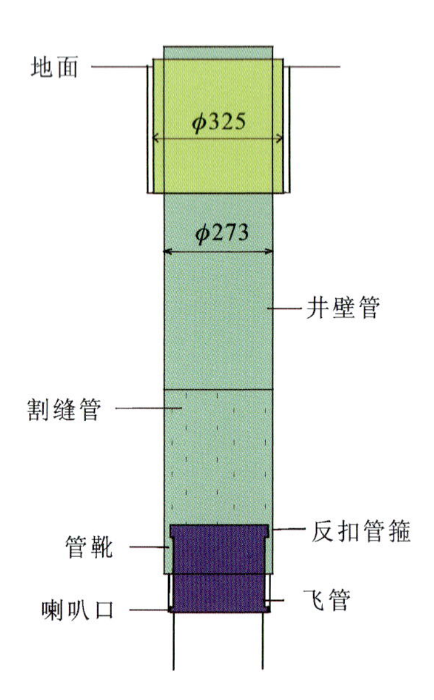

图12-9 飞管止砂示意图

图12-10 条缝式滤水管制作

a.处理前

b.处理后

图 12-11　飞管止砂前后抽水含砂量情况

a.飞管止砂前出水情况

b.飞管止砂后出水快速清澈过程

图 12-12　飞管止砂前后对比情况

12.2.3 井内多层过滤工艺

为能有效处理 XGZK1903 钻孔水体浑浊的问题，在该孔创新性使用了孔内管外多层过滤处理工艺，通过在管外增加多道过滤层，有效地减小了抽水对含水层的扰动，并阻止了水体中细颗粒物质进入管内，采用不同流量多次进行试验，出水量 $60m^3/h$，井水约 80min 后变清澈；出水量 $30m^3/h$，井水约 20min 后变清澈，且通过多次震荡洗井可明显加快清澈速度。该井水体感官性状完全达到供水要求（图 12-13）。

a.试抽时水样　　b.采用多层过滤工艺后水样

图 12-13　XGZK1903 实施井内多层过滤新工艺前后水样对比

参考文献

[1]武选民,郭建强,文冬光,等."逐步逼近式"找水方法及其在缺水地区水文地质勘查中的应用[J].西北地质,2009,42(4):102-108.

[2]刘光尧.山区找水与遥感水文地质方法[M].北京:中国建筑工业出版社,1987.

[3]刘新号.基于蓄水构造类型的山区综合找水技术[J].水文地质工程地质,2011,38(6):8-12.

[4]陈述彭,赵英时.遥感地学分析[M].北京:测绘出版社,1990.

[5]陈华慧.遥感地质学[M].北京:地质出版社,1984.

[6]李聪.遥感技术在水文地质勘查中的应用[J].水利水文自动化,2002(4):36-37.

[7]赵慧.热红外遥感影像中温度信息的提取研究[D].武汉:武汉大学,2005.

[8]张丽娟.基于热红外遥感的线性构造信息提取研究[D].昆明:昆明理工大学,2015.

[9]鞠建华.资源环境与遥感[M].北京:地质出版社,2005.

[10]武选民,文冬光,张福存,等.我国西北人畜饮用水缺水地区储水构造特征与工程范例[J].水文地质工程地质,2010,37(1):22-26.

[11]汪云,杨海博,郑梦琪,等.泰莱盆地地下水蓄水构造特征及勘查定井研究[J].水利水电技术,2019,50(3):52-65.

[12]李云,姜月华,叶念军,等.基岩山区找水与蓄水条件分析:以单斜和接触型蓄水构造为例[J].地下水,2015,37(1):106-108.

[13]杨自安,刘碧虹,邹林,等.黄土丘陵干旱区地下水资源遥感调查研究[J].矿产与地质,2005,108(19):214-218.

[14]盖利亚,李巨芬,王宇.Landsat ETM 数据在黄土丘陵区对浅层地下水信息的提取[J].测绘科学,2010,35(5):217-219.

[15]辜彬,方方.基岩裂隙水调查的遥感物探方法[M].北京:地质出版社,1993.

[16]HUANG H P. Depth of investigation for small broadband electromagnetic sensors[J]. Geopyhsics,2005,70(6):135-142.

[17]汤井田,何继善.可控源音频大地电磁法及其应用[M].长沙:中南大学出版社,2005.

[18]汤井田,周聪,邓晓红.CSAMT 视电阻率曲线对水平层状大地的识别与分辨[J].地质与勘探,2010,46(6):1079-1086.

[19]刘士毅.物探技术的第三根支柱[M].北京:地质出版社,2016.

[20]CAGNIARD L. Basic theory of the magnetotelluric method of geophysical prospecting[J]. Geophysics,1953,18:605-635.

[21]傅良魁.电法勘探教程[M].北京:地质出版社,1987.

[22]长春地质学院水文物探编写组.水文地质工程地质物探教程[M].北京:地质出版社,1981.

[23]李金铭,程学栋,高杰.激电找水应用基础研究[J].物探与化探,1990,14(4):266-275.

[24]傅良魁,孟海东,宁宇辰.激发极化法找水的一些新进展[J].物探与化探,1993,17(6):435-440.

[25]陆云祥,陈建荣,陈华根,等.我国多参数激电测深找水应用综述[J].地球物理学进展,2011,26(4):1448-1456.

[26]吴小平.单斜地形条件对激电对称四极测深拟断面图的影响[J].地球物理学进展,2016,31(5):2166-2171.

[27]信永水.含水构造上激发极化特征的研究[J].物探与化探,1987,11(2):151-155.

[28]柳建新,刘海飞,马捷.直流激电测深多参数综合分析划分含水异常岩体[J].煤田地质与勘探,2005,33(3):74-77.

[29]李金铭.激发极化法方法技术指南[M].北京:地质出版社,2004.

[30]夏建平.K剖面法的实质及方法理论问题的探讨[J].中国煤田地质,1991,4(4):75-80.

[31]陈树金.电测深导数在水文物探工作中的作用[J].物探与化探,1990,14(2):149-151.

[32]李光辉,梁树昌.电测深反射系数法及其应用[J].地质装备,2009,10(2):24-30.

[33]李保国.电反射系法(K)法在解释地质效果中的应用[J].水文地质工程地质,2001(6):66-67.

[34]崔德海.武广高铁路基岩溶电测深反射系数法勘探应用研究[J].铁道勘察,2014(5):64-66.

[35]黄胜华,刘勇.K剖面法在黄腊石滑坡勘察中的应用研究[J].工程地球物理学报,2007,4(2):109-112.

[36]李光辉,梁树昌.电测深反射系数法及其应用[J].地质装备,2009,10(2):24-30.

[37]陈绍求,肖志强.反射系数K法在岩溶探测中的应用[J].物探与化探,2000,24(3):225-229.

[38]中华人民共和国国土资源部.时间域激发极化法技术规程:DZ/T 0070—2016[S].北京:中国标准出版社,2016.

[39]龙凡.地球物理方法在地下水探测中的应用[M].沈阳:白山出版社,2007.

[40]阮百尧,吕玉强,强建科.直流电阻率测深勘测灵敏度及其应用[J].物探与化探,2002,26(5):392-394.

[41]柳建新,曹创华,郭荣文,等.不同装置下的高密度电法测深试验研究[J].工程勘察,2013(4):85-89.

[42]EDWARDS L S . A modified pseudosection for resistivity and IP[J]. Geophysics,1977,42(5):1020-1036.

[43]刘志民,刘希高,杜毅博,等.电法测量接地电阻计算方法及影响因素仿真分析[J].煤田地质与勘探,2015,43(2):96-100.

[44]冯志伟.影响接地电阻测量的因素分析[D].南京:南京信息工程大学,2011.

[45]真齐辉,底青云.电法勘探电极的接地电阻研究[J].地球物理学进展,2017,32(1):431-435.

[46]葛如冰.高密度电阻率法应用中常见的问题与思考[J].勘察科学技术,2009(1):22-56.

[47]强建科,阮百尧.不同电阻率测深方法对旁侧不均匀体的反映[J].物探与化探,2003,27(5):379-382.

[48]强建科,阮百尧,熊彬.三维地电模型数值模拟中视电阻率真假异常特征分析[J].CT理论与应用研究,2002,11(1):6-9.

[49]陈乐寿,王光锷.大地电测测深法[M].北京:地质出版社,1990.

[50]柳建新,童孝忠,郭荣文,等.大地电磁测深法勘探——资料处理、反演与解释[M].北京:科学出版社,2012.

[51]孙洁,晋光文,白登海,等.大地电磁测深资料的噪声干扰[J].物探与化探,2000,24(2):120-127.

[52]杨生.大地电磁测深法环境噪声抑制研究及其应用[D].长沙:中南大学,2004.

[53]WALLACE H C. An analysis of the spectra of geomagnetic variations having periods from 5 min to 4 hours[J]. Jouranl of Geophysical Research,1976,81(7):1369-1390.

[54]严家斌.大地电磁信号处理理论及方法研究[D].长沙:中南大学,2003.

[55]徐志敏,汤井田,强建科.矿集区大地电磁强干扰类型分析[J].物探与化探,2012,36(2):214-219.

[56]范翠松.矿集区强干扰大地电磁噪声特点及去噪方法研究[D].长春:吉林大学,2009.

[57]汤井田，周聪. AMT“死频带”数据频域特征与 Rhoplus 校正[J]. 地质学报，2013，87(S)：226－227.

[58]王书明，王家映. 关于大地电磁信号非最小相位性的讨论[J]. 地球物理学进展，2004，19(2)：216－221.

[59]杨生，鲍光淑，张少云. MT 法中利用阻抗相位资料对畸变视电阻率曲线的校正[J]. 地质与勘探，2001，37(6)：42－45.

[60]邵贵航，消骑彬. 相位超限大地电磁观测数据的模型研究：以河西走廊北侧为例[J]. 地球物理学进展，2016，31(4)：1480－1491.

[61]李爱勇，柳建新，杨生. 大地电磁资料处理中有效视电阻率的利用[J]. 物探化探计算技术，2011，33(5)：496－501.

[62]陈小斌，赵国泽，马霄. 大地电磁三维模型的一维二维反演近似问题研究[J]. 工程地球物理学报，2006，3(1)：9－15.

[63]蔡军涛，陈小斌. 大地电磁资料精细处理和二维反演解释技术研究(二)：反演数据极化模式选择[J]. 地球物理学报，2010，53(11)：2703－2714.

[64]闫述，薛国强，邱卫忠，等. CSAMT 单分量数据解释方法[J]. 地球物理学报，2017，60(1)：349－359.

[65]崔江伟，周楠楠，薛国强，等. CSAMT 电场单分量视电阻率定义在地热资源勘探中的应用[J]. 东华理工大学学报，2015，38(4)：438－442.

[66]何继善. 大深度高精度广域电磁勘探理论与技术[J]. 中国有色金属学报，2019，29(9)：1809－1816.

[67]陈明生，阎述，陶冬琴. 电偶源频率电磁测深中的 E_x 分量[J]. 煤田地质与勘探，1998，26(26)：60－66.

[68]何继善. 广域电磁测深法研究[J]. 中南大学学报(自然科学版)，2010，41(3)：1065－1072.

[69]何继善. 频率域电法的新进展[J]. 地球物理学进展，2007，22(4)：1250－1254.

下篇

基岩山区地下水勘查实践

13 南方岩溶水勘查实践

在我国西南部的岩溶石山地区，地下水主要赋存于地下溶洞、管道和裂隙中。岩溶发育的不均匀性给岩溶水的勘查和开发带来了极大的困难。岩溶区供水勘探孔成功率较低，徘徊在30%左右[1]。究其原因，除了其本身勘查难度大外，与物探技术方法的选择、水文地质与物探工作脱节息息相关。

2010年春季，按照国土资源部系统抗旱找水打井行动指挥部统一部署，广西壮族自治区隆安县抗旱找水工作组在丁当镇和屏山乡14个村屯开展了找水打井工作，实施钻孔15眼，成井14眼，成井率达到93.3%。在抗旱找水工作过程中，工作组注重水文地质资料的吸收、物探方法的选择、水文地质调查与物探勘查工作的紧密配合、物探资料的有效分析等各环节的工作。同时，归纳了不同类型岩溶储水构造的地质-地球物理模型及其地球物理响应特征，总结避开溶洞及管道泥质充填困扰、提高钻井成功率的经验，对岩溶地下水的勘查、开发提供一定的借鉴。

13.1 工作区水文地质条件和物探方法选择

13.1.1 区域地质及构造背景

隆安县地处桂西南岩溶山地，右江自西北而入，东南而出，斜贯全境。地貌以丘陵和喀斯特（岩溶）地貌为主，右江谷地及开阔地带形成小平原，其地势为东北、西及西南部向中部右江河谷逐步倾斜。

出露地层以泥盆系—三叠系为主，碳酸盐岩覆盖了全县的绝大部分。构造形迹表现为纬向构造体系主导全区，多种构造体系（北西向构造、经向构造、山字型构造）复合的特征，见图13-1。

构造对地形地貌具有明显的控制作用：北西向构造断裂带形成北西-南东向右江河谷平原；东北部的经向构造产生北东向和北西向两组裂面（北东向为主），控制了条形谷地及山地呈北东方向有规律地平行延伸；纬向构造形迹在隆安县西部及西南部起主导作用，由于产生北东向和北西向“X”断裂和节理面，构成棋盘式格局组合的谷地、洼地和山体排列。

13.1.2 地下水赋存特征

工作区属于断裂构造带岩溶水区，储水模式以碳酸盐岩构造裂隙-溶洞储水为主。岩溶管道、断裂构造带及其影响带不仅是地下水赋存的空间，而且是其运移的通道。断裂的构造线性特征，造成地下水水平方向以条带状为主的非均匀性分布；溶潭、溶斗、天窗、漏斗等岩溶个体形态发育，60m以浅的溶洞多被地表水携带的近地表物质填充，从而其富水性较差。地下水的非均匀性分布及浅部贫水特征增大了地下水勘查工作的难度。

13.1.3 物探方法选择

由于抗旱工作中电磁干扰可控，故工作组选择AMT法（EH-4电导率成像系统）作为物探工作的主要手段。EH-4电导率成像系统磁探头高频响应范围为$10\sim1\times10^{6}$Hz，一个对数间距内的采样频点为10个，具备纵向高分辨率和灰岩区勘探盲区小（通常埋深小于20m）、地形影响小、场地条件要求宽松等的特点。因此，AMT法在山区找水工作中具有广泛适宜性和优越性[2-5]。

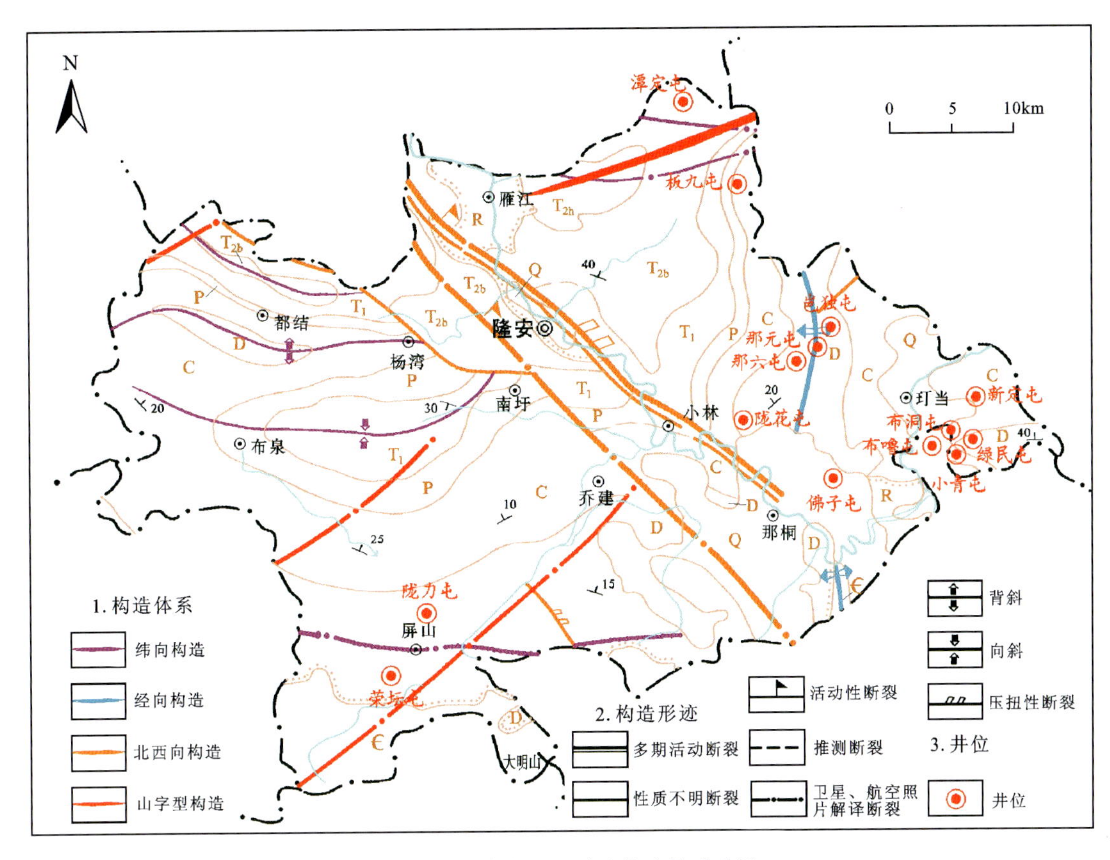

图 13－1 隆安县地质及构造体系略图

13.2 广西壮族自治区隆安县丁当镇红阳村板九屯

13.2.1 工作区概况

红阳村位于丁当镇的西北部，板九屯为其自然屯，其附近还有更湾屯、谷平屯两个自然屯，拟定钻孔计划为 3 个屯联合供水，村民有 1082 人。3 个屯饮水水源为村西山脚处泉水，由于水量不足，于泉水附近打一深 60m 水井，但旱季时水量不足，需到外屯拉水解困[6]。

村庄周边地貌为峰林谷地，村屯处形成一北东向近似方形的开阔谷地，谷底第四系黏土覆盖，其标高 148～155m，四周高、中部低。山脊及沟谷总体呈北东向，其上多垭口，山坡陡峭，多形成陡崖。出露基岩为石炭系—泥盆系厚层灰岩，产状为 320°∠20°。

谷地内地表水由四周流向中央，于板九屯一带汇集，通过排水沟，顺北东向沟谷向下流径流。地下水总体径流方向由南西向北东，水位埋深约 50m，地下水动态类型属于水文型，受大气降水控制，基本不受人工开采影响。

13.2.2 物探工作及钻孔情况

13.2.2.1 物探工作布置

红阳村西部山地与谷地交界处形成陡崖，其下季节性泉水（S_1）出露，并有落水洞发育，判断存在北北东向断裂构造（F_1）；南部山脊发育一垭口，中间深凹、两侧陡立，走向北东东向，判断存在断层 F_0；北部山坡发育北西向凹地，在其方向上谷地内存在落水洞，暴雨时亦有水从中冒出，认为其为沿断裂构造(F_2)发育的溶洞。

由于北部施工进场困难，工作重点为查明 F_0、F_1 断层的空间发育特征，判断其富水性，布置两条物探测线(图 13-2)。

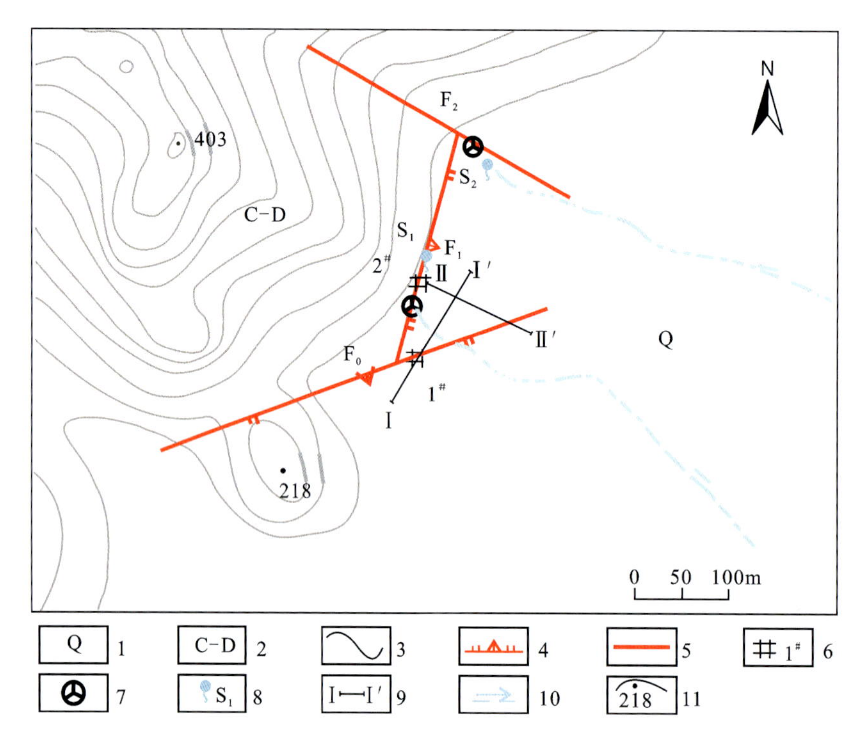

图 13-2 隆安县红阳村工作布置及调查成果图

1. 第四系；2. 石炭系—泥盆系；3. 地质界线；4. 正断层；5. 推测断层；6. 井位及编号；7. 落水洞；8. 季节性泉及编号；9. EH-4 测线；10. 地表水流向；11. 等高线及高程点

13.2.2.2 测量成果分析

EH-4 测量结果见图 13-3。Ⅰ线断面图于剖面 40m 处存在明显垂向低阻异常，异常带视电阻率值与完整围岩的视电阻率比值小于 1/3；测线西侧的山脊垭口发育北东向断层，推断该低阻异常为 F_0 断层反映，断层倾向剖面起始端，倾角陡，宽约 30m，发育深度大于 200m。Ⅰ线尾端(120～150m)亦出现低阻特征，异常深度小于 60m，由于未能完整反映，不能确定其是落水洞抑或发育较浅的断层的反映。

Ⅱ线与Ⅰ线交于 123m(Ⅰ线)处，断面图显示：在剖面起始端(0～10m)和 60～80m 处存在两处垂向低阻带，推测前者为沿山前发育的北北东向断层(F_1)，受工作条件限制，断面图未能完整反映其形态；后者为另一条断层，从平面位置及低阻异常特征判断，此断层与Ⅰ线所显示的断层为同一断层，即 F_1 断层发育深度为 120m 左右，倾向剖面尾端，倾角较陡，其中深度 80m 以上岩石破碎，有低阻圈闭特征，具有富水可能性。F_0 断层中心位于剖面 70m 处，发育深度可达 160m，断层近乎直立，倾向剖面尾端。

13.2.2.3 钻孔情况分析

Ⅰ线断面图低阻异常明显，断层明确，与本区主要发育的北东向断裂的方向相吻合，井位(1＃)定于剖面 38m 处，以断层带富水段为取水目的层，设计井深 140m。钻进方法采用泡沫空气潜孔锤技术，钻进至 88m，其间除在 50～80m 间揭穿 3 层 1.0～2.0m 厚的灰岩外，其余各段均为黏土或含碎石黏土，无水，由于潜孔锤钻进施工困难，停钻。

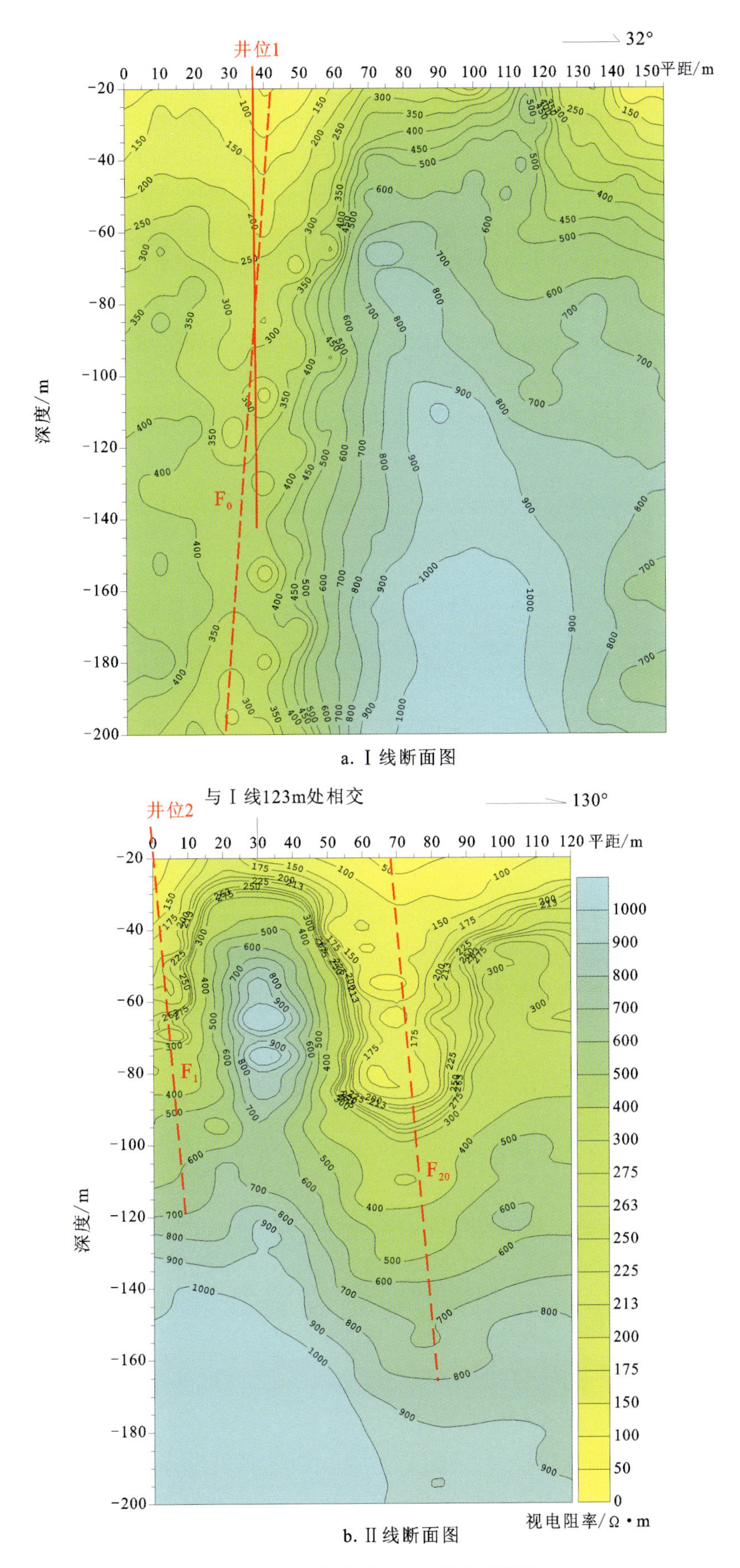

图 13－3 板九屯 EH4 测量成果图

综合分析钻孔资料、物探成果及已有的水文地质调查结果得出，低阻异常确为断层带反映，且沿断层带岩溶发育，井位处为垂向发育的溶井，其深度大于88m，被地表水携带的近地表物质充填；由于垂向上没有完整灰岩相隔，视电阻率断面图上完全显示为断层带的低阻特征；埋深100～140m处，视电阻率出现低阻圈闭，表明断层带充填物发生变化，判断其为断层带破碎程度不同或溶洞发育，仍有富水的可能性。

对比分析断层的低阻异常带的电性特征可看出，F_1 断层带的视电阻率明显高于 F_0 断层带。据调查，该区表层岩溶发育，S_1 泉水即使在洪水期也为清水。故此，判断 F_1 较于 F_0 储水构造的泥质充填少，富水性好，利于成井，2＃井位移至视电阻率值相对较高的 F_1 断层位置。受施工条件限制，井位定于剖面起始端处，设计井深120m。

2＃孔成井深度110m，单井出水量达1000m^3/d。全孔整体上较为破碎，证明钻孔位于断裂带上。沿断裂带0～110m深度内发育4层溶洞，溶洞特征见表13－1。孔内地下水水位埋深46.0m，而第三层溶洞埋深51.0～52.3m，且为半充填状态，但无水，说明此层及其以浅岩溶溶洞由于被黏土充填而不富水[7]。

表13－1　2＃孔钻孔揭露溶洞状况一览表

编号	深度/m	充填状况	充填物	富水性
1	20.5～22.0	半充填	黄色黏土	无水
2	34.5～36.0	充填	黄色黏土及碎石	无水
3	51.0～52.3	半充填	红色黏土	无水
4	74.3～77.0	半充填	碎石夹黄色黏土	富水

13.3　广西壮族自治区隆安县丁当镇俭安村岜独屯

13.3.1　工作区概况

岜独屯位于丁当镇的西北部，处于北东向沟谷中，沟谷较开阔。岜独、岜横、岜耀三屯相距较近，共有780人。三屯曾先后打井6眼，井深60～70m，其中4眼干孔，2眼水量均为1～2m^3/h，并且由于淤砂几近报废，村民饮水需到5km外拉水。村庄周边地貌为孤峰残丘，地势起伏平缓、开阔，缓丘标高在94～98m，表层第四系黏土覆盖，厚度一般小于2m。孤峰山脊呈北东向，北西向沟谷也较发育。出露基岩为中石炭统灰白色块状白云岩，产状为36°∠24°。

地表水由南西流向北东，地下水与地表水流向基本一致。地下水水位埋深约20m，年水位变幅约10m。地下水动态类型属于水文型，受大气降水控制，基本不受人工开采影响。在村屯的东北部发育串珠状落水洞，为地下水的补给和排泄口，其总体方向为NW20°，在东南方向与北东向山脊缺口相对应，见图13－4[7]。

13.3.2　物探工作及钻孔情况

13.3.2.1　物探工作布置

落水洞排列呈线状，并通过西南部的北西向山脊垭口，判断发育近NW20°方向的断裂构造。选择易于开展测试工作及具备施工条件的岜横屯南部，垂直落水洞发育方向布置3条音频大地电场测线及1条EH－4测量剖面。EH－4测量剖面方向264°，剖面长90m(图13－5)。

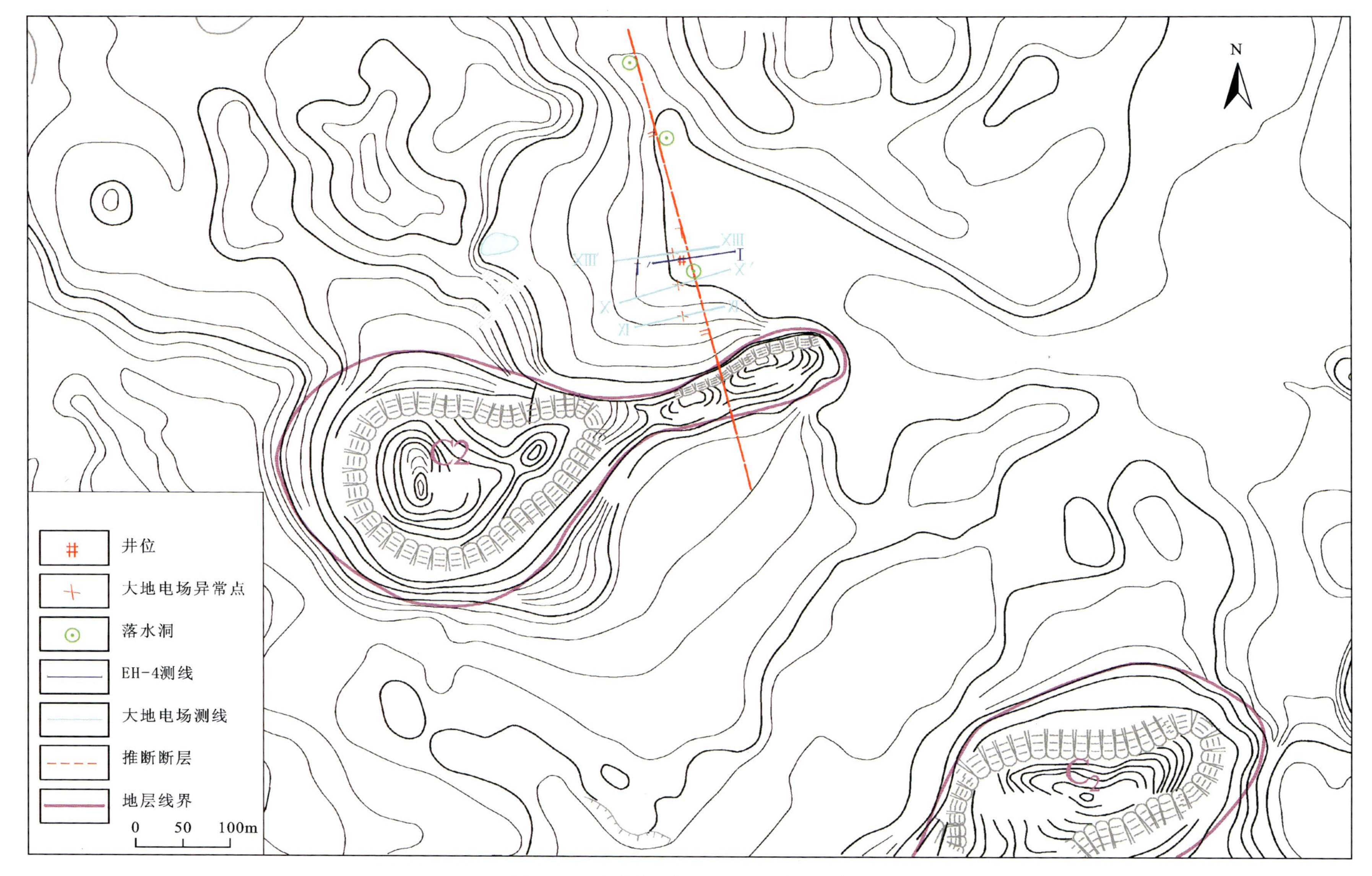

图13-4 邑独屯工作布置及调查成果示意图

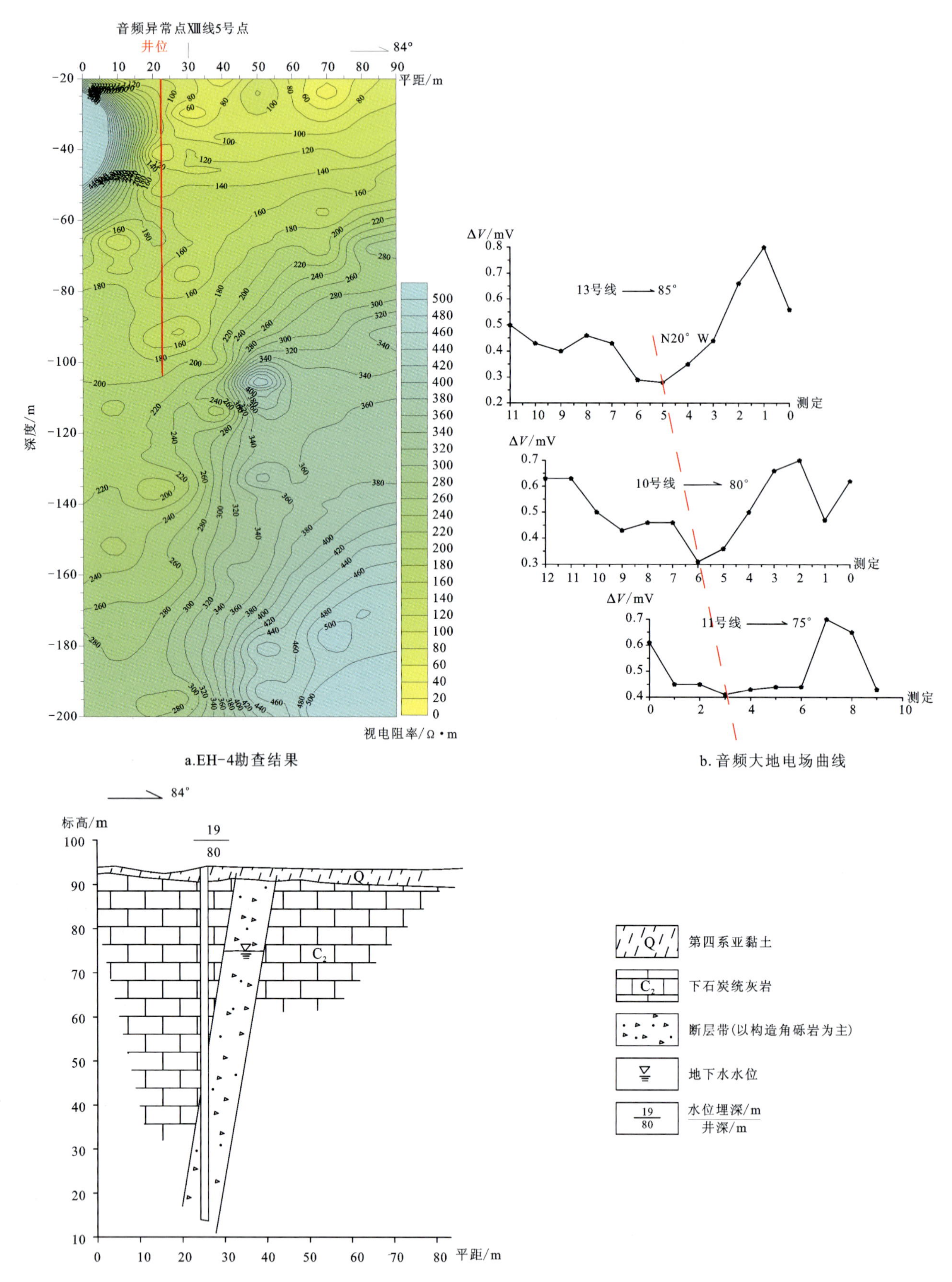

图 13-5 岜独电物探勘查结果及地质断面图

13.3.2.2 测量成果分析

由图 13－5 可知，音频大地电场测量曲线反映低值异常明显，规律性强，揭示出断层走向为 NW20°左右，其中音频大地电场Ⅺ线低阻异常较宽，分析因沿北东向沟谷表层岩溶发育所致。

EH－4 勘查工作在地形条件较好，离村庄较近且音频大地电场曲线异常形态好的ⅩⅢ线附近展开。EH－4 视电阻率断面显示出工作点浅部(<30m)岩溶发育，呈现出层状特点，与地表水联系密切，可直接接受地表水和大气降水的补给。

剖面 60m 处发育一断层，断层及影响带宽度共 10m，断层倾向剖面首端(南东)，倾角较大，断层发育深度为 100m 左右。断层带不同深度范围的电性差异应与沿断层的岩溶发育情况和岩石破碎情况有关，浅部 30m 处低阻圈闭推断为被泥、水充填的溶洞，50～70m 段岩石相对完整，70～100m 段岩石破碎、富水性强。井位设计在断层上盘，避开浅部被黏土充填的溶洞，预计井深 70m 左右遭遇断层，建议井深 100m。

13.3.2.3 钻孔情况分析

钻探采用泡沫潜孔锤钻进方法，孔深 81m，3m 遇基岩，单井出水量可达 70m³/h 以上。主要出水段为 60～80m，为断层破碎带，溶洞发育，钻进至此有小鱼随水冲出。

13.4 认识与总结

南方岩溶的特征：我国南方岩溶受湿热气候影响，质纯的大厚度碳酸盐岩岩溶极为发育，形成大型的岩溶洞穴，地下河发育，其特点是岩溶水丰富但富水性极不均匀。岩溶水循环具有浅表层岩溶水循环与地下管道水循环耦合的二次岩溶水循环的结构特征，在实例中得到了验证。

地下水水位是西南岩溶区找水、定井需考量的重要因素。西南岩溶区地下水水位在丰水期和枯水期变化幅度大，尤其是广西南丹工作区属于云贵高原斜坡地带地貌单元，同时又是区域地表水、地下水的分水岭，水位埋深大，丰水期和枯水期水位埋深相差可达 100m，设计井位时在充分考虑岩溶的发育深度以及水位的变化，并在保证水量的前提下，尽可能在深部揭露储水构造。

断裂带、溶洞、岩溶管道 3 种储水构造均表现为低阻的电性特征。岩溶区由于沿断层浅部岩溶发育，表征断层的低阻异常带垂向上常呈现“〈”折线形特点；研究区埋深 60～100m 的溶洞(下段)的富水性优于上段，单个可分辨的溶洞在电阻率断面上表现为低阻圈闭；单一岩溶管道可视为水平溶洞系统，其电性特征与单一溶洞的相仿。

多层发育的洞道系统不同于单一的溶洞或管道，其作为一个整体表现出与断层相似的电性特征，降低了地球物理勘查的难度，因而可以利用地球物理方法对该类储水构造进行空间定位和形态刻画。实例证明，无论管道型、溶洞型还是断裂带型储水构造，其在物探断面上均表现为纵向低阻的电性特征，其应与工作区岩溶发育受控于构造和多期次构造运动形成的多层洞、道系统相关。通过本次抗旱的实例(地面物探、钻探、测井结果)建立起来的岩溶储水构造的认识和先前建立的单一、孤立的洞道模型有所区别。

含水体与围岩间电性差异大(大于 4 倍)，且具备一定发育规模时，可通过高阻中找低阻、低阻中找高阻的找水定井模式，避开浅部泥质充填段，提高成井率。但当含水体与围岩间电性差异小且规模较小时，应以低阻带作为取水目的层[8-9]。

14 北方裂隙岩溶水勘查实践

14.1 河北省磁县南峧村

14.1.1 工作区概况

南峧村现有人口600人，现状饮水水源为窑水，水质、水量均无法保证。该村地处低山侵蚀地貌区，沟谷多为宽阔的“U”形谷，村庄位于南铭河上游近南北向沟谷顶端，东、南、西三面环山，沿西侧和南侧山脊为南铭河和漳河的地表分水岭。

上寒武统在工作区西部出露；下奥陶统分布于工作区的中部及西部，中奥陶统则分布于工作区东部，同时残存于中部地区山顶；第四系于各沟谷的底部堆积，多开垦为梯田。总体来说，岩层倾向南东，倾角在5°～25°之间，属于单斜地层。

南北向构造体系和新华夏系构造体系(NE10°～20°)的各级规模和各序次的构造以各种复合方式互相交织在一起，构成区内复杂的构造轮廓。工作区内南北向构造迹象不明显，主要表现为新华夏系构造迹象。南北向构造体系主压应力面由一系列背斜、向斜组成，与之配套的构造为东西向张性结构面。新华夏系构造体系是在南北向构造体系的基础上进一步发展和改造的结果，主压应力面表现为一系列的北北东向断裂，与之配套的横张裂面也是在南北向构造体系的基础上进一步发展起来的。此外，还发育了一系列低序次的北东向断裂和各式旋扭构造。新华夏系构造体系晚于南北向构造体系，迁就、利用和改造较早的南北向构造体系，因而使本区构造在构造线方向上具有不严格的南北走向或北北东方向。同时，在结构面力学性质方面，具有明显的性质转化。断裂构造以高角度正断层为主，应为张性结构面，但是晚期则向压性结构面转化，从而具有压性结构面特征[10]。

14.1.2 找水靶区确定

14.1.2.1 勘查重点地段的确定及依据

通过踏勘和第一阶段的水文地质调查工作，确定3个地段作为供水前景靶区，分别为孤峰、南沟和北沟(图14-1)，确定依据如下。

1. 存在断裂构造

本区地下水呈脉状赋存于断裂带及其影响带的裂隙中，断裂构造对地下水的补给、径流、排泄起控制作用。断裂构造的存在是地下水富集的基本条件。

2. 寒武系张夏组鲕状灰岩层底埋藏深度

地下水水位埋深约340m，张夏组鲕状灰岩为供水目的层，其下为页岩，因此张夏组鲕状灰岩深度影响勘探孔的富水性。在其他条件不变的情况下，张夏组底部埋深越大，成井条件越好。

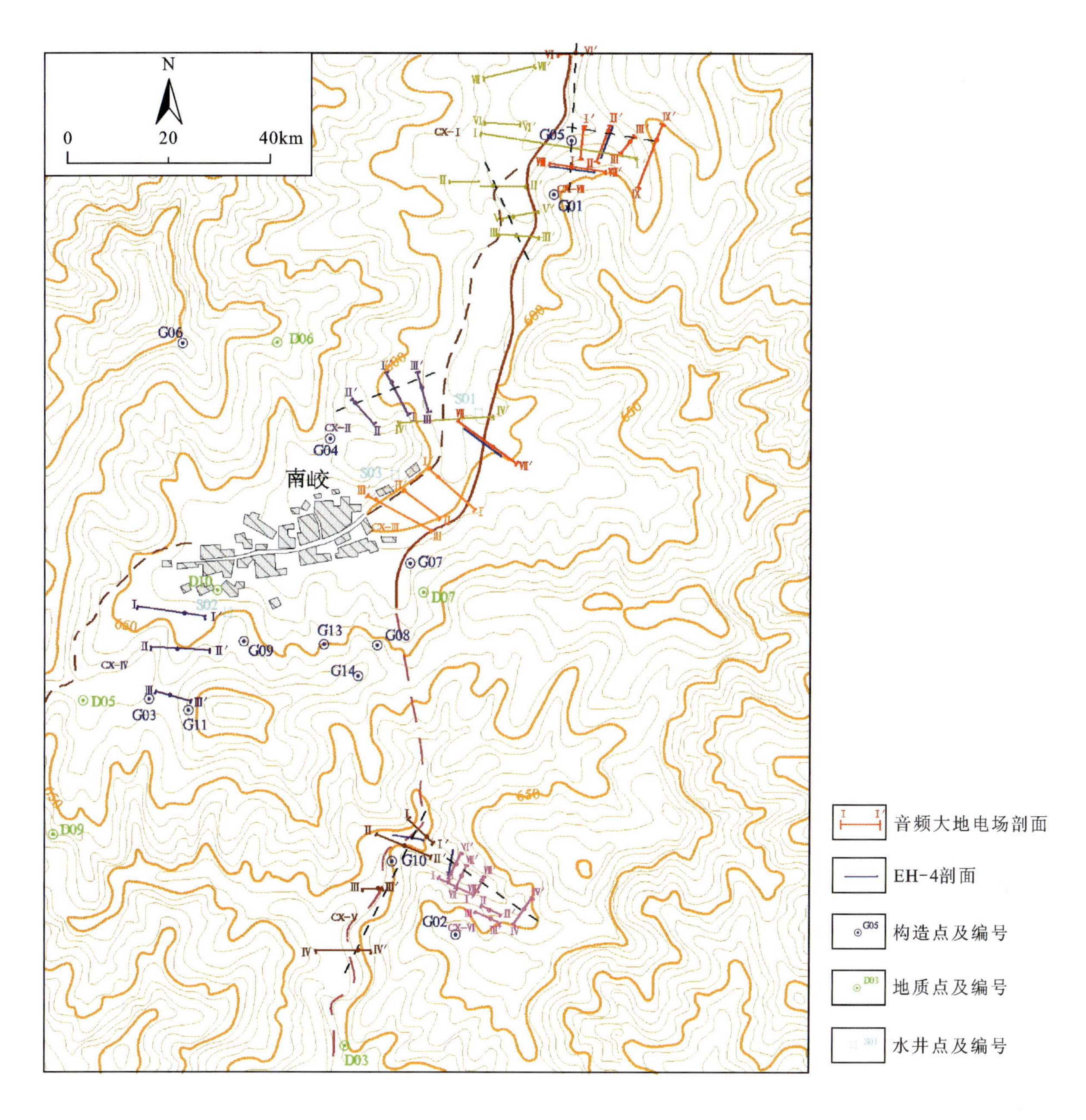

图 14－1　拟选靶区示意图

3. 具备施工条件

本次勘查的目的是解决南峧村供水问题，钻探施工条件也是井位勘查必须考虑的条件之一。

14.1.2.2　重点勘查地段成井条件分析

1. 南沟

沟谷走向 NW50°，平直，纵向长 350m，横剖面呈“V”字形（图 14－2），沟底第四系覆盖，开垦为梯田，标高 600～670m。两侧山坡出露奥陶系灰岩。主沟上游汇水面积 0.3km^2。

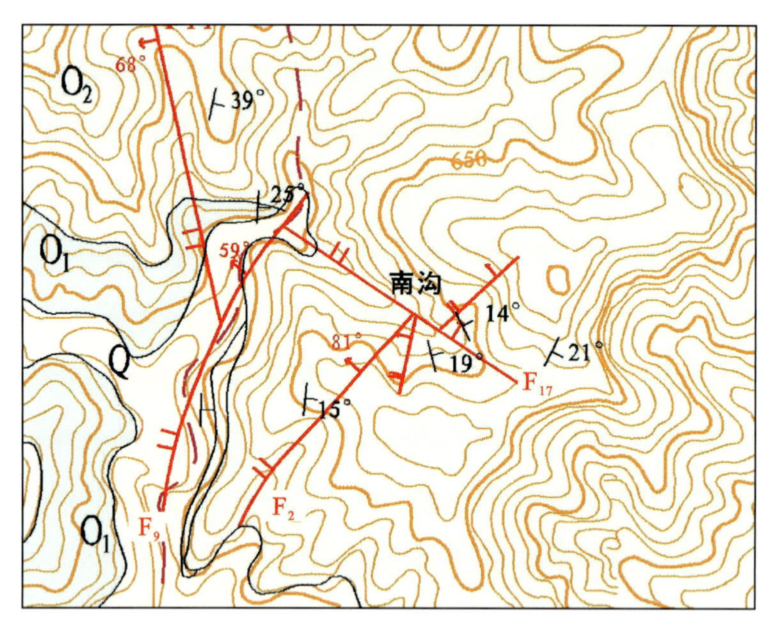

图 14-2 南沟位置示意图及推断断层图

F_9 断层于沟口通过，与沟谷斜交，断层产状要素 NE10°～32°/NW∠69°，破碎带宽 8～10m，以构造角砾岩为主，局部糜棱岩化，断层面较为平直；F_{17} 断层沿沟底发育，由于第四系覆盖，未见明显的构造迹象，沟谷两侧岩层产状相差较大，据物探测量结果判断其产状 NW55°/NE∠80°，F_{17} 断层应为与 F_9 断层配套发育的横张断层。F_2 断层于沟中部通过，产状 NE48°/NW∠81°，断层破碎带宽度为 10 余米，挤压破碎作用明显，于沟底被 F_{17} 断层错断。

为查明 F_9 和 F_{17} 断层的平面位置及空间分布特征，开展了音频大地电场和 EH-4 勘测工作，结果见图 14-3 至图 14-5。从北向南排列的 4 条音频大地电场曲线对 F_9 断层均有反映，表明断层宽度约 10m，其中Ⅱ线音频曲线揭示断层宽度略宽是由小沟谷地表岩石破碎引起，而Ⅳ线 10～60m 范围内低阻则是下奥陶统页岩的反映。从音频大地电场曲线可知，F_{17} 断层由上游向下游呈衰减趋势，至沟口有尖灭迹象。EH-4 测量结果(图 14-5)表明，F_9 断层破碎带发育深度达 400m 左右，断层带电性值与围岩电性差异较小，表明断层带岩石破碎程度差、岩性以角砾岩为主；F_{17} 断层破碎带发育深度为 270m。

2. 北沟

沟谷中下游走向 NW60°，上游转为南北方向，纵向长约 500m，标高 550～680m。沟谷下游较为宽阔，向上逐渐变窄(图 14-6)。谷底第四系覆盖，开垦为梯田，两侧山坡出露奥陶系灰岩。主沟上游汇水面积为 1.2km^2。

F_1 断层破碎带于公路旁的沟口两侧出露，其产状要素 NE25°/SE∠75°，与北沟斜交。该断层构造破碎带宽度为 15～18m，以棱角状构造角砾岩为主，局部糜棱岩化，断层面不清晰。断层 F_{18} 沿沟底发育，与北沟中下游走向基本一致，

由于第四系覆盖，未见角砾岩，但沟谷向南转折处岩层产状混乱，据物探资料确定其产状 NW55°/SE∠80°。F_{18} 断层应为与 F_1 断层配套发育的横张断层。

物探测量结果见图 14-7 至图 14-9。图 14-7 和图 14-8 分别为 F_1、F_{18} 两条断层的音频大地电场曲线，异常明显，规律性强，表明有破碎带存在。其中，CX-Ⅶ-Ⅸ测线低阻带明显变宽，该测线位于北沟转弯处，推断是多个断层破碎带的综合反映。

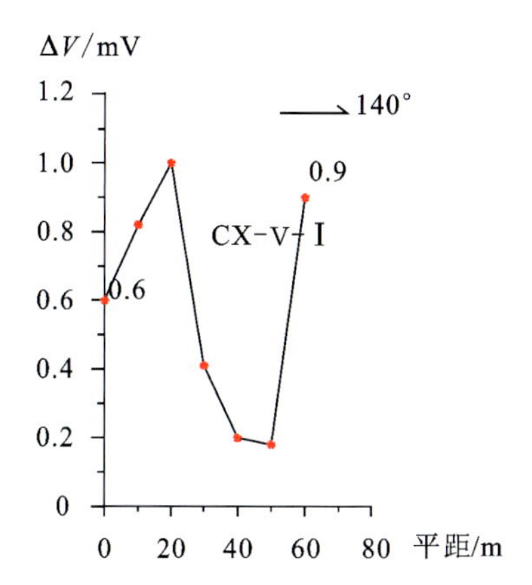

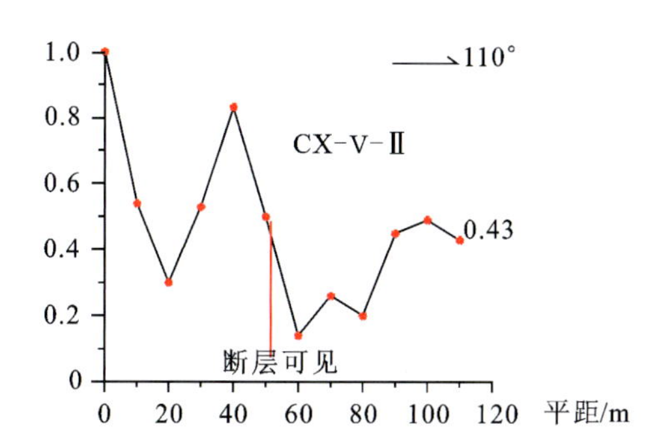

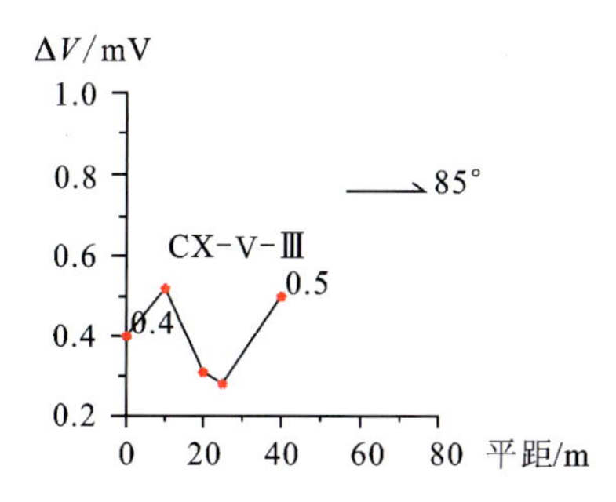

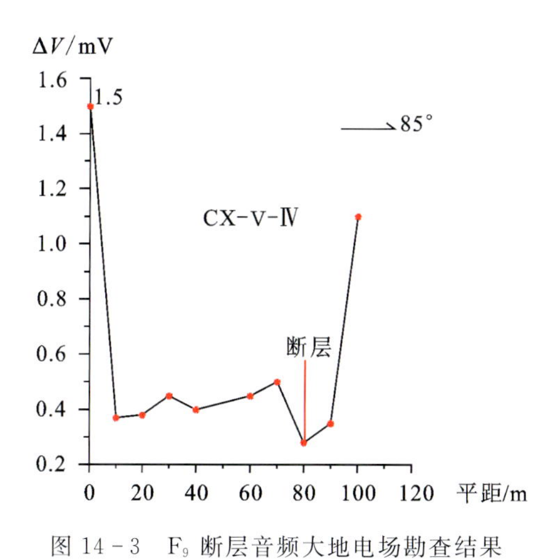

图 14-3　F_9 断层音频大地电场勘查结果

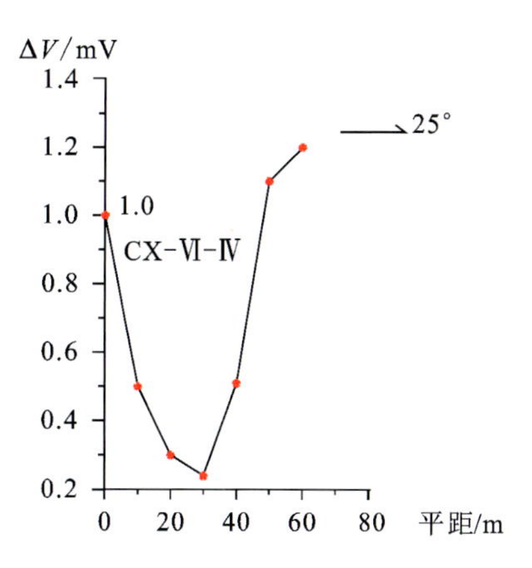

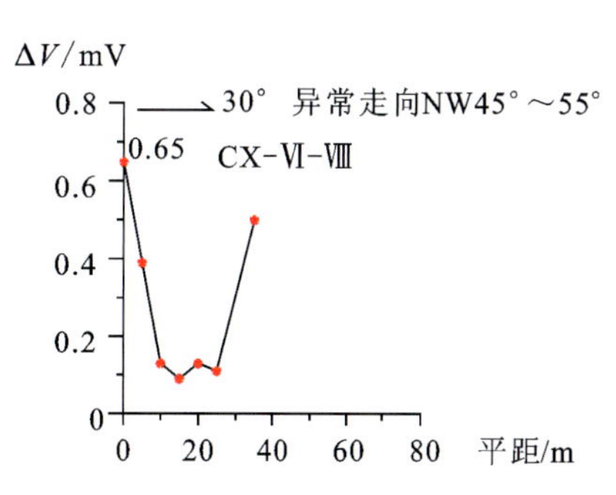

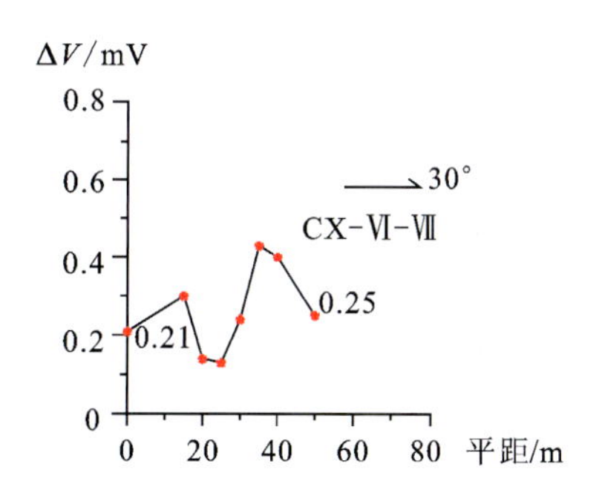

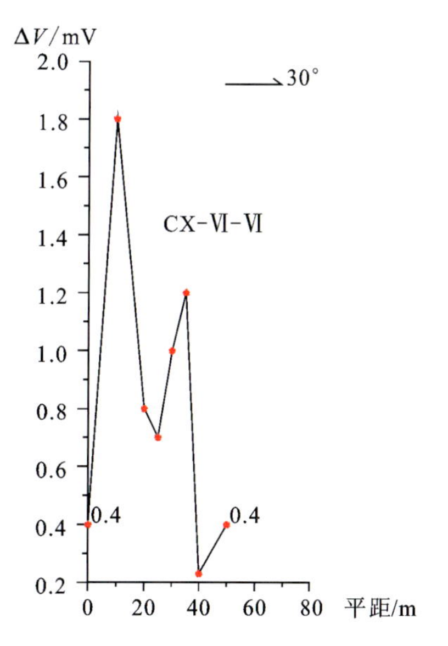

图 14-4　F_{17} 断层音频大地电场勘查结果

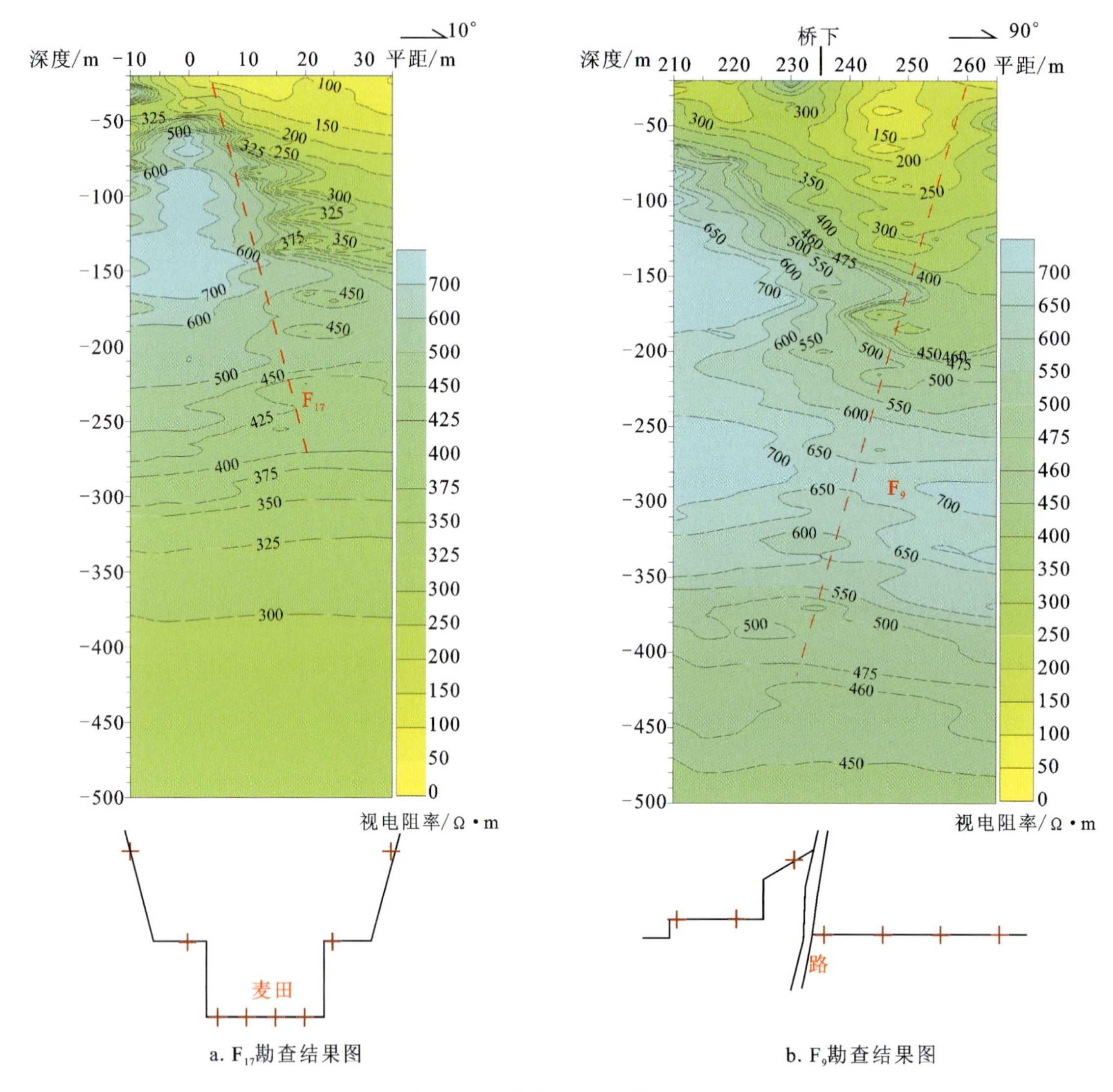

a. F_{17}勘查结果图

b. F_9勘查结果图

图 14-5 南沟 EH-4 勘查结果

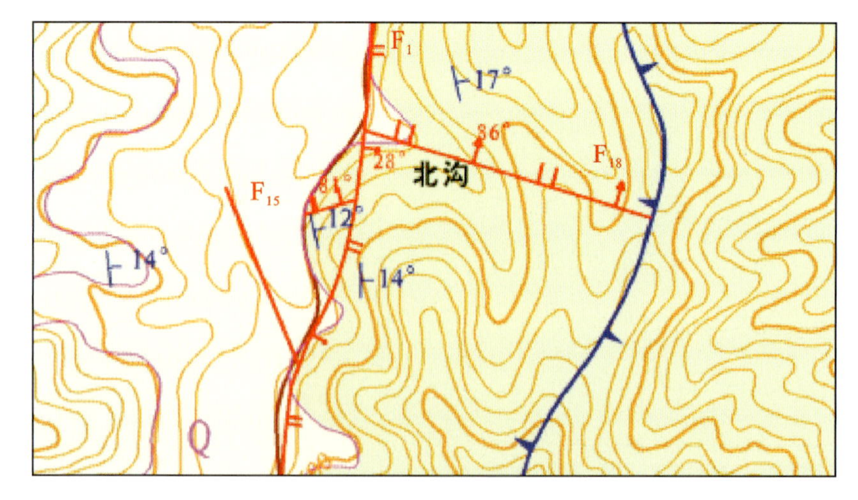

图 14-6 北沟位置及推断断层示意图

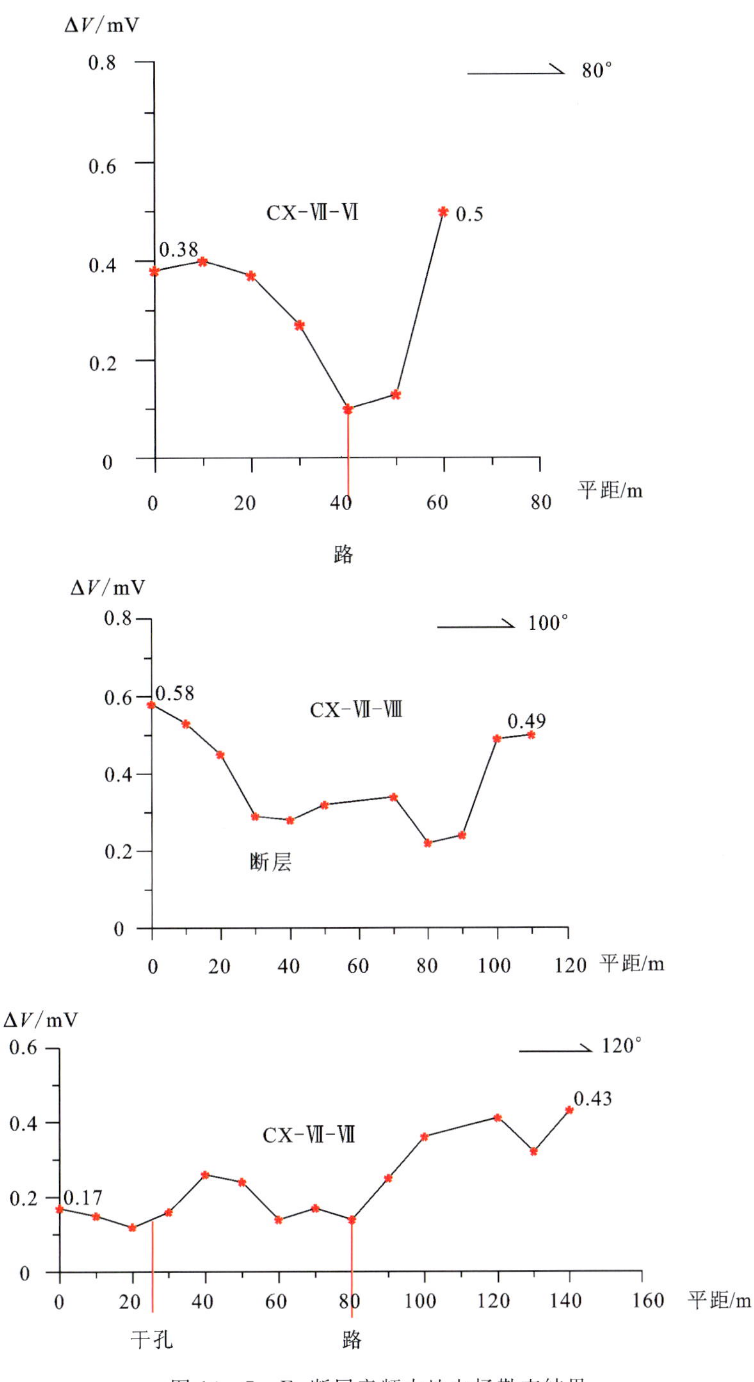

图 14-7　F_1 断层音频大地电场勘查结果

工作区内地形条件差，为真实地反映单个断层的空间展布特征避开其他断裂构造的影响，勘测 F_1 断层的 EH-4 剖面布设于北沟的南侧山梁上，勘查结果见图 14-9a、b。TE 模式和 TM 模式的结果均彰显出断层的存在及其平面位置，TM 模式结果较 TE 模式更好地反映了断层的横向发育规模，而 TE 模式更好地反映了地层的纵向分布；其外 TM 模式结果更好地反映了浅部断层的空间分布，而 TE 模式更好地反映了深部构造。

为慎重起见，横跨 F_1 断层和南峧村干孔布设了 EH-4 剖面 1 条，结果见图 14-10。由图可知，干孔处岩石电阻率相对较高，这与调查获得的该孔岩石破碎但不富水的现实相吻合；而相同深度处 F_1 断层带电阻率明显低于干孔处的电阻率，断层带宽约 20m，倾向需要结合地质调查结果确定。

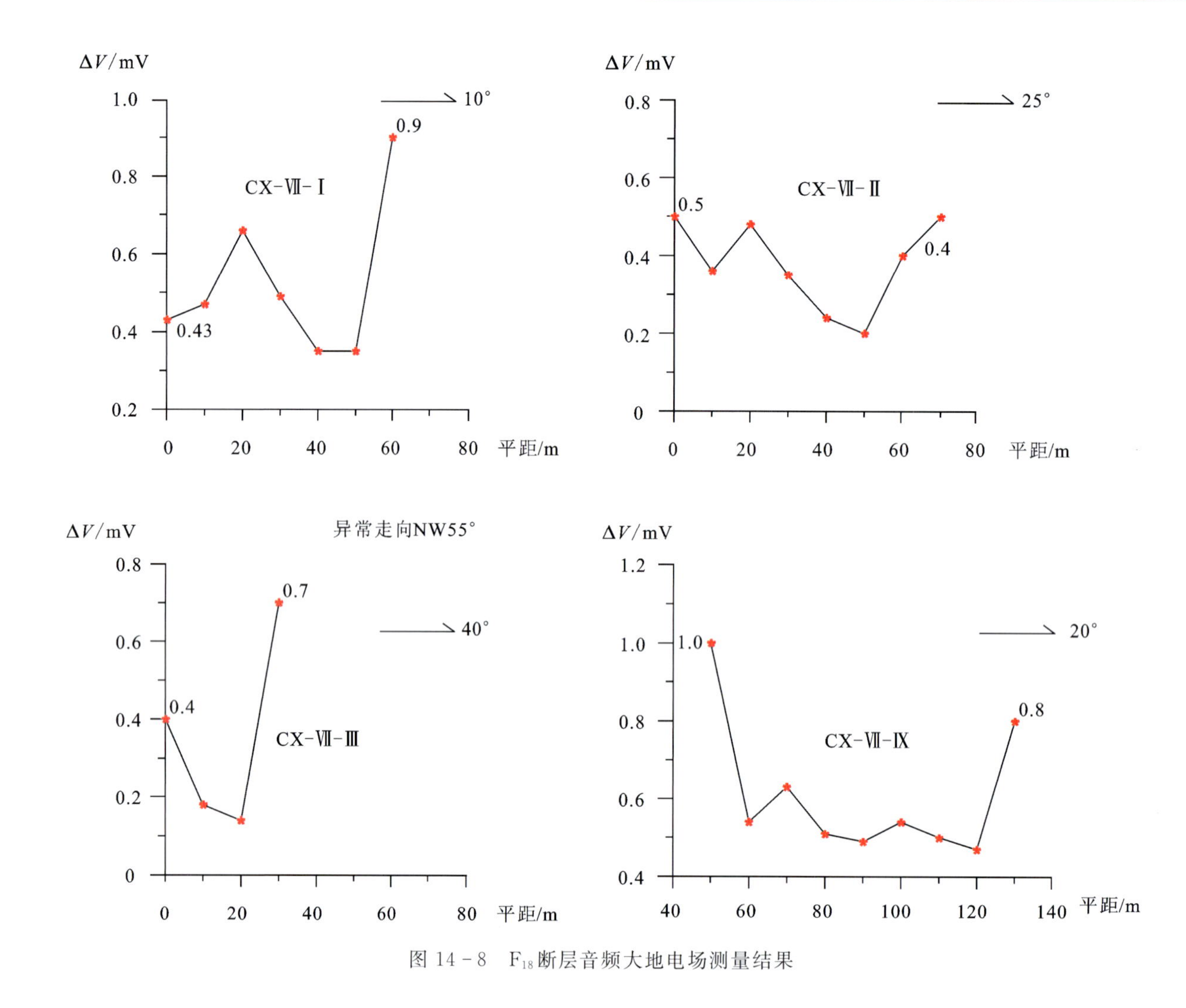

图 14-8　F_{18}断层音频大地电场测量结果

结合图 14-9 和图 14-10 认为，F_1 断层带发育深度至少大于 420m，断层带宽约 20m，倾向南东，具备一定的富水性。图 14-9a 揭示 F_1 断层带深部（埋深大于 200m）的电阻率相对图 14-10 位置处更低，分析应与 F_{18}断层有关，是两个断层交会处岩石更加破碎富水的表征。F_{18}断层带及毗邻围岩的电阻率均高于 F_1 断层带，说明 F_{18}断层带岩石的破碎程度、富水性及影响带发育宽度均不及 F_1，F_{18}断层带发育深度约为 300m。

3. 村北孤峰

孤峰位于村庄北部，近似圆形，直径 200m，其西部与主沟山坡相连，地貌为山脊垭口。峰顶标高 651m，与底部高差约 51m（图 14-11）。

孤峰基岩出露，主要为中奥陶统砾状灰岩，垭口西侧则为下奥陶统白云岩，两者为断层接触。断层北、东、南部沟底第四系覆盖。从不同地层出露高度推断，沟内存在断层，即孤峰从不同方向与下奥陶统均为断层接触关系。

孤峰坡角处可见断层破碎带，产状不清，角砾岩和糜棱岩混杂，钙质胶结。断层破碎带部位有村民挖的大口井，降雨时地表水流入井中，长时不渗，可见断破碎带起阻水作用。

在孤峰周边测量布置 6 条大地电场测量剖面，结果见图 14-12 和图 14-13。结果表明，断层带存在，但其异常特征表现为较宽的阻水性质，富水性差。

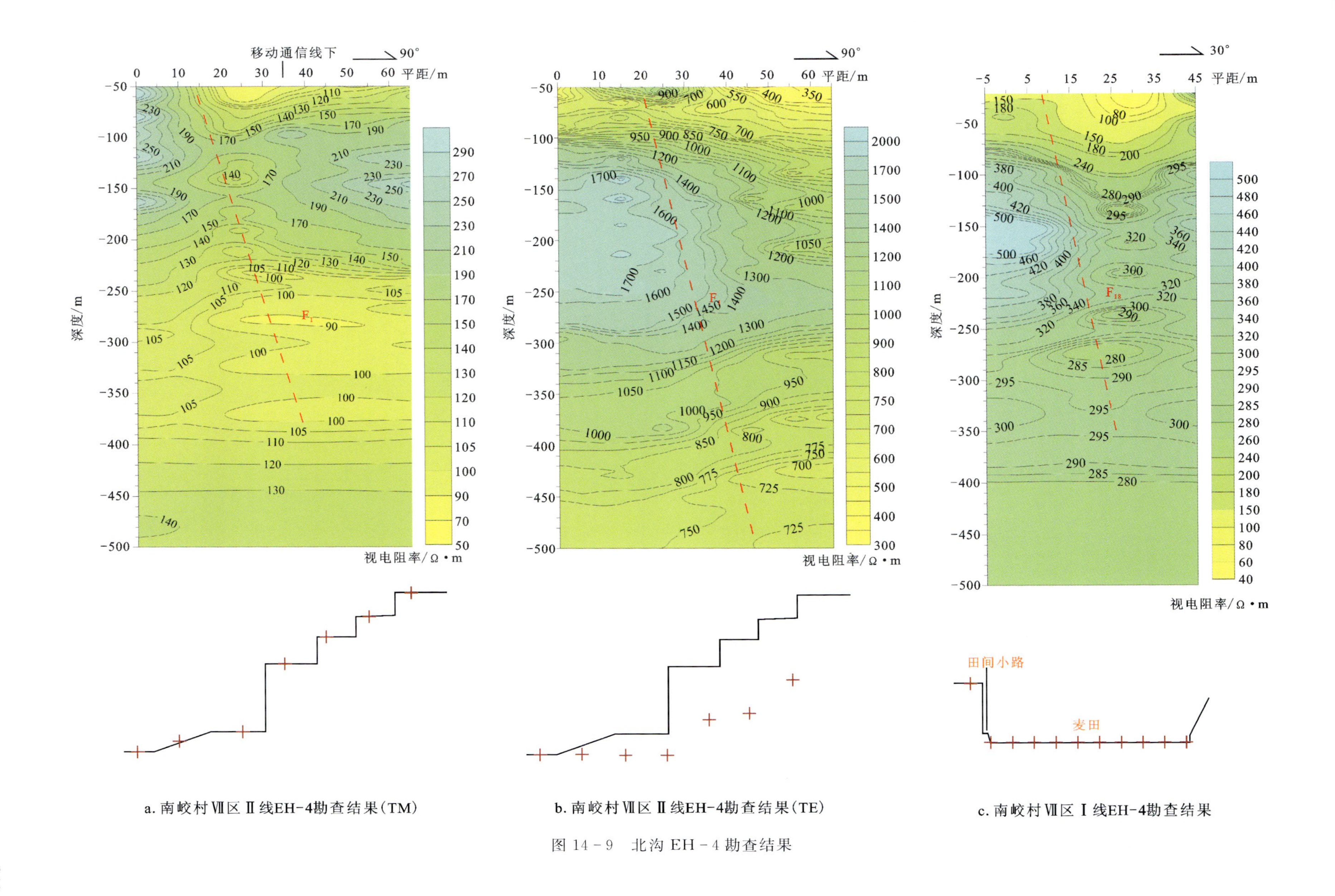

a. 南峧村Ⅶ区Ⅱ线EH-4勘查结果(TM)

b. 南峧村Ⅶ区Ⅱ线EH-4勘查结果(TE)

c. 南峧村Ⅶ区Ⅰ线EH-4勘查结果

图 14-9 北沟 EH-4 勘查结果

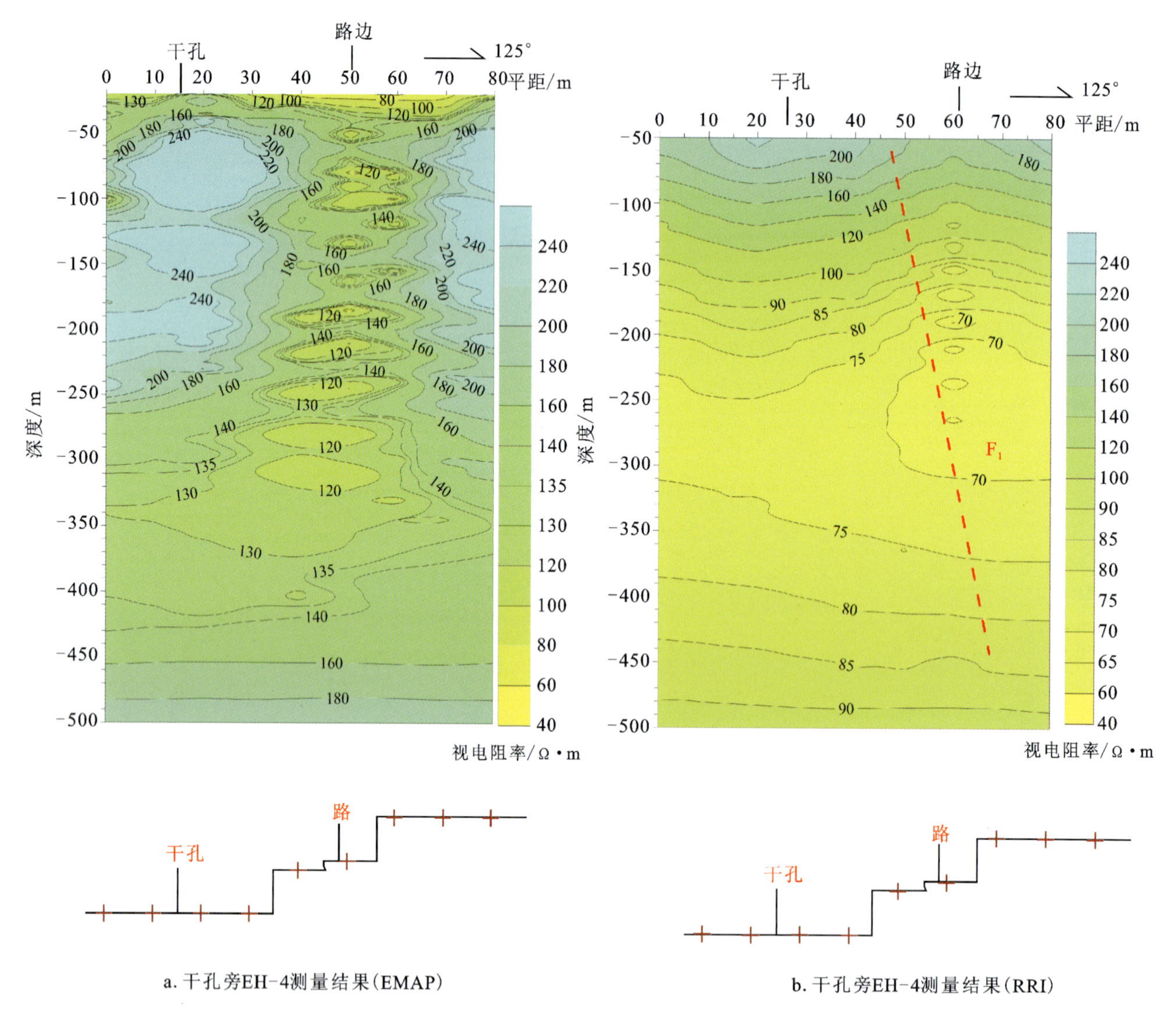

a. 干孔旁EH-4测量结果(EMAP)　　b. 干孔旁EH-4测量结果(RRI)

图 14-10　干孔旁 EH-4 勘查结果

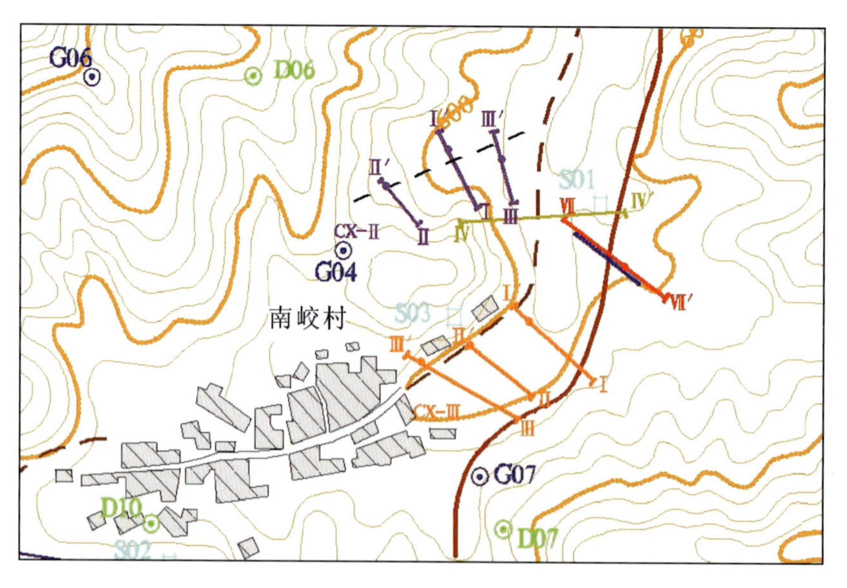

图 14-11　孤峰位置及推断断层示意图

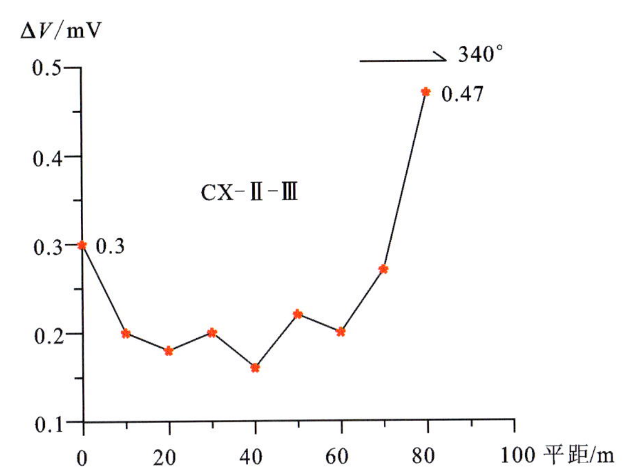

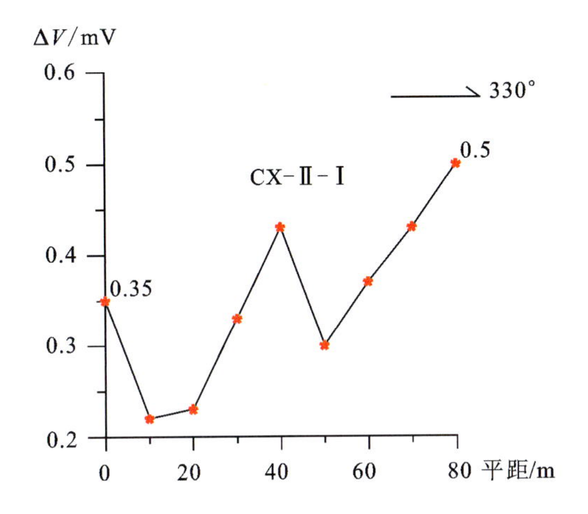

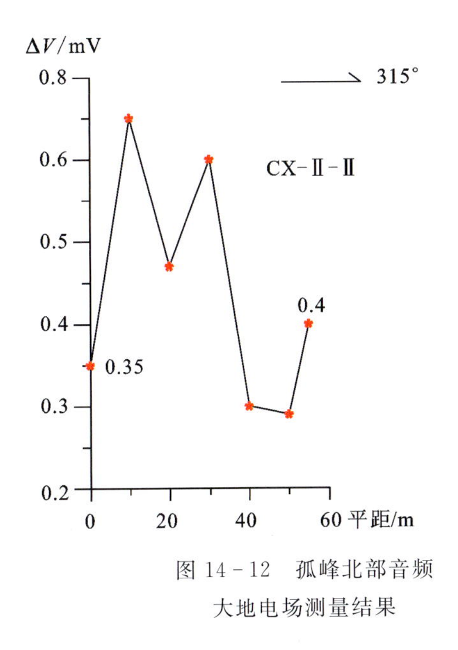

图 14-12 孤峰北部音频大地电场测量结果

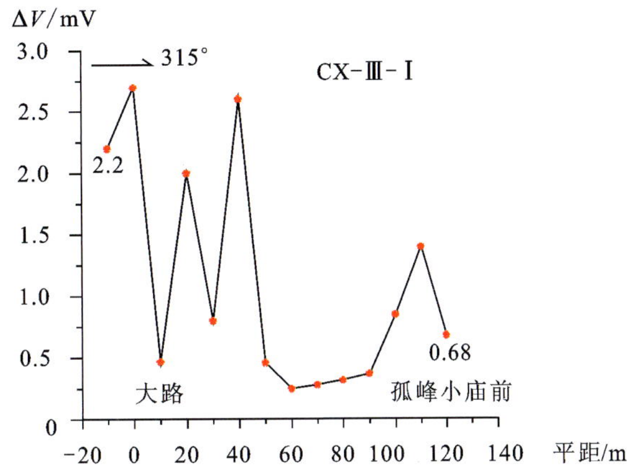

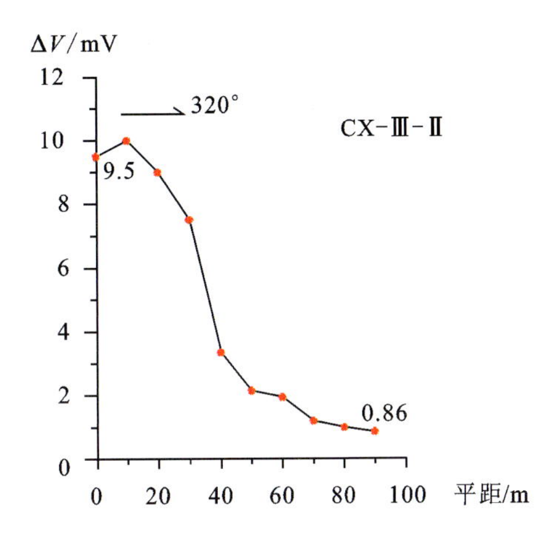

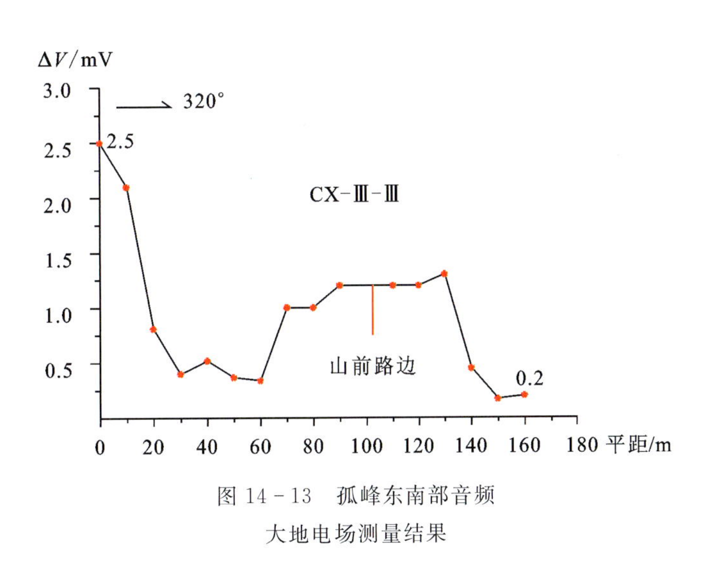

图 14-13 孤峰东南部音频大地电场测量结果

14.1.3 井位确定

综合对比重点勘查地段的成井条件，确定北沟为勘探井位优选地段。

北沟汇水面积相对较大，寒武系张夏组底部埋深较大，而地形标高为最低；断裂延伸较远，破碎带宽度较大，且破碎带发育深度可达张夏组鲕状灰岩的底部；F_{18}断层倾向沟谷上游，与F_1断层在沟谷下游交会，更有利于地下水的赋存。总之，北沟为3个勘查重点地段的最优选择。孔位确定见图14－14。根据EH－4测量剖面及张夏组鲕状灰岩深度特点，设计井深为430m，设计出水量为$10m^3/h$。

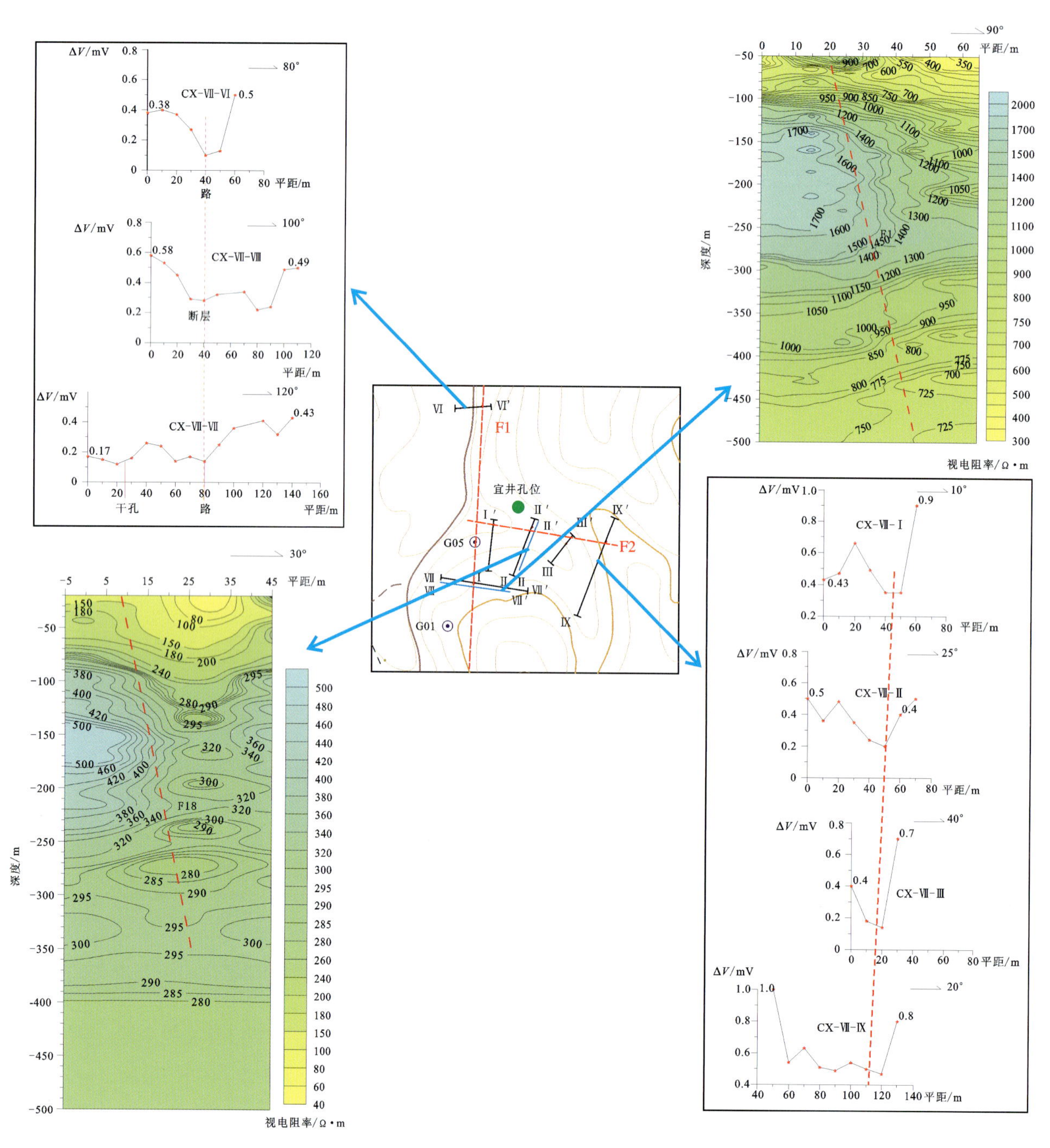

图14－14　确定孔位勘查结果图及位置

14.1.4 钻孔情况

示范孔施工结果为：成井深度为450m，地下水水位埋深341.8m，揭露地层为奥陶系灰岩和寒武系灰、页岩；400m左右构造裂隙较为发育，是主要的出水段，单井出水量大于300m^3/d(抽水试验时，未能测量动水位)，地下水出口温度为16℃；地下水总硬度为0.31g/L，TDS含量为0.51g/L，地下水化学类型为HCO_3－Mg·Ca型，满足国家饮用水标准。

14.1.5 认识与总结

(1)处于分水岭地带的深埋岩溶水，勘查难度大，应加大投入勘查工作量，选择多个靶区进行对比分析论证。不仅要查明各类构造及其关系，而且要注意岩性在垂向的变化，防止地下水水位之下含水层岩性变差。

(2)由于地下水水位埋深大，应以区域性断裂构造为目标。相对来说，次级构造受限于发育深度，不适宜布置地下水开采孔。

(3)音频大地电磁测深法TE和TM模式对地层结构与断层构造的分辨能力不同。山区进行地下水探测时如地形条件允许可开展阻抗张量测量；若地形条件不允许时，以揭示断层为目的时应选择TM模式；若了解地层结构，建议采用TE模式。

14.2 河北省唐县史家佐村

保定西部山区位于太行山东麓北段，在白云岩与灰岩分布区北西向的断层中岩脉发育，主要为闪长岩和辉绿岩。因岩脉充填，地下水埋藏和分布具有极大的不均匀性，其运动亦相对复杂。一直以来，岩脉发育区的成井率普遍不高，当地生活饮用水严重缺乏，水资源短缺已成为该地区经济社会发展的最大制约因素。史家佐村位于保定市西部唐县齐家佐乡，是一个典型缺水村庄。该村找水难度大的原因是：①地质条件较为复杂，大部分构造均被岩脉、岩体侵入，富水构造较少，地下水体之间的水力联系被分割破坏，连通性差；②村庄附近普遍发育的闪长岩体及高岭土均呈现出低阻特性，与富水断层的测量数据很相似，容易干扰地下水勘查，增加勘查难度。

14.2.1 工作区概况

史家佐村行政区划属于唐县齐家佐乡，位于灵山向斜的北西翼，接近向斜转折端，出露地层岩性为雾迷山组上段白云岩。据收集地质资料及遥感影像分析结果，史家佐村村西闪长岩体与北齐家佐岩体相连，该岩体向西北断续延伸至粟园庄和杨家庵，岩体分布受粟园庄西北部北东向区域断裂及齐家佐村附近发育的近南北向隐伏断裂控制。地势总体西南高、东北低，地表水通过东北沟谷向唐河径流[11]。

遥感影像显示，除村庄西部岩体出露外，线性构造较发育，主要有两组：主要的北东向近平行发育的线性构造规模较大，延伸较远；其次为北西向构造，距离短，近平行状等间距发育多条，且均没有切过北东向构造线(图14－15)。

综合分析资料，井位应尽量避开闪长岩体，以寻找赋存于断裂构造带及影响带的裂隙岩溶水为目标，并且注意判断断层由岩脉侵入而产生的贫水现象。因而，史家佐村地面调查和物探工作重点放在村东部及东北部。

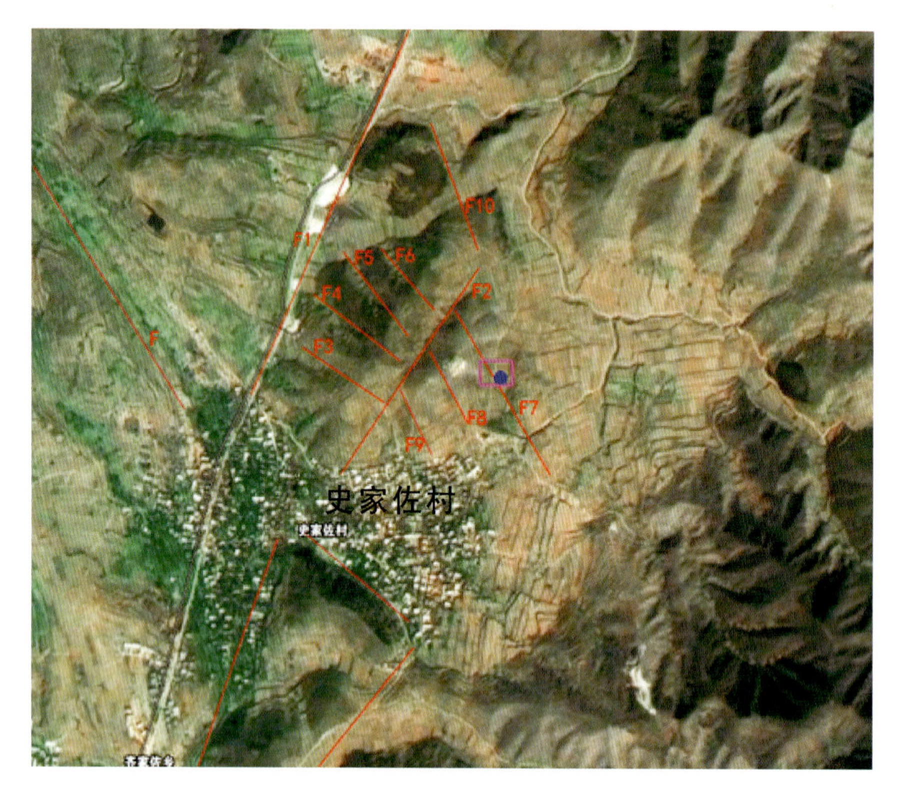

图 14-15　唐县史家佐村卫星影像

14.2.2　找水靶区确定及物探成果分析

14.2.2.1　找水靶区确定及物探工作布置

据调查，村北山垭口处发育有一低阻的线性构造，贯穿整个垭口，但因为地表均被残坡积物覆盖，不能准确判定其为断层构造还是低阻岩脉，将其圈定为一个找水靶区（图 14-16 中Ⅹ区）。同时，在村东北山坡 3 号岩脉东侧开挖面坡脚处发现有构造角砾岩出露，构造带宽 4～5m，中间被厚 1～2m 的完整岩石分隔，断层走向 NE30°，断层边界不清，倾角难以判断，断层角砾钙质胶结，溶蚀孔洞发育，但该断层构造是否被岩脉充填以及富水性尚不可知，故亦作为一个找水靶区（图 14-16 中Ⅸ区）。因此，物探工作为以查明疑似断层的位置及空间发育特征，并通过综合物探研究岩脉与富水构造的地球物理响应特征的差异达到区分岩脉与富水构造的目的。

选定两个找水靶区开展物探勘查工作，技术手段主要包括音频大地电场、音频大地电磁测深法（EH-4 电导率成像系统）、激发极化测深法。

14.2.2.2　测量成果分析

音频大地电场测量结果表明，Ⅹ区线性构造走向为 NW20°，倾角不明，于是垂直于该线性构造开展了 EH-4 测量工作，结果见图 14-17。音频大地电场曲线揭示Ⅸ区断层走向为 NE30°（图 14-18），于是垂直于该断层构造开展了 EH-4 测量工作，结果见图 14-19。

图 14-17 至图 14-19 中，白云岩的视电阻率一致，均为 500Ω·m 左右，但是Ⅹ区线性构造的视电阻率为 250～300Ω·m，Ⅸ区断层的视电阻率为 150～200Ω·m，Ⅹ区线性构造与围岩的电性差稍小于Ⅸ区。初步分析认为，Ⅹ区为一条低阻岩脉，而Ⅸ区的断层则未被岩脉充填。根据 EH-4 勘查结果推断，Ⅸ区该断层倾角大于 80°，倾向剖面尾端，断层宽约 10m，发育深度大于 150m。

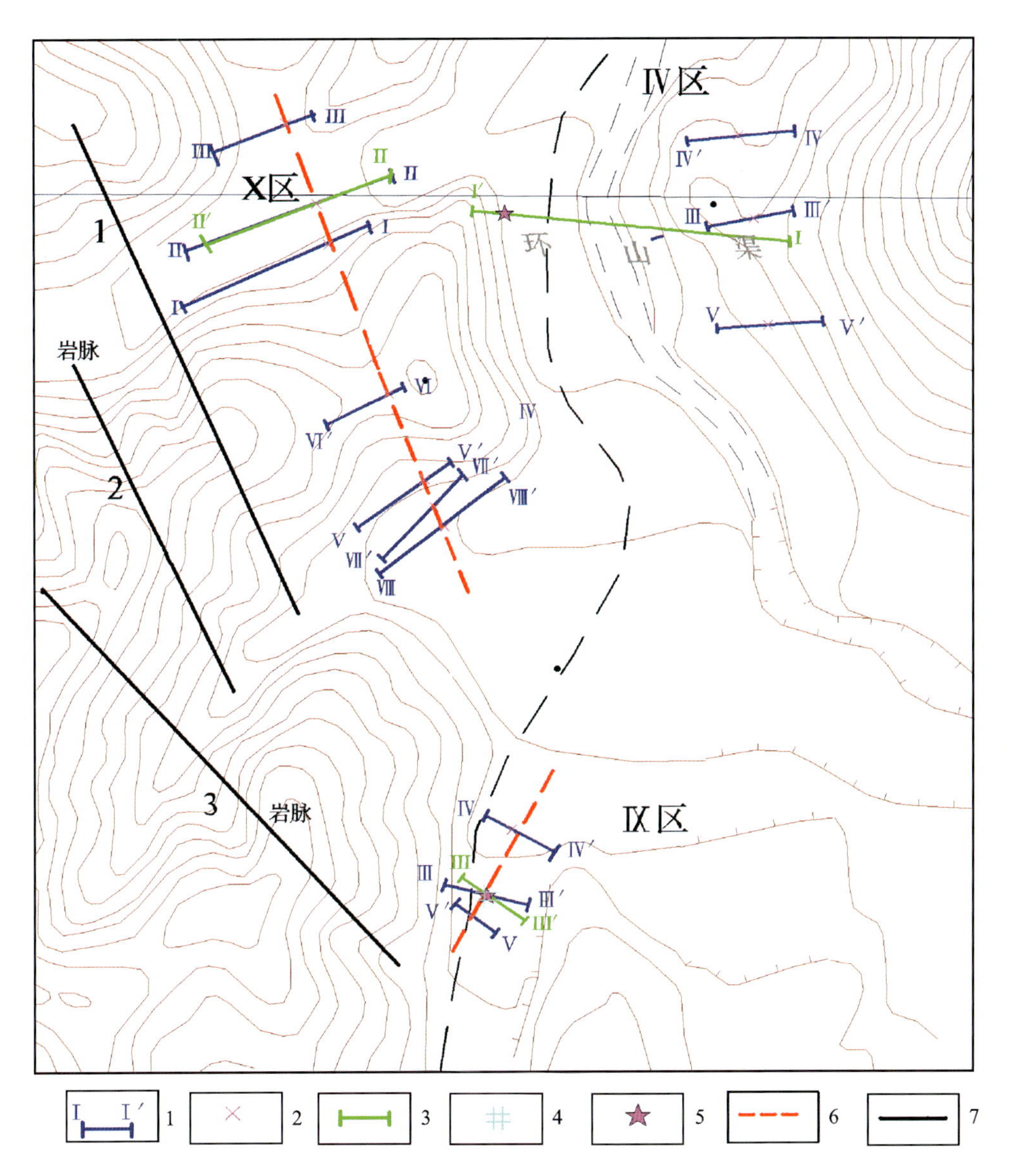

图 14-16 史家佐村物探工作布置示意图

1.音频测线;2.音频异常点;3.EH-4 测线;4.井位;5.激电点;6.推断断层;7.岩脉

为验证两个区的 EH-4 勘查结果,同时进一步了解断层的富水情况,分别在Ⅹ区 EH-4 剖面 38m 处及Ⅸ区剖面 19m 处开展激电测深工作(图 14-20)。

Ⅸ区与Ⅹ区视极化率激电测深曲线均呈低极化率特征,但Ⅸ区的视极化率表现得更具规律性,区别为浅部高的极化率是第四系覆盖层,而基岩中视极化率整体下降,下降后且基本平稳,在 $AB/2$ 为 80~100m 出现明显的高值异常;而Ⅹ区极化率则呈现规律递减。

半衰时(S_t)是反映极化体衰减快慢的参数,富水时衰减慢,S_t 值较高。从图 14-20 可以看出,Ⅸ区的 S_t 值在 $AB/2$ 为 80~130m 时异常增高,而Ⅹ区 S_t 值则呈明显的 45°斜线上升。因此,根据相关的激电参数判断Ⅸ区为富水断层,而且其出水位置位于 $AB/2=80\sim100$m 位置处。在同一岩性中半衰时参数亦能很好地反映静水位,在静水位附近的 $AB/2$ 极距位置处,半衰时参数一般表现为震荡特征。在 $AB/2$ 极距的 20~38m 段Ⅸ区极化率曲线表现为明显的震荡特征,推测此处为静止水位埋深附近。后经钻孔验证,静水位埋深为 36.87m 证实了该判断。

据此,对比分析 EH-4 电性特征及激电参数,确定Ⅹ区线性构造为低阻岩脉,Ⅸ区断层未被岩脉充

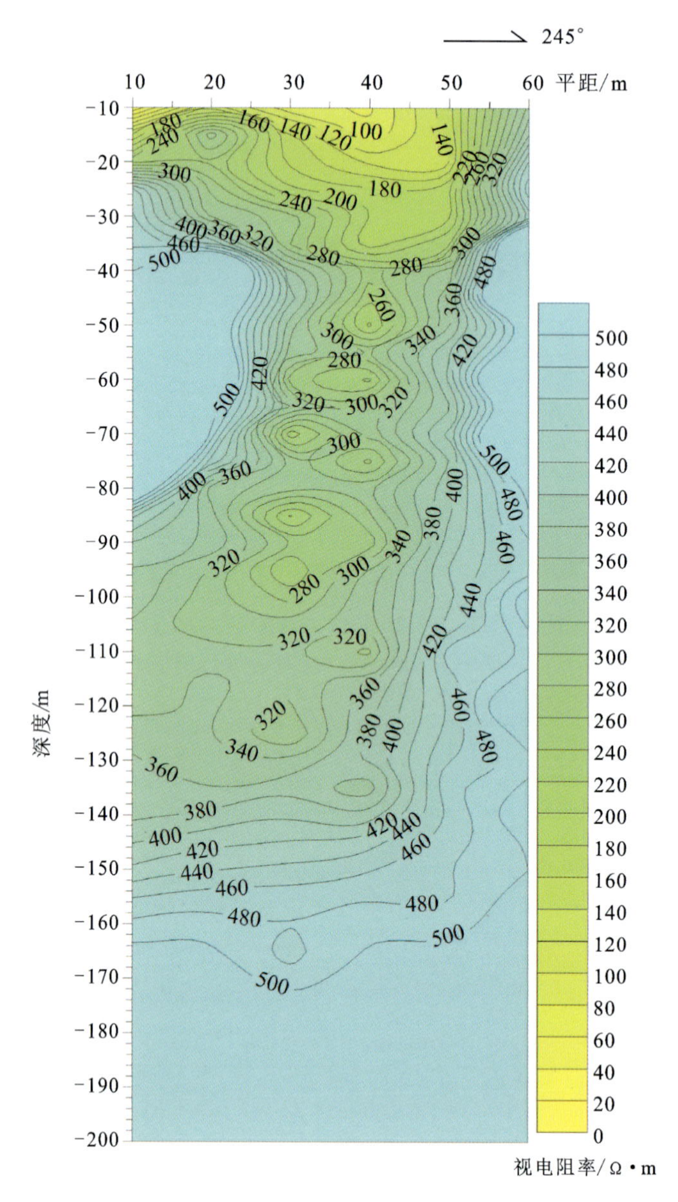

图 14-17　史家佐Ⅹ区 EH-4 勘查结果

填，富水性较好。激电测深曲线表明 $AB/2$ 为 65～170m，特别是 80～100m 段地层岩石破碎，与EH-4 勘查结果一致。

14.2.3　钻探情况

根据物探勘查结果，确定Ⅸ区断层是成井的优选地段。该区位于村东北，地形标高为全区最低处，汇水面积大，避开了村西的岩体及村南的高岭土脉，避免了地下水水力联系被岩脉分割切断，地下水连通性较好，断层破碎带内有充足的储水空间和补给来源，富水性强。

根据物探测量结果，确定 EH-4 剖面 22m 处为最佳井孔位置。设计孔深为 140m，实际实施孔深为 138m，静水位埋深为 36.87m。终孔后，实施了物探测井、抽水试验及饮用水质评价等工作。

抽水试验表明，按定流量 60m^3/h 连续抽水 24h，水位降深 10m，抽水停止后 4h 恢复到静止水位，实测该井涌水量大于 1440m^3/d。根据《生活饮用水卫生标准》(GB 5749—2006)逐项评价其水质化验指标，评价结果表明该井水符合国家生活饮用水卫生标准，适宜饮用。

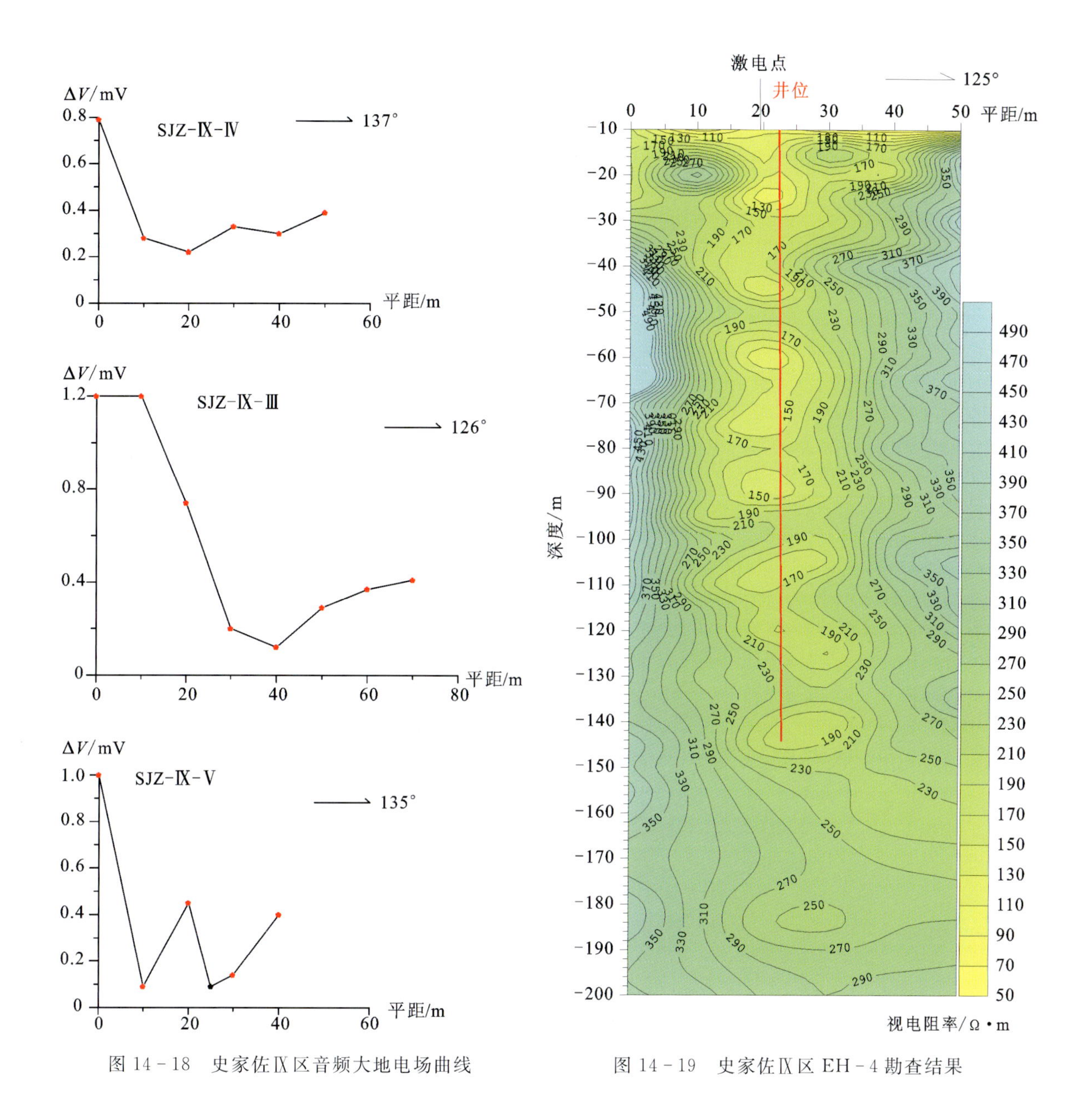

图 14－18　史家佐Ⅸ区音频大地电场曲线

图 14－19　史家佐Ⅸ区 EH－4 勘查结果

14.2.4　认识与总结

(1)工作区北西向断裂为张性断裂，多被闪长岩脉侵入，其形成时间早于岩浆的侵入；北东向和北北东向断裂生成时间较晚，应在岩浆侵入之后，北北东向断裂切割了北东向断裂，应属最新的断裂构造。

(2)无论被闪长岩充填的断层还是富水断层，与完整的碳酸盐岩相比，均呈现低电阻率的特征；相对而言，富水断层的电阻率值会更低，与围岩的电阻率差异更大。

(3)采用激发极化法勘查地下水时，岩脉充填的断层虽有时呈现低视极化率和高半衰时的特征，与强富水断层的低视极化率和高半衰时的特征还是有一定差异，通常岩脉充填断层的半衰时曲线呈现随 $AB/2$ 极距增大按一定斜率上升的特点，不同于富水断层在某些极距深度值高、某些极距深度值低的特征。

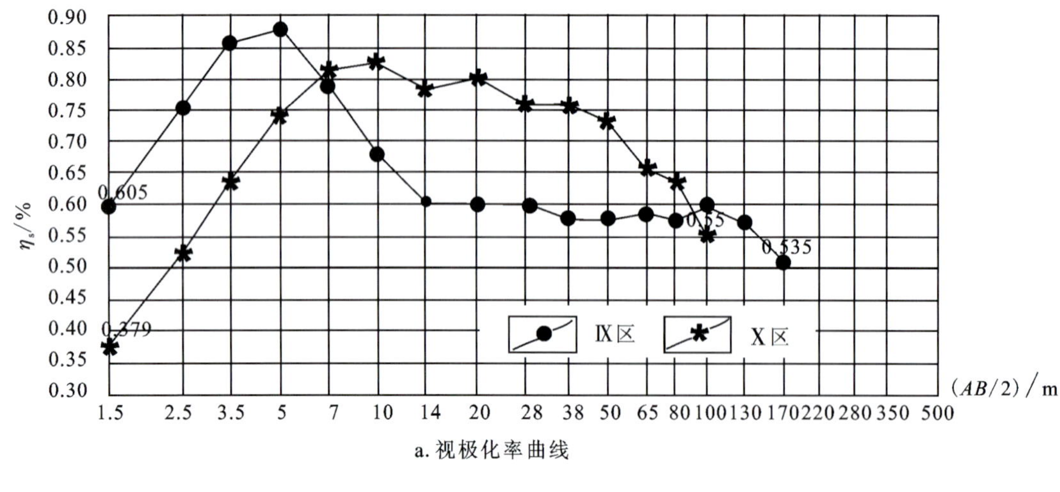

a. 视极化率曲线

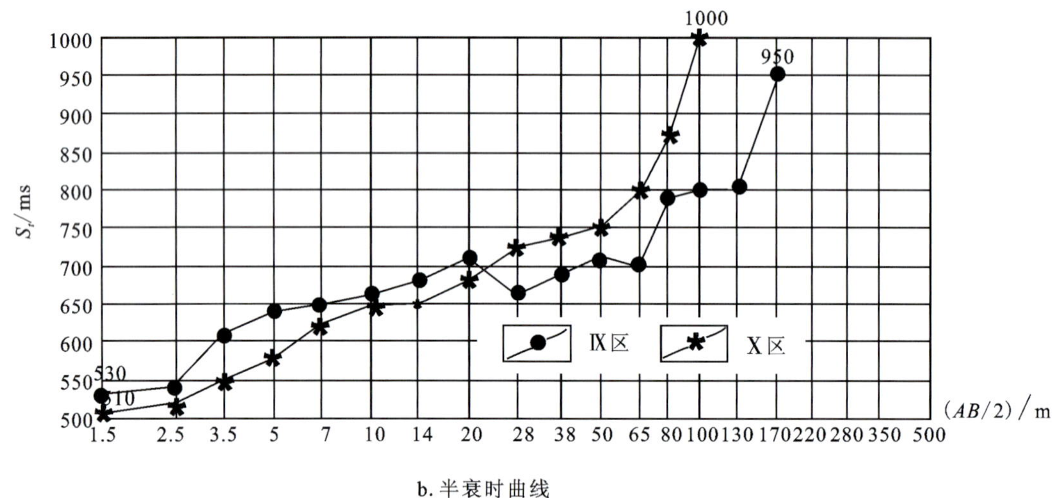

b. 半衰时曲线

图 14－20　激电测深点极化参数曲线

14.3　河北省唐县豆铺村

14.3.1　工作区概况

豆铺村人口1000余人，村民饮水水源有两种类型，一种为村北部泥页岩中的裂隙水，另一种为村南河道内冲洪积砂砾石孔隙水，均以大口井形式开采，井深一般小于15m。随着人口的增多，用水量增加，且浅层水位逐年下降，人畜用水不足的问题日益突出。

遥感影像(图14－21)显示，豆铺村周边地势北高南低，村北沟谷为近南北向，村南北西西向沟谷擦村而过，地表水自西向东径流，东南部为唯一排泄口。村庄北部出露下寒武统泥页岩夹薄层灰岩，而南部出露蓟县系燧石条带白云岩、青白口系石英砂岩。下寒武统与蓟县系或青白口系呈断层接触，断层呈北东向从村庄中部通过，局部出露。村庄周边构造发育，主要有北东向、北北东向和北西向。下寒武统中发育的北西向断层近平行分布，基本全部被辉绿岩脉充填，在地形上表现为凹槽。在村庄东南白云岩中发育的北东向、北北东向构造局部出露，可见断层角砾岩[12]。

图 14－21 唐县豆铺村周边遥感影像及构造解译图

14.3.2 找水靶区确定及物探成果分析

豆铺村北部的下寒武统为区域隔水岩系，其地表水分水岭与地下水分水岭基本一致，总体径流方向由西北向东南，村庄东南部为排泄口。

综合分析认为，村庄东南部即为地下水径流排泄通道，又具备地下水富集所需的构造条件，且其岩性为碳酸盐岩。因此，选定村庄东南为地下水勘查靶区。

遥感解译和地面地质调查发现，在村南部基岩出露区有一发育于蓟县系雾迷山组白云岩与景儿峪组石英砂岩的断层 F_1。断层走向为 NE30°，倾向北西，在村庄东南部的基岩出露区构造迹象明显可见。为研究 F_1 断层的空间发育特征和富水性，物探工作分别于拟定的Ⅱ区和Ⅴ区开展(图 14－22)。

Ⅴ区场地条件相对宽松，远离村庄、电磁干扰小，因而，在此开展了音频大地电场法(图 14－23a)、EH－4(图 14－24)和激电测深法(图 14－25)工作。Ⅴ区音频大地电场曲线低值异常明显，规律性强，指示出断层走向为 NE30°，断层位置与地面调查和遥感解释结果基本一致。

受地形影响，EH－4 测线呈东西向布设，激电点位于 EH－4 剖面 20m 处。EH－4 勘查结果和激电

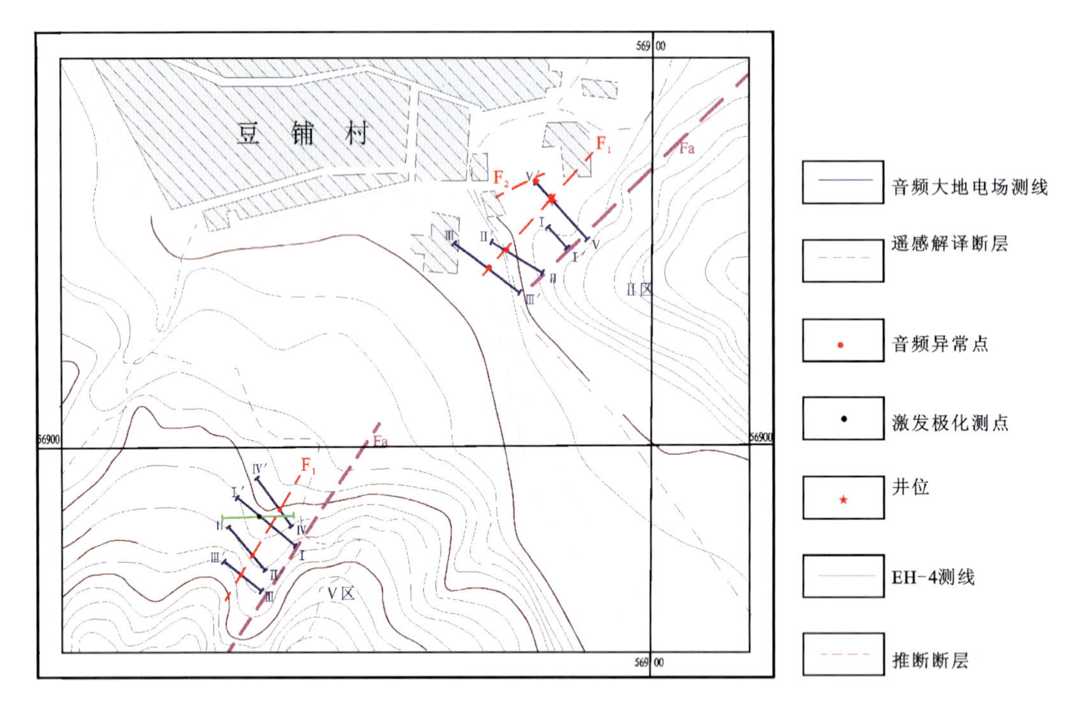

图 14-22　豆铺村物探工作布置示意图

结果显示，F_1 断层最大发育深度为 200m 左右，断层倾角较大，倾向剖面首端，上盘破碎，断层带及其影响带宽约 15m，60～100m 段为主要破碎富水段。井位拟定于 EH-4 剖面 23m 处，由于该处钻探施工难度较大，且拟定井位远离村庄，供水成本较高，故而在Ⅱ区开展进一步工作。

Ⅱ区位于村中央，受建筑物影响，无法开展 EH-4 和激电工作，仅开展了音频大地电场测量工作，有异常显示。受场地限制和其他因素影响，音频曲线反映的异常不是很规则，但整体上给出了 NE30°断层的平面位置及发育宽度信息。其中，Ⅱ区Ⅴ线起始端的两个低极点是地表所见 NE60°断层的反映（图 14-23b）。该断层命名为 F_2，其走向、倾向清晰，但倾角不明。

结合Ⅴ区的 EH-4 和激电勘查结果，推断Ⅱ区的 F_1 断层无论是发育深度还是富水性方面都具备成井条件。同时，Ⅱ区又存在 F_2 断层，成井条件优于Ⅴ区，因而井位定于Ⅱ区音频Ⅴ线 15m 位置处，兼顾 F_1、F_2 断层。

14.3.3　钻探情况

钻探结果为：钻孔孔深为 145m，地下水水位埋深为 8.5m，全孔井壁破碎，局部夹杂完整段，抽水试验水位降深 3m 时，出水量为 $70m^3/h$。

14.3.4　认识与总结

（1）断层交会处有利于地下水的富集，尤其发育在碳酸盐岩中的断裂构造，地下水的富水程度显著增强。

（2）综合利用遥感、地面调查和综合物探，采用逐步逼近式的工作程序、综合信息找水工作方法，可有效快速地圈定找水靶区、确定储水构造，成功实施钻孔取水来解决工作区饮用水问题。

（3）受地形、地物影响，对遥感和地面调查圈定的目标断层无法开展测深类方法工作时，利用相邻相似的原则，可以在异地开展物探工作，以更多地获取断层构造的空间几何信息和富水性信息从而达到详细刻画储水构造特征的目的。

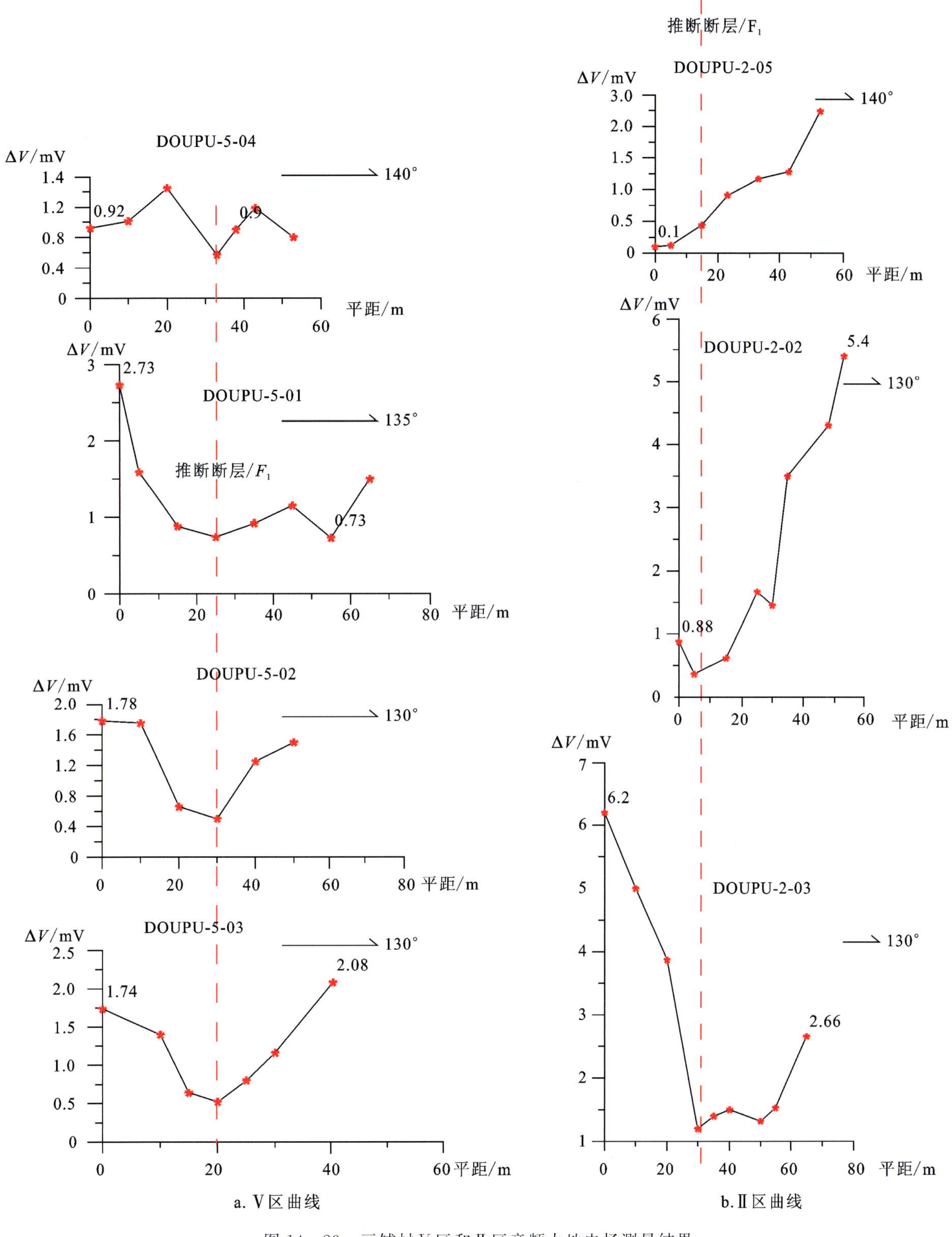

图 14-23 豆铺村Ⅴ区和Ⅱ区音频大地电场测量结果

(4)在断层形迹及产状特征清晰的情况下,可减少物探勘查工作量,根据断层的组合关系、产状及地下水水位埋深等条件,确定孔位及设计钻孔深度。

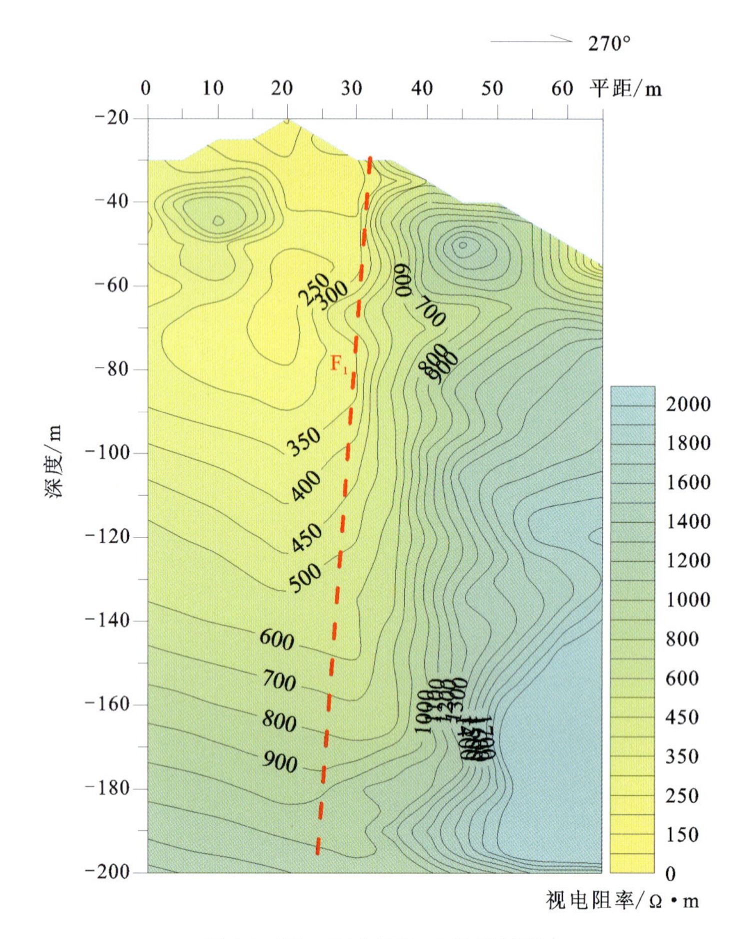

图 14-24　V区 EH-4 勘查结果

14.4　山东省沂源县石桥镇石楼村

14.4.1　工作区概况

14.4.1.1　基本情况

石桥镇位于沂源县东部，距沂源县城 20km，省道 S332、S236 横贯镇境，济青高速公路穿境而过，距沂源县东出入口 10km，张家坡出入口 7km，交通十分便利。全镇辖 29 个行政村，3.1 万人，总面积 113km^2，其中耕地面积 3 万亩。

石楼村位于石桥镇的东部，乡级公路与省道 S236 相通，交通便利。全村现有人口 2459 人，耕地 2355 亩，果树 1000 亩。石楼村供水井位于村庄中，井深 80m，单井出水量约 40m^3/h，雨季井水混浊难以直接饮用，需沉淀后才能饮用。村民用水需求无法满足，希望能用上纯净的自来水。此外，村民自筹资金在村庄周边农田内打井，用作果树灌溉水源，井深 100～150m，单井出水量 30～50m^3/h。

石楼村原名“石漏”，因在村东南 400m 处存在落水洞漏水而得名，后来按谐音改为“石楼”。为了查明石楼村一带的岩溶发育特征和水文地质条件，并兼顾解决石楼村饮水水源问题，故于村庄周边开展孔位勘查，实施探采结合孔。

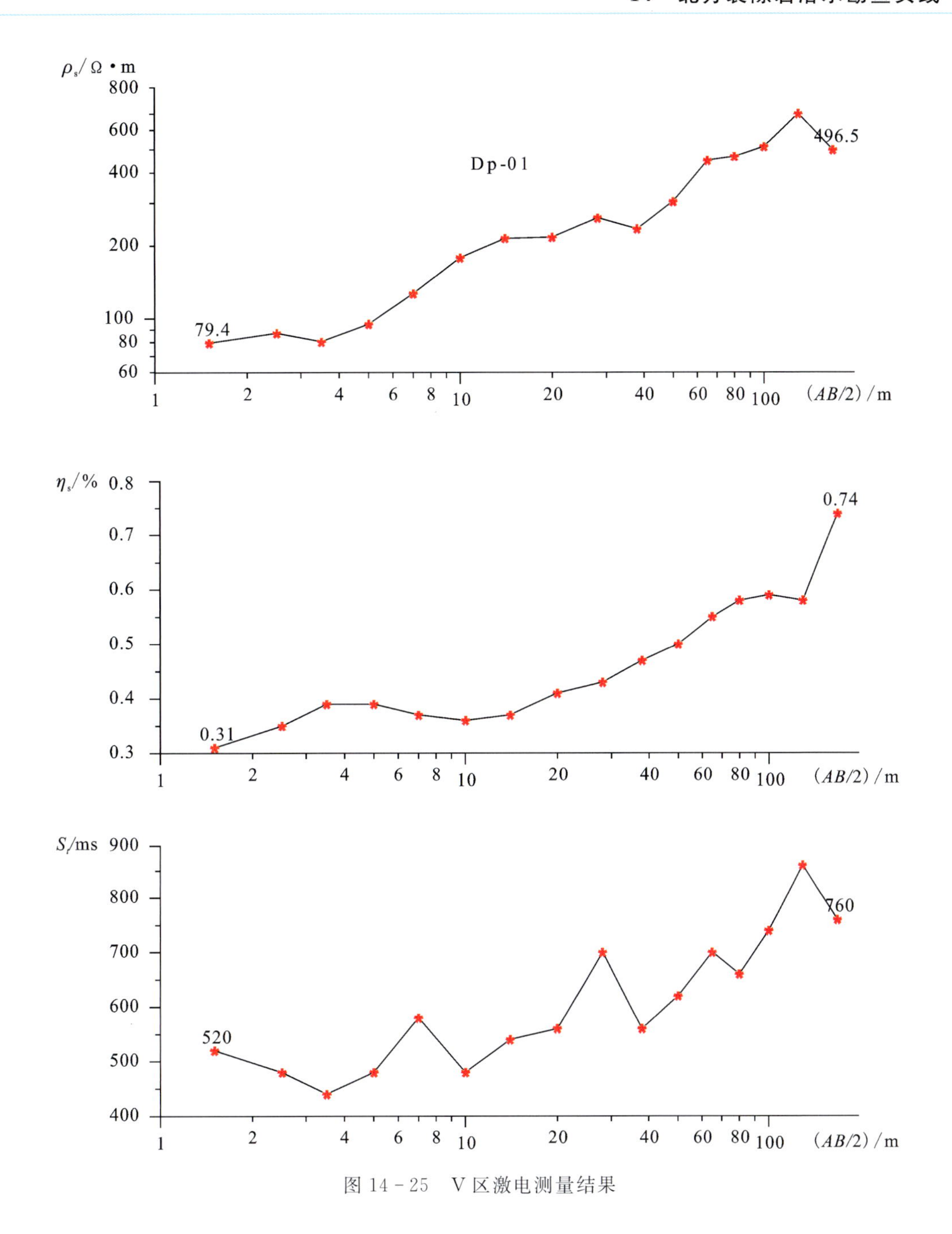

图 14-25 V 区激电测量结果

14.4.1.2 地质背景及水文地质条件

1. 地形地貌

石楼村地处构造剥蚀-溶蚀低山丘陵地貌类型区，地势东高西低，地表水从东向西流，汇入沂河。石楼村村南海拔 300～593m，中度切割，沟谷内第四系沉积，多呈"V"形，坡度下缓上陡，形成颇具特色的岱崮地貌；石楼村及其北部海拔 270～320m，地势开阔，沟谷内沉积较厚的第四系冲洪积层，多为耕地、果树。

2. 地质构造

本区位于郯庐断裂带以西约 50km，华北地台东部的鲁西地块的北部，属三级构造单元的泰沂隆起区。区域褶皱构造不发育，但断裂构造发育，大体分为3组，即北西向和北东向断裂、近南北向和北北西向断裂、近东西向断裂。根据断裂与地质体及断裂之间的相互切割关系，认为调查区断裂一般具多期活动性，在不同地质时期活动性质不尽相同。北西向和北东向断裂具共轭断裂特征，形成时间早，活动周期长，把调查区分割成多个大小不一的菱形块体，形成棋盘状构造，二者控制了基岩露头区的总体构造格局。近南北向和北北西向断裂形成稍晚于上述两组断裂，断裂力学活动为先张后压特征。近东西向断裂形成于晚白垩世，是在近东西向挤压、南北向引张的伸展机制下形成的，以控制古近纪地层沉积为特征，由早至晚活动强度减弱，至渐新世末期基本停止活动，之后被北西向或北北西向左行压扭性断裂切割。

在东里幅地质图上，石楼村附近仅有一条较大规模的断裂——龙山-西王庄断裂（F_{10}）从村庄西南1km处通过。龙山-西王庄断裂（F_{10}）南起石桥镇南部的黄安村一带，西北延出东里幅边界，在区内出露长约9km，走向从281°过渡为320°，倾向11°，倾角60°左右。断裂带宽0.5～4.5m，西部隐伏于第四系之下，发育构造角砾岩。同一地层在断裂两侧发生右行位移，错断北北西向断裂，并使其发生较小右行位移。该断裂错断九龙群、马家沟群，断裂力学性质为右行张扭。

在村北部垄岗上，调查发现多条北西向、北东向断裂，断裂宽1～3m，部分可见构造带露头，棱角状构造角砾岩发育，部分仅见地表凹槽。

3. 地层岩性

石楼一带除沟谷内第四系松散层沉积外，马家沟群出露，由下至上依次为北庵庄组、土峪岩组、五阳山组。

（1）北庵庄组（O_2b）：以灰色—深灰色中薄层微晶灰岩、厚层白云质灰岩为主，中上部夹少量白云岩及泥质白云岩，与上、下地层均呈整合接触，地层厚度为40～60m。

（2）土峪岩组（O_2t）：岩性以土黄色、紫灰色中薄层微晶白云岩为主，夹中厚层微晶灰岩、岩溶角砾岩，与上、下地层均呈整合接触，地层厚度为74～87m。

（3）五阳山组（O_2w）：岩性以灰色中厚层泥晶灰岩、云斑灰岩夹中薄层灰质白云岩为主，中下部灰岩中含燧石结核，与上、下地层均呈整合接触，地层厚度为80～110m。

4. 水文地质条件

石楼村一带基岩为中奥陶统灰岩、白云岩，岩溶发育。碳酸盐岩裂隙岩溶水赋存于溶蚀裂隙和管道中，富水性强，单井出水量可达50m^3/h。

在碳酸盐岩裸露区，大气降水沿裂隙直接补给地下水，而在河谷区，大气降水则通过第四系渗入补给地下水。地下水径流方向由北东向南西，一部分地下水于石楼东侧河谷排出地表，以地表水形式向西径流汇入沂河；另一部分地下水于石楼北侧通过溶蚀裂隙和管道，向西至小水泉排泄。

14.4.2 找水靶区确定及钻孔情况

14.4.2.1 找水靶区确定及物探成果分析

选择村北地势较为开阔，且判断岩溶发育的地段作为本次勘查重点地段开展物探勘查，确定地下水强径流带，实施探采结合孔。

物探工作在村北（高速公路以北）地形平坦、地势开阔地带展开，因多条大型高压线通过，向北1.5km有一小型变电站，故采用高密度电法、联合剖面法、激发极化法、电测深法4种直流电法开展工作。区内北东向、北西向构造发育，地形上南北向开阔，东西向受开挖高速公路人工堆积假山影响无法布线，故测线为正南北向布设。

首先，开展高密度电阻率法工作，断面表征（图 14-26）：①表层岩溶发育深度约 10m；②剖面 230～310m 段完整灰岩将南、北两侧断裂隔离开来，在断面范围内两者之间没有连通和水力联系。剖面 150～210m 段从浅部至深部呈现明显低阻特征，为断裂发育、岩溶发育表现，为地下水赋存提供了良好场所。推测南端 70～210m 范围内发育 3 条断层，F_1 断层发育深度不详，其地表出露处位于人工开挖沟渠内，沟渠过水时漏水严重，其为地表水渗漏、地下水向主管道径流的通道；F_1 断裂和 F_2 断裂夹持区块岩石破碎、岩溶发育；F_2 断裂和 F_3 断裂交切关系不明，两者之间地层岩石破碎程度、岩溶发育程度稍逊于 F_1 断裂和 F_2 断裂夹持区块。北侧 F_4 断裂发育位置主要岩溶发育段应在 80m 以深部位，其已超出项目图幅范围。

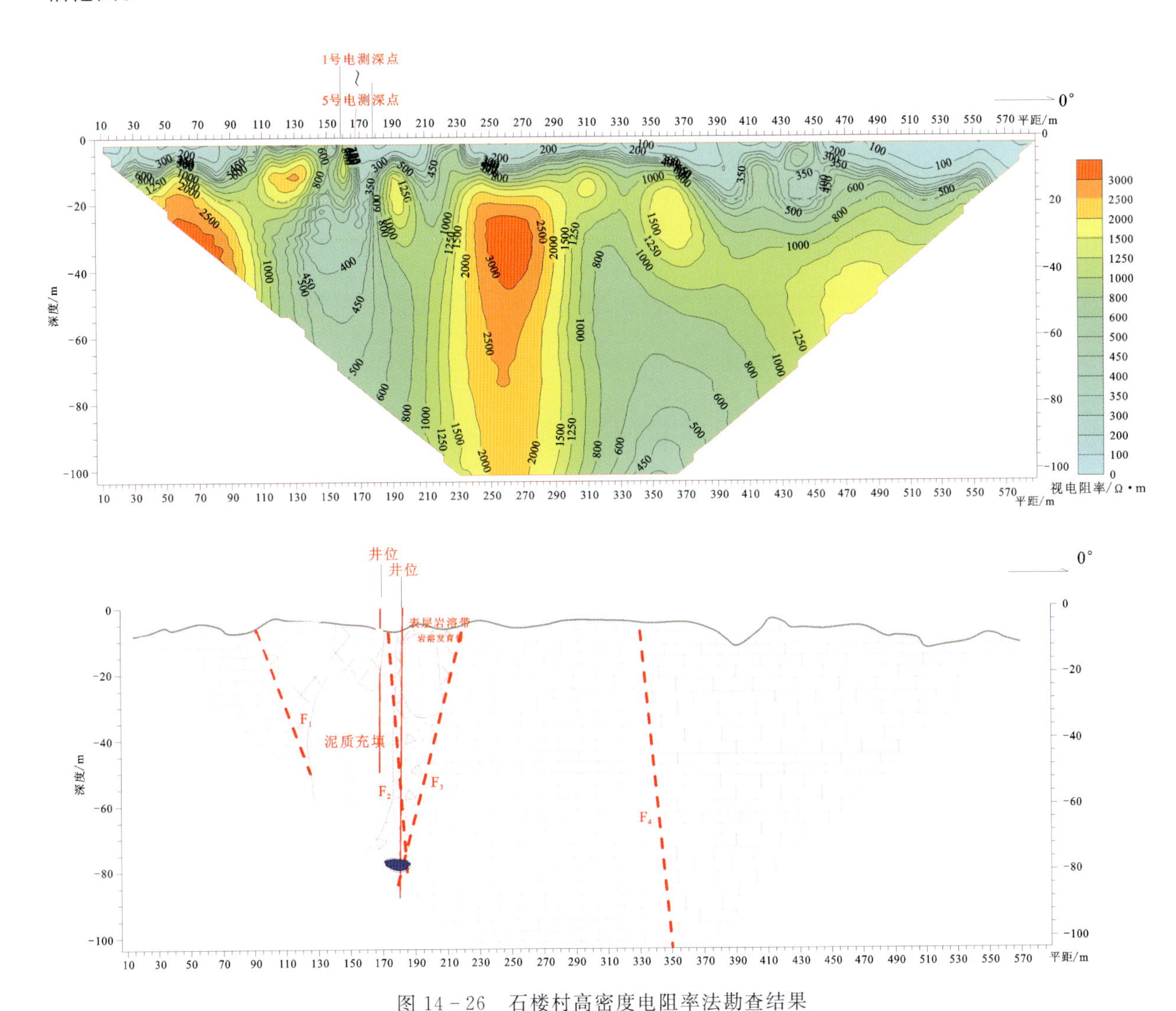

图 14-26 石楼村高密度电阻率法勘查结果

为了解高密度电阻率法剖面南侧岩溶发育部位的富水情况，于高密度电阻率法Ⅰ线 168m 处开展激电测深（图 14-27）。由视电阻率曲线可知，区域地下水水位对应 $AB=38$m 左右，实际水位为 30～38m；水位之下，除 80m$<AB/2<$100m 范围岩石较完整外，其余深度段岩溶发育，应有泥质充填。由于邻近有 3 组大型高压线，视极化率和半衰时曲线形态受到影响，随 $AB/2$ 增大呈现 45°上升的趋势，不能准确反映储水构造的富水信息。

因测线所揭示的构造位置距离高压线较近，不能满足钻机安全施工距离要求，受场地条件限制，在高密度电阻率法测线西侧约 15m 处布设联合剖面法Ⅰ线（图 14-28），为追索 F_2 断层走向，同时为下一

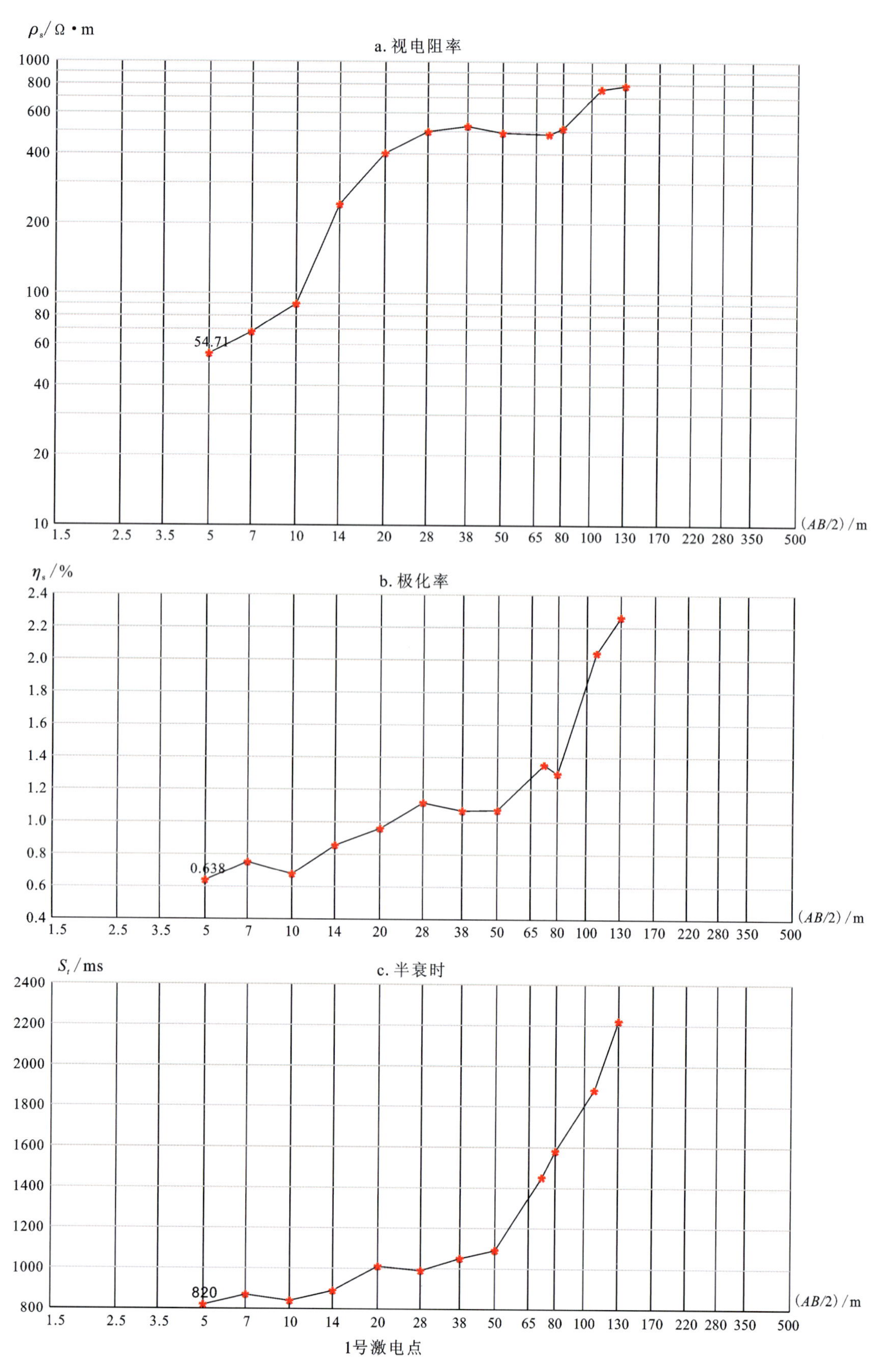

图 14-27 石楼村联合剖面法Ⅰ线1号激电点激电曲线

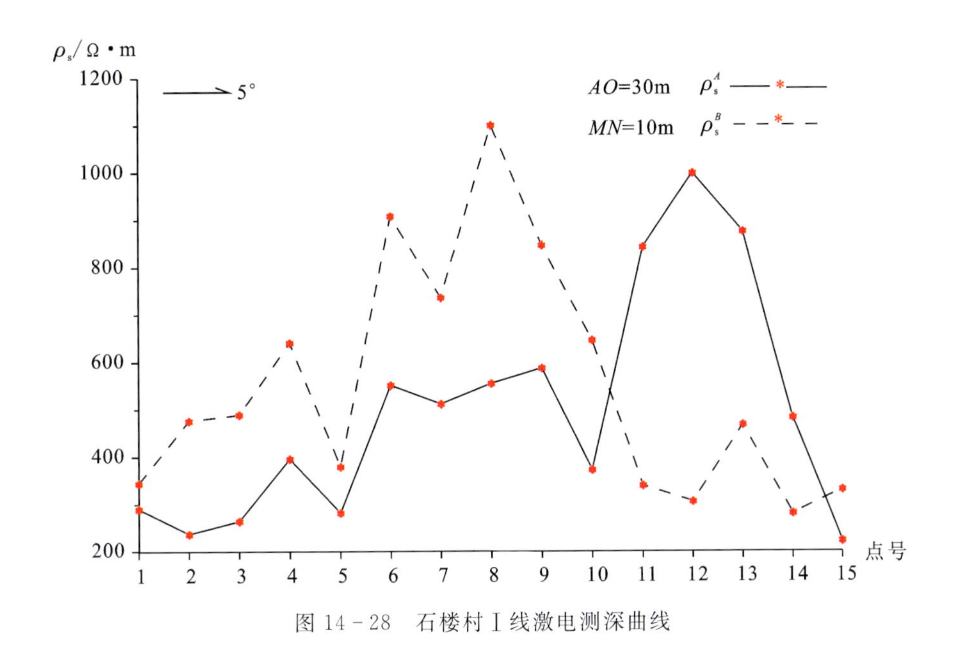

图 14－28 石楼村Ⅰ线激电测深曲线

步开展工作提供位置。联剖 14 号点与 15 号点间出现 ρ_s^A 和 ρ_s^B 曲线低阻正交点，分析正交点与高密度电阻率法断面南侧低阻带的位置，可判别断层 F_2 走向为近东西向。

因激电参数受高压线干扰参考价值有限，故随后采用电测深法进一步了解联合剖面低阻正交点附近垂向岩溶发育情况，于正交点处(相当于高密度电阻率法剖面 168m，3 号电测深点，图 14－29a)、正交点北(相当于高密度电阻率法剖面 178m，4 号电测深点，图 14－29b)、正交点南(相当于高密度剖面 158m，5 号电测深点，图 14－29c)各相距 10m 位置进行电测深工作。3 个测深点视电阻率曲线反映出几个点位处水位之下岩溶均为发育，岩溶发育强度从弱至强点位依次为 4 号→3 号→5 号。

14.4.2.2 井位确定及钻孔情况

井位定于岩溶发育中等的 3 号电测深点处，采用潜孔锤钻进方式，进尺 50m，因岩溶发育、泥质充填严重，无法继续钻进。故井位移至岩溶发育强度较弱的 4 号点处，钻孔深度 90m。开孔为奥陶系北庵庄组灰岩，3～6m 遇干燥黏土充填的溶洞；54～72m 为潮湿黏土夹砂土充填溶洞；钻进 71m 左右开始出水，后逐渐增大。该结果与 3 号测深点揭示的视电阻率变化规律一致。

钻孔静止水位埋深 33.20m，成井后进行了 3 个落程的抽水试验，结果为：①降深 4.89m 时，涌水量 1 084.8m^3/d；②降深 2.75m 时，涌水量 885.6m^3/d；③降深 1.67m 时，涌水量 542.4m^3/d。水质分析结果表明，该井地下水 TDS 含量为 616mg/L，pH 为 7.24，检出项目达到国家生活饮用水卫生标准，水质良好。

14.4.3 认识与总结

(1)沂蒙山区奥陶系碳酸盐岩可溶程度高、厚度大，属连续型层组类型，为岩溶发育提供了良好的岩性基础；本区靠近郯庐断裂带，褶皱不发育，断裂构造发育，极大地增强了地下水的溶蚀作用，促进了岩溶发育；本区属于中低山区，地下水补给区、排泄区的地势高差较大，且年均降水量接近 800mm，为岩溶发育提供了水源和水动力条件。所以，沂蒙山区岩溶发育程度高，岩溶大泉众多，岩溶形态各异，甚至岩溶洞穴、竖井亦有发育。

(2)岩溶发育区井位的确定注重分析物探测量断面特征，判断岩溶洞穴是否被黏土充填。在黏土充填的情况下，不仅增大了施工难度，还可能面临无水的局面。因此，可通过多种物探方法测量，结合地质分析以确定合适的孔位。

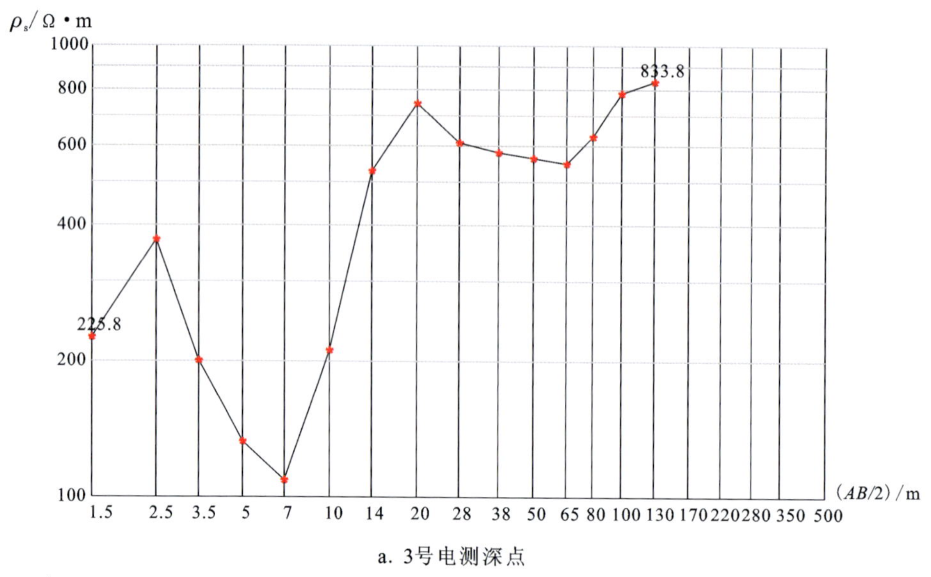

a. 3号电测深点

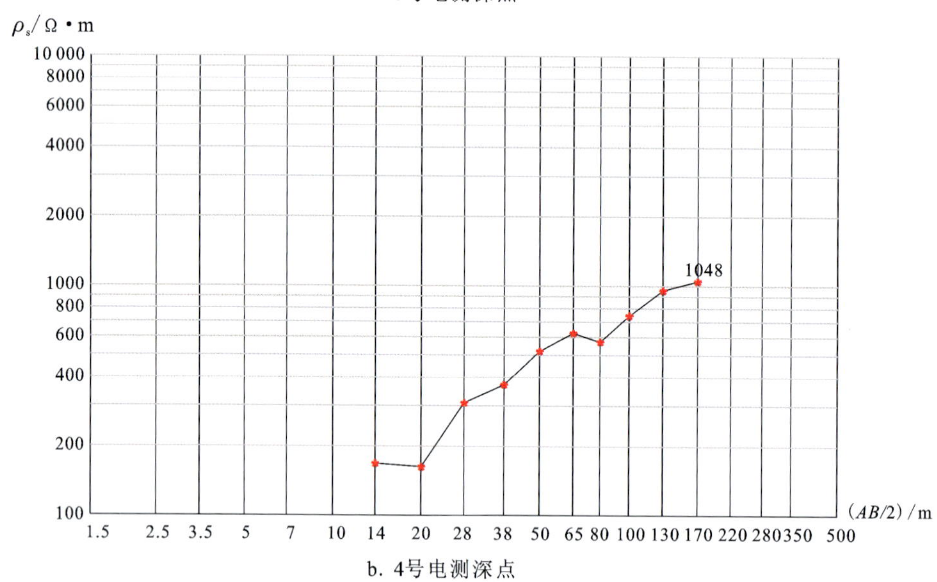

b. 4号电测深点

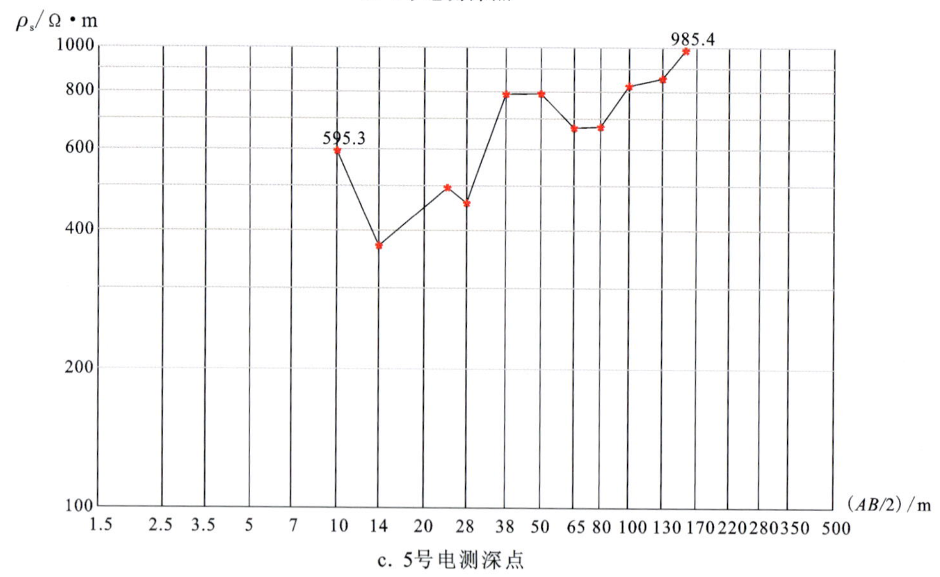

c. 5号电测深点

图 14-29　石楼村 3～5 号测深点激电测深曲线

15 碎屑岩孔隙裂隙水勘查实践

15.1 山东省沂水县马站镇石家庄村

15.1.1 工作区概况

15.1.1.1 基本情况

马站镇位于沂水县最北端，沂山南麓，沭河源头，距沂水县城 34km，省道 S329、S227 呈“十”字形穿越镇内，国道 G22、G25 高速交会于此。全镇辖 66 个行政村，人口 6.9 万，总面积 133.1km²，是山东省人民政府首批命名的中心镇。

石家庄村距镇政府所在地不足 1km，现有人口 384 人，果树 600 亩，耕地 673 亩，大牲畜 50 头。村庄于 2014 年在村庄西打了一眼供水井，井深 60m，出水量 10m³/h，旱季时有所减少。该井既为饮水井，又可作为灌溉井。此外，村民自费在村庄周边打井 10 多眼，井深 60～100m，近一半为干孔，另一半出水量为 2～5m³/h。据调查，村民认为村庄的西北和西部地下水较丰富，可以成井，已有水井也集中在这一带，而村庄南部无水，多次打井均为干孔。石家庄村耕地多集中在南部，原规划建蔬菜大棚由于缺水原因而搁置。缺水问题不仅影响了村民致富，也对生活水平的提高造成了一定影响。

为了解马站幅沂沭断裂带内白垩系碎屑岩地层的水文地质特征和富水性，结合困扰石家庄村南部的规划用水和饮水不安全问题，选择村庄南部作为重点勘查区开展物探工作，实施探采结合孔。

15.1.1.2 地质背景及水文地质条件

1. 地形地貌

石家庄村位于马站中生代断陷盆地内。断陷盆地呈北北东—北东向展布，海拔 200～265m，相对高差一般小于 50m，平坦开阔，局部形成缓丘，为农田耕地和村庄。村庄总体地势北高南低、西高东低，地表水先由西向东径流，汇入马站河后向南径流。村庄周边无常年性地表水。

2. 地质构造

本区位于鲁西台背斜东缘，跨越了鲁中隆断区和沂沭断裂带两个二级构造单元。沂沭断裂带的鄌郚-葛沟断裂于东部穿过，其西部为泰沂隆断之沂山穹断，东部为马站凹陷。经历了漫长的地质历史，多期构造变形留下了丰富的构造形迹。基底发育 4 期褶皱变形和 2 期韧性剪切带。沂沭断裂的长期活动形成了复杂的断裂结构，伴随沂沭断裂带的活动，区内盖层中还形成了 3 期褶皱以及北北东、北东东、北西、北西西及东西等方向的脆性断裂。

石家庄村位于沂沭断裂带内，距西侧边界(鄌郚-葛沟断裂)约 4km。鄌郚-葛沟断裂为主干断裂，北西向、北东向次生断裂发育，由于勘查区第四系覆盖，在地表无构造形迹显示。

3. 地层岩性

石家庄村位于沂沭断裂带内，沉积了巨厚的中生界白垩系，零星分布新生代新近纪玄武岩(新近系牛山组)，而村庄南部及东部地表被第四系覆盖。

(1)白垩系马朗沟组(K_1m)：该组总体呈北东向带状展布，厚度大，成分复杂，总体以灰色、灰紫色、紫红色中厚层不等粒岩屑长石砂岩与含砾粗粒岩屑砂岩不均匀互层为主，夹凝灰质砂岩和粉砂岩。该组厚628m。

(2)白垩系田家楼组(K_1t)：呈北东向带状展布，厚度大，岩性组合多样，总体以细碎屑岩为特征。自下而上可分为3个部分：下部褐灰色至紫灰色中薄层含砾砂岩与中粗粒砂岩不均匀互层，夹钙质泥岩和粉砂岩；中部为青灰色薄层中细粒长石砂岩、粉砂岩、泥岩不均匀互层，夹多层灰色薄层泥质泥晶灰岩；上部为灰紫色中厚层砂岩与泥岩不均匀互层，向上出现砾岩和含砾砂岩夹层。该层厚1 247.4m。

(3)山前组(Qs)：广泛分布于村南和村东，属残坡积物。该组为灰黄色、红棕色含砾砂质黏土、黏土质粉砂、含砾砂、砂砾层，厚度为几十厘米至几米。

4. 水文地质条件

区内地下水类型为孔隙裂隙水，赋存于碎屑岩裂隙和颗粒间孔隙中。从以往成井情况看，白垩系碎屑岩富水性不均匀，且差异大，从干孔至出水量$15m^3/h$，表明地下水主要赋存于裂隙中，而孔隙中水量微弱；地下水主要存在于浅部，一般小于100m，越往深部径流越弱，富水性越差。白垩系碎屑岩孔隙裂隙含水岩组富水性为弱—中等。

地下水补给来源包括大气降水入渗补给和上游地下水径流补给，由西向东径流，断裂构造带往往成为地下水强径流带和相对富集带。能否确定富水断裂带是成井与否的关键。地下水排泄包括人工开采、向下游径流排泄和少量的蒸发排泄。地下水水位埋深为3～10m，动态对大气降水响应快，变化基本一致。受岩性条件限制，地下水径流及循环相对滞缓，TDS含量为490mg/L。

15.1.2 找水靶区确定及钻孔情况

15.1.2.1 找水靶区确定及物探成果分析

白垩系田家楼组(K_1t)碎屑岩水文地质条件和富水程度是本次工作需要查明的重点。同时，结合解决石家庄村用水需求的目标，选择村庄南部作为重点勘查区开展物探工作(图15-1)，查明构造发育特征和岩相变化，确定探采结合孔位。石家庄村村南地形平坦、地势开阔，邻近多条电力线，考虑地下水水位埋深和钻孔深度，选择高密度电阻率法和激电测深法组合开展工作。

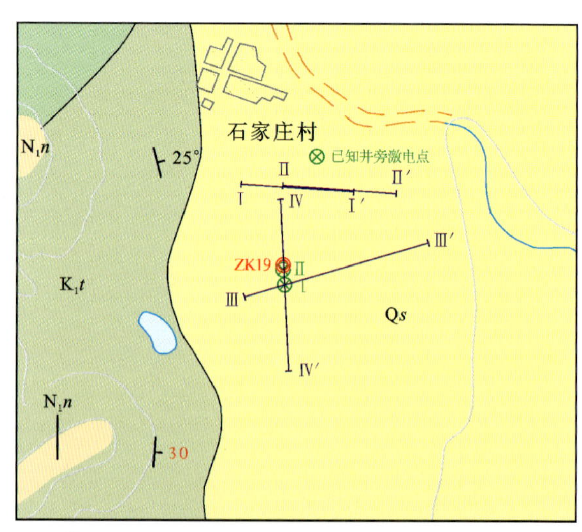

图15-1 石家庄村物探工作布置示意图

石家庄村村西南供水井，井深为60m，出水量为$10m^3/h$。为获得石家庄村湖相沉积火山碎屑岩地区储水构造的激电响应特征，在已有井旁开展了激电测深试验(图15-2)。

据了解井位由大地电场法测量结果确定，主要出水段埋深为20～45m，且有裂隙发育。由图15-2可见，出水段视电阻率曲线并无明显异常，表明裂

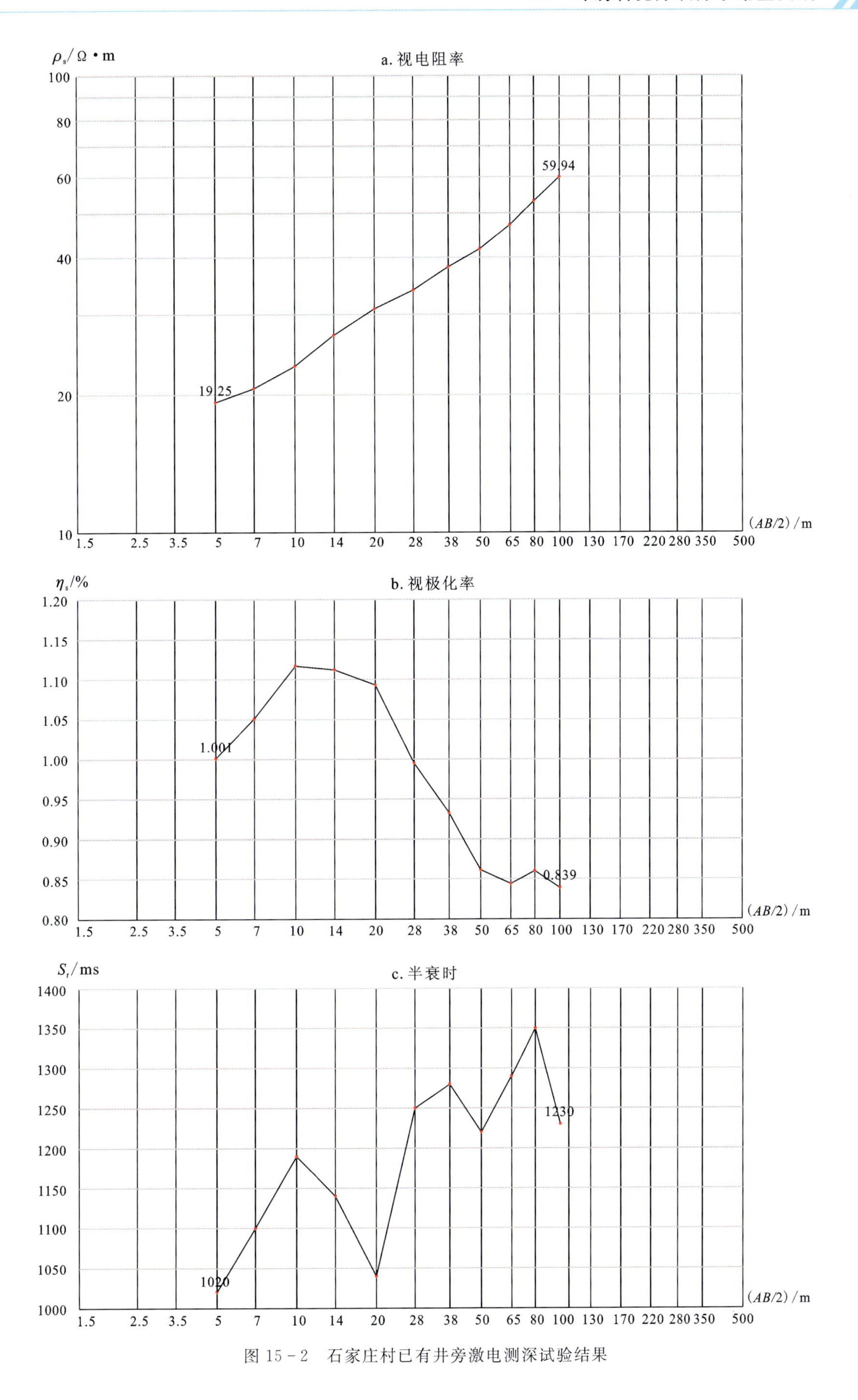

图 15-2 石家庄村已有井旁激电测深试验结果

隙发育段岩石与完整岩石的视电阻率值差异较小；视极化率曲线呈现低值特征，而半衰时曲线则呈现明显高值特征。

据此，结合工作区岩性条件推测，石家庄村储水构造的地质条件和电性特征为：①断裂构造发育带，断裂发育于呈高阻特征的砂岩中，即找水方向为高阻中找低阻；②断裂带与围岩的电性差异小；③断裂带的激电响应特征为高视极化率和高半衰时，或为低视极化率和高半衰时。

因工作区地表无构造形迹，故为确定宜井位置，首先近东西向布设一条高密度电阻率法测线(图 15－3)。图 15－3反映出：①剖面 150m 和 400m 位置发育疑似断裂；②基本以埋深 30m 为界，深部岩石的视电阻率值高于浅部岩石的视电阻率值，岩性应为砂岩夹泥岩，浅部岩石的视电阻率值偏低，岩性应为凝灰质砂岩或泥岩；剖面 110～650m 埋深小于 30m 范围内视电阻率值横向不均匀，应是浅层岩性不均一、变化较大的反映。

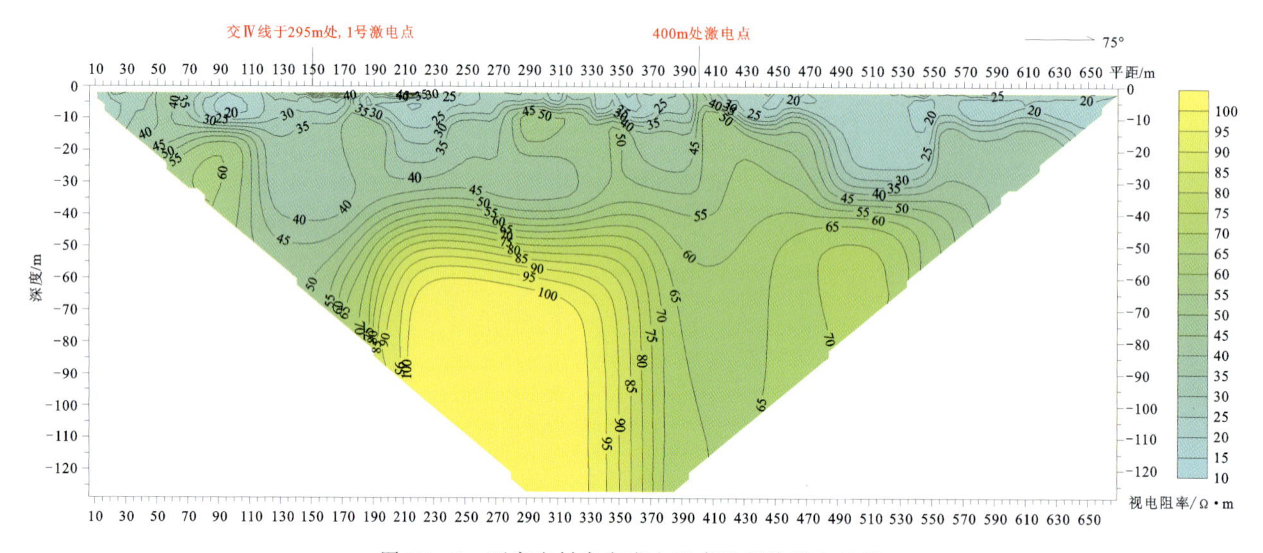

图 15－3　石家庄村高密度电阻率法Ⅲ线勘查结果

两处疑似断层发育位置的激电测深曲线揭示(图 15－4、图 15－5)，1 号激电点符合富水储水构造的激电响应特征，即低视极化率和高半衰时；而高密度Ⅲ线 400m 处激电点在$(AB/2)<28$m 为高半衰时，但此深度高密度结果揭示岩性条件不佳，希望出水段即 $28\text{m}<(AB/2)<50\text{m}$ 为低半衰时，故推测该处地层富水程度差。

为进一步验证高密度Ⅲ线 150m 处疑似断裂构造的空间形态，与Ⅲ线近垂直布设高密度Ⅳ线，疑似断裂位置在测线中心部位(图 15－6)。

由图 15－6 可知，测线范围内，浅部地层岩性较均一，视电阻率值较低与应岩石风化、岩性或二者均有关；剖面 230～360m 范围、埋深 35m 以深不太明显的低阻区推测为断层构造带及其影响带，岩石裂隙较发育；高密度Ⅲ线和Ⅳ线结果均不能较明确地反映出该断层的倾向，但从两者表征出的断层宽度可推知 F_{11} 断层走向与高密度Ⅳ线交角较小，应为近南北向。

因 1 号激电点处邻近墓地，故避开且选择村公共土地所有权处即高密度Ⅳ线 240m 开展激电测深工作(图 15－7)。由图 15－7 可知，2 号激电点处除却 $AB/2$ 为 28m 和 38m 处为低半衰时，$AB/2$ 为 50m、65m、100m 和浅部均为高半衰时特征，认为 $AB/2$ 为 50～80m 段是主要富水段。该类地区水位浅、岩性条件差，在埋深 50m 至 60m 揭露储水构造认为最佳。

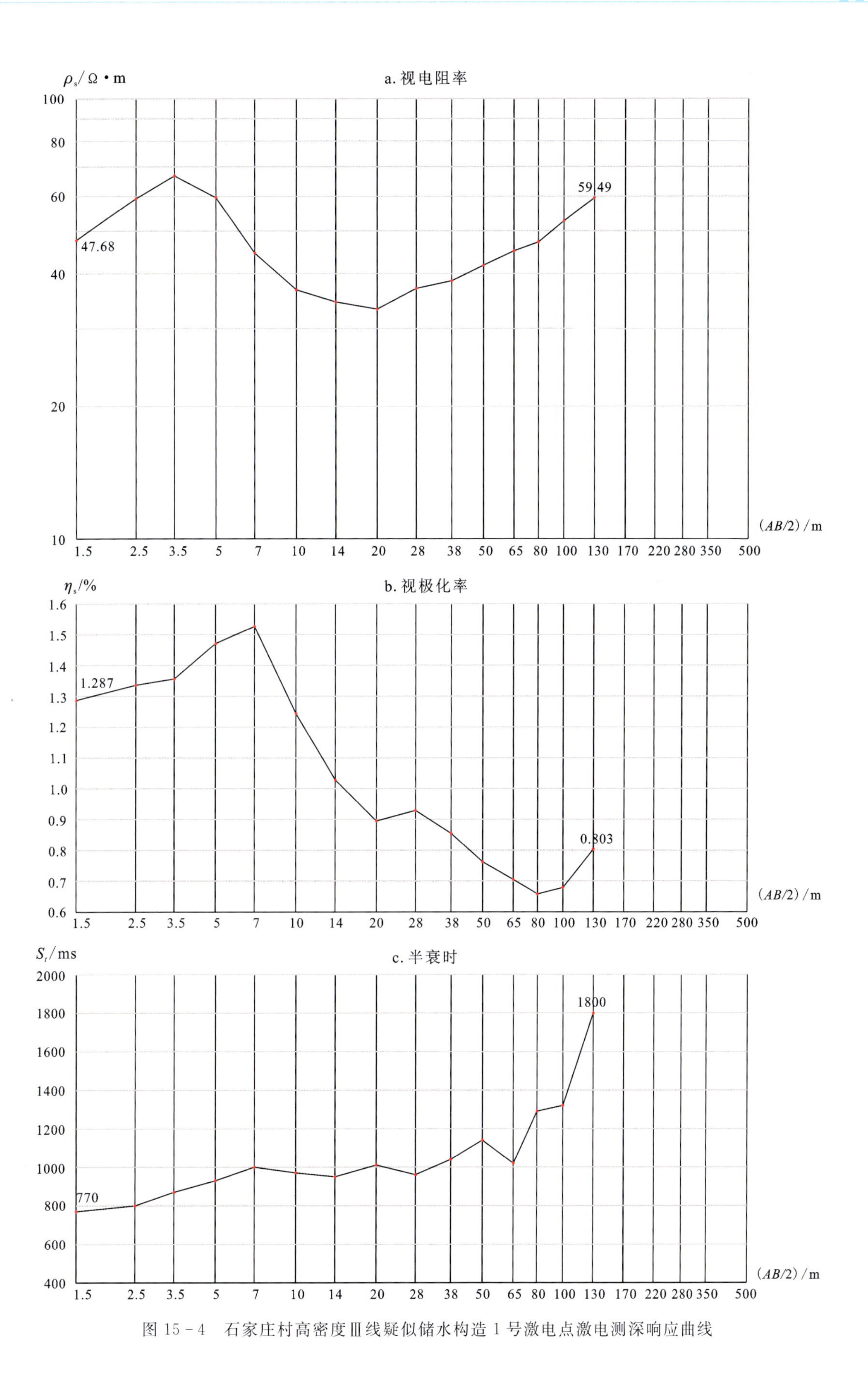

图 15-4 石家庄村高密度Ⅲ线疑似储水构造1号激电点激电测深响应曲线

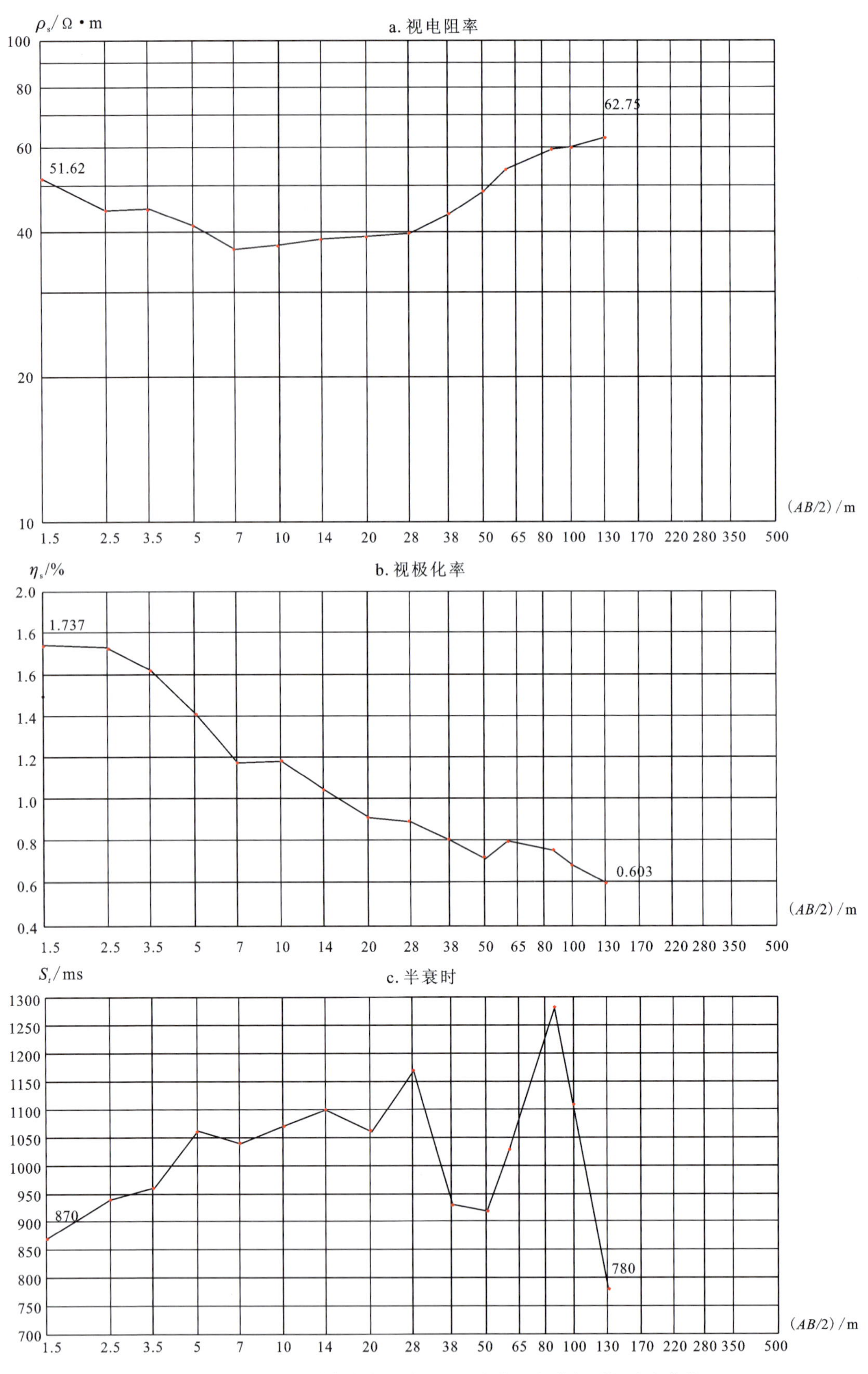

图 15-5　石家庄村高密度Ⅲ线 400m 处激电点激电测深响应曲线

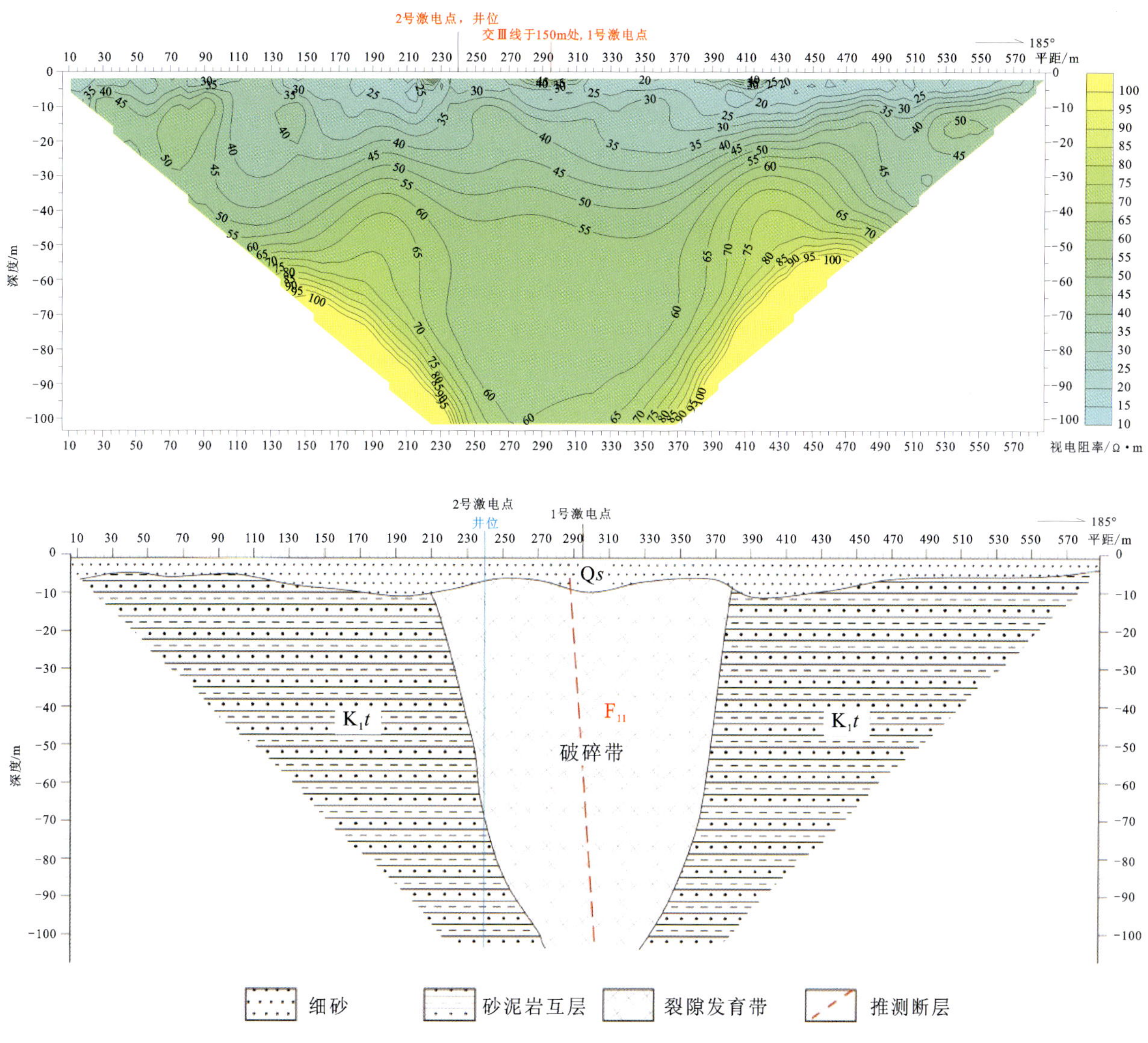

图 15-6　石家庄村高密度电阻率法Ⅳ线勘查结果

15.1.2.2　钻孔情况

钻孔孔深 100m 采用潜孔锤钻进；含水层主要为 62.0～75.0m 细粒砂岩，岩石破碎，水量明显增大。

钻孔静止水位埋深为 3.42m，抽水试验结果显示：①降深 24.78m 时，涌水量 482.4m^3/d；②降深 10.1m 时，涌水量 220.8m^3/d；③降深 4.27m 时，涌水量 115.2m^3/d。经水质测试分析，TDS 含量为 13.75mg/L，pH 为 7.6，均达到国家生活饮用水卫生标准，水质良好。

15.1.3　认识与总结

(1)工作区郦部-葛沟断裂的派生断裂发育，且力学性质为张性，有利于地下水的富集。

(2)白垩系田家楼组(K_1t)碎屑岩砂砾岩厚度较大，工作区构造活动强烈，利于形成构造裂隙，构造裂隙尤其是断层发育带为孔隙裂隙水的主要赋存空间。

(3)工作区砂砾岩构造裂隙储水构造呈现高视电阻率、低视极化率和高半衰时的特征。已有井旁的激电测深工作为本次定井成功指明了方向。

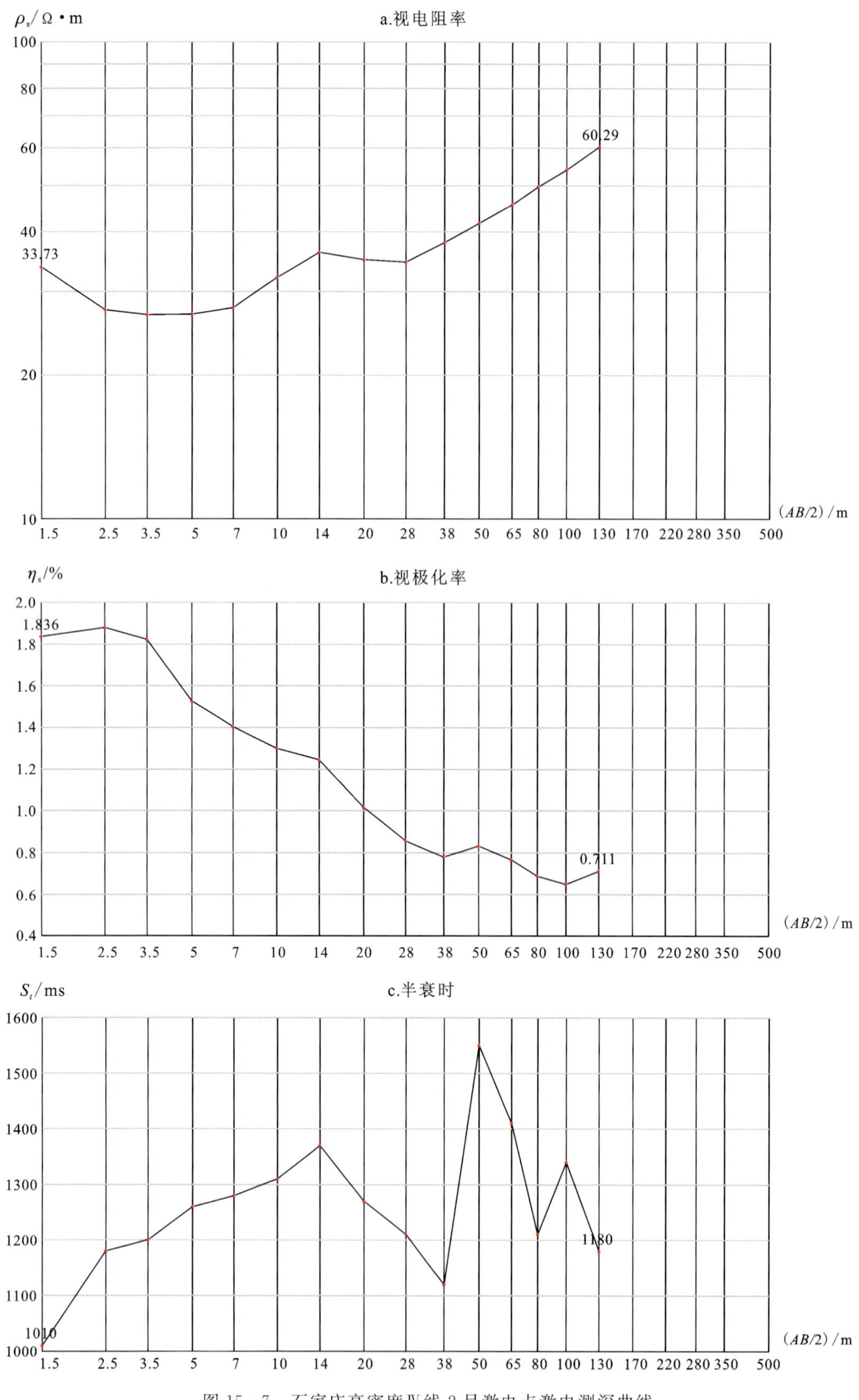

图 15-7　石家庄高密度Ⅳ线2号激电点激电测深曲线

15.2 山东省沂水县沙沟镇四官旺村

15.2.1 工作区概况

15.2.1.1 基本情况

沙沟镇位于沂水县最北端,沂山南麓,沭河源头,距沂水县城34km,处在临沂、维坊、淄博三市交界处。全镇共辖66个行政村,2.1万户,6.5万口人,总面积218km^2,耕地面积8.3万亩。沙沟镇区位和交通优势明显,省道S229贯穿全镇东西,G25高速在东部纵横南北穿过,G22高速在南部东西向穿越,距济青高速公路南线出口仅12km,并已实现村村通公路。

四官旺村有乡级公路与沙沟镇和省道S229相通,现有人口384人、果树600亩、耕地673亩、大牲畜50头。由于水源贫乏,四官旺村未实行集中供水,多数为自费打井,井深50~100m,单井出水量2~3m^3/h,多数井为干井。有些户多次打井,多者达3~5眼,不仅费时费力,而且造成了较大的经济浪费。村西500m有一小水库,原来部分村民从水库引水,但近年来水质受到了污染,已逐渐放弃引水,仅用作灌溉用水。

该村主要位于白垩系碎屑岩上,地下水富水性弱,水供需矛盾十分突出,不仅阻碍了村民致富,而且影响了当地群众的生活。为了查明白垩系青山群八亩地组(K_1b)地下水的赋存运移特征及富水程度,同时结合四官旺村供水需求,开展井位勘查,实施探采结合孔。

15.2.1.2 地质背景及水文地质条件

1. 地形地貌

四官旺村处于两种不同地貌类型之分界,分界线呈北东向,其北西为构造剥蚀丘陵,而南东则为马站断陷盆地。

低山丘陵为花岗岩区,海拔251~330m,轻度切割,多为浑圆状缓岗垄丘,冲沟发育;马站断裂盆地分布于沂沭断裂带内,为中生代断陷盆地,呈北北东—北东向展布,海拔200~270m,较为平坦开阔,局部形成缓丘,开垦为农田耕地。

四官旺村总体地势西高东低、北高南低,村庄周边地表水不发育,仅有季节性水流。

2. 地质构造

四官旺位于沂沭断裂带的西侧边界上,村庄附近有2条断裂通过,其中北北东向的鄌郚-葛沟断裂为主干断裂,而北北西向断裂为其次生断裂。

鄌郚-葛沟断裂:该断裂从四官旺村西北边缘通过,为沂沭断裂带最西侧主干断裂,是划分鲁西台地沂山穹断和马站盆地的分界断裂。该断裂北起吕家西山北侧,向南经大水场、上窑、四官旺、越沂河后,经荷花池、杨家坪、南门楼西等地,向南被第四系覆盖,斜贯马站幅范围,总体延伸方向25°。由于断裂经历了多期活动,各期活动的力学性质不同,方位亦有所差异,且前期活动的形迹被后期火山-沉积地层覆盖或部分覆盖,各地段表现很不一般。在四官旺地段其变形特征为:断裂走向35°,总体向南东东陡倾(70°~85°),局部向北西西陡倾(70°)。断裂北西盘为中粒黑云二长片麻岩,南东东盘为白垩系青山群八亩地组(K_1b)火山碎屑岩;断裂破碎带宽50~100m不等,黑云二长片麻岩呈碎裂化,并已固结,构造透镜体发育。断裂的构造活动特征显示:最早活动为固结的构造透镜体带反映的左行压扭性,然后为张性角砾岩反映的张性活动，随着张性活动进行，接受了白垩纪安山质角砾集块岩沉积，随着白垩纪地层岩石的固化，发生了一系列以压为主的左行压扭活动，形成一系列碎裂岩和构造透镜体带；此后，受到近南北向的挤压作用，发生两组断裂，基性岩浆随着该裂隙上升，形成辉绿玢岩墙，喷发到地表，覆盖在以前形成的变质岩系、中生代地层及构造破碎带之上，则形成新近系牛山组（N_1n）；最后一次活动是在近东西向挤压应力作用下，玄武岩层发生破裂并错动。

北北西向断裂：从村庄东侧边缘经过，北到主干断裂。断裂长 1.2km，走向 350°，倾向北东东，倾角 75°。断裂基本沿冲沟发育，露头不好，推测力学性质为张性。

3. 地层岩性

以郚部-葛沟断裂为界，西北为古老的基底地层，东南则为中生界地层。

（1）元古宙傲徕山超单元：岩性主要为中粗粒含黑云二长花岗岩，岩石呈浅灰色，中—粗粒花岗变晶结构，片麻状构造，总体呈北北东向岩基或岩株产出，亦有呈岩枝、岩脉状者。

（2）白垩系八亩地组（K_1b）：岩性主要系一套紫红色安山质火山碎屑熔岩、碎屑岩，呈北窄南宽之北北东向带状展布在马站断陷盆地之中。该层厚 3 118.7m。

（3）新近系牛山组（N_1n）：一套溢流相的碱性玄武岩流，气孔杏仁状与块状碱性橄榄玄武岩，二者交互出现，是多次喷发溢流的结果。该层厚 73.5～289.9m。

（4）山前组（Qs）：广泛分布于山前的残坡积物。该组为灰黄色、红棕色含砾砂质黏土、黏土质粉砂、含砾砂、砂砾层，厚度几十厘米到几米。

（5）第四系：岩性为砂质黏土、粉砂土及含砾砂层，厚度一般小于 10m。

4. 水文地质条件

区内地下水分区同样以郚部-葛沟断裂为界：北西侧地下水赋存于花岗岩表层风化裂隙和构造裂隙中，地下水类型为裂隙水；南东侧地下水存在于碎屑岩裂隙和颗粒间孔隙中，为孔隙裂隙水。

花岗岩块状裂隙水：地下水以接受大气降水入渗补给为主，受地形控制，由高向低处径流，各类裂隙成为径流通道。受裂隙发育特征控制，补给水以浅径流为主，水循环交替迅速，动态与降水基本一致。

碎屑岩类孔隙裂隙水：地下水补给包括大气降水入渗和花岗岩块状裂隙水的径流补给，总体上由北向南径流，在岩性条件好及构造发育处形成相对富水的地带；受岩性及地下水补给条件的控制，富水程度弱—中等。

本区地下水水位普遍较浅，无论裂隙水还是孔隙裂隙水，地下水埋深 5～10m，与地表水及大气降水联系密切。

15.2.2 找水靶区确定及钻孔情况

15.2.2.1 找水靶区确定及物探成果分析

碎屑岩孔隙裂隙水是本次工作需要查明的重点，也是四官旺村供水水源的目标。因此，选择村庄东部及南部作为重点勘查区，开展物探工作，查明构造发育特征和岩相变化，确定探采结合孔位。

四官旺村小井遍布，每家平均打井 3～4 眼，用于饮用和灌溉，干孔者十之有八。通过调查走访发现，白垩系碎屑岩出水井距离郚部-葛沟断裂较远，均位于南北向村村通乡村公路的东侧，西侧均未成井，多在地势低洼处开挖大口井以获取浅层水，浇地尚可，但不适宜饮用。东侧干孔占十之有六，井眼出水段多数在 20～50m 间，打到裂隙便有水，打到灰色岩石无水，打到紫色或浅色岩石有水。经查证，灰色岩石为凝灰岩，而紫色或浅色岩石为安山质角砾岩和集块岩。

分析以上信息得出结论：角砾岩和集块岩地层在裂隙发育部位才具富水的可能性，基于此，物探工作的目的是寻找岩性条件好且构造发育地段。考虑地下水水位、钻孔深度、工作区地形条件、电磁干扰程度等因素，采用高密度电法和激电测深法开展地球物理勘查工作(图 15－8)。

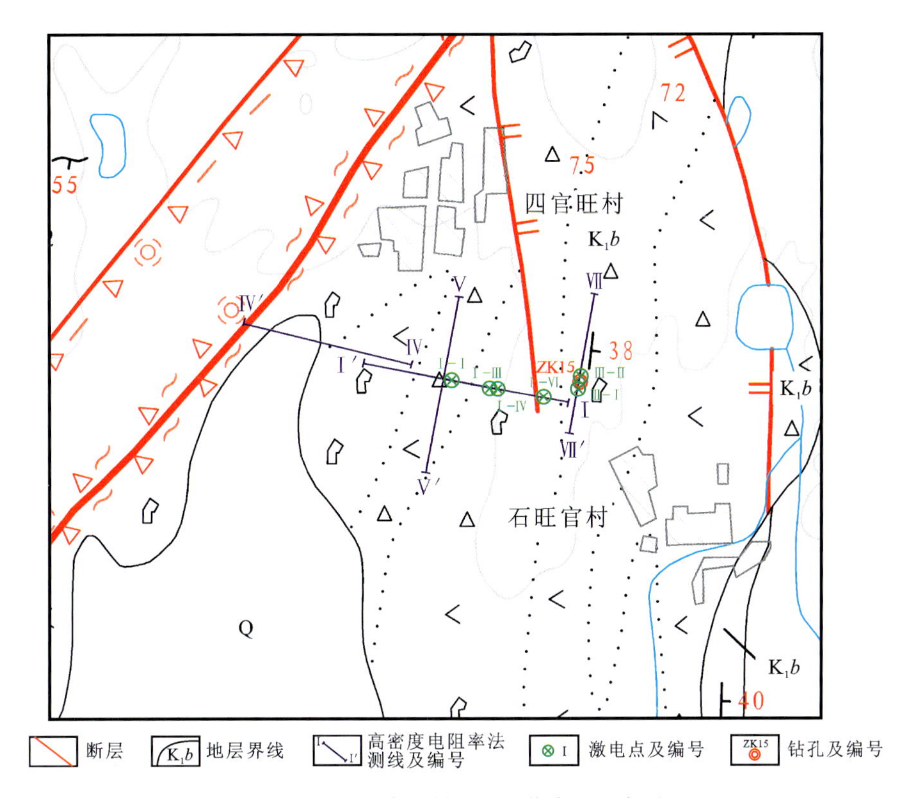

图 15－8 四官旺村物探工作布置示意图

穿过四官旺村已有井位横穿南北向乡村公路布设高密度Ⅰ线和Ⅳ线，以调查四官旺村的地层结构和查证钻孔成井率差异的缘由。

由图 15－9 和图 15－10 可知：Ⅰ线高阻体视电阻率为 150～300Ω・m，是角砾岩的电性表征；在勘探深度范围内，Ⅰ线尾端(250～380m)和Ⅳ线视电阻率值一般小于 60Ω・m，局部甚至小于 20Ω・m，说明地层岩性主要为凝灰岩夹角砾岩，该段低阻条带刚好分布于南北向乡村公路的西侧。因而，南北向公路西侧打井不成功的原因主要与岩性有关。

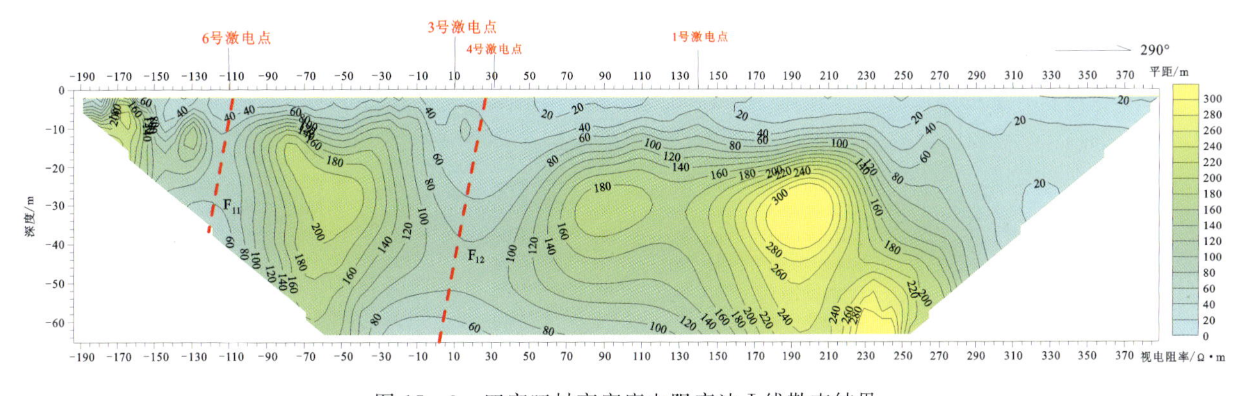

图 15－9 四官旺村高密度电阻率法Ⅰ线勘查结果

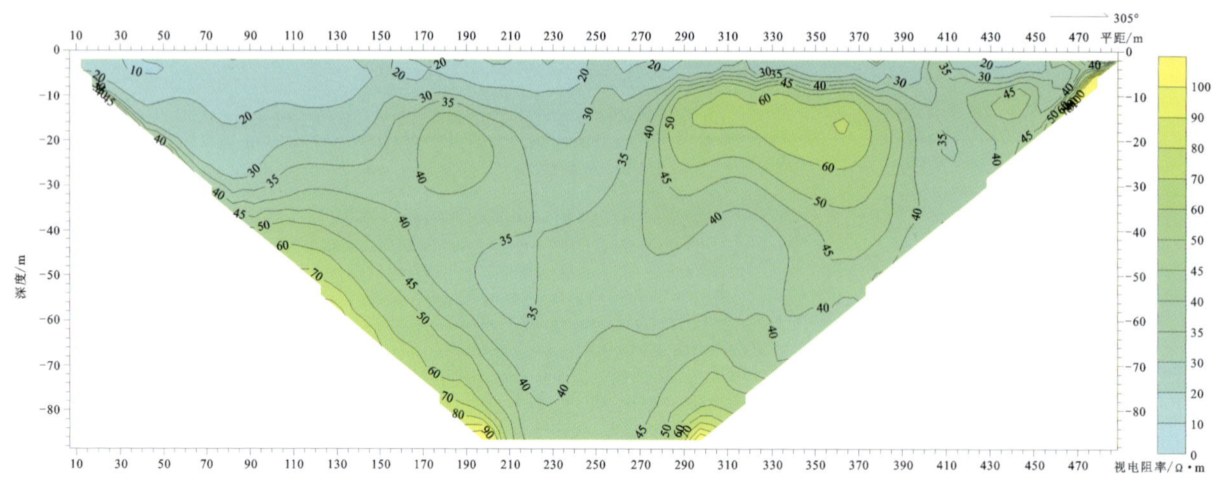

图 15－10　四官旺村高密度电阻率法Ⅳ线勘查结果

推断Ⅰ线 110m、30m 左右有疑似断层发育，其中剖面 30m 位置断层(F_{12})带宽约 40m，倾向东，视其地表位置应为 1∶5 万地质图上的北北西向断层。高密度Ⅰ线 140m 位置对应村民自家井位处，井深 50m，主要出水深度为 30m 左右。为了解四官旺村出水井的激电响应特征和 F_{11}、F_{12} 断层的富水性，在重点地段布设了多个激电测深点。

图 15－11和图 15－12 为 1 号激电点和村里另外一处出水好的井位处开展的激电测深结果。1 号激电点视电阻率曲线表征，该点地层岩石裂隙发育程度较低，$AB/2=28$m 为高视极化率和高半衰时(该井水位埋深 9.6m)特征，该深度与村民介绍的井位出段一致；此外，$AB/2=65$m 左右应为另一富水段。同时，高密度Ⅰ线揭示出 1 号激电点处水井位于角砾岩地层中，水井位置处裂隙发育但发育程度弱。

已知井旁的激电测深曲线显示，该井主要出水段为 14m$\leqslant AB/2\leqslant$38m，且该段视极化率和半衰时均为高值。

15.2.2.2　井位确定与钻孔情况

1. 井位确定

由以上认识得出，四官旺村找水方向和找水步骤为：高阻中找低阻→低阻中分辨富水性→综合分析确定井位，即利用高密度电法寻找角砾岩和集块岩地层中的构造裂隙发育部位，于构造发育部位开展激电测深，在适合深度(应该小于 80m 或 65m)曲线呈现高视极化率和高半衰时特征，则表示该构造具备富水前提，可作为钻孔孔位(钻孔在深度 50m 左右揭露断层最佳)。

在Ⅰ线的两个推测断层位置开展激电测深测量，结果见图 15－13 和图 15－14，两者在 $AB/2>14$m 时，均为低视极化率和低半衰时特征，故不符合储水构造的激电响应特征，不能作为钻孔孔位。F_{12} 断层位置在地表为明显的北西西向宽缓沟谷，谷底被第四系覆盖，谷坡碎屑岩出露，岩性多为凝灰质角砾岩，岩性条件较差，与激电不富水的结论相吻合。

在明确四官旺村储水构造的地球物理响应特征的基础上，进一步开展了高密度电阻率法和激电测深工作，所定井位处的地球物理勘探结果见图 15－15 至图 15－17。图 15－15 揭示出在高阻区发育一疑似断层 F_{13}，在断层不同部位的激电测深结果表明断层 F_{13} 富水性较佳。

2. 钻孔情况

钻孔孔深 100m，采用潜孔锤钻进；钻进至 20m 时见水，主要出水段为 20～50m、65～75m。

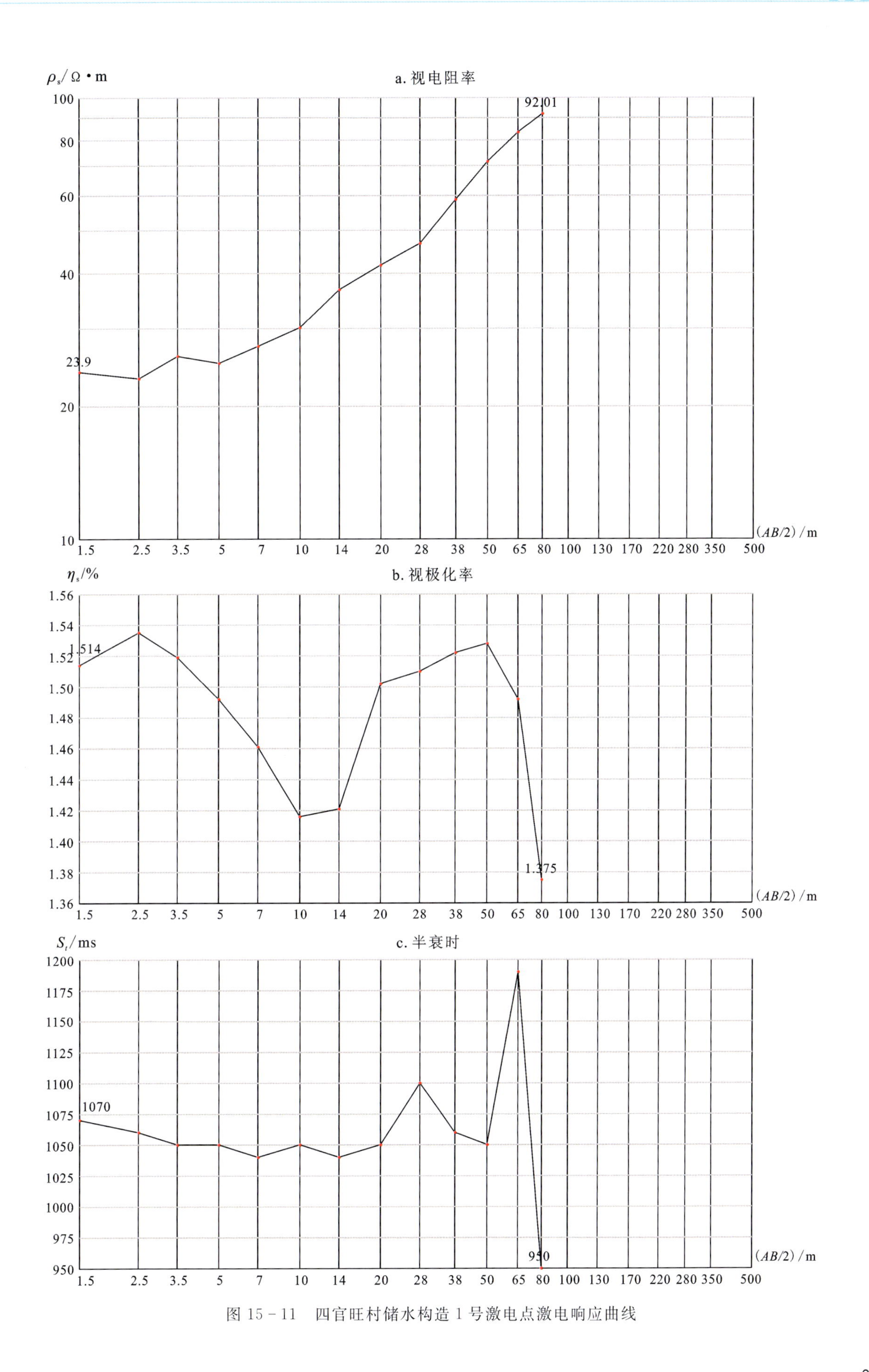

图 15-11 四官旺村储水构造1号激电点激电响应曲线

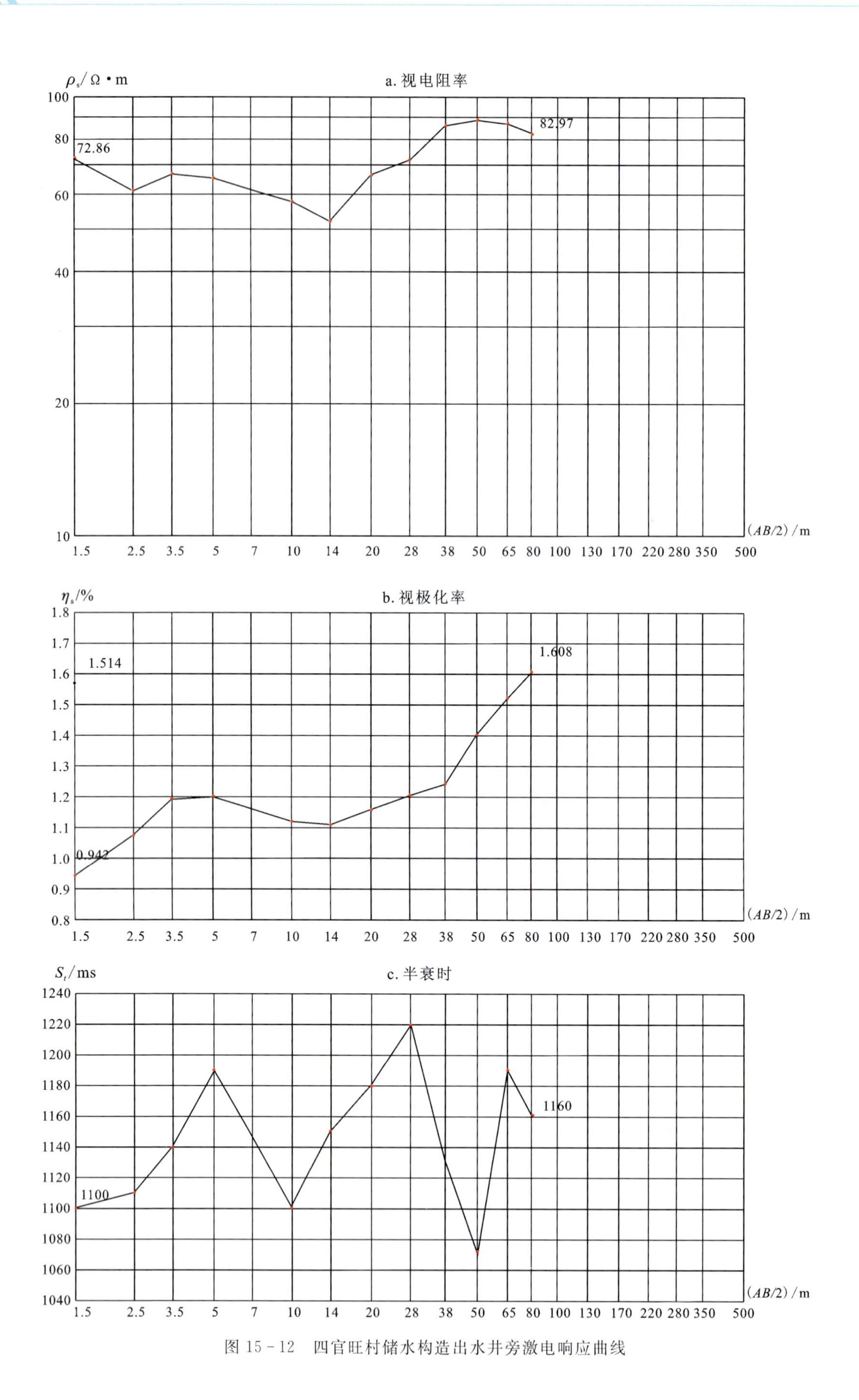

图 15-12 四官旺村储水构造出水井旁激电响应曲线

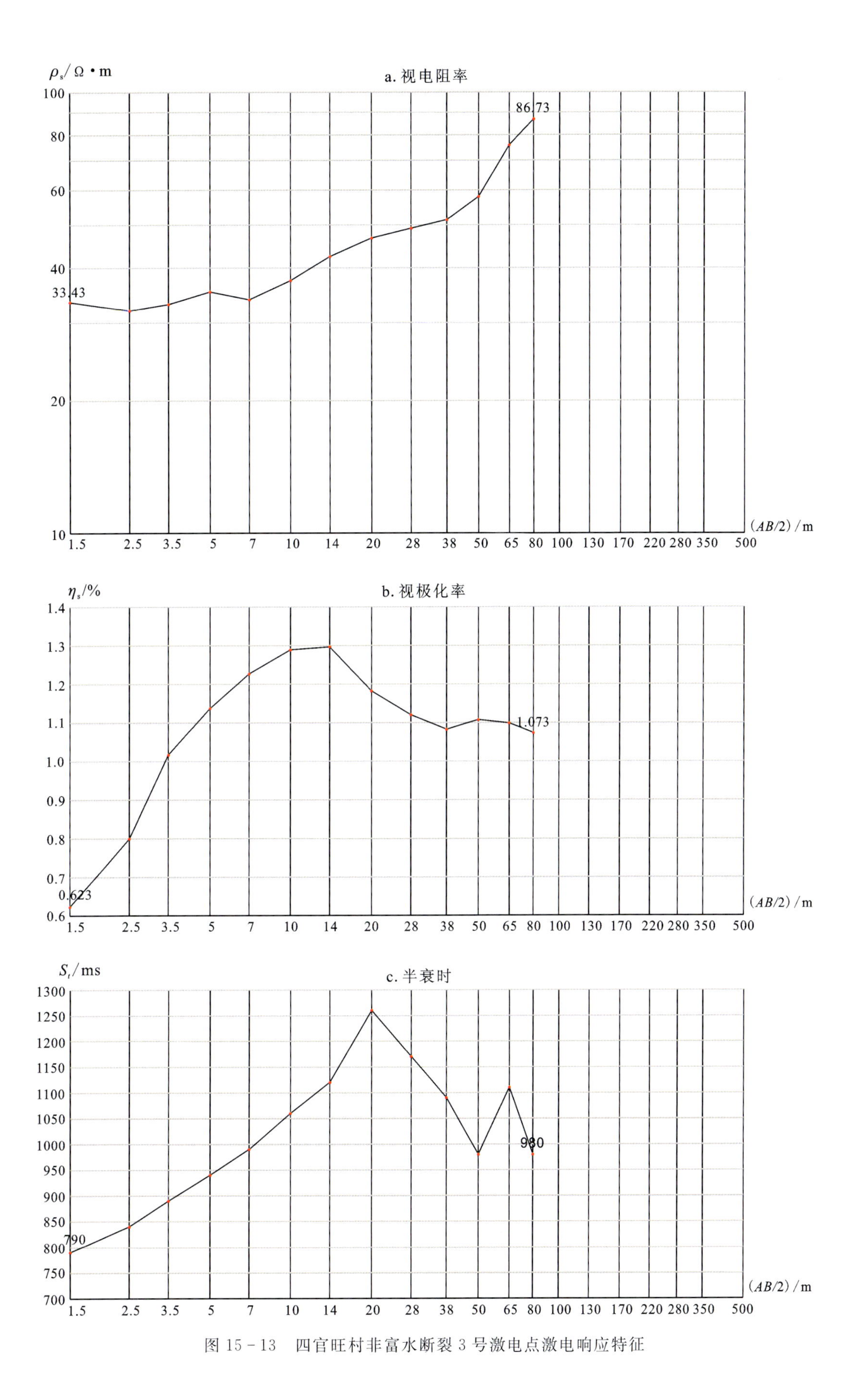

图 15-13 四官旺村非富水断裂 3 号激电点激电响应特征

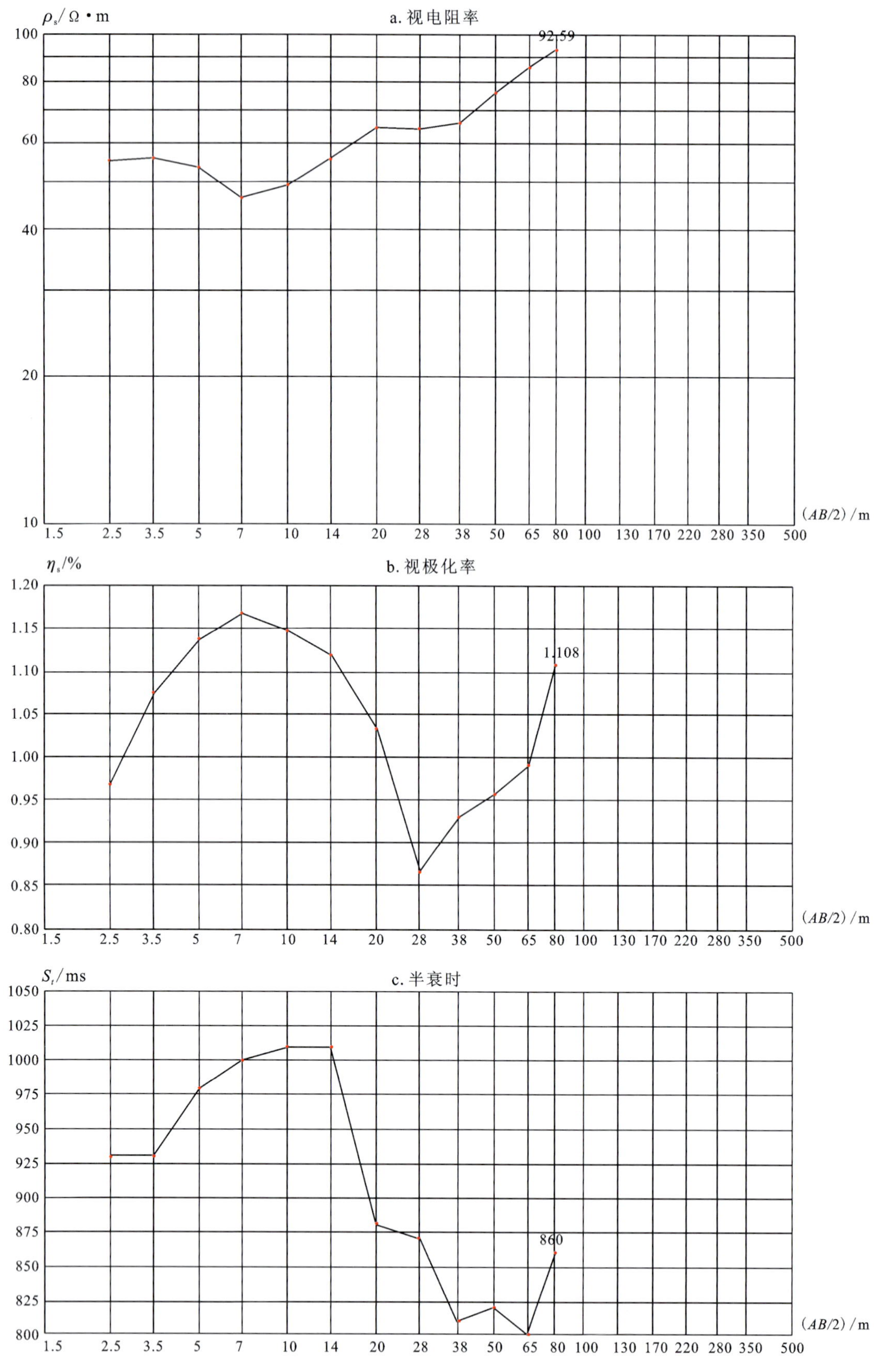

图 15-14 四官旺村非富水断裂 6 号激电点激电响应特征

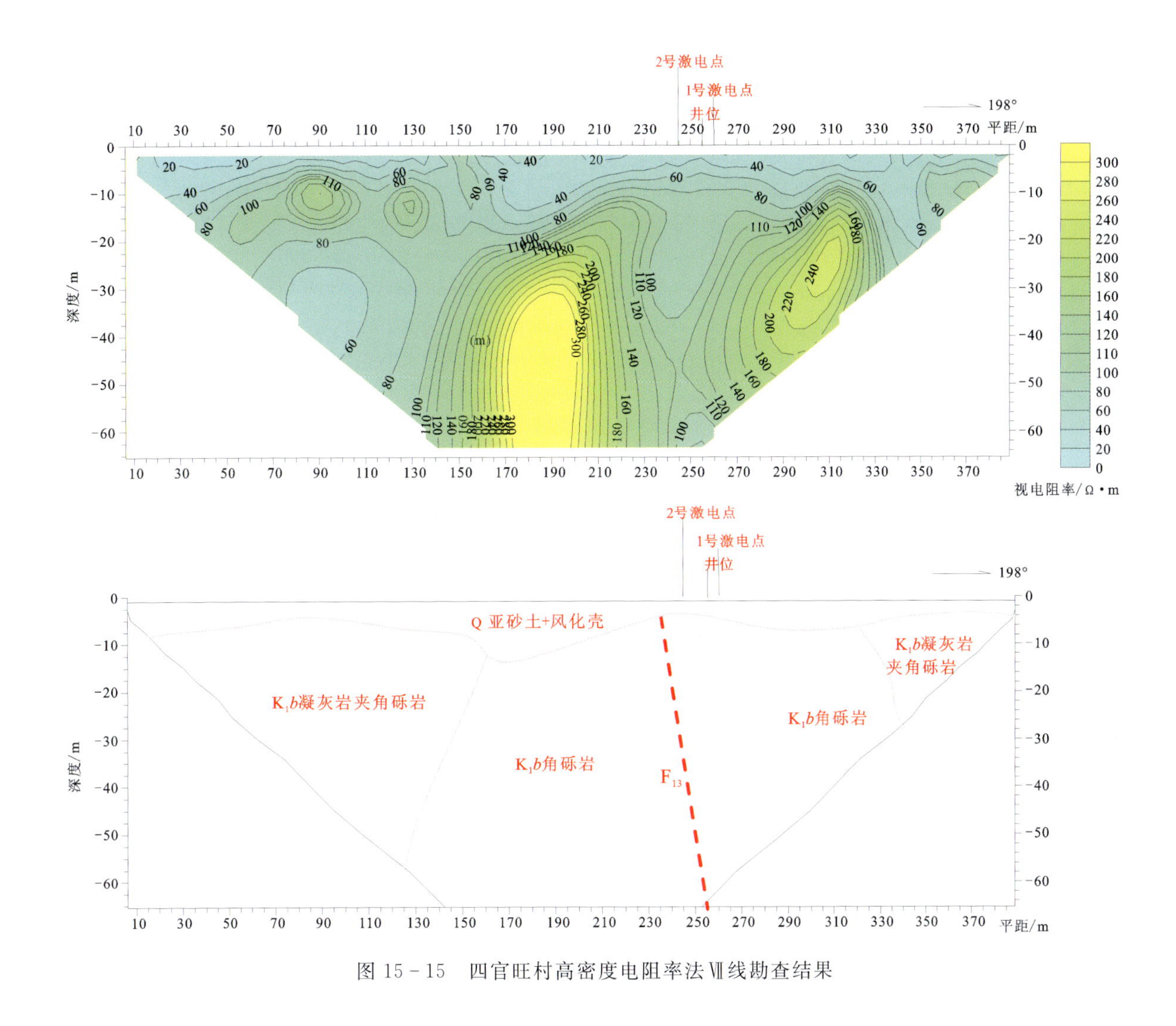

图 15-15 四官旺村高密度电阻率法Ⅶ线勘查结果

该孔静水位埋深为 3.31m，抽水降深为 75.19m 时，涌水量为 486m^3/d。水质测试分析结果表明，TDS 含量为 1230mg/L，NO_3^-（以氮计）含量为 43.2mg/L，均超出了饮用水标准。根据《地下水质量标准》(DZ/T 0290—2015)分级标准，综合评价分值为 7.10，属于较差型。

15.2.3 认识与总结

(1)工作区岩性主要为一套紫红色安山质火山碎屑熔岩、碎屑岩，富水性弱—中等。

(2)井旁试验表明，工作区碎屑岩裂隙储水构造的地球物理响应特征为高电阻率、高视极化率和高半衰时。

(3)山东沂水县石家庄村和四官旺村碎屑岩储水构造的地球物理响应特征各有特点。相同之处在于：储水构造的岩性应为高阻特征的砂砾岩或集块岩(角砾岩)，碎屑岩中发育有张性断层；储水构造出水深度段均对应高半衰时特征。不同之处在于：储水构造的出水深度段前者为低视极化率，后者为高视极化率。

(4)储水构造的地球物理响应特征与岩性、富水性、泥质充填、地下水矿化度等多种因素相关，找水物探工作应重视已有井旁的试验研究并总结储水构造的地球物理响应特征，用以指导下一步物探测量成果的分析和井位确定。

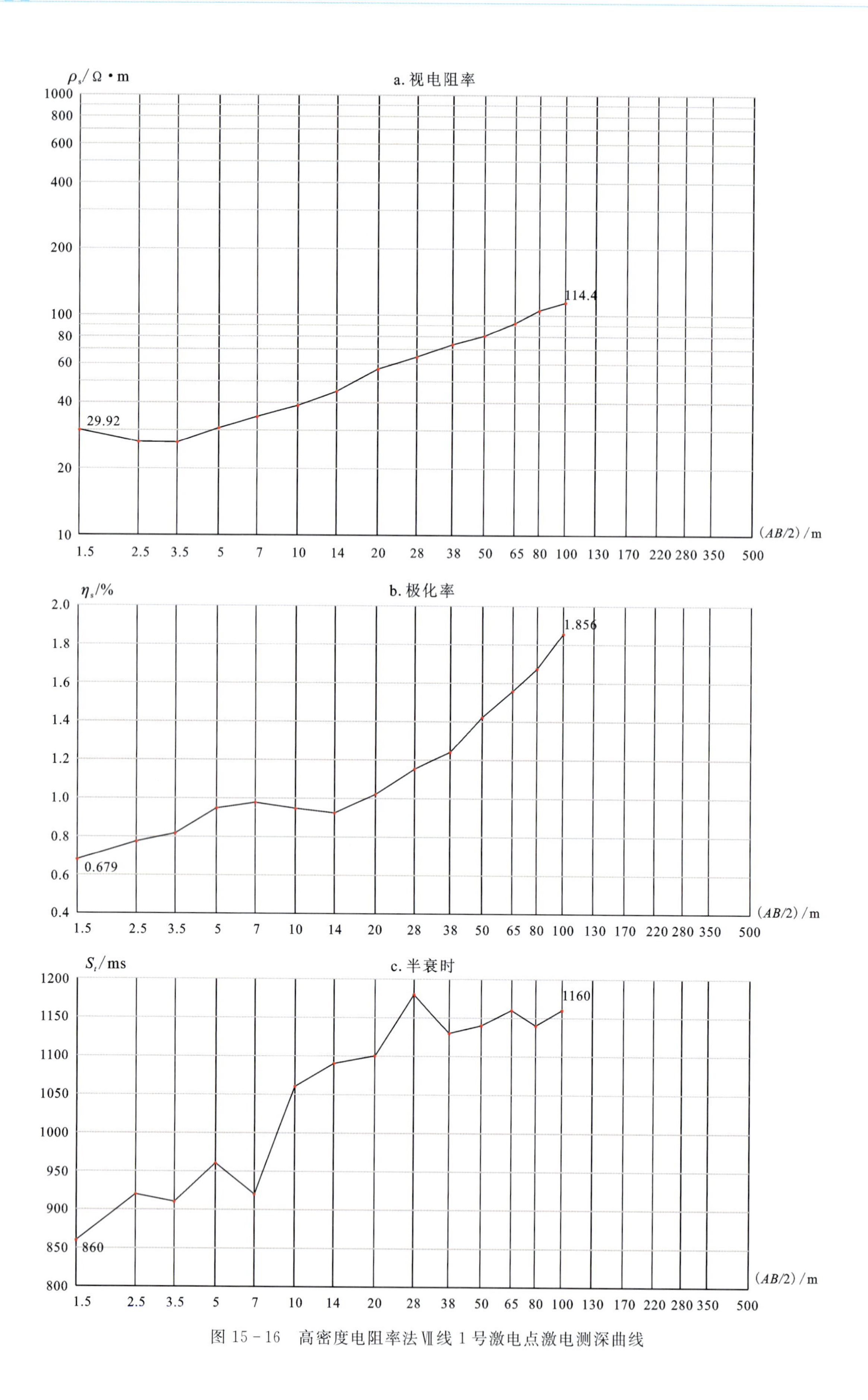

图 15-16　高密度电阻率法Ⅶ线 1 号激电点激电测深曲线

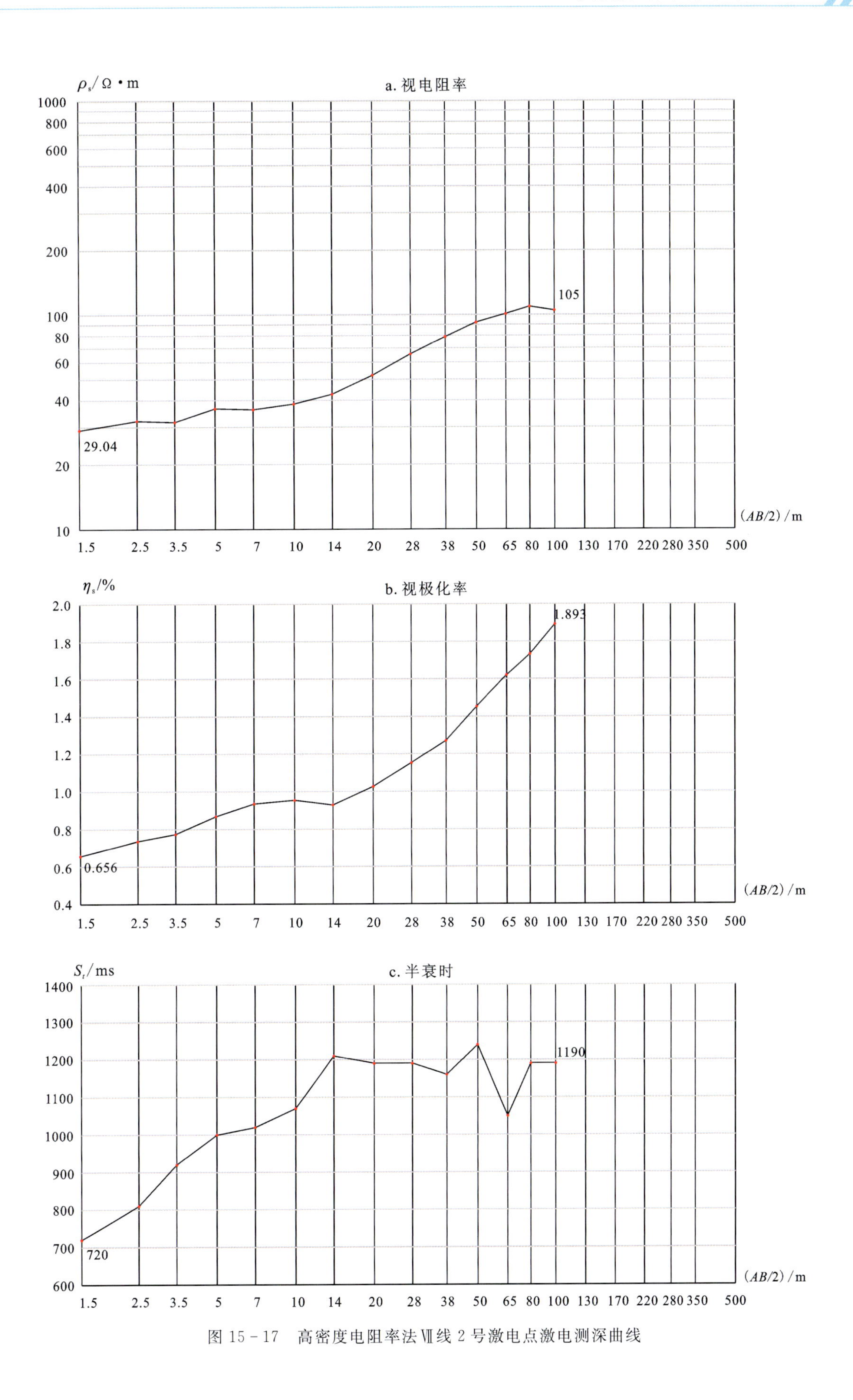

图 15-17　高密度电阻率法Ⅶ线2号激电点激电测深曲线

15.3 江西省兴国县栖霞村

找水示例为2017年初水环中心赣南抗旱——兴国县典型缺水村落栖霞村饮水水源解决方案示范。栖霞村有3000多人，吃水一直是“老大难”问题，解决吃水难题成了栖霞村民的奢望。

15.3.1 工作区概况

15.3.1.1 基本情况

栖霞村位于兴国县城西北6.6km处，处于兴国盆地西盆缘区，居民区分散于贫水的白垩系红层盆地内。栖霞村西1km的南北向羊山山脉在区内地势最高，相对高差最大达300m，山脉由加里东期花岗岩构成。栖霞村所处构造位置为兴国旋卷构造内圈层的近南北向挤压带，属于兴国断陷盆地西缘与永丰岩体(花岗岩体)接触带附近。白垩系与花岗岩存在超覆、断裂接触及两者复合等复杂关系(图15-18)。

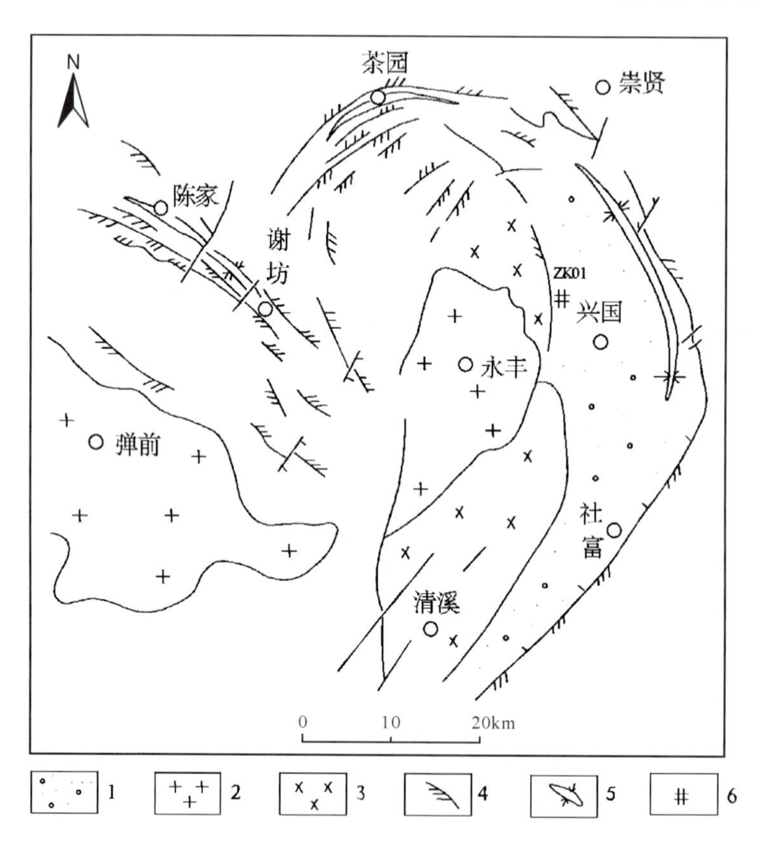

图15-18 兴国旋转构造略图

1.白垩系；2.燕山期花岗岩；3.加里东期花岗岩；4.旋扭断裂面；5.向斜轴；6.钻孔

15.3.1.2 水文地质条件及找水方向分析

1.区域构造分析

找水区为兴国旋卷构造的内圈层外缘，羊山为旋卷构造的“砥柱”，旋卷构造型式为欠规则的涡轮型。旋卷构造的内圈层应力比较集中，断裂、裂隙发育，岩石较破碎，易于形成地下水富集带。栖霞村西侧羊山山脚处为近南北向旋扭断裂面，旋扭断裂面与垂直于旋扭断裂面的次级张扭性断裂的交会部位常成为地下水富集带。

2. 岩性条件分析

白垩系岩性为红色碎屑岩，黏土胶结，固结程度高，孔隙不发育，而裂隙因黏土矿物含量高，遇水泥化，富水性差，若黏土矿物含量低的砂砾岩中发育具有一定规模的张性或张扭性断裂，则可能成为地下水富集带。羊山为加里东期斑状花岗岩，表层以全风化为主，形成松散的砂砾石层，易于降雨入渗和径流，而近东西向张扭性断裂带以块状破碎为主，成为地下水运移的通道。因此，花岗岩风化层和断裂带富水程度较高，尤其是断裂带常形成地下水富集带。

3. 蓄水构造分析

近南北向的羊山为区域地表(下)分水岭，地下水由羊山向栖霞村方向(由西向东)径流。浅层地下水在花岗风化壳中呈似层状径流，而深层地下水则沿断裂带呈脉状径流，当地下水在花岗岩区向下游径流过程中，遇白垩系弱透水层阻滞，地下水或溢出成泉或改变径流方向沿接触带向南径流排泄。因此，在岩性接触带，尤其是与接触带相交的断裂构造常富集地下水，形成阻水型或阻水-断裂复合型蓄水构造。

综合构造、岩性及蓄水构造分析结果，认为该区存在成井条件，找水方向应为花岗岩与碎屑岩接触带附近发育于上游花岗岩中的近东西向断裂构造中。

15.3.1.3　储水构造模型

经上述分析，地下水富集条件为：花岗岩断裂带具有地下水运移和赋存的空间或通道，其中的地下水向下游径流过程中遇到白垩系红层受阻而蓄积，地下水富集模式概化为径流-阻滞型。此模式两侧岩石物理参数存在明显差异，为地球物理探测提供了基础，由此建立地质-地球物理模型为：视电阻率在花岗岩中为高值，白垩系红层(K，砂砾岩夹泥岩)为低值，断层带及其影响带为由高到低的梯度变化带；相同地质条件下，视极化率和半衰时在富水情况下为高视极化率、高半衰时，而贫水时则表现为低视极化率、低半衰时(图15-19)。

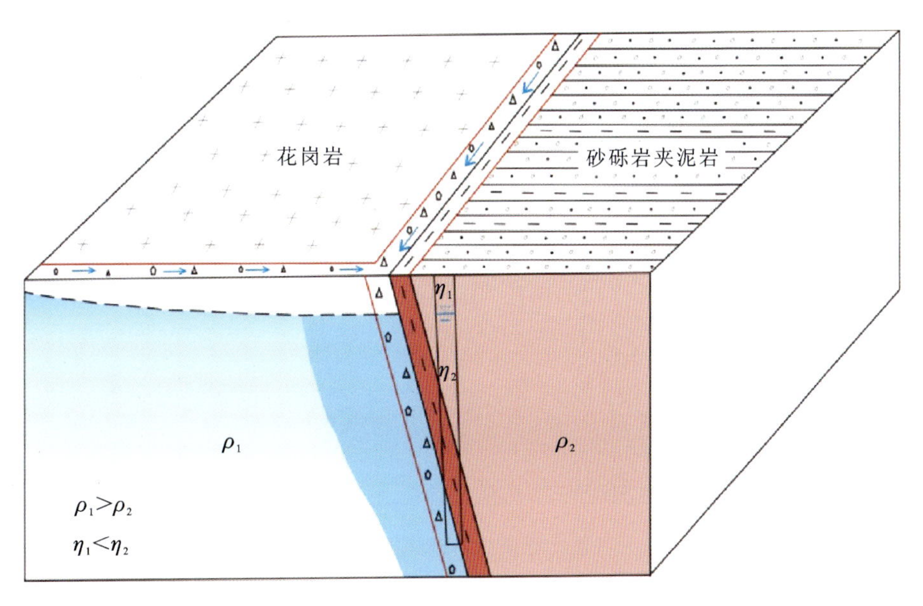

图15-19　地下水富集模式及地质-地球物理模型图

15.3.2 找水靶区确定及钻孔情况

15.3.2.1 遥感技术

基于 1∶5 万地质图提供的岩性信息、以村庄所辖范围为工作区的场地尺度找水工作，遥感解译内容仅以线性构造解译为主。采用免费遥感数据，通过初步解译结果判断，区域内发育北东向、北北西向和北西向断裂构造，北东向断层疑似为控盆构造(图 15－20)。

15.3.2.2 地球物理探测技术方法

工作区电力线密集，花岗岩区基岩出露或风化成沙、接地条件极差。找水工作采用抗电磁干扰的高密度电阻率法和激发极化法。工作组依地形和场地条件布设北西向高密度电阻率法测线(1 线)以了解地层结构，印证遥感解译断层对盆地的控制作用(图 15－20、图 15－21)。

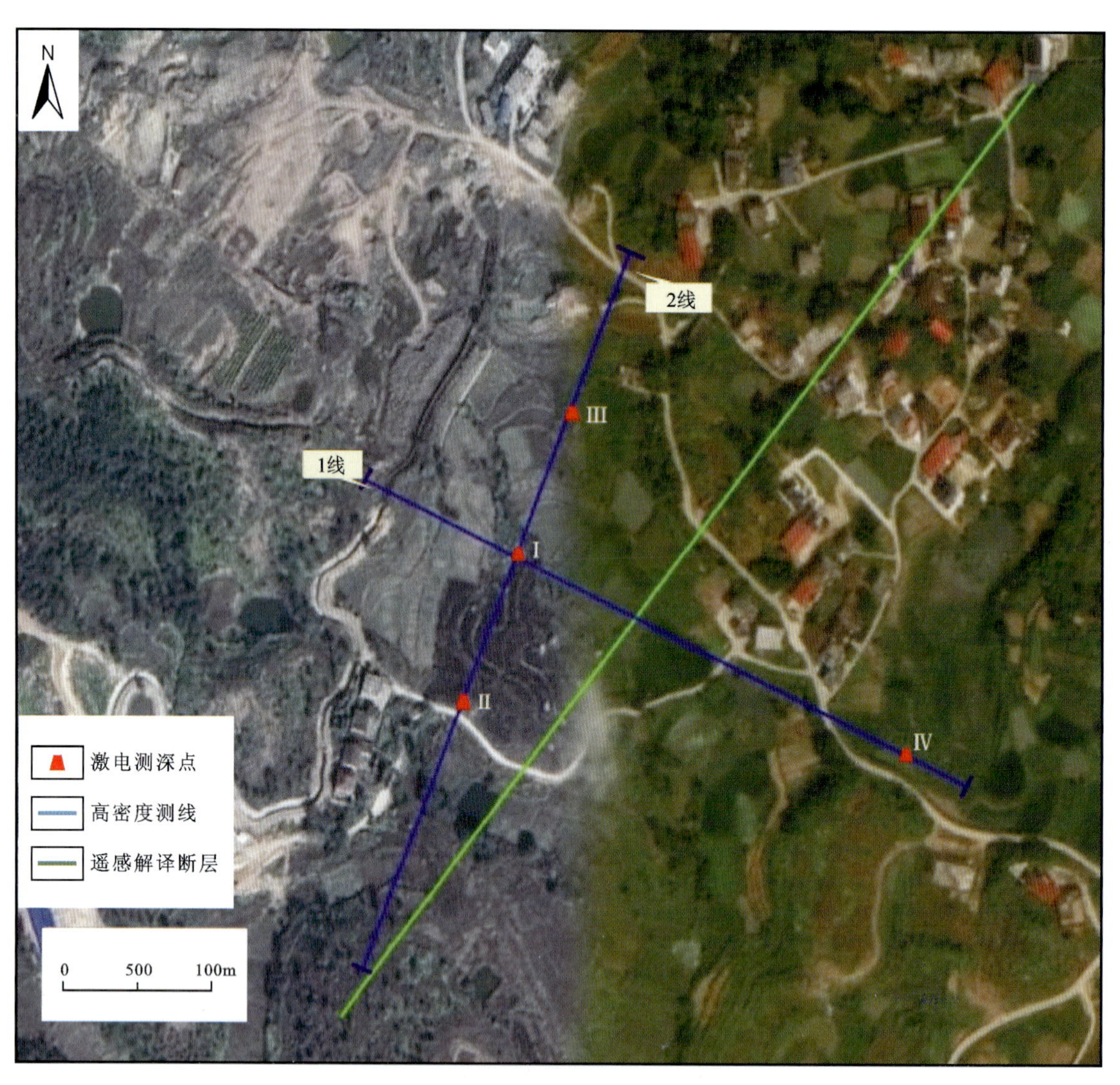

图 15－20 栖霞村物探工作实际材料图

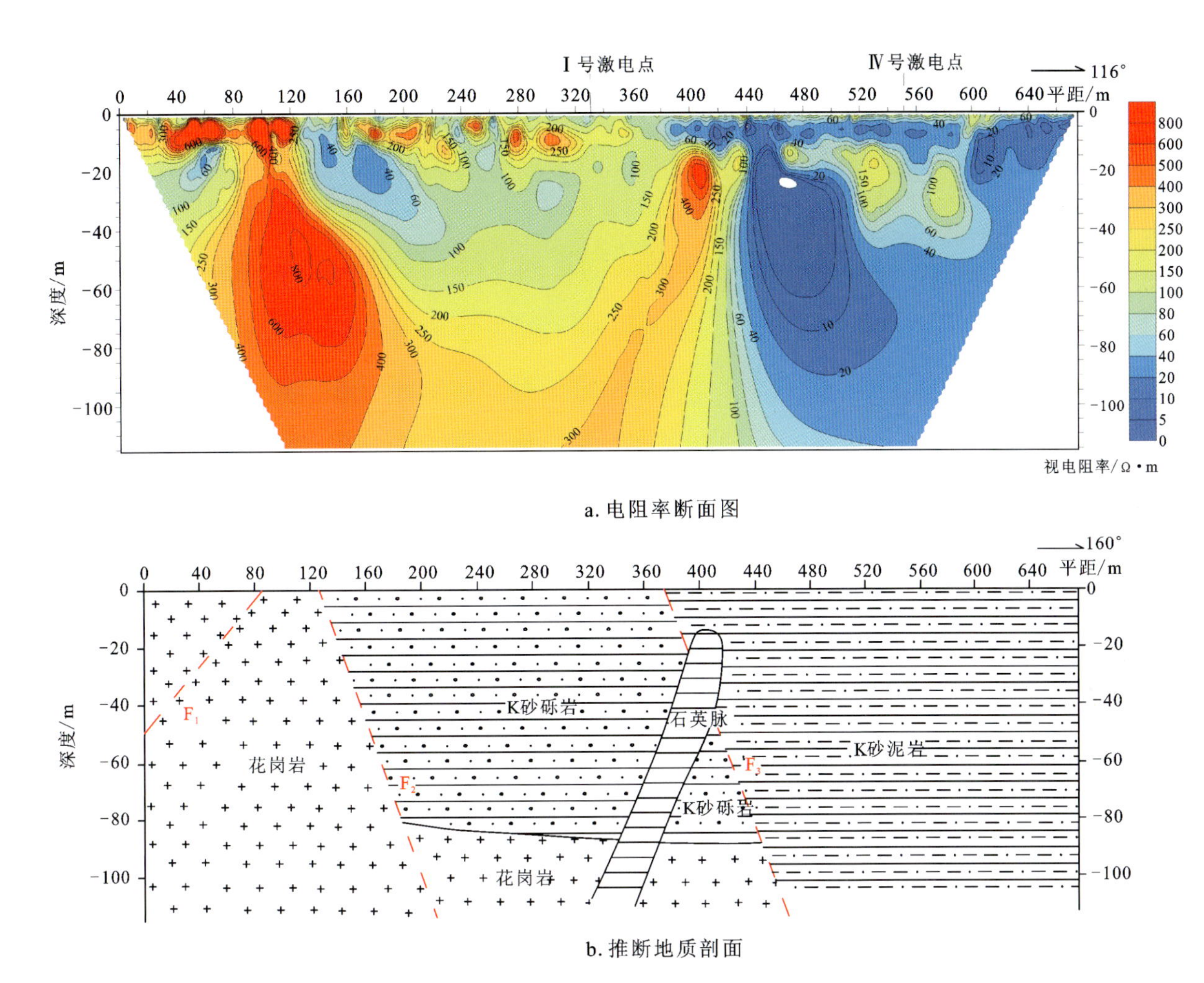

图 15－21　栖霞村高密度电阻率法 1 线勘查结果

图 15－21 勘查结果显示，两级断裂控制了盆地中白垩系的沉积，F_2 断层为花岗岩与碎屑岩的岩性界线，其西侧为花岗岩出露区，视电阻率远高于白垩系碎屑岩。F_3 断层对应遥感解译结果，其东侧近 100m 深度内岩性为以泥岩为主夹埋深 20～40m、厚度不足 20m 的高阻砂砾岩，岩性条件差，基本不具备成井条件；其西侧地层基本为二元结构，上部以中阻的砂砾岩为主，下伏为高阻的花岗岩。脉状的高阻石英岩脉沿 F_3 断层下盘侵入，明显高于花岗岩围岩的视电阻率，揭示了石英脉岩石完整、裂隙不发育的特点，从而说明石英岩脉侵入后工作区构造稳定。F_2 和 F_3 断层所夹持的地块岩性条件好，若发育有断层再加之花岗岩构造裂隙和风化裂隙发育，是地下水赋存的最佳地段。

从羊山脚下至盆地的物探剖面 1 线，改变了原有的地质认识，原认为的找水方向（发育于上游花岗岩中的近东西向断裂构造）调整为发育于盆地第一阶梯内近东西向断裂构造。后续的物探测线依地形条件更改为北东向布设（高密度电阻率法测线 2）以进一步调查推测的富水块段地层结构和构造发育情况（图 15－22）。

图 15－22 至图 15－26 揭示，第一阶梯内岩性和构造可满足成井条件，工作区水位埋深为 $AB/2=28\text{m}$，$80\text{m}\leqslant AB/2\leqslant 130\text{m}$ 深度内Ⅱ号激电点位置花岗岩破碎，Ⅲ号激电点位置深度是否为花岗岩有待验证。

为了明晰盆地第一阶梯地层富水性，在Ⅱ号和Ⅲ号激电点间布设了Ⅰ号激电点，为分析富水性地层与贫水地层激电响应的差异性，增补了Ⅳ号激电点。激电结果表明，第一阶梯内地层富水性均较佳，应是控盆断裂、兴国旋卷构造共同作用的结果，断层与裂隙地层复合部位的水储是井位的最佳选择，水储的地球物理响应特征为相对低的电阻率和高的半衰时及高的视极化率；Ⅳ号激电点高的视极化率和半衰时深度范围与盆地内埋深20～40m、厚度不足20m的砂砾岩相呼应。

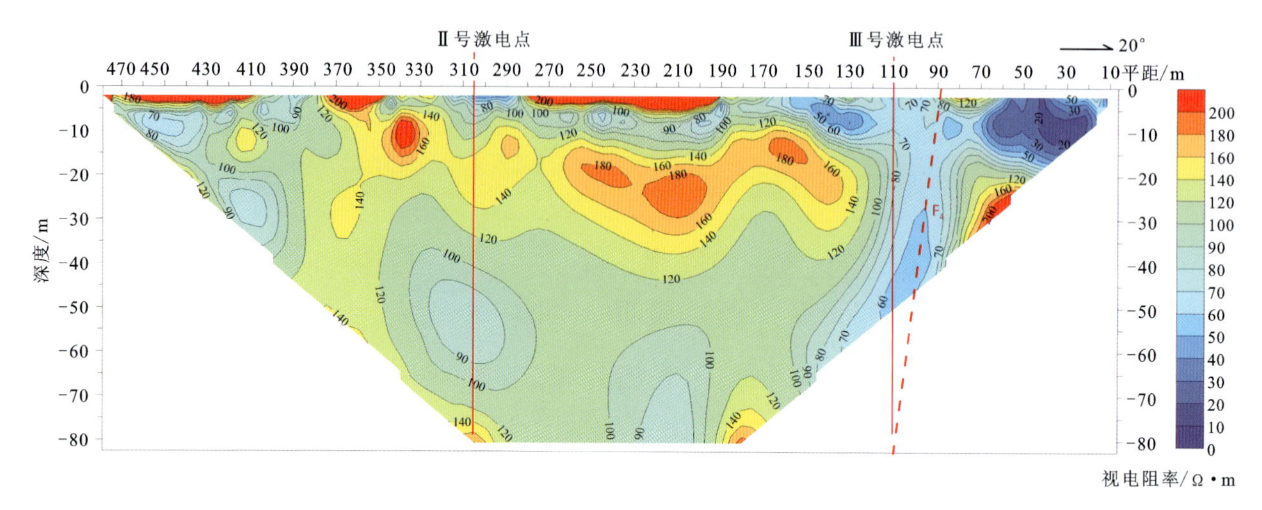

图15-22 栖霞村高密度电阻率法2线勘查结果

15.3.2.1 钻探结果

井位定于Ⅱ号和Ⅲ号激电点位置，分别对应ZK02和ZK01。ZK01终孔155.5m，在129m揭露花岗岩，单井涌水量为432m³/d，锂含量为1.58mg/L，超过矿泉水标准(0.2mg/L)，达到天然锂矿泉水标准。ZK02终孔133.5m，在81m揭露花岗岩，单井涌水量为576m³/d。

钻探结果验证了物探解译的正确性，并且达到了解决栖霞村饮水解困的目的，井水中锂含量达到矿泉水标准是意外之喜。

15.3.3 认识与总结

(1)岩性是控制地下水赋存的第一要素，在第四系覆盖区的基岩地下水勘探中，可通过电法勘探获得的视电阻率快速判断工作区岩性，以明确、缩小下一步物探工作区。

(2)工作区盆地内白垩系泥岩阻挡了地下水向盆地内的径流，使地下水在地势相对较低的白垩系砂砾岩和花岗岩二元结构岩性分布区富集，白垩系砂岩孔隙和花岗岩风化、构造(旋转构造)裂隙为地下水赋存提供了空间。

(3)与北东向控盆断层伴生的北西西向或近东西向断层破碎带亦是地下水富集区域。

(4)钻孔揭示，白垩系孔隙裂隙水单井涌水量约为10m³/h，主要出水段岩性为花岗岩。

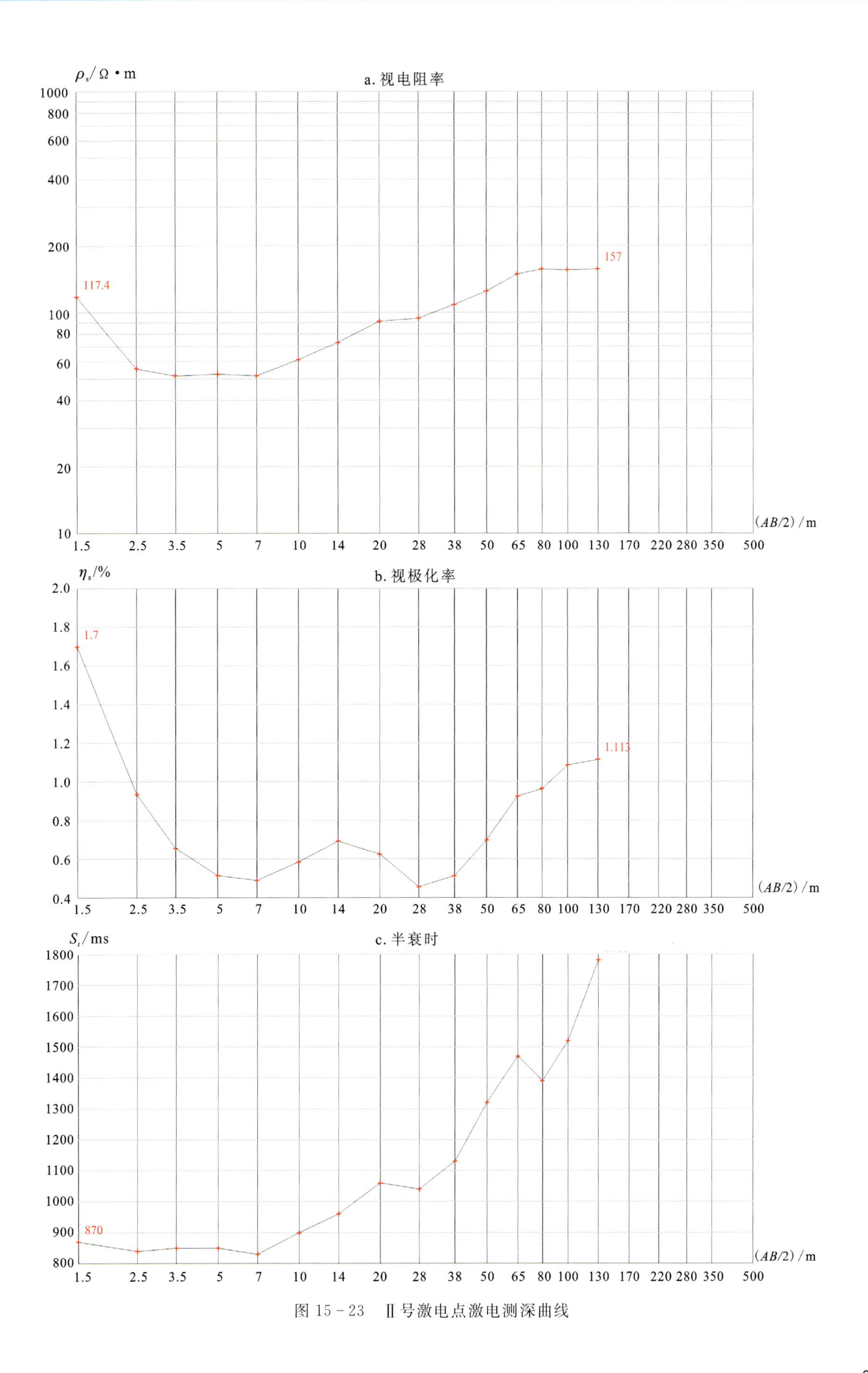

图 15-23 Ⅱ号激电点激电测深曲线

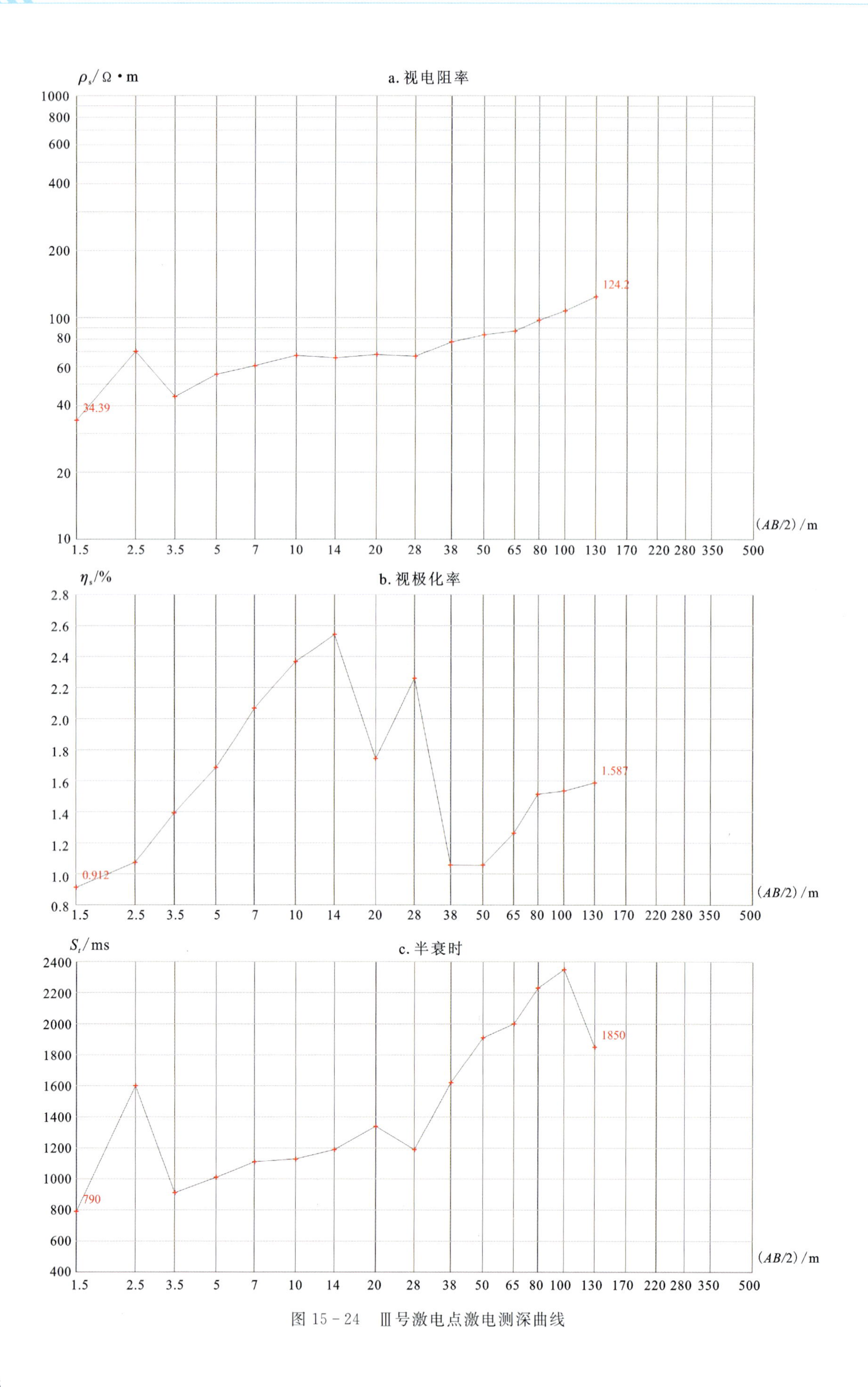

图 15-24 Ⅲ号激电点激电测深曲线

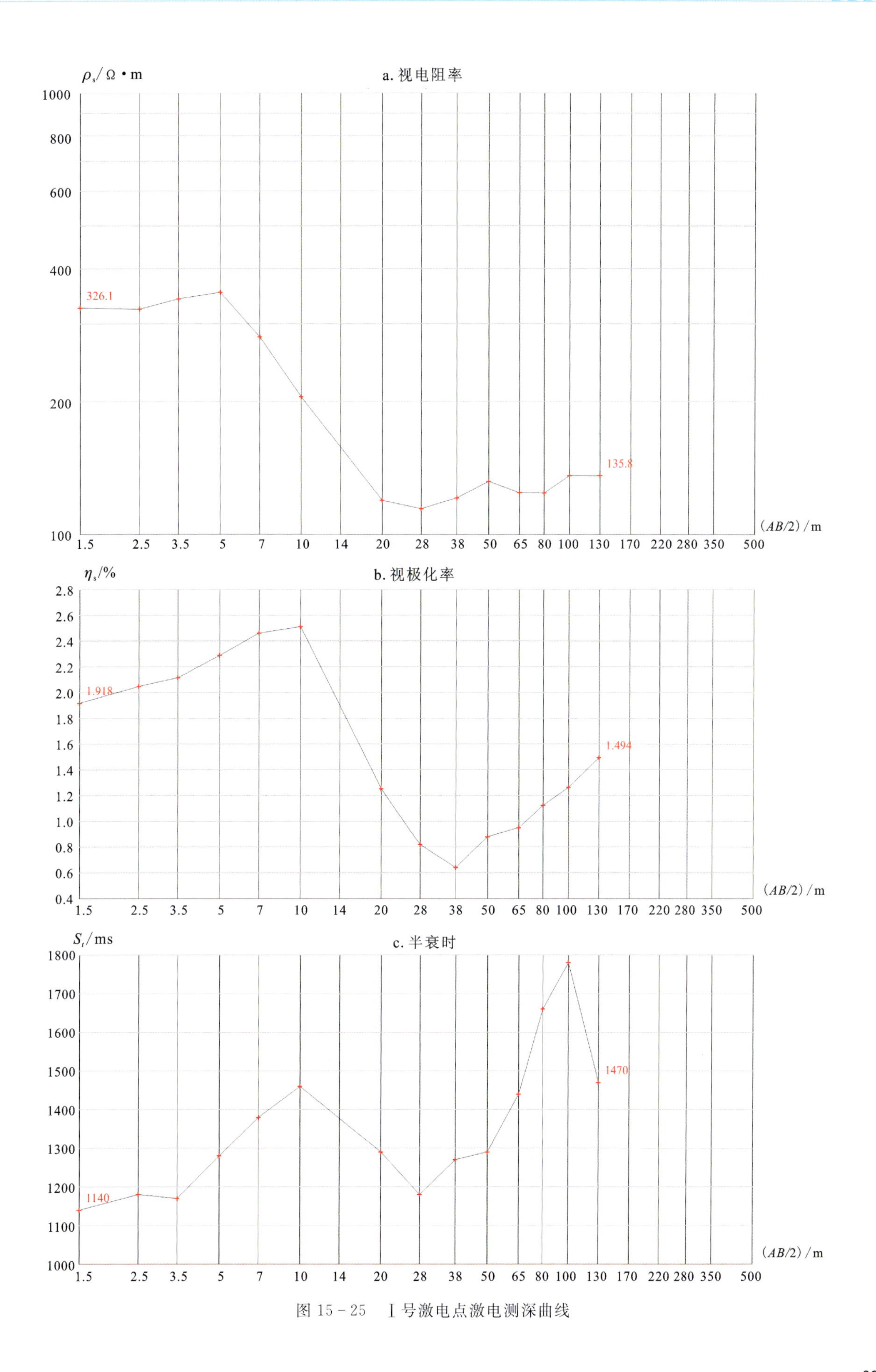

图 15-25 Ⅰ号激电点激电测深曲线

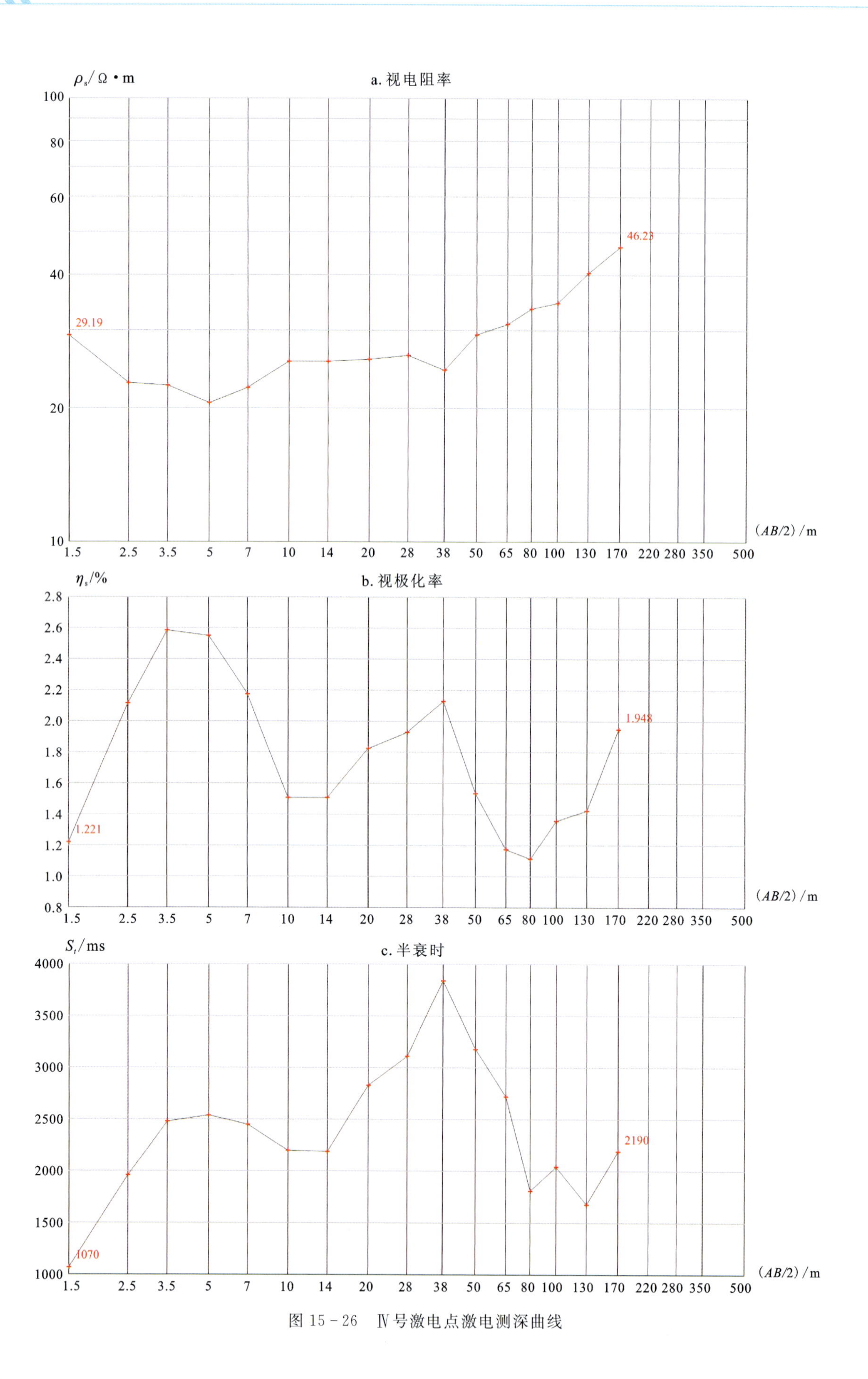

图 15-26 Ⅳ号激电点激电测深曲线

16 花岗岩变质岩区裂隙水勘查实践

16.1 北京市长陵镇

2009年，在长陵镇开展了3个村庄的地下水勘查示范工作，即南庄村、北庄村和慈悲峪村。3眼示范孔的成功实施，对复杂条件下(贫水地层、强电磁干扰、地形起伏大、工作场地限制等)地下水勘查技术应用具有重要示范意义。

16.1.1 工作区概况

16.1.1.1 基本情况

工作区包括长陵镇的南庄村、北庄村及慈悲峪村3个村庄，人口分别为1005人、684人、700人。北庄村饮水水源为沟谷内的两眼大口井，井深5～6m，井水已受到污染，有异味，且水量不足。2005年，南庄村于村庄北部约500m的河边施工一眼水井，井深200m，抽水时，沟内蓄存的地表水干涸。经水质分析化验，该井水大肠杆菌严重超标。大秦铁路修建以前，慈悲峪村村民的饮水水源为村西南方向的山泉水，铁路修通后，不但泉水水量急剧减少，而且受到了污染，造成村民饮水困难。

16.1.1.2 地质背景及水文地质条件

工作区位于太行山-大兴安岭华夏系与祁吕贺兰“山”字形构造东翼反射弧的交接地带，在区域复杂构造应力作用下构造变动极其复杂，表现为一系列扭动构造型式(图16-1)。

经讨论分析，找水工作存在以下难点。

1. 地质、水文地质研究程度较低

1∶5万地质图完成于20世纪60年代，工作区内无断裂构造显示，对于找水的指导性不强。水文地质研究程度为1∶20万比例尺尺度，仅进行了含水岩组的划分。

2. 贫水地层

工作区岩性为侵入岩，属于贫水地层。花岗岩分布在距村较远的山脊处，而村庄周边岩性以正长闪长岩、石英二长岩、黑云闪长岩为主。闪长岩类塑性较强，在应力作用下不利于形成富水构造。

3. 浅部风化壳富水性差

沟谷区岩石表层风化强烈，但风化壳连续性差，风化深度一般小于20m，富水性差。3个村庄在沟谷内均挖有大口井，井深5～12m，出水量一般小于1m^3/h，抽3～5h后掉泵。近年来，由于生活污水、垃圾等污染源的不断增多，河谷区浅层地下水不同程度地受到污染，大肠杆菌严重超标，拟定井位需要予以避开。

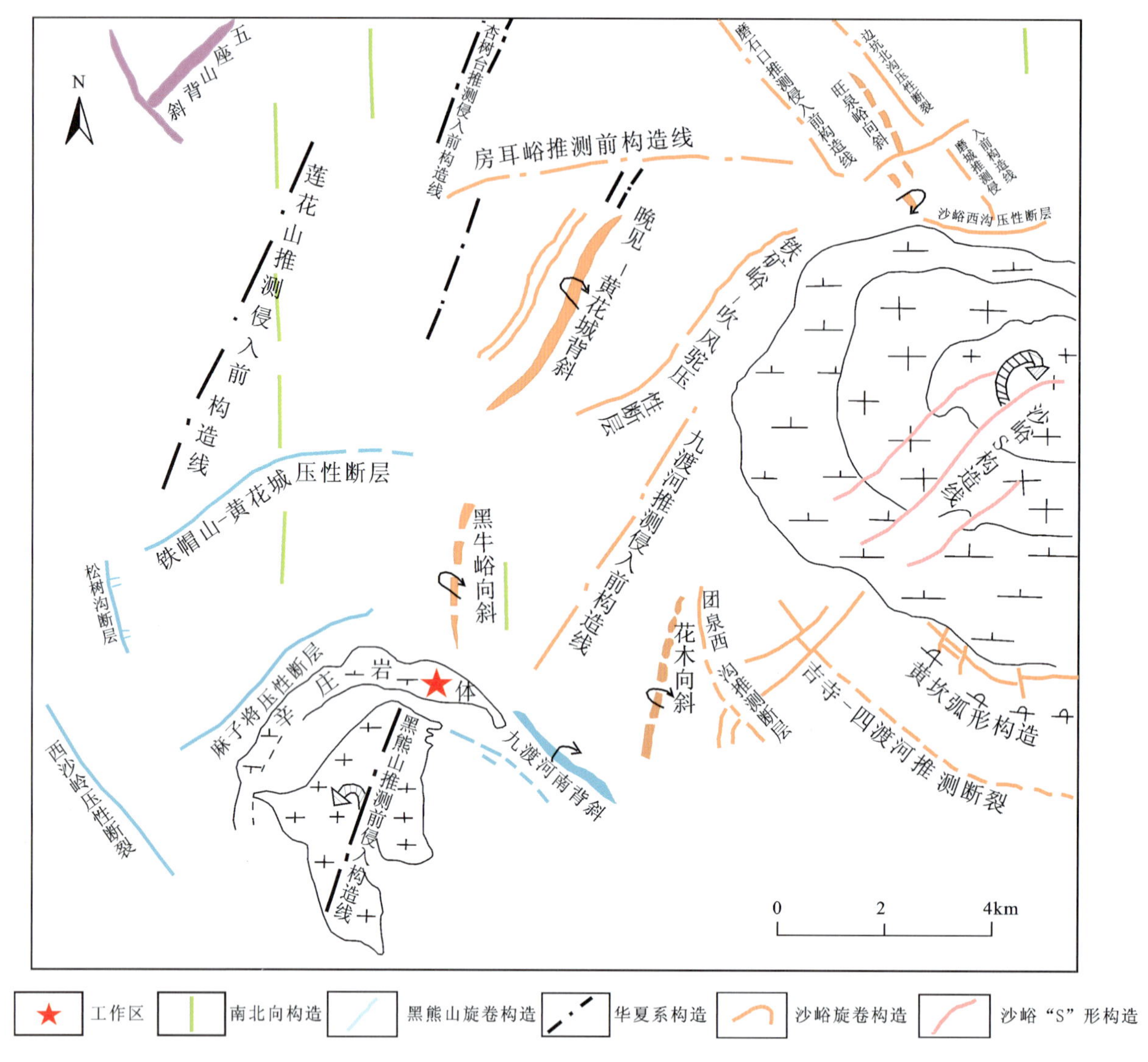

图 16-1　昌平区长陵镇区域构造略图

4. 寻找富水构造难度大

区内构造复杂，断裂构造以压扭性为主，且形成于燕山早期的张性构造又被后期侵入岩充填，形成脉岩或岩枝，岩性以正长细晶岩、正长斑岩为主，富水性弱。新构造运动区内不发育。村庄周边岩石风化强烈，水文地质调查难以发现断裂的地表露头，需要加大物探工作量、加强勘查结果的解释。

5. 场地条件及施工条件较差，电磁干扰程度强

工作区属于北京郊区的水土保持涵养区，树多林密，且沟谷地形起伏较大、交通不便，不但影响通视性，而且不利于钻探施工进场。电力、通信线路均沿河谷分布；大同-秦皇岛电气化铁路线从慈悲峪村西南部通过，距村庄仅 200m，会对电磁法勘查工作产生强烈的电磁干扰。

16.1.2　找水靶区确定及物探成果分析

3 个村庄的成井条件基本一致，技术方法大同小异，仅以南庄村示范孔为例。

16.1.2.1 找水靶区确定

由于侵入岩风化壳富水性差，采用钻井开采方式无法满足村民人畜饮水要求，构造裂隙是主要的地下水赋存空间。因此，确定构造裂隙地下水为本次勘查工作的主要找水目标。结合地形分析，断裂构造判别以遥感影像解译（1：1 万）为基础，兼有物探勘查验证的工作模式。物探方法包括音频大地电场法、音频大地电磁测深法、高密度电阻率法及电测深法。为了提高勘查工作精度弥补单种手段的不足，尽量选择多种方法的组合测量、相互验证[13]。

由遥感影像（图 16－2）可知，南庄村位于近东西向两条沟谷交汇处，汇水条件好，北东向和北西向线性构造发育。

现场调查结果显示，遥感解译的 F_2 断层在村西沿北西向零星分布的花岗岩岩脉边缘发育（图 16－2），东南部近东西展布的较大花岗岩脉（1 号）陡壁处擦痕清晰；西北部花岗岩岩脉（3 号）发育北东向擦痕，结合遥感影像，认定北东向 F_3 断层存在。分析断层性质和构造延伸情况，将 F_2 断层作为物探工作追踪的目标。

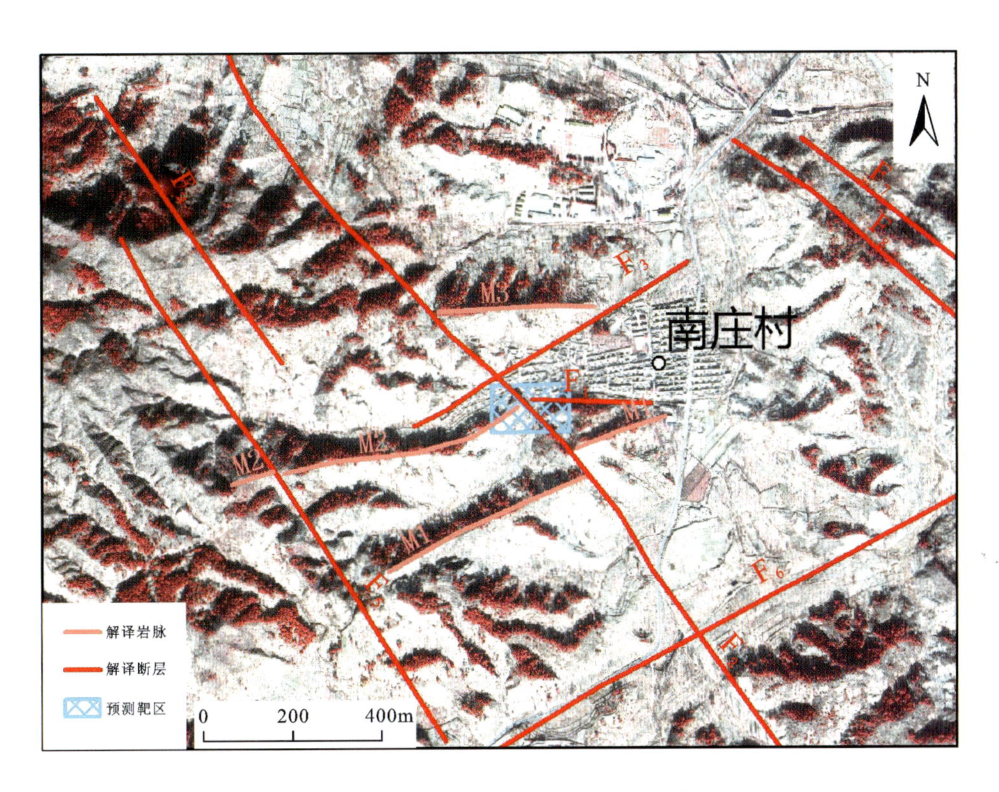

图 16－2 昌平区长陵镇南庄村构造解译图

16.1.2.2 物探方法选择及成果分析

因南庄村距离大同-秦皇岛电气化铁路 1.5km，10kV 高压线从村北通过。考虑电磁干扰程度和场地条件，采用高密度电阻率法和 AMT 法联合的工作模式（图 16－3）。高密度电阻率法浅部分辨率高，反演结果受静态影响小；而 AMT 法勘探深度大，可弥补受场地限制勘探深度较浅的高密度电阻率法的不足，同时，AMT 法由浅部不均匀体引起的静态效应较强，对断层反映易形成从浅至深的纵向低阻条带，与实际结果有所偏差。可通过高密度电阻率法和 AMT 法结果的共同解释，有效分析断层的空间发育特征，结合水位埋深和断层规模，较准确地设计井位。

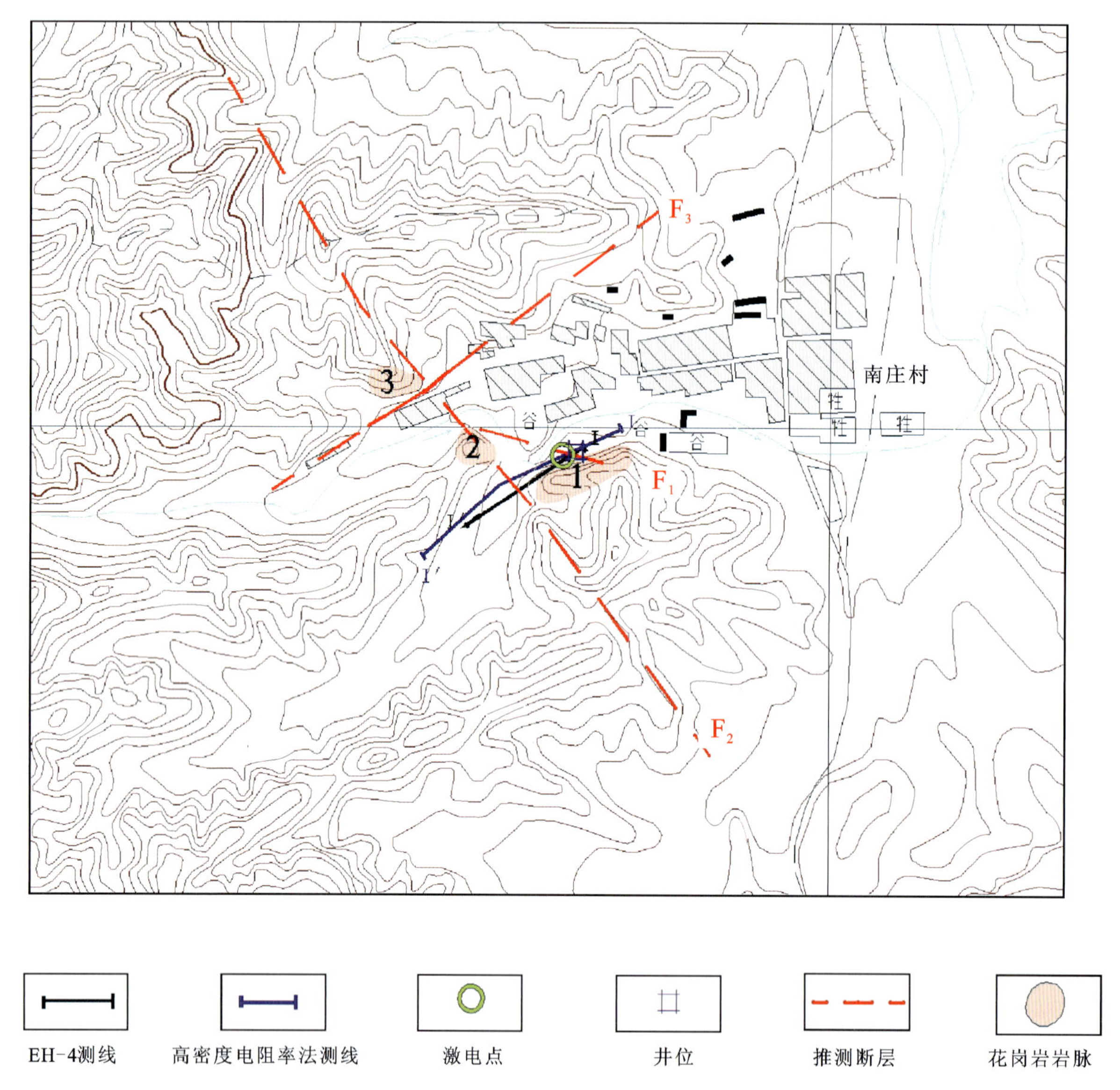

图 16－3　南庄村物探工作布置示意图

由高密度电阻率法(图 16－4)和 AMT 法(EH－4)(图 16－5)勘查结果可知，剖面中部高阻的花岗岩两侧均存在纵向低阻带，推测可能存在两条断层，东侧断层为 F_1，其发育深度及与围岩的电性差异均大于西侧断层。

两种方法揭露的断层 F_1 的倾向一致(倾向剖面首端)。由于 AMT 法结果受静态影响，反映出断层倾角较陡，明显大于高密度电阻率法结果揭示的断层倾角。同样，高密度电阻率法和 AMT 法结果均揭示出高密度剖面 210m 处花岗岩与闪长岩接触带上沿侵入接触带裂隙的发育特征，低阻带与围岩的电性差明显小于发育于花岗岩中的 F_1 断层带与围岩的电性差，且其规模较小，推测其富水性劣于 F_1 断层带。

结合物探勘查结果和地质调查结果，推测 F_1 断层走向北西倾向北东，断层带宽约 10m。由于该区水位埋深小于 5m，综合分析物探勘查结果，拟定井位设计在高密度电阻率法剖面 111m 处。为进一步验证推测的断层储水构造的富水性，在高密度电阻率法剖面 111m 处开展了激电测深工作(图 16－6)，激电曲线反映出设计钻孔富水段为 20～50m，且 50m 处为主要出水段。

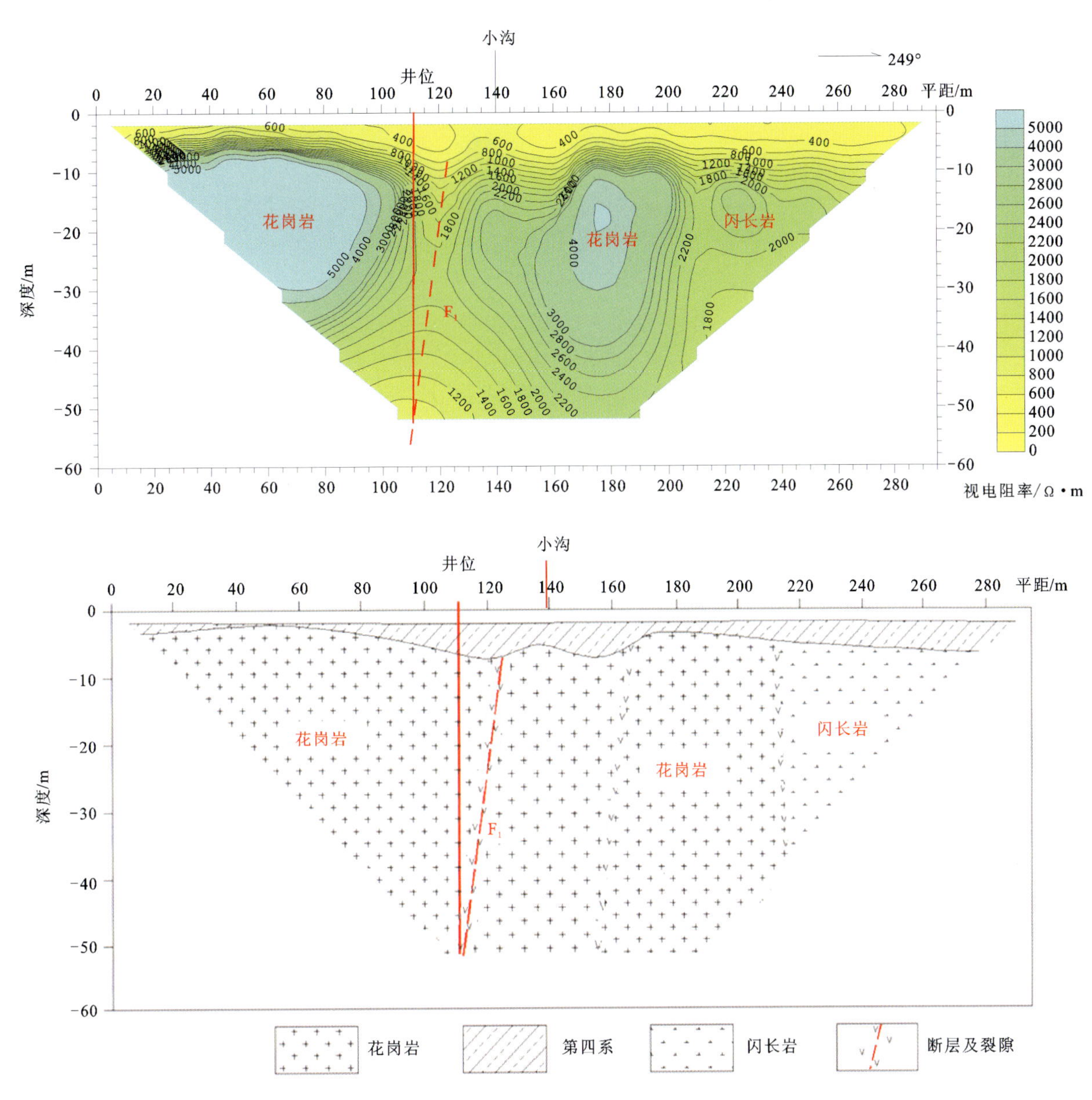

图 16-4 南庄村高密度电阻率法Ⅰ线勘查结果及推断地质断面图

16.1.3 钻探施工

示范孔实际钻探井深为115m，50～53m段岩层破碎，为主要出水段，单井出水量为60m³/d。通过对钻孔测井结果分析，经压裂处理后该孔出水量有增加的可能性，因此进行了压裂处理，压裂后单井出水量可达120m³/d，增水效果明显。

16.1.4 认识与总结

(1)岩浆岩区地下水主要赋存于断裂构造裂隙中，风化裂隙、侵入接触带裂隙受其发育程度及深度影响，富水性较弱。因此，本区的地下水勘查工作以寻找北东向、北西向、近南北向张性和张扭性断裂构造为主要目标。

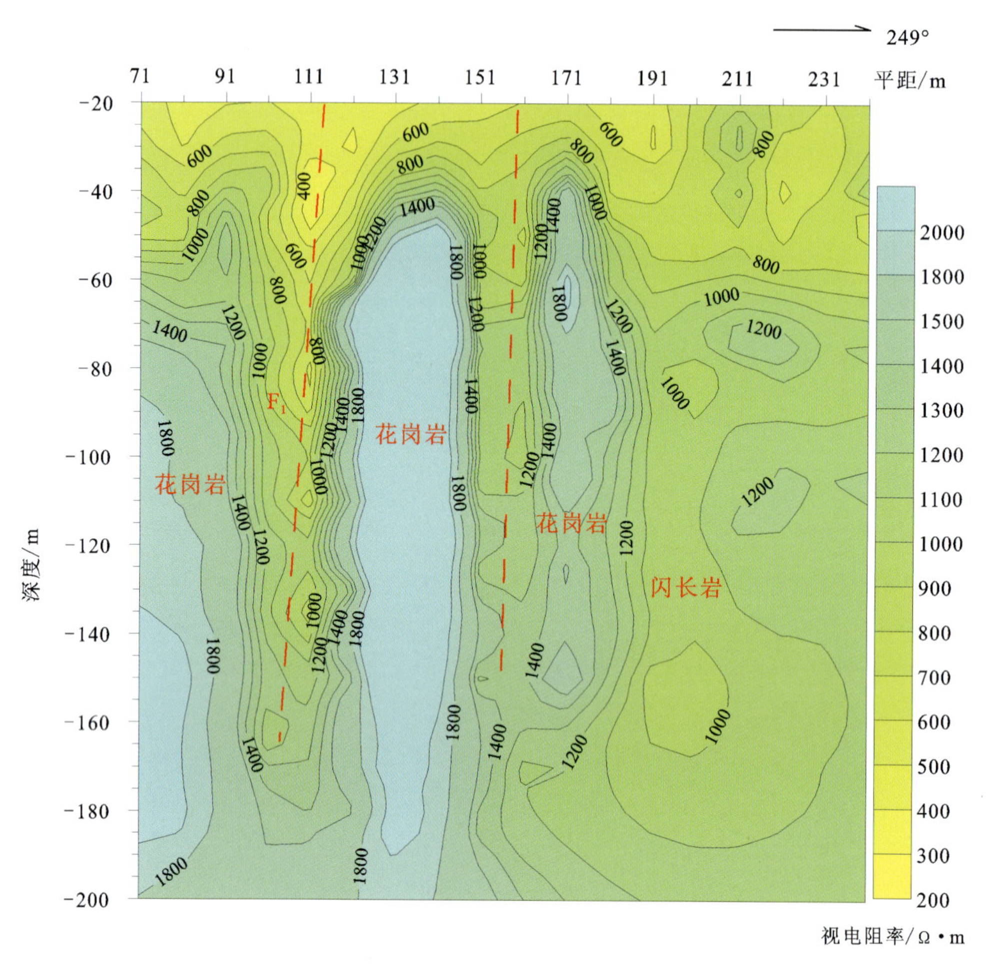

图 16-5 南庄村 AMT 法 I 线勘查结果

(2)针对场地条件差、电磁干扰程度高等不利因素,选择适宜的物探勘查手段或其组合,适当增加物探工作量,并在水文地质条件认识的基础上加强资料对比分析。

(3)在强电磁干扰环境下,选择夏季阴天或夜间天然场信号强且可避开雷达站工作的时段开展 AMT 法测量,通过时序挑选、滤波等去噪资料处理手段,留取不受干扰的高频段信息,AMT 法结果提供的浅部地层电性信息是可信的。

(4)高密度电阻率法可采用多种装置开展工作。资料解释时可求同存异,以提高资料解释的精度。受场地限制导致高密度电阻率法的勘查深度有限时,若工作区地形条件尚可允许沿某一方向跑极,则可与激电测深法相结合。激电测深法的勘探深度大于高密度电阻率法,可以弥补高密度电阻率法勘探深度不足的缺陷;同时根据高密度电阻率法勘查结果,结合激电测深和地质调查结果,可分析断层的发育规模,预测断层的发育深度,有效确定井位和设计井深。

(5)高密度电阻率法对浅部目标体的分辨率高,反演结果受静态影响小;而 AMT 法勘探深度大,可弥补受场地限制而勘探深度较浅的高密度电阻率法的不足。AMT 法由浅部不均匀体引起的静态效应较强,对断层反映易形成从浅至深的纵向低阻条带,与实际结果有所偏差。可通过高密度电阻率法和 AMT 法结果的共同解释,有效分析断层的空间发育特征,结合水位埋深和断层规模,较准确地设计井位。

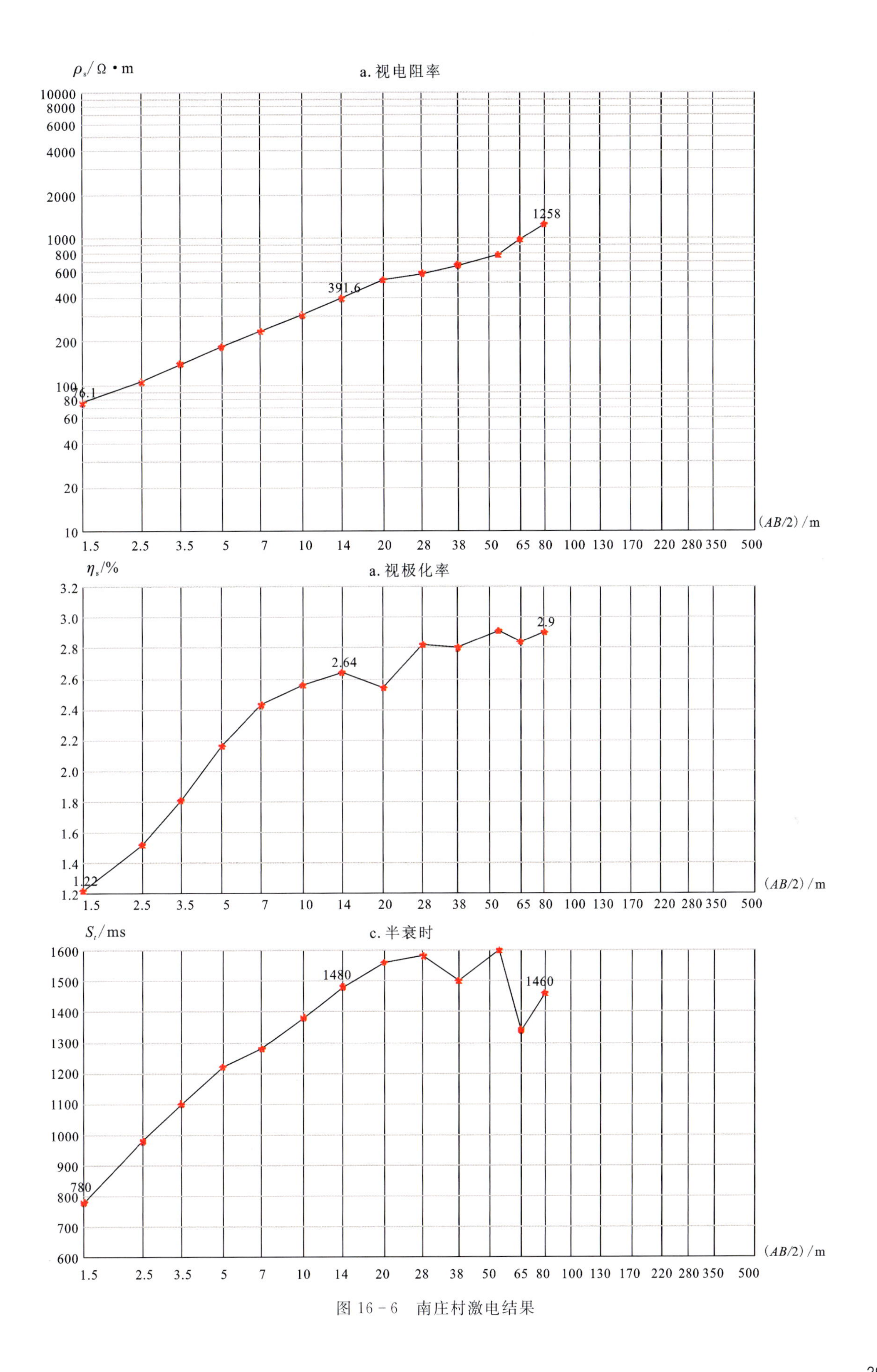

图 16－6 南庄村激电结果

16.2 河北省唐县山阳庄村

16.2.1 工作区概况

保定西部山区的山前丘陵一带，为太古宙变质岩基底，历来为严重缺水区。人畜饮水水源全部为大口井开采模式，以浅部风化壳孔隙裂隙水为供水目的层，开采程度高、水量微弱是本区浅层地下水开采的重要特征。随着区域地下水水位的下降，浅部风化壳地下水部分接近疏干，更加重了本区的水供需矛盾。唐县高昌镇山阳庄村即位于山前丘陵地带，受水文地质条件限制，村庄饮水问题一直无法解决，依靠距村庄 3km 的东山阳村拉水解困。为了在严重缺水的山前丘陵地带寻找新的供水目的层，同时解决山阳庄村实际饮水困难，选择该村为地下水勘查示范村。

山阳庄村约有 400 余人，其中青壮年多长期在外打工，妇孺老小留守，对水井出水量要求不高。目前，村民依靠一眼大口井吃水。受季节以及降水量影响较大，水井接近干枯。

山阳庄村的基岩地层为古老的太古宙片麻岩，在南部出露（庆都山），北部被第四系覆盖，厚度一般小于 20m。村庄周边沟谷密布，地表水呈散流状，没有相对集中的地表水汇水地带。

16.2.2 找水靶区确定及物探成果分析

本区片麻岩风化壳及第四系松散含水层接近疏干，富水性差，不能作为找水目的层，寻找赋存于片麻岩中的构造裂隙水是找水目标。受构造裂隙张开程度影响，通常片麻岩中发育的断层带深部富水性差，浅层（一般 80m 以上）富水性好于深部。通过地质调查，根据山阳庄村的地形条件，初步确立了两个物探工作区，物探工作布置见图 16－7。

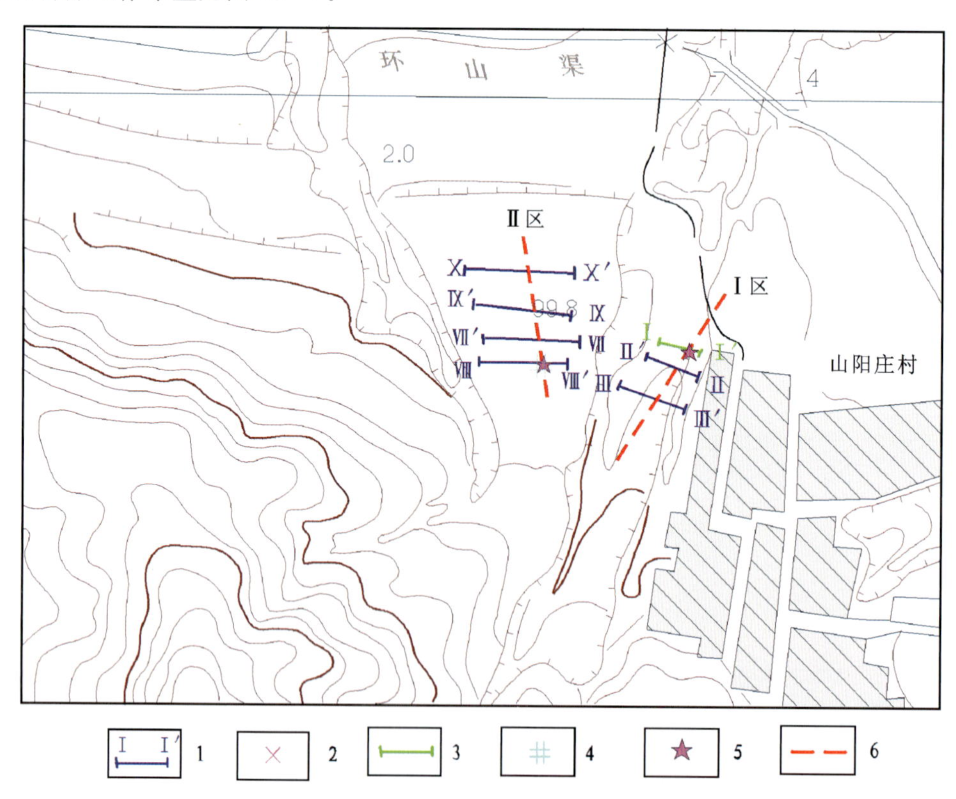

图 16－7　山阳庄村物探工作布置示意图

1. 音频测线；2. 音频异常点；3. EH－4 测线；4. 井位；5. 激电点；6. 推断断层

Ⅰ区位于村西北东北向沟谷内，汇水条件相对较好，找水方向为兼顾风化壳和构造裂隙。综合物探勘查结果见图16-8至图16-10。音频大地电场结果显示，低阻异常走向为北东向，基本与沟谷走向一致。从EH-4勘查结果和激电结果可知，EH-4剖面10～20m间浅部裂隙发育，以剖面20m处发育深度最大，但仍小于深度30m；EH-4剖面20m处裂隙在深度5～20m间富水性好。从物探结果可知，该处不易实施钻孔，适于开挖大口井，井深30m。

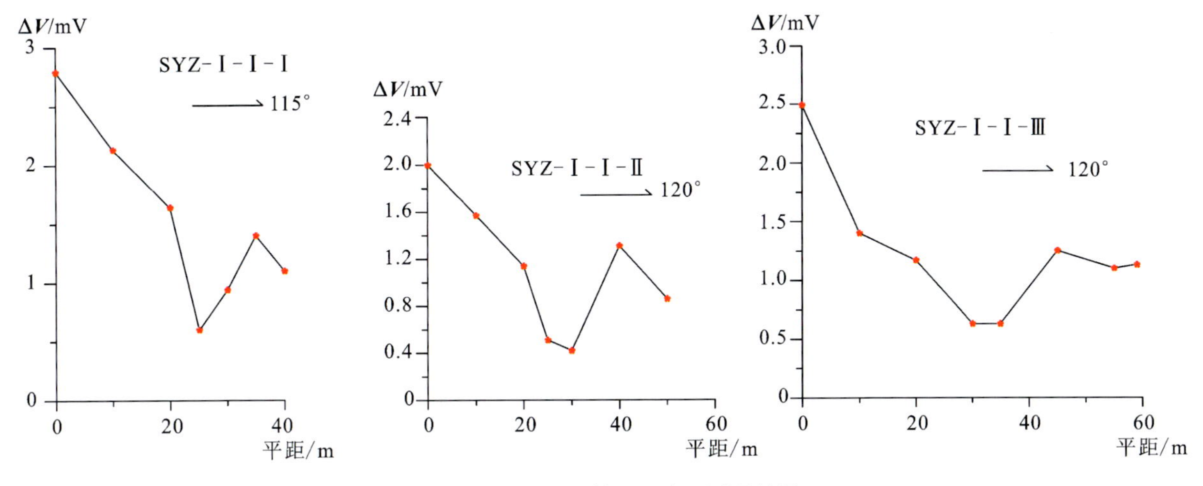

图16-8　山阳庄村Ⅰ区大地测量结果

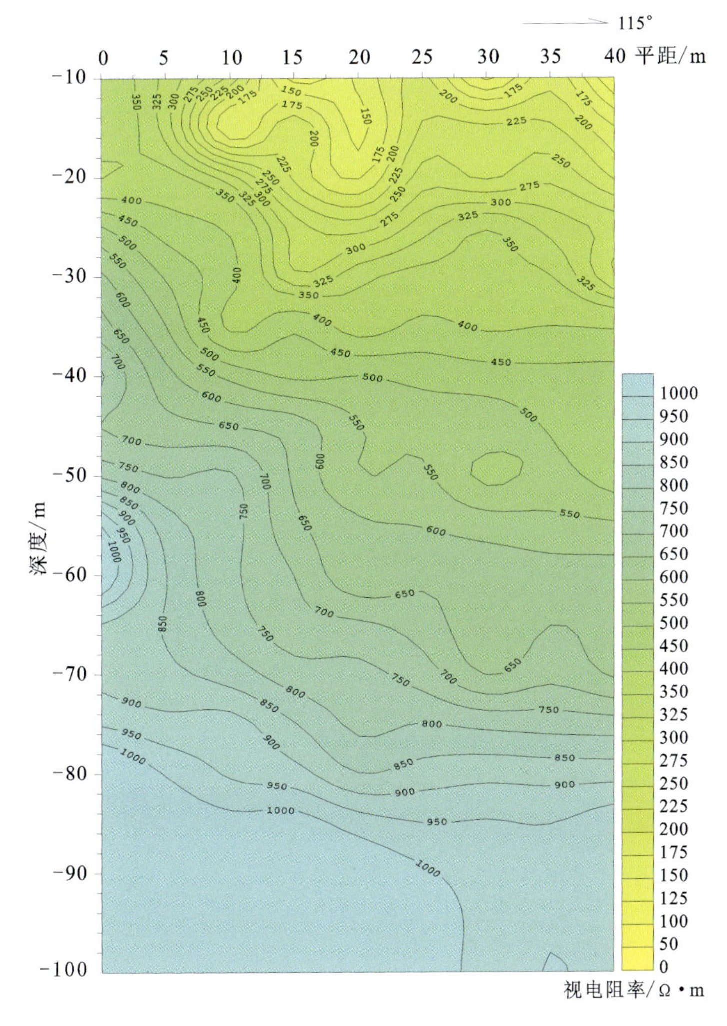

图16-9　山阳庄村Ⅰ区EH-4测量结果

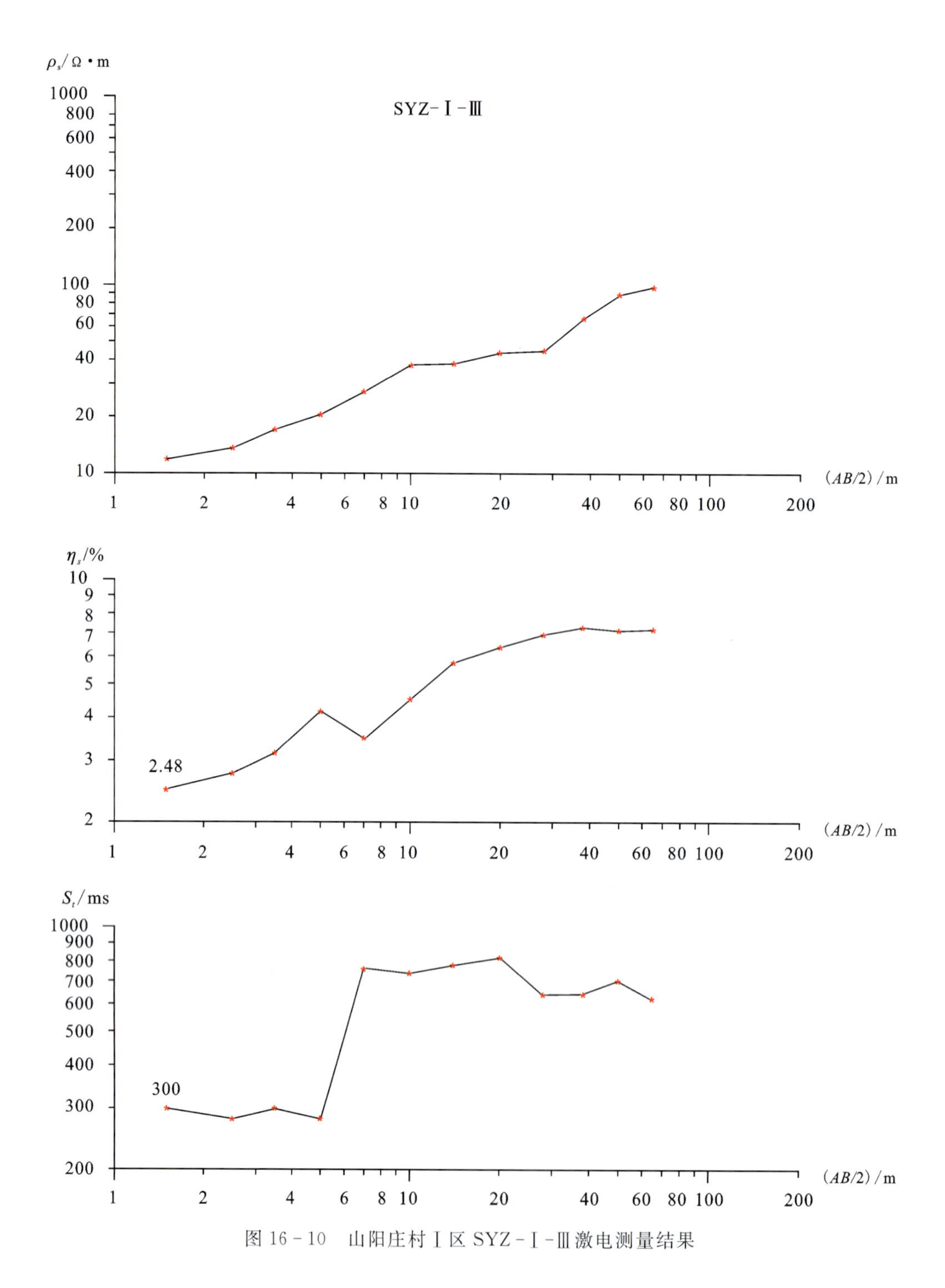

图 16-10　山阳庄村Ⅰ区 SYZ-Ⅰ-Ⅲ激电测量结果

Ⅱ区位于北东向和北西向沟谷间的高台上，场地条件较好，易于开展物探工作，但汇水条件差，找水方向为构造裂隙水。由遥感解译结果和地质调查结果可知，工作区主构造方向为北东向和北西向，因此，大地电场测线依场地条件近东西向布置(图 16-11)。大地电场结果揭露，工作区可能存在北北西向断层，断层自南向北宽度逐渐增大，Ⅸ线 40m 处高值将两个低阻带分隔，向北Ⅹ处两个低阻带合二为一，大地电场异常形态变为"U"字形，推测受其他构造或岩脉的影响，向北断层的富水性变差；最南端Ⅷ线处大地电场异常形态为富水的"V"字形，但异常幅值小，推测断层或裂隙的富水性不佳。选择异常形态较好的大地电场Ⅷ线处开展 EH-4 勘查工作(图 16-12)。EH-4 结果表明，剖面 40m 处左右存在倾向剖面尾端的断层，其发育深度为80m左右。井位定于EH－4剖面的42m处，设计井深80m，预计40m左右揭露断层。

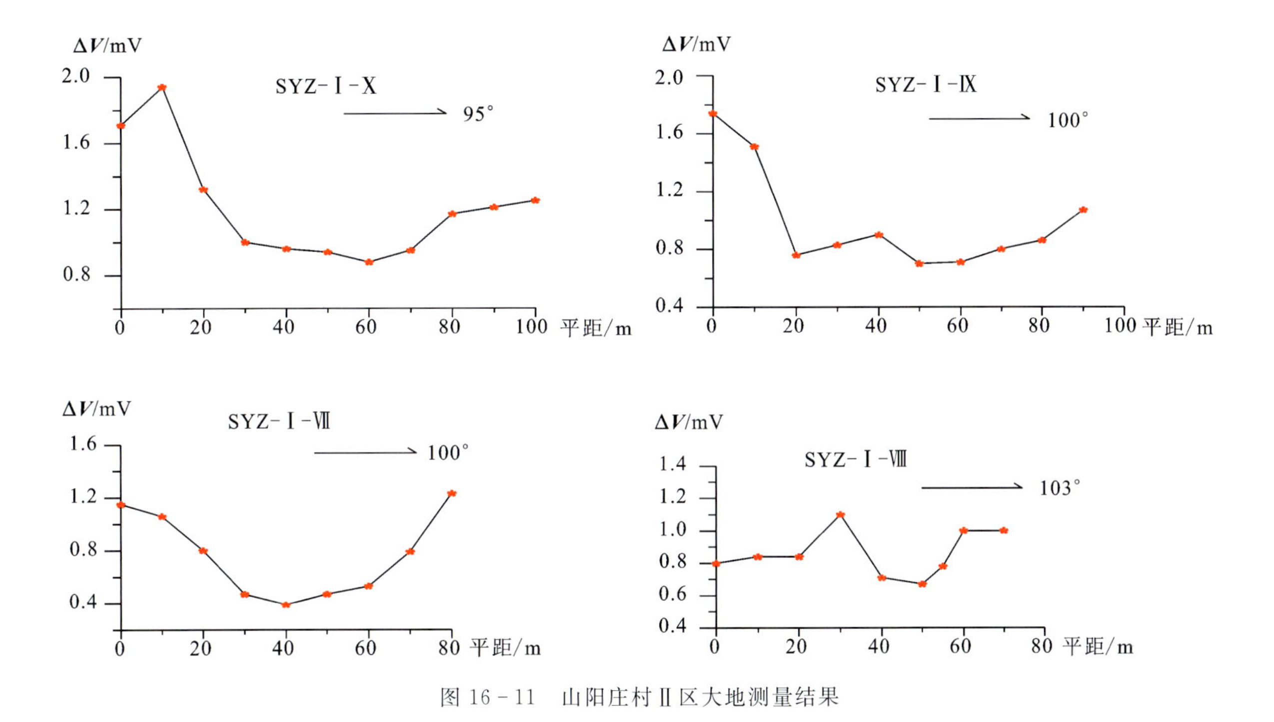

图16－11 山阳庄村Ⅱ区大地测量结果

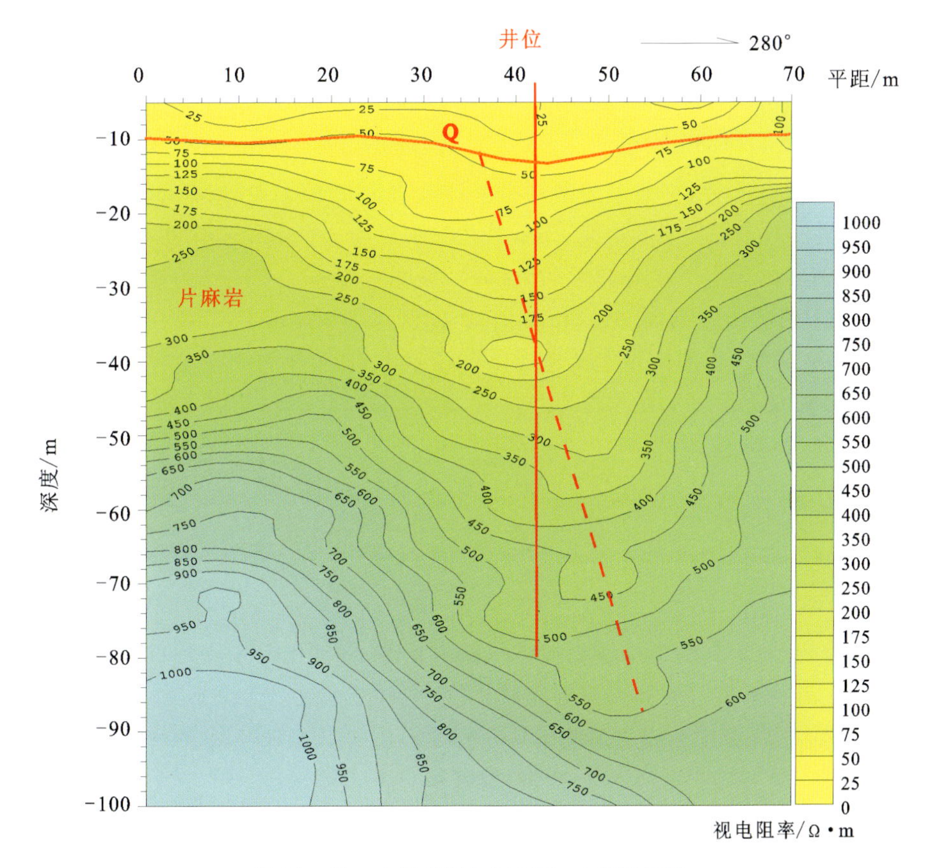

图16－12 山阳庄村Ⅱ区EH－4测量结果

16.2.3 钻孔情况

钻探和测井结果表明，水位埋深为13.6m，第四系强风化壳厚度为10m，10～20m段为中等风化片麻岩，18m处裂隙为主要出水段，经压裂处理，52～53m段出水，水量为60m³/d，可满足村民吃水需求。

16.2.4 认识与总结

山阳庄示范孔水量较小，分析原因有如下几点：①山阳庄村周边地表水呈散流状，工作区总体上汇水条件差，地下水补给差，属于贫水区；②井位位于两深切沟谷之间的高地上，汇水条件差，影响风化壳富水性；③井位位于高地上，地下水水位埋深大，水位之下风化裂隙不发育；④断层带与围岩电性差异小、大地电场曲线呈现明显的"U"形谷特点，揭示断层带宽且裂隙张开性和富水性较差。

因此，在片麻岩区找水，应综合考虑地形地貌条件、风化壳发育深度、构造规模及性质等综合因素。在片麻岩区，在以风化壳发育深度浅、汇水条件差、压扭性构造及韧性岩石等为主的条件下，地下水开采方式应以大口井为宜，大口井同时起到汇水和储水作用。

16.3 山东省沂源县娄家铺子村

16.3.1 工作区概况

16.3.1.1 基本情况

大张庄镇位于沂源县西南部，距县城20km，与蒙阴县、新泰市、钢城区三地接壤。境内省道S234、S332交叉通过，有县乡道组成的交通网络，实现了村村通公路。

娄家铺子位于省道S332旁，交通十分便利。全村现有人口384人，果树600亩，耕地673亩，大牲畜50头。村庄水源井位于村沟谷内，井深40m，单井出水量为3～5m³/h，水质受到了污染，净化后纳入供水管网。此外，在河谷内还有一些各户挖的大口井，深度一般小于6m，作为饮水水源或灌溉用水。河谷内地下水水位埋深小于5m，年变幅1～2m。

该村供需水矛盾较为突出，但由于水文地质条件较差，一直未能解决安全供水问题。本次工作以查明燕崖幅南部花岗岩区地下水富水性及富集规律为目的，结合娄家铺子供水安全需求，开展井位勘查，实施探采结合孔。

16.3.1.2 地质背景及水文地质条件

1. 地形地貌

本区处于变质岩区，地貌类型为构造剥蚀堆积低山丘陵，沟谷内属于剥蚀堆积区，海拔370～400m，河谷宽200～500m。河谷区由河流冲洪积物组成，岩性为砂质黏土、粉砂土及含砾砂层，厚度一般小于10m，边缘冲沟发育；河谷两侧山地属构造剥蚀区，海拔400～609m，属中切割区，山坡微向外突出，山顶多呈馒头状，冲沟发育，多呈"V"字形，岩石裸露，植被稀少。

本区总体地势南高北低，娄家铺子所在沟谷为北西向(图16-13)，属于张庄河的支流。该支流旱季干涸，雨季有水，在大张庄镇汇入张庄河后向北径流，最终汇入田庄水库。

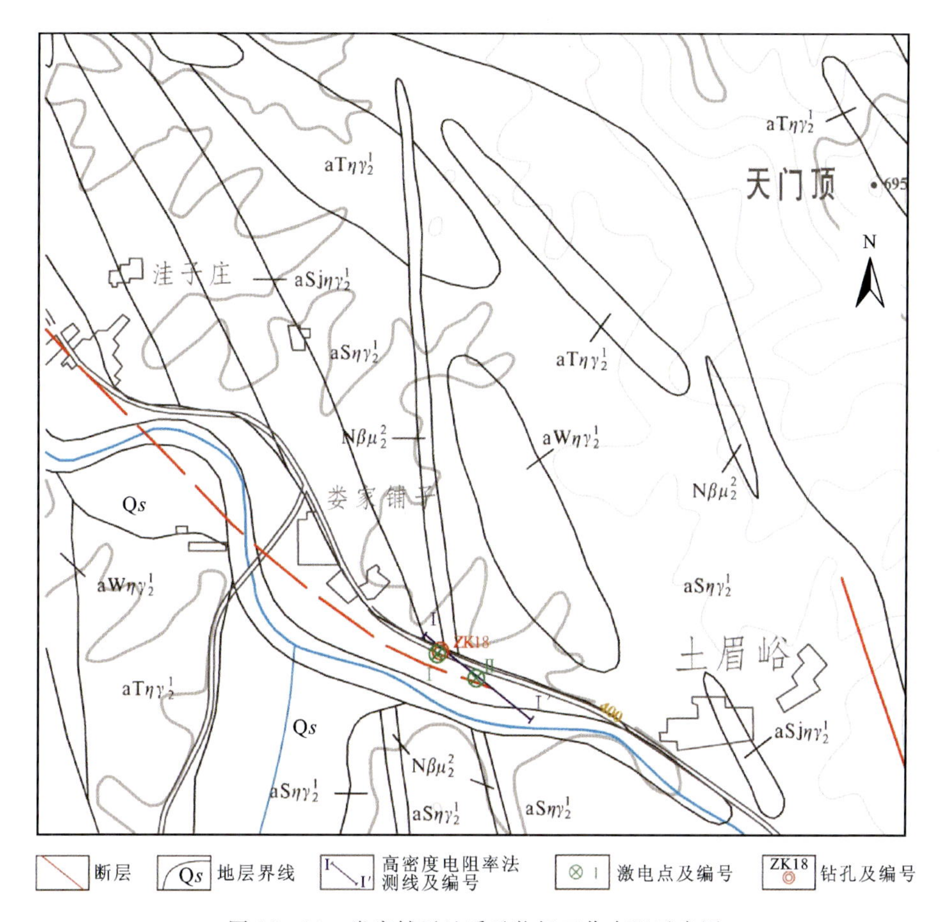

图 16-13　娄家铺子地质及物探工作布置示意图

2. 地质构造

本区位于郯庐断裂带以西约 50km，华北地台东部的鲁西地块的北部，属三级构造单元的泰沂隆起区，上五井断裂带于村庄西部 2km 处通过。区域褶皱构造不发育，但断裂构造发育。

娄家铺子村西 2km 的北东向张庄河河谷即为上五井断裂带，上五井断裂带控制了张庄河谷的形成。同样，娄家铺子所处的北西向河谷也为断裂构造所控制。

上五井断裂带是鲁中地区一条重要的断裂构造，北起临朐上五井，向南延伸至新泰市龙延，长约 80km。断裂带在北部的上高村—高堂峪一带较发育，构造迹象明显，而在南部大张庄镇一带被第四系覆盖，地表无构造迹象。断裂带由东、西两条主干断裂组成，在大张庄镇一带，形成宽约 500m 的断裂带。上五井断裂带在印支晚期—燕山早期即开始活动，与区域郯庐断裂带的活动时间和机制吻合，成型应在燕山晚期；新近纪时受区域应力场影响，又在较大规模活动，至中更新世之后仍有活动。

娄家铺子-小官庄断裂沿娄家铺子北西向沟谷发育，走向 315°，被第四系覆盖。断裂断于傲徕山超单元，错断了上五井断裂带，断裂宽度、倾向不明。

3. 地层岩性

山区基岩为傲徕山超单元，河谷区由第四系冲洪积物组成。

(1)第四系：岩性为砂质黏土、粉砂土及含砾砂层，厚度一般小于 10m。

(2)古—中元古代傲徕山超单元：多期侵入，岩性包括弱片麻状中粒含黑云二长花岗岩、斑状中粒二长花岗岩和中细粒二长花岗岩。岩石普遍遭受变形变质改造，变质程度为低角闪岩相，早期单元具片麻状、条带状构造,岩石具花岗变晶结构。侵入体多呈岩株状产出,侵入体长轴方向皆为北北西向。

(3)中元古代牛岚单元:皆呈北北西向脉状展布,与区域构造线一致,超动侵入傲徕山超单元。岩性为细粒辉绿岩,新鲜面呈深灰绿色,风化面呈黄绿色,细粒辉绿结构,块状构造,节理极其发育。岩脉宽一般5~10m,长达几千米。岩脉边部往往粒度较细,向中间变粗,围岩边部常具红石长石化蚀变带,产状陡,近直立。

4. 水文地质条件

区内地下水类型以块状岩类裂隙水为主,在沟谷内亦存在第四系孔隙水。地下水补给主要来源于大气降水,径流方向与地表水基本一致,主要受地形地势的控制,局部受构造影响。在基岩裸露区,块状岩类裂隙水主要赋存于表层风化裂隙和构造裂隙中,地下水以浅径流为主,水循环迅速,水质良好;而在河谷区,其下伏于第四系之下,在不同的季节与表层第四系孔隙水有相应的补排转化,自我调节能力增强。第四系地下水串联了地表水与下伏裂隙水之间的转换,但由于厚度较薄,调节能力弱。

地下水排泄包括向下游含水层的径流排泄、人工开采和蒸发排泄等形式。

16.3.2 物探工作及井位确定

16.3.2.1 物探工作布置及成果分析

基岩裸露区含水层厚度薄,补给条件差,富水性差;河谷区内地下水补给条件相对较好,且可得到第四系孔隙水的补给,若构造发育,在构造带有利于形成相对富水块段。因此,探采结合孔位拟选择沟谷内,物探工作以揭示娄家铺子-小官庄断裂的几何特征为目的。

为便于与村里供水管网衔接和钻机入场,物探工作区被限定于村南省道S332旁的康源生物有限公司东侧果园内。因靠近村庄和公司,电力线密集,选择高密度电阻率法开展工作(图16-13)。因省道S332大型、重型车辆过往频繁,测线无法穿越省道布设,故因地制宜沿130°方向布设测线。因北西向沟谷上游建有鸭棚,致使河道地表水和周边村民开挖的第四系浅层水均已被污染,故测线布设时尽量避开河道,测线大部分位于河道北侧,剖面尾端(350m左右)跨过河道向南延伸。

高密度电阻率法勘查结果(图16-14)显示,断面范围内发育3条断层,即F_1、F_2、F_3。从断层地表投影位置分析,F_3断层处应为1∶5万地质图标识的北北西向辉绿岩脉位置,F_3断层附近,河道中存在地表水,且水量比上游略大;F_3和F_2断层之间,河道中地表水水量达到最大;F_2断层下游,河道地表水消失,完全转为地下水。F_1断层带视电阻率值稍低于F_3断层,且地表水在F_2和F_1断层之间完全转化为地下水,故推断F_2和F_1断层带完全被岩脉充填的可能性小,且F_1断层富水性优于F_2。

1、2号激电点(高密度电阻率法测线65m、200m处)测深曲线(图16-15、图16-16)揭示出,第四系沉积物和花岗岩风化壳厚度为$AB/2=10\sim14$m;F_1断层的富水性较好,主要富水段应为$AB>28$m;从浅至深断层带内岩石的破碎程度相当,无大变化,富水程度高。

16.3.2.2 钻孔情况

钻孔深100m,采用潜孔锤钻进。钻孔揭露出:0~8m为第四系冲洪积层,岩性主要为中细砂;8~36.0m,为二长花岗岩,在16m深处初次漏水,在33m处水量明显增大;36.0~95.0m,为含黑云二长花岗岩,此层有较为明显的漏水地段;95.0~100.0m,为二长花岗岩。

该钻孔静水位埋深为5.9m,进行了3个落程抽水试验:降深22.74m时,涌水量为353.2m^3/d;降深7.57m时,涌水量为184.8m^3/d;降深2.45m时,涌水量为115.2m^3/d。水质测试分析结果显示,TDS含量为183.1mg/L,pH为7.6,所检项目均符合国家生活饮用水卫生标准,水质优良。

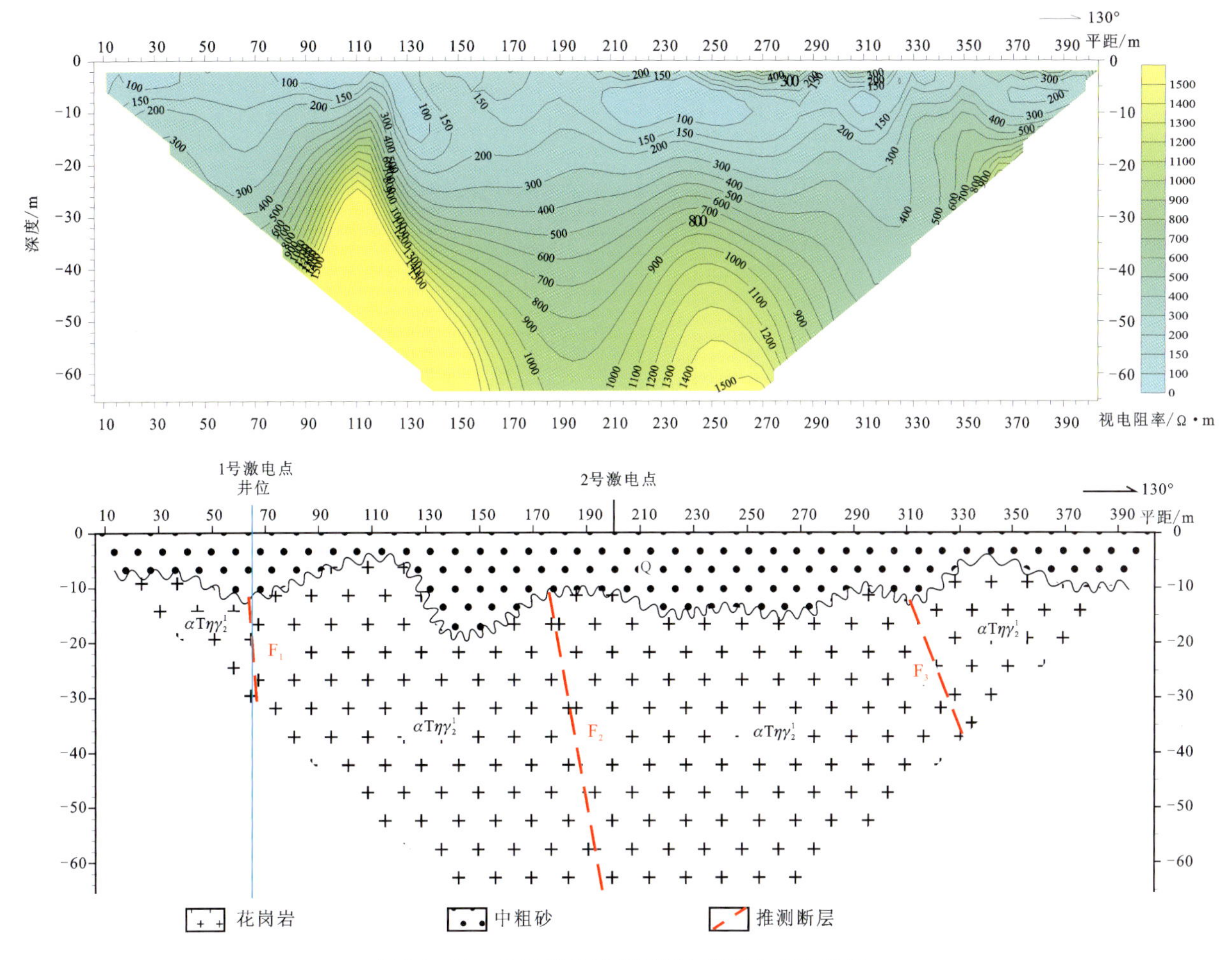

图 16-14 娄家铺子村高密度电阻率法勘查结果

16.3.3 认识与总结

(1)服务于乡村脱贫攻坚的找水打井工作多受到场地限制,选择物探工作区和确定井位时要充分考虑钻机入场条件、与已有水利设施的相邻性以及成井地质和水文地质条件,缺一不可。

(2)要在充分梳理归纳已有地质认识的基础上设计物探工作,应紧密结合水文地质现象分析物探成果。

(3)结合水文地质现象和电阻率差异,精心分析可分辨断层带是否被岩脉充填这一困扰定井的问题。

(4)2 号激电点视电阻率与半衰时曲线于 $AB/2>28$m 后单一斜率上升的特征是岩体(非沉积岩)不富水的典型表现,结合高密度电阻率法断面,认为 F_2 断层存在的可能性较低。

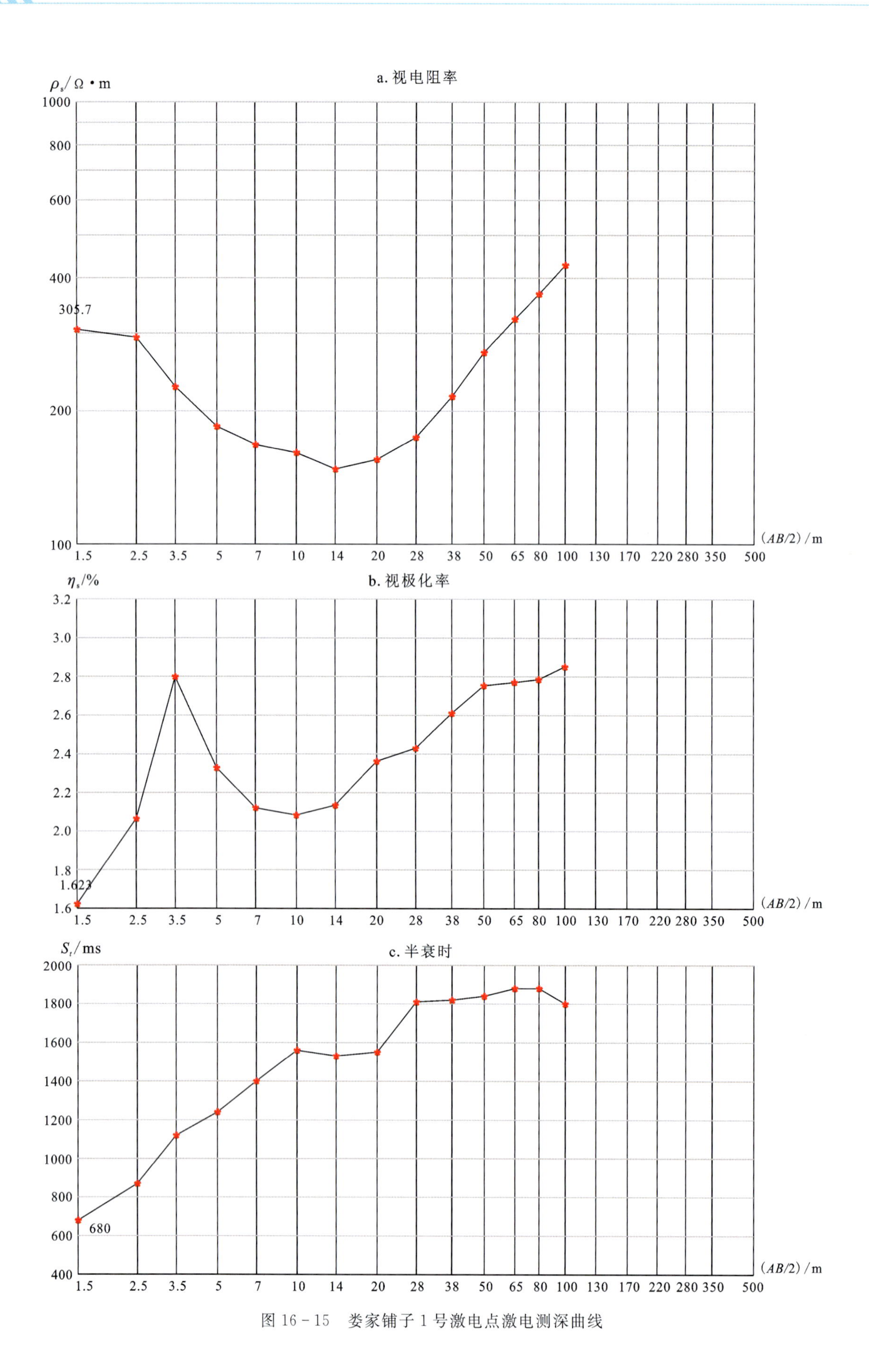

图 16-15 娄家铺子 1 号激电点激电测深曲线

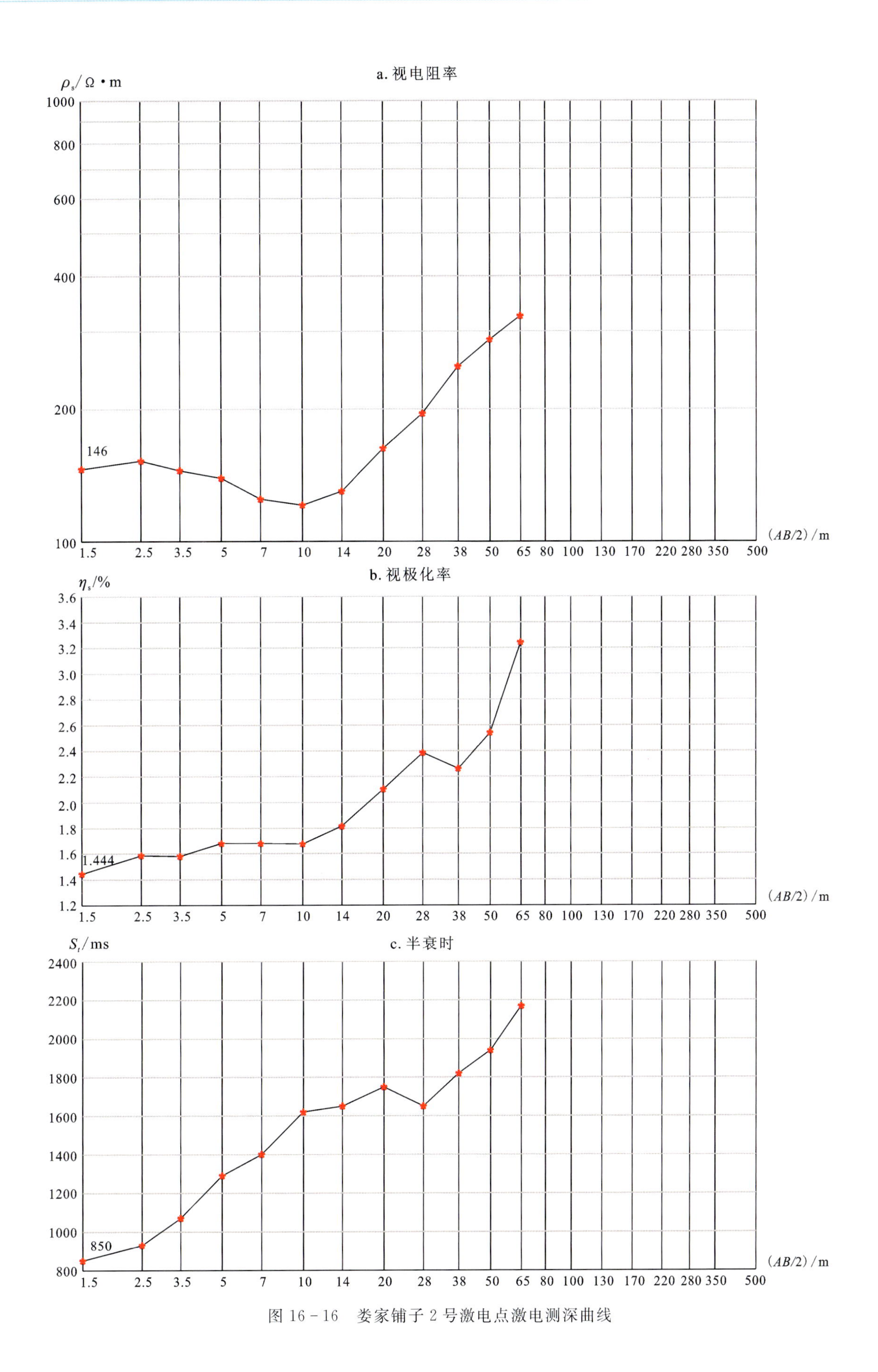

图 16-16　娄家铺子 2 号激电点激电测深曲线

17 张北县玄武岩水储勘查实践

17.1 工作区概况

17.1.1 基本情况

张北县地处冀西北坝上生态脆弱及燕山-太行山集中连片贫困区，是国家脱贫攻坚战的主战场之一。县域南、西部出露新近系汉诺坝组玄武岩，地质-水文地质条件复杂，富水性极不均匀，找水难度较大，水源型缺水村庄普遍存在。

2018年至2021年，中国地质调查局在张北县连续实施地质扶贫找水及1∶5万水文地质调查工作，累计实施探采结合孔34眼，直接解决24 500余人的饮水安全问题及相关扶贫产业的用水问题。基于在县域内玄武岩区实施的探采结合孔及水文地质调查中的新发现，从玄武岩地下水的含水层、相对隔水层以及补径排条件的3个基本要素出发，总结了区内玄武岩的蓄水构造类型，全面划分了坝上地区新生代玄武岩蓄水构造类型。

17.1.2 地质背景及水文地质条件

17.1.2.1 自然地理

张北县位于河北省西北部，内蒙古高原南缘的坝上地区，面积4185km^2。区内属于寒温带半干旱大陆性季风气候，气候寒冷，无霜期短，风多雨少，多年平均降水量为392.6mm，降水量年内年际变化大，多集中在6月到9月，多年平均蒸发量为1850mm，是降水量的5倍。张北县有河流25条，总长793km，较大的河流有13条。大部分河流源于坝头山区，多呈南北、东西走向，水源主要靠天然降水补给，部分河流汇聚山间形成泉水溪流，在流程中又渗漏或蒸发，多为季节性河流。

县域地势整体呈南高北低，南部“坝头”地区地形切割强烈，为低山丘陵地貌；北部地形平缓，切割较浅，呈现波状平原地貌。区内玄武岩区呈现典型火山地貌，具体可分为熔岩台地、火山残锥、台面洼地等地貌单元。

17.1.2.2 地层岩性与构造

区内玄武岩，按其喷发时代，可分为新近纪中新世和上新世玄武岩（N_1h），玄武岩中夹有喷发间歇期沉积的蓝灰色黏土岩、砂岩，分布广泛而稳定。中新世玄武岩主要为安山玄武岩、橄榄石玄武岩，呈致密状、气孔状、杏仁状或气孔杏仁状，分布于南起坝头、北至公会一带，厚度较厚，喷发间歇可达11～12层之多，其横向特征表现为从火山喷发中心至外围地区玄武岩厚度由大变小且沉积夹层由少变多[14]。上新世玄武岩岩性主要为伊丁石化橄榄玄武岩、拉斑玄武岩等，火山口附近有红色浮岩，主要分布于台路沟—大河—海流图—单晶河—大西湾一线地区，除火山口外普遍为厚30～50m的熔岩盖层，多呈熔岩台地地貌。

区内中生代以来，火山活动频繁，至新生代，构造运动仍有继续，构造形迹以断裂为主，但因受新生界覆盖影响，多数性质不明。区内新构造运动相对强烈，主要表现为多级层状地貌、强烈火山活动、断裂活动、地块掀斜等。新牛代以来近东西向、近南北向断裂活动较弱，北东向、北西向断裂活动较为强烈，控制了新近纪以来的地貌差别、盆地分布以及地表水系等。

17.1.2.2 水文地质概况

玄武岩地下水主要赋存于玄武岩的原生、次生孔洞，裂隙以及所夹碎屑岩之中，主要接受大气降水及冰雪融水入渗补给，其次是河流季节性渗漏和农田灌溉回归补给，人工开采及蒸发是其主要排泄方式。由水文地质图(图 17－1)可知，玄武岩地下水主要分布于县域的西南部及隐伏于张北县城至公会镇一带第四系松散层之下，几乎全部位于安固里淖内流系统内；玄武岩地下水自坝头由南向北、西北径流，最终汇入县域西北部的安固里淖(现已干涸)；玄武岩地下水水文地质分区变化较明显，南部坝头一带为补给区，馒头营一带为地下水径流区，向北至安固里淖、许清房一线主要为排泄区。

17.2 蓄水构造类型及富水性影响因素

区内玄武岩蓄水构造类型主要可以分为单斜型、断裂型以及大型孔洞型 3 类，其中单斜型蓄水构造依据玄武岩出露条件等又可细分为台地型、平原埋藏型、火山锥外围型以及河谷型。在富水性影响因素方面，单斜型蓄水构造主要与玄武岩孔洞、裂隙的连通性及其所夹碎屑岩的岩性、结构有关；断裂型蓄水构造受断裂的力学性质及后期活动性影响较大，一般张性断裂、新近活动的断裂导水性、富水性较好；大型孔洞型蓄水构造储水空间巨大，富水性极好，富水性影响因素主要与玄武岩孔洞规模及连通性有关。

17.2.1 单斜型蓄水构造

新构造运动导致的区内地块掀斜，具体表现为强烈的南部坝头抬高和北部安固里淖下降，由此导致研究区内地形坡度加大和岩层向北倾斜(倾角 3°～10°)。玄武岩在多期次喷溢间隔期内遭受强烈的风化剥蚀和地下水潜蚀、搬运作用，使原生孔隙进一步扩大连通，形成孔隙度较高、结构松散的玄武岩风化壳，具有一定蓄水空间。同时，除剥蚀上升区以外，玄武岩区亦接受新近纪时期的碎屑岩沉积，其中砂砾岩、砂岩等可作为含水层。倾斜岩层及似层状的孔洞、裂隙或砂砾岩、砂岩作为含水层，而黏土岩层、致密玄武岩层等作为相对隔水层，在适宜的补给条件下形成了典型的似层状单斜型蓄水构造(图 17－2)。影响该型蓄水构造富水性因素主要为玄武岩风化壳(气孔带)的孔隙率、连通性以及所夹碎屑岩的岩性、结构等。玄武岩风化壳(气孔带)孔隙率越大，连通性越强，其富水性越好；当玄武岩夹层为砂砾石、粗砂或是玄武岩直接覆盖于砂砾石层之上时，其含水性、透水性一般较好。

单斜型蓄水构造水文地质特征可以概括为：①玄武岩地下水的总体流向与地层倾向相同，由南向北自低山丘陵、熔岩台地流向洪湖积平原、沟谷平原区，最终流向以淖为中心的湖沼平原区；②南部低山丘陵、熔岩台地地形起伏明显，径流条件好，水质较好，而湖沼平原区地形坡度起伏小，水流滞缓，蒸发浓缩作用强烈，水质较差；③玄武岩含水层沿倾斜方向在平原区尖灭，倾伏端易形成承压水斜地。

17.2.1.1 台地型蓄水构造

台地型蓄水构造主要分布于县域的南、西部以及西北部两面井一带，所处位置普遍较高，玄武岩一般裸露于地表，其气孔和裂隙较为发育。由于新构造运动，该区多次缓慢上升，玄武岩层遭受强烈的风化剥蚀及河流冲沟的切割作用，使熔岩台地易形成“阶梯状”的残留面。除前述影响该型蓄水构造富水性因素外，玄武岩厚度亦是影响台地型蓄水构造富水性的重要因素，熔岩台地中玄武岩越厚，所夹含水

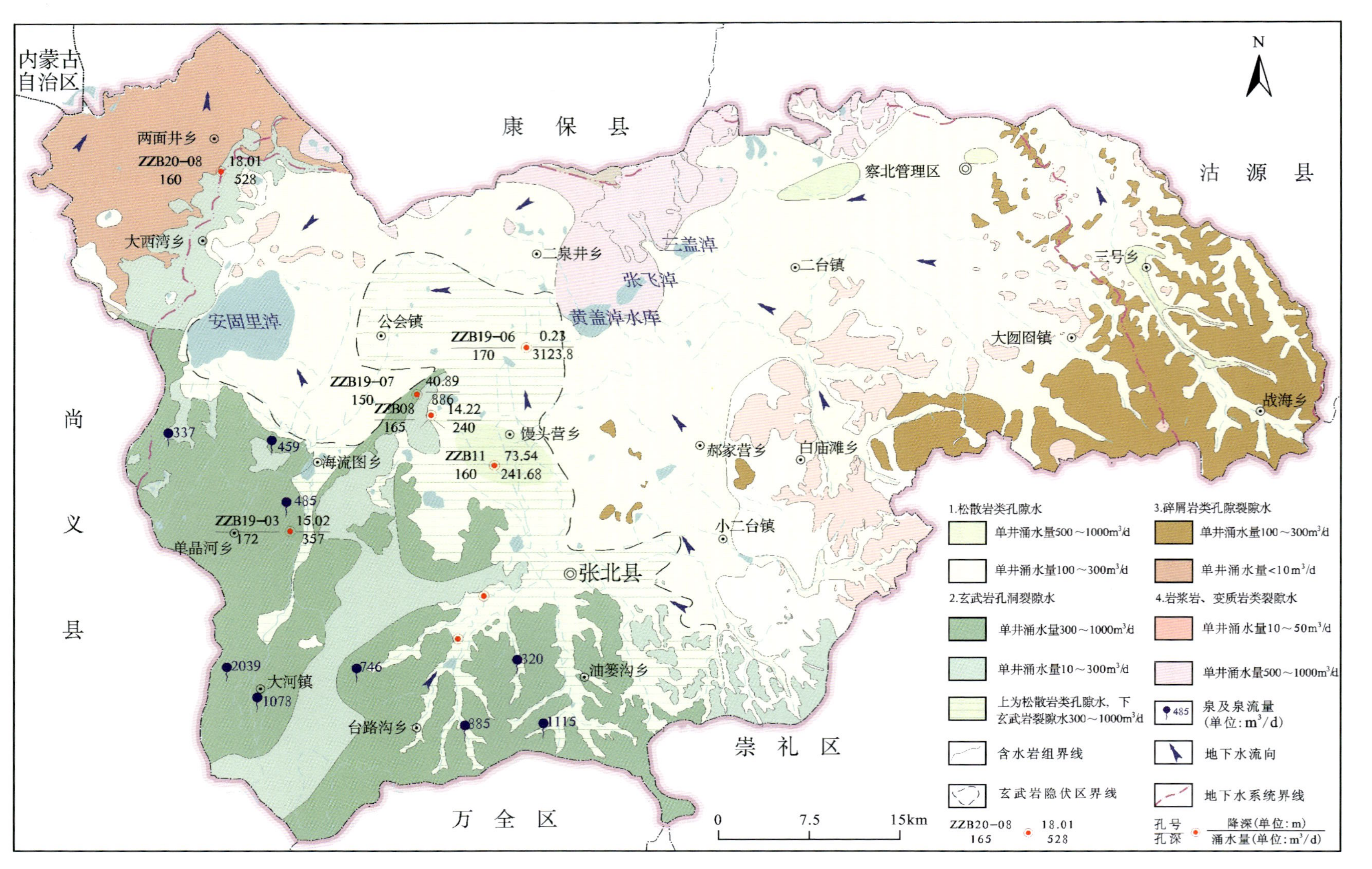

图 17－1 张北县水文地质简图

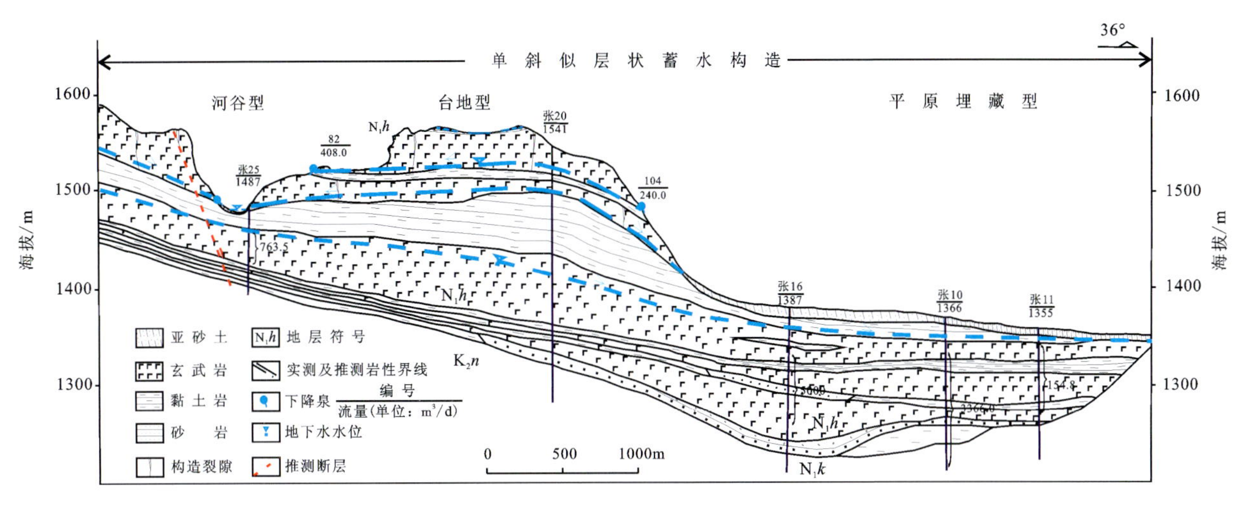

图 17-2 单斜蓄水构造水文地质剖面示意图

注：N_1k. 开地坊组；N_1h. 汉诺坝组；K_2n. 南天门组。

层越多，地下水富集能力越强。该型蓄水构造由于玄武岩多裸露于地表，较有利于大气降水的补给和存储，地下水类型以潜水居多，大气降水入渗补给后经过短途径流，在台地边缘的沟谷切割处，多以下降泉形式流出。本次水文地质调查，在台地边缘的沟谷切割处，发现 30 多处下降泉，多呈集中点状分布，泉水流量一般 0.1～4.0L/s，动态稳定，TDS 含量为 97～427mg/L。

17.2.1.2 平原埋藏型蓄水构造

平原埋藏型蓄水构造分布于张北县城北至公会镇一带地势低平的波状平原区，玄武岩隐伏于第四系松散堆积物之下，从而形成平原埋藏型蓄水构造。因隐伏玄武岩层直接与县域南、西侧裸露玄武岩相连，接受熔岩台地玄武岩地下水的侧向补给以及上覆松散岩类孔隙水补给，总体补给条件较好，利于地下水的富集，地下水类型多为承压水。抽水试验显示，该型蓄水构造单井涌水量可达 300～1000m^3/d，富水性为中等—较好，水位埋深较浅。

17.2.1.3 火山锥外围型蓄水构造

火山锥外围型蓄水构造分布于县域南、西部熔岩台地的火山锥(残丘)外围，火山锥主要有 13 处，以十字街及中华山火山口保存最好，可见环状分布的火山残锥。该型蓄水构造以火山锥为中心，呈放射状向外扩散，一般倾斜较缓、倾角较小，多由玄武岩夹火山溶渣层或者火山碎屑岩共同组成含水岩组。大气降水入渗以后随地势向下径流，往往在火山锥的外围以泉或泉群的形式排泄，地下水类型为潜水，富水性贫乏—中等。本次水文地质调查过程中，在台路沟乡郝家营子村东发现一火山残丘，整体呈浑圆状，残丘顶部有明显柱状节理，垂向裂隙发育，紧邻火山残丘的东部为一近北西向河谷，在火山残丘底部河谷西侧出露线状下降泉群(4 眼泉眼)，其枯季累计流量可达 10.24L/s。

17.2.1.4 河谷型蓄水构造

河谷型蓄水构造分布于县域南、西部熔岩台地之间的河谷地带，玄武岩埋藏于河谷松散堆积层之下，与上覆松散含水层组成统一的含水岩组，因此形成河谷型蓄水构造。该型蓄水构造一般呈条带状分布，规模较小，含水层主要由玄武岩“孔洞层”和砂砾石组成，河水是该型蓄水构造的主要补给来源，地下水类型多为潜水，但若玄武岩之上有黏土隔水层存在时，亦可形成承压水。

17.2.2 断裂型蓄水构造

除受风化剥蚀和地下水潜蚀作用以外，后期的断裂活动也进一步促进了玄武岩次生孔洞、裂隙的发育，断裂带的裂隙和孔隙形成了较好的蓄水空间，也可以作为良好的地下水补给通道；而断层两盘岩石则成为相对隔水边界，在适宜的补给条件下，可形成断裂型蓄水构造。新生代以来，本区断裂活动较为强烈，虽多隐伏于第四系以下，但断裂型蓄水构造在区内玄武岩中亦较为常见。

断裂的力学性质及后期活动性对玄武岩地下水的运动与富集起着重要的控制作用。一般张性断裂导水性、富水性较好，新近纪活动的断裂往往具有充填程度低、胶结程度差等特点，利于地下水的导水与富集。王行军等[15]研究表明，北东向区域控制性断层张北-沽源大断裂在第四纪全新世仍有活动；蔡华昌等[16]则认为区内存在着北东向、北北东向、北西向3组断裂，3组断裂均属于第四纪早期活动断裂，其中以北北东向断裂最新。

17.2.3 洞穴型蓄水构造

洞穴型蓄水构造指的是地下水赋存于玄武岩的原生、次生大型孔洞之中，而孔洞的顶底板一般作为隔水边界。玄武岩洞穴可以分为原生洞穴或者是次生洞穴，原生洞穴的主要形态有熔岩隧道、熔岩管道和孤立气洞，其发育主要受熔岩的喷发强度以及岩浆本身物质成分影响；而次生孔洞是玄武岩长期风化剥蚀、地下水潜蚀以及新构造运动的综合产物。玄武岩洞穴大者可达数米甚至是十几米，可孤立存在，亦可以相互连通，形成层状连通的孔洞层。例如张北煤田的主副井掘进过程中，发现5层原生及次生孔洞层。该型蓄水构造富水性极好，其富水性影响因素主要与孔洞的规模及连通性有关。

17.3 典型找水实例

17.3.1 二泉井乡西大淖村孔洞与断裂复合型蓄水构造

17.3.1.1 基本情况

二泉井乡西大淖村位于张北盆地北部边缘地带，地表为第四系覆盖，下伏地层结构不详。据现场地质调查，村东南浅部岩性为厚度大于100m的泥岩。村内供水井和民用灌溉井分布在村西北，井深50～70m，含水层岩性为玄武岩，而在村东没有钻井成功先例[17]。

17.3.1.2 地下水探测及井位确定

为查清村西北区地层结构，判断富水块段以确定适宜探采结合井位置，同时采用CSAMT法和高密度电阻率法开展工作（图17－3）。

考虑到工作区周围有风电干扰因素，首先选择了CSAMT法沿近南北向布设了测线。图17－4a和图17－4b分别为使用Bostick反演得到的视电阻率-深度断面图、使用二维圆滑模型反演得到的电阻率-深度断面图。从图中可以看出，使用二维圆滑模型反演法得到的结果对断层的刻画更加清晰，故通过二维圆滑模型反演得到电阻率-深度断面图进行推断。据二维圆滑模型反演视电阻率-深度断面图（图17－4c）推断，测线600～700m位置存在控盆断裂（F_1），其倾向北东，为正断层，结合已有地质资料，分析其走向为北东东向、近东西向。断裂以北，为玄武岩＋花岗闪长岩的地层结构；断裂以南，盆地内沉积了巨厚的泥岩和泥砾岩，埋深十几米至80多米的玄武岩为盆地内唯一含水层，玄武岩向南埋深有逐渐增大的趋势，且在南部尖灭（图17－4）。

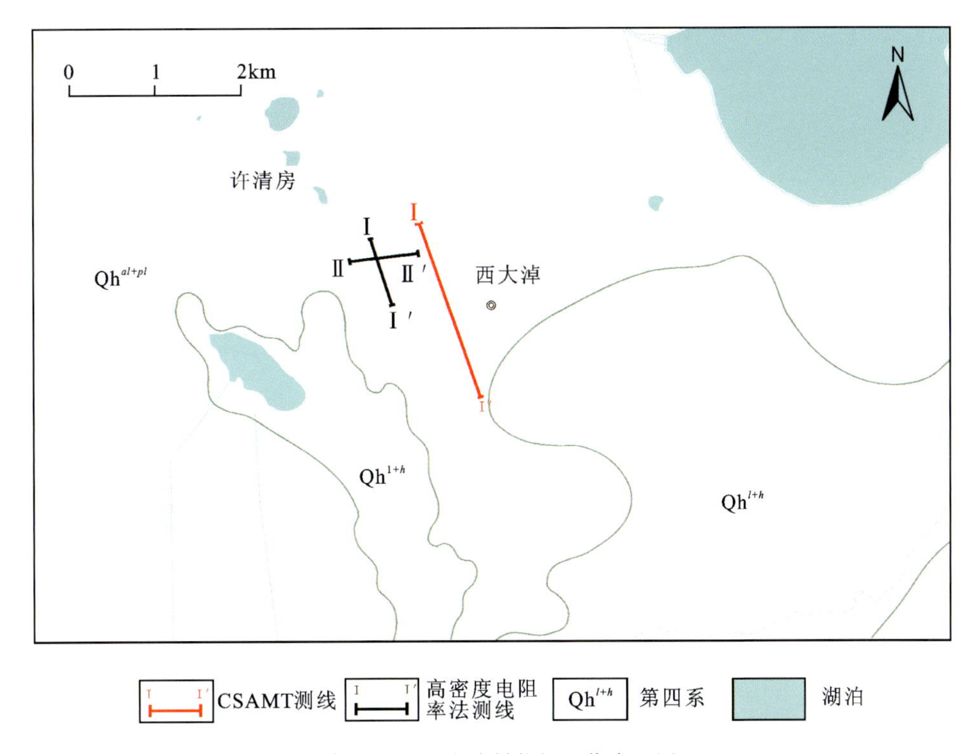

图 17-3 西大淖村物探工作布置图

注：Qh^{al+pl}. 第四系冲积、洪积物；Qh^{l+h}. 第四系湖沼沉积物。

故物探工作重点放到断层 F_1 以北地段，以进一步明确玄武岩分布、厚度以及断层 F_1 走向。采用工作效率高的高密度电阻率法，布设近垂直的 2 条测线（图 17-3）。由图 17-5 和图 17-6 可知，工作区玄武岩呈层状分布，厚度稳定在 60～80m 之间。埋深 20m 以浅，玄武岩致密不含水；埋深 20～80m，玄武岩孔隙、裂隙发育，富水性好。Ⅰ测线断面同时显示，断层 F_1 确实为控盆构造，断层南侧玄武岩上覆低阻泥岩盖层，结合 CSAMT 结果进一步落实断层 F_1 为近东西走向；30Ω·m 电阻率等值线围限区域的玄武岩孔洞、裂隙发育程度更好，富水性更佳；测线 300m 附近发育倾向北东的正断层 F_2，F_2 下盘玄武岩含水层厚度大，裂隙发育程度更高，越靠近断层玄武岩裂隙越发育。

17.3.1.3 钻探施工

孔位选择于高密度电阻率法Ⅰ线 370m 位置处，钻进过程中，于 60.1～76m 深度位置直接掉钻，除捞有砂砾石以及直径 2～7cm 玄武质卵砾石外未取得岩芯。该段为一高约 16m 的大型孔洞层，后采用水泥等灌浆才能继续钻进（图 17-7）。抽水试验显示，降深在 0.23m 时，涌水量约 3 123.84m^3/d，水量极为丰富。

该孔洞型蓄水构造规模之大在坝上及邻近玄武岩分布区是极为罕见的，在蓄水构造成因、地下水补径排条件方面均具有代表性，其储水空间巨大能起到多年的调节作用，富水特征类似岩溶地区地下河，为区内水文地质调查工作的重要新发现。

17.3.2 台路沟乡后大营滩村河谷型蓄水构造

17.3.2.1 基本情况

台路沟乡后大营滩村位于张北县西南部季节性河流群马河的西岸，其西北、西南和东南三面被玄武岩台地包围。玄武岩台地局部覆盖第四系黄土，台地边缘及宽谷区均分布薄层第四系亚砂土。村内供

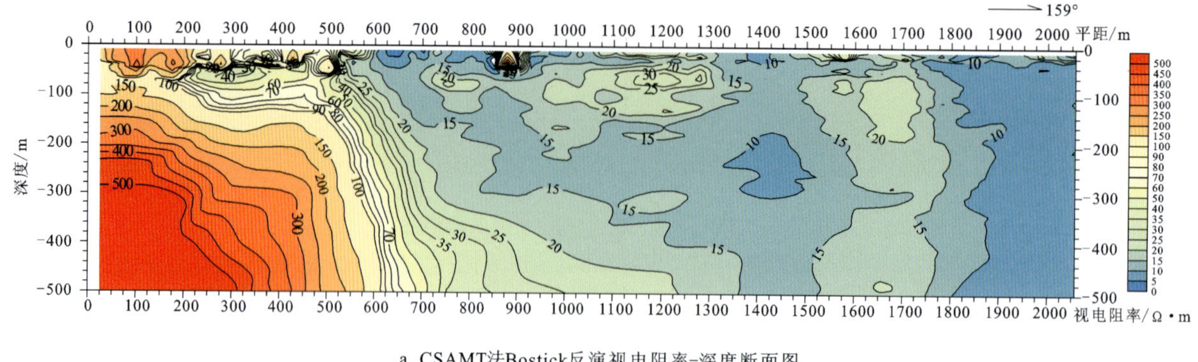

a. CSAMT法Bostick反演视电阻率-深度断面图

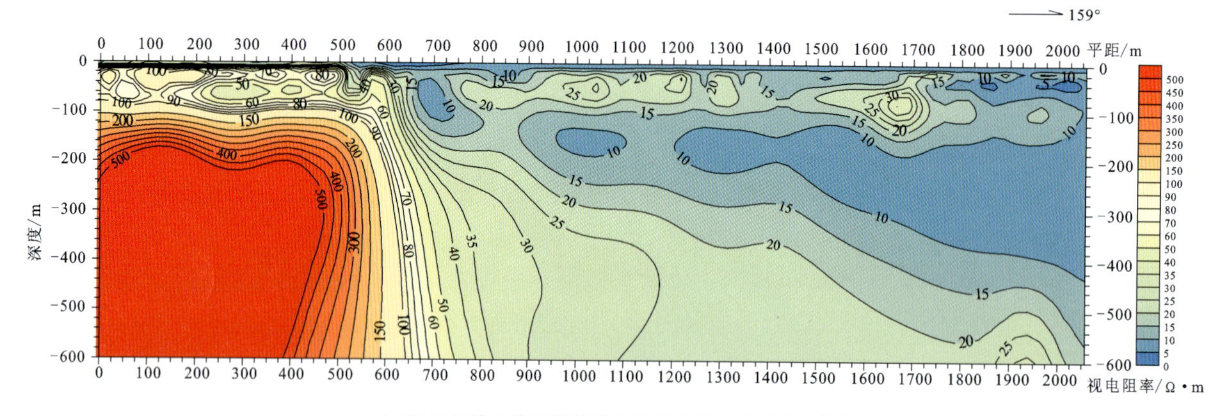

b. CSAMT法二维圆滑模型反演视电阻率-深度断面图

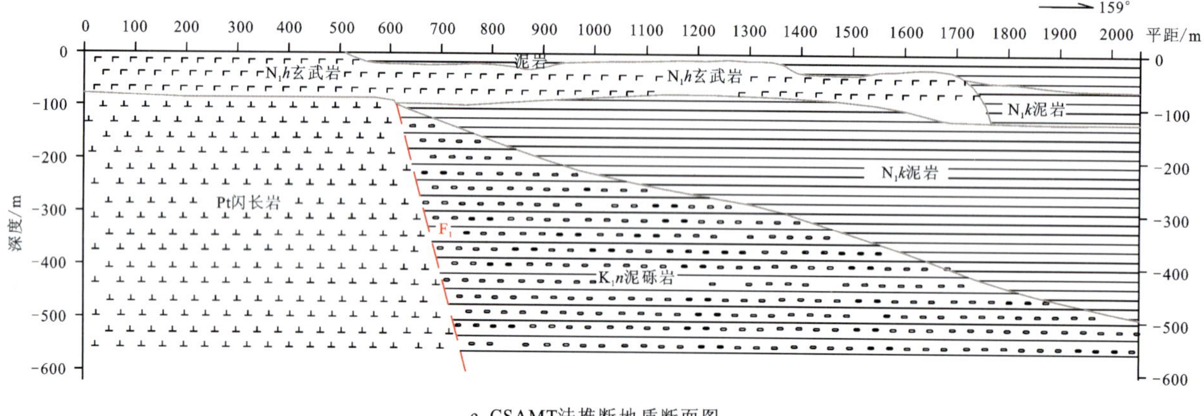

c. CSAMT法推断地质断面图

图 17-4　西大淖村 CSAMT 法勘查结果及推断地质断面图

水井位于大营滩村西南侧的玄武岩台地上，玄武岩孔隙、裂隙组成有效的储水构造。宽谷内分散有灌溉用水井，井深通常小于 60m，揭露的岩性主要为开地坊组泥岩（N_1k）和砂岩，水位在 10m 上下，富水性一般。

后大营滩为张北县新农村建设的示范村，村内对牛羊等动物实行集中养殖，已建养殖场存在缺水问题。为供水便利，村委会要求井位尽可能靠近养殖场场区。

17.3.2.2　物探工作布置

依据水位埋深和区内电磁干扰程度（周边台地风电干扰严重），选择高密度电阻率法开展物探工作（图 17-8）。工作目的和原则为：①围绕厂区布设高密度电阻率法测线；②确认宽谷内玄武岩的分布特征;③调查区内地层的结构和变化特征;④查找是否有中新世古(故)河道。故首先近南北向、东西向布设测线,在获得进一步地质认识的基础上,再有目的地追踪目标体。

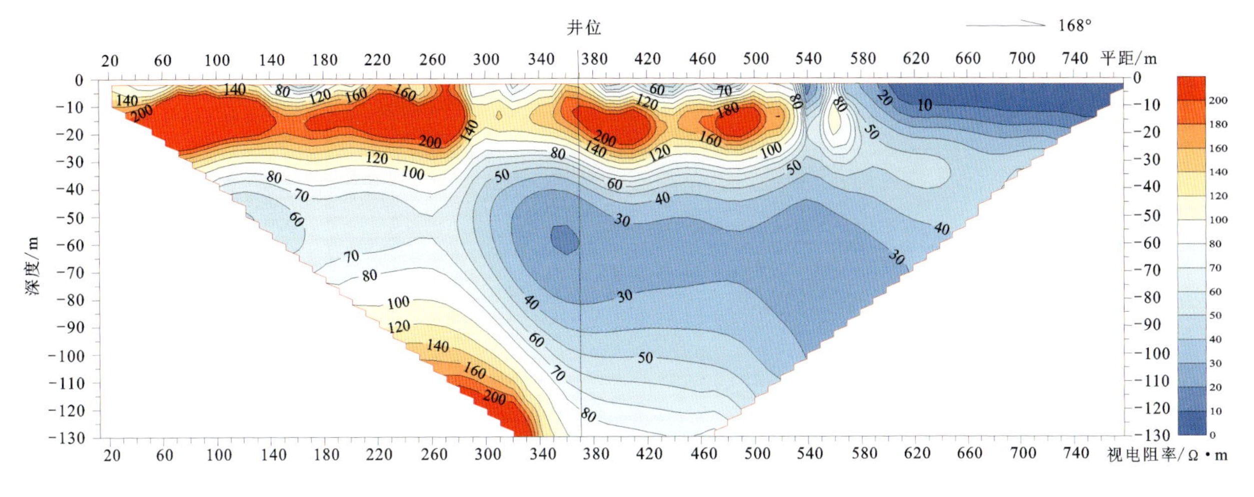

a.高密度电阻率法Ⅰ线二维反演视电阻率-深度断面图

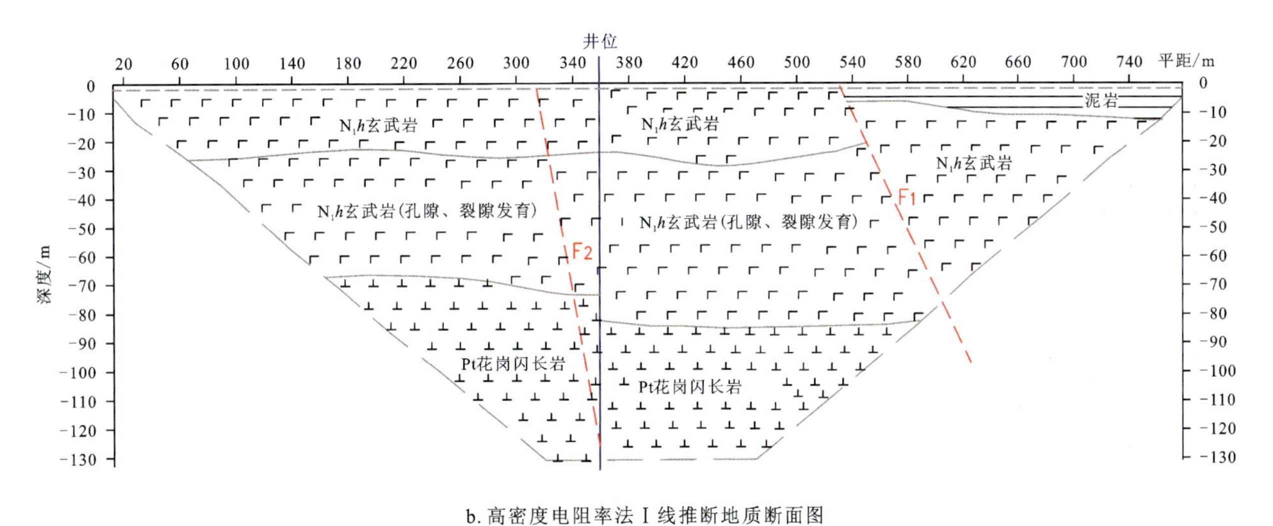

b.高密度电阻率法Ⅰ线推断地质断面图

图 17-5 西大淖村高密度电阻率法Ⅰ线勘查结果及推断地质断面图

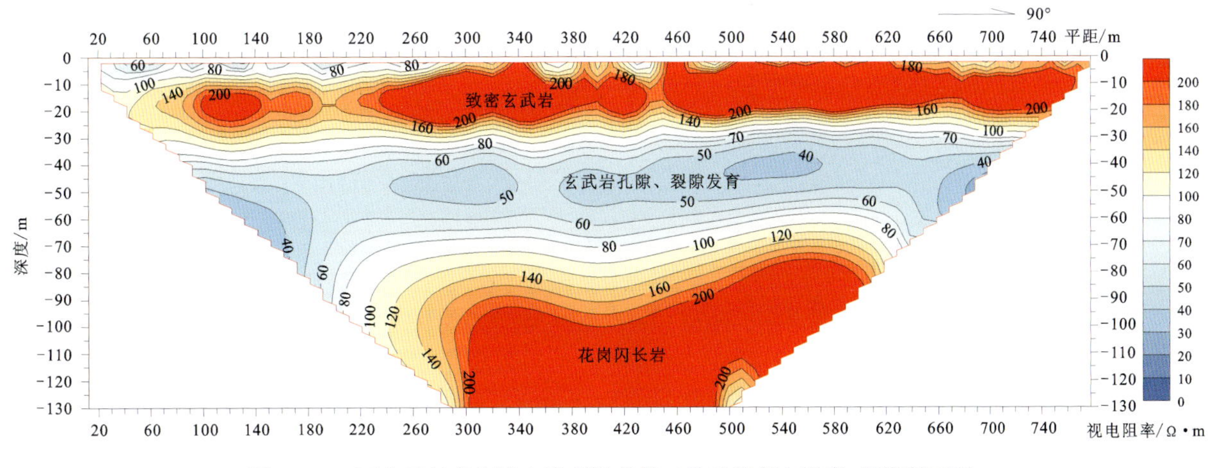

图 17-6 西大淖村高密度电阻率法Ⅱ线二维反演视电阻率-深度断面图

图 17-7　西大淖村 ZZB19-06 钻孔大型空洞层附近岩芯

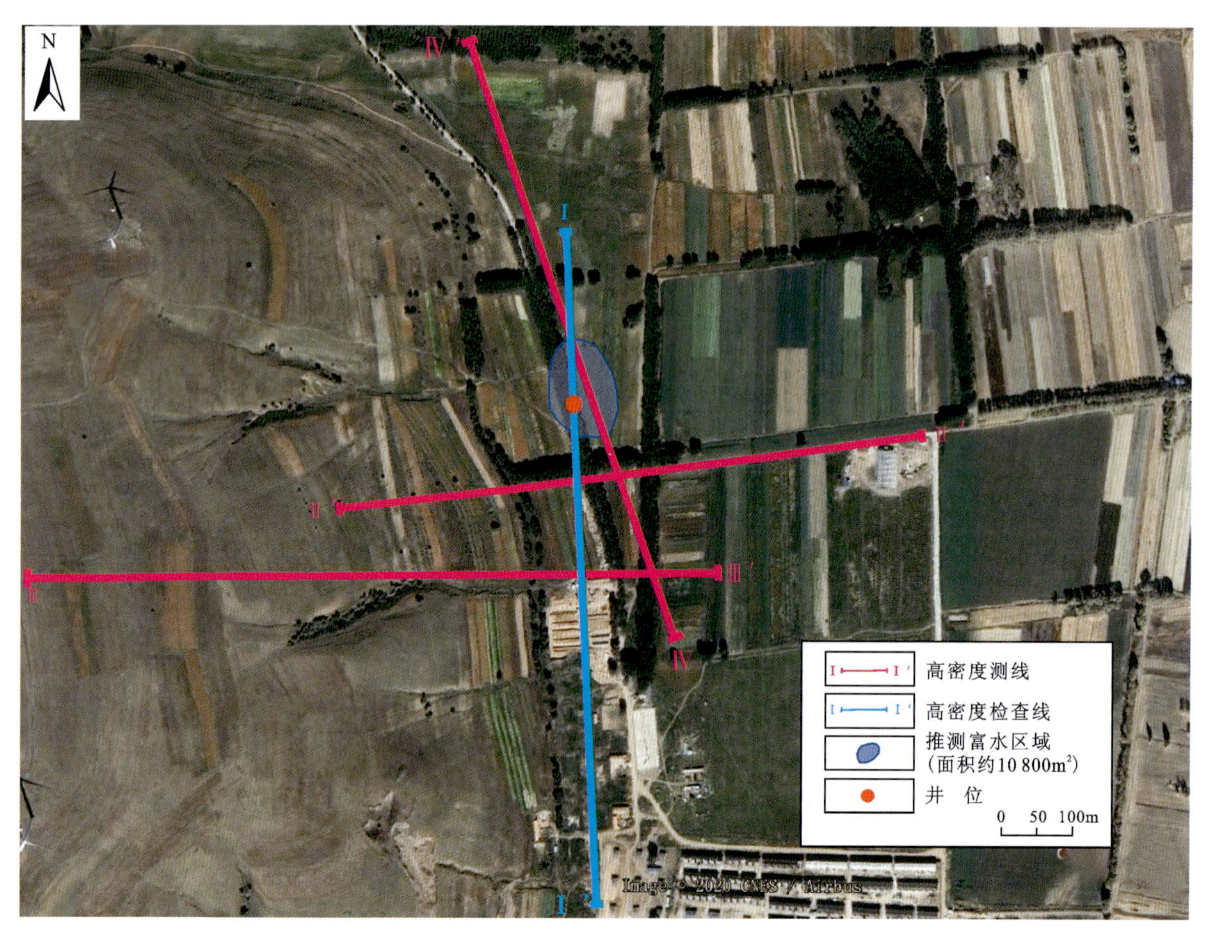

图 17-8　大营滩村物探工作实际材料图

17.3.2.3 物探成果分析

由过养殖场场区的高密度电阻率法Ⅰ线(图 17－9)二维反演结果可知,整条剖面以 300m 为界,前端、后端具有明显不同的地层结构。前端存在垂向上厚度超过 70m、水平方向上长约 150m 的高阻体,推测为河流相砂岩和砂砾岩的反映,中间中阻的“眼球状”透镜体也可能为孔隙、裂隙发育的玄武岩。后端为典型的三层结构,中间泥岩的厚度从北向南逐渐增厚,为良好的隔水层。

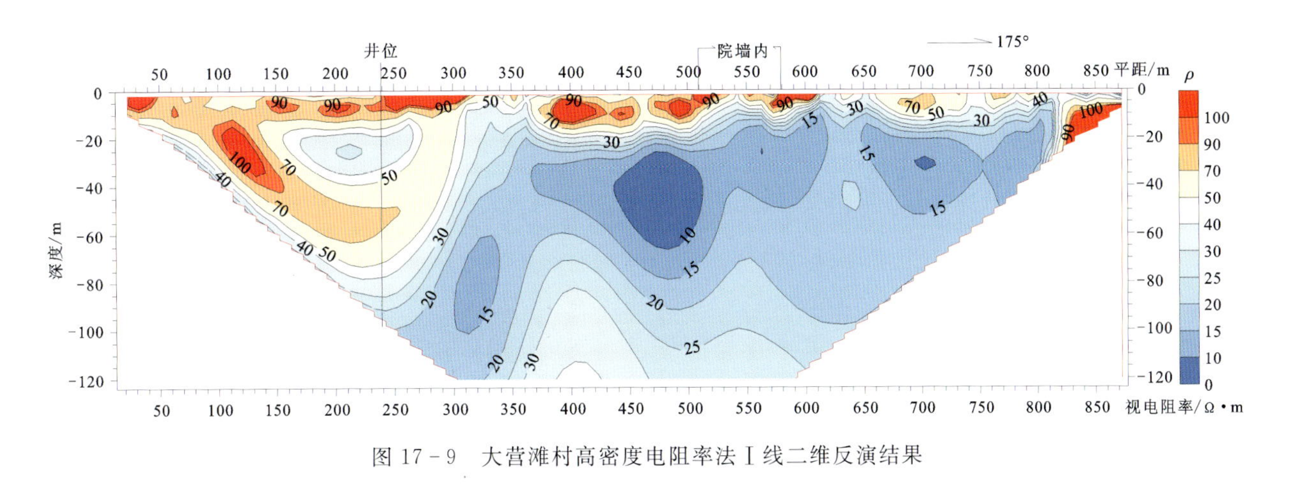

图 17－9 大营滩村高密度电阻率法Ⅰ线二维反演结果

为进一步追踪河床相砂岩体的分布,受蔬菜种植影响,只能沿北西向布设高密度Ⅳ线,结果见图 17－10。

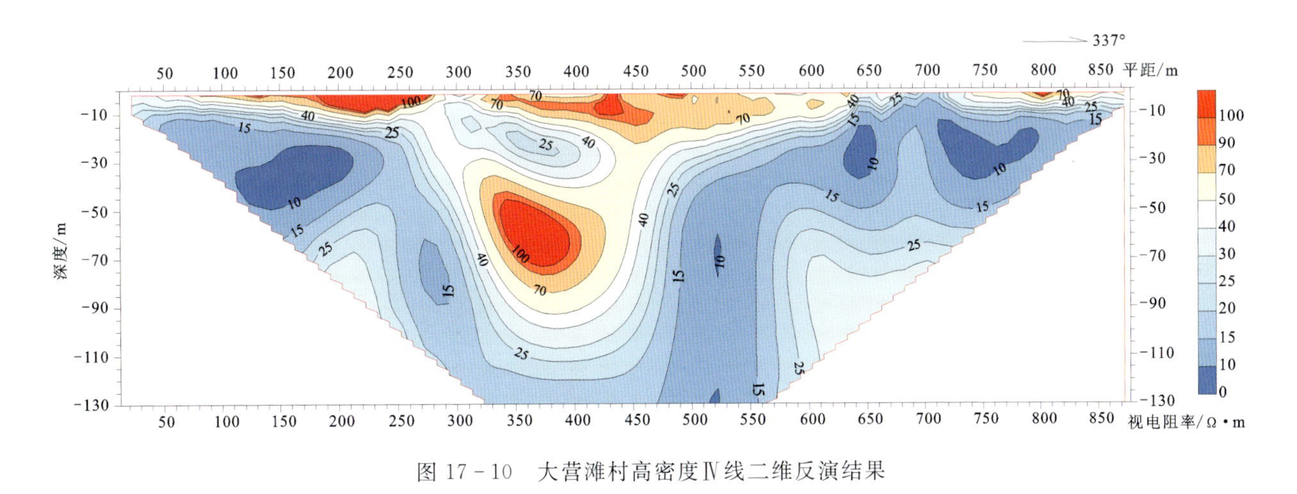

图 17－10 大营滩村高密度Ⅳ线二维反演结果

物探工作再次印证,勘查发现的古(故)河道砂岩和玄武岩的厚度高达 80 余米,平面上近南北向展布,长度大于 150m,粗略估算古(故)河道的面积至少为 10 800m^2。经与大营滩村委会协商,井位定于Ⅰ线 240m 位置,位于农田和道路间公用空白地处。

17.3.2.4 钻孔情况

钻孔揭示结果为:0～6m 为第四系亚砂土;6～35m 为孔隙较为发育的玄武岩;35～100m 为灰白色松散的砂层,判断为古(故)河道沉积物,该古(故)河道沉积物的厚度高达 80 余米。玄武岩层直接覆盖于古(故)河道的砂层之上,为一典型的河谷型蓄水构造。该孔静水位为10.76m,在抽水试验降深 8.26m 的情况下,涌水量可达 1200m^3/d,水质测试结果为锶型矿泉水(pH 为 8.05,Sr 含量为 0.45mg/L,TDS 含量为 334.08mg/L)。

参考文献

[1]王宇. 岩溶找水与开发技术研究[M]. 北京:地质出版社,2006:3.

[2]孙升林,倪新辉,龚惠民,等. EH4 电磁成像系统在中西部岩溶区地下水勘查中的应用[J]. 中国煤田地质,2001,13(3):67 - 68.

[3]伍岳. EH4 电磁成像系统在砂岩地区勘查地下水的应用研究[J]. 物探与化探,1999,23(5):335 - 346.

[4]武毅,郭建强,朱庆俊. 宁南深埋岩溶水勘查的物探新技术[J]. 水文地质工程地质,2001,45(2):45 - 48.

[5]STRATAGEM T M. EH - 4 电导率成像系统简介及应用[J]. 物探与化探,1998,22(6):458 - 464.

[6]李凤哲,朱庆俊,孙银行. 西南岩溶山区物探找水效果[J]. 物探与化探,2013,37(4):591 - 595.

[7]李伟,朱庆俊,王洪磊,等. 西南岩溶地区找水技术方法探讨[J]. 地质与勘探,2011,47(5):6.

[8]朱庆俊,李伟,李凤哲,等. 广西隆安县地下水储水构造的地质-地球物理模型及其地球物理响应特征分析[J]. 中国岩溶,2011,30(1):34 - 40.

[9]朱庆俊,邢卫国,李伟,等. 西南严重缺水地区地下水勘查成果报告[R]. 保定:中国地质调查局水文地质环境地质调查中心,2012.

[10]李伟,朱庆俊,李巨芬,等. 地方病严重区地下水勘查及供水安全示范报告[R]. 保定:中国地质调查局水文地质环境地质调查中心,2015.

[11]邓启军,李伟,朱庆俊,等. 岩脉发育区构造裂隙水勘查研究:以唐县史家佐村地下水勘查为例[J]. 南水北调与水利科技,2013,11(5):95 - 98.

[12]李凤哲,朱庆俊,范振林,等. 综合物探在山区构造复合部位找水中的应用[J]. 南水北调与水利科技,2016(A1):3.

[13]田蒲源,朱庆俊,连晟. 综合物探在强电磁干扰环境岩浆岩地区找水一例[J]. 南水北调与水利科技,2012,10(A2):3.

[14]李慧杰,朱庆俊,李伟,等. 山东临朐新生代玄武岩地下水赋存规律及电性特征[J]. 南水北调与水利科技,2012,10(6):65 - 69.

[15]王行军,王德强,班长勇,等. 冀西北康保、沽源一带新构造运动特征[J]. 地质调查与研究,2006,29(1):38 - 46.

[16]蔡华昌,张四昌,张振江,等. 张北地震区的断裂构造特征[J]. 华北地震科学,2002,20(2):1 - 9.

[17]罗旋,朱庆俊,于蕾,等. 综合电法在张北县玄武岩孔洞水勘查中的应用[J]. 地质调查与研究,2020,43(3):8.